II

ISBN-13: 978-1460914229
ISBN-10: 1460914228

Alejandro Melo Florián M.D.

Cerebro, mente
y conciencia
Un enfoque multidisciplinario

Tabla de contenidos

Dedicatoria:

Para Adriana María, a quien agradezco su apoyo durante las horas
del arte en que se escribieron estas líneas.

Prólogo

Un viaje a través de la historia del conocimiento neurocientífico; así definiría yo este libro del Dr. Alejandro Melo-Florián.

Decía Ortega y Gasset que "el hombre, es el hombre y sus circunstancias". Del mismo modo el autor nos conduce por los paisajes más diversos de la investigación sobre el sistema nervioso central -precisamente sobre aquellos aspectos que afectan a lo más íntimo del ser humano como tal- y de las circunstancias históricas en que los hitos del conocimiento neurocientífico se han ido produciendo.

Con el hálito unificador del humanista poco o nada escapa a su alcance: psicobiología evolucionista, neurobiología del desarrollo, biología celular y biología funcional. Todas estas perspectivas integradas van dando respuesta a la pregunta inicial: ¿cómo funciona el cerebro humano?

El libro, generoso en citas célebres, resulta de lectura fácil y amena y conforme uno avanza en este viaje va descubriendo cómo nuevos enfoques son complementarios entre sí para comprender cómo del cerebro se desprenden sus dos principales productos derivados: la mente y la conciencia.

Productos que siempre deseamos alcanzar a entender pero con frecuencia se nos escurren entre los dedos de la mano como un puñado de arena. Y es precisamente esta red de conocimientos, esta malla psicoevolutiva, la que nos permite retener una idea más nítida de qué son y qué papel juegan en el hombre mente y conciencia.

No puedo evitar recordar aquí una de mis frases favoritas de D. Santiago Ramón y Cajal "Todo hombre puede ser, si se lo propone, escultor de su propio cerebro". Efectivamente el conocimiento neurocientífico nos está abriendo las puertas a la *maquinaria* que rige el mundo de los pensamientos y la conducta humana. Y una vez dentro, si de veras conseguimos comprender el cerebro, podemos intentar influir, modular -o esculpir- aquellos procesos cuyo funcionamiento no consideremos óptimo. Para ello la clave del éxito está en conocer lo mejor posible las piezas y los mecanismos, cómo se integran y cómo se generan los procesos.

Poco más cabe decir en este prólogo. Si acaso les diría lo mismo que a quien se dispone a leer un libro de viajes y aventuras de Julio Verne: disfruten.

Manuel Menéndez-González M.D.

Neurólogo, Hospital Álvarez-Buylla
Profesor Asociado del Departamento
de Morfología y Biología Celular, Universidad de Oviedo
Editor Jefe de International Archives of Medicine

Introducción

"El hombre debe ser plenamente consciente que de cerebro y solamente de él proceden nuestros sentimientos de alegría, placer, risa, así como la pena y el dolor, la aflicción y las lágrimas. Pensamos con el cerebro y gracias a él podemos ver y oír y somos capaces de establecer la diferencia entre fealdad y belleza, malo y bueno, y entre lo que es agradable y desagradable"

"L'homme doit savoir que del cerveau et du cerveau seul naissent nos plaisirs, nos joies, nos rires, nos gestes, comme nos regrets, nos doleurs, nos griefs et nos larmes.... Tout ce que nous souffrons vient du cerveau quand il n'est pas sain" Hipócrates de Cos *"El tratamiento del mal sagrado"*

"No creo que la enfermedad sagrada sea más divina o sagrada que cualquier otra enfermedad, sino que por el contrario tiene unas características específicas y una causa determinada".

Hipócrates de Cos *"El tratamiento del mal sagrado"*

Es curioso, el tiempo que ha debido pasar desde el haber tenido aquella idea sobre comenzar mi propio proceso de búsqueda interior, desde diferentes enfoques, procurando no ser ajeno al espíritu de los tiempos finiseculares que preconizaban como se advenía un nuevo hombre, un nuevo tipo de hombre con mayor conciencia de sí, con mayor conciencia de su entorno, que sería como una especie de "semilla de redención" en la mejoría de un mundo de vivencias experimentales de conglomerados sociales diversos.

Desde mi particular provincia del conocimiento, que comenzó con el aprendizaje de las ciencias médicas de mi tiempo en mis tiempos de juventud, con los paralelos procesos de la búsqueda del propio yo, como la fuente de la unicidad que me permitiría ser más auténtico y ayudar mejor a otros, del tratar de afirmar el rol preestablecido para mí por el orden social que aceptaba sin mayores reticencias, pensando que el sistema valía la pena, del tratar de mejorar en mi parte académica, de preocuparme por lo que iba a hacer en los próximos años, de pronto un día comenzó mi curiosidad por la conducta humana y asociada a esta, su gestor anatómico, el cerebro. De donde surgió este interés en la conducta humana no lo puedo precisar en una coordenada precisa de mis intenciones de aquella época, aunque si sabía que quería conocer el por qué de mis actitudes, de mis intereses, el conocerse a sí mismo un poco más y hasta cierto punto conocer sobre la impredecible conducta de otros seres humanos.

Quizá, de una forma semejante a lo dicho por Confucio, "aunque uno no sea de los nacidos para conocer la verdad", hay que ser un infatigable lector, incansable en la búsqueda de ciencia y erudición. Un buen día, merodeando por las librerías, en busca de material que ampliara mis fronteras, de repente descubrí -y hasta cierto punto, me pareció paradójico- que una de las personas que más información coherente y pertinente, clara y fácilmente comprensible podía transmitir, era una experta en sociología y comunicación que sabía divulgar sobre los descubrimientos de los científicos a la vanguardia en el campo de las ciencias de la conducta humana y de las neurociencias, de la física cuántica, de la fisicoquímica. De pronto un mundo nuevo se abrió para mí. Era un nuevo mundo en el cual las personas tenían una mayor conciencia de sí.

La sociedad resultante tenía un alto nivel de interacciones resultantes en efectos en cada una de las partes, con un producto que en su majestuosa totalidad sobrepasaba las expectativas de lo esperado. Había coherencia con las leyes de la física cuántica, de la termodinámica, con los postulados de la ciencia en cuanto cuerpo coherente de conocimientos que avanzaba en los nuevos caminos siempre y cuando allí se estuviera expresando el espíritu de los viejos caminos y de pronto el futuro se vislumbraba comulgando simultáneamente con el presente, el tiempo en el cual vivimos y amamos, el tiempo en el cual trabajamos por otros semejantes a nosotros y tratamos de ser mejores de lo que somos, para que los que nos siguen sean un poco mejores que nosotros.

Este nuevo mundo se me antojaba como una especie de Indias Occidentales en el siglo XVI, cuando todo lo que se hallaba era novedoso, las tierras nuevas y desconocidas acicateaban con una insaciable sed y estimulaban el afán de la exploración y el conocimiento del orbe. Todo lo que pudiera aportar información sobre este nuevo mundo era bienvenido. La portentosa máquina del cerebro mostraba sus prodigios en la descripción de uno de sus productos, como la era la conducta, la responsable de la interacción social, el conjunto de hechos concretos basados en un conocimiento en particular con miras específicas, y esto es sencillamente fascinante. Fascinante en su complejidad, fascinante en ese conjunto de conexiones y conexiones sin fin, y como de aquí surgían las normas que explicaban las interacciones de los conglomerados sociales, como de aquí surgían no solo la guerra, la opresión del débil por el fuerte, los nacionalismos, los instintos genocidas, sino también el arte, el altruísmo, la ciencia, el amor por la verdad, la música sublime, la filosofía, la religión, el espíritu prometeico de la perpetuación de la especie por los viajes a otros planetas, la búsqueda de la idea de Dios.

Entonces de esa compleja manifestación de la conducta se podía llegar a conocer una parte del cerebro, como de los efectos se puede conocer imperfectamente una causa. No era el mejor método, pero no hay otros mejores todavía. Y estos efectos cubren una vasta gama de acciones que pueden ir -axiológicamente hablando-, de lo feroz a lo sublime, de lo instintivo a lo genial, de lo ancestral a lo trascendente. Desde los albores de la autoconciencia humana, en los mitos, la antropología y la religión se ha intentado definir lo esencialmente humano, y dar al hombre su distinción a partir de formulaciones sistemáticas. Aristóteles de Estagira definió al hombre como un "animal racional", pero aún estamos en búsqueda de nuestra identidad, en parodia con los personajes pirandelianos en busca de autor.

Este compendio de tópicos no pretende revelar la pericia personal en disciplinas tan diversas, en un momento histórico en que el conocimiento científico se desarrolla en una serie se campos de alta especialización y complejidad en donde los resultados son obtenidos tras años de investigación y en las últimas décadas han experimentado un auge sin precedentes, sino más bien pretende ser un punto de vista personal y fragmentario con algunos visos de eclecticismo sobre un tema cuya mena apenas empieza a ser intuída. Puede que el cerebro sea la materialización del pensamiento, sentimientos, voluntad, aprendizaje, memoria y del particular sentido del futuro que es común a los seres humanos. Que si el cerebro puede comprender el cerebro y la mente, es una pregunta planteada con frecuencia. Ramón y Cajal consideraba que "conociendo al cerebro se podría conocer la fuente material del pensamiento y de la voluntad, descubriendo la historia íntima del individuo en su perpetuo duelo con las fuerzas eternas, una historia resumida y literalmente enterrada en las coordinaciones nerviosas defensivas del reflejo, el instinto y la asociación de ideas".

Ha habido respuestas con preguntas del tipo de ¿puede un neurocirujano hacerse a sí mismo una neurocirugía?, pero la clave de la dificultad de la respuesta radica como el premio nobel de Medicina David H. Hubel lo plantea, en el significado de las palabras "comprender" y "mente", por sus límites mal definidos. Termino citando a Antonio Damasio cuando dice que "el conocimiento neurobiológico en particular ha de desempeñar un papel en el destino humano; de que solo con que lo deseemos, un conocimiento más profundo del cerebro y la mente ayudará a conseguir la felicidad cuya ansia fué el trampolín para el progreso hace dos siglos y mantendrá la gloriosa libertad (...)"

Capítulo 1. A la luz de las neurociencias

Neuronas, sinapsis y neurotransmisores

"El jardín de la neurobiología brinda al espectador espectáculos cautivadores y emociones artísticas incomparables. En el hallaron al fin mis instintos estéticos plena satisfacción (...) Como entomólogo a la caza de mariposas de vistosos matices, mi atención seguía en el vergel de la sustancia gris, células de formas delicadas y elegantes, las misteriosas mariposas del alma cuyo batir de alas, quien sabe si esclarecería algún día el secreto de la vida mental

"Es una fascinación indescriptible ante la contemplación de la ingeniosa arquitectura del cerebelo y de la retina que me permiten vislumbrar la suprema belleza y la elegante variedad de la floresta nerviosa. Es un sentimiento estético que sacia en lo más íntimo de mi ser ansias desconocidas que yacían escondidas, inconfesables, en las honduras últimas de mi alma".

"Santiago Ramón y Cajal[1]"

El 1° de Mayo de 1852, nació en Petilla de Aragón, en Navarra-España, el histólogo ibérico Santiago Ramón y Cajal. Su padre Justo Ramón Casasús fué médico y este ejemplo sirvió para que con los años, Santiago continuara la tradición familiar. Estudió medicina en Zaragoza y se licenció en junio de 1873. En 1876 obtuvo el título de doctor en Madrid, e inició su carrera en el magisterio médico. Su predilección temática fué el sistema nervioso, y su gran afición por los dibujos manuales, su gran erudición, la minuciosidad de sus ponencias, daban más vida a lo que él explicaba. Fué un autodidacta, uno de esos genios solitarios que estudiaba, observaba y creaba. De esta manera descubrió variadas técnicas de coloración, entre ellas con el nitrato de plata, que posteriormente fueron adoptadas por la comunidad médica internacional dando lugar así al denominado "método de Cajal".

Gracias a su interés en torno a la esencia del pensamiento humano y su talento, pudo transformar "el bosque impenetrable del sistema nervioso, en un parque regular y deleitoso", donde el conocimiento de la textura del cerebro le equivalía a conocer de alguna manera el "cauce material del pensamiento y de la voluntad". En su obra sobre "Textura del sistema nervioso central del hombre y de los vertebrados" publicada en 1899, expuso como el sistema nervioso estaba constituído por células separadas, bien definidas entre sí, cada una con independencia biológica de las demás, que se comunicaban en las sinapsis[2]. El descubrimiento de la unidad morfológica y funcional recibió el espaldarazo de otro grande de la medicina de la medicina de la época, Wilhem Waldeyer, cuando designó en 1891 a estos elementos con el término de neurona. Esta concepción es conocida como la teoría neuronal, que encajaba con la teoría celular fundada por Theodor Schwann, Rudolph Virchow y Mathias Schleiden también en Alemania, echó por tierra la concepción reticular en que el sistema nervioso era una red continua.

El monumental trabajo de Cajal que lo llevó a ser el máximo exponente en una disciplina iniciada por Rudolph Virchow y C. Robin, se inspiró en la obra de otros precursores, y dentro de estos, descolló la influencia del italiano Camilo Golgi, profesor de histología y patología general en la universidad de Pavía. El método de Golgi, desarrollado hacia 1875 y posteriormente modificado por Ramón y Cajal, solo teñía unas pocas neuronas de una región, con la ventaja que las mostraba por entero. Por algún mecanismo desconocido, la tinción de Golgi solo tiñe entre el uno y cinco por ciento de las neuronas.

La importancia de Cajal y de Golgi es que lograron llevar el arte de la histología del sistema nervioso central hasta un punto tal que brindaron el objeto formal de estudio a la neurobiología, como lo es la neurona individual. El progresivo advenimiento de la concepción neuronal fué el remate definitivo de la teoría celular, que sustentó el premio Nobel de Fisiología y Medicina que les fué dado en 1906.

Los métodos de tinción estudiados y desarrollados por estos dos histólogos, fueron revolucionarios en una época en que las microfotografías del tejido cerebral dada la disposición de neuronas adyacentes con sus ramificaciones tendientes a ocupar la mayor parte del espacio y separadas por películas de líquido de apenas 0.002 micrómetros de espesor -según se conoce hoy en día- producían una imagen densamente enmarañada, lo cual no permitía que la neurobiología aún lograra definir el componente celular básico. Los trabajos precursores de Golgi y de Ramón y Cajal continuados por Pío del Río-Hortega, Rafael Lorente de Nó, Franz Nissl, Alois Alzheimer, entre muchos otros, aclararon que las células nerviosas eran entidades separadas y establecieron que cada célula nerviosa o neurona es el componente básico con el que está construído el cerebro.

Considerada en forma individual, la neurona es una célula con un alto grado de especialización, que se demuestra en su tipo característico de configuración, en la membrana celular externa que es capaz de generar impulsos nerviosos, y en su estructura única para transmitir la información de una neurona a otra, la sinapsis[3].

Cada una de nuestras células contiene docenas de organelos productores de energía, llamados mitocondrias, que se encargan de extraer la energía contenida en los alimentos que comemos y en el aire que respiramos. Pero el ADN contenido en las mitocondrias es diferente al de la célula: tal parece que hace millones de años las mitocondrias que eran organismos autónomos fueron evolucionando lentamente hacia el establecimiento de una relación de interdependencia con la célula. Los organismos pluricelulares son la evidencia que este tipo de relación se perpetuó. A consecuencia de lo cual, no somos un organismo único, sino una aglomeración de alrededor de diez billones de seres, de diferente tipo. El cerebro y toda su complejidad en el entramado de sus conexiones no es sino uno de los grados en el espectro de complejidad en el gran conglomerado de unidades estructurales por las que estamos integrados.

El número de células nerviosas o neuronas que constituyen los aproximadamente 1.350 gramos del cerebro humano es del orden de 10^{11} (cien mil millones) más o menos un factor de 10. Esta cifra se aproxima al número de estrellas que puede haber en nuestra galaxia, la Vía Láctea. Toda esta población celular está rodeada, sostenida y alimentada por las células gliales (del griego *glia*: cola) y el total de las sinapsis en el sistema nervioso puede llegar a la fantasmagórica cifra de 10^{14} (cien billones).

Cuando un impulso eléctrico atraviesa la célula cerebral, se produce una transferencia de sustancias químicas a través de la hendidura sináptica.

En los estadíos tempranos del embarazo, las neuronas se desarrollan a una tasa de 250.000 cada minuto. De estas, casi la mitad morirá antes que el bebé nazca; se cree que esta poda elimina las conexiones neurales débiles y deja las neuronas más fuertes. Desde el punto de vista del neurodesarrollo, la producción de las dendritas aumenta rápidamente desde el nacimiento llegando a un nivel pico alrededor de los diez años. Durante estos años el cerebro de un niño tiene más conexiones que el de un adulto y consume casi el doble de energía [4].

A pesar de tal cantidad de neuronas en el sistema nervioso central, solo dos o tres millones de neuronas corresponden a neuronas de tipo motor o motoneuronas. No existen dos neuronas iguales en cuanto a forma, pero se suelen agrupar en categorías y la mayoría de ellas comparten las características estructurales de poseer un cuerpo, también llamado pericarión o soma (del griego *peris*: alrededor y *carion*: centro, núcleo; soma: cuerpo), un conjunto de dendritas y un axón o cilindroeje. El cuerpo de la neurona es de tipo esférico o piramidal, contiene el núcleo y la maquinaria bioquímica para la síntesis de proteínas, neurotransmisores y otras moléculas esenciales para la supervivencia de la neurona. Las dendritas (del griego *dendron*: árbol) son delicadas expansiones que tienden a ramificarse repetidamente, haciendo que la neurona tome el aspecto de un árbol. Las dendritas amplian la superficie física de la neurona para la recepción de señales.

Por su parte, el axón (del griego *axis*: eje) o cilindroeje, es una extensión del cuerpo celular que permite que las señales originadas en la neurona puedan viajar a otras neuronas, ubicadas en otras partes del cerebro o en los órganos efectores. El axón difiere de las dendritas en que es más largo y delgado y presenta un modelo de ramificación distinto, ya que mientras las ramificaciones de las dendritas tienden a agruparse en torno al cuerpo de la neurona, los axones se ramifican en su extremo -ramificaciones denominadas telodendrón-, justo allí donde se comunica con otras neuronas; estas ramificaciones axonales terminales difieren bastante en cantidad, forma y patrón de dispersión. En la zona de la sinapsis el axón suele dilatarse para formar una estructura llamada botón terminal. El botón terminal contiene una serie de pequeñas esferas con moléculas de neurotransmisores, denominadas vesículas sinápticas. La llegada de un impulso eléctrico al botón terminal, descarga algunas de las vesículas sinápticas hacia el espacio o hendidura sináptica que separa al axón de una dendrita destinada a recibir el mensaje químico.

De acuerdo al principio de la polarización dinámica propuesto por Cajal, en el sistema neuronal encargado de transmitir información al cerebro, las dendritas apuntan invariablemente hacia el mundo exterior y la información que éste genera, mientras que el axón envía las señales al cerebro. Estos hallazgos permitieron concluir a Cajal que la dirección de la actividad eléctrica entre dos células nerviosas va desde el axón de la primera célula a la dendrita de la segunda[5]. Una vez llega el estímulo eléctrico y se ha convertido en estímulo químico, la activación de la neurona produce simultáneamente la activación de muchas, en el orden de cientos a miles de dendritas adyacentes. Algunas sinapsis son excitadoras en cuanto que tienden a perpetuar la situación de activación, mientras que otras son inhibidoras de señales y detienen la activación. Los dos tipos tienden a funcionar en forma análoga, pero las sinapsis transmiten, ya influencias estimuladoras, o inhibidoras. Generalmente una neurona recibe conexiones de cientos o miles de otras neuronas y a su vez, conecta con cientos o miles de otras neuronas, originando circuitos de gran complejidad.

Todas estas células que suman tres o más veces el número de habitantes del planeta, funcionan en armonía para dirigir el mecanismo electroquímico de un sistema infinitamente complejo de información y control que define a cada ser humano en su particular conjunto.

Composición neuronal

En 1837 el profesor checo Jan Evangelista Purkinje en un congreso de naturalistas en Praga, expuso una descripción sobre las células nerviosas del cerebro y de la médula espinal. En su disertación, mostró dibujos donde las células se componían de núcleos y de prolongaciones, que implicaba que cada célula tenía un cuerpo lleno de protoplasma y que albergaba un cuerpo central en su interior. La descripción que hizo el profesor checo en las células de la corteza cerebelosa fué tan acertada que posteriormente se las denominó células de Purkinje. Hacia 1850-1860 los fisiólogos investigadores estaban de acuerdo en que cada célula nerviosa tenía una prolongación principal y que una serie de estas prolongaciones formaban los nervios. Sin embargo, el desacuerdo se hacía presente cuando los científicos intentaban describir la exacta relación física entre las células, lo cual dió origen a dos bandos: el de los reticularistas y el de los "anti-reticularistas".

El grupo de los reticularistas defendía una tesis expuesta originalmente por el histólogo alemán Joseph von Gerlach según la cual las neuronas estaban conectadas por una red independiente de fibras, que se extendía a manera de enrejado entre las prolongaciones de las fibras nerviosas y dicha red era la conductora de impulsos de una célula a otra. Por otra parte, el grupo de los antirreticularistas contaba con el apoyo de dos reconocidas personalidades, como lo eran Wilhelm Hiss y Auguste Forel, que afirmaban que las células no podían estar conectadas y que las prolongaciones de las células tenían los extremos libres en el sistema nervioso para lo cual contaron con los hallazgos de Ramón y Cajal en 1889, en los que se describía como cada una de las células nerviosas "es una unidad en sí misma con un axón que se prolonga hasta la otra célula, pero sin prolongarse en ella (...) las prolongaciones alargadas están aisladas unas de otras, comunicándose entre sí únicamente a través del extremos de cada axón mediante el cual cada célula se relaciona con la siguiente"[6].

Desde el punto de vista neurobiológico, la neurona, así denominada por el profesor alemán Wihelm Waldeyer, y descrita por Cajal como "la aristócrata de las estructuras del organismo, prolongándose como los tentáculos de un pulpo hasta las provincias de la frontera del mundo exterior", está dividida en un cuerpo celular o pericarión que tiene de cinco a 100 micrómetros de diámetro, de donde emana una fibra principal o axón y varias ramas fibrosas o dendritas. En términos generales, las dendritas y el cuerpo celular reciben señales de entrada; el cuerpo celular las integra y emite señales de salida y se encarga del mantenimiento general de la neurona. El axón se origina en una pequeña elevación cónica del cuerpo llamada "cono de arranque del axón", o "segmento inicial", cuyas funciones son el transporte de las señales de salida a los terminales axónicos que distribuyen la información hacia otras neuronas.

Se pueden diferenciar varios componentes en el citoplasma de las neuronas, como las neurofibrillas, el neuroplasma, los cuerpos o la sustancia de Nissl, algunas mitocondrias, un aparato de Golgi y varios centrosomas. Las neurofibrillas son uno de los componentes más pequeños del citoplasma, son pequeñas fibras dispuestas como una red a los largo de todo el cuerpo neuronal. Parecen tener un papel en la estructura interna de sostén. El neuroplasma (que es el mismo citoplasma), es de consistencia semilíquida y se halla rodeando las neurofibrillas.

La sustancia de Nissl es el elemento más destacado del citoplasma, se observa como partículas granulares que se agrupan como bloques: también se conoce como sustancia cromófila o cromidial o cuerpo tigroide. En las neuronas motoras los bloques de la sustancia de Nissl son de mayor tamaño; en las neuronas sensitivas toman el aspecto de un fino moteado. Dentro del citoplasma, la sustancia de Nissl está en los pequeños intersticios que delimitan las neurofibrillas. No está en las zonas adyacentes a la membrana celular ni al núcleo y se extiende dentro de las dendritas, pero no en el cono de arranque axonal ni en el axón. Se ha considerado que la función de la sustancia de Nissl es la síntesis continua de nuevo citoplasma que fluye a lo largo del axón, determinando así el "flujo axoplasmático". En neuropatología la desaparición parcial o total de la sustancia de Nissl se denomina "cromatólisis", y el desplazamiento del núcleo hacia un lado cuando hay daño del axón se conoce como "reacción axónica".

Los microtúbulos son cilindros huecos de tamaño muy reducido, del orden de los 225 Å[7], con una longitud de varias micras, cuyas funciones son de sostén intracelular y para el transporte de sustancias dentro de la célula. Los pigmentos en general suelen ser lipocromo, el cual es un pigmento de desgaste de la membrana celular, así como melanina. Hay algunos sistemas neuronales especiales como el *locus niger*, también conocido como la sustancia negra de Sœmmering, cuyo color oscuro es debido al acúmulo de algunos neurotransmisores. El aparato de Golgi y las mitocondrias también están presentes en las neuronas, donde sus funciones son semejantes a otras partes del cuerpo, por la síntesis de proteínas, la respiración y la producción de secreciones. El aparato de Golgi tiene una disposición de red, semejante a las neurofibrillas, pero de mayor grosor. Las mitocondrias están dispersas al azar entre las neurofibrillas y la sustancia de Nissl. Estos organelos en particular ayudan a que la neurona se comporte como una célula glandular que produce secreciones que son transportadas por el flujo axoplásmico desde el cuerpo de la neurona hasta los terminales neuronales, para ponerse en contacto con los tejidos diana que serán afectados.

La membrana celular (de la cual se habla adelante con un poco más de detalle) también se conoce como "axolema" o "plasmalema", separa el neuroplasma del medio exterior. En el examen con microscopía electrónica tiene la apariencia de un emparedado con dos bandas densas a cada uno de los lados de un centro claro. Los componentes moleculares básicos de la membrana son fosfolípidos, los cuales están a su vez compuestos de moléculas afines y no afines al agua.

La función de la membrana celular es actuar como una barrera para la pérdida de sustancias útiles del neuroplasma y para evitar la difusión de materiales potencialmente tóxicos para la neurona; los neurotransmisores son sintetizados y luego almacenados como macromoléculas en los compartimientos intracelulares del retículo endoplásmico rugoso y del cuerpo de Golgi, de acuerdo a las instrucciones codificadas en el núcleo. Estas sustancias son desplazadas desde el cuerpo neronal al extremo axonal y viceversa, por las llamadas vías de "componente rápido" y de "componente lento", que pueden llevar sustancias de crecimiento neuronal, o traer otras relacionadas con la actividad neurosecretoria[8]. Este mecanismo permite ampliar la capacidad efectora de las respuestas del sistema nervioso.

El reconocimento de las neuronas entre sí es la base para su organización. Estos mecanismos aún no completamente comprendidos implican reconocimiento molecular interneuronal y ayuda de la neuroglia. Por la naturaleza de las conexiones de las neuronas, se han establecido símiles entre el cerebro y la computadora. Aunque ambas máquinas procesan información y ambas trabajan con señales de tipo eléctrico, hay diferencias notables entre ambas debido a la cantidad de sinapsis del cerebro ya que el manejo de la información en el cerebro no se hace de forma secuencial lineal. El cerebro parece basarse en circuitos muy complejos cuyos componentes trabajan a velocidades bajas. No solo las neuronas son el principal tipo celular para la construcción del cerebro, también existen otras células como las vasculares, las de tejido conectivo, las células de Schwann responsables de la mielinización, y por último, la neuroglia, dividida en macroglía y microglía, que ofrece funciones de soporte y de metabolismo neuronal.

Aspectos funcionales de las membranas neurales.

En 1906 el neurofisiólogo británico Charles Scott Sherrington -posteriormente premio Nobel de Medicina- planteó con base en la teoría neuronal de Cajal, la teoría funcional del sistema nervioso que afirma que "las prolongaciones fibrosas de las células nerviosas transmiten información y las conexiones entre los centros nerviosos son los centros de decisión en el proceso de transmisión de la información"[9]. Las neuronas funcionan como productores de señales eléctricas y químicas y exhiben su singular comportamiento debido a que sus membranas externas tienen propiedades especiales[10]. A lo largo del axón la membrana está especializada en la propagación de impulsos eléctricos, donde un mecanismo que facilita la transmisión del impulso eléctrico es el envolvimiento de segmentos del axón por una célula especializada, la célula de Schwann. La vaina de mielina se interrumpe a intervalos de 1 mm a lo largo del axón y estas zonas donde hay contacto con el medio exterior, constituyen los nódulos de Ranvier. En los axones envueltos, el impulso nervioso viaja con mayor rapidez, saltando de nódulo a nódulo conservando de este modo la energía metabólica de la neurona.

La neurona por medio de sus propiedades de propagación del impulso eléctrico y de la transmisión sináptica ofrece respuestas a las señales que a ella ingresan de una forma analógica, en la medida que la frecuencia de los picos de salida varía continuamente con las señales que recibe como entrada. Adicionalmente, la membrana interviene para que se produzca el reconocimiento de unas células hacia otras durante el desarrollo embrionario, de forma que cada célula encuentre su lugar en la enorme población de las 10^{11} neuronas.

Desde el punto de vista estructural, la membrana es una capa bilipídica de aproximados 5 nanómetros de espesor, cuya distribución y configuración ultraestructural se hace de acuerdo al modelo de mosaico líquido de Nicolson y Singer, cuyas propiedades específicas dependen de las proteínas particulares asociadas. Las proteínas de la membrana de todas las células se agrupan de acuerdo a cinco clases que se discriminan como[11]:

• proteínas estructurales
• canales para iones o ionóforos
• receptores
• enzimas
• bombas de energía

Las cinco clases de proteínas de la membrana no son funcionalmente excluyentes entre sí, en cuanto que algunas pueden desempeñar varias funciones al mismo tiempo. Las proteínas estructurales ayudan a mantener la estructura subcelular e interconectan células. Por su parte, los canales para iones constituyen vías selectivas para el paso de iones específicos, como sodio, potasio, calcio, y las proteínas receptoras permiten la unión a muchas clases de moléculas, con gran afinidad y especificidad, mientras que las enzimas facilitan las reacciones químicas en la superficie. Por último, las bombas de energía facilitan la energía que supone el transporte de los iones.

Todas las proteínas de la membrana son claves para la comprensión de la función neuronal y cerebral. A semejanza de otras células, la neurona es capaz de mantener en su propio interior un líquido intracelular cuya composición difiere de la del líquido de su exterior, o extracelular. Esta diferencia viene dada por concentraciones variables de sodio y potasio. El líquido extracelular es unas diez veces más rico en sodio que el líquido intracelular, mientras que de modo inverso, el líquido intracelular es unas diez veces más rico en potasio. Ambos electrólitos son filtrados a través de los canales iónicos de la membrana celular, y ambos vuelven a sus concentraciones normales debido a que existe una proteína especializada con capacidad de bombeo, que trabaja continuamente para intercambiar los iones sodio que han entrado a la célula por los iones potasio que están fuera de ella. Esta molécula proteica con función de bomba se conoce como la sodio-potasio adenosíntrifosfatasa (cuya sigla es NaK-ATPasa), aprovecha la energía contenida en los enlaces fosfato para intercambiar cada segundo 200 iones de sodio por 130 iones de potasio, aunque este ritmo se puede ajustar según las necesidades de la célula.

Si se considera que la neurona posee un promedio aproximado de cien a doscientas bombas por micrómetro cuadrado de superficie de membrana, existen aproximadamente un millón de bombas por neurona: cada segundo en toda la superficie neuronal se intercambian 200 millones de iones de sodio por 130 millones de iones de potasio. Las concentraciones elevadas de sodio a nivel extracelular y bajas a nivel intracelular generan una diferencia de concentraciones conocida como gradiente. Son los gradientes de sodio y potasio que existen a través de la membrana los que permiten a la neurona la propagación del impulso nervioso. Las proteínas de la membrana que sirven como canales tienen entonces un rol de importancia en la transmisión sináptica.

El flujo de iones sodio a lo largo de la membrana abre más canales o ionóforos, facilitando la entrada de otros iones. Los canales son permeables y selectivos para cada ión, denominándose de acuerdo al tipo de ión para el cual es mayor su permeabilidad. Existen también algunos canales químicos, dependientes de neurotransmisores, por ejemplo, canales de acetilcolina, canales de ácido gama-amino butírico o GABA.

Dentro de las proteínas de tipo enzimático, tiene gran importancia la denominada adenilatociclasa, que se encarga del metabolismo del adenosínmonofosfato cíclico. La función de esta enzima en la neurona es de tipo regulador

Las proteínas estructurales se producen y almacenan en el pericarión o cuerpo neuronal y se transportan por un sistema especial. El mantenimiento de las relaciones intercelulares y de la estructura conseguida, depende de las proteínas estructurales, las cuales suelen estar asociadas a carbohidratos poco comunes. El estudio de estas proteínas asociadas a carbohidratos con función en el reconocimiento celular está en sus primeras fases. Una vez abiertos los canales de sodio se cierran pronto, secuencialmente se abren los canales o ionóforos que dejan salir los iones potasio, produciendo un flujo eléctrico de salida que deja el potencial intracelular nuevamente en -70 mV. Dicho potencial de reposo, origina un campo eléctrico con una magnitud aproximada de 100 kilovoltios por centímetro.

Existe un canal iónico dependiente de acetilcolina con un diámetro de 0.8 nanómetros y es de baja selectividad, ya que permite el paso de 85 iones de sodio por 100 iones de potasio, mientras que el de potasio solo permite el paso de siete iones de sodio por cada 100 iones de potasio. La razón por la cual no ocurren corrientes iónicas todo el tiempo, es que existen compuertas que regulan la apertura y cierre de estos canales; algunas son dependientes de voltaje, mientras que otras se regulan por un tipo químico de respuestas.

Estos últimos canales de activación de tipo químico se hallan en las membranas receptoras de la sinapsis y reciben los mensajes axónicos. De estos canales de tipo químico, existen los operados por acetilcolina y por ácido gama-aminobutírico (GABA), entre otros neurotransmisores. Se puede medir la corriente intracelular determinada por la apertura conjunta de los canales químicos y los iónicos.

Cada célula cerebral contiene un vasto complejo electroquímico y un potente microprocesador de datos.

Los axones no poseen canales operados químicamente, mientras que a nivel de las membranas post-sinápticas la densidad de estos depende del empaquetado de las moléculas del canal. Los axones tienen aproximadamente 1000 canales dependientes de voltaje por micrómetro cuadrado, a diferencia de las membranas dendríticas que solo tienen unos pocos. Las proteínas intrínsecas de la membrana neuronal se sintetizan principalmente en el soma o cuerpo de la neurona y se almacenan en la membrana, almacenándose en pequeñas vesículas; no están distribuídas uniformemente sobre la superficie celular, ni tampoco están todas presentes en cantidades iguales en cada neurona. Las proteínas estructurales ya acumuladas en las vesículas son llevadas al sitio donde son necesarias por un sistema transportador especial, que las mueve a pequeños saltos por mediación de proteínas contráctiles. Una vez llegan a su destino, las proteínas se insertan en la superficie de la membrana y funcionan hasta que son extraídas y degradadas.

Cabe anotar que la densidad y el tipo de proteínas están regidos genéticamente por las necesidades de la célula y difieren de una neurona a otra, además su metabolismo no es conocido del todo; por ejemplo, la densidad de canales de un tipo particular puede ir desde cero hasta unos diez mil por micrómetro cuadrado. La forma en que se relacionan las diversas proteínas de membrana con la función eléctrica y química neuronal depende de una compleja interacción entre todos los tipos de proteínas.

Dado que el interior de la neurona es de mayor electronegatividad con respecto al exterior (-70 mV) a consecuencia de la bomba iónica y por la presencia de canales conductores de iones permanentemente abiertos y selectivamente permeables, se producen flujos iónicos entre el interior y el exterior de la célula.

En un registro de osciloscopio la carga súbitamente positiva que luego se negativiza y regresa al nivel de base, se conoce como el "potencial de acción", que constituye la manifestación eléctrica del impulso nervioso. La actividad eléctrica implica la selectividad de los canales para permitir la generación de una corriente y su capacidad de mecanismo de compuerta. Curiosamente, y se desconoce porqué, el ión potasio con 30% de mayor tamaño frente al ión sodio, pasa con mayor facilidad a través de la membrana. En condiciones "de reposo" la permeabilidad de la membrana es baja al sodio, pero cuando se "activa", se produce un gran flujo de sodio desde el exterior hasta el interior. Al abrirse los canales de sodio dependientes de voltaje, se produce salida de iones de potasio lo cual disminuye las cargas negativas al interior de la célula y genera un exceso de cargas positivas en la superficie externa, lo cual en últimas propaga el impulso eléctrico a lo largo de la membrana neuronal, que junto con la recuperación eléctrica, está en condiciones de ocurrir en el lapso de un milisegundo, lo cual equivale a que una neurona puede generar hasta mil impulsos por segundo.

A pesar que la manera de adoptar la decisión parece sencilla, no lo es, dado que cada neurona posee aproximadamente unas 200.000 puertas de entrada por los diferentes canales electroquímicos, significa que interviene un número semejante de opciones antes de que se produzca la salida final en el extremo terminal del axón, que de todas maneras aún no se conoce como logra el reconocimiento de objetos, es decir, no se conoce como los diferentes impulsos neuronales se transforman en el reconocimiento consciente de formas, lugares, rostros, entre otros[12].

Interrelación estructural de elementos neurales

Se ha planteado que existen dos principales divisiones estructurales en el sistema nervioso debido a que las tinciones para examinar su estructura revelan una serie de agrupaciones de neuronas incluídas en la trama del tejido, y una serie de prolongaciones filamentosas. El primer tipo de tejido que contiene las agrupaciones de neuronas constituye la sustancia gris y el segundo tipo que contiene las fibras o prolongaciones filamentosas es la sustancia blanca, así llamados por su aspecto macroscópico. El cerebro es un tejido de naturaleza complicada debido a la naturaleza intrincada de las conexiones de las células que lo integran. Los axones emanados de una población neural hacia otra, suelen ir acompañados de axones que retornan de la población destinataria, de tal modo que estas proyecciones descendentes o recurrentes permitan modular el proceso con lo cual el cerebro se vuelve un sistema dinámico cuya conducta al tiempo de ser compleja, ocurre independientemente de los estímulos periféricos.

En cuanto tejido compuesto de células, su comportamiento será conforme a las leyes que rigen a todas las demás células. Las señales eléctricas y químicas producto de la interacción entre las diferentes células pueden registrarse e interpretarse en el electroencefalograma, las sustancias químicas pueden identificarse y las conexiones entre las diferentes estructuras del cerebro pueden cartografiarse.

Entonces, la estructura del sistema nervioso depende y está basada en su organización cito y mieloarquitectónica. Al observar la disposición estructural de las células en el sistema nervioso, surge la inquietud acerca de la función detallada de las estructuras y las conexiones, cómo unas neuronas se conectan con otras, cómo se orientan con respecto a las neuronas vecinas, cómo llevan a cabo las conexiones con los órganos efectores y como surgen las habilidades mentales. Muchos interrogantes se han contestado y han sido base para otros de mayor complejidad.

Cajal inició la línea de pensamiento de la teoría quemotáctica, en la que la dirección de crecimiento de las fibras nerviosas estaba determinada por influencias tróficas y por el efecto de atracción o rechazo que ejercían entre las neuronas los productos secretados por ellas mismas. La actual evidencia experimental indica la existencia de un código genético en la superficie de la membrana de las neuronas que permitiría guiar la forma de relación de las partes neuronales. El "reconocimiento" de las diferentes neuritas en la población neuronal (es decir, las dendritas y los axones) se produce por interacción de moléculas en la superficie de la membrana, que pueden ser de tipo proteico y reconocen receptores específicos en otras células.

Las células de la glía están presentes en una proporción de 10:1 con respecto a la población neuronal, y constituyen aproximadamente el 50% de la masa del sistema nervioso. Por estudios de análisis electrofisiológico, Baylor y Nicholls demostraron que la glía juega un papel en la estabilización del medio iónico extracelular: por ejemplo, la capacidad de síntesis de neurotransmisores como la acetilcolina se pierde reversiblemente al separarse las neuronas de la glía.

Otros tipos celulares como la célula de Schwann, son los responsables del recubrimiento de mielina en el axón que permite la aceleración de las velocidades de conducción, lo cual es uno de los mecanismos que ayudan a la regulación de la transmisión de la información en el sistema nervioso. Además regula el patrón de desarrollo y migración de varios tipos diferentes de neuronas. Parece que la disposición de las células de Schwann en la zona de las terminales sinápticas les confiere un papel en la transferencia de información interneural.

Con estos conceptos se llega a la idea de que el cerebro puede ser un objeto formal de estudio, teniendo en cuenta que el cerebro emerge a un nivel superior denominado mente, cuya novedad creativa va más allá de lo existente en los niveles o patrones inferiores, a los que incluye por medio de la mente. En la investigación del cerebro y la mente, los filósofos han introducido la mayor parte de las semejanzas y diferencias entre uno y otra.

El orden de investigación, una vez entendida la estructura y función neuronal, es descubrir cómo están interrelacionadas las subunidades más grandes del cerebro y la forma en que está constituida cada subunidad. El cerebro se rige entonces por las leyes del funcionamiento neuronal, y por medio de la mente las trasciende y se rige como un todo por las leyes de la comunicación simbólica y la sintaxis lingüística. Pero si hay una alteración metabólica difusa del funcionamiento neuronal, este funcionamiento alterado también alterará el funcionalismo de la mente. El premio Nobel de Medicina Roger Sperry lo expresa así:

"En conexión con esto, es importante recordar que todas las fuerzas más simples, primitivas y elementales permanecen presentes y operativas; ninguna de ellas ha sido suprimida. Sin embargo, estas fuerzas y propiedades inferiores han sido reemplazadas en pasos sucesivos; por así decirlo, han sido rodeadas y envueltas por las fuerzas de entidades organizativas sucesivamente más complejas"[13].

Sin embargo, las pautas del flujo intracerebral de información durante la ejecución de tareas mentales no son fáciles de determinar partiendo únicamente de la investigación anatómica de la circuitería neural, ni del estudio de la tendencia al cambio que ocurre en las uniones sinápticas como consecuencia de la actividad mental. Los potenciales de acción no están limitados a la codificación de la información del sustrato básico, sino que ejercen una serie de efectos metabólicos secundarios que alteran los circuitos a través de los cuales se transmiten, confirmando la citada teoría quemotática de Cajal, con lo cual se multiplica la complejidad de un conjunto de caracteres moleculares y se genera un sustrato más rico para los fenómenos mentales[14].

Mielina

La mielina o sustancia blanca, recibió este nombre de Rudolph Virchow hacia 1864. La palabra deriva del griego *myelós* que traduce médula, término que reflejaba la observación de la abundancia de esta sustancia en la "médula" o porción profunda de color blanquecino del cerebro. El hallazgo de que la mielina es un aislante eléctrico data de 1878, cuando el patólogo francés Louis Antoine Ranvier dibujó en un libro de texto sobre la anatomía del sistema nervioso central, una analogía entre la mielina y la cubierta protectora de los cables de comunicación transatlántica colocados en 1866. La ubicuidad de la mielina se debe a sus propiedades de aislante eléctrico, fenómeno que resulta en la aceleración de la transmisión del impulso nervioso. Vale la pena destacar que la proporción de la materia blanca en relación a la gris aumenta en la medida que se asciende en la escala evolutiva.

La velocidad de la conducción en una fibra desmielinizada aumenta en proporción directa con la raíz cuadrada del diámetro de la fibra, de modo que para duplicar la velocidad, la fibra debería ser cuatro veces mayor, mientras que una fibra con mielina para doblar la velocidad de conducción solo debe doblar el diámetro.

Dadas las condiciones de temperatura de mamíferos a 37 grados centígrados, la conducción del impulso nervioso a 100 metros por segundo por una fibra desmielinizada de varios milímetros es ampliamente superada por la de una fibra mielinizada con 20 micrómetros de diámetro. La mielina permite un gran ahorro de espacio, pues si la médula espinal contuviera fibras desmielinizadas, la conducción por todos los tractos que posee implicaría que tuviera un volumen de varias yardas de diámetro. Otra ventaja adicional de la mielina es que el consumo de energía es muy bajo. Entonces por las ventajas de ahorro de espacio y energía, la mielina es un elemento de primera necesidad en los sistemas nerviosos de gran complejidad[15].

A nivel de conducción, los cilindroejes o axones recubiertos de mielina presentan la despolarización a nivel de unas hendiduras especializadas llamadas nodos de Ranvier, descritas por este autor posteriormente en 1871.

Cuando la membrana se despolariza a nivel de los nodos de Ranvier, el potencial no fluye a través de la membrana adyacente, sino que excita la membrana en el siguiente nodo. Este tipo de conducción se denomina saltatoria. El alto contenido de lípidos de la mielina es el responsable del aislamiento eléctrico, y fué demostrado a partir de las propiedades ópticas de la mielina. La disposición de la mielina alrededor de las fibras nerviosas depende de que una fila de células de Schwann dispuestas paralelamente con el axón, emitan una prolongación laminar del citoplasma que envuelve varias veces al axón[16].

La sinapsis y la interrelación funcional de los elementos neurales.

La interrelación funcional entre las neuronas depende principalmente de la sinapsis (del griego *sinaptos*, agarrar con fuerza), concepto que fué desarrollado por el neurofisiólogo británico Charles S. Sherrington a finales del siglo XIX y con el cual sentó buena parte de las bases de la moderna neurofisiología. Los inicios del siglo XX fueron testigos de las disputas acerca de la teoría de la sinapsis y la teoría neuronal, que posteriormente por el desarrollo del microscopio electrónico se corroboraron y se han convertido en una base firme de todos los desarrollos conceptuales ulteriores.

Mediante el microscopio electrónico se descubrió que la membrana neuronal se halla completamente separada de otras neuronas, mientras que en la sinapsis se produce un íntimo contacto, con un espacio de separación de unos 200 nanómetros. La sinapsis se puede considerar como una pequeña máquina biofísica especializada para funcionar en la escala de tiempo de los milisegundos y en la de espacio de los micrómetros. Estas estructuras regulan el grado de eficacia de transmisión de la información. Hay dos tipos básicos de sinapsis, que son las eléctricas y las químicas. En las sinapsis de tipo eléctrico los cambios inducidos pre-sinápticamente se originan por cambios producidos iónicamente, mientras que en el caso de las sinapsis químicas la transmisión se produce merced a los neurotransmisores, sustancias de las que se habla más adelante, pero que básicamente, son moléculas que inducen cambios en el potencial eléctrico de la neurona vecina. La interrelación es relativamente simple en los acoplamientos electrónicos de las sinapsis eléctricas, pero exhibe una mayor complejidad en las sinapsis químicas, puesto que se involucra la participación de la maquinaria metabólica celular. A su vez, las sinapsis químicas se dividen en dos categorías, la excitadora y la inhibidora. La sinapsis excitadora posee una brecha sináptica más amplia y las vesículas sinápticas son esféricas, mientras que en la sinapsis inhibidora las vesículas son alargadas[17].

El acoplamiento de los impulsos eléctricos que llegan a la terminal presináptica por medio del influjo de iones calcio a través de la membrana, induce la fusión de las vesículas sinápticas del citoplasma con la membrana en unas regiones especializadas llamadas "zonas activas" y el contenido de neurotransmisores se libera a la hendidura sináptica, para luego unirse a los receptores específicos. La sinapsis es un medio tan eficiente para regular la transmisión de la información que no ha sufrido modificaciones a lo largo del proceso evolutivo. La esencia del funcionamiento del sistema nervioso, tanto del cerebro como de la médula espinal es la canalización de la información sensorial recibida hacia unos conjuntos neuronales que controlan los tejidos efectores del organismo, como lo son los músculos y las glándulas.

El descubrimiento de los arcos reflejos, en los cuales la excitación producida por un estímulo causa una respuesta involuntaria, por ejemplo, un movimiento, mediado por la vía de una sola neurona, condujo a pensar que el sistema nervioso se había originado cuando el organismo dispuso de una cadena de células capaces de mediar entre un estímulo del medio ambiente y una respuesta. Ya se conocen mejor los tipos de operaciones que realiza el sistema nervioso situado cerca de los extremos de entrada y de salida. En el extremo de entrada o de aferencia (del latín *afere*: transportar) el sistema procura extraer del mundo exterior la información que tiene relevancia biológica. Por ejemplo, los receptores conducen mejor la información sobre un estímulo cuando este comienza o finaliza, ya que lo que se requiere es conocer mejor los cambios ambientales.

Así, en el sistema visual lo relevante son los contrastes y movimientos; la mayor parte de las conexiones neuronales de las tres primeras escalas o relevos neurológicos[18] en la vía de la conducción visual desde la retina hasta la corteza cerebral se dedican a aumentar el contraste y el movimiento. En las fases posteriores y hasta su llegada a la corteza cerebral, el comportamiento de las células se hace más complejo. Por ejemplo, la teoría de la comunicación se ha aplicado a la transmisión visual con base en el teorema del muestreo y el teorema de Logan en el cruce cero para explicar cómo la información enviada por un canal limitado como lo es el nervio óptico se expresa con mayor detalle en el córtex visual. Pero todavía, a pesar de los modelos matemáticos aplicados para la comprensión de esta percepción, su complejidad es mayor, ya que en el fenómeno de la transmisión visual, por ejemplo, las vías actúan sobre sí mismas de algún modo[19].

Al estar organizados de una forma jerárquica, los sistemas sensoriales logran que las neuronas respondan a aspectos cada vez más abstractos de estímulos complejos, en la medida de superponerse un mayor número de sinapsis desde la fuente sensorial o sensitiva primaria. Siguiendo con la modalidad visual, la información enviada por una vía como el nervio óptico se procesa en vías paralelas, de forma que sobre una imagen se analizan simultáneamente movimiento, color y forma en distintos centros de la corteza cerebral.

Gerald Fischbach, neurobiólogo de la universidad de Harvard refiere como máximo ejemplo neural de la abstracción a nivel animal, que en el sistema visual del mono existen ciertas "neuronas faciales" situadas en el surco temporal inferior, que característicamente responden solamente a rostros, pero no a otros estímulos visuales, a partir de lo cual postula que en nuestros cerebros existan células similares, dado que en las lesiones en la región correspondiente del lóbulo temporal se produce una lesión conocida por los neurólogos como prosopagnosia o déficit selectivo en la facultad del reconocimiento de las caras[20].

Por su parte, el extremo de salida del sistema nervioso incluye los mecanismos mediante los cuales una neurona motora transmite un impulso a una fibra muscular o a una glándula, siendo el aspecto relevante en dicho extremo efector no solo la contracción de un músculo determinado, sino el patrón complejo de la contracción y relajación coordinadas de muchos músculos, por citar un caso, al momento de asir un objeto se flexionan simultáneamente los flexores de los dedos y los músculos extensores del antebrazo para evitar que se flexione la muñeca.

Dado que el número de las neuronas motoras es bajo, correspondiendo a un porcentaje relativamente menor de toda la población neuronal, se evidencia que hay un gran número de influencias convergiendo en estas motoneuronas, lo que sugiere que una neurona motora típica estructuralmente presenta sinapsis con un enorme número de axones de las neuronas de la red de interneuronas o células gliales.

Se considera que una motoneurona típica a nivel de la médula espinal humana establece alrededor de 10.000 contactos sinápticos en su superficie, de los cuales alrededor de 8000 se encuentran en las dendritas, y los 2000 restantes en el cuerpo o pericarión. Si se tiene en cuenta que por cada neurona, hay de 3000 a 5000 células de la glía o interneuronas, esto equivale a que para las 10^{11} neuronas del sistema nervioso central habrá un promedio de 4×10^{14} (400 billones) de células de glía[21].

Si se analizan las cifras numéricas de las poblaciones neurales, se observa que la población de neuronas gliales abarca más del 99% del total de las neuronas que constituyen el sistema nervioso central. La complejidad que se deriva de esta población podría ser semejante a los componentes de la red de una computadora. En general, se puede decir que se conocen aspectos funcionales en los extremos motores y sensoriales del sistema, pero aún existen lagunas sobre las funciones develadas progresivamente de las regiones intermedias, comprendidas en los lóbulos frontales y parietales, el sistema límbico, en el cerebelo, por citar algunos. Por ejemplo, a nivel del cerebelo se conocen algunas interconexiones, los tipos de sinapsis que son inhibidoras, cuales son excitadoras, y aunque funcionalmente se le atribuye un papel en la regulación del movimiento, el tono muscular y el equilibrio, no está claro como desempeña estas funciones.

Las complejas relaciones sinápticas que se generan en las conexiones de las dendritas son uno de los factores de importancia en la capacidad funcional del sistema nervioso. Se ha descrito el papel contributivo de las dendritas a los ritmos eléctricos registrados en el electroencefalograma. Las células de la glía, ayudan a la regulación de la síntesis de neurotransmisores como la acetilcolina y es posible que por su localización en la zona de los terminales sinápticos tengan un papel en la transmisión de información interneural. También tienen un papel en la regulación de los flujos de corrientes celulares que generan la actividad eléctrica vista en el electroencefalograma.

Neurotransmisores

En 1921, el médico austríaco Otto Loewi de la Universidad de Graz, demostró la participación de sustancias con características de transmisores químicas. Mientras experimentaba con corazones de rana latiendo, cuando estimuló el nervio vago o neumogástrico, la frecuencia de latidos se redujo; al colocar otro corazón en el líquido del primer experimento, también disminuyó la frecuencia. Loewi llamó a la sustancia contenida en el líquido como *Vagusstoff* (la traducción equivaldría a "principio activo/sustancia del vago") que posteriormente fué identificada como acetilcolina (abreviada ACh). En la actualidad se conoce la existencia de aproximadamente sesenta neurotransmisores, la mayoría de los cuales son péptidos, es decir, cadenas de algunos aminoácidos.

En general, los neurotransmisores tienen una serie de propiedades comunes como bajo peso molecular, buena solubilidad en agua, y suelen ser aminoácidos o sustancias relacionadas. Los neurotransmisores peptídicos se derivan de restos carbonados del metabolismo de la glucosa, mientras que los metabolitos -es decir, moléculas que han sufrido una transformación metabólica en el organismo- por ejemplo, la acetilcolina y las catecolaminas se sintetizan a partir de precursores circulantes. Los principales neurotransmisores conocidos incluyen una lista que comprende acetilcolina, norepinefrina, dopamina, ácido gama-amino butírico, glicina, glutamato, aspartato, taurina, prolina, histamina, serotonina, sustancia P (por *pain,* dolor) y un sistema especial de encefalinas y endorfinas, también conocido como los opiáceos endógenos.

A nivel de las sinapsis los neurotransmisores pueden tener acciones inhibidoras o excitadoras: en el caso de la acetilcolina, a nivel cardíaco disminuye la frecuencia cardíaca, pero en el músculo esquelético ocasiona contracciones, lo que sugiere que una misma sustancia puede ser empleada por el sistema nervioso para diferentes propósitos. En el lapso de 0.3 milisegundos posteriormente al impulso transmitido, se liberan aproximadamente 100 quanta de acetilcolina, que en respuesta abren aproximadamente 200.000 ionóforos o túneles iónicos en la célula muscular. El flujo hacia el citoplasma de tres mil millones de iones aproximadamente, produce una pérdida de la carga negativa intracelular o despolarización, que se conoce como "potencial de placa terminal"[22].

La flexibilidad y la plasticidad del sistema nervioso también se establecen al demostrarse como las neuronas del sistema nervioso central pueden alojar varios neurotransmisores simultáneamente, como serotonina y péptido P, o como dopamina y neurotensina. Aunque no se conoce bien el significado funcional de la liberación conjunta de neurotransmisores, se conoce que las alteraciones de los sistemas neuronales que contienen dopamina y colecistocinina pueden explicar la etiología de algunos tipos de enfermedades mentales como la esquizofrenia.

Los niveles de los transmisores peptídicos y de los metabolitos peptídicos están estrechamente regulados. En el caso de los neurotransmisores como catecolaminas, serotonina o acetilcolina, la regulación se hace en el propio terminal nervioso, por limitación de la enzima responsable del metabolismo, o por factores como calcio iónico o monofosfato cíclico de adenosina que responden a procesos de estimulación del SNC. Con los transmisores peptídicos, la regulación de la síntesis se realiza en el cuerpo celular de la neurona, a considerable distancia del SNC, lo cual requiere que los péptidos sean transportados y procesados antes de actuar como neurotransmisores. Por ejemplo, las encefalinas, la corticotropina y la angiotensina se sintetizan a nivel de los ribosomas, luego se unen con una molécula de glucosa, se encapsulan en vesículas y finalmente van hacia el terminal nervioso por transporte axonal.

Durante el transporte axonal hay un procesamiento adicional, en el cual se separan algunos aminoácidos, con lo cual se "madura" el neurotransmisor. Los neurotransmisores se unen a receptores específicos que son proteínas integrantes de la membrana. Los receptores tienen unas estructuras complejas a las cuales se acopla perfectamente el neurotransmisor. A nivel molecular, los puntos de unión entre el receptor y el neurotransmisor son cuantitativamente reducidos y la interacción entre ambos altera las propiedades de la membrana, sea alterando el potencial o la resistencia[23]. (Cf. Funcionalismo neural).

Los neurotransmisores determinan circuitos bioquímicos, diferentes según la molécula de base. Por ejemplo, las redes noradrenérgicas que se asocian al *locus cœruleus* son de importancia para el ciclo de sueño-vigilia y para el sueño de movimiento oculares rápidos (MOR). Los circuitos serotoninérgicos que parten de los núcleos del rafé son de importancia en el sueño de ondas lentas y parecen tener efectos modulatorios sobre los mecanismos periféricos del dolor, en interacción con las encefalinas. La dopamina es importante en los circuitos nigroestriatales, mesolímbicos, tuberohipofisiarios y mesocorticales, de importancia en el control motor y afectivo.

En la enfermedad de Parkinson, también conocida como "parálisis agitante", hay depleción de dopamina de la "pars compacta" de la substancia nigra, pérdida progresiva de la capacidad de unión de la dopamina con sus receptores a nivel del núcleo caudado y compromiso de poblaciones neuronales heterogéneas a nivel de tallo cerebral, el núcleo basal colinérgico de Meynert, algunas neuronas hipotalámicas y otras corticales, especialmente en el giro cingulado y la corteza entorrinal, así como en el bulbo olfatorio, y de tipo parasimpático en la pared intestinal; la progresiva pérdida de los receptores explica por ejemplo, la decreciente respuesta de los pacientes parkinsonianos a la medicación con levodopa. La complejidad de la neurotransmisión se ha mostrado en las llamadas "imágenes funcionales"[24] que demuestran alteraciones en la emisión y captura de dopamina, alteraciones del metabolismo local en núcleos basales y tálamo y en otros casos, disminución de la integridad neuronal del estriado en pacientes sin tratamiento[25]. La enfermedad de Parkinson figura en la literatura ayurvédica hindú, descrita con el término *kampavata*, refiriendo un estado de temblor y dificultad en el movimiento; hoy se conoce que los cambios patológicos de una mayor pérdida (60 - 70% de la población neuronal) en la porción ventrolateral de la substancia nigra con pérdida regional de dopamina en el estriado y el putamen se correlacionan con rigidez y dificultad de movimiento.

En otras enfermedades como la esquizofrenia se atribuye por ejemplo, un papel a los neurotrans-misores dopamina-colecistocinina según Lee y Seeman. La esquizofrenia puede ocurrir -en un contexto de anormalidad en neurotransmisores- por un aumento de la cantidad de dopamina en ciertas regiones del cerebro o bien por aumento en el número o la sensibilidad de los receptores postsinápticos. Las drogas estimulantes como las anfetaminas pueden producir psicosis y síntomas similares a los brotes esquizofrénicos por su parecido estructural a la dopamina.

El mecanismo de acción de algunos neurotransmisores como la serotonina empieza en forma muy tímida a ser develado. Se conoce que este neurotransmisor en particular interviene en comporta-mientos de tipo suicida, en el apetito, en el control de la agresión, en la regulación del humor. Los sistemas neuronales que responden a la serotonina tienen una amplia distribución por el cerebro, hallándose en los lóbulos frontales y en particular, en las estructuras denominadas ganglios o nú-cleos basales. Del mismo modo que con otros neurotransmisores, la serotonina se libera hacia la hendidura sináptica para luego ser extraída de allí por una recaptura o recaptación, antes de que la célula presináptica se torne nuevamente excitada. Existen fármacos como la clomipramina, la fluoxetina y la fluvoxamina que han demostrado utilidad en el tratamiento de una entidad clínica denominada "trastorno obsesivo-compulsivo", donde existen ideas persistentes e intrusivas que la persona identifica como ajenos a sí misma, pero que causan enorme ansiedad (Cf. Trastornos de las funciones mentales superiores). La utilidad de estos fármacos viene dada por sus efectos blo-queantes de la recaptación de serotonina en la sinapsis.

La mejoría de los síntomas obsesivo-compulsivos es una prueba que muestra la participación in-directa de la serotonina en este tipo de trastorno psiquiátrico. Tal parece que existen patrones de comportamiento latentes almacenados en los núcleos basales que se activan debido a la presencia de anomalías funcionales en las áreas inferiores de los lóbulos frontales. Los impulsos desencade-nantes de tales patrones en los núcleos basales son conducidos por vías neuronales cuyo principal neurotransmisor es la serotonina. El tratamiento médico con estos fármacos, junto con otras moléculas pertenecientes a la familia de los antidepresivos tricíclicos podría, por medio de la alte-ración de la neurotransmisión de la serotonina amortiguar el estímulo desde la regiones frontales y contribuir a la mejoría.

El Canon de Avicena alude a los pensamientos dominantes u obsesivos y como mediante el acto sexual se lograba la "expulsión" de estos, por el mecanismo de la disolución de los vapores es-permáticos. A todas luces, la obsesión era una enfermedad del género masculino. Para Arnau de Vilanova, un médico medieval y autor de *Opera medica Omnia*, la obsesión,

> "la obsesión y el trastorno de carácter patológico surgían a consecuencia de que la "virtud esti-mativa" -a la que se atribuía el estar situada en el ventrículo medio del cerebro- consideraba que el placer que se iba a obtener iba a superar a todo lo demás y constituiría el único bien apetecible. Se consideraba que el corazón, en presencia del ser amable sufría en los espíritus vitales inflama-ción y aturdimiento y confundían el juicio hasta que llegaban al ventrículo medio del cerebro; por vecindad desecan también el ventrículo anterior, lo cual produce la fijación de las impresiones recibidas y la obsesión. Las condiciones de la enfermedad (obsesiva) se cumplen en su totalidad si la pasión amorosa queda contrariada, es decir, si no se da la realización del acto sexual como desenlace natural del mecanismo psicológico"[26].

Los conocimientos sobre neurotransmisores nos colocan ante una perspectiva más amplia sobre la obsesión, y se sospecha que otros tipos de comportamientos obsesivos como la tricotiloma-nía[27], la cleptomanía (robo compulsivo) y el fenómeno frecuente de comerse las uñas (onicofagia), puedan responder a medicaciones para el manejo de los trastornos obsesivo-compulsivos.

Igualmente se han planteado hipótesis más atrevidas sobre los neurotransmisores, que proponen que la conciencia y sus alteraciones son meramente el producto de actividad neuronal ligadas a los neurotransmisores. Autores como Karl Jansen (1997) refieren que las experiencias cercanas a la muerte pueden ser reproducidas mediante el bloqueo de los receptores para un neurotransmisor llamado glutamato[28] por medio del fármaco ketamina, un anestésico. Sin embargo, tal hipótesis ha recibido críticas, porque es solamente una de las muchas alternativas de interpretación de la realidad, argumento que se tiende a verificar además a través de experiencia directa y propia, cuando se atribuye a la conciencia una capacidad de relacionarse siempre con el individuo, mientras que el cuerpo es solamente el objeto. Los objetos vienen y van, mientras la conciencia permanece[29].

Quizá los nuevos conocimientos acerca de los desórdenes mentales obliguen a la inclusión de otras conductas disparatadas y absurdas que estén unidas por patrones de herencia similares, por características semejantes en los exámenes de neuroimágenes y por un perfil de respuesta similar ante determinados neurofármacos[30].

Receptores

Hacia 1967, Arthur Carlin y Jean Pierre Changeux dieron una clave importante sobre el papel de los receptores, al sugerir que el receptor de acetilcolina fuera análogo a las denominadas enzimas regulatorias, una clase de proteínas que catalizan reacciones bioquímicas. Es conocido que la tasa de la reacción catalizada por una enzima puede ser alterada por una sustancia llamada "efector" y que esta molécula efectora puede ser estructuralmente diferente de la molécula blanco de la enzima, pero una vez ligada a la enzima cambia su estructura tridimensional y de paso, incrementa su actividad catalítica.

La acetilcolina tiene pocas semejanzas con los iones sodio y potasio, pero como "efector" influye en la apertura y cierre de los ionóforos, lo cual equivaldría a la actividad catalítica alterada[31].

Los receptores son proteínas situadas principalmente en las membranas biológicas, y su función es la transmisión de impulsos o señales biológicas generados a partir de cambios en su propia configuración espacial o tridimensional. Las proteínas que componen los receptores se pueden componer de una o varias partes, pueden estar asociados a canales iónicos o a una enzima como la adenilato-ciclasa. Esto implica, de una forma sencilla que las moléculas receptoras tienen diferentes partes funcionales, una a la cual se une la molécula de neurotransmisor, y otra unida a los ionóforos.

La señal biológica generada por los neurotransmisores ocasiona cambios dentro del citoplasma, como la formación de endosomas que captan el neurotransmisor (proceso también conocido como endocitosis), o al proceso inverso de externación o exocitosis. Este modelo teórico desde el punto de vista de la farmacología celular es importante porque ayuda a explicar cómo actúan los medicamentos con efectos agonistas o antagonistas. Los receptores situados en los extremos presinápticos y postsinápticos de las neuronas implicadas en los procesos de neurotransmisión tienen un alto grado de especialización. Una vez que los neurotransmisores se han liberado al espacio o hendidura sináptica se unen con receptores específicos permitiendo el flujo de la información por cambios en el movimiento de iones a través de la membrana o bien mediante la síntesis de moléculas denominadas "segundos mensajeros"[32].

El declive funcional de los receptores de acetilcolina en el sistema nervioso central es una de las explicaciones que se propone para el trastorno degenerativo conocido como la enfermedad de Alzheimer. El receptor del ácido gama-amino-butírico o GABA, tiene en su configuración un receptor de benzodiacepinas, de tal manera que el efecto inductor de sueño y ansiolítico de las benzodiace-pinas se explica por los efectos inhibitorios sobre el GABA[33]. En la entidad patológica conocida como "disautonomía familiar" una enfermedad neurológica de herencia recesiva encontrada en población judía de Europa central u oriental, se encuentra alteración de la percepción del dolor, la temperatura y el gusto, reflejos tendinosos profundos ausentes o disminuídos, e incapacidad para la coordinación de movimientos voluntarios.

David Siggers, de la Universidad "Johns Hopkins" ha descrito la presencia de una mutación en el gen que codifica una proteína llamada "factor de crecimiento neural" o NGF (sigla de *Nerve-Growth Factor*). La molécula mutante de NGF tiene una configuración diferente a la de la molécula normal, resultando una menor actividad biológica, que el cuerpo trata de compensar sintetizando una mayor cantidad, lo cual desencadena actividad antigénica -es decir, inductora de la producción de anticuerpos- que resulta en la producción de altos niveles detectables de anticuerpos antiNGF, que dañan la NGF y paradójicamente la disminuyen[34].

Notas de Capítulo 1.

1. 📖 Albornoz, A: Conferencia magistral: "Don Santiago Ramón y Cajal. **Acta Neurológica Colombiana** 1988; 4(3): 111-112
2. 📖 Hubel DH: El cerebro. En: **El Cerebro Monografía de Libros de Investigación y Ciencia**. 3ª Ed. Edit. Labor, Barcelona. 1983. pp. 11-12
3. 📖 Stevens CF: La neurona. En: **El Cerebro Monografía de Libros de Investigación y Ciencia**. 3ª Edición. Editorial Labor, Barcelona. 1983. pp. 25-36
4. 📖 Swerdlow JL: Quiet Miracles of the brain. **National Geographic** 1995; 187 (6): pp. 8
5. 📖 Stevens L: **Exploradores del Cerebro**. Barral Editores. Barcelona, 1974. pp 79
6. 📖 Stevens L: **Exploradores del Cerebro**. Barral Editores. Barcelona, 1974. pp 74
7. 📖 Mayor F, Giménez C: Receptorpatías. **Investigación y Ciencia** 1987; 126: pp. 13
8. 📖 Stevens L: Exploradores del Cerebro. Barral Editores. Barcelona, 1974. pp 23, 24.
9. Una vez la sustancia neurotransmisora se pone en contacto con las regiones específicas de la membrana post-sináptica, produce cambios de flujos iónicos, que resultan en despolarización o pérdida del potencial eléctrico predominantemente negativo de -120 mV a nivel intracelular. Estos fenómenos ocurren neuronalmente no solo a nivel del soma, sino del axón y las dendritas. En neurobiología se reconoce como la membrana celular es un verdadero órgano celular con una serie de propiedades biofísicas y una actividad metabólica que producen las diferencias en las composiciones del medio intra y extracelular, base para la comprensión de la excitabilidad neuronal. A nivel de la membrana el paso de partículas cargadas eléctricamente o iones a través de canales específicos o ionóforos (del griego: *ión*: el que

va, y *phoros*: llevar) genera corrientes iónicas y diferencias de potencial eléctrico transmembrana. El cambio súbito de la polaridad predominantemente negativa (desde -120 mV a -50 mV) a nivel intracelular es conocido como potencial de acción. Este fenómeno eléctrico se propaga a lo largo de la membrana celular y es uno de los elementos característicos del sistema de señales que permite la propagación y codificación de señales en el sistema nervioso central.

10. 📖 Hubel DH: El cerebro. En: **El Cerebro Monografía de Libros de Investigación y Ciencia**. 3ª Ed. Edit. Labor, Barcelona. 1983. pp. 11-12
11. 📖 Hofstadter DR: **Gödel, Escher, Bach. Un eterno y grácil bucle.** Tusquets Editores, Barcelona, 1998. pp. 385
12. 📖 Wilber K: **Sexo, Ecología, Espiritualidad. El alma de la evolución. Volumen I** Gaia Ediciones, Madrid 1996. pp. 68, 71
13. 📖 Fischbach GD: Introducción general. En: **Mente y Cerebro. Monografía de Libros de Investigación y Ciencia**. Edit. Prensa Científica, Barcelona. 1993. pp. 10
14. 📖 Morell P, Norton WT: Myelin. **Scientific American** 1980; 242 (5): pp. 74
15. 📖 Morell P, Norton WT: Myelin. **Scientific American** 1980; 242 (5): pp. 76
16. 📖 Popper KR, Eccles J: **El Yo y su cerebro**. 1ª Ed, 2ª Reimpresión, Editorial Labor Barcelona, 1985. pp. 261
17. La retina transmite la información al nervio óptico, que al reunirse con su homólogo contralateral forma el quiasma óptico; a partir del quiasma, el nervio óptico se transforma en el tracto óptico, que desemboca haciendo sinapsis con un núcleo de neuronas denominado cuerpo geniculado lateral (CGL); a partir del CGL, los axones constituyen las radiaciones ópticas, que desembocan en la corteza cerebral.

18. Crick FHC: Reflexiones en Torno al Cerebro. En: **El Cerebro Monografía de Libros de Investigación y Ciencia.** 3ª Ed. Edit. Labor, Barcelona. 1983 pp. 220-228

19. Fischbach GD: Introducción general. En: **Mente y Cerebro. Monografía de Libros de Investigación y Ciencia.** Edit. Prensa Científica, Barcelona. 1993. pp. 13

20. Nauta JWH, Feiertag M: Organización del cerebro. En: **El Cerebro Monografía de Libros de Investigación y Ciencia.** 3ª Ed. Labor, Barcelona. 1983. pp. 53-66

21. Nauta JWH, Feiertag M: Organización del cerebro. En: **El Cerebro Monografía de Libros de Investigación y Ciencia.** 3ª Ed. Labor, Barcelona. 1983. pp. 55

22. Nauta JWH, Feiertag M: Organización del cerebro. En: **El Cerebro Monografía de Libros de Investigación y Ciencia.** 3ª Ed. Labor, Barcelona. 1983. pp. 57

23. Dichas imágenes funcionales comprenden: tomografía de emisión de positrones (PET), tomomografía computada de emisión individual de fotones (SPECT), resonancia magnética espectroscópica marcada con tritio para marcadores neuronales.

24. Lang AE, Lozano AM: Parkinson's Disease. I part. **New England Journal of Medicine** 1998; 339 (15): 1044-1053

25. Jacquart D, Thomasset C: **Sexualidad y Saber Médico en la Edad Media.** Editorial Labor, Barcelona, 1989 pp. 80

26. La tricotilomanía (del griego *trichós*: cabello, *mania*: locura) consiste en un síntoma compulsivo que se presenta con mayor frecuencia en las mujeres, en el cual el o la paciente se tira o arranca una sola hebra de cabello con frecuencia. Es un síntoma, asociado a un tipo especial de trastorno psiquiátrico denominado trastorno o desorden obsesivo compulsivo, explicado más adelante.

27. Jansen argumenta tal hipótesis por una parte, sobre la base de que el glutamato es un neurotransmisor responsable de neurotoxicidad, y por otra parte, que enfermedades diversas como falta de oxígeno, poca glucosa en sangre, y epilepsia del lóbulo temporal liberan gran cantidad de glutamato que actúa en los receptores de N-metil-D-aspartato (NMDA). la ketamina es un fármaco empleado en anestesia, al bloquear los receptores de NMDA previene la neurotoxicidad. En: Jansen KLR: The ketamine model of the near-death experience: A central role for the N-methyl-D-aspartate receptor. **Journal of Near Death Studies** 1997; 16 (1): 5-26

28. Kungurtsev I: Which comes first: Consciousness or aspartate receptors? **Journal of Near Death Studies** 1997; 16 (1): 55-57

29. Rapoport JL: Biología de las obsesiones y las compulsiones. Capítulo 14. En: **Función cerebral. Monografía de Libros de Investigación y Ciencia.** Prensa Científica SA, Barcelona España. 1991 pp. 142-149

30. Lester HA: The response to acetilcholine. **Scientific American** 1977; 236 (2): pp. 111

31. Mayor F, Giménez C: Receptorpatías. **Investigación y Ciencia** 1987; 126: 10-19

32. Mayor F, Giménez C: Receptorpatías. **Investigación y Ciencia** 1987; 126: pp. 18

33. Aparte sobre "Molecular medicin" en Science and the Citizen. **Scientific American** 1976; 235 (6): 52-53

Capítulo 2. Una teoría general acerca del cerebro

Aproximaciones a una teoría general.

Todos los fenómenos pertinentes al cerebro y la mente autoconsciente reclaman un nuevo campo de significados. Todos ellos reclaman pues, nuevos postulados. Puede considerarse una teoría general del cerebro en estos momentos como cuando los primeros filósofos sin el conocimiento de la electricidad intentaron explicar el rayo por la teoría de Zeus emitiendo las centellas, -por lo cual la civilización del Lacio le llamó "Júpiter tonante"- o por el choque de las nubes, ambas insatisfactorias. Fué la aparición de un sistema conceptual de mayor amplitud, el de la teoría electromagnética el que permitió una explicación racional.

Podría considerarse la teoría del cerebro como adoleciendo de una manera semejante de ese macrosistema conceptual, cuya aparición hará que las ciencias no sean las mismas de antes. Mucha evidencia actual de otras disciplinas obligan a reconocer la existencia de propiedades que no encajan en la teoría neurológica presente: para que la mente autoconsciente tenga cabida en el cerebro, el marco conceptual debe ampliarse aún más[35]. Humberto Maturana y Francisco Varela describen como al sistema nervioso se le considera un instrumento mediante el cual el organismo obtiene información del ambiente que luego utiliza en la construcción de una representación sobre el mundo, lo cual le permite computar una conducta adecuada que le permite sobrevivir en él. De acuerdo a esta descripción, el medio ambiente especifica en el sistema nervioso las características que le son propias y por su parte, el cerebro utiliza tales características en la generación de la conducta, de una forma semejante a cuando conocemos una ruta de acuerdo a como está trazada en un mapa.

De acuerdo a Howard Gardner, la ciencia cognoscitiva tiende a descubrir las capacidades de la mente para la representación y la computación, así como su representación estructural y funcional en el cerebro. La ciencia cognoscitiva es un empeño contemporáneo de base empírica que procura responder a interrogantes epistemológicos de antigua data, en particular aquellos vinculados a la naturaleza del conocimiento, sus elementos componentes, así como sus fines, evolución y difusión. La ciencia cognoscitiva es extensible a todas las formas del conocimiento humano, teniendo la clave para descifrar muchas cuestiones pertinentes a las representaciones mentales de los seres humanos sobre las cuales se puede postular un nivel de análisis separado de los niveles neurológico, biológico, sociológico y cultural, que al mismo tiempo los trascienda. Adicionalmente, los conocimientos relativos a computación son de utilidad porque en el momento constituyen un modelo viable del funcionamiento de la mente humana, lo cual significa que las creencias centrales de la ciencia cognoscitiva sobre las representaciones mentales se complementan con los procedimientos metodológicos de la ciencia de la computación. La ciencia cognoscitiva, siguiendo a Gardner, cree en la utilidad de los aportes interdisciplinarios, de áreas que concretamente comprenden la filosofía, la inteligencia artificial, la lingüística, la antropología y la neurociencia, a partir de las cuales en algún momento surgir una tendencia unitaria[36].

Muchas de las ideas pertinentes al funcionamiento del cerebro y la mente de inicios de siglo se suscitaron en el marco de si la mecánica había sido capaz de explicar las leyes del mundo físico, los modelos mecanicistas basados en los arcos reflejos podrían de una manera semejante explicar la actividad humana. En el período comprendido desde la segunda a la cuarta década en nuestro siglo, el conductismo dificultó los enfoques científicos sobre el estudio de la mente, porque lo que un individuo pensaba carecía de valor a menos que su pensamiento se tratara como una conducta encubierta, a lo cual se agregó adicionalmente el cuerpo conceptual del psicoanálisis, el cual frente al dogma establecido de los conductistas se prestaba a críticas por no ser fácilmente refutable[37].

Si se observa el campo de las neurociencias, su naturaleza empírica permite el planteamiento de interrogantes que se puede verificar con mayor facilidad si se ha avanzado o no hacia la solución. La teoría en neurobiología no debe restringir su papel a tratar de crear teorías correctas y detalladas de los procesos neurales, sino actuar activamente en la proposición de cuáles rasgos sería más útil estudiar y sobre todo medir, para ver que clase de teoría se necesita.

El premio nobel de Medicina Frederick H.C. Crick considera relevante tratar de señalar cual es el tipo de información obtenible que sería de mayor utilidad y cual sería además, obtenible en un período relativamente corto, introduciendo métodos nuevos y factibles. El proceso de análisis del mundo exterior no siempre revela sus rasgos más significativos, pero su visión dista de ser real, además que quedan interrogantes sin resolver por parte de la embriología, la genética; por último, la teoría de la información aplicada al funcionamiento nervioso, es una interesante novedad con gran fuerza conceptual, pero de acuerdo a Crick, adolece de una mayor trayectoria en el tiempo.

En la construcción de una teoría general del cerebro, influyen tres grandes directrices restrictivas: la primera limitación -en consonancia con el tema de la información- es impuesta por las matemáticas y en particular la teoría de la comunicación, ya que hay circunstancias en las que una distribución o un patrón pueden ser reconstruidos perfectamente a partir de una pequeña muestra de los mismos tomada a intervalos regulares.

Aunque la información se puede almacenar distributivamente como en un holograma, el retiro de una parte parcial de ella no altera el cuadro en su totalidad. Este enfoque holográfico sobre el manejo de la información se ampliará más adelante. Una segunda restricción proviene del mundo físico, a partir del cual la información que acceda al cerebro estará relacionada con los invariantes o semiinvariantes del mundo exterior. Por último, una tercera restricción viene impuesta por la bioquímica, la genética y la embriología. El sistema nervioso no está hecho de elementos conductores, sino de células especializadas. Esto con el fin de justificar el hecho que un impulso que recorre un axón viaja a velocidades bajas, y si bien los iones inorgánicos sodio y potasio, tienen un papel preponderante en la transmisión neuronal, muchas de las moléculas que transmiten el impulso a neuronas adyacentes son orgánicas.

Las limitaciones bioquímicas se dan en el axón, dado que sus puntos más alejados están distantes del extremo proximal de la síntesis proteica, lo cual impone restricciones a la velocidad de los cambios bioquímicos que puedan ocurrir en él. Por todo lo anterior, en la actualidad se consideran a las limitaciones descritas como parcialmente comprendidas[38]. Adicionalmente, existe un debate científico entre la concepción localizacionista o locacionista y la concepción holista del funcionamiento cerebral, que históricamente empezó a ser notable desde Descartes cuando propuso que la glándula pineal era el punto de interacción entre el alma y el cuerpo, hipótesis que fue debatida por un contemporáneo suyo, Juan de Huarte, quien rechazó la doctrina de la localización de las facultades mentales en los ventrículos cerebrales, sugiriendo en cambio que el cerebro funcionaba como una unidad.

En el siglo XVIII, Francis Joseph Gall, en una de sus obras titulada "Sobre las funciones del cerebro y de cada una de sus partes, con observaciones vinculadas a la posibilidad de determinar los instintos, propensiones y talentos, o las disposiciones morales e intelectuales de los hombres y los animales debido a las configuraciones del cerebro y la cabeza", sustentaba la hipótesis que el cerebro está dividido de tal forma que puede efectuar muchas de sus funciones separadamente, a lo cual agregó que muchas de estas disposiciones son innatas. Lo cual también fué reforzado por Charles B. Bell en su ensayo de 1811, donde mostró una de las representaciones gráficas más completas del cerebro como un órgano con diferentes partes funcionales y afirmaba que

> "la doctrina dominante de las escuelas anatómicas es la de que todo cerebro es un sensorio común (...) las impresiones son transportadas por los nervios al sensorio y presentadas a la mente; y la mente por los mismos nervios que recibe la sensación envía la orden de la voluntad a las partes motoras del organismo (...) esto parece aceptablemente simple y consistente, hasta que empezamos a discutir anatómicamente la estructura del cerebro y el curso de los nervios. Entonces todo es confusión".

Por otra parte, Bell y François Magendie hacia 1822 descubrieron en forma independiente la separación anatómica de las funciones sensitivas y motoras en la médula espinal, hechos que inclinaron la balanza en pro del aspecto localizacionista. Posteriormente los datos clínicos aportados por algunas enfermedades del sistema nervioso y por accidentes como el de Phineas Gage, indicaban con frecuencia que el cerebro era algo más que un sensorio común.

A partir de investigaciones post-mortem con cerebros de personas que habían padecido de afasia, Pierre Broca concluyó que las deficiencias lingüísticas se debían a los traumatismos sufridos por el hemisferio cerebral izquierdo, particularmente a nivel de la tercera circunvolución frontal, mientras que Carl Wernicke en la universidad de Wroklau atribuyó las dificultades en la comprensión del lenguaje a lesiones en el lóbulo temporal izquierdo; todo ello unido a la afirmación de Jules Dejerine en que los problemas de la lectura y la escritura procedían de lesiones en el lóbulo parietal izquierdo y la corteza parieto-occipital.

Sin embargo, a estas demostraciones localizacionistas se opusieron a su vez las de tipo holista propuestas por Pierre Jean Marie Flourens, quien insistió en que las distintas partes cerebrales funcionan como una totalidad, "porque la magnitud de un déficit no puede explicarse simplemente por la zona cerebral que le está asociada, ni siquiera por el volumen de cerebro vinculado a ese déficit (...) lo apropiado sería poner de relieve otro orden de fenómenos que incluye la unidad eficaz del sistema nervioso, la cual reúne a todas sus partes pese a la diversidad de su acción, pero también el grado de influencia que cada una de esas partes aporta a la actividad común" y la evidencia presentada por Pierre Marie, quien al examinar los cerebros originalmente estudiados por Broca declaró ante la Sociedad Neurológica de París que la "tercera circunvolución frontal no cumple ninguna función especial", por cuanto uno de los cerebros había sufrido lesiones mucho más amplias de lo que Broca había informado y tampoco había documentado con precisión suficiente el espectro de déficits neurológicos concomitantes, a lo cual se agregaron los hallazgos de otros neurólogos quienes hallaron que la misma clase de deficiencias podían proceder de individuos con lesiones en una amplia variedad de zonas anatómicas, que mostraba déficits diversos entre sí, a veces ninguno. Sus afirmaciones llevaban implícito el hecho de la plasticidad del sistema nervioso, donde la capacidad de las zonas no lesionadas para suplir las funciones de las zonas lesionadas tenía un rol, donde la magnitud de las lesiones y no el lugar en que estas ocurrían incidían en la pérdida del pensamiento abstracto. Hughlins Jackson, como precursor de la escuela holista en el siglo XIX había declarado que "la localización de los síntomas no significa localización de la función".

Las concepciones holistas se vieron reforzadas posteriormente por la psicología de la Gestalt, donde los hallazgos sugerían que el organismo no reaccionaba frente a estímulos singulares, sino por el contrario, frente a la relación entre los estímulos, frente a pautas globales y percibiendo los estímulos como parte de un contexto, de tal modo que los neurólogos holistas que no consideraban que los déficits cerebrales eran atribuibles a lesiones circunscritas, formaron un bastión contra la tendencia conductista de inicios de siglo, dado el acúmulo de evidencia a favor de la acción masiva, la equipotencialidad y la plasticidad.

De una manera semejante a las discusiones sobre la naturaleza corpuscular u ondular de la luz, tanto los locacionistas como los holistas se parapetaban en su respectiva evidencia experimental, los holistas acudían a los experimentos de ratas en laberintos, mientras que los locacionistas se apoyaban en las diversas afasias de seres humanos. Era necesario un "tertium quid", en donde cada una de las concepciones se refiriera a diferentes fenómenos, donde cada cual tenía razón en lo tocante a ciertos organismos, ciertas conductas o períodos de la vida. La síntesis llegó a finales de la década de los 40 en el siglo XX, cuando se encontró que las lesiones sumamente específicas no provocaban síndromes específicos, por la gran variabilidad de los pacientes en la casuística clínica con lo cual perdieron vigor y por su parte, el propio Karl Lashley como cabeza visible del holismo como una teoría general del cerebro, reconoció que el sistema óptico poseía un grado de localización específico dentro del sistema nervioso[39].

Donald O. Hebb, neuropsicólogo canadiense realizó de cierto modo la tercería entre los conceptos aparentemente no reconciliables del holismo y el locacionismo como teorías del funcionamiento cerebral. En la monografía hoy considerada clásica, de "La organización de la conducta" (1949) refiere que las pautas de conducta, la percepción visual, por citar algunas, se confirman paulatinamente a lo largo de períodos prolongados, mediante la conexión de conjuntos particulares de células a los que él denominó "congregaciones" o "ensamblados" ("assemblies").

Estas congregaciones explicaban como las conductas o "perceptos" están localizados en regiones concretas, incluso en células específicas del cerebro, pero con el transcurso del tiempo, permiten el surgimiento de comportamientos más complejos, a los que Hebb denominó "secuencias de fases". Tales conductas complejas suelen estar menos localizadas y abarcan grupos mayores de células procedentes de diversas partes del sistema nervioso, con lo cual estas agregaciones funcionales confieren equipotencialidad al sistema nervioso, entendida como la presencia de senderos alternativos de modo que si alguno resulta anulado, los restantes pueden cumplir con una grado semejante de eficacia la función conductual que los lesionados desempeñaban. Cuando el organismo alcanza la madurez y es capaz de asumir conductas más complejas, es difícil atribuir una conducta cualquiera a una serie aislada de neuronas pertenecientes a una región circunscrita.
Los hallazgos de Lorente de Nó, del Instituto Rockefeller de Investigaciones Médicas, sobre las vías neurales de retroalimentación le permitieron a Hebb elaborar una teoría más sólida de la mente, en la que la activación reiterada de cualquier bucle neuronal reforzaría la excitación de la neurona blanco, produciendo una activación persistente de la misma, produciendo en las dos células participantes en la sinapsis un proceso de desarrollo que redobla la respuesta ante el estímulo presentado por la neurona de entrada, en esto consisten las sinapsis hebbianas.

El concepto hebbiano de la sinapsis permitió explicar como en los primeros años de la infancia el aprendizaje es flexible y puede producirse aunque estén dañadas grandes porciones del sistema nervioso, mientras que en períodos posteriores depende específicamente del desarrollo y diferenciación de otras estructuras, teniendo comparativamente con los estadios tempranos del desarrollo, una menor plasticidad. Del mismo modo, el concepto hebbiano de la sinapsis sustentaba el hecho que la inteligencia adulta era decisivamente influída por la experiencia tenida durante la infancia, y originó mucho más tarde la implementación de los enriquecedores programas de la iniciación pre-escolar[40].

Un punto aparente que parecía entrar en choque con la conexión de Hebb, se hallaba en el hallazgo de la aparente inocuidad de las lesiones frontales al no encontrar déficits de inteligencia en pacientes cuyos lóbulos frontales habían sido destruidos por accidente o por intervención quirúrgica, pero esta aparente falta de efecto le espoleó en su búsqueda de una teoría sobre el cerebro y la conducta inteligente. Los trabajos posteriores demostraron que las pruebas de inteligencia no eran apropiadas: Brenda Milner, discípula por aquel entonces de Hebb -y quien continuó los trabajos inciados por éste en los pacientes operados por el neurocirujano Wilder Penfield en Montreal, para mejorar epilepsia- encontró que los cambios de personalidad que se producen con el deterioro del lóbulo frontal afectan adversamente la vida del sujeto, como lo confirma Antonio Damasio al referir apartes de la patografía de Phineas Gage, además de su propia experiencia.

Los estudios ulteriores con neuronas individuales confirmarían los cambios en la intensidad sináptica de las células, confirmando el concepto hebbiano de la sinapsis, sobre el cual además se ha acumulado evidencia experimental adicional, aportada por la biología molecular. Se han demostrado cambios permanentes en el desarrollo neuronal asociados a síntesis proteica, concepto cardinal en la actualidad para una mejor comprensión de la memoria, donde ya se conoce la participación de los receptores de N-metil-D-aspartato (NMDA) presente en las dendritas de las células granulosas, en las células CA-1 (*Cornu Ammonis*) del hipocampo, así como en las neuronas del neocórtex.

Con el planteamiento de la existencia de directrices restrictivas para una teoría general del cerebro, Crick propone que tal teoría debe poder explicar las relaciones entre la naturaleza del mundo físico y como ocurre el procesamiento de la información, todo ello siendo acorde con el actual conocimiento de aspectos bioquímicos, genéticos y embriológicos del sistema nervioso. En concordancia con los rasgos de la ciencia neural cognoscitiva, Crick omite deliberadamente el énfasis en los factores emocionales que si bien pueden ser importantes – y de hecho lo son- para el normal funcionamiento cognoscitivo humano, complicarían metodológicamente el transcurso actual de los estudios[41].

Otros enfoques sobre como el cerebro maneja la información, provienen de elaboraciones de la teoría de la información, concernientes a modelos estocásticos. El investigador Arnold Trehub del Hospital de Veteranos de Massachussets describió al cerebro como un "detector coherente paralelo", y sugiere que el cerebro ejecuta matemáticas complejas al construir su representación del mundo, manejando información limitada, pero funcionando simultáneamente como uno de los mejores sistemas de detección de señales estocásticas (relativas al azar)[42].

Es alentador el encontrar igualmente que en disciplinas -que se podrían considerar aparentemente dispares- como la antropología estructural, el antropólogo e investigador Lévi-Strauss en su obra "*La Pensée Sauvage*" plantea que la separación entre pensamiento y mundo, entre inteligibilidad y realidad es de naturaleza matemática, donde la mente posee sus propias leyes de orden. En esta obra hace notar que la mente humana es un depósito de combinaciones, permutaciones y otras combinaciones similares, todas ellas de índole matemática[43], argumento en el cual subyace una interpretación de la mente como un sistema de detección de señales estocásticas. De otra parte, los especialistas en semiótica Roman Jakobson y Charles Morris contribuyeron a la difusión del concepto que toda acción humana tiene propiedades esencialmente simbólicas y es necesario por tanto, explicarla en función de sus aspectos cognoscitivos y no de sus aspectos prácticos.

Lo que se ha podido establecer con la metodología neurocientífica actual, es que el cerebro:

> "es un órgano plástico cuya estructura y función son un reflejo de su ecología; tanto la estructura
> como la función son en gran parte dinámicas y están adaptándose continuamente a las cambiantes

exigencias funcionales (...) Los componentes neurales muestran complejas interconexiones y son interdependientes; los cambios producidos en cualquier parte del cerebro afectarán probablemente a muchas otras partes, si no a todas. En la mayoría de los casos, los cambios inducidos por el ambiente no se pueden predecir con absoluta certeza, sino que tienden más bien a ser probabilísticos, es decir, predecibles dentro de ciertos límites. Además no hay un único mecanismo que pueda explicar los cambios observados (...)[44].

Cualquier cambio refleja la totalidad de las respuestas a todo nivel en el cerebro. No parece a la luz actual que existiera un único mecanismo fundamental en virtud del cual se explicaran todas las respuestas neurales. Adicionalmente, es posible que las disciplinas que estudien la realidad tengan un papel en definir las leyes según las cuales la mente interpreta la realidad. Los paralelismos entre diferentes disciplinas como la mecánica cuántica y aquellas que estudian la conciencia son fructíferos en la medida de conocer sus límites, teniendo en cuenta que las propiedades de la conciencia no pueden ser reducidas a las de la materia física. A este respecto es pertinente citar a Ludwig von Bertalanffy cuando refiere:

"La realidad, en la concepción moderna aparece como un tremendo orden jerárquico de entidades organizadas que pasan a través de la superposición de muchos niveles, desde los sistemas físicos y químicos a los biológicos y sociológicos. Esta re-estructuración jerárquica y combinación en sistemas de orden cada vez superior es característica de la realidad como un todo y es de importancia fundamental (...)"[45].

El cerebro y el universo constituyen un todo coherente que no se pueden separar y estudiar independientemente, pues si el universo llega a conocerse a través del cerebro, parece que dentro de sus límites, el cerebro se adaptara y modificara para comprender mejor su universo. Citando al psiquiatra Roger Walsh, de la universidad de California, la evolución del estudio de la ecología del cerebro "comienza a dar motivo para pensar en ciertos rasgos de holismo, interconexión e interdependencia, dinamismo, probabilismo, complejidad y autodeterminismo acausal, que recuerdan los paralelos hallables tanto en la física moderna como en las disciplinas de la conciencia"[46].

Según el bioquímico británico Rupert Sheldrake, de la universidad de Cambridge, el holismo o filosofía organicista proporciona un contexto que revisa la teoría mecanicista que propone que en el universo todo puede explicarse a partir por lo más pequeño, partiendo por ejemplo las propiedades de los átomos, que la vida y la conciencia son productos accidentales de la materia, que la evolución está dirigida por la interacción entre acontecimientos fortuitos y el instinto de supervivencia, reconociendo en cambio, la existencia de sistemas jerárquicamente organizados que en cada nivel sucesivo de complejidad exhiben propiedades que no pueden comprenderse partiendo de las propiedades de las partes en forma separada[47].

Por su parte, el biólogo evolucionista Ernst Mayr en la obra "*The Growth of the Biological Thought*" describe que los sistemas casi siempre "tienen la particularidad de que las características de la totalidad no pueden ser deducidas del conocimiento profundo de los componentes tomados por separado o en otras combinaciones parciales". La aparición de estas nuevas características en las totalidades ha sido llamada *emergencia*; una vez que emerge un nuevo nivel jerárquico, los sistemas del nuevo nivel tienden a hacerse progresivamente más complejos a nivel estructural y funcional[48]. La emergencia ha sido invocada a menudo para explicar fenómenos tan difíciles como la vida, la mente o la conciencia (...) es igualmente característica en los sistemas inorgánicos (...) "[49].

La comprensión de la complejidad de un sistema como el cerebro radica en una óptica de "articulación en bloques" que diferencian niveles más y más altos, con la característica adicional de ver sacrificada una dosis mayor de precisión en cada paso. El resultado de lo que surge o "emerge" en el nivel holónico superior, abarcante del inferior pero no viceversa, es un "sistema informal" que obedece a reglas de complejidad semejante que tienen una conexión laxa con las matemáticas: esta medida es laxa en la medida de considerar que los niveles "superiores" e "inferiores" del cerebro se pueden explicar de una forma semejante a las redes neurales de inteligencia artificial, cuando actúan de manera semejante a como podría hacerlo una red neural del cerebro, pero que carecerían de la significación del nivel más alto.

En las redes neurales el efecto global suele ser que una serie de activaciones actuando a través de un sistema de entrada produce una distinta pauta de activaciones a través del sistema de unidades ocultas, siendo válido esto mismo para las unidades de salida. Entonces, la red constituye un dispositivo para transformar cualquiera de los muchos posibles vectores de entrada o pautas de excitación, en una única respuesta de salida, lo cual permite "computar" una función específica. En la red neural, la función exacta que se transforma en una respuesta única depende de la configuración global de sus pesos sinápticos. El comportamiento dinámico de la red permite que se puedan configurar sus pesos sinápticos, con lo cual se vuelve capaz de manejar prácticamente cualquier función y es aún posible imponer a la red una función no especificada siempre y cuando se le suministre un conjunto de ejemplos de los pares de entrada y salida deseados -procediendo de una forma silogística-, con lo cual se logra el llamado entrenamiento de la red, que se desarrolla por ajuste sucesivo de los pesos "sinápticos" hasta que finalmente realiza las transformaciones de entrada y salida deseadas [50].

Lo cual, dicho de otra forma equivale a afirmar que si se desarrollara un programa que lograra una representación interna, probablemente requiera de estructuras y procesos que escapan a cualquier interpretación directa, es decir, no tienen una relación de correspondencia directa con los elementos de la realidad [51]. Ken Wilber cita a Ballmer y Von Weizsacker cuando describen que la maximización de la complejidad es el "principio general de la evolución"; uno de los problemas paradójicos que se plantean con la descripción de la complejidad del sistema nervioso, es que si fuera más simple, seguramente no seríamos lo suficientemente complejos para lograr representarnos con facilidad.

La investigación en ciencia neural cognoscitiva depende de la capacidad de estudiar el cerebro vivo y se enriquece con nuevos métodos que aportan nuevos resultados, con los cuales el hombre logra aproximarse aún más a su propio cerebro, con su interpretación concomitante en la visión del universo que depende de él. Nuestro entendimiento del universo y de la realidad que nos rodea se halla sometido a las influencias de ocho factores esenciales, que de acuerdo al pensador John Barrow son los siguientes:

• Las leyes de la naturaleza.
• Las "condiciones iniciales"
• La identidad de las fuerzas y las partículas.
• Las constantes de la naturaleza.
• Las simetrías rotas.
• Los principios organizadores.
• Los sesgos de selección.
• Las categorías del pensamiento.

Bajo una óptica cosmológica enmarcada en una explicación fundamental estos puntos encarnan una forma de ir "más allá", al permitir la introducción de giros nuevos y creativos dentro de la corriente evolutiva. Por su parte, el físico y matemático Douglas Hofstadter refiere que "los aspectos del pensamiento pueden ser vistos como la descripción del alto nivel de un sistema que en un nivel más elemental es regido por reglas simples". El sistema es el cerebro, donde merced a un mecanismo de gran complejidad se realizan las transiciones entre los diferentes estados, observando reglas definidas físicamente.

El estudio de las funciones cognoscitivas en el cerebro como producto de las cortezas de asociación, ha suscitado el examen de los procesos cognoscitivos del cerebro a la luz conceptual de los programas de inteligencia artificial. La inteligencia artificial se puede considerar como un intento de examinar los procesos cognoscitivos por medio de programas de computador y otros dispositivos que procesan información.

Los modelos que permiten tal aproximación son redes, que pueden tener abundancia de elementos de interconexión, lo que permite que sean influenciables de una forma positiva o negativa. Tales modelos son conocidos como "modelos de procesamiento de distribución en paralelo" (PDP, de la sigla inglesa de *parallel-distributed processing*), donde la actividad de un elemento sobre otro depende de la cantidad de conexiones de salida y la fortaleza de la conexión. Las principales semejanzas entre este circuito y el cerebro real, son por una parte, el extenso procesamiento en paralelo que ocurre en ambos, y por otra, que las operaciones en ambos no son dependientes de elementos individuales, sino del conjunto de los elementos.

Hoy en día se considera que algunas áreas de la corteza pueden estar especializadas para computaciones de tipo ejecutivo o lineal, mientras que otras áreas procesan tipo PDP, en las cuales la acción de neuronas específicas no es importante para el funcionamiento global [52]. Sin embargo, cuando se aplica el principio de computación a las diferentes neuronas, hay que partir del hecho que cada neurona es todavía mucho más compleja que los elementos presentes en las actuales redes neurales artificiales.

Tanto en neuroanatomía como en neurofisiología era escasa la proporción de obtención de nueva información, sin embargo, los paralelos conceptuales han permitido conocer como las conexiones neuronales se pueden esbozar de una manera básica con los conceptos de entramado de precisión y el de redes asociativas. Según el concepto del entramado de precisión, las conexiones están hechas de una manera definida y ordenada, de modo que solamente algunas células están en contacto con otras.

Este tipo de conexión neuronal se encuentra en invertebrados por ejemplo, en moluscos como el caracol *Aplysia californica* y en estructuras del ojo de la mosca, mientras que el modelo de conexión de redes asociativas se presenta en las áreas cerebrales de animales más complejos, en los cuales hay muchas más células y el entramado de sus conexiones parece ser menos preciso. En el entramado de precisión las conexiones están hechas de una manera definitiva y ordenada: solamente ciertas células están en conexión con otras y con frecuencia el modelo de las conexiones se repite en todos los individuos de una misma especie animal. Curiosamente el aprendizaje no sufre deterioro, pues la experiencia puede cambiar la fuerza de las conexiones con un patrón hebbiano (descrito más adelante).

El sistema nervioso superior es una combinación sutil de entramados de precisión y redes asociativas, en los cuales los canales de entrada no están interconectados entre sí. Adicionalmente hay representación múltiple y sucesiva, que asemeja el sistema nervioso con entramados de precisión, mientras simultáneamente exhibe interconexión de todos los elementos en regiones pequeñas, originando redes asociativas.

El hecho de describir el sistema de conexiones neuronales en esta forma, implica que no se trata de una enorme red asociativa, ya que un sistema tal con todas las neuronas conectadas entre sí requeriría de más espacio, con una enorme diseconomía de escala (cf. Teoría de la complejidad); por lo anterior es más homeostático el que la red tenga subdivisiones o retículos, con disposición de algunos componentes en paralelo y otros en serie. Cada red local está hecha para dar acceso en su canal de entrada a las operaciones particulares para extracción de información significativa. Además, como se explica más adelante (Cf. ¿Cómo funciona el cerebro - funcionamiento analógico, funcionamiento digital) la disposición de circuitería en paralelo permite una mayor transmisión de información.

Al estudiar el mecanismo de la visión en monos, David Hubel y Torsten Wiesel describieron como las conexiones de las neuronas en el córtex visual forman un mapa topográfico, en el cual las conexiones están diseñadas para extraer de entrada determinados rasgos y provocar el estímulo no solo de una neurona, sino de varios miles, englobando también las propiedades de una red asociativa. Este modelo se define como un diagrama de conexión abstracto, que tiene uno o varios conjuntos de canales de entrada y un conjunto de canales de salida. Cada canal de entrada está conectado con cada canal de salida, pero la fuerza de las conexiones varía y es susceptible de ajustarse por la experiencia, partiendo de normas definidas, de modo que una vez las vías se activen con frecuencia simultáneamente resultan reforzadas.

Por su parte, Anthony Zador, en la universidad de Yale ha demostrado como de acuerdo al modelo hebbiano[53] de la sinapsis, es posible explicar conjuntamente los eventos de los niveles subsinápticos y moleculares con el fenómeno de neurotransmisión conocido como la potenciación a largo plazo, implicado en la memoria a largo plazo y el aprendizaje [54].

Desde esta óptica, las numerosas áreas funcionales, las múltiples conexiones de las neuronas cobran sentido al disponer de entradas simultáneas en muchos puntos, con lo cual cooperan entre sí de forma fluida sobre la base de un objetivo común que es el manejo de información. Uno de los objetivos de la neurobiología teórica es tratar de convertir la información ambigua transmitida por los diferentes sistemas neuronales en descripciones matemáticamente precisas.

Sin embargo, la aproximación a una teoría general con base en el enfoque de la inteligencia artificial (IA) plantea un reduccionismo sutil, porque a partir del conjunto de conexiones per se (llámese entramado de precisión, asociativo) es difícil sustentar las cuestiones de significado, valor, conciencia, profundidad, cultura e intencionalidad por citar algunas [55]. Al armar una red neural, el hecho del funcionamiento del nivel más bajo -compuesto por neuronas en interacción- no fuerza necesariamente la aparición de un nivel significativo más alto, puesto que la significación de alto nivel es una propiedad opcional, un accesorio que se produjo como consecuencia de las presiones ambientales para la evolución [56].

La teoría de la complejidad

"Solo con el corazón se puede ver bien; lo esencial es invisible para los ojos"
Antoine De Saint Exupery - El Principito

Cuando se afirma que la evolución es direccional, se está haciendo referencia a la influencia del tiempo evolutivo, que se reconoció por vez primera en la biosfera y que en las ciencias de la complejidad se entiende como presente en los tres grandes dominios de la evolución que comprenden la fisiosfera, la biosfera y la noosfera. La direccionalidad del tiempo resulta en una mayor diferenciación, variedad, complejidad y organización. La evolución está marcada por la emergencia creativa (entendida como innovación - *vide supra*), rupturas de simetría, autotrascendencia, mayor profundidad y mayor conciencia. Todos estos elementos confirman la direccionalidad de la evolución. Ken Wilber, (1995) al tratar sobre las conclusiones básicas de las ciencias modernas, persigue el objetivo de una integración en la estructura más amplia de las cosas y describe la teoría de la complejidad -así como otras disciplinas que buscan patrones de conexión-, en términos de principios comunes que expliquen las "pautas de la existencia", "leyes de la forma" o "propensiones de la manifestación" en los tres dominios de la evolución [57] y cita a Jantsch cuando afirma que:

> "la evolución del Universo es un *despliegue* sucesivo del orden diferenciado o complejidad (...), que describe la emergencia de niveles jerárquicos al conectar los sistemas desde "abajo hacia arriba" (...) La evolución actúa en el sentido de una estructuración simultánea e interdependiente del macro y el micromundo. Así, la complejidad depende de la interpenetración de procesos de diferenciación e integración [58].

El físico y matemático Rudolph Hofstadter refiere que todos los aspectos del pensamiento pueden ser vistos como la descripción de "alto nivel" de un sistema que en un "bajo nivel" es gobernado por reglas simples que se pueden considerar incluso formales. Se asume que el sistema es el cerebro, con un sistema formal subyacente a un sistema informal, en donde este último elabora las palabras y el lenguaje, descubre patrones numéricos, comete disparates, siente alegría o tristeza y así sucesivamente. En contraposición, el sistema formal consiste en un mecanismo con la suficiente complejidad para lograr efectuar las transiciones entre estado y estado, observando reglas definidas en el plano físico y las señales y símbolos con los que tropieza. Esta perspectiva hace fácil considerar al sistema nervioso y al cerebro como una clase de objeto matemático, pero si el campo matemático es uno donde las operaciones son definidas y claras, el sistema nervioso y el cerebro son el *non plus ultra* que dista enormemente de una interpretación así, cuando se contempla su exponencial población de neuronas conectadas con el patrón de complejidad que las caracteriza, aunque se han procurado aplicar algunos enfoques cuantitativos dada la naturaleza del sistema y su manejo de información/entropía, que comprenden enfoques como el de la complejidad neural (C_N), la integración de la información (ϕ) o la densidad causal (cd), descritos en detalle más adelante.

Es interesante desde el punto de vista de la complejidad aplicado a neurobiología, el considerar algunos aspectos de las conexiones neurales al estar dispuestas en redes y subredes. Al tratar sobre sistemas complejos, tomando como ejemplo sistemas más simples las redes para conexiones telefónicas o los circuitos de los computadores, la teoría de la complejidad busca establecer el número de componentes necesarios para ejecutar una tarea dada. La complejidad de estos sistemas, afines parcialmente a las redes neuronales, surge en el número y la complejidad de sus interconexiones, en lugar de la complejidad de los mismos componentes. La teoría de la complejidad desde el punto de vista de evaluación de componentes en una red, busca determinar el mínimo número de estos, encontrando nuevos diseños para un menor requerimiento y demostrando que cierto número de componentes se necesitarán independientemente del diseño que se aplique.

Con base en los conceptos de Nicholas Pippenger, (1978) del Watson Research Center de IBM, se encuentra que partiendo del concepto del mínimo número de componentes que permite obtener eficiencia y economía ya sea en un computador o en una red telefónica, pueden existir analogías con el sistema nervioso central sobre la base conceptual de la complejidad que surge de un número dado de componentes y lo intrincado de sus conexiones. Entonces a partir de la complejidad, los sistemas resultantes serán mucho mayores que la simple suma de sus partes. De acuerdo a Pippenger, dado que no existe una prueba convincente de que un computador moderno o una red telefónica actual pueda funcionar del mismo modo con solamente la mitad de los componentes, tal situación ha permitido el surgimiento de la teoría matemática de la complejidad, que trata de determinar el mínimo número de componentes necesarios para un sistema, sin tener que ver casi (paradójicamente) con la parte de lo intrincado en las conexiones.

En un sistema de redes telefónicas una red podría manejar N llamadas con N suscriptores, con un potencial de N^2 diferentes llamadas, aunque en una red real, el número de troncales no es el mismo que el de suscriptores y no es práctico que en tal red que maneje N llamadas haya N^2 interruptores, porque este tipo de configuración numérica constituye la llamada "diseconomía de escala", fenómeno que es frecuente en la teoría de complejidad. Para lograr que una red no tenga diseconomía de escala, es necesario considerar métodos de construcción en general, sin pasar por alto que de acuerdo a los argumentos de Claude E. Shannon -propulsor de la teoría de la información-, no es posible construir redes sin diseconomía de escala. El mínimo número de interruptores en una red es una función que se incrementa exponencialmente de acuerdo a la cantidad de llamadas que maneje la red [59].

Si la red maneja N llamadas, tiene un mejor diseño y ofrece una menor diseconomía de escala al trabajar con subredes que requieran una menor cantidad de interruptores, la cual se puede construir de acuerdo a la fórmula de Charles Clos, de Laboratorios Bell, con $N^{1.5}$ interruptores o la modificada por David Cantor, de la universidad de California con $N (\log N)^{2.269}$ interruptores (cuyas ventajas son que $N^{1.5}$ y el logaritmo de N aún con un mayor exponente, tienen una menor tasa de progresión frente a la matriz N^2; de modo que la menor cantidad de interruptores ocurre por el menor exponente). Estas ecuaciones hacen posible disminuir los interruptores o los elementos participantes tanto en la red como en las subredes, permitiendo una menor diseconomía de escala. En una red que maneje N llamadas, se deben esperar N! (Factorial de N) estados y con S interruptores, se darán dos estados (cerrado y abierto que en una red de S interruptores equivaldrá a 2 x 2 x 2 .... x 2) que son lo mismo que 2^n estados. La conclusión es que la cantidad de interruptores S es relativamente aproximada a $\log_2 N!$ [60].

La inteligencia artificial ha descubierto desde la época en que Charles Babbage en 1834 en Cambridge, Inglaterra trabajara en su "máquina analítica" que podía calcular hasta cincuenta dígitos hasta nuestro período actual, que el trabajo en paralelo de muchas computadoras pequeñas, con apenas una unidad procesadora central funciona mejor que una computadora mayor en forma aislada. Quizá muchas mentes pequeñas trabajando en paralelo puedan dar resultados superiores a los de una gran mente trabajando en solitario.

La lección más importante que ofrece la teoría de la complejidad es la demostración de la gran diversidad de fenómenos que pueden surgir de la interacción de elementos simples. Se cita nuevamente el vínculo con las matemáticas, que espera con el sucesivo desarrollo de la inteligencia artificial llegar a descubrir un léxico o lenguaje que permita un avance en la naturaleza de las deducciones, lo cual abarcaría un estudio de gradación de nociones, símbolos, clases de símbolos, clases de clases del mismo modo al utilizado para investigar la complejidad de las estructuras matemáticas o físicas [61].

La teoría de los sistemas

"Siempre es bello y oportuno todo lo que conviene al conjunto"

Marco Aurelio - Meditaciones

Las ciencias sistémicas son las ciencias de la totalidad y la conexión. La naturaleza de su novedad radica en la noción de desarrollo o evolución, concepto que abarca a las totalidades que crecen y evolucionan. El alcance de las ciencias sistémicas llega a los grandes reinos del universo material, el mundo de los seres vivos y el mundo de la historia. Cuando se describe que "todo está conectado con todo lo demás", se describe un estado de cosas verdadero.

De acuerdo a la teoría de los sistemas, la realidad no está compuesta de cosas o procesos, de átomos ni quarks, de totalidades ni partes, sino que está compuesta de totalidades/partes, que son denominadas holones[62]. El concepto de holón es aplicable a todo, desde un átomo, hasta células, ideas, conceptos. No hay cosas ni procesos, cada holón no es una totalidad ni una parte, sino una totalidad/parte simultáneamente sin límite hacia arriba o hacia abajo. Como la realidad no está compuesta de totalidades y tampoco de partes, por la existencia de totalidades/partes, Ken Wilber considera que este planteamiento acaba con la discusión tradicional entre el atomismo -en que todas las cosas están aisladas y las totalidades individuales interactúan solamente por azar- y el holismo-en que todas las cosas son partes de un todo mayor. No hay totalidades y no hay partes, solamente totalidades/partes, reitera Wilber[63].

El estudio del holón de la conciencia nos lleva a la noosfera, el reino de la evolución sociocultural y biosocial. La interpretación de Wilber aplicada a las ciencias en general le hace considerarlas como ciencias reconstructivas: la emergencia autotrascendente, al conllevar cierto grado de sorpresa, hace que tengamos que esperar a ver que pasa, para poder reconstruir a partir del hecho, un sistema dado de conocimiento. La característica esencial de un "sistema" es servir como una unidad de observación para un conjunto delimitado de variables interactuantes, en lugar de simples elementos. Una definición simple de "sistema" la ofrece el psiquiatra Gordon Allport al referirlo como "un complejo de elementos en mutua interacción", que también es extensible a definiciones matemáticas de sistema como la propuesta por Russell y Alfred North Whitehead en la obra "Principia Matemathica", que el matemático y físico Douglas Hofstadter adscribe cuando les cita sobre a propósito de esa obra:

 "Un conjunto del tipo más bajo no puede tener entre sus miembros otros conjuntos, sino únicamente objetos. Un conjunto del tipo que sigue en la escala sólo puede abarcar conjuntos del tipo más bajo, sin contenerse a sí mismo porque entonces tendría que pertenecer a uno más alto de su propio tipo"[64].

Por tanto, deben existir relaciones entre las partes de un sistema que son diferentes a las relaciones de las partes cuando están por fuera del sistema. Esto implica la existencia de un límite, sea éste tangible o intangible[65].

Todo ser vivo comienza su existencia como una estructura unicelular particular que constituye su punto de partida. Por esto, la ontogenia de todo ser vivo consiste en su continua transformación estructural que ocurre en un proceso sin alteración de su identidad ni de su acoplamiento al medio que le rodea desde su inicio hasta su desintegración final, mientras que simultáneamente sigue su propio y único curso de interacciones por la secuencia de cambios estructurales que éstas han desencadenado en él.

Maturana y Varela refieren en corroboración que todo lo anterior ocurre con nosotros como seres humanos, lo confirma el caso de dos niñas hindúes de 8 y 5 años, que hacia 1922 en una aldea de Bengala fueron arrancadas del seno de una familia de lobos que las había criado en total aislamiento de contacto humano.

Al ser encontradas, las niñas no sabían caminar en dos pies y se movían con las cuatro extremidades. No hablaban, tenían rostros inexpresivos, comían carne cruda y eran de hábitos nocturnos, rechazaban el contacto humano y preferían la compañía de perros o lobos. La niña menor falleció a consecuencia de la depresión por la separación de la familia de lobos, mientras que la niña mayor sobrevivió diez años, en los cuales cambió eventualmente sus hábitos alimenticios y sus ciclos de actividad, marchaba bípedamente pero corría en las cuatro extremidades cuando estaba movida por la urgencia y aunque no hablaba propiamente, usaba un vocabulario limitado.

Este caso -que no es el único-, demuestra que aunque en su constitución genética, anatómica y fisiológica las niñas eran humanas, nunca llegaron a acoplarse al contexto humano. Las conductas que se quisieron cambiar en las niñas eran aberrantes en el contexto humano, pero eran enteramente naturales para la crianza lobuna.

Sabemos que el sistema nervioso como parte de un organismo opera con determinación estructural y por lo tanto, la estructura del medio no puede especificar sus cambios sino solo desencadenarlos. Aunque como observadores por tener acceso al sistema nervioso y al medio en que está, podemos realizar observaciones sobre la conducta del organismo como si surgiera del sistema nervioso conteniendo representaciones del medio o como expresión de intencionalidad en la consecución de una meta; no obstante, tales observaciones no reflejan el operar del sistema nervioso mismo siendo de utilidad comunicativa solamente para la comunidad de observadores, sin un valor explicativo científico[66].

La teoría moderna de los sistemas sostiene la necesidad de ampliar el análisis causal tradicional para extenderlo a las conexiones internas del sistema. Si se considera que la mente es un sistema como un complejo de elementos o componentes directa o indirectamente relacionados en una "red causal, cada componente está relacionado por lo menos con varios otros, de un modo más o menos estable en un lapso dado".

Piaget al referirse a los modelos de causalidad estructural, dice que "la explicación en las ciencias no puede ser más que estructuralista por el hecho que la causalidad no se reduce jamás a una relación simple y desemboca siempre en la interdependencia y asimilación recíproca que implica o exige una estructura"[67]. Lo que predomina en el interior de un sistema son relaciones de interacción: la estructura es una exigencia en el contenido de las ciencias. Wilber, al referirse a la teoría de sistemas, que también denomina teoría dinámica de sistemas o teoría evolutiva de sistemas, expresa:

> "(...) la idea general de la teoría de sistemas es que han sido descubiertas regularidades básicas, patrones o leyes que se aplican de forma amplia a los tres grandes reinos de la evolución, la fisiosfera, la biosfera y la noosfera, y que en la actualidad es posible una unidad de la ciencia, una visión del mundo unificada y coherente. Afirman (las teorías) en otras palabras, que todo está conectado con todo lo demás: el entramado de la vida como una conclusión no meramente religiosa sino científica"[68].

El concepto divulgado del sistema nervioso le considera como un instrumento mediante el cual el organismo obtiene la información del ambiente que luego utiliza para construir una representación del mundo que le permite computar una conducta adecuada para sobrevivir en él. Este concepto exige que el medio especifique en el sistema nervioso las características que le son propias y que éste las utilice en la generación de la conducta tal como nosotros lo haríamos para trazar una determinada ruta[69]. Sin embargo, la trampa de esta concepción radica que trata de comprender el fenómeno cognoscitivo basada en la suposición y a su vez es complementada por la trampa de sentido opuesto, donde que el sistema nervioso opera con la propia interioridad.

El justo punto medio, el *tertium quid* para soslayar las dos trampas anteriores radica en salirse del plano de la oposición y cambiar la naturaleza de la pregunta pasando a un contexto más abarcador. Tal contexto más abarcador, es de acuerdo a Maturana y Varela, lo que denominan una clara contabilidad lógica, lo que significa no perder nunca de vista aquello que se dijo desde un comienzo: "todo lo dicho es dicho por alguien"[70].

Entelequia es un término griego ("en telos") cuyo significado implica que lleva en sí mismo su finalidad u objetivo, de alguna forma contiene el objetivo hacia el cual se dirige un sistema bajo control. El embriólogo alemán Hans Driesch consideraba que la conducta se encontraba bajo el control de una jerarquía de entelequias, basándose explícitamente en Aristóteles, que procedían y estaban subordinadas a la entelequia global del organismo, lo cual es algo que sigue existiendo como un todo aunque se eliminen partes del organismo físico, que actúa sobre el organismo físico pero sin formar parte del mismo; a este factor lo denominó entelequia.

De tal forma, si se interrumpe un curso normal de desarrollo, el sistema puede alcanzar el objetivo de otro modo. Driesch escribió durante la era de la física clásica cuando se pensaba que los procesos físicos eran completamente determinísticos y por principio, absolutamente previsibles en términos de energía, momentum, entre otras variables. Pero consideró que los procesos físicos no podían determinarse totalmente porque la entelequia energética no podría actuar sobre los mismos. La conclusión que se sigue, es que al menos en los organismos vivos, los procesos microfísicos no podrían determinarse completamente mediante la causalidad física, aunque por norma general los procesos fisicoquímicos obedecían leyes estadísticas.

Lo brillante del argumento de Driesch estuvo en entrever que en los organismos vivos la que él denominó entelequia, actuaba modificando la coordinación detallada de los procesos microfísicos suspendiéndolos y liberándolos de la suspensión cuando era necesario para sus propósitos, de una forma semejante a lo propuesto por John Eccles al tratar sobre la mente autoconsciente[71] (Cf. La mente autoconsciente y los módulos corticales).

Al considerar el enfoque de sistemas en relación al lenguaje, permite que esta sea considerada como una totalidad organizada cuyas diversas partes son interdependientes entre sí y derivan su significación del sistema en su conjunto. Entonces el lenguaje es un sistema cognoscitivo contenido en el hablante individual, que al plantear desde una óptica estructuralista muestra que los sonidos poseen realidad psicológica, discriminable por el sistema nervioso central.

Notas de Capítulo 2.

34. Rattray-Taylor G: **El cerebro y la mente. Una realidad y un enigma.** Editorial Planeta, Barcelona, 1979. pp. 290

35. Gardner, H: **La nueva ciencia de la mente. Historia de la Revolución Cognitiva.** Reimpresión Paidós, Barcelona, 1996. pp 22

36. Gardner, H: **La nueva ciencia de la mente. Historia de la Revolución Cognitiva.** Reimpresión Paidós, Barcelona, 1996. pp 31

37. Crick FHC: Reflexiones en Torno al Cerebro. En: **El Cerebro Monografía de Libros de Investigación y Ciencia.** 3ª Ed. Edit. Labor, Barcelona. 1983 pp. 224

38. 📖 Gardner, H: **La nueva ciencia de la mente. Historia de la Revolución Cognitiva.** Reimpresión Paidós, Barcelona, 1996. pp 284-296

39. 📖 Milner PM: Donald O Hebb, psicólogo de la mente. En: **Psicología Fisiológica. Monografía de Libros de Investigación y Ciencia.** Prensa Científica S.A. Barcelona, 1994; pp 13.

40. 📖 Gardner, H: **La nueva ciencia de la mente. Historia de la Revolución Cognitiva.** Reimpresión Paidós, Barcelona, 1996. pp 22

41. 📖 Fergusson M: **La Revolución del Cerebro.** Editorial Héptada. Madrid. 1991 pp. 261

42. 📖 Broekman JM: **El Estructuralismo.** 2ª Ed., Editorial Herder, Barcelona, 1974. pp. 149

43. 📖 Walsh RN: La posible aparición de paralelos interdisciplinarios. En: Walsh R, Vaughan F: **Más allá del Ego: Textos de Psicología transpersonal.** 5ª Ed. Edit Kairós, Barcelona, 1991. pp. 349

44. 📖 von Bertalanffy L, citado por Ken Wilber en: **Sexo, Ecología, Espiritualidad. El alma de la evolución. Volumen I** Gaia Ediciones, Madrid 1996. pp. 66

45. 📖 Walsh RN: La posible aparición de paralelos interdisciplinarios. En: Walsh R, Vaughan F: **Más allá del Ego: Textos de Psicología transpersonal.** 5ª Ed. Edit Kairós, Barcelona, 1991. pp. 350

46. 📖 Sheldrake R: Una nueva ciencia de la vida. La hipótesis de la causación formativa. Kairós. Barcelona, 1990. pp 20

47. 📖 Wilber K: **Sexo, Ecología, Espiritualidad. El alma de la evolución. Volumen I** Gaia Ediciones, Madrid 1996. pp. 86<

48. 📖 Mayr E: The Growth of biological thought. Citado por Ken Wilber en: **Sexo, Ecología, Espiritualidad. El alma de la evolución. Volumen I** Gaia Ediciones, Madrid 1996. pp. 64

49. 📖 Churchland PM, Smith-Churchland P: ¿Podría pensar una máquina? En: **Psicología fisiológica. Monografía de Libros de Investigación y Ciencia.** Prensa Científica, Barcelona. 1994. pp. 151

50. 📖 Hofstadter DR: **Gödel, Escher, Bach. Un eterno y grácil bucle.** Tusquets Editores, Barcelona, 1998. pp. 621, 634

51. 📖 Kandel ER, Schwartz JH, Jessell TM: **Essentials of Neural Science and Behavior.** Appleton & Lange. 1995. pp 362

52. Para comprender el modelo hebbiano de la sinapsis, es necesario conocer la llamada regla de Hebb que plantea que "cuando el axón de la célula A (...) excita la célula B y de forma repetitiva y persistente toma parte en un proceso de descargas, algún proceso de crecimiento o algún cambio metabólico ocurren en una o ambas células, de modo que la eficiencia de A al descargar sobre B se aumenta". La teoría asociada del ensamblamiento celular como una aproximación a la memoria asociativa cortical fué propuesta por el neuropsicólogo Donald Hebb hacia 1949 y explica el almacenamiento de la memoria en mamíferos por la potenciación a largo plazo en el hipocampo.

53. 📖 Zador, AM: Biophysics of computation in single hippocampal neurons. **Tesis Doctoral.** Universidad de Yale - 1993. pp.176

54. 📖 Wilber K: **Sexo, Ecología, Espiritualidad. El alma de la evolución. Volumen I** Gaia Ediciones, Madrid 1996. pp. 153

55. 📖 Hofstadter DR: **Gödel, Escher, Bach. Un eterno y grácil bucle.** Tusquets Editores, Barcelona, 1998. pp. 635

56. La fisiosfera, la biosfera y la noosfera al hacer parte de este Universo, son un pluralismo emergente entrelazado por patrones comunes. 📖 Wilber K: **Sexo, Ecología, Espiritualidad. El alma de la evolución. Volumen I** Gaia Ediciones, Madrid 1996. pp. 48

57. 📖 Wilber K: **Sexo, Ecología, Espiritualidad. El alma de la evolución. Volumen I** Gaia Ediciones, Madrid 1996. pp. 85

58. 📖 Pippenger N: Complexity Theory. **Scientific American** 1978; 328 (6): 98

59. $2^S = N!$ Para despejar a S en la ecuación se extrae el logaritmo a cada componente, de donde resulta $S = \log_2 N!$

60. 📖 Hofstadter DR: **Gödel, Escher, Bach. Un eterno y grácil bucle.** Tusquets Editores, Barcelona, 1998. pp. 622

61. 📖 Wilber K: **Sexo, Ecología, Espiritualidad. El alma de la evolución. Volumen I** Gaia Ediciones, Madrid 1996. pp. 48

62. 📖 Wilber K: **Sexo, Ecología, Espiritualidad. El alma de la evolución. Volumen I** Gaia Ediciones, Madrid 1996. pp. 50

63. 📖 Hofstadter DR: **Gödel, Escher, Bach. Un eterno y grácil bucle.** Tusquets Editores, Barcelona, 1998. pp. 25

64. 📖 Sundberg ND, Tyler LE, Taplin JR: **Clinical Psychology: Expanding Horizons.** Second Edition. Prentice Hall, Inc. Englewood cliffs, New Jersey, 1973. pp 95

65. 📖 Maturana H, Varela F, Behncke R: **El árbol del conocimiento.** 13 Edición. Editorial Universitaria S.A. Santiago de Chile, 1996. pp 87

66. 📖 Rojas C: **El problema de la causalidad en la epistemología de Mario Bunge.** Tesis doctoral - Pontificia Universidad Javeriana, Facultad de Filosofía y Letras. Bogotá, Junio 1980. pp. 119

67. 📖 Wilber K: **Sexo, Ecología, Espiritualidad. El alma de la evolución. Volumen I** Gaia Ediciones, Madrid 1996. pp. 27

68. 📖 Maturana H, Varela F, Behncke R: **El árbol del conocimiento.** 13 Edición. Editorial Universitaria S.A. Santiago de Chile, 1996. pp 87

69. 📖 Maturana H, Varela F, Behncke R: **El árbol del conocimiento.** 13 Edición. Editorial Universitaria S.A. Santiago de Chile, 1996. pp 89

70. 📖 Sheldrake R: **Una nueva ciencia de la vida. La hipótesis de la causación formativa.** Kairós. Barcelona, 1990. pp 54,56, 58

Capítulo 3. Aspectos filogenéticos de la evolución del cerebro humano

"El mundo de la naturaleza consiste en múltiples formas que se reflejan en un solo espejo; o más bien, es una forma única que se refleja en múltiples espejos"

Muhyi-d-Dîn Ibn 'Arabî

"La Naturaleza está llena de genio, llena de divinidad; ni siquiera un copo de nieve escapa a su mano modeladora".

Henry David Thoureau

"La Naturaleza universal llevó su impulso a la creación del mundo. Ahora, o todo lo que va siendo es por consecuencia, o muy pocas, las más importantes, son las cosas hacia las que el Principio Rector del universo genera su propio impulso. Acordarte de esto te dejará más tranquilo en muchos aspectos".

Marco Aurelio - Meditaciones.

Bases biológicas para el surgimiento del sistema nervioso

Antes de conocer exactamente como la naturaleza lleva a la creación del cerebro humano, es necesario conocer las reglas por las cuales surge la diversidad biológica para seguir de forma aproximada la sucesiva separación de poblaciones que llevarían hasta *Homo* y su complejo sistema neural.

La teoría de la evolución biológica desarrollada magistralmente por Charles Darwin (1809-1882) explica coherentemente la diversidad biológica y permite la comprobación experimental de los cambios evolutivos a partir de las descripciones en especies inferiores, que Darwin consideró "arrojarían mucha luz sobre el origen del hombre y su historia". La naturaleza de tales transiciones y transformaciones en principio caóticas, todavía están siendo exploradas, de modo que lo que antes aparecía como una brecha insalvable entre el mundo de la materia y la vida, ha devenido en una serie de minibrechas en que ya son más relacionables de forma inherente la materia y la vida: la continuidad entre la fisiosfera y la biosfera está de nuevo restablecida.

Cuando en 1844 Charles Darwin expandió su monografía original de treinta páginas *On the origin of species* hasta su publicación definitiva en 1859, expresó como "según nuestra teoría, no hay obviamente poderes que tiendan a exaltar constantemente las especies excepto la lucha mutua entre los diferentes individuos y las clases (...)" y negó la inmutabilidad de las especies, del mismo modo que Alfred Russell Wallace al describir los resultados sobre la variabilidad geográfica de diferentes especies en la Amazonia y Borneo[72].

El ultradarwinismo considera que la selección natural es el principal proceso evolutivo y su concepto de selección natural es equivalente a la competición por éxito reproductivo. Los ultradarwinistas ven toda competición -incluyendo la competición por alimentos u otros recursos económicos- "como un epifenómeno de la competición por el éxito reproductivo".

Al considerar los mecanismos evolutivos actuales sin diferencia con los que actuaron en otras épocas, los actuales estudios conservan la validez de los enfoques preliminares para el conocimiento del proceso evolutivo.

El proceso evolutivo tiene dos grandes vertientes, la evolución filética y el surgimiento de nuevas especies. En virtud de la primera, se acumula una gran cantidad de cambios en una sola línea de descendencia, que permiten una mejor adaptación al ambiente y por la segunda, en las líneas de la descendencia surgen otras nuevas. Darwin se refirió al tratar sobre el tema de la aparición de grupos de especies vinculadas,

> " (...) que debe haber sido un proceso extremadamente lento; y que los progenitores tienen que haber vivido largo tiempo antes que sus descendientes modificados (...) Esos intervalos habrán dado tiempo para que se multiplicaran especies de alguna forma madre: y en la formación geológica siguiente, esos grupos o especies aparecerán como creados de pronto (...) podría necesitarse una larga sucesión de edades para adaptar un organismo a alguna nueva y peculiar forma de vida, pero cuando esa adaptación se hubiera cumplido y unas cuantas especies hubieran adquirido ventaja sobre otros organismos, sería necesario un tiempo relativamente corto para producir muchas formas divergentes que rápidamente se extenderían por todo el mundo "[73].

Mientras un ser vivo no se desintegra está adaptado a su medio y con respecto a tal ambiente, su condición de adaptación es invariante, lo que quiere decir que la adaptación es persistente. En tales condiciones de adaptación todos los seres vivos somos iguales mientras estamos vivos. Sobre este concepto de la adaptación, Maturana y Varela hacen una importante observación en cuanto a que no existen seres más eficaces y mejor adaptados, en la medida en que todos están vivos y para tal efecto han cumplido satisfactoriamente los requerimientos necesarios para una ontogenia ininterrumpida.

Acotan Maturana y Varela que las comparaciones sobre eficacia pertenecen al dominio conceptual de las descripciones hechas sobre el observador, careciendo de relación directa con las historias individuales de conservación de la adaptación. Estas afirmaciones quieren decir que no hay supervivencia del más apto, sino simplemente supervivencia del apto. La supervivencia consiste en satisfacer una serie de condiciones de muchas maneras, sin que haya una optimización de algún criterio ajeno a la supervivencia misma[74]. En refuerzo de lo anterior, Robert Taylor de la universidad de Massachusetts, propone que la naturaleza en su papel de selectora es inmensamente superior al hombre, porque

> " El hombre puede actuar solo sobre caracteres externos y visibles. La naturaleza no se preocupa en absoluto de las apariencias, excepto si son útiles a cualquier ser. La naturaleza puede actuar sobre cada órgano interno, sobre cada matriz de diferencia constitucional, sobre el mecanismo entero de la vida. El hombre selecciona solo para su propio bien; la naturaleza lo hace solo para el bien del ser que tiene a su cuidado "[75].

El concepto de organismo es muy importante para sustentar la evolución de los homínidos. La especie comprende un grupo de individuos que están reproductivamente aislados de otros grupos, con lo cual el intercambio de alelos favorables solo ocurre en el seno de esa especie, de modo que cada especie venga a ser la unidad evolutiva e independiente[76].

La organización de la especie rige en gran parte su destino evolutivo. Cuando dos poblaciones no pueden seguir cruzándose, surgen dos grupos de genes distintos en los cuales los alelos seleccionados no serán transmitidos de uno a otro, lo que conferirá a cada grupo un destino evolutivo particular y cada población se adaptará a un ambiente distinto[77].

El registro fósil ha mostrado como las nuevas especies se forman a partir de las ancestrales en procesos de evolución muy lenta que abarcan tiempos geológicos, que cubren gran cantidad de individuos en un territorio dado, y que a veces están interrumpidos por intervalos de cambios rápidos, situación descrita como el "equilibrio punteado" o "gradualismo filogenético", propuesto por Niles Eldredge y Stephen Gould[78].

Sin embargo, en la práctica, los restos fósiles muestran saltos bruscos en el proceso evolutivo, por discontinuidades en el registro de las rocas a nivel mundial cuyo origen son catástrofes, siendo una de las más conocidas la del período Cretáceo tardío, que originó la extinción de los dinosaurios. La vida en el planeta Tierra es el resultado del cambio uniforme y de las catástrofes, en esto consiste el gradualismo filogénetico de Eldredge y Gould[79], en el que la evolución ofrece una panorámica de discontinuidad donde la naturaleza evoluciona a través de saltos repentinos y transformaciones profundas. George Gaylard Simpson llamó a esto "la evolución cuántica", sin que el término "cuántica" implique relación con la física, porque estos estallidos implicaron "alteraciones relativamente abruptas de la capacidad adaptativa o de la estructura corporal y dejaron muy pocas o ninguna prueba en los registros fósiles de las transiciones entre ellas"[80].

Algunas limitaciones en los mecanismos del desarrollo individual no permiten ciertas variaciones, muchas de las cuales pueden aparecer amortiguadas o incluso eliminadas. Solo algunas bifurcaciones de las vías de desarrollo pueden realizarse, en tanto que las formas intermedias son imposibles. Esto justifica en cierta medida los saltos bruscos de un tipo orgánico a otro, observados por los paleontólogos[81]. En el sistema de linajes biológicos hay muchas formas o trayectorias de evolución que pueden no tener variaciones en torno a una forma fundamental, y tales formas pueden coexistir con otras que involucran grandes cambios generadores de nuevas formas y con otras formas que están en vías de extinción y no emiten ramificaciones hacia el presente. En cada una de estas vertientes se conserva la organización y la adaptación de los organismos que integran los linajes mientras que estos existen.

La diversidad genética de cada especie se explica entonces por factores como las mutaciones genéticas unitarias y por recombinaciones en la transmisión genética en el contexto de una población a otra, a pesar de la influencia homogenizadora del flujo o deriva genética. La variación geográfica de la población promoverá el intercambio genético gradual dirigido por la selección natural de donde surgirá una nueva especie en un período mucho más corto con respecto a la duración de la especie, sobre todo por una fuerte deriva genética[82]. La teoría neutralista de la evolución natural (propuesta por M. Kimura) afirma que las mutaciones no seleccionadas se incorporan a las poblaciones a una tasa constante que se puede calcular, dado el tamaño finito de tales poblaciones[83]. La selección natural elige los fenotipos con la mejor eficacia biológica; como las especies se reproducen al máximo, el papel del lastre mutacional es mínimo.

El surgimiento de nuevas especies o especiación, parece depender de la regulación y reordenación de la carga genética, más que de las mutaciones puntuales clásicas[84]. El gradualismo filogenético, está en concordancia con lo dicho por Leibniz *natura non facit saltus* -la naturaleza no hace saltos- al proponer como los pequeños cambios en tal carga genética o mutaciones puntuales que surgen en poblaciones aisladas geográficamente, son evaluadas mediante la selecció natural.

Los mecanismos evolutivos propuestos por la teoría del gradualismo filogenético enmarcan su existencia solamente en el contexto de los tiempos geológicos, cuando la mayoría de los cambios evolutivos se producen por la lenta y gradual acumulación de mutaciones ínfimas y por las lentas transiciones en las características físicas, aunque el cambio gradual no es el estado normal de una especie[85]. Para la teoría evo-

La llamada unidad de selección es el concepto de ese algo al cual los biólogos se refieren cuando una adaptación es para el bien de algo

lutiva las mutaciones son la principal causa de la nueva variabilidad genética, aunque los trabajos de Grëgor Mendel, -contemporáneos y desconocidos para Darwin-, lograron que se introdujera poco a poco el estudio de la variabilidad genética de las poblaciones. Los trabajos de Theodor Dobzhansky sobre los genotipos de *Drosophila melanogáster* (la mosca de la fruta), le hicieron formular que dichos genotipos son variables en una población dada, es decir, son heterocigóticos. De acuerdo a Dobzhansky, la probabilidad de mutaciones en la carga genética de un individuo al momento de la reproducción oscila en la proporción de 1:10.000 a 1:250.000.

La teoría del polimorfismo genético[86] explica la existencia de diferentes características físicas o fenotipos alternativos y comunes correspondientes a diferentes genotipos o heterocigotos para una población dada, hace simultáneamente necesario que los genes de cada locus estén en un "equilibrio estable" (hipótesis equilibradora), aunque una vez modificado el equilibrio genético por cambios ambientales surgirá la evolución.

La heterocigosis es de valor adaptativo para el individuo ante un ambiente cambiante, y es reserva de variabilidad para la descendencia. En el hombre, la heterocigosis es semejante a la de los vertebrados, con un valor del 6.7%[87]. Sin embargo, el polimorfismo genético incluye la existencia de genes mutantes que confieren una baja eficacia biológica, es decir, afectan adversamente la función o la viabilidad del portador, por ejemplo, la enfermedad de Tay Sachs, o la hemofilia. La presencia de tales genes mutantes es el denominado "lastre genético", que dada su producción continua y en el contexto de una población, se conocerá como "lastre mutacional".

Las especies luchan por vivir, algunas desaparecen para siempre, otras nuevas surgen.

La mezcla de los genes por recombinación y la distribución aleatoria que origina nuevas combinaciones de cromosomas en las células germinales no causa evolución. En ausencia de la selección natural, las frecuencias genéticas se mantendrán constantes de una población a otra, equilibrio denominado como de Hardy-Weimberg. Los efectos de la redistribución aleatoria y de la recombinación alélica son la reordenación de los genes de modo que las nuevas combinaciones de alelos en las nuevas generaciones se sometan a la selección natural. El mecanismo de la recombinación alélica por sí mismo es suficiente para que una población saque a la luz la variabilidad genética de varias generaciones sin necesidad de sufrir mutaciones cuya probabilidad de aumento de la eficacia biológica sería ínfima.

Cuanto mayor sea el grado de recombinación genética y heterocigosis en una población con reproducción sexual, habrá mayor combinación de alelos en los descendientes[88], así como también mayores probabilidades de eliminar las mutaciones perjudiciales. La recombinación alélica es un mecanismo evolutivamente flexible, que permite que una especie dada busque nuevos formas de adaptación ambiental[89]. Con lo cual, volviendo a Darwin, "la mayor cantidad de vida puede ser sostenida por una gran diversificación de estructura que se observa en muchas circunstancias naturales"[90].

Los conjuntos preprogramados de instrucciones mediante nucleótidos mostraron su eficacia adaptativa cuando el medio ambiente era estable. Pero cuando surgieron cambios ambientales rápidos, ningún tipo de secuencia genética pudo garantizar la supervivencia continua. En situaciones de lucha o fuga, las respuestas adaptativas de supervivencia de los organismos provienen del repertorio genético o del aparato intelectual: las primeras son limitadas y poco sutiles, las segundas generalmente no se han comprobado.

Aunque se conoce bastante de las leyes que rigen la naturaleza, es fundamental aceptar que la biología tiene un alto componente de situaciones contingentes y cambiantes que hacen que el objeto de estudio biológico parezca complejo y caótico, en contraposición con las realidades físicas estudiadas por la biología molecular, que se comportan de acuerdo a patrones repetitivos y regulares. La predictibilidad de tales fenómenos hace de campos como la biología molecular una ciencia "dura", mientras que otros campos que tratan con situaciones contingentes constituyen ciencias "blandas".

Durante el transcurso de las edades geológicas -que un observador no puede abarcar- y durante el cual se determina la trayectoria evolutiva de los distintos linajes, el observador lo único que advierte generalmente es la conservación del acoplamiento estructural de los organismos en un medio o nicho propio. El nicho propio es definido por los organismos y característicamente en muchas ocasiones las variaciones pueden pasar inadvertidas para el observador. La omisión de tales variaciones ocurre generalmente en el transcurso de intervalos geológicos, lo que significa que el observador desconoce una parte del contexto en el cual ocurre la adaptación de los organismos.

Tal desconocimiento hace que el biólogo en un momento dado no pueda dar explicación sobre las transformaciones detalladas de un grupo animal, porque en tal caso, no solamente necesitaría reconstruir todas las variaciones ambientales sino también el modo particular sobre como ese grupo en particular compensa las fluctuaciones de acuerdo a su propia plasticidad estructural. Entonces, el desconocimiento en mayor o menor grado sobre las variantes ambientales fuerza la presencia del azar en la explicación evolutiva aplicada a casos particulares[91]. En concomitancia con el concepto del azar, tanto biólogos como filósofos han debatido sobre cuál es la unidad de la selección natural. La llamada unidad de selección es el concepto de ese algo al cual los biólogos se refieren cuando una adaptación es para el bien de algo.

La identificación preliminar de los individuos como una unidad de selección fue fundamental en el pensamiento darwiniano porque el concepto preliminar de Darwin sobre la lucha por la existencia era un asunto entre organismos individuales. El término "preliminar" para el concepto darwiniano se basa en la afirmación de Winne-Edwards[92], que propone que lo realmente importante para entender la evolución de la conducta social es estudiar los grupos como unidades de selección, en lugar de enfocarse en los individuos. Sin embargo, en contraposición a esta afirmación, Aranza.-Anzaldo critica la propuesta de Richard Dawkins (1976) en la cual los genes en sí constituyen las unidades de selección en tanto que los individuos son vistos como vehículos temporales. Según esta postura donde la biología consiste tan solo en una replicación eficiente de un "gen egoísta", donde

"la evolución es una manifestación externa y visible de la supervivencia individual de replicadores alternativos. Los genes son los replicadores y se considera a los organismos y grupos de organismos los vehículos en los cuales viajan los replicadores[93]"

De este modo, la postura de Dawkins introdujo en el discurso evolucionista la disolución aprovechando el ascendente de la biología molecular como ciencia concreta. Sin embargo pasa por alto -de acuerdo a Aranza-Anzaldo- el hecho que la idea del gene como unidad de selección es incompatible con la evolución de la complejidad biológica porque en situaciones como el cáncer la selección natural actúa solo al nivel del organismo, pero no a nivel genético, con lo cual el objetivo de replicación eficiente no es parangonable con la supervivencia y diseminación de fragmentos de información genética[94].

Como no hay vida sin comunicación, los organismos desarrollaron una serie de mejoras que aumentaban la perspectiva de supervivencia del individuo; y la vida inventa sin cesar lo que tiene importancia para ella en el mundo. Así como las aves se adaptaron a las limitaciones selectivas de la aerodinámica y la suspensión en el aire y los animales migratorios solucionaron el problema de la localización del recorrido en la geografía terrestre, los animales sociales enfrentaron con éxito creciente el manejo de la comunicación y la coordinación en el seno del grupo.

El vínculo prolongado entre la madre y el hijo durante la lactancia creó las condiciones para una forma particular de educación, en la cual la interacción con los padres es indispensable: un hijo que sea aislado desde su nacimiento no sobrevivirá, aunque sea bien alimentado. Los cerebros surgieron como una alternativa para coordinar e interpretar la información de los cambios ambientales. En los animales primitivos los cerebros tenían poca capacidad para respuestas flexibles y su repertorio era muy limitado, hasta que aparecieron los reptiles terápsidos de patas erguidas y sangre caliente. Los terápsidos fueron precursores de los mamíferos, hito evolutivo que marcó el inicio de la historia de la inteligencia y de la evolución de ese sistema de células especializadas en la coordinación de información, el cerebro[95].

La superficie de la corteza cerebral aumentó casi 1000 veces por aumento en el número de neuronas en las columnas o módulos corticales, que al estar distribuidas en forma radial mejoraron la capacidad para establecer nuevos patrones de conexión que luego fueron validados por la selección natural[96].

El funcionamiento normal de un organismo animal es el resultado de la cooperación armónica de todos los órganos. La coordinación es una necesidad que surge en animales tan simples en la escala filogenética como los unicelulares, por ejemplo al tener que transportarse en un medio líquido utilizando cilios o flagelos; esta necesidad de coordinación aumenta a medida que se avanza en la escala filogenética.

La eficiencia y la flexibilidad en los procesos de acción y reacción en cualquier entidad compleja solo son posibles por la existencia de una red interna para la recepción, interpretación y transmisión de información, y desde este punto de vista, las funciones desempeñadas por el sistema nervioso central son cruciales para los diferentes tipos de animales y el hombre mismo. Por lo anterior, puede decirse que el rendimiento del sistema nervioso es una medida de la capacidad de supervivencia.

Del mismo modo, la evolución de los organismos celulares procarióticos pasando por organismos pluricelulares que todavía hoy persisten, hasta llegar al refinado modelo evolutivo que conocemos como *Homo sapiens sapiens*, fue posible gracias al desarrollo de la capacidad del sistema nervioso, historia que en su desarrollo produce la sensación de una complejificación general, de acuerdo a la expresión de Teilhard de Chardin.

El estilo de la evolución del cerebro no fue constante, de acuerdo a la evidencia fósil hubo cortos períodos de rápida evolución, seguidos por largos períodos de estancamiento. Al producirse la evolución de los nichos ecológicos durante los períodos largos, la selección natural capitaliza los progresos de los cambios en la arquitectura neural para combinar la información procedente de los diferentes órganos de los sentidos, para mejorar el modelo mental de la imagen del mundo exterior y para procesar datos. En un principio toda esta gama de ventajas no fue aprovechada por los animales, del mismo modo que un novel propietario de una calculadora científica no la usara para matemáticas superiores sino solamente para operaciones básicas.

La ontogenia reproductiva ha evolucionado con elaboradas relaciones entre los animales inmaduros y sus padres en reptiles, aves y mamíferos, un período embrionario inicial de aislamiento para la producción de los diferentes tejidos, que pospone la responsabilidad del sistema nervioso para dirigir y guiar la conducta. En los mamíferos el estadío embrionario es seguido por un estadío fetal, en el cual se desarrollan nuevos mecanismos a nivel cerebral destinados al dominio cognoscitivo de una alta concepción de un mundo físico y social.

Es difícil para los organismos de tipo unicelular el tener tejido nervioso y mucho menos sistema nervioso. Ello no fue posible hasta que evolucionó el organismo multicelular, que hizo posible la especialización de las células, de modo que diferentes conglomerados hicieran diversos tipos de trabajo en el organismo. Las células musculares, especializadas en la contractilidad, aparecieron probablemente mucho antes que las células nerviosas, partiendo de la evidencia que algunas esponjas poseen células especializadas en producir contractilidad alrededor de sus poros.

Conforme los organismos multicelulares evolucionaron y empezaron a tener en su composición más y más clases de células distintas, las células musculares empezaron a quedar sumidas en la profundidad del organismo y este desarrollo implicó que los organismos empezaran a disponer de células irritables en cantidad suficiente para la estimulación superficial y se distribuyeran de tal forma que pudieran conducir las ondas de excitación hacia los músculos en la profundidad. Posteriormente, la subsecuente evolución del tejido nervioso dió lugar al desarrollo de vías nerviosas constituidas por dos o más neuronas. La organización de dos o más neuronas permite que el estímulo recibido en cualquier sitio por un animal 'superior' termine desencadenando una respuesta en un músculo o en una glándula.

Al observar el sistema nervioso de animales simples como medusas, se han descrito poblaciones de neuronas sensitivas y motoras, que no están comunicadas entre sí, sino que tienen una barrera de neuronas intercaladas en la vía de conducción sensitivo-motora, constituyendo así un tercer tipo de población neuronal, llamadas interneuronas o neuronas intercalares. A medida que se produce la evolución en la escala filogenética, la red de interneuronas aumenta: la mayor parte de los animales más grandes que evolucionaron lo hicieron mediante unidades básicas de estructura cerebral llamadas segmentos.

Para resolver la inquietud sobre en qué consiste un segmento, basta ver una lombriz de tierra donde los límites de los segmentos se notan a simple vista. Cada segmento contiene una neurona aferente que trae información sensitiva y una neurona eferente que lleva información generalmente a un músculo. La evolución del organismo segmentado alargado hasta llegar al hombre se acompañó pues, de la aparición de las neuronas intercalares que inicialmente tendieron a organizarse en forma de haces en el eje longitudinal del animal para formar la médula espinal, mientras que en la región de la cabeza se produjo una expansión que se convirtió en el encéfalo, por la presencia de un número más aumentado de neuronas intercalares[97].

Posteriormente, uno de los procesos clave que determinó el desarrollo de la capacidad del sistema nervioso fue la complejidad de las conexiones del entramado nervioso respondiendo al fenómeno de la plasticidad neuronal. El "diagrama" de las conexiones de las células del sistema nervioso se halla determinado en el código genético, hecho que fue demostrado al estudiar el esquema de las conexiones en gusanos de la familia de los nemátodos. Dicho "diagrama" de las conexiones neuronales se dispone de acuerdo a las instrucciones consignadas en el ADN.

Lo que se denomina conducta -entendiendo como conducta los cambios de estado de un microorganismo en el medio ambiente que lo rodea-, corresponde desde un punto de vista de teoría de los sistemas no a lo que cada ser vivo hace en sí, sino algo sobre lo cual un observador hace un comentario (s). Lo anterior equivale entonces a que la conducta de los seres vivos no puede ser vista como vinculada exclusivamente a ellos, porque todo observador, "observa". De acuerdo a esto, la presencia del sistema nervioso permite expandir el dominio de posibles conductas, dotando al organismo de una estructura con suficiente versatilidad y plasticidad.[98].

Al recapitular sobre las aproximadamente 10^{14} sinapsis presentes en el sistema nervioso humano, surge el interrogante si la información contenida en el ADN basta para determinar la construcción de un circuito tan complejo. Si se retoma la teoría quemotáctica de Cajal según la cual las terminales neuronales crecen y se conectan de acuerdo a influencias tróficas y por el efecto de atracción o rechazo que ejerzan entre las neuronas los productos secretados por ellas mismas y se tiene en cuenta la enormidad de la información a codificar, probablemente la respuesta es que el ADN no sea suficiente para codificar en detalle toda esta información. El ADN más bien imparte una serie de instrucciones globales, por ejemplo, que exista cierta periodicidad en las conexiones, lo cual es un hecho demostrado.

Cajal sentó las bases sobre las cuales se identificaron posteriormente moléculas propias del microambiente embrionario capaces de atraer o repeler las terminales axónicas ya sea por contacto, o por concentraciones diferenciales o gradientes en el espacio intersticial e intercelular. Como ejemplo de tales moléculas, identificadas mediante las modernas técnicas de biología molecular se lograron reconocer moléculas capaces de atraer los axones -las llamadas cadherinas- y de moléculas de atracción molecular. Los axones se atraen por estas moléculas mientras que simultáneamente son repelidos por otras moléculas como las semaforinas y los ligandos Eph. Una vez que llegan a los órganos que deben inervar, los axones se separan por los efectos del ácido polisiálico, que separa las moléculas de adherencia celular[99].

Con la determinación del "diagrama" general de conexiones del sistema nervioso las estructuras genéticas han llegado a su máxima efectividad, ya que no solamente codifican las instrucciones para producir los numerosos tipos celulares que integran los organismos pluricelulares de mayor complejidad, sino que también regulan las instrucciones generales para que se disponga la red de neuronas. Merced a estas conexiones es posible la regulación de los procesos vitales como el control vegetativo de la respiración y los latidos cardíacos, así como la respuesta del organismo a los diferentes estímulos y retos del mundo exterior.

Tal capacidad de responder a diferentes estímulos del mundo exterior con una gama de respuestas que sean diferentes a las codificadas en el ADN presupone una enorme ventaja frente a la selección natural y tiende a perfeccionarse rápidamente. El proceso de selección natural se aplica por igual con organismos con una gama de conductas más restringida frente al medio ambiente, que con aquellos cuyas respuestas son más complejas. Pero los sistemas nerviosos de mejor desempeño, con mejor obtención de información y con uso más preciso de ésta, tendrán mayores opciones de supervivencia frente a condiciones adversas del ambiente: la capacidad de reacción de un animal ante estímulos de diversas situaciones del medio ambiente es la medida básica empleada por el mecanismo de selección natural para juzgar los nuevos sistemas y promover la permanencia de aquellos tipos de mejor respuesta a las exigencias del medio[100]. La mente surge de un organismo, y no de un cerebro separado del cuerpo, porque evolutivamente la supervivencia consciente se dirige a la supervivencia del organismo completo, de modo que las representaciones primordiales del cerebro se tenían que referir al cuerpo propiamente dicho en términos de su estructura funcional: el cerebro y la mente hacían posible regular y proteger a la totalidad del organismo siempre y cuando contuvieran una representación detallada de su anatomía y fisiología tanto básica como actualizada[101].

Los cerebros controlan las acciones y evalúan el medio ambiente por medio de sistemas motores y sensoriales que configuran un "mapa" corporal en la red neural. Tal configuración emplea los sistemas motores, sensoriales, los núcleos en todos los niveles del sistema nervioso y ordena las proyecciones entre estos[102].

La organización de estas configuraciones representa un cuerpo activo para el cerebro, que requiere de diferentes niveles de descripción del organismo, su anatomía interna y función. Los principios organizacionales que dirigen la ontogenia del cuerpo y del cerebro en un sistema individual coherente, se definen en dos características, a saber simetría y progresión hacia adelante, con lo cual se prescribe una campo espaciotemporal relacionado con el cuerpo para actuar y captar experiencia (En este campo espacio temporal también da sustento al concepto del marcador somático, del cual se habla más adelante). El mismo principio de morfogénesis ha dado lugar a la regulación genética de las expresiones gestuales y las respuestas, con lo cual se representa un tipo de inteligencia "corporal" en el cerebro en que todos los componentes hablan el mismo lenguaje de movimiento prospectivo[103].

El procesamiento de la información consiste en analizar lo "verdaderamente importante". Esta capacidad ha sido uno de los hitos permitidos evolutivamente por la complejización de los sistemas nerviosos a lo largo del tiempo. El reconocimiento del mundo exterior mediante la evaluación y la interpretación de las percepciones provenientes de los diferentes órganos sensoriales es necesario para asumir reacciones y conductas concretas con miras a un fin determinado. Dicho reconocimiento realizado por los diferentes animales y el hombre permite reaccionar ante los diferentes estímulos en una forma que asegure la supervivencia y la perpetuación de la especie. Todo esto se hace posible mediante el funcionamiento de un sistema nervioso central, es decir, el cerebro y sus estructuras asociadas.

Mientras en los organismos de poca complejidad neural la velocidad de la transmisión nerviosa es del orden de 1 centímetro por segundo, puede llegar a alcanzar los 120 metros por segundo en los mamíferos. Para llegar a este nivel, fue importante el paso evolutivo que permitió el desarrollo de los terápsidos como animales de sangre caliente frente a los reptiles de sangre fría. La importancia de la temperatura radica en que los procesos neurales se basan en reacciones bioquímicas de tipo enzimático en los que una temperatura alta y constante favorece eficiencia y uniformidad. No es casualidad que los animales con mejor funcionamiento cerebral sean de sangre caliente.

La evolución de los homínidos

En su obra "Dialéctica de la Naturaleza", el filósofo Federico Engels expresó su interés por el problema del origen del hombre y propuso que la antropología era la ciencia que estudiaba al hombre y a las razas humanas desde un punto de vista biológico e histórico, concepto que Mayr suscribió al referir que "el hombre es la criatura histórica por excelencia". La antropología trata entonces sobre la mutabilidad de las características estructurales del cuerpo humano, su transmisión hereditaria de una generación a otra, el curso particular del desarrollo individual, así como las diferencias entre las razas humanas y su patrón de dispersión sobre el globo terráqueo[104]. Al considerar el amplio espectro de modos de adaptación y readaptación cultural, Hallowell enfatiza en el aspecto dual de historicidad y cultura como uno de los principales logros del despliegue intelectual de la civilización, que solo recientemente ha comenzado a ser explorado en todos sus términos, como los sociológicos, bilógicos, culturales y psicológicos. De aquí resulta un nuevo estadío en la capacidad del hombre de mirarse objetivamente en un marco más inclusivo[105]. Una mejor aproximación a la evolución humana requiere tomar el aporte de muchos campos especializados, destacando que los desarrollos relevantes a la filogenia humana demarcan un campo de estudio más inclusivo.

Con los datos disponibles en la actualidad, conocemos que los homínidos han andado erguidos durante unos tres millones de años, de acuerdo a los hallazgos recientes de pelvis de australopitecos. Los primeros individuos que caminaban tenían una escasa capacidad cerebral que bordeaba los 450 centímetros cúbicos, en la medida de un adecuado desarrollo y un lapso de 2.5 millones de años se produjo la duplicación de la capacidad craneana de los homínidos y algunos objetos de piedra que empleaban para cazar y alimentarse.

El cerebro es uno de los órganos en el cuerpo en el cual su evolución es difícil de explicar. La historia del contenido de 10^{11} neuronas con sus aproximadas 10^{14} conexiones sinápticas, 70% de las cuales se hallan en el córtex, es equivalente a la historia de los precursores de los mamíferos, incluyendo los primates. La adecuada comprensión de la secuencia filética humana depende no solamente de las formas fósiles, sino de sus relaciones en una secuencia evolutiva, con lo cual se logra claridad en la definición de la unidad evolucionaria. Uno de los propósitos de una clasificación zoológica es indicar las relaciones genéticas significativas de una forma sistemática. Así por ejemplo, en la familia *Hominidae* se aceptan dos géneros, *Australopithecus* y *Homo,* lo cual también implica una clasificación conductual que implica diferentes niveles de integración psicológica. La definición del género *Homo* se basó de acuerdo a Sherwood Washburn, citado por Hallowell, en "habilidades técnicas, lenguaje, atributos de la mente como memoria, planificación, y las complejas herramientas y la inteligencia", con lo cual de una amplia base empírica surge una concepción evolucionaria del hombre que viene desde el nivel prehomínido hasta el del *Homo sapiens sapiens.* Los australopitecos, aunque homínidos, no eran humanos en el sentido de la naturaleza humana que conocemos, no eran el hombre que entendemos situado en un contexto biológico, cultural o psicológico[106].

El rápido crecimiento del córtex cerebral se inició hace unos 60 a 70 millones de años, hacia finales del Cretácico y mediados del Paleoceno. Los fósiles revelan que en algún momento de este período un atrevido grupo precursor de mamíferos que habitaban en el suelo de los bosques dejó este hábitat para trasladarse a los árboles. Los primeros habitantes arbóreos recibieron el nombre de *Primates* (del latín "primeros") debido a que el hombre es uno de sus descendientes y el primero entre todas las criaturas vivientes. Este nuevo entorno ofreció las ventajas de alimentación más fácil, protección contra los predadores, con lo cual otros miembros de la especie imitaron el comportamiento y se desarrollaron allí.

El driopiteco era un mono antropomorfo hacia finales del Mioceno o principios del Plioceno que dividió en dos grupos: uno que continuó viviendo en los bosques y selvas, otro que pasó a vivir en los linderos de los bosques y posteriormente en las llanuras. Este último grupo sufrió adaptaciones por los enfriamientos de las glaciaciones, con cambios en sus modos de vida: modificaciones en el modo de andar por adopción de la postura bípeda y cambiando la alimentación. Como consecuencias del cambio en el modo de locomoción, el cuerpo del mono antropomorfo se hizo más vertical, lo cual provocó cambios en su constitución corporal, con acortamiento de los brazos, alargamiento de las piernas, abovedamiento de la planta de los pies, cambio de la forma y posición del calcáneo. Además el centro de gravedad descendió, la columna vertebral se hizo más elástica, la pelvis se ensanchó y la cabeza tuvo que cambiar de forma, por disminución de las fauces y desplazamiento del foramen magnum o agujero occipital hacia el centro del cráneo[107]. Una serie de pequeñas bifurcaciones en el desarrollo llevaron a la consecuencia espectacular de la postura vertical con todos sus concomitantes.

Para el mejoramiento de las condiciones de vida en el medio arbóreo de estos primates precursores, los cerebros evolucionaron paralelamente. El principio de presión selectiva para la evolución de grandes cerebros en la línea biológica que condujo a los humanos, viene de las ventajas de la inteligencia social: los jóvenes adquieren las habilidades para adaptarse a sus papeles en un grupo altamente estructurado. La visión fue uno de los factores clave en el desarrollo del cerebro de los primates arborícolas. En los mamíferos primitivos, durante la época de los dinosaurios, la visión no era tan necesaria para un estilo de vida predominantemente nocturno, como sí lo era el olfato, pero en los arborícolas adquirió nuevamente importancia, para un adecuado cálculo de las distancias al saltar de rama en rama. El cálculo de las distancias requiere de visión tridimensional o estereoscópica, que percibe en profundidad, esencial para el primate. El examen de los fósiles muestra como a lo largo de 20 millones de años las órbitas pasaron de una situación más lateral hasta la parte más frontal en el cráneo. A medida que la posición de los ojos cambia, el cerebro desarrolla unos circuitos denominados "telemétricos" para respaldar la visión estereoscópica. Tales circuitos se conectan desde la retina de ambos ojos hasta las neuronas del córtex occipital. La visión del color permite por ejemplo descubrir alimentos con mayor facilidad, o distinguir predadores potenciales con mayor facilidad. La sensibilidad al color implica también la creación de nuevos circuitos para la interpretación de esta información sensorial. Así es posible la obtención de una información visual con mayores asociaciones que implican nuevos circuitos y compuertas, mayor cantidad de neuronas para la memoria visual, las cuales añaden más volumen al cerebro.

Pero el desarrollo de la visión cromática y telemétrica no es el único factor responsable del crecimiento del cerebro. También está la transformación gradual de la garra en una mano. Las manos prensiles permiten una mejor división del peso entre ramas, permiten aferrar mejor los alimentos, implican una configuración diferente de los hombros y la cadera, para permitir el movimiento de los miembros en varias direcciones. Además, el uso de utensilios en calidad de armas, le compensaba la falta de dientes caninos, zarpas u otros órganos especiales de defensa y ataque, así como de la manera tosca e inhábil del andar y del lento correr. El uso exitoso de piedras, palos y otros objetos sirvió a estos homínidos antiguos para procurarse plantas comestibles, raíces, tubérculos, cazar animales pequeños y defenderse en la lucha contra los carnívoros. Estos progresivos cambios en el uso de los materiales naturales con una lenta elaboración artificial para hacer instrumentos o herramientas primitivas, conllevó la aparición de acciones de trabajo completamente nuevas, así como de nuevas relaciones entre los miembros del grupo. Esta constelación de rasgos fue desarrollada por los primates a lo largo de 30 millones de años. En este momento de la geocronología han transcurrido los períodos Paleoceno, Eoceno y estamos hacia mediados del Oligoceno de la Era Terciaria.

Los primates adquirieron un nuevo mundo tridimensional de visión y tacto, con lo cual el cerebro desarrolló nuevos circuitos y mayor volumen. Hace 50 millones de años, un cambio global en el clima de la Tierra con tendencia al frío y a la sequía originó la aparición de grandes extensiones de sabanas abiertas en el África oriental. Hace 4 millones de años se engendró una descendencia que llegó a tener el doble de masa cerebral de un mono, tal descendencia era capaz de caminar completamente erguida: era la especie *Australopithecus afarensis*. Su capacidad cerebral era de 400 cm^3, suficiente para permitirle la caza de animales como el león y la hiena. Hace 3 millones de años a partir de este especie surgió el *Australopithecus africanus* y el *Australopithecus robustus*, especies en las que gracias a las investigaciones y hallazgos de Raymond Dart, Robert Broom, Robinson, W.E. LeGross Clark, se demostró que pertenecían a los homínidos, formando la subfamilia especial de los australopitecos (término que significa monos meridionales). Los australopitecos evolucionaron hace dos millones de años: las condiciones del terreno donde se hallaron sus restos, mostraban que no eran habitantes silvestres, sino que vivían en las rocas de las llanuras, condiciones de existencia que implicaron una dieta carnívora. La existencia de los australopitecos en medios terrestres de llanura abrió el potencial a un vasto espectro conductual en la forma de nuevas relaciones ecológicas y actividades para la subsistencia, como la cacería que permitirían su mayor provecho en etapas posteriores de la evolución de los homínidos. La evolución de los australopitecos da origen al *Homo erectus* hacia mediados del Pleistoceno. El *Homo erectus*, con una capacidad cerebral de aproximados 950 cm³, poseía una destacada tecnología de herramientas de piedra que le permitió ser un excelente cazador: todo esto se acompañó de la expansión del cerebro en 500 o 600 centímetros cúbicos en un millón de años. Por sus herramientas en piedra y la capacidad de caza de *Homo erectus*, se le pueden atribuir las características de una buena capacidad de memoria, abstracción e ingenio. Agregando estas funciones mentales superiores a las características a las de visión cromática y telemétrica, la mano prensil, la integración visomotora mano-ojo, es comprensible la tasa acelerada de crecimiento cerebral en 800 a 975 gramos en el lapso de 3.5 millones de años. Sin embargo, hay que anotar que el mayor cerebro de estos homínidos tardíos no es una de las características iniciales que diferencian la evolución de los homínidos.

En 1995, el antropólogo Carl Swisher y colaboradores comprobaron que los fósiles de *Homo erectus* encontrados en Ngandong y Sabungmecan en la isla de Java, tenían una edad que oscilaba entre 27.000 y 53.000 años, lo cual sugería la persistencia de esta especie por un millón de años luego de su desaparición en África y aproximadamente 250.000 años después de extinguirse en el continente asiático. La coexistencia de *H. erectus*, *H. neanderthalensis* y *H. sapiens* sugiere que la evolución de *Homo sapiens sapiens* no tiene una sucesión ordenada como las ramas de un árbol, sino que se asemeja más bien ¡a un arbusto !.

El incremento progresivo del cerebro es el rasgo dominante en la escala filogenética, con un aumento progresivo del cerebelo, aunque en menor proporción.
El cociente de encefalización de Jerison estima el desarrollo cerebral de diferentes especies en función del peso corporal, de acuerdo a la fórmula:

$$\text{Peso del cerebro} = \text{Peso corporal}^{2/3}$$

El valor es de 2.3 para el chimpancé -*Pan troglodytes* y de 8.5 para *Homo sapiens sapiens*. El estudio anatómico de Stephan, citado por Eccles, refiere como el principal desarrollo de los componentes del cerebro de los mamíferos al comparar prosimios, póngidos y humanos, ocurre en el neocórtex[108]. Otra especie que también muestran un importante desarrollo cerebral son los delfines "morro de botella" (*Tursiops truncatus)* en los que el neocórtex ocupa el 97.8% del peso cerebral, versus el 95.9% en el hombre[109].

El cerebro ofrece las ventajas adaptativas de aprendizaje rápido sin necesidad de modificación del genoma cuando las relaciones sociales con la propia especie y con las presas o los predadores se vuelven más complejas. El desarrollo de los circuitos neuronales permite el procesamiento de datos sobre reconocimiento de pautas y previsión de situaciones peligrosas, por el registro de las experiencias pasadas y por la relación con una situación problemática presente. El lento y progresivo aumento del tamaño del cerebro con una regularidad previsible sugiere que la posesión del cerebro es al menos, en esta escala del tiempo geológico, útil.

Sherwood Washburn (citado por Hallowell) al referirse al diagrama del homúnculo cortical diagramado por Penfield y Rasmussen que ilustra la representación del cuerpo en la corteza, destacó el hecho que:

"las diferentes parte del cerebro no se expanden igualmente (...) las áreas de mayor tamaño son las de mayor importancia funcional. El área de la mano aumentó muchísimo más que la del pié, lo cual sustenta la idea que el aumento del tamaño del cerebro ocurrió después del uso de herramientas, de modo que la selección de herramientas de mayor utilidad produjo cambios en las proporciones de la mano y en aquellas partes del cerebro controlando la mano (...) nuestros cerebros no solo se agrandaron, sino que el aumento de tamaño se relaciona directamente con el uso de herramientas, el lenguaje y el aumento de la memoria y la planificación"[110].

Posteriormente, el aprendizaje cultural, el paso acumulativo del conocimiento artificial y las creencias de generación en generación colocaron nuevas demandas en las representaciones intersubjetivas que se tradujeron en la aceptación de los grupos jóvenes de los intereses desplegados por el grupo de mayor edad, lo cual contribuyó a la auto-organización por la educación. Si bien esto es más complejo en el contexto de las descripciones antropológicas, la regulación mutua por la comunicación entre crías y padres constituye un marco epigenético del cerebro en desarrollo, situación benéfica porque hace que el niño asimile las ventajas del desarrollo trans-generacional[111].

Dado que nuestras mentes han evolucionado a partir de los elementos del mundo físico y han sido cinceladas en su estado presente por la obra de la selección natural, su eficacia en cuanto sensor del entorno y su significado para la supervivencia está relacionado con la capacidad de compresión algorítmica de la información. Sin embargo, de acuerdo a Maturana y Varela, esta concepción del sistema nervioso como un "obtenedor" de información del medio que se representa "adentro", tiende la trampa de hacer suponer que el sistema nervioso opera con representaciones del mundo y de alguna forma a la cual se opone la trampa de negar el medio circundante y suponer que el sistema nervioso funciona en el vacío, donde todo vale y todo es posible, que no permite explicar el cómo hay adecuación entre el organismo y su mundo.

En estas dimensiones de la evolución de los homínidos subyacen la realización de las potencialidades conductuales en un contexto neurológico. Las funciones corticales operando en forma activa adquirieron una progresiva importancia en la medida que aumentaron la independencia de la conducta de la inmediatez de los estímulos sensoriales, lo cual de acuerdo a Hallowell, facilitó de alguna manera el desarrollo de las funciones de un ego.

El progresivo desarrollo desde un grado protocultural -por llamarlo de una forma adecuada en un contexto evolutivo-, no dependió solamente de los cambios orgánicos de hominización progresiva por los cambios de la cadera, la cara, el cráneo, sino también de los procesos de comunicación y de funcionamiento cognoscitivo de los individuos de una unidad social dada. Por ejemplo, el clasicismo griego sería la obra de un tránsito de lo "mítico a lo "lógico", desde un modo de vivir en el cual la palabra del hombre nombra imágenes, hasta otro en el cual expresa conceptos, como lo afirma W Nestle en su obra Von Mythos zum Logos[112].

El lenguaje como herramienta jugó así un rol de importancia en la comunicación inter-individual e intraindividual al facilitar los procesos mentales, que Hallowel en concordancia con Carroll, describe como conceptualización, pensamiento y la escogencia de cursos alternativos de acción. Tales procesos ocurrieron se relacionaron paralelamente con la calidad y expresión de la voluntad de las expresiones lingüísticas de los individuos en un contexto social[113]. Desde el punto de vista evolucionario a largo término, se puede afirmar que la cultura crea el cerebro humano, con lo cual se liga la evolución anatómica a un contexto de conducta social.

Tal concepción es igualmente de utilidad al considerar los aspectos psicológicos de los actores en sistemas de relaciones sociales, como consecuencia de las nuevas capacidades mentales y las capacidades de comunicación lingüística.

Cuanto más eficazmente pueda un determinado organismo almacenar y codificar la experiencia del mundo natural, más eficaz será la adaptación ante un entorno impredecible. Pero la sofisticación de la mente de *H. sapiens sapiens* va más allá al llegar a pensar sobre el propio pensamiento; en lugar de aprender meramente de la experiencia como una parte del proceso evolutivo, *H. sapiens sapiens* ha adquirido la capacidad mental suficiente para poder predecir y simular los resultados de sus acciones, por medio de la conversión de experiencias pasadas inmersas en nuevas situaciones[114].

Y Dios creó al hombre

Nicolaas Tulp (1593-1674) inmortalizado por Rembrandt en el lienzo de la "Clase de Anatomía", practicó numerosas disecciones anatómicas tanto en hombres como en antropoides, sentando las bases de la anatomía comparada, cuando intentó una explicación al origen y desarrollo del hombre basándose en investigaciones sobre el cuerpo humano comparándolo con los mamíferos más afines. Con una metodología semejante trabajarían T.H. Huxley y Eugenio Dubois a quienes sus conclusiones y el conocimiento de su época les llevarían más lejos.

Thomas Henry Huxley nació en la Inglaterra de 1825. A los 17 años, su autodisciplina para el estudio le permitió ganar un concurso premiado con una beca que le permitió estudiar medicina en el hospital "Charing Cross". En 1861, concluyó a partir de la evidencia de sus estudios anatómicos entre los esqueletos y los cerebros del hombre y de los simios antropomorfos chimpancés, gorilas, orangutanes, gibones-, con su sorprendente semejanza, que los simios contemporáneos y los hombres compartían un antepasado común y fue aún más lejos, al plantear que toda la vida en el planeta Tierra estaba relacionada entre sí. Hacia 1862 estudió en Londres el cráneo recientemente descubierto para su época en Neanderthal, que le llevaría a desarrollar un método para la medida de los cráneos en general, de donde surgió la conferencia "Sobre los remanentes fósiles del hombre", la que suplementada con material adicional permitió la publicación en 1863, de "El lugar del hombre en la Naturaleza", donde discute las evidencias de este problema naturalístico con las evidencias de la anatomía comparada, la embriología y la paleontología[115]. Su tenacidad y la amplitud de sus estudios en anatomía comparada y otras ramas de la biología, le permitieron llegar en 1882 a la presidencia de la organización científica más importante de su época, la "Royal Society"[116].

Eugenio Dubois, adepto de la teoría de la evolución, estaba profundamente convencido de la existencia del pitecántropo propuesto por Haeckel como el "eslabón perdido" o mono-hombre (del griego *pithekos*: mono; *anthropos*: hombre).

El deseo de encontrar el pitecántropo hizo que Dubois interrumpiera su trabajo universitario y viajara a Sumatra en 1887. El hallazgo del cráneo de Wadyak por el médico van Ritschoten, motivó su viaje a Java, donde luego de tres años de excavaciones, entre 1891 y 1892 resultó en el hallazgo de restos óseos a orillas del río Bemgawan, cerca de Trinil. Tales restos estaban dispersos, pero en una misma capa geológica correspondiente al pleistoceno inferior y medio, hace aproximadamente un millón de años[117].

Posteriormente, los estudios de anatomía comparada demostraron -por ejemplo- que la dentadura del hombre es semejante a la de la especie *Dryopithecus*, por la presencia de molares con cinco coronas. El hallazgo de restos fósiles de *Dryopithecus* en muchas regiones de Europa, África y Asia, en estratos pertenecientes al fin del terciario (medio y alto mioceno), motivaron a W.K. Gregory a postular que algún animal de este género estuviera en la línea de ancestros homínidos del hombre[118].

La serie de descubrimientos en el área biológica ha demostrado como toda la vida en el planeta emplea ácidos nucleicos y proteínas, las moléculas de ADN se integran a partir de los mismos componentes nucleotídicos, de modo que seres en apariencia muy distintos, comparten un gran porcentaje de su dotación genética. El advenimiento de métodos avanzados de biología molecular ha permitido establecer las semejanzas genéticas entre los primates y la especie *Homo sapiens sapiens*, mediante la comparación de las cadenas simples de ADN (ADN denaturado) de una y otra especie. Cuando las cadenas sencillas de ADN son de diferentes organismos, el proceso de renaturalización se denomina hibridización.

Las cadenas humanas se unen perfectamente a otras cadenas humanas, pero la hibridización con otras especies animales, dependerá del grado de complementariedad de las secuencias del ADN unicatenario. Por ejemplo, entre el ADN del chimpancé y del humano la diferencia entre las secuencias nucleotídicas es del 1 al 2.5%, lo cual equivale a decir que compartimos de un 97.5 a un 99% del material genético, mientras que con otros primates la diferencia es mayor[119].

Con los estudios de la genética se ha encontrado como todos los genes tienen un papel básico en la adaptación de las poblaciones y como estas poblaciones almacenan en baja frecuencia un gran reservorio de alelos, cuyo valor adaptativo depende de la selección natural cuando el ambiente cambia. La vida ha progresado dando pasos cortos a lo largo de las perspectivas del tiempo geológico, eliminando los organismos adaptados inadecuadamente, hasta llegar a la complejidad actual. Los mecanismos y las instrucciones genéticas responsables de las nuevas adaptaciones tienden a multiplicarse en el ambiente y a predominar en la medida de conferir mejor adaptabilidad a medida que pasa el tiempo. Los genes son autoperpetuantes en la medida en que sus instrucciones adecuadamente impuestas se expresen en los seres vivos para ser el origen de más seres vivos con idénticas instrucciones.

Se ha identificado un amplio rango de secuencias genéticas que codifican un amplio rango de genes homólogos en los mamíferos. Los genes llamados "homeóticos" han preservado su estructura y función en la mayoría de especies animales con segmentación, de polarización cefalocaudal[120], de simetría bilateral. La falta de modificaciones de tales genes "homeóticos" por cambios mayores o menores en el ambiente, su simetría global, la segmentación del cuerpo y una capacidad multimodal sensorial coherente unificada con una actividad motriz rítmica, son algunas de las características de presentación consistente en el reino animal. Tales características se sometieron a selección natural y su estabilidad permitió resolver una gran variedad de problemas en vida y ontogenia, porque favorecen un campo de "conducta potencial" dentro del cual los actos corporales se realizan, se proyectan hacia sus metas, se definen prospectivamente por los sistemas perceptuales y retrospectivamente por la memoria[121].

Tal parece que la codificación genética con determinadas secuencias de nucleótidos fuera lo que se seleccionara y evolucionara. La diversidad de los alelos se mantiene por la superioridad de los heterocigotos, que suelen ser más fuertes y se reproducen mejor frente a los individuos homocigóticos, fenómeno conocido como "vigor híbrido". En general, los genes integrantes del genotipo en cada individuo de una población son útiles para la función armónica de los diferentes sistemas en ese organismo, describiéndose como "genes coadaptados". Cuando la población tiene condiciones ambientales estables, es de valor homeostático el controlar la recombinación para que los genes coadaptados no se destruyan.

Existen mecanismos genéticos en muchas especies que limitan la recombinación, creando un sistema evolutivo eficaz que conjuga tanto la estabilidad como la flexibilidad. La deriva genética puede contribuir por igual a ambos perfiles del proceso evolutivo[122].

Para un genético, el estudio de las diferencias de las proteínas le permite conocer al mismo tiempo diferentes fenotipos, lo cual le permite describir las funciones sencillas de unos pocos genes. Para un genético de poblaciones el estudio de tal variabilidad proteica le permite cuantificar la variabilidad genética, requisito para conocer los mecanismos evolutivos. Los métodos moleculares también han determinado cuando se produjo nuestra divergencia evolutiva. Al estudiar la filogenia de la enzima respiratoria citocromo c, se encontró como el hombre y los monos divergieron del resto de mamíferos en una época previa a la separación del canguro marsupial de los mamíferos placentarios[123]. El surgimiento de la taxonomía molecular como disciplina comparativa de las secuencias de aminoácidos de ciertas proteínas y de las secuencias de nucleótidos del ADN ha permitido conocer como los parientes más cercanos del hombre son el tarsero, algunos antropoides ya extintos, fuera de los ya mencionados chimpancé, gorila y orangután. Si la distancia existente entre los monos del nuevo y del viejo mundo es de una unidad, de acuerdo a Vincent Sarich de la universidad de Berkeley, la distancia entre los hombres y los monos del viejo mundo es de 0.53 a 0.61, con el orangután es de 0.25 a 0.33 y con el chimpancé de 0.12 a 0.15[124].

Si se considera que el hombre tiene una heterocigosis del 6.7% y asumiendo que existen aproximadamente 100.000 loci genéticos, un organismo humano será heterocigótico para alrededor de 6700 loci. Este individuo podría producir potencialmente $2^{6.700}$ células germinales distintas, cifra que sobrepasa todos los seres vivos que han existido en la historia de la Tierra. Esta es la potencialidad del genoma humano, y por esto no existen dos seres idénticos, exceptuando los gemelos múltiples a partir del mismo zigoto[125].

El hombre reflexiona sobre su origen

Desde tiempos inmemoriales el hombre ha tratado de resolver el problema de su origen, ligando este interrogante al origen de la Tierra y los cielos. Así surgieron la ontología y la cosmología para poder responder a sus interrogantes, a las que luego se agregó la teodicea para tratar de buscar por la razón, el origen de Dios. Aristóteles de Estagira (385-322 a.d.C.) sostuvo una comprensión materialista del desarrollo de la naturaleza, consideraba al hombre como parte de la naturaleza, por lo cual denominó al hombre *zoon* (animal), añadiendo que es un animal social (*zoon politikon*), destacando que no es idéntico a los demás animales. Por esta época se comparó al hombre con los antropoides: los gorilas de la costa occidental de África hicieron suponer al navegante cartaginés Hannon que eran hombres negros cubiertos de pelo. Y en las islas de la Sonda, orangután significa "hombre silvestre".

Leonardo da Vinci en el siglo XVI, Hook y Vallisnieri en el siglo XVII y Scheuchzer y Guettard en el XVIII argumentaron que los fósiles eran los remanentes de organismos vivos que habían sido embebidos en las rocas terrestres a partir del diluvio. "Tan grande era la violencia del viento y las aguas en aquella ocasión –del diluvio– que los océanos se agitaron en sus profundidades y alcanzaron las más altas cumbres de las montañas depositando allí conchas de todas clases y peces, ocultándolos en el sedimento cuando las aguas retrocedieron"[126]. El naturalista sueco Karl von Linneo en su obra *Systema Naturae* -el catálogo más completo en su época de los reinos animal y vegetal- organizado de acuerdo a afinidades estructurales en especies y géneros, sugería transmutaciones de unos organismos en otros. Pero no siempre la concepción sobre la evolución de los homínidos contó con tanta fortuna, el dogmatismo religioso llegó a la interesante pero no menos errónea formulación promulgada en la "Confesión de Westminster", de acuerdo a la cual James Usher, arzobispo de Armagh, y John Lightfoot, vicecanciller de la universidad de Cambridge llegaron a afirmar en los "Anales del Antiguo y Nuevo Testamento" (1650), como:

"el hombre fué creado por la Santísima Trinidad el 23 de Octubre de 4004 antes DC, a las nueve en punto de la mañana (...) los cielos y la tierra, su centro y su circunferencia fueron creados juntos, en el mismo instante, con las nubes llenas de agua"[127].

La evolución implica una serie de cambios con una dirección definida. La evolución biológica se refiere a la serie de cambios en la diversidad y adaptación de los organismos vivos. Al considerar la vastitud de los problemas en el intrincado rompecabezas de la evolución humana, estos aún están lejos de resolverse. La primera gran acometida contra el misterio de los fósiles fue emprendida por William Smith (1769 – 1839) quien a partir de sus investigaciones y observaciones en las islas británicas demostró que la que los estratos geológicos no contenían caprichosamente decoraciones animales ni vegetales, sino que las especies eran distintivas y progresaban desde las conchas hasta peces más evolucionados en los estratos superiores. La labor de clasificación de Smith permitió configurar un calendario geológico., hallazgos sobre los que posteriormente Cuvier reconstruyó los grandes vertebrados del pasado, con lo cual también se pudo apreciar el ritmo evolutivo desde los primates hasta *Homo sapiens sapiens*.[128] Erasmo Darwin, nacido en 1731, ha sido llamado el "abuelo de la evolución", porque fué el abuelo de Charles Darwin, quien la apadrinó. En su obra de 1794 "Zoonomía" refiere,

> "(...) meditando en la gran similaridad de estructuras de los animales de sangre caliente, y al mismo tiempo en los grandes cambios que deben sufrir antes y después de su nacimiento, y por las consideración sobre como en mínimas cantidades de tiempo los cambios descritos han sido producidos; aunque fuera atrevido imaginar que en una gran extensión de tiempo, desde que la Tierra comenzó a existir, quizá millones de años antes del inicio de la historia de la humanidad, y también fuera atrevido imaginarlo, todos los animales de sangre caliente hubieran surgido de un filamento viviente, que la "Gran Primera Causa", dotó con animalidad, con el poder de adquirir nuevas partes (...) dirigida por irritaciones, sensaciones, voliciones y asociaciones; y así poseyendo la facultad de mejorar continuamente por su propia actividad inherente y de legarla por generación a su posteridad sin fin (...)"[129].

De esta forma, Erasmo Darwin fué el primero en proponer la doctrina de la herencia de los caracteres adquiridos, y de la supervivencia del más fuerte, anticipándose a la de Jean Baptiste de Lamarck -quien la presentó oficialmente en 1814- y por supuesto, a la de su nieto. Consideraba que el "Gran Arquitecto" ejecutaba el trabajo de la creación por grados muy lentos que constantemente mejoraban el todo, evidenciado por la "excelencia observable en todas las partes de la creación, como el progresivo aumento de las partes sólidas habitables y por el progresivo aumento de la sabiduría y felicidad de sus habitantes". Aunque Erasmo Darwin escapó a la condena eclesiástica, pagó el elevado precio de que su teoría no fuera aceptada seriamente por la ciencia ortodoxa. En alguna oportunidad, el caricaturista Thaves mostró en una viñeta de "Justo y Franco" como estos personajes -en el primer lugar de una fila de evolución ascendente-, se encuentran con cara de asombro al estar frente a la taquilla y no poder seguir adelante a la función de la evolución por "localidades agotadas", haciendo una divertida alegoría sobre el continuo proceso libre de evolución más allá de los elementos sombríos de una "naturaleza cruda, de garras y colmillos", como la consideraba Erasmo Darwin.

En 1828, Von Baer, un embriólogo, describió el proceso por el cual los huevos fertilizados se transformaban en un embrión como "un cambio de la homogeneidad a la heterogeneidad". Sus trabajos fueron precursores para que Herbert Spencer desarrollara la noción de una creación dinámica, en que la evolución se consideraba:

> "el paso de una sustancia indiferenciada hacia una diferenciada, que forma cuerpos", un proceso deducible del concepto físico de la conservación de energía asociado con una constante ten-

dencia hacia la disipación de energías, la una en oposición a la otra para originar las oscilaciones rítmicas de las moléculas, resumida como"(...) la evolución es una integración de la materia, y una concomitante disipación de movimiento, durante la cual la materia pasa de una homogeneidad indefinida e incoherente, hacia una homogeneidad definida y coherente, movimiento durante el cual el movimiento retenido sufre una transformación paralela"[130].

Al tratar sobre las teorías de la morfogénesis[131] en su obra sobre la hipótesis de la formación causativa, el bioquímico Rupert Sheldrake, en quien se basan lo siguientes argumentos, refiere que desde un punto de vista del vitalismo, los fenómenos de la vida no pueden comprenderse totalmente según las leyes físicoquímicas. En 1844 Justus Liebig afirmaba que si bien los químicos estaban en condición de producir cualquier tipo de sustancia orgánica, no estarían en condiciones de producir algo tan avezado como un ojo, o la hoja una planta[132],

> "en virtud de que en los organismos vivos existe una cuarta causa que domina la fuerza de cohesión y que combina los elementos en nuevas formas de manera que ganan nuevas cualidades, formas y cualidades que solo aparecen en el organismo"[133]

El embriólogo Hans Driesch sabía que los genes mendelianos son entidades materiales localizadas en los cromosomas a las cuales consideraba como sustancias físicas de naturaleza específica y pensaba que muchos aspectos de la regulación metabólica y de la adaptación fisiológica podían comprenderse en un marco físicoquímico, aceptando que "en general, había muchos procesos en el organismo que funcionan teleológicamente o significativamente según una base mecánica". La teoría mecanicista intentaba explicar el desarrollo en embriología sustentándose en complejas interacciones físicas o químicas entre las diferentes partes del embrión. Sin embargo, la regulación que ocurre en un embrión le hace diferente a la máquina porque el sistema es capaz de seguir existiendo como un todo y de producir un resultado final típico a pesar de haber eliminado algunas de sus partes. Este argumento queda abierto a la objeción, pero hasta el momento no ha podido refutarse.

Decía Teilhard de Chardin que la evolución tiende hacia una mayor conciencia y hacia una ascensión progresiva del psiquismo, no desde el punto de vista piadoso espiritualista, sino basado en observaciones concretas, hechas a partir del desarrollo craneal que observó en los diferentes tipos humanos y sustentado en los vastos conocimientos de anatomía comparada realizados por Weidenreich. Teilhard también basó esta afirmación sobre los hallazgos del desarrollo del encéfalo en el mundo animal, contribuyendo así al desarrollo de la paleoneurología[134]. Los huesos de la caja craneana se fueron transformando lentamente con el paso del tiempo por la adquisición de un mayor tamaño a medida que aumentaba el tamaño del cerebro. Esta secuencia fósil es una prueba adicional en la evolución del hombre a partir de animales inferiores. Weidenreich incluyó bajo la denominación de *Homo sapiens* al hombre de Neanderthal, al *Sinanthropus pekinensis* de China, y al *Pithecanthropus erectus* de Java, por argumentos de continuidad genética y morfológica, confirmados posteriormente por Theodosius Dobzhansky. La vasta evidencia de complejos estudios de anatomía comparada y estudios de restos fósiles, permitieron postular inicialmente que el hombre surgió a partir de un simio antropoide arborícola en alguna parte del África meridional. Pero no hay un punto donde trazar la línea divisoria entre protohomínidos y *Homo sapiens* donde encaje el "eslabón perdido" propuesto por Ernesto Haeckel, ya que tal parece que son varios, de acuerdo al mejor retrato evolutivo que ha perfilado la taxonomía molecular. Esta discusión sobre el o los mal denominados "eslabones perdidos", podría considerarse como una "escaramuza taxonómica", que podría ser zanjada con una definición funcional del hombre, que el antropólogo Weston Labarre propone "como el primer antropoide bípedo capaz de poseer el fuego y los utensilios"[135]. Sin embargo, la perseverante investigación de Jane Goodall en Gombe, Tanzania, mostró que los chimpancés eran capaces de emplear herramientas, como cuando emplean una rama con determinada flexibilidad para sacar termitas de lo profundo de su madriguera; o cuando mastican hojas hasta cierto grado y la usan como esponja para sacar líquidos de las oquedades de un árbol.

Citando nuevamente a Darwin en el "*Origen de las especies*":

> "En el capítulo de la sucesión geológica intenté demostrar según el principio de que generalmente cada grupo ha diferido mucho en carácter durante el proceso largamente continuado de modificación, como es que las formas de vida más antiguas a menudo presentan ciertos caracteres que en cierto grado son intermediarios entre grupos existentes (...) Como unas pocas de las formas de vida viejas e intermedias han transmitido hasta el día actual descendientes poco modificados, estos constituyen nuestras llamadas especies indecisas o anómalas. Cuanto más anómala es una forma, mayor debe ser el número de formas vinculadoras que han sido exterminadas y se han perdido completamente"[136].

Según la selección natural, debió haber existido una gran cantidad de formas intermedias que vincularan a todas las especies de un grupo de una forma semejante a la de las variedades actuales, pero que no se encuentran por falta de expansión del registro geológico.

Al tratar sobre la cuestión de la bipedestación del hombre, se considera como los antropoides ancestrales descendieron de los árboles a la tierra deseosos de expandir su régimen alimenticio, argumento insuficiente a las luces de que sería difícil para tales antropoides renunciar a una alimentación frutal ya disponible y la seguridad que los bosques ofrecían. Según la ley de Depéret, el éxito de aquellos intrépidos antropoides que se atrevieron a incursionar en tierra firme, condujo a un aumento progresivo de su tamaño, del mismo modo que ocurrió con el elefante y el caballo. Si fué así, la vida en los árboles se abandonó progresivamente por la incomodidad que suponía para la locomoción[137]. Se conoce poco sobre el rediseño de las estructuras neurales en el paso del cuadrupedestrismo al bipedestrismo: evolutivamente la evidencia demuestra que hubo cambios anatómicos como el acortamiento y ensanchamiento de la pelvis, ajustes de la musculatura de la cadera con el surgimiento de una curvatura anterior de la columna lumbar, el alargamiento de las extremidades inferiores[138], hechos que hacen que los humanos sean "simios de piernas largas, no de brazos cortos". Nashner -citado por Eccles-, describe los movimientos musculares requeridos en un balanceo anteroposterior inducido artificialmente: las compensaciones más simples activan diversos órganos receptores en especial los de la visión y los mecanismos sensoriales vestibulares; la complejidad surgida de estas interacciones, insuficientemente comprendidas, sugiere cambios muy complejos en el sistema nervioso central cuando los australopitecinos adoptaron la postura erecta[139].

Es conocida la marcha bipedestre de *Australopithecus africanus* a partir de las huellas fósiles de pisadas halladas por Mary D. Leakey y colaboradores en la llanura de Laetoli, en el norte de Tanzania, que datan aproximadamente de hace 3.6 millones de años[140]. Una vez los protohomínidos consolidaron su marcha bípeda, sus manos quedaron libres, lo cual propulsó decisivamente la evolución humana. La mano pentadáctila es única en términos funcionales porque hace parte de un complejo funcional con el cerebro y los ojos. Este protohomínido ahora podía usar sus manos para la exploración por prehensión que sumada a la visión estereoscópica le permitió conjugar una sensación muscular con una sensación visual del espacio. Sin embargo las manos libres no lo eran todo -pues muchos dinosaurios las tenían-, pero les faltaba la inteligencia; el tener un órgano prensil más una buena dosis de inteligencia pero sin visión estereoscópica, tampoco era suficiente, como es el caso de los elefantes. Entonces es necesaria la conjunción de órganos de prehensión pareados, libres de toda función locomotriz y situados en el campo visual para que se produzca la evolución del cerebro. La mano humana es una de las contingencias del capital biológico humano y le ha permitido un grado de emancipación que le llevaron posteriormente a la fabricación libre y consciente de herramientas[141].

Al considerar las cuestiones sobre el tipo de circunstancias que permitieron el desarrollo del cerebro humano, nos vemos abocados a un ambiente cuyas condiciones desaparecieron hace millones de años. De acuerdo a la evidencia de la historia fósil, el desarrollo del cerebro fué posterior al empleo de instrumentos de piedra. La transformación de las piedras no manipuladas hasta los objetos de piedra por ejemplo, de la industria acheliense, se considera como un proceso que ocurrió en al menos un millón de años. Existe la evidencia de la piedra trabajada para sustentar la primera parte de esta afirmación, y algunos datos arqueológicos que sugieren el aumento del tamaño de la capacidad craneana debió acompañarse de un aumento concomitante de la complejidad del cerebro. La anatomía comparada carece de normas adecuadas que indiquen como se deben comparar dos muestras de restos fósiles, o como interpretar su anatomía.

Dado que la mente humana es incapaz de abarcar un intervalo de tiempo tan amplio, surgió una dicotomía entre la percepción del tiempo y las limitaciones de la mente humana, dicotomía subrayada por Darwin en 1844, cuando escribió como

"la mente humana no puede comprender el significado cabal del término de un millón o un centenar de millones de años, y en consecuencia no puede percibir los efectos reales de pequeñas y sucesivas variaciones acumuladas casi infinitamente durante muchas generaciones"[142].

Georges-Louis Leclerc, conde de Buffon (1707-1788) atribuyó a la Tierra una edad de 70.000 años[143] -aunque en el secreto de su gabinete había calculado tres millones de años-, mientras que Immanuel Kant habló en su "Cosmogonía", de centenares de millones de años, sembrando una adecuada base cronológica que se enmarcaba al proceso evolutivo del mundo. Posteriormente, las ideas de los naturalistas y filósofos de la Ilustración en el siglo XVII y los geólogos y biólogos en el siglo XIX, expandieron las fronteras cronológicas del mundo conocido.

En los albores del siglo XX la ciencia oficial aún aceptaba la creencia de Lord Kelvin cuando afirmaba que la Tierra llegaba a una edad de solo cien millones de años, y que los mamíferos habían suplantado a los dinosaurios hacía tres millones de años y no 65 millones. La concepción de una Tierra creada tan recientemente no admitía la explicación de una lenta acumulación de mutaciones para la explicación de la variabilidad de la vida sobre el planeta, hasta que sobrevino la acepción del tiempo bajo la óptica de mayores edades geológicas. El hecho de aceptar tiempos de millones y de miles de millones de años ha permitido que el hombre se emancipe de la concepción antigua de un mundo cuyo cronograma era de miles de años y concomitantemente, se pueda ver a sí mismo en la óptica del desarrollo evolutivo a través de esta misma escala, de millones de años.

Es difícil la comprensión de estas cifras cronológicas si tiene en cuenta que los períodos biológicos son cortos, que solamente hasta esta centuria ha sido posible mejorar la esperanza de vida de la especie -aunque no de manera uniforme- y que solo con el desarrollo de técnicas cronométricas tan avanzadas como el cálculo de la vida media de algunos radioisótopos ha sido posible ampliar el panorama cronológico de la vida en nuestro planeta hasta los 4500 o 4600 millones de años. E.C.H. Silk[144] y R.S. Barnes hacia 1950 descubrieron los surcos por fisión en cristales de mica, cuando ésta se exponía a la radiación de elementos pesados. Este hallazgo permitió posteriormente a Robert Fleischer, P. Buford Price y Robert Walker[145] el desarrollo del método denominado "datación por surcos de fisión" (*Fission-track dating*), basado en la producción de surcos/estelas en las rocas terrestres y los cristales naturales expuestos a Uranio-238. El proceso de formación de surcos en estas sustancias implica la ruptura de enlaces químicos por los fragmentos energéticos pesados resultantes de la fisión del^{238}U que pueden dañar la red cristalina dejando surcos microscópicos cuyo tamaño es de 10 a 20 micrómetros dependiendo del mineral.

Al estudiar la calcita -el cristal hexagonal que forma carbonato de calcio- hallado en los huesos de *Australopithecus,* y evaluar si los surcos en los cristales podrían datar la fecha de la restos se encontró una baja densidad, sugiriendo que estos restos no concordaban con la antigüedad que otras evidencias indicaban, debido a que los surcos de la calcita se pueden borrar en períodos de millones de años. Sin embargo, al aplicar este método a minerales como la mica y el cuarzo, se confirma una antigüedad superior a los tres mil millones de años para estos minerales.

Hacia comienzos de este siglo, Alfred Wegener[146] planteó la teoría de la deriva de los continentes, que fué confirmada hace unos cinco lustros por la teoría de la tectónica de placas, de acuerdo a la cual la plataforma oceánica que representa más de dos tercios de la superficie sólida del planeta, está siendo creada constantemente por flujos de lava del interior de la Tierra, confirmando así el desplazamiento de las masas continentales. La teoría de la tectónica de placas y la determinación cronológica por la medición de la vida media de radioisótopos, con el estudio de proporciones de elementos como samario/neodimio en rocas descubiertas en Isua, Groenlandia, dan a la Tierra antigüedades de hasta 3.770 millones de años[147]. Estas son cifras que orientan a una amplia escala geológica y han expandido el marco cronológico de la Tierra hasta el que hoy día se le atribuye, óptica que coloca la evolución de la especie humana en un punto dinámico.

Al hablar sobre la aplicación de la fenomenología a la existencia del hombre y de comprenderlo en función de su medio ambiente (*milieu*), se considera al ser humano como el culmen de la evolución, referido desde un punto de vista positivo de la historia del mundo: el hombre ha sido el último en llegar, -desde el punto de vista de la historia natural- es el organismo de mayor dispersión por el globo, es el organismo morfológicamente menos especializado y por su desarrollo más lento ofrece las mayores capacidades de educación, con la consiguiente mayor potencialidad para la modificación de su medio.

Es también el culmen de la evolución desde el punto de vista del desarrollo del sistema nervioso y del cerebro, y por la consistencia del ser humano en que éste es dominado por la función de la información, mientras que los organismos vegetales son dominados por sus funciones de asimilación y los animales por sus funciones motoras que les permitan ir en busca de sustento.

La función de la información -aunque presente en los animales- en el ser humano se ha vuelto una especialidad, la cual le capacita para obtención de información sobre el proceso de la misma información, lo cual define en él una conciencia reflexiva y le lleva hasta la cúspide de la independencia. El sucesivo paso del tiempo le lleva a dar los primeros pasos hacia la socialización, considerada como un fenómeno esencial de la humanidad, prolongando así la evolución biológica hacia un estado superior[148].

En contraposición a este punto de vista positivo sobre la evolución humana, existe el punto de vista de muchos científicos convencidos que la teoría de la evolución suprime la necesidad de una mano guía, de un planificador en el universo. El evolucionista George Gaylard Simpson personificó esta posición al escribir:

" (...) la evolución hace realidad la consecución de un fin sin la intervención de nadie para llevarlo a cabo, lo cual ha dado lugar a un vasto plan sin la acción de un planificador (...)"[149].

La teoría de la evolución parece completa en el sentido que no requieren fuerzas que trasciendan a la ciencia. Aunque el propio Charles Darwin no consideraba al universo existente como un resultado ciego del azar, el hombre se perfila como el producto de una sucesión de acontecimientos accidentales (?) ocurridos durante los últimos 4.000 millones de años. Pero el estudio de la historia de la vida a lo largo de las edades geológicas muestra un fluir y una dirección en ella, de lo más simple a lo más complejo, de las formas inferiores a las superiores y siempre hacia una mayor inteligencia ante lo cual los científicos se preguntan ¿es posible que esta dirección no haya tenido ninguna dirección, que no haya sido dirigida en una forma ordenada?

Parece que este proceso que culmina en la existencia de un ser inteligente que busca sus orígenes como parte de un "plan maestro" dentro del universo es una cuestión como lo menciona Robert Jastrow, "que está más allá del alcance de la comprensión humana, o al menos en este momento, más allá del alcance de la ciencia"[150].

Los científicos del siglo XX informan sobre el flujo de acontecimientos que conducen desde la creación hasta el hombre, pero en un sentido teleológico, al querer ir más allá con los "por qué", carecen de respuesta.

Notas de Capítulo 3.

71. 📖 Smith HW: **Man and his Gods**. Little Brown, Boston, 1952. pp. 368

72. 📖 Darwin C: **El origen de las especies**. pp. 338

73. 📖 Maturana H, Varela F, Behncke R: **El árbol del conocimiento**. 13 Edición. Editorial Universitaria S.A. Santiago de Chile, 1996. pp 75

74. Citado por 📖 Taylor R: La selección natural: Un lastre sobre el pensamiento biológico y social. **Ludus Vitalis** 1999; VII(12): pp 36

75. 📖 Ayala FJ: Mecanismos de la evolución. En: **La Evolución. Monografía de Libros de Investigación y Ciencia**. Labor, Barcelona, 1979. pp. 25

76. 📖 Lenay Ch: **La evolución: de la bacteria al hombre**. RBA Editores, Barcelona, 1994. pp 75

77. Cabe anotar que Eldredge es autor de la definición de Ultradarwinismo. Para los ultradarwinianos, la selección natural es el principal proceso evolutivo y su concepto de selección natural es equivalente a la competición por éxito reproductivo. Asímismo, ven toda competición -incluyendo la competición por alimentos u otros recursos eceonómicos, como un epifenómeno de la competición por el éxito reproductivo. Los sistemas biológicoscomplejos son el resultado de la competición entre los genes, mientras que los ecosistemas y los sistemas sociales resultan de la competición para el éxito reproductivo. Para los ultradarwinianos la noción de especie es casi irrelevante porque los procesos fundamentales subyacentes a los fenómenos evolucionarios se enfocan sobre la continuidad de selección natural y la primacía en competición activa por el éxito reproductivo. Eldredge N, **Reinventing Darwin**. London Phoenix 1996 pp 4-8

Citado por 📖 Aranza-Anzaldo, A: The gene as the unit of selection: a case of evolutive delusion. **Ludus Vitalis** 1997; V(9): pp 114

78. 📖 Sagan C, Druyan A: **Sombras de antepasados olvidados**. Planeta, Barcelona, 1992. pp. 93

79. Citado por Ken Wilber en: 📖 **Sexo, Ecología, Espiritualidad. El alma de la evolución. Volumen I** Gaia Ediciones, Madrid 1996. pp. 59

80. 📖 Lenay Ch: **La evolución: de la bacteria al hombre**. RBA Editores, Barcelona, 1994. pp 92

81. En la deriva genética consiste en que los cambios inducidos por el azar en las frecuencias alélicas finalmente deriva hacia uno o hacia cero, es decir, esta deriva genética aleatoria implica que una población dada se haga homocigótica para el alelo A, mientras que otra población se hará homocigótica para el alelo a. A medida que el tiempo transcurre, las poblaciones aisladas divergen entre ellas, perdiendo cada una de ellas un rasgo de heterocigosidad. La variación originalmente presente en las poblaciones, se manifiesta como variabilidad entre poblaciones. Otra forma de ver la deriva genética, es la de endogamia en poblaciones pequeñas. Gracias a la deriva genética, las mutaciones nuevas se pueden establecer en una población dada, incluso si tales poblaciones no está favorecidas por la selección natural. Pero también las mutaciones nuevas favorables se perderán frecuentemente . En: 📖 Griffiths A, Miller J, Suzuki D, Lewontin R, Gelbard W et al: Una introducción al análisis genético. Edit. Interamericana - McGrawHill Madrid, 1993. pp 803,804.

82. Fontdevila A: El mantenimiento de la variabilidad genética de las poblaciones. En: **La Evolución. Monografía de Libros de Investigación y ciencia**. Labor, Barcelona, 1979. pp. 154, 156-157.

83. Las mutaciones puntuales o puntiformes se producen aleatoriamente durante la replicación de las moléculas de ADN. En las poblaciones de millones de individuos probablemente se presentarán varias mutaciones por generación en toda la carga genética de la población. Pero como la adaptación es medio ambiente es buena, los cambios importantes suelen ser poco adaptativos. Ayala FJ: Mecanismos de la evolución. En: **La Evolución. Monografía de Libros de Investigación y Ciencia**. Labor, Barcelona, 1979. pp. 17

84. Eccles confirma las ideas de Mayr al describir como el proceso de generación de las especies pudo ocurrir con mayor eficacia en poblaciones aisladas. Al producirse la migración de una población fundadora que se aisla geográficamente, se aislaría el flujo genético de la población ancestral. El surgimiento de especies independientes se logra a través de la acumulación de pequeñas variaciones adaptativas a lo largo de un gran número de generaciones. El flujo homogenizador genético restringe su radio de acción a la nueva población aislada. Eccles JC: **La evolución del cerebro: la creación de la conciencia**. Labor, Barcelona. 1992 pp. 5-7

85. El polimorfismo es el fenómeno de diversidad genética en las poblaciones (Lenay Ch, pp. 126). La mayoría de los microorganismos tienen regiones variables en su genoma, que diferencian las especies por pequeñas diferencias en su información hereditaria (variación en la secuencia de ADN). El polimorfismo se refiere a la ocurrencia de alelos multiples en un locus, donde al menos dos alelos aparecen con una frecuencia >1% en la población general. El polimorfismo nucleotídico corresponde a la variación en la secuencia de nucleótidos entre individuos de una misma especie y se demuestra por medio del llamado "análisis de enzimas de restricción", cuya descripción escapa a los objetivos en esta obra.

86. Ayala FJ: Mecanismos de la evolución. En: **La Evolución. Monografía de Libros de Investigación y Ciencia**. Labor, Barcelona, 1979. pp. 21

87. Ayala FJ: Mecanismos de la evolución. En: **La Evolución. Monografía de Libros de Investigación y Ciencia**. Labor, Barcelona, 1979. pp. 23

88. Prevosti A: Polimorfismo cromosómico y evolución. En: **La Evolución. Monografía de Libros de Investigación y Ciencia**. Labor, Barcelona, 1979. pp. 86

89. Darwin C: **El Origen de las especies**. pp. 119

90. Maturana H, Varela F, Behncke R: **El árbol del conocimiento**. 13 Edición. Editorial Universitaria S.A. Santiago de Chile, 1996. pp 76.

91. Citado por Aranza-Anzaldo, A: The gene as the unit of selection: a case of evolutive delusion. **Ludus Vitalis** 1997; V(9): 91-120

92. Aranza-Anzaldo, A: The gene as the unit of selection: a case of evolutive delusion. **Ludus Vitalis** 1997; V(9): pp 120

93. Aranza-Anzaldo, A: The gene as the unit of selection: a case of evolutive delusion. **Ludus Vitalis** 1997; V(9): pp 120

94. Jastrow, R: **El Telar Mágico**. Biblioteca Científica Salvat. Barcelona, 1986. pp. 14-15; 21

95. Rakic P: A small step for the cell, a giant leap for mankind: a hypothesis of neocortical expansion during evolution. **Trends Neurosci** 1995; 18(9):383-388

96. Ham AW: Tratado de Histología. 7a Edición. Versión española por Folch A, Sapiña S. Interamericana. México D.F., 1982. pp. 437, 438.

97. Maturana H, Varela F, Behncke R: **El árbol del conocimiento**. 13 Edición. Editorial Universitaria S.A. Santiago de Chile, 1996. pp 92

98. **Nature** 1997; 385: 23-25; **Proceedings of the National Academy of Sciences** 1997; 94: 543-548; **Science** 1996; 274: 1123-1133; 1133-1138

99. Bresch C: **La vida, un estadío intermedio**. Biblioteca Científica Salvat. Barcelona, 1987. pp. 138 y ss

100. Damasio AR: **El Error de Descartes**. Crítica-Grijalbo. Barcelona, 1996. pp. 213

101. Ver más adelante la disfunción de los núcleos o ganglios de la base.

102. Aitken KJ, Trevarthen C: Self-other organization in human psychological development. **Development and Psychopathology** 1997; 9: pp 660

103. Augusta J, Burian Z: **El origen del hombre**. Ediciones Suramérica, Bogotá, 1966. pp 11

104. Irving-Hallowell, A: Hominid evolution, cultural adaptation and mental dysfunctioning. En: A.V.S. de Reuck, Ruth Porter, Eds: Transcultural Psychology. Ciba Foundation Symposium. J&A Churchill Ltd. 1965. pp 26

105. Irving-Hallowell, A: Hominid evolution, cultural adaptation and mental dysfunctioning. En: A.V.S. de Reuck, Ruth Porter, Eds: Transcultural Psychology. Ciba Foundation Symposium. J&A Churchill Ltd. 1965. pp 29,30

106. Augusta J, Burian Z: **El origen del hombre**. Ediciones Suramérica, Bogotá, 1966. pp 45

107. Eccles JC: La evolución del cerebro: la creación de la conciencia. Editorial Labor, Barcelona. 1992. pp. 37-39

108. Graves W: The imperiled giants. **National Geographic** 1976; 150 (6): pp. 766

109. Irving-Hallowell, A: Hominid evolution, cultural adaptation and mental dysfunctioning. En: A.V.S. de Reuck, Ruth Porter, Eds: **Transcultural Psychology**. Ciba Foundation Symposium. J&A Churchill Ltd. 1965. pp 40

110. Aitken KJ, Trevarthen C: Self-other organization in human psychological development. **Development and Psychopathology** 1997; 9: pp 653-654; 660

111. Laín Entralgo P: **La curación por la palabra en la Antigüedad clásica**. Editorial Anthropos, Barcelona, 1987. pp. 85

112. Irving-Hallowell, A: Hominid evolution, cultural adaptation and mental dysfunctioning. En: A.V.S. de Reuck, Ruth Porter, Eds: **Transcultural Psychology**. Ciba Foundation Symposium. J&A Churchill Ltd. 1965. pp 41

113. Barrow JD: **Teorías del Todo. Hacia una Explicación fundamental del Universo**. Crítica, Barcelona 1994. pp. 224

114. Smith HW: **Man and his Gods**. Little Brown, Boston, 1952. pp. 372

115. Sagan C, Druyan A: **Sombras de antepasados olvidados**. Planeta, Barcelona, 1992. pp. 76

116. Augusta J, Burian Z: **El origen del hombre**. Ediciones Suramérica, Bogotá, 1966. pp 33-35

117. LaBarre W: **L' animal humain**. Payot, París. 1956. pp. 100-101

118. Eccles JC: **La evolución del cerebro: la creación de la conciencia**. Labor, Barcelona. 1992 pp. 8

119. El término traduce cabeza - cola

120. Aitken KJ, Trevarthen C: Self-other organization in human psychological development. **Development and Psychopathology** 1997; 9: pp 659

121. 📖 Prevosti A: Polimorfismo cromosómico y evolución. En: **La Evolución. Monografía de Libros de Investigación y Ciencia.** Labor, Barcelona, 1979. pp. 87

122. 📖 Ayala FJ: Mecanismos de la evolución. En: **La evolución. Monografía de Libros de Investigación y Ciencia.** Labor, Barcelona, 1979. pp. 28

123. 📖 Washburn SL: La evolución de la especie humana. En: **Evolución. Monografía de Libros de Investigación y Ciencia.** Editorial Labor, Barcelona. 1979. pp. 1354

124. 📖 Ayala FJ: Mecanismos de la evolución. En: **La Evolución. Monografía de Libros de Investigación y Ciencia.** Editorial Labor, Barcelona, 1979. pp. 22

125. 📖 Smith HW: **Man and his Gods.** Little Brown, Boston, 1952. pp. 332

126. 📖 Smith HW: **Man and his Gods.** Little Brown, Boston, 1952. pp. 324

127. 📖 Smith HW: **Man and his Gods.** Little Brown, Boston, 1952. pp. 335

128. Citado en: 📖 Smith HW: **Man and his Gods.** Little Brown, Boston, 1952. pp. 339

129. 📖 Smith HW: **Man and his Gods.** Little Brown, Boston, 1952. pp. 355

130. Rama de la ciencia que estudia el desarrollo de la forma y estudio de las leyes que la rigen

131. Sin embargo, a manera de acotación, con el paso del tiempo y el avance en la inteligencia artificial, se han podido hacer equivalentes a ojos electrónicos y a implantes cócleovestibulares que han ayudado a mejorar la audición de muchas personas con sordera neurosensorial.

132. 📖 Sheldrake R: **Una nueva ciencia de la vida. La hipótesis de la causación formativa.** Kairós. Barcelona, 1990. pp 54

133. 📖 Cuénot C: **Ciencia y Fé en Teilhard de Chardin.** Plaza y Janés, Barcelona 1972. pp. 42 y ss

134. 📖 LaBarre W: **L' animal humain.** Editorial Payot, París. 1956. pp. 101

135. 📖 Darwin C: **El origen de las especies.** pp. 445

136. 📖 Smith HW: **Man and his Gods.** Little Brown, Boston, 1952. pp. 355

137. 📖 LaBarre W: **L' animal humain.** Payot, París. 1956. pp. 102

138. Durante la marcha normal se producen informaciones sensoriales aferentes que modulan y controlan la corteza motora, simultáneamente con aferencias de los ganglios basales y el cerebelo. Las contracciones musculares que originan los movimientos de marcha se generan en descargas secuenciales rítmicas de las motoneuronas apropiadas en la corteza motora que posibilitan el control voluntario paso a paso. Los estudios electromiográficos de Jones y Watt en el músculo gastrocnemio humano al bajar por una escalera mostraba como éste se activaba 135 milisegundos antes de que el pié tocara el suelo. Estos autores postulan que en las fases tempranas del paso descendente, el movimiento de la cabeza hacia abajo produciría la contracción del gastrocnemio por las vias retículo y vestibuloespinales, por medio de los otolitos del oído interno. Tomado de: 📖 Eccles JC: **La evolución del cerebro: la creación de la conciencia.** Labor, Barcelona. 1992. pp. 51-55

139. 📖 Leakey MD: Footprints in the ashes of time. **National Geographic** 1979; 155(4): 446-457

140. 📖 Eccles JC: **La evolución del cerebro: la creación de la conciencia.** Labor, Barcelona. 1992. pp. 50

141. 📖 LaBarre W: **L' animal humain.** Payot, París. 1956. pp. 104, 108

142. 📖 Original de Monroe W. Strickberger: **Evolution.** Jones and Bartlett, Boston, 1990. pp. 34; Citado por Sagan C, Druyan A: **Sombras de antepasados olvidados.** Planeta, Barcelona, 1992. pp. 91

143. Aproximadamente una de cada dos millones de transformaciones en el ^{238}Uranio es por fisión en lugar de la radiación alfa, este proceso origina emisión de neutrones y dos fragmentos pesados que difieren en masa. En el tiempo geológico el ^{238}Uranio se transforma en ^{234}Thorio por la emisión de partículas alfa, que no tienen la suficiente energía para formar surcos. La vida media del ^{238}Uranio es de cuatro mil quinientos millones de años. Tomado de Macdougall JD: Fission-track Dating. **Scientific American** 1976; 235 (6): 114-116

144. 📖 Macdougall JD: Fission-track Dating. **Scientific American** 1976; 235 (6): 114-116, 118.

145. 📖 Washburn SL: La evolución de la especie humana. **Monografía de Libros de Investigación y Ciencia. Labor, Barcelona, 1979.** pp. 128

146. 📖 O'nions RK, Hamilton PJ, Evensen NM: The Chemical Evolution of Earth's Mantle. **Scientific American** 1980; 242 (5): 96

147. 📖 Cuénot C: **Ciencia y Fé en Teilhard de Chardin.** Plaza y Janés Edit. Barcelona 1972. pp. 108 - 114

148. 📖 Jastrow, R: **El Telar Mágico.** Biblioteca Científica Salvat. Barcelona, 1986. pp. 101

149. 📖 Jastrow, R: **El telar Mágico.** Biblioteca Científica Salvat. Barcelona, 1986. pp. 106

Capítulo 4. La información y el cerebro

"No hay nada permanente excepto el cambio"

Heráclito de Éfeso

Cada vez que el cerebro percibe el sonido de una sinfonía, está con un ser querido, contempla un apuesta de sol, o evoca un recuerdo, está manejando información. Cada bit de información que accede al cerebro en forma por ejemplo de sensación, recuerdo o pensamiento, se puede representar como una esfera central de la cual irradian muchos enlaces. Cada eslabón representa una asociación, con su infinita red de vínculos y conexiones, donde el número de asociaciones usadas se puede considerar de alguna forma como la base de datos o biblioteca personal.

El manejo de la información por el cerebro es un tema de tal vastedad, debido a la complejidad de las interacciones inherentes al proceso total de la comunicación. La teoría de la información fué desarrollada por Claude E. Shannon datando de 1948, año en que publicó "La teoría matemática de la comunicación". Esta teoría concierne a la ciencia de los mensajes, cuyo objetivo es la formulación numérica de las leyes que rigen la generación, transmisión y recepción de información en general, y busca determinar la relación entre la capacidad de canal de un sistema de comunicación y la transmisión confiable de mensajes a través del canal. En la teoría de Shannon la información se refiere a la probabilidad o la incertidumbre de un símbolo o de un conjunto de símbolos y no a su significado[151]; una de sus ideas clave es que el contenido informativo de un mensaje aumenta a medida que su probabilidad decrece: una serie de mensajes tiene un máximo contenido de información cuando su nivel de novedad y sorpresa es máximo[152].

El concepto de información proporciona una medida puramente cuantitativa de las transacciones de comunicación, haciendo abstracción completa de los intereses y significados de los agentes involucrados. En la teoría de la información no es relevante si el remitente y el receptor usan un lenguaje con significado semántico. La información puede ser semántica o no semántica, pudiendo referirse a las frases de un lenguaje natural. La información y la comunicación designan el estado de un mensaje dadas redes neurales artificiales son un campo de investigación multidisciplinario para las disciplinas de matemáticas aplicadas, física, neurobiología, ciencia computacional, teoría de la información y sistemas de control paralelo. Las redes neurales pueden usarse para propósitos de clasificación con base en entradas/salidas pudiendo usar ítems de clasificación basados en comparación. Adicionalmente, en las redes neurales los algoritmos permiten la comprensión de funciones mentales tales como el lenguaje, reconocimiento de imágenes, redes de procesamiento de información, y los algoritmos rápidos comprenden el llamado "gradiente conjugado" y el "algoritmo quasinewtoniano".

La interpretación de la información tiene sus concomitantes en el lenguaje ordinario, pues al oír una frase repetitivamente, así sea significativa, no elimina incertidumbre y deja de transmitir información, su probabilidad de transmisión de información está cerca de 1, es decir, del máximo. De acuerdo a Frederic Crosson y Kenneth Sayre del Instituto Filosófico para la Inteligencia Artificial de la Universidad Notre Dame, sobre cuyos conceptos se basan las siguientes líneas, es posible cuantificar la información en término de la incertidumbre que eliminan los mensajes, para lo cual es necesaria una unidad de medida en la forma de una formulación matemática, la cual es el logaritmo de base 2 ($\log_2 N$) de elecciones de N mensajes o estados posibles. La unidad de información es la cantidad transmitida por un mensaje que es solo uno entre dos mensajes igualmente posibles, que se pueden contestar 1 o 0, sí o no. Esta unidad de información si/no-1/0 equivale a un dígito binario o bit. Siempre que un número de elecciones de mensaje se disminuya a la mitad, se produce un bit de información. Si se expresa la incertidumbre I de un símbolo s como I(s), al haber por ejemplo dos elecciones (si o no), la probabilidad de cada uno es de ½. Si se acepta que p es la probabilidad de algún símbolo o mensaje, entonces la información del símbolo s proporciona:

$$1. \quad I(s) = \log_2 1/p(s)$$

dígitos binarios de información, que desarrollando la ecuación suministran:

$$2. \quad I(s) = -\log_2 p(s).$$

de información sobre el símbolo s. Lo anterior significa que si existe una probabilidad p que una máquina o un sistema dados se modifiquen a cierto estado, cuando lo hacen comunican $-\log_2 p(s)$ o $-\log_2 p$ bits o dígitos binarios de información. Si la probabilidad p fuera de ½, la transición solamente comunicaría un bit de información. En el caso de que la probabilidad fuera de $½^n$, entonces comunicaría n bits. Una p de 1/1.000 proporciona unos 10 bits de información.

La información media que comunica una transición se calcula multiplicando la información que se comunica en una transición a cada uno de los posibles estados siguientes por la probabilidad de pasar después a ese estado, y después hacer la suma de todas las posibilidades que existen, como se muestra en la ecuación 3.

$$3. \quad \text{Información por transición} = \sum_{i=1}^{N} - p_i \log_2 p_i \text{ bits}$$

Donde N es el número de estados posibles, y p_i es la probabilidad de que el siguiente estado sea el i-ésimo. Obsérvese que "bits" ha reemplazado al símbolo (s), pero son intercambiables. El valor calculado de una transición dada puede ser distinto para distintos observadores, ya que cada uno asignará diferentes probabilidades a los resultados. La información sobre un conjunto de bits o un símbolo (s) dado alcanza un valor de $\log_2 N$ para un observador totalmente ignorante (lo cual significa que la información es novedosa para él), mientras que para un observador informado $p_i = 0$, con lo cual la información nueva que el recibe es igual a cero. Dicho de otra manera, los cálculos de una máquina o un sistema solo resultan útiles cuando no se conocen todas las respuestas de antemano[153].

La llamada potencia de proceso de información total de un sistema se mide dividiendo la transición de la información por el tiempo medio que requiere una transición, que viene definido en la siguiente fórmula :

$$4. \quad \text{Potencia} = \sum - p_i \log_2 p_i / \sum p_i t_i {}^{[154]}$$

Las unidades de potencia de capacidad de información son bits por segundo.

La ocurrencia de un acontecimiento y proporciona una cantidad de información sobre un acontecimiento x, de acuerdo a la ecuación:

$$5. \quad (x;y) = -\log_2 p \ (x/y) / p \ (x).$$

Donde $p \ (x/y)$ es la probabilidad de ocurrencia de "x" después de haber visto la ocurrencia de "y". Se considera que "x" es una certeza cuando $p \ (x/y) = 1$.

La cantidad promedio de información proporcionada por un acontecimiento *y* sobre un acontecimiento *x* viene dado por la fórmula[155] :

$$6. \quad I(x;y) = \sum_{i=1}^{n} p\ (x_i\ /y)\ I(x_i;y)$$

En esta fórmula, x es un acontecimiento que tiene una distribución $p\ (x_i)$, independientemente de los acontecimientos seleccionados. La probabilidad de que se reciba cualquier cantidad de información en término de un conjunto de símbolos (s) que resuelven la incertidumbre $I\ (s_i)$ se expresa como:

$$7. \quad p\ (s_i)\ I\ (s_i).$$

La cantidad promedio de información del conjunto de símbolos es la sumatoria de cada probabilidad particular. Esta cantidad es el núcleo de la teoría de la información y recibe también el nombre de "cantidad promedio de información por símbolo", simbolizado por "H" (o entropía)[156], que equivale a:

$$8. \quad H(S) = \sum p\ (s_i)$$
$$I(s_i) = \sum_{S} P(s_i)\ \log_2\ 1/p\ (S_i)\ bits$$

Si el símbolo (S) es probable, H(S) será la probabilidad de cualquiera de ellos. Si no son probables, H(S) -la incertidumbre de S- equivale a la cantidad estadísticamente promedio de información de un suceso nuevo. En el cerebro, la acentuación de la novedad y la diversidad de categorías de determinación, hacen avanzar el pensamiento más allá de los marcos del determinismo clásico. De modo que el cerebro cuando maneja información nueva y maneja una cantidad promedio de información por símbolos mayor que cero, tiene un manejo probabilístico o estocástico de la información, que de paso lleva implícito el hecho de que la realidad es compleja, que los procesos reales son dependientes entre sí[157].

La entropía es la incertidumbre promedio para cada símbolo de mensaje de un conjunto indefinidamente grande de mensajes. Si la incertidumbre/entropía es cero, esto equivale por ejemplo a saber cuál será la próxima palabra de un interlocutor y que éste no produce información para su oyente. Suele suceder que existen sistemas en las cuales las probabilidades de los símbolos producidos no son fijas e independientes (como por ejemplo, en el lanzamiento de una moneda, donde para cada lanzamiento puede ocurrir cara o cruz con probabilidad de 0.5), sino que son más bien función de los símbolos previamente emitidos, con lo cual surge una probabilidad condicional, proceso conocido como cadenas Markoff, en donde la probabilidad condicional se expresa:

$$9. \quad P\ (s_i / s_{j1},\ s_{j2},\ s_{j3},\ s_{j4},\ .....\ s_{jm})$$

donde los símbolos $s_{j1},\ s_{j2}$ son llamados "estado de sistema". En la medida que un símbolo influya sobre los sucesivos, equivale a que disminuye la cantidad promedio de información por símbolo. En términos de comunicación, el receptor preverá s_j y se sorprenderá menos por su ocurrencia, siendo menos informado por s_j.

Al retomar la ecuación 6, se ha demostrado que I (incertidumbre) $(x;y) \geq 0$, esta desigualdad es compatible con la existencia de cierta capacidad de información que se conserva en cada acontecimiento, teniendo en cuenta que existe una relación inversa entre información y significado, en la que de acuerdo a MR Cohen, citado por Crosson y Sayre, "el significado está asociado con algo, o indica algo, o se refiere a algo más allá de sí mismo de tal modo que su naturaleza entera señale a esta asociación y se revele en ella". En relación a la distinción de niveles en el mensaje y el contexto, el antropólogo Gregory Bateson -citado por Bebchuk- refiere que:

> en toda cultura los participantes no solamente se comunican los contenidos, sino también las instrucciones acerca de la forma de interpretar el mensaje... todo mensaje en tránsito posee dos tipos de significados. Por un lado el mensaje es un enunciado o un informe sobre hechos de un momento anterior; por otro lado, es una orden -una causa o estímulo para los sucesos de movimientos posteriores"[158].

Por lo cual al primer significado se le conoce como nivel de contenido, y al segundo como nivel de instrucción. El nivel de contenido se refiere a todo aquello que puede ser comunicado independientemente del tipo de mensaje que sea; por su parte, el nivel de instrucción define la forma en que debe entenderse el mensaje: "esto debe entenderse como broma, rivalidad, decepción, etc." La estructura de niveles en los mensajes hace posibles las ambigüedades, confusiones y paradojas; y por supuesto, el humor, cuando los mensajes se intercambian, se crea un contexto y es dentro de este mismo contexto que los mensajes o símbolos adquieren significado. Un mensaje puede significar A o no A, dependiendo del contexto en que circule.

Autores como el neurobiólogo y filósofo Frederick HC Crick plantean que la teoría de la comunicación es conjeturalmente uno de los instrumentos teóricos apropiados para abordar el complejo tema de cómo el cerebro maneja la información, engendrada en las diez mil a cien mil millones de neuronas y su astronómica cifra de conexiones que comprende cifras de 10^{27} ceros. Esta cifra es sobrecogedora, permite una capacidad de combinaciones correspondientes al factorial de 10^{27}, equivalente a algo así como un uno seguido de 10.5 millones de ceros. Por estos cálculos, el profesor Petr Kouzmich Anojin de la universidad de Moscú dijo en 1973 -citado por Buzan & Buzan- que "no existe el ser humano que sea capaz de utilizar todo el potencial de su cerebro. Por eso no aceptamos ninguna estimación pesimista de los límites del cerebro humano. ¡Este es ilimitado!"[159].

Transmisión de información

La capacidad de información total de un sistema es equivalente a $\log_2$ de todos los estados a los que puede pasar. Este atributo de la información según la teoría de la información hace referencia a que todo canal físico tiene una capacidad numérica definida para transmitir la información, siendo aplicable a canales físicos, a comunicaciones intercelulares, a comunicaciones entre personas.

De acuerdo a la teoría de Shannon, cuando la tasa de traspaso de información es menos que la capacidad de transporte del canal, es posible "cifrar" la información para que llegue al receptor con una gran especificidad, con lo cual la probabilidad de que sea correctamente recibido es prácticamente igual a 1. La situación inversa es igualmente significativa, si la tasa de transferencia de información excede la capacidad del canal, se perderá información durante el tránsito[160]. Si se atribuyen al cerebro humano cien mil millones de neuronas su capacidad estimada puede llegar a cien billones de bits, siendo su potencia aproximadamente equivalente a cien billones de bits por segundo[161]. Un ordenador típico suele producir alrededor de 50 bits de sorpresa por operación realizada, mientras que un ordenador con una potencia de 50 millones de bits por segundo puede realizar un millón de operaciones por segundo.

El cuerpo calloso es un conjunto de aproximadamente 200 millones de fibras que transportan una enorme cantidad de tráfico de impulsos en ambas direcciones. Se ha determinado que la frecuencia media de una fibra aislada del cuerpo calloso es de 20 hertzios. El conjunto total de fibras estaría en condiciones de transportar:

$$20 \text{ Hz} \times 200.000.000 \text{ de fibras} = 4\times10^9 \text{ Hz o impulsos por segundo.}$$

Esta enorme transmisión de información facilita la operación normal de los hemisferios cerebrales, transmitiendo con rapidez la información de un hemisferio a otro, con lo cual en todo el cerebro existe unidad funcional.

Notas de Capítulo 4.

150. Crosson F, Sayre K: **Filosofía y cibernética**. 1ª Reimpresión. Fondo de Cultura Económica, México DF, 1982 pp. 37

151. Moravec H : **El hombre mecánico. El futuro de la robótica y la inteligencia humana.** Salvat Editores. Barcelona, 1993. pp. 73

152. Moravec H : **El hombre mecánico. El futuro de la robótica y la inteligencia humana.** Salvat Editores. Barcelona, 1993. pp. 202

153. En esta ecuación la potencia de la información por transición equivale a la sumatoria de la multiplicación de la información que se comunica en una transición a cada uno de los estados siguientes por la probabilidad de pasar a ese estado, dividida por la sumatoria de las probabilidades de los estados de transición *i*-ésimos multiplicada por los tiempos de transición *i*-ésimos.

154. Crosson F, Sayre K: **Filosofía y cibernética**. 1ª Reimpresión. Fondo de Cultura Económica, México DF, 1982 pp. 41

155. Este símbolo H denota también entropía. La "cantidad promedio de la información por símbolo" equivale a la denominada "entropía de la fuente", y su formulación es

semejante a la de la entropía en termodinámica. Crosson F, Sayre K: **Filosofía y cibernética**. 1ª Reimpresión. Fondo de Cultura Económica, México DF, 1982 pp. 80

156. Rojas C: **El problema de la causalidad en la epistemología de Mario Bunge**. Tesis doctoral - Pontificia Universidad Javeriana, Facultad de Filosofía y Letras. Bogotá, Junio 1980. pp. 62, 62, 103

157. Bebchuk J: **La conversación terapéutica. Emociones y significados**. Editorial Planeta. Buenos Aires, 1994 pp. 87

158. Buzan T, Buzan B: **El libro de los mapas mentales**. Urano. Versión española. Barcelona, 1996. pp. 39

159. Crosson F, Sayre K: **Filosofía y cibernética**. 1ª Reimpresión. Fondo de Cultura Económica, México DF, 1982 pp.78-82

160. Moravec H : **El hombre mecánico. El futuro de la robótica y la inteligencia humana.** Salvat Editores. Barcelona, 1993. pp. 199

Capítulo 5. ¿Cómo funciona el cerebro?

La aplicación de las estructuras disipativas al funcionamiento del cerebro

"Naturalmente, es imposible predecir una nueva emergencia sin precedentes, precisamente porque es una creación nueva. Esto es lo que constituye la sorpresa y la belleza de este esfuerzo, que siempre respira un encanto, el encanto de lo extraordinario"
Claude Cuénot, Ciencia y Fé en Teilhard de Chardin, 1972

"Siempre existe la posibilidad de que alguna inestabilidad conduzca a algún nuevo mecanismo. Tenemos realmente un universo abierto"
Ilya Prigogine

Cuando un sistema se encuentra lejos de su estado de equilibrio térmico suele existir alguna conexión entre un entorno exterior y su propia organización interna y dichos estados están fuertemente condicionados por su composición detallada y su historia real. El significado termodinámico de la disminución del orden que encierra la segunda ley está a primera vista en conflicto con muchas de las complejas cosas que ocurren en nuestro entorno, por ejemplo en la evolución de formas complejas de vida a partir de otras más simples que fueron nuestros precursores. Una de las dificultades que surgen al decidir si existen o no leyes de organización de un tipo termodinámico o similar, está relacionado con el problema del tiempo: cualquier principio organizador para ser útil debe ofrecer información sobre el desarrollo de la complejidad en el tiempo si bien en la práctica, el tiempo puede ser el determinante de ciertos tipos incipientes de organización. La noción del tiempo adquiere pleno significado en las situaciones en las que los cambios de entropía son manifiestos. Prigogine e Isobel Stengers refieren:

"solo cuando un sistema se comporta de manera suficientemente aleatoria debe entrar en su descripción la diferencia entre el pasado y el futuro, y por consiguiente la irreversibilidad (...) la flecha del tiempo es la manifestación del hecho que el futuro no está dado (...)"[162].

La honda tradición científica arraigada desde Newton tendía a pasar por alto el tiempo. En el universo de Newton el tiempo se consideraba con respecto al movimiento. Si bien hay un número de fenómenos físicos particulares que manifiestan una direccionalidad o una "flecha del tiempo", de acuerdo a unas leyes que permiten una cierta secuencia causal de sucesos, o una historia, permitirán también la historia invertida en el tiempo. Sin embargo, a pesar de la ubicuidad de este estado de cosas en la naturaleza, existe una propensión a exhibir historias de una dirección dada, pero nunca en la inversa, lo cual se conoce como la "paradoja de la reversibilidad". Cerca del equilibrio termodinámico, la entropía y la complejidad aumentan con el paso del tiempo, aunque existen historias en que disminuyen, pero no pueden ser observadas.

En las estructuras disipativas de los sistemas macroscópicos físicos y químicos que se encuentran lejos del equilibrio termodinámico, pueden surgir patrones espaciales a causa de fluctuaciones fortuitas, donde la descripción matemática de tales casos del llamado orden mediante fluctuaciones según los métodos de la termodinámica de procesos que no se encuentran en equilibrio muestra una gran analogía con las llamadas transiciones de fase. Los sistemas fisicoquímicos de las células son mucho más complejos que los del reino inorgánico y comprenden muchas transiciones de fase potencialmente indeterminadas, así como procesos termodinámicos que no se encuentran en equilibrio. Por ejemplo, en el protoplasma celular hay fases cristalinas, líquidas y lipídicas en interrelación dinámica, una gran variedad de macromoléculas que pueden unirse y formar agregados cristalinos o casi cristalinos, potenciales eléctricos a través de las membranas que fluctúan imprevisiblemente y compartimentos con diferentes concentraciones de iones inorgánicos y otras sustancias separadas por membranas

Los estados físicos en desintegración como los núcleos radiactivos disminuyen exponencialmente con el paso del tiempo y por último, poseemos un sentido psicológico del paso del tiempo y tal parece que nuestra memoria actúa sobre esa parte del tiempo que llamamos pasado, la cual se distingue claramente del futuro. Stephen Hawking sugiere que las flechas psicológica y termodinámica son las mismas debido "a que el cerebro es esencialmente un ordenador y el proceso de computación es irreversible; si bien este argumento pretende admitir de forma reduccionista que el cerebro es solo un ordenador que realiza operaciones lógicas y argüir que la computación es irreversible por razones de termodinámica, entonces el procesamiento mental poseería una "flecha del tiempo" aportada por la termodinámica. Sin embargo, este principio no es convincente pues existen argumentos que muestran que la computación abstracta no es lógicamente irreversible porque John Barrow describe la existencia de las llamadas "entradas lógicas que son inversas de sí mismas" y en circunstancias ideales no devienen como unidireccionales por la segunda ley de la termodinámica[163].

La distinción entre sistemas abiertos y cerrados realizada por Ludwig von Bertalanffy en 1968, se basa en 1) la existencia de límites; 2) la regulación de la información del medio ambiente externo. Bertalanffy refiere a manera de ejemplo que los sistemas físicos, al operar dentro de sus propios límites y reaccionar a estímulos externos en forma mecánica, tienen un gran contraste con los sistemas abiertos, que se caracterizan por asimilar la información de su medio ambiente y emitir respuestas hacia el exterior, lo cual ocurre por antonomasia en los sistemas vivos, que están en el extremo abierto del continuum. Los límites en el concepto de sistemas hacen posible la presencia de entradas o inputs y de salidas u outputs; para poder permanecer viva, toda persona (y cualquier otro sistema vivo) entra/ingresa materia, energía e información. El segundo principio que adicionalmente al de límites permite comprender un sistema, es el de la regulación u homeostasis. La homeostasis consiste en el mantenimiento de un estado estable dentro del organismo frente a un ambiente drásticamente cambiante para el organismo. La homeostasis que se consigue por medio de un gran número de mecanismos de ajuste es un concepto que ha permeado positivamente todo el pensamiento científico. Los psicólogos han empleado el concepto de homeostasis en una buena parte de las teorías de la conducta humana

La conducta suele ser siempre un componente de un proceso homeostático fisiológico: por ejemplo, para conservar calor, se cruzan los brazos, o se sale de la cama para buscar una cobija extra, estas son conductas para mantener la temperatura corporal constante. Los impulsos surgen de alguna clase de alteración del equilibrio interno y la necesidad de resolver esta alteración[164].
El material de un sistema es el mismo, pero las diferentes asociaciones de los mismos elementos producirían cambios cualitativos, propiedades nuevas. Para explicar realidades biológicas tan complejas como la mente, la conciencia y la propia vida, se recurre al proceso de aparición de propiedades nuevas en sistemas completos[165]. Las totalidades no pueden ser comprendidas mediante el análisis.

El desarrollo de la teoría de las estructuras disipativas supuso a su autor, el químico belga Ilya Prigogine la obtención del premio Nobel de Química en 1977; en esta teoría se explica como en la naturaleza todo sistema abierto de intercambio de energía con el medio ambiente es una estructura disipativa, lo cual implica que el mantenimiento de la estructura de este sistema se realiza con base en el consumo (disipación) o intercambio de energía. El principio fundamental afirma la presencia de propiedades nuevas en la totalidad como tal que no ocurren en las partes como tales. La clave de la estructura disipativa subyace en la palabra cooperación: cuanta mayor cooperación hay en un sistema, mayor será su complejidad, y cuanta mayor sea su complejidad, mayor será su capacidad de producir resultados.

Ahora bien, desde el punto de vista físico, el hecho de tener mayor complejidad, mayor cantidad de conexiones, implica "estar lejos del equilibrio dinámico". El equilibrio dinámico se entiende como el estado final de dispersión aleatoria de la energía, de modo que a mayor equilibrio, menor dispersión aleatoria de energía -una especie de muerte-. Aquí es donde surge la paradoja: a mayores complejidad y coherencia en las conexiones del sistema por mayor flujo de energía, mayor desequilibrio tendrá (mayor probabilidad de dispersión aleatoria de la energía), resultando en mayor inestabilidad. De este modo, se postula que a mayor coherencia (en conexiones), mayor inestabilidad / desequilibrio / dispersión aleatoria de energía. Dicho concepto se entiende desde el punto de vista de intercambio energético. En términos de Prigogine, la mayor disipación de energía hace más probable un súbito y repentino reordenamiento[166].

Se dice que los animales superiores son individuos, es decir, son organismos individuales, o procesos, o sistemas abiertos que pueden formar parte de una agrupación o familia superior, como un rebaño una familia, una ciudad, una megalópolis, un estado y así sucesivamente. Los organismos tienden a estar individualizados, lo cual es una tendencia de organización de la vida en la Tierra. El éxito de la individuación es el establecimiento de instintos orientados a la defensa y a la supervivencia: se configura una organización y un proceso. Se podría afirmar que sin la individuación biológica no habrían emergido la mente ni la conciencia.

Si se examina la individualidad de un mineral, es un sistema de átomos que oscilan, pero no abandonan ni se suman al sistema durante períodos relativamente largos, por lo cual constituyen sistemas cerrados, respecto a las partículas materiales de que están compuestos. En comparación frente a ellos, los organismos son sistemas abiertos porque intercambian partículas materiales y energía con el medio, poseen un metabolismo, y son individuos identificables a lo largo de todo este proceso. De este modo, los organismos se pueden denominar como "procesos dinámicos identificables" lo cual significa que son sistemas materiales que sufren intercambios de materia. De modo que, aunque el yo y la conciencia cambian permaneciendo ellos mismos, se modifican solamente a partir del cambiante organismo individual, lo cual permite mantener una identidad individual.

Los organismos son sistemas con autocontrol y algunos de ellos establecen centros de control que los mantienen en un estado de equilibrio dinámico. Los seres vivos y algunos sistemas inanimados son estructuras disipativas. Las estructuras disipativas son una especie de todo fluyente, con un alto nivel de organización, pero siempre en proceso. A semejanza de una estructura compleja, los seres vivos presentan conexiones diversas en diferentes puntos. El mantenimiento de estas conexiones implica consumo de energía, por lo tanto al necesitarse un flujo constante de energía, el sistema estará en estado de fluidez. De modo que la coherencia de una estructura compleja depende de una mayor cantidad de conexiones. Esta mayor cantidad de conexiones supone un mayor flujo de energía El continuo flujo de energía a través del sistema produce fluctuaciones, que cuando son pequeñas, son absorbidas por el sistema, pero cuando son grandes, característicamente aumentan las interacciones de las conexiones, creando nuevas conexiones y las partes se reorganizan en una nueva totalidad: el sistema ha resurgido en un nuevo estado de orden.

El cerebro es un ejemplo bastante diciente de estructura disipativa por el elevado consumo del total de la energía corporal: mientras que al cerebro corresponde el 2% del peso corporal, consume el 20% del oxígeno disponible. Los altibajos de su consumo energético reflejan la inestabilidad de un sistema disipativo. Las ondas cerebrales son fluctuaciones de energía, que durante los estados alterados de conciencia pueden llegar a alcanzar un nivel crítico, lo suficientemente grande para inducir un nivel superior de organización.

Si se toman los recuerdos como estructuras disipativas, al ocurrir fluctuaciones de suficiente intensidad de los patrones de ondas previamente almacenados en el cerebro, cabe la instauración de un nuevo tipo de ondulaciones que resulta en la configuración de una nueva serie de conexiones, refiriéndose este término a las interacciones entre los componentes de un sistema. La nueva estructura es como un paradigma más amplio. Pero en otras ocasiones las fluctuaciones de la actividad quedan amortiguadas (por ejemplo, las ondas beta del cerebro, con frecuencia de 18-30 hertzios) y se mantiene el equilibrio del sistema.

Las fluctuaciones internas desbocadas de un sistema, sea este el cerebro, el tráfico, etc., quiebra el viejo equilibrio que no termina muchas veces en caos o destrucción, sino en la creación de una estructura totalmente nueva en un nivel superior. A mayor complejidad en una estructura, tanto mayor será el nivel de complejidad de la próxima estructura, con un consiguiente mayor flujo/intercambio/disipación de energía, lo cual resultará en mayor coherencia y mayor inestabilidad. De este modo, -citando a Prigogine- "la vida tiene la capacidad de crear nuevas formas por el hecho de permitir la "agitación" de las antiguas".

Las totalidades superan a las partes en virtud de su propia coherencia interna, de la cooperación entre estos elementos constitutivos, y el hecho de que haya apertura a la entrada de nuevos datos, nueva información. Así, en una forma matemáticamente elegante, Prigogine demostró que por medio de la perturbación era posible la consecución de un nuevo orden. Es posible que bajo el influjo de la tensión puedan aparecer soluciones repentinas, que las crisis se vuelvan oportunidades y que las personas, por ejemplo, salgan fortalecidas del sufrimiento y las enfermedades. Cobra lógica aquella frase de Friedrich Nietzche "lo que no te mata, te fortalece". Al lograr cambios en el estado de conciencia, con una mayor integración, los individuos estarán en capacidad de seguir adelante.

Aharon Katchalsky intentó ligar estrechamente la teoría de las estructuras disipativas al funcionamiento del cerebro humano. Katchalsky describió algunas pautas dinámicas del comportamiento del cerebro, en cuanto a estar en constante conexión con el entorno (aún en los denominados estados alterados de conciencia), el sufrir cambios abruptos, el ser muy sensible a las perturbaciones.

Se considera por ejemplo que los recuerdos, los engramas de comportamiento y pensamiento implican un tipo de cooperación neuronal que lleva el sello de las estructuras disipativas. En estados alterados de conciencia las fluctuaciones de energía en algunos grupos neuronales pueden alcanzar un nivel crítico, de un tipo tal de amplitud, que puedan dar origen a una nueva organización[167].

Funcionamiento analógico, funcionamiento digital

"Estas cosas matemáticas poseen una asombrosa neutralidad y comparten algo de las cosas sobrenaturales, inmortales, intelectuales, simples e indivisibles y de las cosas naturales, mortales, apreciables, compuestas y divisibles".

John Dee

Las necesidades prácticas suelen determinar el desarrollo de la tecnología. El censo nacional de EE. UU. de 1890 realizó una convocatoria para elegir el mejor sistema de manejo de los datos, que fué ganada por un joven ingeniero llamado Herman Hollerith, quien inventó una máquina que leía agujeros en unas tarjetas perforadas y en los cincuenta años siguientes logró transformarse en una serie de máquinas tabuladoras, que permitirían que la futura empresa de Hollerith se transformara en la International Business Machine (IBM), que representa en la actualidad un gran porcentaje de la industria informática.

Sin entrar en detalles adicionales sobre la interesante historia del desarrollo de la inteligencia artificial, sobre la cual Hans Moravec refiere al lector interesado a la obra de Brian Randell "The origins of digital computers: selected papers", del mismo modo que Douglas Hofstadter quien hace pormenorizados comentarios de las principales fuentes en las referencias de su obra "Un eterno y grácil bucle", nos referiremos como en la década de 1940 hasta bien entrados los cincuentas, en la fundación Josiah Macy se solían celebrar reuniones de intercambio científico a las que estaban invitados toda clase de profesionales, como ingenieros, fisiólogos, matemáticos, psicólogos y filósofos. En muchas de estas reuniones el tema de discusión consistió sobre codificación digital y analógica, feedback positivo y negativo, teoría de los juegos, teoría de los tipos lógicos entre otros muchos temas. Norbert Wiener, quien posteriormente fuera conocido como el padre de la cibernética, acuñó la expresión de "modelo cibernético" y algunos lo consideraron un mentor en cuanto a computadoras, teoría de la comunicación y lógica formal. Kenneth M. Sayre (1971), de la universidad de Notre Dame en Indiana, refiere que el motivo que tuvo Wiener para acuñar el término de "cibernética"[168] fué proporcionar un término común que tratara con aplicaciones particulares de principios generales en la teoría de la comunicación y el control aplicado en áreas como ingeniería eléctrica, en neurología con los problemas de excitación e inhibición, en técnica de las computadoras, así como en los problemas de discriminación y aprendizaje en psicología.

Una de las recientes invenciones del hombre ha partido de un mayor descubrimiento de su funcionamiento mental. Tal invento es el ordenador, relativamente reciente compañero que puede imitar o ensombrecer algunas de nuestras actividades mentales o nuestra conducta, sin embargo, son innegables sus aportes a la ciencia neural cognoscitiva. Para comprender las analogías entre el cerebro y el ordenador es necesario modificar un poco nuestra forma de pensar, asumiendo que el compromiso del sistema nervioso como un sistema, porque el enfoque en las partes individuales no ofrece información sobre la totalidad.

¿Qué es un ordenador ? Un ordenador es un conjunto de circuitos de control, con capacidad de memoria, sujeto a determinadas leyes aritméticas que desempeña una función particular, que es construido desde un medio externo, y depende para su creación de un diseñador humano que en general es competente para mantener la forma general de la idea del ordenador pese al cambio de todas sus partes. En todo este tiempo, las operaciones fundamentales del ordenador han sido las mismas, los principios de diseño y software creado para cierto hardware se pueden transformar con toda facilidad. Los sistemas de circuitos integrados permitieron posteriormente que un ordenador completo estuviera contenido en el tamaño de un chip. ¿Hasta qué punto deberá avanzar la evolución de los ordenadores para que su función pueda aproximarse a la del intelecto humano ? Hans Moravec (1993) de la universidad Carnegie Mellon, refiere que un ordenador que realice diez billones de operaciones por segundo es lo suficientemente potente para albergar una "mente" parecida a la humana, quedando la cuestión de cuanta memoria debe tener, en términos de capacidad de dígitos binarios (bits). El ordenador Cray-2 llegó a realizar en 1985 un total de mil millones de instrucciones por segundo, almacenando hasta mil millones de palabras de memoria, capacidad compartida con otros ordenadores de una palabra de memoria por instrucción por segundo, con lo cual el ordenador "humano" (las comillas son de Moravec) necesitaría unos diez billones de palabras de memoria equivalentes a 10^{15} bits. Y esta cifra es compatible con el funcionamiento del sistema nervioso, afirmación que Moravec sustenta de acuerdo a los estudios de Eric Kandell en el molusco *Aplysia*, en el que el aprendizaje se manifiesta en forma de cambios sinápticos de larga duración, cuando atribuye a cada sinapsis un valor de diez bits. Si el método de almacenamiento es homologable con sistemas nerviosos grandes como el humano, entonces sí se puede hablar de un ordenador "humano" con 10^{15} dígitos binarios, al multiplicar por 10 las 10^{14} sinapsis aproximadas en el cerebro humano[169].

Los profesores de filosofía Paul Churchland y Patricia Smith de la universidad de San Diego en California, refieren al tratar sobre el pensamiento de las máquinas, que los modelos de la red neural permiten comprender que una arquitectura en paralelo proporciona un marcado aumento de velocidad de procesamiento de los vectores de entrada o pautas de excitación, cuando se compara frente al ordenador convencional. La mayor velocidad depende de la multitud de sinapsis de cada nivel que simultáneamente ejecutan muchos pequeños cómputos en lugar de hacerlo en forma sucesiva. Y esta velocidad de procesamiento es independiente no solamente del número de unidades neurales que intervienen en cada estrato sino de la complejidad de la función que se ejecuta, con lo cual el tiempo de cómputo sería exactamente el mismo para una suma que para una ecuación diferencial, por citar un ejemplo. Al proseguir con las comparaciones entre sistemas analógicos de procesamiento en paralelo frente a los digitales en procesamiento en serie, al comparar la tolerancia a fallos, los sistemas de redes son funcionalmente persistentes, lo cual significa que la pérdida de una cuantas conexiones carece de efectos considerables sobre la transformación global de los vectores de entrada que realiza la porción funcional de red. Y por último, los sistemas en paralelo pueden almacenar grandes cantidades de información codificada en las diferentes intensidades o "pesos" de las conexiones sinápticas que han sido modeladas por aprendizaje y entrenamiento previo de la red, que se distribuye de un modo tal que cualquiera de sus partes es accesible en un período de milisegundos. La información relevante de la red se va liberando conforme el vector de entrada o pauta de excitación va pasando a través de esa configuración de conexiones. Sin embargo, el procesamiento en paralelo no resulta atractivo para todos los tipos de computación, el cerebro tiene mal rendimiento en tareas donde han de efectuarse cómputos recurrentemente de una forma rápida e iterada donde las máquinas de manipulación simbólica tienen un excelente desempeño. Pero este mal rendimiento cerebral en la computación aritmética, responsable de una proverbial frase en los humanos "es que no sirvo para las matemáticas", tiene su contraparte en su plena funcionalidad en cómputos para los que la corteza cerebral es con mucho superior, siendo tales los complejos cómputos que han de afrontar los seres vivos: reconocer a un depredador, huir de este, distinguir el alimento de lo que no lo es, reconocer una pareja con la cual aparearse, navegar a través de los complejos entramados sociales, hasta llegar a las más complejas manifestaciones humanas como el humor, el conocimiento sobre la muerte, entre otros[170].

No es mucho lo que se sabe del funcionamiento global humano, ni tampoco sobre el funcionamiento de un ordenador inteligente. Churchland & Smith (1994) refieren que si bien es efectivamente cierto que el cerebro computa funciones de gran complejidad, no lo hace a la manera de la inteligencia artificial clásica; cuando se intentan establecer paralelismos entre el cerebro y el ordenador y se afirma que "el cerebro es un ordenador" no se intenta contextualizar al cerebro como una máquina digital de procesamiento en serie con su concomitante de manipulación de símbolos obedeciendo a ciertas reglas.

A pesar de que con los ordenadores comenzaron los intentos de producir máquinas de "pensar", lo cual permitió paralelamente un esclarecimiento sobre los mecanismos biológicos encargados de la manipulación de los pensamientos, mecanismos sobre los que el matemático Kurt Gödel reveló una distancia profundamente significativa entre el razonamiento humano y el razonamiento mecánico. Hofstadter refiere que el pensamiento,

> "depende de la representación de la realidad en el hardware del cerebro (...) la significación (...) surge como resultado de un isomorfismo que hace corresponder a los símbolos tipográficos con números, operaciones y relaciones y las cadenas de símbolos tipográficos, con enunciados"[171].

y propone que en el cerebro no hay símbolos tipográficos, pero las neuronas como elementos activos, logran entremezclar las reglas con los propios símbolos, frente a su diferencia en el papel, donde los símbolos son entidades estáticas a merced de reglas activas en la mente. La existencia de subsistemas o complejos cerebrales activos de muy alto nivel (los símbolos) permite plantear un posible isomorfismo de tipo simbólico, al menos parcial entre dos cerebros, en cuanto una correspondencia que no solamente vincule los símbolos en cada uno de los cerebros, sino también los respectivos patrones de desencadenamiento. Ahora bien, ¿en qué consiste el isomorfismo? El isomorfismo consiste en la propiedad que tiene un símbolo de representar un concepto, con el cual está relacionado por medio de la interpretación[172]. En el isomorfismo se dá una transformación que mantiene la información. La significación en los sistemas formales es producida por la mediación de isomorfismos, donde los símbolos representan isomórficamente los conceptos con los que están relacionados mediante la interpretación. Cuando se modifican las reglas que gobiernan el sistema formal, se altera el isomorfismo.

Los símbolos recogen un significado pasivo en el interior de los teoremas donde aparecen. Los teoremas no son las usuales proposiciones que afirman verdades demostrables sino que en un contexto de sistemas formales no son afirmaciones, sino solamente cadenas de símbolos susceptibles de tener muchas interpretaciones significativas que en lugar de ser demostrados solo son producidos, y corresponde al observador la tarea de buscar dichas interpretaciones. Lo cual significa que un teorema es entonces una cadena producible dentro de algún sistema formal y tal será la acepción es este capítulo, para no causar confusión al lector con la definición usual de teorema, arriba anotada. Por su parte, el sistema formal es un concepto que fué creado por el lógico Emil Post que cuenta con un sistema de reglas para derivación de símbolos, que son denominadas reglas de producción o reglas de inferencia. En la medida que surgen cadenas de símbolos en el sistema formal, las interpretaciones sobre dicho sistema determinan si existe o no coherencia. ¿Qué es la coherencia? La coherencia depende de las interpretaciones que se asignen a dicho sistema formal. En un sistema formal, la coherencia vinculada a una interpretación, significa que todo teorema o cadena de símbolos al tener interpretación se convierte en una proposición verdadera. Y la incoherencia tiene lugar cuando aparece una proposición falsa entre los teoremas interpretados. Se presume que un sistema será internamente incoherente si contiene dos o más teoremas cuyas interpretaciones son incompatibles entre sí.

Miremos un ejemplo de teorema con "Jan Ken Pon", las palabras japonesas para el juego "Piedra Tijera Papel" -siguiendo las ideas de Hofstadter- donde "x siempre le gana a y":

• Piedra siempre le gana a tijera.
• Tijera siempre le gana a papel.
• Papel siempre le gana a piedra.

No son proposiciones incompatibles, aunque describen un círculo más bien extraño. A la luz del sistema formal, estas tres cadenas de teoremas tienen coherencia interna. La coherencia interna no requiere que todos los teoremas sean verdaderos, sino que tengan solamente compatibilidad entre sí.

El isomorfismo consiste en la propiedad que tiene un símbolo de representar un concepto.

Si se requiere una interpretación del tipo "*x* fué originada por *y*",

• Piedra fué originada por tijera.
• Tijera fué originada por papel.
• Papel fué originado por piedra.

A primera vista, las tres no pueden ser verdaderas al tiempo, porque al interpretarlas, el sistema se vuelve internamente incoherente, con lo cual la incoherencia interna depende de la relación o contexto entre piedra, tijera y papel. Cuando ya han sido asignadas interpretaciones a un número suficientemente amplio de símbolos, puede hacerse claro que no hay forma de interpretar al resto de forma que todos los teoremas resulten verdaderos, pero esto no se trata de una cuestión de verdad, sino de posibilidad. Los tres teoremas resultarían falsos si en el último ejemplo, piedra, tijera y papel fueran cambiados por nombres de personas.

Por su parte, Churchland y Smith (1994) refieren que aún es desconocida la forma en la cual el cerebro maneja los significados. El desarrollo de una teoría del significado implica un mayor conocimiento sobre como las neuronas codifican y transmiten las señales neurales, como existe y se procesa la base neuronal de la memoria, el aprendizaje y la emoción[173].

A pesar de las analogías existentes entre ordenador y cerebro sobre la perspectiva de las operaciones computables lo que conocemos como verdad no es en general una propiedad de esta índole de cosas. La tesis de Church, propuesta por el lógico español Alonzo Church, enuncia que toda función efectivamente computable, es computable por recurrencia. Con la primera parte de "efectivamente computable", Church propone la existencia de un procedimiento de rutina -definido intuitivamente, no formalmente- que determina en un tiempo finito el egreso o salida de una función correspondiente a una determinada entrada o ingreso. En cuanto a la computabilidad por recurrencia, Church específicamente quiere significar que existe un conjunto finito de operaciones aplicables a una entrada dada que al ser aplicadas una y otra vez a los sucesivos egresos que producen, generan la salida final en un tiempo finito. Trabajando complementariamente con el concepto de Church, Alan M. Turing logró demostrar que cualquier función computable por recurrencia puede ser computada en un tiempo finito por una máquina manipuladora de símbolos. La denominada máquina universal de Turing, se halla guiada por un sistema de reglas recursivamente aplicables, sensibles a la identidad, orden y disposición de los símbolos elementales que ella encuentra con carácter de entradas[174].

La tesis de Church y Turing es una hipótesis de trabajo en la que un ordenador típico provisto de un programa adecuado, de memoria suficiente y del tiempo necesario puede computar cualquier función gobernada por reglas, donde a una "entrada" le asocia una "salida" y puede ser aplicable a los procesos que emplea el cerebro humano[175], cuando abarca los aspectos más accesibles y cuantificables del mundo en la que los seres humanos podemos ser entrenados para responder a la presencia o ausencia de diferentes propiedades cuantificables, aunque estos aspectos no correspondan a la verdad como una propiedad general en la misma forma en que por ejemplo propiedades numéricas como el ser un número primo, o racional, sí lo son. Algunos conjuntos de propiedades son tan solo enumerables, para describirlas se puede construir un procedimiento capaz de enumerar todas las cantidades que poseen la propiedad requerida (aunque se tendría que esperar un tiempo infinito); la mayoría de los sistemas lógicos son enumerables (por ejemplo, la serie de los números primos, siguiendo con el ejemplo), pero no la de ser computables; las restricciones impuestas por Church y Turing a través de sus teoremas delimitan las limitaciones y alcances de los sistemas lógicos; de tal modo que sin sus restricciones a la computabilidad, todas las propiedades del mundo serían computables.

Sin embargo, no toda característica del mundo es computable: por ejemplo, Barrow refiere que la propiedad de "ser una significación verdadera en un sistema matemático particular no es enumerable ni computable; se puede hacer aproximaciones a la verdad con grados de precisión cada vez mayores introduciendo cada vez más reglas de razonamiento, añadiendo suposiciones axiomáticas adicionales y generando series secuenciales de pasos lógicos, pero no podrán aproximarse a los atributos, que carecen de las propiedades de computabilidad y enumerabilidad[176]. El mundo como lo conocemos no es computable, porque las características prospectivas del mundo, como belleza, simplicidad -por citar algunas- no pueden ser abarcadas por ninguna colección finita de reglas o leyes.

A diferencia del ordenador, las neuronas poseen un mecanismo único, relacionado con su propio crecimiento y construcción desde el interior del organismo, de acuerdo a unas leyes que han tomado duraciones geológicas para lograr la más adecuada adaptación del organismo a su ambiente externo e interno. Además poseen un mecanismo de intercambio básico, a saber la emisión de productos químicos que actúan como neurotransmisores, con los que afectan las membranas de otras neuronas, que impone una limitación al proceso de diseño del sistema nervioso. Es decir, no son posibles los cambios fundamentales básicos a menos que se modificaran muchas estructuras a la vez.

Es probable que las leyes de la organización y la estructura que se aplican a todas las criaturas celulares sean similarmente aplicables a la organización multicelular del cerebro humano. Es muy probable que estas leyes generales se apliquen por igual a una serie de células individuales conectadas, sean tales células neuronas del cerebro, o de un computador o una sociedad. Una totalidad lo es por cortesía de un concierto orquestado de una serie de partes. Y a su vez, forma parte de otra totalidad en otro sistema. De aquí surge el concepto de holón: una totalidad que forma parte de otra totalidad. Cuando empezamos a comprender tal organización -holoarquía- nos aproximamos a una comparación útil entre un cerebro y un ordenador, sin perder la óptica que contrariamente al cerebro humano, la máquina que trata con información es susceptible de ser regenerada, puede aprender en principio, a aprovecharse de sus errores.

El cerebro funciona en muchos aspectos de la misma forma que un ordenador. Mientras el cerebro piensa y el ordenador calcula, ambas estructuras funcionan de acuerdo a las leyes del razonamiento lógico. Normalmente el computador/ordenador funciona de acuerdo a un código binario, cuyas respuestas corresponden a 0 o 1, del tipo "sí" o "no", "verdadero" o "falso". Si bien el cerebro también funciona de un modo binario los cambios "sí/no" son más complejos.

La aritmética y las matemáticas en general pueden ser reducidas a estos fundamentos y es posible que una buena parte de lo que se conoce como pensamiento pueda ser explicado en tales términos. El código binario es el principio subyacente a las clasificaciones, que son uno de los pasos preliminares en el conocimiento científico.

Este particular modo de funcionamiento binario es la base del lenguaje; en el lenguaje se establecen comparaciones y se sacan deducciones, estableciendo un orden y una forma de ver el mundo de tipo binario/dualista. Y se comienza a advertir que el lenguaje perpetúa el estado de esta concepción de la concepción del mundo al explicar algo que no se puede asimilar.

Los pasos lógicos básicos que sustentan tanto a las matemáticas como al razonamiento son simples: se pueden considerar del tipo "Y" y "O". El paso "Y" codifica un razonamiento que dice "si *a* es verdadero y *b* es verdadero, entonces *c* es verdadero" El paso "O" codifica el razonamiento que dice "si *a* es verdadero o *b* es verdadero, entonces *c* es verdadero". Estas formas de razonamiento matemático pueden ser convertidas en circuitos eléctricos por medio de dispositivos llamados "compuertas". En el cerebro las compuertas son neuronas, en el ordenador las compuertas son diodos o transistores. Una compuerta está diseñada para dejar pasar electricidad cuando se cumplen determinadas condiciones. Cuando una compuerta es "Y", funciona de tal modo que si fluyen señales eléctricas simultáneamente por los cables de entrada *a* y *b*, habrá una respuesta eléctrica por la compuerta de salida *c*. Si la compuerta es de tipo "O", la llegada de un estímulo por el cable *a* o por el cable *b* causará una respuesta eléctrica por la compuerta de salida *c*[177].

El pensamiento de tipo analógico funciona reuniendo premisas posibles sobre un objeto de estudio, crea listas de todas las relaciones constantes entre los múltiples aspectos de ese objeto y procura asimilarse en la máxima proporción posible a ese objeto para descubrir la gama de sus posibilidades futuras. La presencia de miles o millones de compuertas permiten, al ser conectadas, la realización del pensamiento y los razonamientos de la vida cotidiana. El tipo de instrucciones para conectar las compuertas de modo que respondan específicamente a cada problema en particular se hallan en la "banco de memoria" del ordenador, constituyendo el "programa".

Un ordenador con una memoria muy amplia puede llegar a almacenar un conjunto tal de instrucciones que le permitan aprender por experiencia. Cuando se amplifica la memoria del ordenador, aumenta la potencia medida en bits por segundo de información transmitida por transición. De acuerdo a la ecuación ya anotada de potencia de proceso de información equivalente a $\sum - p_i \log_2 p_i / \sum p_i t_i$[178], cuando se aumenta la memoria del ordenador aumenta ligeramente su potencia porque la memoria supone tanta sorpresa (o incertidumbre) como la operación que se va a realizar. Doblar la memoria equivale a que la potencia aumente en un bit por tiempo de instrucción[179].

El aprendizaje por experiencia requiere de una gran capacidad de memoria y sigue una secuencia que consta de los siguientes pasos:

• enfoque preliminar
• comparación de resultado obtenido con el deseado
• si se consiguió el objetivo, envío de instrucción a la memoria para que utilice el mismo enfoque la próxima vez.
• si no se consiguió el objetivo, búsqueda de razones o elaboración de cálculos para descubrir el origen del error.
• ajuste de los componentes erróneos en el programa para llevar el proceso a la forma de ejecución deseada.

En la medida que se modifiquen los razonamientos en el ordenador o en el cerebro, el desempeño mejorará gradualmente por la adquisición de experiencia, entendida como que un error cometido no se repetirá más. El principio de inteligencia común al cerebro y al ordenador requiere de una buena capacidad de memoria y una disposición que permita que las compuertas puedan ser cambiadas por la experiencia adquirida.

Una de las diferencias entre el cerebro y el ordenador consiste en el número de cables de entrada, ya que cada compuerta puede tener hasta 100.000 cables de entrada. Durante el proceso de pensar innumerables compuertas se abren y cierran, haciendo que cada decisión sea el resultado de una compleja evaluación que implica el análisis de las entradas de datos de miles de compuertas. Esta una diferencia. Otra diferencia sustancial es que las compuertas en los cerebros no funcionan de acuerdo al mecanismo "todo o nada". Que complicado sería para el cerebro que en una compuerta de tipo "Y", que transmite señal cuando todas sus entradas le transmiten, tuviera un fallo en una sola de las entradas, y que esta entrada codificara una decisión de supervivencia.

El cerebro se vería paralizado y obviamente, tal portador perecería. Afortunadamente la naturaleza diseñó los cerebros para que las compuertas trabajen con el principio de "CASI" en lugar de los pasos "Y" y "O". Las compuertas "CASI" hacen impreciso al pensamiento humano, pero le confieren rapidez. Si una compuerta de tipo "Y" hipotéticamente contuviera 50.000 entradas, las 50.000 deben ser verdaderas y transmitir impulso eléctrico antes de que la compuerta transmita un mensaje. Un cerebro con tan alto margen de seguridad sería muy lento y sus procesos de decisión se harían con demora. El principio "CASI" en una compuerta "Y" de 50.000 entradas le permitiría tomar una decisión por ejemplo, con la base de 5.000 o 10.000 premisas. La rapidez de las conexiones para tomar la decisión aumenta la probabilidad de error, pero es útil en la lucha por la supervivencia. El hecho de que nuestras mentes no sean muy exigentes respecto a su capacidad de reunir y procesar información significa que el cerebro realizará una compresión algorítmica sobre el mundo externo con independencia de lo que este sea, de una forma intrínsecamente comprensible.

Por otra parte, a un ordenador (o cualquier otro tipo de máquina en general) le es posible actuar sin advertirlo, cosa imposible para el ser humano. si bien pueden existir excepciones y habrá entonces algunas máquinas capaces de observaciones refinadas, puede conseguirse en general que las máquinas sean absolutamente no observadoras. Como ejemplo, basta citar que un automóvil no capta la noción que no es necesario estrellarse con otros vehículos o atropellar a los peatones cuando circule, por muy bien que dicho auto haya sido conducido, nunca aprenderá tal cosa[180].

Un esquema especial de conexiones, relacionado con el desarrollo de la teoría neural cognoscitiva, es el que tiene que ver con las redes asociativas. Las redes son un diagrama de conexión abstracto en el cual hay un conjunto de canales de entrada y un conjunto de canales de salida; cada canal de entrada está conectado con un canal de salida, pero la fuerza de las conexiones varía, y se ajusta de acuerdo a ciertas reglas bien definidas, de modo que las vías que se activen con frecuencia resulten reforzadas de alguna manera[181]. Estas redes pueden servir para afinar un sistema que parcialmente ha sido conectado con precisión, o para ayudar a obtener una salida compleja cuando existe una entrada con algo frecuentemente asociado. Un ejemplo de esto ocurre cuando se ve el rostro de una persona, con lo cual también se recuerda el nombre.

Desde el punto de vista de circuitería, el sistema nervioso ofrece analogías con los ordenadores o computadores en que posee redes asociativas y entramados de precisión (Cf. Una teoría general del cerebro), en el que un canal de entrada no conecta directamente con los otros canales de entrada, lo cual evita repetición de funciones, entonces cuando se produce la representación de señales, estas no se relacionan entre sí, pero a medida que van pasando las señales de un mapa a otro, la representación original se va haciendo más difusa y más abstracta, de suerte que la señal es analizada en modos sucesivamente más complejos en asociación con las señales procedentes de otras entradas. Tal situación ocurre por ejemplo, cuando un conjunto de señales procedentes del ojo y otras del oído no se relacionan entre sí inicialmente. Toda la circuitería del cerebro no está unida entre sí, porque si una neurona estuviera relacionada con todas y cada una de las demás neuronas, este sistema ocuparía mucho espacio, originando una diseconomía de escala (Cf. teoría de la comunicación), con un enorme consumo energético.

La homeóstasis de la red asociativa radica en que los diversos retículos permiten reflejar la estructura del mundo exterior e interior y nuestra relación con él: por ejemplo, el hipotálamo o cerebro visceral controla la homeostasis de los órganos internos, mientras que las cortezas de asociación se encargan de manejar información pertinente al mundo externo, elaborando información sensorial, como en las zonas de lenguaje. Cada red local está hecha para hacer en su entrada las operaciones particulares necesarias para extraer la información significativa, con lo cual las numerosas áreas funcionales del cerebro, las miles de conexiones de cada neurona empiezan a cobrar mayor sentido[182].

Con el paso del tiempo y la consolidación de la experiencia y el conocimiento como características que permiten la supervivencia, la velocidad de estas conexiones permite el paso del conocimiento a la sabiduría. Si bien en términos de velocidad los computadores operan en términos de nanosegundos y aún de picosegundos, cuando se afirma que el cerebro no opera tan rápidamente, tal punto es argumentable porque a nivel ultraestructural en las rejillas sinápticas ocurren fenómenos a nivel de resolución molecular que hacen aplicable la mecánica cuántica al entramado neuronal, como lo sugiere Eccles. (Cf. La interacción cerebro mente basada en la mecánica cuántica).

En el proceso del pensamiento, las neuronas interactúan siguiendo múltiples rutas. Cada ruta tiene millones de posibles ramificaciones y mientras se hacen millones de asociaciones, se cancelan otras asociaciones en igual escala. Cuando se observan los registros de las ondas de actividad eléctrica de corteza cerebral en un EEG, se observa la sumatoria de ritmos individuales o de circuitos que interrogan a diferentes células, circulando y verificando que "todo está bien"[183]. En ocasiones todas estas operaciones ocurrirán en pequeñas fracciones de tiempo; cuando este mecanismo se dispara por azar en la mente, entonces lo llamamos "iluminación" o intuición.

La calculadora electrónica ante una maqueta de un objeto funciona analógicamente, procurando analizar la totalidad de las características de ese objeto. Este tipo de funcionamiento de tipo analógico, en el cual la velocidad de comparación, de clasificación, de deducción que permite pre-decir la evolución de un fenómeno en el tiempo, es compatible con el funcionamiento de una estructura disipativa: el orden previo cambia debido a una complejización de las conexiones del sistema y se obtiene un resultado diferente al de la sumatoria de las partes participantes. De una forma semejante, el producto nuevo que en el cerebro equivale a un acto intuitivo, ocurre por el desequilibrio del sistema y la producción de un nuevo orden resultante. La velocidad de las conexiones permitió el acortamiento del tiempo, y se ha pasado del mero conocimiento a la sabiduría. Este modo de pensamiento analógico implica un nuevo modo de expresión, que suelen ser las matemáticas, en las cuales tienen cabida dimensiones no accesibles a la percepción sensorial ordinaria, y no dejan de tener el carácter del conocimiento científico, de racionalidad, experiencialidad y universalidad. Así, el lenguaje matemático es la prueba de un universo que escapa a la percepción sensorial y al lenguaje ordinario. La conciencia ha llegado a una expectativa mayor en cuanto a sus interpretaciones sobre el espacio exterior.

El ritmo de procesamiento de la información en el cerebro es relativamente lento cuando se le compara con una computadora, pero a diferencia de esta, la información se puede tratar en millones de canales paralelos; para que un robot se aproxime a la capacidad informativa de un humano, debe tener una potencia de ordenador de aproximadamente 10^{14} bits por segundo. En la complejidad de sus circuitos neuronales, en la red modular, el cerebro ajusta el número y la eficiencia de sus sinapsis para adaptar su operación a la experiencia. La superficie del cerebro presenta en promedio 15 millones de neuronas por cm^2. En las últimas generaciones de ordenadores, la densidad de componentes microelectrónicos se aproxima a la del córtex cerebral.

Las máquinas que están altamente en paralelo, especialmente aquellas que cuentan con un flujo relativamente simple de instrucciones para controlar numerosas unidades de proceso, generan la incertidumbre o novedad en la información a partir de los datos en paralelo, no de las instrucciones[184], con lo cual la disposición de circuitería en paralelo es responsable de que la entropía o cantidad estadísticamente promedio de información de un suceso nuevo tienda a ser mayor que cero, lo cual significa que el sistema está produciendo información novedosa.

Ordenadores e imagen visual en la mente.

El estudio del sistema visual es un objetivo que indaga sobre la forma en que el cerebro adquiere conocimiento del mundo exterior, a partir de una serie de estímulos visuales que no ofrecen códigos de información estable, como ejemplo de tal falta de homogeneidad está el hecho que las longitudes de onda de la luz reflejadas cambian de acuerdo a variaciones en la luminosidad y a pesar de ello, el cerebro consigue interpretar el color de una manera uniforme. La imagen de un objeto varía de acuerdo con la distancia, sin embargo en la corteza cerebral se establece su verdadero tamaño. La tarea del cerebro en cuanto nivel jerárquicamente superior de interpretación es extraer las características constantes e invariantes de los objetos a partir del maremágnum de información que tales objetos le suministran. La interpretación forma parte de la sensación, de modo que para adquirir el conocimiento a partir de las imágenes visibles no se limita al mero análisis de las que son presentadas a la retina sino que ha de construir por así decirlo, un mundo visual. A tal fin el cerebro ha desarrollado un complejo mecanismo que se especializa de acuerdo a funciones visuales específicas que se interpretan en diferentes áreas. Sin embargo, en la percepción normal ninguno de los elementos de esta subdivisión es apreciable. No ha sido fácil la comprensión de una zona común a la visión y el entendimiento, donde al igual que en la conciencia, hay elementos dualistas, cuyas raíces se pueden hallar en los conceptos del neurólogo Paul Emil Flechsig de la universidad de Leipzig. Flechsig encontró que la corteza visual primaria o V I estaba madura al nacimiento, mientras que las regiones corticales vecinas a V I no lo estaban y continuaban desarrollándose, como si tal maduración dependiera de la experiencia. Henschen llegó a concebir a V I como una "retina cortical". Tuvo que transcurrir bastante tiempo para que autores como Semir Zeki, neurobiólogo de la universidad de Londres y otros como John Allman y Jon Kaas de la universidad de Wisconsin -citados por Zeki-, demostraron posteriormente que la denominada corteza de asociación visual consta de muchas áreas diferentes, numeradas hasta V5, donde se procesaba por separado el color y el movimiento, con lo cual la especialización cortical y en cierta medida un locacionismo funcional son demostrables en la corteza visual humana[185].

La integración de la información visual precisa en cada nivel una vasta red de enlaces anatómicos entre sistemas paralelos, en donde cada nivel contribuye explícitamente a la percepción. Por ejemplo, para coordinar el movimiento, el cerebro determina que características del campo de visión se están moviendo en la misma dirección y a igual velocidad. Y en última instancia, para que el cerebro consiga entender espacialmente la información transmitida desde el exterior, requiere el concurso en particular de la que tiene un mapa retiniano más detallado con el fin de lograr diferenciar contornos ilusorios, como los dos rostros de perfil o bien, una copa.

Los circuitos de la retina merecen una consideración especial cuando se comparan (teniendo en cuenta las limitaciones del caso) los circuitos neurológicos y los ordenadores electrónicos. Las estructuras de la retina son representativas de todo el cerebro en la medida que son reales las limitaciones impuestas por su tamaño y su prolongado tiempo de supervivencia, unidas a la eficacia de todos los componentes, en los que cada neurona juega un papel crucial. El tiempo evolutivo invertido en la eficacia de tales circuitos permitió obtener el mayor beneficio posible de este pequeño número de conexiones neurológicas, que ha motivado a pensar que incluso los circuitos neuronales más recientes usan sus neuronas con menos efectividad. De acuerdo a cifras de Hans Moravec, un destacado investigador en el campo de la robótica de la Universidad Carnegie-Mellon, 10^{13} cálculos por segundo equivalen al trabajo de aproximadamente unas 10^{11} neuronas, lo cual equivale a 100 operaciones por segundo para cada neurona, que es una cifra baja, tomando en consideración que las neuronas tienen miles de entradas y responden en el plazo de centésimas de segundo. Esto se explica porque a nivel visual los sistemas nerviosos están plagados de inter-conexiones que se superponen y aprovechan el poder que tiene la maquinaria de construcción genética para reproducirse a sí misma. Muchas de las estructuras del cerebro poseen conexiones transversales de muchas entradas con muchas salidas que cuando reciben repetidamente la entra-da de un estímulo, descomponen esta información en subpartes que se pueden usar más de una vez. En una burda analogía, el córtex cerebral es un disco arrugado de dos milímetros de espesor y 20 centímetros de diámetro, que contiene diez mil millones de neuronas distribuidas en seis capas, que están conectadas en una forma bastante repetitiva. El 1-2% (cien a doscientos millones) de esta población neuronal es el encargado del fenómeno sensorial de la visión y se encarga de llevar adelante el proceso comenzando en las retinas. En el sistema nervioso se espera que exista algún tipo de simetría porque la información contenida en los 10^{10} bits del conjunto de cromo-somas haploides es insuficiente para conectar muchas de las 10^{14} sinapsis de las neuronas en el cerebro. Sin embargo, a partir de investigaciones realizadas en el caracol *Aplysia* por el grupo de Eric Kandel y colaboradores, cuyos hallazgos han mostrado que *Aplysia* tiene 100.000 neuronas agrupadas en 100 ganglios, se ha podido hacer un diagrama de las interconexiones de algunos de estos ganglios, encontrándose que muchas de ellas son semejantes a las de otros animales, y que cada una de estas conexiones juega un rol fundamental en el comportamiento del animal. Por tan-to, es verosímil que el código genético de *Aplysia* contenga instrucciones especiales para conectar cada uno de sus millones de sinapsis. De acuerdo a Moravec, cuando un ordenador intenta simular a las neuronas individuales, solamente requiere el equivalente a 10^8 neuronas, 1000 veces menos que las requeridas para los cálculos de la retina, porque aumenta velocidad de procesamiento a costa de flexibilidad.

La retina es una extensión alargada del cerebro, cuya situación en la parte posterior del globo ocular, a cierta distancia del cerebro permite su estudio con relativa facilidad. La función de la retina es responder al contraste, al movimiento, al color, por medio de sus cinco diferentes tipos de células, en las cuales la respuesta es "improvisada pero eficaz", de acuerdo a Moravec. Una vez adaptada a cierto nivel de luz, los grupos de las fotocélulas que comprenden las neuronas horizontales y las bipolares, generan un voltaje que es proporcional a la cantidad de luz recibida. Las neuronas horizontales poseen miles de fibras que recubren grandes áreas circulares de miles de fotocélulas, promediando la información transmitida desde las áreas que inervan sus fibras. Las neuronas bipolares reciben información de las neuronas horizontales contiguas y pueden calcular la diferencia entre las pequeñas áreas centrales bipolares y el gran entorno horizontal. La imagen que la retina procesa en este momento, si se pudiera ver en televisor, sería más pálida que el ori-ginal, pero con un halo brillante a nivel de los bordes. Los axones de las neuronas bipolares están conectados a unas sinapsis complejas de múltiples niveles sobre unas células sin axones, llamadas amacrinas, que realzan la respuesta en torno a las partes centrales, mientras que otras detectan cambios de luminosidad en algunas partes de la imagen, o los distintos tipos de movimiento o las combinaciones de contraste y movimiento. En la pantalla del televisor imaginario, se observarían objetos que se moverían de izquierda a derecha, o solamente se señalarían las direcciones de movimiento. Las neuronas ganglionares del nervio óptico recogen la información de varias de las células amacrinas y producen un flujo de impulsos cuya velocidad es proporcional a ciertas características de la imagen.

En la retina existe un modelo de red estratificada (*layered network*), en la que el estrato de elementos de entrada no conecta directamente con el estrato de los elementos de salida, sino con uno o más estratos intermedios, en los que los tipos y la fortaleza de las diferentes conexiones configuran la red [186]. Cada retina contiene aproximadamente 100 millones de fotocélulas, varias decenas de millones de neuronas horizontales, bipolares y amacrinas, aproximadamente un millón de células de ganglio, cada una de ellas aportando información a niveles superiores. En la retina, igualmente se encuentra la fóvea, una zona excavada en la cual el poder de resolución es el mayor, aproximadamente diez veces más que el resto del ojo. Ocupando menos del 1% del campo visual, la fóvea utiliza la cuarta parte de los circuitos de la retina y de las fibras del nervio óptico. En condiciones visuales óptimas, la fóvea tiene un poder de resolución de hasta 500 puntos distintos, tanto en el plano horizontal como en el vertical, lo cual equivale a la resolución de una cámara con 250.000 pixels, que es la resolución de una imagen de calidad en un televisor normal. Por lo tanto, la fóvea maneja 250.000 pixels, que equivalen al 5% del campo visual y está dedicada principalmente a centrar y a detectar movimientos. La velocidad a la que ocurre este procesamiento de imágenes es de aproximadamente 10 fotogramas por segundo, que es el límite para diferenciar una imagen de otra. Cuando las velocidades son superiores, la secuencia de imágenes se transforma en un movimiento lento. Si las células ganglionares en la retina informan a razón de cien cálculos por décima de segundo, esto representa mil cálculos por segundo, de forma que el millón de fibras axonales provenientes de las células ganglionares contenidas en cada nervio óptico, realizan mil millones (10^9) de cálculos por segundo. Si se multiplica el equivalente de la retina como un ordenador por 10.000 que sería la relación entre la complejidad cerebral y la neuronal, se deduciría que el trabajo total -del cerebro si este fuera un ordenador- se haría a razón de 10 billones (10^{13}) de cálculos por segundo, lo cual en el lenguaje de máquinas daría una máquina que funcionaría un millón de veces mejor que las máquinas de hoy en día, siendo también aproximadamente mil veces más rápida que los ordenadores más avanzados de hoy [187].

Aunque este cuadro puede interpretarse como una alusión a semejanzas entre la representación computacional cognoscitiva y la representación consciente, conlleva la implicación de interpretar la conciencia como un epifenómeno, y el pensamiento consciente no es un proceso computacional porque:

• Los procesos computacionales son automáticos
• La operación depende de las propiedades sintácticas de los símbolos empleados.
• El pensamiento consciente depende de la percepción de las propiedades semánticas de las representaciones empleadas.
• El enfoque computacional no es suficiente para explicar el pensamiento deliberado y consciente

En general, nuestros sentidos son capaces de registrar únicamente una determinada cantidad de información sobre el mundo hasta un determinado nivel de resolución y sensibilidad. Se podrá contar con la ayuda de sensores artificiales, como telescopios y microscopios para aumentar la escala de las percepciones y aun así, habrá límites fundamentales al alcance de estas extensiones.

Cuando se estudia un fenómeno amplio o muy complicado, existe la probabilidad de comprimir algorítmicamente la información mediante un muestreo selectivo [188].

La teoría holográfica

"En el cielo de Indra existe una red de perlas dispuestas de tal manera que si se contempla una se ven todas las demás reflejadas en ella (...) todo objeto en este mundo no es solamente él, sino que encierra en sí a todos los demás objetos y está de hecho en los demás objetos (...)"

Tomado de un sutra hindú

"(...)Cerré los ojos, los abrí. Entonces ví el aleph. (...) Todo lenguaje es un alfabeto de símbolos cuyo ejercicio presupone un pasado que los interlocutores comparten. ¿Cómo transmitir a los otros el infinito aleph que mi temerosa memoria apenas abarca? Los místicos en análogo trance prodigan los problemas (...) para significar la divinidad, un persa habla de un pájaro que de algún modo es todos los pájaros; Alanus de Insulis, de una esfera cuyo centro está en todas partes y la circunferencia en ninguna (...) Por lo demás el problema central es irresoluble: la enumeración siquiera parcial de un conjunto infinito. En ese instante gigantesco he visto millones de actos deleitables o atroces; ninguno me asombró tanto como el hecho que todos ocuparan el mismo punto, sin superposición ni transparencia. Lo que vieron mis ojos fué simultáneo, lo que transcribiré sucesivo, porque el lenguaje lo es(...) Cada cosa era infinitas cosas porque yo claramente la veía desde todos los puntos del universo (...) ví interminables ojos escrutándose en mí como en un espejo, ví todos los espejos del planeta y ninguno me reflejó (...)"

Jorge Luis Borges: El Aleph

Denis Gabor descubrió el principio matemático de la holografía en 1947, basándose en el cálculo de Leibnitz, para la descripción de la fotografía tridimensional, aunque la demostración de la imagen holográfica tuvo que esperar hasta la creación del láser[189].

La holografía es un método de fotografía sin lente en donde el campo de onda de luz esparcido por la interferencia de un objeto se recoge en una placa. Cuando el registro fotográfico se expone a un haz de luz coherente -el láser- se regenera el patrón de onda original, resultando en una imagen tridimensional. Adicionalmente, la ausencia de lentes hace que la placa con la imagen aparezca como un patrón[190]. Lyall Watson describe el principio de la holografía:

" Si se tira una piedra en un estanque producirá una serie de ondas regulares que avanzan en círculos concéntricos. Arrójense dos piedras idénticas en diferentes puntos del estanque y se tendrán dos series de ondas similares que avanzan hacia sí. Donde se encuentren, interferirán la una con la otra. Si la cresta de una choca con la cresta de la otra, trabajarán juntas y producirán una onda reforzada, con el doble de altura. Si la cresta de una coincide con el seno de la otra, se anularán mutuamente y producirán un remanso de agua tranquila. De hecho se dan todas las combinaciones posibles de ambas, y el resultado final es un arreglo complejo de rizos, conocido como pauta de interferencia.(...) Las ondas luminosas se comportan de la misma manera. El tipo más puro de luz de que disponemos es la producida por un láser, que envía un rayo en el que todas las ondas son de una frecuencia (...) Cuando se tocan dos rayos láser, producen un patrón de interferencia de rizos claros y oscuros que pueden recogerse en una placa fotográfica. Y si uno de los rayos, en vez de proceder directamente del láser se refleja de un objeto, como un rostro humano, el patrón resultante será muy complejo, pero todavía se podrá registrar. El registro será un holograma del rostro "[191].

Karl Lashley, el eminente neuropsicólogo de mediados del siglo XX, en su vida de investigador del sistema nervioso, tuvo particular influencia por el neuroanatomista Sheperd Ivory Franz, quien era escéptico en cuanto a la localización de las conductas en zonas determinadas del sistema nervioso, lo cual significa que no adscribía el locacionismo (Cf. Facultades cognoscitivas e intelectuales). Dentro de los hallazgos de Franz estaba el de que la destrucción en lóbulos frontales de mamíferos no eliminaba la conducta aprendida por ellos, a menos que la destrucción fuera masiva, lo cual le llevó a postular que los hábitos arraigados tienden a persistir en casi todos los casos, y que aún aquellos con extenso daño tisular podían reaprender. Analizando detalladamente tales afirmaciones, en el fondo lo que se pretende es sustentar el hecho de que no podían atribuirse pautas determinadas de conducta a regiones corticales específicas.

Este modelo se desarrolló partiendo de que la ciencia del cerebro tiene que ver con la ciencia de la conciencia. Los modelos holográficos de la conciencia humana exigen que los neurofisiólogos tomen en cuenta los acontecimientos en el mismo orden de magnitud que en la mecánica cuántica. No hay nada inherente en ningún aspecto de las ciencias naturales que excluya la consideración de la fusión entre neurofisiología y fenomenología de la conciencia, de modo que al intentar develar el misterio de la interacción de la mente en interacción con la materia, ha sido necesario el enfoque en los acontecimientos cuánticos que ocurren a nivel neuronal y entre las neuronas y el cerebro[192].

El modelo holográfico de la conciencia explica que la conciencia no se almacena en ningún lugar especial del cerebro, sino más bien por todo el cerebro y que cada vez que la información se utiliza, se hace una selección recogiéndola de todas partes, del mismo modo que ocurre con el holograma existente fuera del cerebro[193]. Los resultados de la investigación en diferentes centros han demostrado que las estructuras del cerebro analizan la información sensorial mediante un complejo análisis matemático de las frecuencias temporales y espaciales. De esta afirmación se deriva inmediatamente el hecho que tal vez la realidad sea diferente a la que se acepta tradicionalmente, y de aquí, ulteriormente se deriva que si la realidad no estuviera deformada por nuestra visión, conoceríamos un mundo organizado en el campo de frecuencias, sin espacio ni tiempo, compuesto solamente de acontecimientos, como lo postula Karl Pribram. Otra derivación de este nuevo enfoque de la realidad es que cabe que las propias representaciones del cerebro, sus abstracciones, equivalieran a un estado del universo.

Aunque el modelo holográfico ha evocado evidencias investigativas a favor, ha surgido la cuestión de quien mira el holograma, "del fantasma en la máquina", el "quien mira la televisión", a propósito de cuando Crick le preguntó a una mujer como se figuraba ella que veía el mundo, y le contestó que "probablemente habría en alguna parte dentro de su cabeza algo semejante a un televisor", cuando él le preguntó "¿quién miraba el televisor?" se puso de relieve el problema. El "quien mira" el holograma plantea una cuestión dualista previamente descrita por Descartes, cuando afirmaba la "conciencia de sus pensamientos mientras tenía la atención de su entorno". "Yo soy consciente de las cosas a mi alrededor, pero ¿quién está atento de las cosas en mí, para registrar mis pensamientos, quien manipula mis representaciones mentales cuando pienso en ellas?. Dennett, citado por el filósofo Nigel Thomas, llama esta cuestión el "problema de Hume", que plantea un yo interno, un homúnculo, el cual no se puede equiparar con las representaciones externas, porque tales representaciones y sus vicisitudes son una parte de la totalidad de la persona[194].

El fenomenismo plantea que la realidad externa es una construcción de la mente justificada, no conocida como tal, sino inferida a partir de los objetos directos del conocimiento, que serían las impresiones sensoriales o apariencias. Tales "apariencias" surgen de la constante actividad del entendimiento al actuar sobre los datos sensoriales. El mundo del fenomenista es uno en que lo que se conoce es el modo en que se aparecen las cosas, pero no como son las cosas en sí mismas[195]. Obsérvese por ejemplo como en ciertos idiomas existen analogías entre cosa y pensamiento, en las palabras inglesas thing-cosa, think-pensar, o las alemanas dinge-cosa, denke (n)-pensar.

Como seres hologramáticos cada parte de nuestro cuerpo es un puente con ambos órdenes: la identidad individual en contacto con el orden secundario, y la holonomía, aquella parte del todo. Estas estructuras de cada uno de nosotros reflejan literalmente todas las estructuras del Universo, como la alegoría budista de la red de Indra, que habla de una trama interminable de hilos que recorren el Universo: los horizontales atraviesan el espacio; los verticales el tiempo. Cada intersección de los hilos es un individuo, y cada individuo es como una perla, que a su vez, refleja la imagen de todas las demás y del mismo modo, todos los reflejos del Universo. Según Hofstadter, esto produce un símil con las partículas renormalizadas, por lo que a cada electrón atribuye de modo virtual fotones, positrones, neutrinos, muones; en cada fotón hay de modo virtual electrones, piones, protones, neutrones, y así sucesivamente. Surge entonces el símil de una persona reflejada en el pensamiento de muchas otras, quienes a su vez son reflejadas, también así sucesivamente. La imagen de estas situaciones podría ser representada mediante las llamadas "Redes de Transición Aumentada - RTA", en la que cada red contendría apelaciones a muchas otras, generando un enjambre virtual de redes RTA alrededor de cada RTA con lo cual el proceso alcanzaría una magnitud enorme[196]. En forma análoga, Teilhard de Chardin refiere:

> "Las cosas tienen su dentro. Estoy convencido de que los dos puntos de vista deben ser llevados a unirse, y de que pronto lo harán en un tipo de fenomenología o física generalizada en la que tanto el aspecto interno de las cosas como el aspecto externo del mundo será tomado en cuenta. De otra manera, en mi opinión, es imposible cubrir la totalidad de los fenómenos cósmicos en una explicación coherente"

El poeta alemán Rudolf Peyer en un fragmento del poema "Vuelo tormentoso" de donde se cita el siguiente fragmento, evoca igualmente el concepto holográfico. Dejando a Peyer:

> "Hängend nun / am senkblei Gottes / unter der dach der welt / mit dem Himmel / nach unten. Colgando ahora / en la plomada de Dios / bajo el techo del mundo/ con el cielo / hacia abajo."[197]

De acuerdo con la concepción holográfica de Pribram, todos los sectores del cerebro pueden participar en cualquier representación, aunque admite que ciertas regiones cumplen un papel más destacado en ciertas funciones. Así como es posible la superposición de muchos hologramas, también pueden apilarse en el cerebro una cantidad infinita de imágenes.

Si bien el modelo holográfico ha generado escepticismo, algunos neurocientíficos siguen simpatizando con el objetivo de Pribram de demostrar que el sistema nervioso no se limita a ser un conjunto de modalidades de procesamiento de información, y que existe la probabilidad que ciertas formas importantes de conocimiento estén ampliamente difundidas a lo largo y ancho del cerebro. El psicólogo experto en inteligencia Howard Gardner cita a Eric Hart a propósito de proponer una holografía limitada con el fin de evitar los baches argumentales de una explicación holográfica general sobre lo cual refiere:

> "Lo que más intriga a los especialistas del cerebro con relación a la holografía es su propiedad de memoria distribuida, donde cada fragmento del holograma dice algo acerca de las proporciones de la escena que representa, sin que ningún fragmento sea esencial"[198].

Toda individualidad es individualidad en comunión. Varela -citado por Wilber- refiere con la noción del "emparejamiento estructural" que la individualidad de un sistema biológico es relativamente autónoma, pero la forma de la autonomía evoluciona emparejada estructuralmente con el entorno; para Varela esto equivale a decir que la individualidad actual es el resultado de comuniones evolutivas. El sistema nervioso como parte de un organismo opera con determinación estructural, de modo que la estructura del medio no puede especificar los cambios, sino solamente desencadenarlos.

Aunque nosotros como observadores podemos tener acceso incidentalmente tanto al sistema nervioso como la medio en que se desenvuelve, de alguna forma describimos la conducta del organismo como si surgiera del funcionamiento del sistema nervioso con representaciones del medio o como expresión de alguna intencionalidad por la consecución de alguna meta, con lo cual esta descripción, siguiendo a Varela & Maturana, no refleja el operar del sistema nervioso mismo sino que solamente tienen utilidad comunicativa para nosotros como observadores[199]. Bajo la óptica wilberiana de los holones como totalidades/partes, los niveles organizativos según Hosfstadter, "implican ontológicamente nuevas entidades, más allá de los elementos de los que procede su proceso de auto-organización[200].

Existen muchas implicaciones del paradigma holográfico: ciertos estados de conciencia son más facilitadores que otros para obtener resonancia con el orden primario. Los estados armoniosos y coherentes de conciencia como sentir amor, empatía, unidad, meditación profunda, oración, creatividad, están por ejemplo, más cercanos a los estados holonómicos. En las relaciones humanas los estados holonómicos pueden ocurrir cuando una fuerte vivencia de amor y empatía "permeabiliza" los límites del ego que le permitan entrar en resonancia con el "otro", siendo este "otro" un "tú" diferente al "yo" que se encuentra con este "yo" en el ámbito del "entre", del mismo modo que propone el filósofo Martin Buber.

Dados estos planteamientos, la teoría holográfica del cerebro sustenta el acceso a un estado de conciencia que accede al orden primario en el cual es posible instaurar una relación auténtica con los demás al superar la propia soledad y discurrir en la categoría de "individuo" en una comunidad de "individuos" a través de una comunicación dialógica. Este diálogo dialéctico "yo-tú" funda la reciprocidad de los sujetos que hablan en términos de la misma lógica de identidad que les permite una relación armónica, pacífica, sin contradicciones, paradojas, azares ni ambigüedades. Simultáneamente, la permeabilización al orden primario y el advenimiento de estados armoniosos, permite preservar este diálogo entre individuos, permite comprender la concepción metafísica del personalismo, de la inclinación por los sujetos inherente a la relación subjetiva -valga la redundancia-, que es característica a la psicología, la sociología y otras ciencias humanas[201].

Hipótesis de la interacción cerebro-mente basada en la mecánica cuántica.

"Tao" es una magnitud irracional, luego de todo punto inaprehensible: "Tao" es esencia, pero inaprehensible, incomprensible."

Lao Tsé - Tao Te King

El desarrollo conceptual del modelo atómico, desde las partículas indivisibles descritas por Moscus el fenicio y Demócrito de Abdera, hasta los complejos modelos de la física atómica contemporánea ha dado mayor riqueza a las concepciones sobre los fenómenos observados cuyo modelo ellos constituyen[202]. Al combinar la mecánica cuántica con la relatividad general surge un nuevo ente, el continuum de espacio- tiempo, cuadrimensional, sin frontera, semejante a la superficie terrestre pero con más dimensiones.

Este marco observacional parece explicar muchas de las características del universo como su homogeneidad a gran escala, el comportamiento de sus componentes como estrellas, galaxias e incluso el ser humano. El físico cuántico Margenau considera que los sistemas físicos muy complejos como el cerebro, las neuronas, cuyos constituyentes son lo suficientemente pequeños como para ser gobernados por leyes cuánticas de probabilidad, el órgano físico está siempre preparado para un gran número de posibles cambios con probabilidades de ocurrencia definidas.

La mente podría ser considerada como un campo de probabilidad. Bajo esta óptica, y retomando la interacción de los eventos mentales con los neurales en el cerebro, surge la hipótesis de que la interacción cerebro-mente es análoga al campo de probabilidad de la mecánica cuántica. Los eventos neurales que ocurren en los microespacios de la sinapsis pueden comportarse de acuerdo al principio de incertidumbre según Eccles, particularmente en el momento en que las vesículas están en la rejilla vesicular presináptica, ya que la exocitosis en ese momento no depende del movimiento a través de un medio viscoso y su masa entra en el rango de la mecánica cuántica. La influencia o intención mental no haría más que seleccionar una vesícula en aposición para el proceso de exocitosis. De modo que la intención mental actuaría análogamente a un campo cuántico de probabilidad[203].

Este punto de vista de la interacción cerebro-mente como un campo de probabilidades de mecánica cuántica sustenta también como en la mayoría de los casos los casos inducidos por el ambiente no se pueden predecir con absoluta certeza, sino que tienden más bien a ser probabilísticos, es decir, predecibles dentro de ciertos límites.

La interacción de la mente autoconsciente con el cerebro de relación tendría "una cierta tendencia a ocurrir", solamente si hay relaciones de sucesos, de relaciones y potencialidades que ocurren de un modo parpadeante. Sin embargo al afirmar que cualquier cambio refleja más bien la totalidad de las respuestas de todas las partes, dimensiones y niveles del cerebro, excluyendo mecanismos únicos fundamentales al cual puedan ser reducidas las respuestas neurales, se aísla al reduccionismo como concepto funcional, y se ubica toda la funcionalidad nerviosa en el estado de totalidad del cerebro.

La equipotencialidad neurológica no refuta las concepciones materialistas, en cuanto que si bien los estados mentales no están anatómicamente bien definidos como estados neurales, concibe que los estados mentales puedan ser hologramas neurales abstractos[204].

El orden implicado

El físico David Bohm ha promovido la idea de una totalidad irrompible a partir de la evidencia experimental de conexiones no locales demostradas en el experimento de Einstein-Podolsky-Rosen (EPR). Este experimento parte de una situación conocida en que dos electrones con espines girando en direcciones opuestas que generalmente están restringidas en sentido del reloj o al contrario, direcciones que los físicos denominan como "arriba" y "abajo". Si bien el eje de rotación no puede ser definido con seguridad, cada vez que se mida el eje de rotación el electrón se encontrará girando en una u otra dirección, pero siempre sobre ese eje, sobre lo cual el físico Fritjof Capra comenta que:

"El acto de la medición dá a la partícula un eje determinado de rotación, pero antes de que la medición se realice no puede decirse que gire alrededor de un eje determinado, simplemente que tiene una cierta tendencia a o potencialidad a hacerlo así"[205].

En el experimento de EPR intervienen dos electrones rotando en direcciones opuestas para que su espín total sea cero, dicha situación experimental es posible de acuerdo a varios métodos experimentales. Al separar estas partículas en direcciones opuestas a distancias tan grandes como entre la Tierra y la Luna, el espín combinado *sigue siendo cero*. Siguiendo a Capra, lo absurdo del experimento es que el observador es libre de elegir el eje de medición, y sin importar cual se escoja, la medición sobre la partícula 1 hace que la partícula 2 adquiera un espín opuesto. Pero el hecho de la gran distancia entre las partículas no dá tiempo a que la partícula 2 reciba la información mediante ningún tipo de señal convencional. Según Bohr, el sistema de las dos partículas forma un todo indivisible aunque ambas partículas se hallen separadas por una gran distancia, unidas por conexiones instantáneas no locales, que no son señales en el sentido einsteniano de la palabra, sino que trascienden nuestras ideas convencionales sobre la transferencia de información[206].

Según Bohm "parece haber ciertos fenómenos cuánticos que representan un nuevo orden que no encaja en el esquema newtoniano" cuya base conceptual surge en las conexiones no locales que derivan del experimento de Einstein-Podolsky-Rosen, conexiones a las que considera como un aspecto esencial de la totalidad, a la manera de un orden implícito o implicado y aplicando el concepto del holograma al orden implícito, por su propiedad de que cada una de las partículas en cierto sentido contiene al conjunto, llega al holomovimiento, si bien esta analogía del holograma es útil aunque limitada para explicar la naturaleza dinámica al nivel subatómico.

El holomivimiento es un fenómeno dinámico que abarca la naturaleza dinámica de las conexiones no locales del mundo subatómico y es la base de todas las entidades manifestadas del universo material. El orden implicado y el holomovimiento facilitarían desde el punto de vista conceptual una base común para la teoría de la mecánica cuántica y de la relatividad, porque sustentaría la naturaleza dinámica del universo[207].

El orden implicado de Bohm expresa la existencia de un dominio que no trasciende la materia y que expresa la coherencia, unidad y totalidad de todo el plano físico. Sin embargo, para comprender el orden implicado, Bohm introduce el rol de la consciencia como un rango esencial del holomovimiento y la expresa explícitamente en su teoría. Igualmente considera a la mente y a la materia como interdependientes y correlacionadas sin conexión causal, mutuamente envolviendo proyecciones de una realidad superior que no es materia ni consciencia[208].

Stephen Hawking se refiere a la mecánica cuántica relacionada con el principio de incertidumbre para expresar teóricamente como las partículas no tienen posiciones ni velocidades bien definidas, sino que están representadas por una onda, que proporciona leyes sobre la evolución de la onda en el tiempo, de modo que si se conoce la onda en un instante, puede calcularse en cualquiera otro. La conciencia juega aquí interpretando las ondas como posiciones y velocidades de partículas y "ese es tal vez nuestro error, que lleva a un mal emparejamiento que es la causa de la aparente impredictibilidad"[209]. La teoría del orden implicado explica como la materia explicita descansa en un mar de energía física de enorme magnitud y la considera "como un rizo en el inmenso océano de la energía". Refiere como las ecuaciones de la mecánica cuántica no definen la vida biológica, ni la mental, ni las esferas sutil, causal ni absoluta, de modo que la esfera del orden implicado solo interpreta los fenómenos producidos por la mecánica cuántica y carece de identidad con hechos de los niveles superiores. Lo implicado adquiere la connotación de ser más real, más fundamental, al ser comparado con las entidades manifiestas del mundo[210].

El neurocientífico Rodolfo Llinás de la universidad de Nueva York, considera que las oscilaciones eléctricas altamente sincronizadas que se lograron determinar en el cerebro mediante el uso de magnetoencefalógrafos (por ejemplo, realizando estímulos en personas sanas mediante música) son construcciones mentales que se basan en información externa. Llinás refiere que la luz es una radiación electromagnética que al interactuar con el cerebro origina el fenómeno de la visión, o de la audición. De modo que si no hay cerebro, no puede haber por ejemplo sonido o visión En la figura 5.1 se muestra que en un nivel superior a la actividad neural, el nivel simbólic del cerebro refleja el mundo.

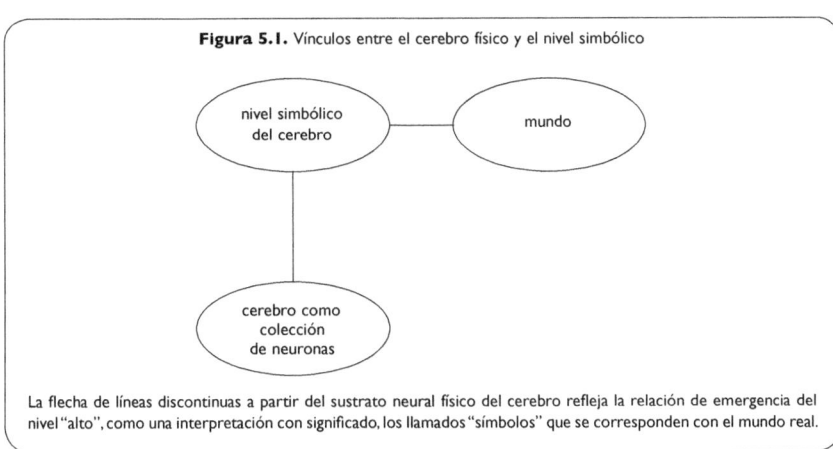

Figura 5.1. Vínculos entre el cerebro físico y el nivel simbólico

nivel simbólico
del cerebro

mundo

cerebro como
colección
de neuronas

La flecha de líneas discontinuas a partir del sustrato neural físico del cerebro refleja la relación de emergencia del nivel "alto", como una interpretación con significado, los llamados "símbolos" que se corresponden con el mundo real.

Si se retoma la teoría del neurocirujano Karl Pribram y del físico David Bohm, "nuestros cerebros construyen matemáticamente la realidad "concreta" al interpretar frecuencias de otra dimensión, una esfera de realidad primaria significativa, pautada que trasciende el espacio y el tiempo". Se propone pues, que la realidad primaria puede ser una esfera de frecuencia que podría dar cuenta de la realidad sensorial a guisa de "caso especial" construído por las matemáticas del cerebro, pero sacado de un dominio más allá del tiempo y del espacio, donde *solo existen frecuencias*[211].

Para Llinás, estar despierto o estar consciente es un estado que podría considerarse semejante al sueño, como un estado que se corresponde estrechamente a la realidad externa, pero sin tener una realidad objetiva, a semejanza de un arco iris, que es algo que se puede percibir, pero no se le puede tocar ni medir. El cerebro participa en una esfera implícita de frecuencias donde todas las cosas y acontecimientos son espaciales, atemporales intrínsecamente indivisos, que se comporta como unas bases o fundamentos implícitos y universales. Si se tienen en cuenta los estudios de Karl Pribram relativos a la memoria y al funcionamiento del cerebro que le condujeron a la conclusión de que el cerebro es como un holograma, el cerebro entonces tendría acceso a un campo de frecuencias al que se podría denominar *holístico* y que trascendería los límites espaciales y temporales.

Es probable que el cerebro almacene información de modo holográfico, según lo descrito por Karl Pribram, y que el análisis de la realidad lo haga por decodificación de análisis de frecuencias, sumergiéndose en una esfera en la que no hay espacio ni tiempo, sino solamente acontecimientos o frecuencias. Esta esfera de frecuencias es un dominio de estructuras espaciales y temporales diferentes a los de la mente lineal o histórica, y la mente debe imponer sus estructuras en la esfera de frecuencia menos estructurada[212]. Tal vez toda la complejidad de la estructura neural sea necesaria para la percepción de una conciencia externa al sistema nervioso, participando en la decodificación de la conciencia como un orden plegado de frecuencias para que se vuelva un orden desplegado secundario, que presenta a la mente humana la realidad tal como la percibimos. William James afirmó en su tiempo que la conciencia ordinaria "filtra la realidad mayor". Aldous Huxley describió las alteraciones perceptuales de su campo de conciencia bajo la influencia de los psicodélicos, estado que le permitió comparar al cerebro con una válvula reductora que "solo deja pasar un chorrito de realidad"[213].

David Bohm sugiere adicionalmente con base en este orden plegado, implícito, primario, que aloja nuestra realidad, que también es un orden óntico, de pura frecuencia, afín con el reino de las formas de Platón, con la Naturaleza Primordial de Dios planteada por Whitehead, por citar algunos. Las filosofías hindú y budista poseen sistemas y psicologías metafísicas similares para referirse a este orden primario de pura potencialidad. Este orden implícito no hay objetos ni movimientos como los entendemos. En este orden primario, todas las formas de la realidad son engendradas y totalmente disponibles para cualquier parte de nuestra realidad.

En contraste con el orden primario, el orden secundario es la realidad de segundo orden y como tal la explicamos, es manifiesta en el espacio y el tiempo, es la decodificación de la imagen del holograma. Se pueden percibir los movimientos y las sustancias. Pero el cerebro, al sumergirse en su realidad de frecuencias, construye con sus "lentes" la realidad del segundo orden, cuando interpreta las frecuencias del orden primario[214]. Las "lentes" que el cerebro usa suelen variar con el contexto del entorno local, o nacional. Uno de las lentes que más distorsiona es la del "yo". Esta es una lente muy provincial, que limita las posibilidades de percibir realidades de mayor orden. El replanteamiento del funcionamiento neural y psicoespiritual para esquivar las válvulas orgánicas intrínsecas al funcionamiento neural del cerebro, de las aún más limitantes válvulas culturales y psicológicas. Somos ciudadanos de dos mundos, pero solo podemos aprender de uno de ellos.

Existe la denominada "Gran Cadena del Ser" marco conceptual que clasifica todo lo existente durante el curso de la historia del universo, en la cual partimos desde el nivel 1, iniciado hace 15.000 millones de años con el Bing-Bang[215], pasando al nivel 2 cuando surgió la vida a partir de la materia y luego al nivel 3 de la lógica, del pensamiento, en el nivel humano. Más allá de lo humano, la gran cadena del ser continua con el nivel 4, también llamado sutil intuitivo o arquetípico. Luego el nivel 5 o causal, de la trascendencia perfecta y por último, el nivel 6, el de la conciencia como tal, la fuente y la naturaleza de los demás niveles.

Con la humanidad, la evolución se ha completado a medias, y los humanos "estamos suspendidos a mitad de camino entre los dioses y las bestias" como lo dijera el neoplatónico Plotino. El concepto del orden implicado excluye los ámbitos superiores como la mente o la conciencia. Sin embargo, al tomar en cuenta que los niveles superiores no son exclusivos con los inferiores, ya que solamente los trascienden pero los incluyen, el uso del concepto del orden implicado conlleva la idea de un movimiento regresivo[216]. Sin embargo, la importancia de la teoría de Bohm es que reconoce que la conciencia puede ser un aspecto esencial del universo que deberá ser incluido en la futura teoría de los fenómenos físicos.

La influencia de la mecánica cuántica y la concepción de la mente

"(...) cuerpo y alma se conmueven y exaltan cuando el hombre llega a conocer con esfuerzo y con pureza la divina entraña de la realidad. Sabiendo así, el logos es una suerte de llave maestra para el dominio de la naturaleza."

Empédocles de Agrigento - Peri physeos (Acerca de la Naturaleza)

"Dos cosas iguales a una tercera son iguales entre sí"

Euclides - Los Elementos

A principios del siglo XIX el marqués Pierre de Laplace deslumbrado por las teorías de Newton, argumentó que el universo se comportaba de un modo predeterminado: tal observación implicaba que debía existir u conjunto de leyes científicas que permitieran predecir todo lo que ocurría en el universo en un momento dado, dejando a Dios en el lugar más allá de las demostraciones matemáticas. El determinismo científico predominó durante una buena parte de la historia de la ciencia de los siglos XIX y XX, y el punto de vista de la física clásica se limitó a discusiones pertinentes a la posición y velocidad de una partícula, fruto de las observaciones de Galileo, según las cuales la gravedad daba a las partículas una aceleración independientemente de la masa.

En 1875 no se sabía mucho de la estructura de los átomos, y algunos físicos de este período dudaban de la existencia de los átomos, mientras que otros creían que era imposible investigar la estructura interna de un átomo. Pero en los siguientes cincuenta años se desarrolló tan rápidamente la física que para 1925 ya se conocía la estructura atómica de una forma que se podría decir exhaustiva. Hacia 1913 Niels Böhr desarrolló un modelo del átomo que explicaba el espectro característico de la radiación emitida por un gas cuando pasa por él un haz de electrones. El éxito de Böhr se basó porque fué lo suficientemente atrevido para introducir varios principios físicos nuevos aun cuando varios de estos contradecían algunos principios de la física clásica. De esta forma, en el período comprendido entre 1913 y 1925 estos principios fueron el terreno donde se asentó la mecánica cuántica, una amplia teoría del movimiento de las partículas atómicas que proporciona el entramado teórico por así decirlo, que permite una aproximación a los fenómenos atómicos.

La teoría de la mecánica cuántica desarrollada por Werner Heisenberg, Max Schrödinger y Paul Dirac, afirma que las partículas poseen un estado cuántico, el cual conjuga tanto la posición como la velocidad. No puede predecir sucesos específicamente determinados, aunque sí puede predecir probabilidades, del mismo modo que no se sabe con exactitud que le va a ocurrir a la partícula que se observa.

Tras este breve e incompleto bosquejo sobre los orígenes de la mecánica cuántica, se logra una aproximación a la pintura sobre como la naturaleza opera, lo cual impulsa a la mente humana a llegar a los reinos de lo muy grande y lo muy pequeño, donde también ella se puede encontrar. Al hacer referencia a las leyes físicas de la naturaleza se busca algo objetivo e invariante[217] con respecto al modo de representación, con un marco conceptual que explique a nuestro juicio las cuestiones de la realidad y la verdad. Las leyes de la naturaleza hicieron posible construir una imagen cada vez más holoárquica y sistemática que abarque más cosas, en la que el tiempo pasó a ser una dimensión de todo lo real, y en la cual la causalidad fué sacudida por el indeterminismo y las probabilidades; y aunque no es posible saber si la realidad es como la representamos, imaginemos o describamos, lo que nos es permisible saber es que la imagen que hemos hecho de ella ha sido satisfactoria en los requisitos más exigentes a que se ha sometido a prueba[218].

Einstein reconoció la significancia de los aportes de Galileo, pero la reinterpretó de modo que el movimiento de la partícula en un campo gravitacional dependía de las propiedades del ambiente, esto es, del espacio y del tiempo. Para explicar porque las partículas seguían trayectorias curvas, le tomó bastante tiempo el describir que no era por la influencia del campo gravitacional, sino porque el espacio-tiempo es curvo[219]. El espacio dejó de ser el receptáculo pasivo de los cuerpos, el tiempo pasó a ser dimensión interna de todo lo real, la causalidad fué sacudida por el indeterminismo y el probabilismo: surgió el continuum del "espacio-tiempo". Las leyes de la naturaleza no se refieren a las relaciones entre acontecimientos localizables como enunciados (ya que las correspondencias implícitas pueden ser diferentes de las que se expresan en enunciados del tipo de "la nieve es blanca" o "el gato está encima del felpudo"), sino a algo que de acuerdo a Alan Chalmers podría denominarse "tendencia transfactual". Este desarraigo de principios cuyas raíces se hundían en el suelo metafísico de la cultura occidental, fué traumático y angustioso, llegando sus ecos hasta todo el conocimiento humano, ya que todas las teorías son productos humanos sujetos a desarrollo y cambio, mientras que el modo de comportamiento del mundo físico, que es el objeto de estas teorías, no lo es.

Quizá el error es que no existan posiciones y velocidades de partículas, sino solamente ondas. Para poder aplicar conceptualmente la mecánica cuántica, es de importancia tener en cuenta que si bien la estructura matemática de la teoría cuántica ha superado incontables pruebas y existe congruencia en su precisión para la descripción de los fenómenos atómicos, su interpretación verbal y la metafísica de la teoría de la mecánica cuántica se hallan en un terreno menos sólido porque los físicos no lo han podido proporcionar[220]. La mecánica cuántica está por así decirlo, plagada de indeterminismo.

La mecánica cuántica muestra que los conceptos clásicos son insuficientes para la descripción de los fenómenos atómicos, para lo cual surgen los "estados cuánticos", estados que escapan a la observación ordinaria porque tales observaciones en muchos casos obliteran las condiciones de existencia de los estados. Los "estados cuánticos" se describen mejor por funciones de onda que implican la coexistencia dual de ondas y partículas en los electrones de otras entidades físicas, una situación dialéctica/paradojal no explicable en el esquema clásico. El estado cuántico se puede considerar como una realidad física en la que no se pueden definir simultáneamente los dos componentes del momento angular a saber la posición y la velocidad. A lo más, lo que se puede saber es que hay unas probabilidades de determinado comportamiento que son aplicables a otras variables como el tiempo y la energía; las únicas divisiones de las ciencias físicas que aún no han incorporado la mecánica cuántica son la gravedad y la estructura a gran escala del universo[221]. Las consecuencias de la mecánica cuántica en la concepción de la mente y la realidad han sido la promoción de nuevas escuelas filosóficas como el círculo de Viena, la filosofía analítica, la fenomenología, el estructuralismo, el materialismo y la filosofía de los sistemas[222].

La enseñanza de la mecánica de las partículas o mecánica cuántica, es que el mundo es fundamentalmente energía y la manifestación sensible que se ha convenido en llamar materia, primer mundo, mundo premental -entre otras muchas denominaciones-, está siendo creado y aniquilado continuamente, del mismo modo que el mundo probabilístico determinado por el momento de rotación y la posición en el espacio de los quanta[223]. El filósofo griego Anaximandro se refirió al *ápeiron* o infinito como algo "abraza todas las cosas y las gobierna todas; tal es sólo lo divino, puesto que es inmortal e indestructible" y aseveró que el acontecer cósmico -como punto crucial de la ciencia de Occidente que el tiempo se encargaría de corroborar- "consiste en generaciones y corrupciones incesantes, lo cual cumple por así decirlo, una justicia inmanente puesto que las cosas se pagan recíprocamente expiación y pena por sus demandas según los preceptos del tiempo"[224].

El mundo probabilístico como un campo cuántico de probabilidades es lo que ocurre cuando los quanta o partículas subatómicas interactúan entre ellos, sugiriendo un caos por debajo del orden, en el cual simultáneamente se están dando fenómenos de nacimiento, desaparición y transmutación de los quanta a la existencia, como cuando Shiva danza bajo el arco de fuego *Prabhamandala* la danza de la creación. El universo es cambio, actividad y proceso, una totalidad de flujo que es la base de todas las cosas. Gary Zukav refiere:

> Toda interacción subatómica consiste en la aniquilación de las partículas originales y la creación de nuevas partículas. El mundo subatómico es una danza continua de creación y aniquilación, de masa que se convierte en energía y energía que se convierte en masa. Formas efímeras entran en la existencia y salen de ellas como una chispa, creando una realidad que no tiene fin y que es constantemente creada de nuevo[225].

De otra parte el concepto de mecánica de las partículas es complementado por el principio de incertidumbre, el cual sacude violentamente nuestras bases sobre el concepto del mundo y la realidad que a veces se tiende a interpretar como una limitación técnica respecto a lo que podemos medir y no como una expresión de las totales diferencias que existen entre nuestra realidad "clásica" y la subatómica[226]. De acuerdo al principio de incertidumbre de Heisenberg, no es posible conocer simultáneamente la posición y la velocidad de una partícula elemental, refiere el físico James Trefill (1985), de la universidad de Virginia[227]. Esta ausencia de información equivale a decir que si se conoce una de las determinantes la otra puede ser cualquier número dando lugar así a un principio según el cual la naturaleza "es sutil, pero no maliciosa" y tiene un fondo imprevisible del cual participa la naturaleza humana. El principio de incertidumbre dice que en el campo de lo subatómico no se puede conocer con absoluta precisión y al mismo tiempo el momento de rotación y la posición exacta de una partícula. Solo se pueden conocer aproximadamente, pero mientras más se conozca de una, menos se sabrá de la otra. Puesto que no se puede determinar al mismo tiempo la posición y el momento de rotación de las partículas subatómicas, no se pueden hacer muchas predicciones sobre ellas y probablemente no influya sobre nada de lo que se pueda saber del mundo subatómico[228]. A nivel subatómico la materia no está en un lugar determinado, sino más bien muestra tendencias a existir, mientras que los sucesos atómicos no ocurren con seguridad en determinados tiempos y en determinadas maneras, sino que muestran "tendencia a ocurrir". De tal forma, refiere el físico Fritjof Capra que en el contexto teórico de la mecánica cuántica estas tendencias se expresan como probabilidades que están relacionadas con cantidades matemáticas que toman la forma de ondas, siendo esta la razón por la cual las partículas pueden ser ondas al mismo tiempo, sin tratarse de las ondas como las conocemos en el mundo real, sino como ondas de probabilidad, que son cantidades matemáticas abstractas con todas las características propias de las ondas que describen las probabilidades de encontrar las partículas en puntos concretos del espacio y en tiempos particulares[229].

Werner Heisenberg demostró que la incertidumbre no es solamente una cuestión de la limitación instrumental para realizar medidas, sino que la imprecisión actual en una medición, en la cual la imprecisión de una por la imprecisión de la otra no podía ser nunca inferior a la constante de Planck[230]. La constante de Planck, también denominada el cuanto de acción fué el descubrimiento que puso en marcha la mecánica cuántica. Dicha constante es un número que nunca cambia y se utiliza para calcular la energía de cada frecuencia de luz (que le da a la luz un color característico)[231].

Dado que el principio de incertidumbre es una característica fundamental del universo en que vivimos, y que la realidad de las cosas existentes se ha explicado razonablemente de acuerdo a la teoría de la relatividad general y las teorías parciales que explican las fuerzas llamadas "débiles", "fuertes" y electromagnéticas, la unificación de estas teorías en una teoría de gran unificación, -TGU- como la denomina Hawking[232], reuniría en una sola ecuación la mecánica, la física, la biología, e incluso la psicología, concepto ya sorprendentemente planteado en el siglo XVIII por el servio Roger Joseph Boscovich, quien creía en átomos y en el vacío. Sus átomos eran puntos, o mónadas (a semejanza de las propuestas por Leibnitz), pero no estaban densamente unidas, sino todo lo contrario, no podían unirse en virtud de fuerzas repulsivas. Del mismo modo que Descartes y Newton, Boscovich es un partidario de la explicación esencialista[233] o última cuando se refiere a la interacción entre la mente y el cuerpo, influida por una teoría dinámica de la materia de tipo interaccionista que se aprecia cuando escribió en 1763:

"esta teoría mía puede combinarse de manera excelente con la inmaterialidad de los espíritus. La teoría atribuye a la materia las propiedades de inercia, impenetrabilidad, sensibilidad (lo que constituye una consecuencia de la impenetrabilidad al tacto) e incapacidad de pensar; a los espíritus se les atribuye una incapacidad de afectar nuestros sentidos por impenetrabilidad y las facultades de pensar y querer (...) en la propia definición (la definición esencialista) de la materia misma y la sustancia corpórea supongo la incapacidad de pensar y querer (...) si se acepta esta definición, está claro que la materia no puede pensar. Se trata de una especie de conclusión metafísica que se sigue con absoluta certeza de la aceptación de la definición"[234].

El primer paso hacia la teoría general unificada depende de combinar la teoría de la relatividad general con el principio de incertidumbre de la mecánica cuántica, que tendría consecuencias notables en la concepción del universo, describiéndolo como autocontenido y sin fronteras, con su impresionante uniformidad a gran escala y en las complejidades más sutiles que lo componen, incluyendo en ellas el hombre. El descubrimiento de una teoría completa con el tiempo habrá de ser comprensible para todos, de modo que todos seamos capaces de participar en el diálogo y la discusión sobre el universo y nuestro papel en él[235].

Parece cada vez más necesario el postular entidades no físicas en las áreas más avanzadas de la ciencia, incluidas las matemáticas, la física y la neurología. Los autores que han intentado penetrar el último misterio de la mente en interacción con la materia han encontrado como zona en común que pueden existir zonas del cerebro donde pueden ocurrir acontecimientos cuánticos. Cuando se desarrolló la mecánica cuántica reconociéndose la aplicación al nivel de las partículas elementales de la materia del principio de incertidumbre de Heisenberg, Niels Böhr señaló que ciertos puntos claves de los mecanismos reguladores del cerebro pueden ser tan sensibles y delicadamente equilibrados que podrían ser considerados de índole de mecánica cuántica o "no determinista".

Las conexiones entre la mente y la mecánica cuántica se han examinado en una serie de diferentes teorías, con diferentes argumentaciones, a saber:

• La interpretación de Copenhague.
• La teoría de las variables ocultas
• La hipótesis de múltiples mundos
• La conexión materia-mente[236].

Buena parte de la justificación sobre la relación entre la mecánica cuántica y la realidad se puede hallar en la "Interpretación de Copenhague de la mecánica cuántica", enunciada en 1927. En esta Interpretación se elimina la idea de una correspondencia de "uno a uno" entre la realidad y la teoría. La mecánica cuántica, al apartarse de las leyes que gobiernan los componentes individuales, pasa a describir conductas estadísticas de sistemas y en lugar de predecir sucesos, predice probabilidades. Y lo más importante, no acepta una realidad objetiva aparte de nuestra experiencia y afirma que no podemos observar algo sin modificarlo. Henry Pierce Stapp, físico del laboratorio Lawrence Berkeley lo expresa de una forma asequible:

> "(...) la Interpretación de Copenhague fué esencialmente un rechazo de la presunción de que la naturaleza podía ser comprendida en términos de las realidades elementales espacio-tiempo. De acuerdo con las nuevas ideas, la descripción completa de la naturaleza a nivel atómico está dada por funciones de probabilidad que no se refieren a realidades microscópicas subyacentes de espacio-tiempo, sino más bien a los objetos macroscópicos de la experiencia sensorial. La estructura teórica no se extiende hacia abajo ni se afianza en las realidades microscópicas fundamentales de espacio-tiempo. En vez de ello retrocede y se afianza en las realidades concretas que forman la base de la vida social ... Esta descripción pragmática debe ser contrastada con descripciones que intenten "mirar entre bastidores" y que nos digan lo que está aconteciendo realmente "[237].

En la teoría de la conexión materia - mente, se acepta que la medición colapsa la función de onda, de modo que quien hace la medición influencia y en cierta medida crea la materia a partir de la mente. Wigner, Sarfatti, Walker y Muses describen de esta forma como el principio cuántico implica la mente de una manera esencial y Benyam explica como " la conciencia misma es la que colapsa la función de onda"[238].

En la teoría "de las variables ocultas" se afirma que los acontecimientos cuánticos no son puramente aleatorios, y que el colapso del estado vector o de la función de onda se explica por procesos subcuánticos que podrían llegar a resultar técnicamente accesibles (Cf. Hipótesis de los múltiples mundos). Las variables ocultas se refieren a que un sistema tiene un estado definido en todo momento, pero algunas partes de él pueden quedar temporalmente ocultas para los observadores; son conexiones instantáneas con el universo como un todo. Si bien en el mundo ordinario las conexiones carecen de importancia relativa, lo cual permite formular leyes acertadas para describir su comportamiento, a medida que se avanza en subdivisiones cada vez más pequeñas la influencia de las conexiones se hace más fuerte y cada vez se hace más difícil separar cualquier parte del universo de la totalidad del mismo. El teorema de Bell explica de acuerdo a "las variables ocultas" la "transferencia" de información a través de regiones aisladas en el espacio, con lo cual la causalidad en algunos eventos sería instantánea, sugiriendo ausencia de separación en el continuum de espacio - tiempo[239], lo cual implica que las partes aparentemente separadas del universo pueden estar íntimamente conectadas a un nivel profundo y fundamental, lo cual significa que el universo está fundamentalmente conectado, es interdependiente e inseparable[240]. David Bohm, del Bierbeck College afirma que el nivel fundamental es un todo inseparable que posee un orden que se integra en el auténtico proceso del universo, pero no es fácilmente aparente.

De acuerdo a la teoría de la relatividad general ninguna partícula que se mueva a una velocidad inferior a la luz puede llegar hasta este límite: pero no hay razón por la que no existan partículas que se muevan a una velocidad mayor que la de la luz. En otras palabras, la luz actuaría más como un telón que como una barrera y al otro lado del "telón" hay partículas hipotéticas que siempre se moverían con una velocidad mayor que la de la luz. Tales partículas hipotéticas son los taquiones, que en caso de existir nos permitirían un medio de comunicación instantáneo con ¡cualquier punto del universo![241] y podrían favorecer la conexión del universo en un nivel profundo y fundamental, lo cual no deja de tener cierta reminiscencia esencialista.

Desde el punto de vista más amplio de la filosofía, las implicaciones de la mecánica cuántica, son que influimos en nuestra realidad y de cierta manera la creamos. La objetividad no existe. Somos parte de la naturaleza, y cuando la estudiamos, no se puede eludir el hecho que la naturaleza se está estudiando a sí misma. La mecánica cuántica se basa en un conocimiento mínimo de los fenómenos futuros, ya que el conocimiento de los sucesos es probabilístico, pero conduce a la posibilidad de que nuestra realidad sea la que nosotros decidamos crearnos, con lo cual hay una aproximación a la conciencia. Aunque se han hecho formulaciones matemáticas en las que intenta demostrar el papel de la conciencia en las formulaciones de la mecánica cuántica, el problema subyacente a estos enunciados matemáticos es el denominado "problema de medición".

De acuerdo a la mecánica cuántica los acontecimientos tienen tendencia a existir en diferentes áreas, pero al acontecer lo hacen solamente en una área. El físico alemán Max Born fué quien sugirió que la interpretación ondulatoria de los fenómenos subatómicos fuese realizada como ondas de probabilidad, en las que "el curso total de los acontecimientos está determinado por leyes de probabilidad, en que a cada estado del espacio le corresponde una probabilidad definida". La contribución de Born permitió que la mecánica cuántica predijera probabilidades. Si la probabilidad de encontrar una partícula en un área A es del 50%, en una B del 30% y en una C del 20%, la tendencia a existir sería 50/30/20. Pero al detectarse ocurre solamente en una región (sea A, B o C) y no se distribuye del modo predicho por las tres áreas. De aquí surge un problema conceptual, dado que la partícula al acontecer/ocurrir no lo hace en las tres regiones según lo predicho, sino solo en una, lo cual se conoce como "colapso del estado vector" o "colapso del paquete de onda", porque cuando la partícula está en B, las probabilidades de A y C son igual a cero. El colapso de la función de onda del estado cuántico/del paquete de onda implica que se pasó de la tendencia a existir 50/30/20 a un acontecimiento real B. Se presenta una consecuencia extraña y es que la existencia de otras posibilidades excluye resultados posibles. Tal parece que esto se debe a que "la posición de un fotón de luz (u otra partícula) es desconocida y se define por una onda compleja que describe todas las posiciones posibles"; tal onda puede interferir consigo misma y ocasiona que el fotón (u otra partícula) aparezca en un solo punto posible, fenómeno que también es un "colapso de la función de onda"[242].

De aquí surge un problema sobre si la propia medición es la que causa el colapso del paquete vector y sobre si la partícula existe antes de la medición[243]. En la hipótesis de los múltiples mundos de Everett, Wheeler y Graham todas las posibilidades contenidas en el estado vector ocurren, pero en distintos universos. Una vez se lleva a cabo una medida, los universos en los cuales el resultado es distinto que en el nuestro, ya no ejercen influencia sobre nosotros. Cuando la partícula con posibilidades 50/30/20, acontece en B, simultáneamente surgen otros dos universos, uno que contiene la partícula de la área A y otro para la partícula de la área C.

La filosofía perenne está de acuerdo con la afirmación de que la mente crea la materia al referir como lo inferior puede surgir de lo superior mediante el proceso de involución. (Cf. La filosofía perenne y la cadena del ser). Sin embargo, el ideal mecanicista de querer explicar el mundo físico en términos de unos componentes estructurales básicos no parece realizable por el momento. El proceso de investigación que llevó hasta las partículas subatómicas arrancó a partir del supuesto atomista, en el que la materia era justificable en términos de unos pocos constituyentes. Pero las limitaciones para conocer más allá de las partículas elementales han motivado la discusión sobre las interacciones de las diferentes partículas subatómicas.

Puesto que forma parte de la naturaleza de las cosas el que no podamos conocer a un mismo tiempo el momento de rotación y la posición de una partícula subatómica, sino solamente una de las dos, en forma disyuntiva, hay que necesariamente elegir cuál de las dos propiedades se desea determinar. Desde un punto de vista metafísico esto es muy semejante a afirmar que se crean ciertas propiedades porque se elige el medirlas. Es posible llegar a creer que una partícula tiene posición porque se intenta determinar una posición en ella. Este razonamiento ha llevado a algunos físicos cuánticos a preguntarse sobre si crean las partículas quienes experimentan con ellas. Si se observa un experimento relativo a la colisión de una partícula, no se puede probar que el experimento arrojará los mismos resultados en todas las veces que se repitiera, dado que el resultado está afectado por el hecho que alguien lo está observando.

En otro ejemplo en que se crean ciertas propiedades porque se elige el medirlas, se puede demostrar que la luz tiene una naturaleza ondulatoria y que simultáneamente es un fenómeno de emisión de partículas, dependiendo de que se escoja el experimento adecuado al resultado que se pretende obtener. Este fenómeno, que tiene profunda trascendencia, ha motivado que a lo largo del apasionante desarrollo de la física teórica, muchos físicos se hayan ocupado de descubrir el papel de la mente en la interpretación de la realidad: Erwin Schrödinger llegó a sugerir que la relación entre la mente y el cerebro era la única tarea importante de la ciencia. Niels Böhr enunció su teoría de la complementariedad para explicar que las realidades como onda-partícula de la luz son propiedades mutuamente excluyentes de nuestra interacción con la luz, pero ambas son necesarias para entenderla. Pero no son propiedades de la luz, porque sin el observador la luz no existiría[244].

La tarea de la ciencia es el descubrimiento de leyes que permitan predecir acontecimientos hasta los límites probabilísticos impuestos por el principio de incertidumbre, con lo cual se espera desde un punto de vista esencialista, que se logre revelar la realidad última oculta tras las apariencias. Sin embargo, el esencialismo fué superado por la teoría del campo electromagnético de Maxwell.

¿Cómo ocurrió esto? La realidad última se explicaba con el éter y Maxwell trató de basar su teoría en un modelo mecánico del éter que terminó volviéndose inconsistente, frente a una serie de ecuaciones consistentes y contrastables que enunciaban las leyes de interacción electromagnética. De aquí surgió una teoría física cuya esencia y sustancia mecánica se evaporaron, dando como resultado que si existen las realidades ocultas, pero ninguna de ellas es la última, por más que algunas se encuentren a un nivel más profundo que otras[245].

Con este conjunto de observaciones, la objetividad no existe, ya que no es posible eliminar a quien observa. Stephen Hawking refiere como al usar la dualidad onda - partícula, prácticamente todo lo existente en el universo -incluyendo la luz y la gravedad- puede ser descrito en términos de partículas. Todas las partículas conocidas del universo pueden agruparse en partículas que conforman la materia conocida y en las que causan las fuerza entre las partículas materiales. John Weeler, un físico de Princeton describe:

> " Al Universo ¿lo trae, de alguna manera, a la existencia la participación de los participantes? puntos El acto vital es el acto de participación. Participador es el nuevo concepto incontrovertible, ofrecido por la mecánica cuántica. Derroca el término observador, de la teoría clásica, que designa al hombre que está seguro detrás de un grueso cristal protector y observa lo que ocurre a su alrededor sin participar en ello "[246].

Al preguntarnos a nosotros mismos de que está hecho algo, esta pregunta se basa en un sistema mental artificial que funciona del mismo modo que una galería de espejos, como bien lo describe Gary Zukav. Al estar de pié directamente entre ellos, hay una multitud de imágenes que nos representan, con una infinita serie de ojos de mirando a la parte posterior de la cabeza, sin embargo las imágenes no se pueden ver hasta el infinito dado que las superficies de los espejos no son lo suficientemente lisas. Todos estos reflejos que se ven son ilusiones y la única cosa real de este escenario es quien mira, o sea cada uno de nosotros.

Al buscar la última sustancia constitutiva del universo, al preguntarse de qué está hecho algo, se encuentra que está constituido por moléculas. Y las moléculas están constituidas por átomos, y por último, de los átomos se ha demostrado que son agrupaciones de partículas subatómicas, los denominados quarks. Lo cual dicho en otras palabras es que la materia es una serie de agrupaciones con su manifestación fuera de foco y la búsqueda de la sustancia definitiva del universo termina en que no existe ninguna.

Einstein afirmó en 1905 en respuesta a la sustancia última del universo que sí la hay, siendo esa la energía, porque las partículas subatómicas son energía. El físico Paul Dirac, uno de los tres creadores de la teoría de la mecánica cuántica en el año de 1920, consideraba que la materia había sido creada a partir de algún sustrato imperceptible, de una nada inimaginable e indetectable, que paradójicamente, tenía una forma peculiar. Afirmación dada por un sabio occidental, semejante al aforismo taoísta que reza que "lo real es vacío y lo vacío es real".

La sociedad occidental representa la postura del hemisferio izquierdo, de un mundo externo fragmentado con una multitud de objetos y acontecimientos separados. La llegada de la ciencia marcó el ascenso del pensamiento acorde con las habilidades y tendencias del hemisferio izquierdo. Parte de las limitaciones inherentes a esta postura radican en que el lenguaje ordinario de algunos idiomas resulta inadecuado para tratar fenómenos no ordinarios, de modo que aquello complejo y dinámico presupone una mayor dificultad para su comprensión. Las lenguas indoeuropeas nos vinculan a un modo de vida fragmentado, porque a partir de su estructura sujeto-predicado, nos obligan a pensar en términos de causa y efecto.

El marco lingüístico está íntimamente ligado al proceso de la percepción humana, hace que la identificación lingüística de las cosas influya en lo que vemos y en lo que dejamos de ver. Por ello nos resulta difícil hablar en incluso pensar, sobre física cuántica, sobre dimensiones más allá de las tres conocidas y sobre cualquier otra noción en la que no esté prefigurado el comienzo y el fin, por dar un ejemplo. Merced al lenguaje, el hombre logra hacer discriminaciones perceptivas sobre que está sucediendo tal o cual suceso. Pero en la medida de evolucionar el conocimiento de la naturaleza y procurar divulgar al público las intuiciones de la ciencia moderna, el lenguaje ordinario resulta inadecuado, porque las palabras y las frases nos han proporcionado una idea falsa de la comprensión, al hacernos confundir el mapa con el territorio nos vuelve ciegos para la complejidad y la continua danza de dinamismo de la naturaleza.

En 1922 Heisenberg le preguntó a su profesor Niels Bohr que "si faltaba un idioma que permitiera comprender la estructura interna del átomo, ¿cómo se podría tener la esperanza de llegar a comprenderlo?" a lo cual Bohr contestó "creo que podremos estar en condiciones de hacerlo, pero en el proceso quizá sea necesario aprender lo que realmente significa la palabra "comprender". El lenguaje de la teoría cuántica es preciso, pero engañoso[247].

El valor de la Interpretación de Copenhague es el reconocimiento de las limitaciones del pensamiento del hemisferio cerebral izquierdo, sugiriendo que el lenguaje puede encerrar el pensamiento. También es el reconocimiento de los aspectos psíquicos que transcurrieron ignorados la mayor parte del tiempo en una sociedad racionalista. Las viejas posiciones dialécticas que surgían en díadas opuestas, como razón-intuición, racionalidad-sensibilidad, interior-exterior son reconciliables a la manera de la cinta de Moebius[248]. Las paradojas son conciliables.

Las ciencias físicas han planteado un modelo sobre las características de la realidad subatómica, y dado su poder de resolución y sistematización en las cuestiones de la realidad, sus esquemas conceptuales se han intentado aplicar -el tiempo dirá con qué grado de éxito- a la explicación del fenómeno de la mente y la conciencia. El resultado de la tecnología de las ciencias físicas no es un sinsentido, sino un metasentido, que no es ilógico pero trasciende la lógica. A medida que se expande el panorama de la referencia, el metasentido es una parte del amplio panorama desde donde se ve el punto de partida como una menor parte[249]. El físico James S. Trefil de la Universidad de Virginia, refiere

"(...) como el átomo, el núcleo y la partícula elemental han abierto las puertas a realidades más profundas. Actualmente el nivel más interno de al que somos capaces de descender (los quarks) presentan los mismos síntomas que observamos en cada uno de los anteriores. Hemos modificado tantas veces nuestra visión de la realidad que es muy posible que tengamos que hacerlo de nuevo en el futuro. ¿Revelarán los próximos años nuevas zonas por ahora insospechadas, como si la realidad fuera una inimaginable cebolla cósmica, o por el contrario, podremos concluir la búsqueda en el nivel donde ahora nos encontramos? El tiempo lo dirá"[250].

Paralelismos entre mecánica cuántica y conciencia

Dados estos elementos sobre la mecánica cuántica en relación al planteamiento de que la última sustancia de la materia es la energía[251], de como el observador no es diferente del suceso porque el objeto medido no es separable completamente del experimentador, surge el nuevo paradigma, la nueva pauta de enfocar el modo de conocimiento, en el cual no hay división entre ondas y partículas, entre los cuantos y los campos, entre mente y cuerpo, entre lo mental y lo material, y que es aplicable a la conciencia, entendida esta como investigadora e interpretadora del mundo externo a nosotros. Hay que tener en cuenta que las leyes estadísticas se aplican a la dinámica de partículas, la mecánica estadística, la termodinámica, así como la sociedad y la historia, en las que varias categorías de determinación contribuyen a producir cada suceso real y determinan la flexibilidad para establecer conexiones causales, por la pluralidad de causas y de efectos. La probabilidad no es una medida de la ignorancia de los sujetos cognoscentes, sino una cierta tendencia objetiva de los acontecimientos[252].

En el nivel más primario que seamos capaces de imaginar, el universo es paradójicamente global e indiferenciado, con una unidad lógica que requiere una única invariancia que permanezca invariable frente a toda la complejidad y transitoriedad que observamos en la cotidianidad y de cuyas características de alguna forma surge la realidad de nuestra experiencia con unas características semejantes.

La mecánica cuántica ofrece una realidad más rica porque parte de las descripciones de la esfera atómica y al extenderse en distancias macroscópicas nos lleva a una realidad vinculada con la mente. Las ideas de la mecánica cuántica son muy sugestivas en cuanto la realidad sea un proceso de la mente, porque la existencia de los "estados cuánticos" explica diversos fenómenos en la naturaleza, desde las propiedades específicas de los elementos químicos, pasando por la estructura de las moléculas y la existencia de la vida. La mecánica cuántica ha explicado con éxito todo, desde las partículas subatómicas hasta los fenómenos estelares. No ha habido una teoría con mayor éxito. No hay que perder de vista el hecho que la realidad de los "estados cuánticos" es diferente de la realidad que se adscribiría a un sistema de partículas ordinarias y que tales "estados cuánticos" son realidades físicas, aunque no puedan ser descritos con los conceptos de la física clásica[253]. Sin embargo, algunas veces observamos como las cosas evolucionan de mal a peor, como cuando una taza se rompe en fragmentos, pero no vemos recomponerse una taza a partir de los fragmentos: la segunda ley de la termodinámica dice que la entropía de un sistema físico cerrado no disminuye (es decir no tiende hacia el orden) con el paso del tiempo: la existencia en la práctica de un mayor número de formas de pasar del orden al desorden que del desorden al orden, origina una mayor probabilidad de ocurrencia de las condiciones típicas en las que el desorden se sigue con mayor facilidad con lo cual surge una "ilusión" de una ley de la naturaleza que produce desorden. Sin embargo, en un nivel fundamental, estas leyes poseen simetría temporal, según lo cual admitirían la inversión temporal de cualquier secuencia de acontecimientos permitida[254].

Y aunque se ha afirmado que el vincular las ideas de la mecánica cuántica con la realidad podría traer los peligros de una sobresimplificación epistemológica[255], que la realidad cuántica no tiene nada que ver con el mundo real de los procesos macroscópico y a que el nivel cuántico es tan microscópico que sus interacciones pueden ignorarse para todos los fines prácticos en el mundo macroscópico[256], al retomar el pensamiento de Heisenberg sobre la moderna física atómica "como un mero eslabón en la cadena infinita de los diálogos entre el hombre y la naturaleza", no se puede ignorar la gran cantidad de hechos divergentes existentes en la comunidad de físicos atómicos al buscar los fundamentos de la mecánica cuántica y la realidad. Además no se puede desconocer el hecho existe un tipo de descripción matemática de la naturaleza que hemos llegado a amar y conocer, al decir de John Barrow, como lo es el las llamadas ecuaciones causales con condiciones de partida, lo cual es una aproximación a la verdadera naturaleza de las cosas.

Una cuestión paradójica en la mecánica cuántica surgió cuando Heisenberg relaciona el principio de incertidumbre con el problema filosófico del libre albedrío y considera que aquellos mecanismos del cerebro que son explicables por la mecánica cuántica, son de tipo no determinista, y por tanto, homologables a mecanismos físicos relacionados con un libre albedrío individual[257].

¿Y por qué es homologable la incertidumbre de una partícula con el libre albedrío? ¿No parece haber aquí un contrasentido en pretender explicar una jerarquía superior como la conductual a partir de una menor como lo es la de los átomos? ¿No estaremos frente a los peligros implícitos de la sobresimplificación epistemológica?

Una de las divergencias planteadas para vincular la conciencia con los conceptos de la mecánica cuántica proviene del hecho que cuando los físicos teóricos hablan de las partículas subatómicas, de las ondas y de los campos, se refieren a que de algún modo están mezclados los unos con los otros, pero sin explicar en términos categoriales la interacción de la materia inerte con el nivel biológico, ni la interacción de este con el nivel mental y así sucesivamente.

Algunos autores como David Bohm, consideran que la física ha descubierto la "interpenetración unidimensional de su propio nivel", que no puede asemejarse con el "fenómeno de interpenetración multidimensional con no equivalencia" descrita en el marco conceptual de la "gran cadena del ser en la cual están descritos los niveles de conciencia[258]. No obstante, la respuesta parece estar en el reino de las vesículas sinápticas y los llamados "potenciales de onda lenta" que son cuestiones por el momento, del dominio de los neurofisiólogos. Si recordamos que la sinapsis es un espacio real entre dos neuronas cuyas dimensiones son de aproximadamente 200 a 300 nanómetros, estas dimensiones ya entran en la consideración de la física cuántica. Arthur Eddington creía que el principio de incertidumbre era aplicable a un objeto de este tamaño, tras calcular que la incertidumbre de la posición de tal objeto puede ser de 50 nanómetros en un milisegundo procedió a afirmar que la mente ejerce una influencia sobre el cuerpo modificando la configuración de sucesos en el cerebro e influyendo causalmente sobre la probabilidad de que dichos procesos se produzcan.

Por su parte, John Eccles demostró que la vesícula es una estructura de aproximadamente 400 nanómetros, con lo cual, en la zona de la sinapsis están ocurriendo constantemente cambios graduales de bajo potencial que crecen y disminuyen continuamente en estas zonas especializadas de comunicación neuronal. Además, estos potenciales pueden ser influenciados por cantidades infinitesimales de energía en el orden de los acontecimientos cuánticos. con lo cual, de acuerdo a las mediciones de Eddington y los hallazgos de Eccles, tal distancia de 50 nanómetros ofrezca como característica destacada la posibilidad de ser el orden de magnitud donde la conciencia tal vez interactúe con los mecanismos neurofisiológicos del cerebro dentro de los límites permitidos con la incertidumbre. Lo cual dicho de otra forma, es que el rango de distancia de 50 nanómetros puede ser la medida del libre albedrío o la influencia mental. Es pertinente retomar a Eccles cuando afirma que:

> "(...) es por lo tanto posible que el campo permitido de comportamiento de una vesícula sináptica, sea adecuado para permitir la operación efectiva de las influencias mentales sobre la corteza cerebral activa (...)"

argumento que es complementario con los citados por Sheldrake cuando trata sobre el indeterminismo físico en los seres vivos y cita a Eccles cuando expone ideas comparables a las de Arthur Eddington,

> "la hipótesis neurofisiológica es que la 'voluntad' -las comillas son suyas- modifica la actividad espacio-temporal de la red neuronal ejerciendo 'campos de influencia' -ibíd.- espacio-temporales eficaces a través de esta única función detectora del córtex cerebral activo. Debe advertirse que la 'voluntad' o 'influencia mental' -ibíd.- tiene algún carácter que responde a un patrón espacio-temporal y le permite demostrar esta eficacia operativa"[259].

El comportamiento de esta vesícula sináptica probablemente se haga de acuerdo a las leyes estadísticas e indeterminísticas que constituyen la realidad objetiva; es posible obtener datos que permiten una mejor delineación del concepto de mente efímera que actúa sobre la materia estática, al proponer un modelo de interacciones inefablemente sutiles entre campos infinitesimales de energía que ocurren en el espacio cuántico[260]. La mente autoconsciente, de un modo semejante a los conceptos expuestos por Sheldrake sobre la entelequia del embriólogo alemán Hans Driesch, "ordena los sistemas físicoquímicos ejerciendo una influencia física sobre sucesos indeterminados dentro de los límites estadísticos establecidos por la causalidad energética, para lo cual debe estar configurada dentro de un marco espacio-temporal". La entelequia adquiere dicho carácter de una forma iinteraccionista[261].

Se dice que mientras Heisenberg trabajaba en la teoría cuántica, fué invitado a dar unas conferencias en India y sostuvo una serie de entrevistas con Rabindranath Tagore, en las cuales se trató sobre filosofía hindú que le llevaron a concluir que estas ideas nuevas sobre la teoría cuántica no eran tan absurdas. Niels Böhr tuvo una experiencia semejante cuando visitó China[262].

La afirmación de que las visiones de la realidad de la física y el misticismo son semejantes, es una generalización excesiva como lo menciona Jeremy Berstein, -citado por Wilber- basada en el uso de semejanzas accidentales del lenguaje, sin que sea prueba de conexiones arraigadas entre ambos[263]. Si se define al misticismo de acuerdo a Emerson como una identidad consciente con la fisiosfera, la biosfera y la noosfera, surge una postura de unión mística de materia, vida y cultura, no solo una inmersión del yo en la biosfera que excluye la cultura y tendría de algún modo, visos de dualismo y egocentrismo[264]. Si bien los sujetos y los objetos reales en los distintos espacios son de forma natural y apropiada, diferentes de una cultura a otra, las estructuras profundas en sus espacios míticos, racionales y transpersonales -donde se ubicaría lo místico cursiva mía- se comportan como rasgos transculturales invariantes en un nivel profundo de abstracción. La mente humana cultiva los mismos conceptos, imágenes y símbolos a nivel universal, el espíritu humano cultiva intuiciones universales de lo divino y estos significados desarrollados, según Ken Wilber, se muestran de una forma reconstruíble[265].

Fritjof Capra refiere como estas semejanzas pueden parecer superficiales, pero cita el ejemplo de como Einstein reconoció el continuum cuatridimensional del espacio - tiempo, y como surgió a partir de este concepto la equivalencia de la masa y la energía, concepto que ya aparece descrito en el budismo Mahayana, cuando describe la interpenetración del espacio y el tiempo y al considerar los objetos como acontecimientos, con una tendencia a existir. La doctrina *kegon* del budismo Mahayana intenta comprender al universo como "algo dinámico, cuya característica es moverse siempre hacia adelante, estar siempre en movimiento, ese movimiento que es la vida", según lo afirma D.T. Suzuki, citado por Capra[266].

Capra considera como "al mirar este tipo de consistencias, se observa que las semejanzas no son casuales"[267]. El comentar sobre los paralelismos entre la mecánica cuántica y la conciencia, como lo refiere el psiquiatra Roger Walsh, puede conducir a pensar que habrá convergencia de los particulares modos de conocer de estas dos disciplinas en alguna coordenada común de la realidad. Las características inherentes de cada uno de estos modos de conocimiento, de la física y de las neurociencias con el enfoque particular de la conciencia pueden ser interdependientes e interpenetrantes, pero teniendo en cuenta que las propiedades de la conciencia no pueden ser reducidas a las de la materia física.

Es importante tener en cuenta que la mecánica cuántica y la conciencia son conocidas por sus enfoques epistemológicos diferentes -por ser ambas relativas al conocimiento de mundos diferentes-, es decir, la contemplación -en el caso de la conciencia- por oposición a la percepción sensorial y al razonamiento conceptual -en el caso de la física.-[268]. El abanico de los estados de conciencia se empieza a ver como uno con mayores componentes en relación a los previamente establecidos y cuyas fronteras se extienden desde los estados anormales planteados por la neurología clínica, hasta los estados vigílicos y otros denominados "superiores", planteados por diferentes ramas de la psicología, como la transpersonal y la humanística.

Los estados superiores de conciencia se caracterizan por englobar no solamente las capacidades habituales, sino que van acompañados de un particular estilo de vivencia denominado "estado de trascendencia" que va más allá de los límites acostumbrados de percatación e identidad, aunque su conocimiento limitado se atribuye a las limitaciones de la comunicación en cada estado. Según esta afirmación, las diversas funciones y capacidades de un estado de conciencia, o cada uno de los estados de conciencia del abanico propuesto -por dar un ejemplo, el vigílico- no son comprensibles en otro estado diferente. El conocimiento de un estado solo es comprensible dentro de ese estado[269]. Cada estado de la conciencia o nivel, implica un muy particular sentido de experiencia o vivencia para ese nivel, que va desde la experiencia trascendente hasta la identidad personal. El espectro de la conciencia que propone la *philosophia perennis* y la *psychologia perennis* -de las que se habla más adelante- es coincidente con el descrito con el uso de las sustancias psicodélicas, según lo reportado por Stanislav Grof. Muchos de estos hitos sobre la concepción de la conciencia a la luz de los datos actuales se tienden a ver no solamente per se, sino en relación al proceso de salud / bienestar del hombre.

Georg Cantor fué un matemático de mediados del siglo XIX, quien demostró que en un segmento dado hay más que un número infinito de puntos, para llenar completamente el segmento se necesita un número de puntos que el infinito, el número aleph ($\aleph$). Cantor creó una secuencia de infinitos de diferente tamaño: el más pequeño era el conjunto de los números naturales $\{1,2,3,4,5 ...\}$, al cual Cantor llamó $\aleph_0$ (aleph-cero). Se dice que un conjunto infinito dado tiene el mismo tamaño o cardinalidad que $\aleph_0$ si sus elementos pueden ser enumerados sistemáticamente, del modo 1,2...,o 2, 4..., como en la columna A. Este número es igual a todas sus partes, si se dividiera el segmento en diez partes iguales, habría tantos puntos aleph en las partes como en el todo: esto se comprende si se mira la figura 5.2, de acuerdo a John Barrow, catedrático de astronomía en la Universidad de Sussex:

Figura 5.2. Puntos aleph

```
1→2    1/1 →   2/1     3/1 →  4/1     5/1 →  6/1
        /       /       /      /       /
2→4    1/2     2/2     3/2    4/2     5/2     6/2
       |  /      /      /      /
3→6    1/3     2/3     3/3    4/3     5/3     6/3
        /       /       /
4→8    1/4     2/4     3/4    4/4     5/4
       |  /
5→10   1/5
       |  /
6→12   1/6

(A)                         (B)
```

Las relaciones descritas con las flechas entre los números de la columna B muestra que se puede contar una por una las fracciones racionales, que del mismo modo que los números naturales, son un conjunto infinito (esta propiedad de enumeración sistemática de acuerdo por ejemplo, al orden de las flechas es la llamada cardinalidad): llama la atención que entre los espacios de los números naturales, hay fracciones densamente empacadas entre ellos: al enumerar las fracciones racionales de la columna B contenida en los números naturales a través de la secuencia de las flechas 1/1, 2/1, 1/2, 1/3, 2/2, 3/1, 4/1, 3/2, 2/3, 1/4, 1/5, 2/4 y así sucesivamente, muestra que se produce un salto en tamaño porque se encuentran más fracciones que enteros y existen infinitos pares de números como números.

Si se construyera un cuadrado, habría tantos puntos en la superficie como en el segmento, y si se hiciera un cubo, habría igualmente tantos puntos en el volumen como en el segmento y así sucesivamente, hasta el infinito. Si se multiplica un aleph por otro aleph, el resultado es aleph. En la matemática del transfinito que estudia los aleph, la parte es igual al todo. Para ir más allá de aleph, se eleva este número aleph a la potencia aleph y así sucesivamente, obteniendo órdenes de aleph cero, uno, dos, hasta el infinito. Cantor planteó la cuestión de si existen infinitos conjuntos de tamaño intermedio (los ℵ de orden cero, uno, dos, etc.), lo cual es la denominada hipótesis del continuo. La cuestión de saber si existe un verdadero continuo en la realidad es un viejo dilema de la filosofía natural, relacionado a la luz de los conocimientos de este tiempo, con un área de interacción entre la física fundamental y las cuestiones fundacionales concernientes al infinito[270]. Thomas Bradwardine de Canterbury (1290?-1346), el "*Doctor Profundus*", en su obra "*Tractatus de Continuo*" - Tratado del Continuo, propuso "que en la línea no habría átomos puntuales sino más bien una colección indefinidamente grande de continuos. John Barrow afirma que la realidad física si bien es fundamentalmente matemática, no utiliza la totalidad de la aritmética y podría de hecho, ser una rama "decidible" de la matemática que no es tan rica como la aritmética. Y aunque pueda parecer que "el Universo hace uso de toda la parafernalia de la aritmética, al hacerlo nuestras versiones de sus leyes matemáticas de la naturaleza, es posible que solamente se deba a que estas versiones no son la representación más elegante y económica de las verdades que contienen"[271].

Banach y Tarski, dos matemáticos polacos contemporáneos al hablar sobre lógica matemática, toman elementos de las matemáticas transfinitas para plantear una paradoja que lleva su nombre, y es una forma particular de aplicación de las matemáticas transfinitas. Según esta paradoja, es posible tomar una esfera de dimensiones normales, por ejemplo, una pelota de tenis o una manzana que al cortarla en rodajas y volverlas a juntar, diera una esfera tan pequeña como un átomo o tan grande como un sol. Aunque la operación no se ha podido realizar físicamente porque el corte debe hacerse siguiendo superficies especiales que no tienen plano tangente, se acepta desde el punto de vista teórico, si bien estas superficies no están presentes en el universo manejable, los cálculos efectuados sobre ellas son reales y eficaces en el universo de la física nuclear, y son objeto de estudio por las matemáticas transfinitas. Los neutrones se desplazan siguiendo curvas que no tienen tangente. Curiosamente este conocimiento de occidente coincide con el de la técnica de yoga Samadhi, según la cual los practicantes declaran que les es posible crecer hasta alcanzar el tamaño de la galaxia, o contraerse hasta la dimensión de la partícula más pequeña concebible. Aunque esta afirmación puede sonar extraña y más allá de toda lógica, su significación profunda radica en que lo que genera la conciencia tal como se ha definido podría tener un comportamiento semejante al de los átomos que encuentra su expresión tanto en el yoga Samadhi, como en la paradoja de Banach y Tarski[272].

No es necesario que haya el intercambio de información de esta clase para que semejantes afinidades conceptuales se produzcan. Tomando en consideración los estados alterados de conciencia, en los cuales se podrían presentar contenidos de las características descritas -ser del tamaño de un átomo, o de un sol- podría plantearse la hipótesis de que la conciencia tenga un comportamiento atómico que tendría que ser probada con una ciencia más allá de nuestro nivel actual de comprensión.

William Tiller, hace una serie de interesantes consideraciones sobre las características de los fenómenos psicoenergéticos:

- Los campos energéticos parecen ser diferentes a los conocidos por medio de la ciencia convencional.
- Los experimentos sugieren que hay un nivel de sustancia cuyas características son predominantemente magnéticas, con una tendencia más organizativa que desorganizativa, a medida que la temperatura aumenta[273].
- Parece haber un patrón de radiación y holograma en la energía que actúa como una fuerza envolvente a nivel físico.

Existen evidencias crecientes en los experimentos con plantas, animales y seres humanos que hay una interconexión a algún nivel de todas las cosas del universo. El espacio y el tiempo pueden ser estructuras ondulatorias en estos niveles de sustancia[274]. Henry Bergson se refirió al *élan vital* como una fuerza vital o impulso que excediendo toda descripción física, violaba las leyes de la termodinámica al actuar como una energía estructuradora y creadora. El efecto del *élan vital* era el convertir la energía en estructura disponiendo del caudal de energía existente. Pero se ha debatido el *élan vital* con el principio que la vida se apropia de la energía, pero no añade energía a este depósito[275].

Si bien estas explicaciones tienden a divergir del cuerpo aceptado y reproducible de la ciencia, la presencia de los llamados fenómenos psi ofrece un elevado número de pruebas que parecen desafiar cualquier explicación de principios físicos conocidos. El bioquímico Rupert Sheldrake refiere numerosos experimentos ideados para demostrar casos de la denominada percepción extrasensorial (PES) o de psicocinesis que han dado resultados positivos cuya probabilidad de millones o incluso billones contra uno.

En la medida que estos fenómenos no pueden explicarse en función de las leyes conocidas de la física y de la química, desde un punto de vista mecanicista no deberían ocurrir. Pero si ocurren, Sheldrake sugiere que existen al menos dos planteamientos teóricos. El primero consiste en la suposición que tales fenómenos dependen de leyes físicas por conocer; el segundo, en suponer que dependen de principios conectivos o conectores causales no físicos. Muchas de las hipótesis de este segundo tipo se han tejido en una trama interaccionista, dentro de las cuales caben algunos conceptos como las variables ocultas, o los universos en expansión, cuya elaboración postula que los estados mentales desempeñan un papel en la determinación de las consecuencias de procesos probabilísticos de cambio físico[276] (Cf. Colapso del paquete vector e hipótesis de múltiples mundos).

De acuerdo a la teoría del campo cuántico, este es considerado una entidad física fundamental, un medio continuo que está en todas las partes del espacio, en el que las partículas son simples condensaciones locales del campo que vienen y van, para al fin perderse en el campo subyacente. Fritjof Capra al establecer un paralelismo entre una realidad última como esencia del universo que unifica todos los fenómenos y la estructura denominada campo, cita a Albert Einstein cuando refiere sobre el campo en la relatividad general:

> "Podemos por tanto considerar a la materia como constituida por regiones del espacio en las cuales el campo es extremadamente intenso (...) en este nuevo tipo de física no hay lugar para campo y materia, pues el campo es la única realidad"[277].

El concepto del campo cuántico es la respuesta a la antigua pregunta de si la materia está compuesta de átomos indivisibles o de un continuum básico. El campo es un continuum presente en todas las partes del espacio, que cuando se presenta como partícula tiene una estructura discontinua, de modo que estos dos aspectos en apariencia contradictorios quedan vinculados, pasando a ser parte como aspectos diferentes de la misma realidad, unificados de un modo dinámico, ya que el uno se transforma sin cesar en el otro. Un sutra budista ofrece también la fusión de estos conceptos opuestos:

> La forma es el vacío y el vacío es en verdad la forma. El vacío no es diferente de la forma, la forma no es diferente del vacío. Lo que es forma es vacío, lo que es vacío es forma.[278]

Podría pensarse que el campo cuántico es un frente teórico coherente que permite establecer un paralelismo entre las ideas de la física y del misticismo acerca de una realidad última, sin embargo, no hay tal. La física moderna busca una teoría de la gran unificación, que sea la síntesis de la teoría de la relatividad general -planteada por Einstein en 1915 y las teorías parciales que explican las fuerzas llamadas "débiles", "fuertes" y electromagnéticas. La teoría de gran unificación, -TGU- como la denomina Hawking[279], reuniría en una sola ecuación la mecánica, la física, la biología, e incluso la psicología. La búsqueda de este marco teórico es de la mayor importancia porque sería aplicable a variables como el tiempo y la energía, la gravedad y la estructura a gran escala del universo que posiblemente permitiría explicar también la conciencia.

La naturaleza no es simple en ninguno de sus planos, pero la búsqueda de simplicidad estructural que explique la "divina entraña de la realidad" ha estado asociada a la estructura misma de las partículas fundamentales y a sus interacciones, teniendo en cuenta el rol del observador. Retomemos a Hawking, cuando afirma que si se descubriera una teoría unificada completa, no implicaría que se pudieran predecir acontecimientos en general, porque aún quedaría la tarea de desarrollar mejores métodos de aproximación para hacer predicciones útiles en situaciones de la vida real[280].

Geoffrey Chew fué el iniciador de la teoría de la "tira de la bota" o del "bootstrap"[281] en la cual sugería la posibilidad de incluir explícitamente en las futuras teorías de la materia el estudio de la conciencia humana. Los descubrimientos en la teoría de la matriz-S ha llevado a Chew a tratar explícitamente con la consciencia, que han sido elaborados por David Bohm para unir la "tira de bota" con el concepto de espacio - tiempo y otros conceptos de la mecánica cuántica, para llegar a una teoría congruente de la materia de tipo cuántico-relativista, donde de acuerdo a Fritjof Capra, el punto de partida de Bohm es la idea de una "totalidad irrompible" basándose en la evidencia de las conexiones locales del experimento Einstein-Podolsky-Rosen (EPR) se convierten en la nueva fuente de formulación estadística de las leyes de la física cuántica, donde el denominado por Bohm "entretejido cósmico de relaciones "constituye un nivel más profundo no manifestado, al cual denomina el "orden implícito", donde las interconexiones del conjunto no tienen nada que ver con la localización en el espacio ni el tiempo[282].

El intento de fusión de la relatividad general con la mecánica cuántica conduce a la teoría de las cuerdas heteróticas es el mejor, porque tiene consistencia con una multidimensionalidad mucho mayor a las cuatro planteadas clásicamente. De hecho la teoría del "bootstrap" requiere seis dimensiones, dos más allá que las cuatro del espacio-tiempo. No notamos las dimensiones adicionales a las cuatro clásicas porque al parecer la divergencia de éstas ocurre en un espacio muy pequeño, de dimensiones que podrían estar en el orden de 10^{-36} cm, -aunque de acuerdo a la mecánica cuántica, las fluctuaciones gravitacionales ocurren a una distancia de 10^{-32} cm-[283], de modo que no lo notamos y a consecuencia, desde nuestra perspectiva de conciencia solo hay percatación de una dimensión temporal y tres espaciales, del mismo modo que tampoco somos conscientes de lapsos de 0.000000003335640952 segundos, distancia equivalente a un metro en función de la velocidad de la luz[284]. En la teoría de la relatividad general las distancias se definen en función de tiempos y de la velocidad de la luz, por ser la velocidad de la luz una constante universal.

Al ver objetos en movimiento con luz estroboscópica, dan la impresión que estuvieran ocurriendo en cámara lenta. Podría hipotetizarse que si fuéramos capaces de observar la luz en su progresión metro a metro, seguramente tendríamos otro estado de conciencia, porque el tiempo sería diferente y posiblemente seríamos conscientes de un nivel diferente de conexiones entre todas las cosas. Si fuéramos conscientes en la esfera de los nanosegundos, ¡qué cerca estaríamos del tiempo inconmensurable de la eternidad!

Mientras los microorganismos bacterianos no fueron visibles no se podía sospechar su existencia y no se les tenía en cuenta al momento de diagnosticar una enfermedad ni los médicos tomaban medidas profilácticas cuando atendían a sus pacientes con enfermedad por microorganismos. Hoy en día es inconcebible no realizar los procedimientos para conservar las más estrictas medidas de higiene y el no incluir a las bacterias en el diagnóstico diferencial de algunas enfermedades. Cuando se desarrollan los recursos y la tecnología para evaluar lo que no está al alcance de nuestra percepción ordinaria, podemos llegar a percibir lo inimaginado. Existe una forma sutil de realidad que conjuga al mismo tiempo todas las leyes y los juegos, las teorías y principios, el tiempo y la eternidad. Marco Aurelio, el emperador romano nacido en Itálica (Sevilla) decía que :

"todas las cosas son desde la eternidad de igual aspecto, que se repiten cíclicamente, y que en nada difiere que uno las vea durante cien, doscientos años o un tiempo infinito (...) es el presente sólo del que se va a ser privado, puesto que sólo se tiene éste, y lo que no se tiene no se pierde"[285].

Ya empezamos a darnos cuenta de la obra de arte que implica el descubrir la "divina entraña de la realidad".

La teoría del caos o de la dinámica no linear.

Existe un vasto número de situaciones físicas, desde el clima que inveteradamente reta a los meteorólogos predictores del tiempo, hasta los latidos cardíacos y un enorme etc., donde la más leve incertidumbre en el conocimiento del estado del sistema en un momento dado conlleva una pérdida total de información sobre el estado del sistema después de un instante dado. Los presentes casi idénticos conducen a futuros diferentes, por lo cual tales sistemas son llamados "caóticos". La presencia de los sistemas caóticos es responsable de muchas de las complejidades de la vida como la conocemos, dándose una serie de situaciones en las que no importa cuán adecuadamente se conozcan las reglas que determinan como deben producirse los cambios porque no se puede comprobar con toda precisión el estado presente de las cosas, con lo cual la capacidad de predicción desaparece rápidamente.

Las raíces matemáticas de la teoría del Caos están ancladas en el siglo XIX, ligadas a las observaciones de James C. Maxwell quien reflexionó sobre el problema de reconocer que muchas secuencias de sucesos naturales son extremadamente dependientes en sus condiciones particulares de partida y del matemático francés Henry Poincaré quien observó la conducta impredecible aún en sistemas simples. Poincaré consideraba que:

" cuando una causa muy pequeña que escapa a nuestra atención determina un efecto considerable que no podemos dejar de ver, decimos que el efecto se debe al azar. Si conociéramos las leyes de la naturaleza y la situación del universo en el momento inicial, podríamos predecir exactamente la situación de dicho universo en un instante posterior. Pero aún en el caso que las leyes de la naturaleza no escondan ningún secreto para nosotros, solo podremos conocer la situación inicial aproximadamente (...)"[286].

La única condición de la variabilidad es que las partes interactuaran lo suficiente entre sí para afectar las operaciones que cada una hace. Este tipo de interacción se presenta por ejemplo en las hojas volando arrastradas por el viento, en las gotas de agua que caen de un grifo, en el patrón de descarga de las neuronas, en el ritmo del latido cardíaco. Estos son sistemas llamados no lineales, cuyo comportamiento es el objeto de estudio del caos determinístico. Poincaré encontró que los grupos de ecuaciones lineales no solucionables reflejan a tales sistemas y que son representables geométricamente. Cuando tales sistemas son representados geométricamente las ecuaciones no lineales se transforman en una cifra finita de sistemas.

El estudio de los fenómenos caóticos se ha llevado a cabo mediante una metodología radicalmente diferente de las aplicaciones tradicionales de la matemática al mundo físico. Se mencionó que fenómenos con inicios *casi* idénticos, al ser evaluados por un modelo de ecuación dado, empiezan a mostrar deviaciones del comportamiento predicho. Se había llegado a considerar que los fenómenos lineales, predecibles y simples detectables a partir de inducción eran los que predominaban en la naturaleza porque estamos inclinados a elegirlos para el estudio porque son los más fáciles de entender. Pero el sucesivo conocimiento sobre el comportamiento caótico ha mostrado que este es la regla antes que la excepción, a lo que el cosmólogo John Barrow plantea que debemos dar un giro, porque el mundo nos es inteligible solo en la medida de la gran cantidad de fenómenos simples y lineales en la naturaleza, que pueden ser analizados por partes, porque una totalidad no es más que la suma de sus partes. Pero otra historia es la de los sistemas caóticos, porque requieren un conocimiento del todo para poder entender sus partes, porque la totalidad equivale a más que la suma de sus partes[287].

Los procesos biológicos en general son aceptados como procesos al azar por su extrema complejidad, aun siendo enfocados desde el punto de vista del caos determinista.

La conducta de dinámica no lineal en las células eléctricas como las neuronas y el sistema de conducción cardíaco depende en buena parte de la danza molecular de la vida. En las membranas biológicas el modelo de la dinámica no lineal sugiere que mínimas fluctuaciones en energía puede causar sutiles cambios estructurales que pueden hacer que las proteínas de compuerta oscilen entre el estado abierto - cerrado. Se postula que a nivel neurobiológico los reflejos de la médula espinal, los mecanismos retinianos, los circuitos del hipocampo implicados en la memoria, los movimientos de la pupila, la electrofisiología de los estados de sueño y despertar y los diferentes circuitos de neurotransmisión reflejan fenómenos cuyo comportamiento inducido por el azar se puede relacionar con dinámica no lineal[288].

La teoría del caos ha permitido el desarrollo de una red neural, llamada la red recurrente, en la que hay retroalimentación entre los elementos de entrada y los de salida; a diferencia de las redes estratificadas comentadas previamente (Cf. Aproximaciones a una teoría general del funcionamiento del cerebro) no hay un estado estable y una vez se produce un estímulo, la red lo recicla una y otra vez, pasando de un estado a otro[289].

Gerald Edelman concibe el córtex cerebral como un sistema no linear a partir del cual, aplicando la teoría de la selección natural a la epigénesis de los procesos psicológicos, propone un "darwinismo neural" en el que los diferentes componentes neurales compiten en el córtex cerebral: solamente sobreviven los grupos celulares de mayor relevancia ecológica en los módulos neocorticales[290].

La autorregulación del cerebro

Los progresivos avances de la neurobiología han puesto de relieve que el cerebro es más que un simple mecanismo de transmisión de las excitaciones de los órganos sensoriales a los órganos ejecutores, de hecho, es un órgano de transformación creadora si se permite decirlo, que imprimirá un carácter íntimamente subjetivo, un tinte individual a cada una de estas aferencias sensoriales. Bajo circunstancias normales, las reacciones de los sujetos al ambiente no son automáticas, incluso aquellas que desencadenan actos reflejos sino que siempre tienen la integración de los niveles más altos. Se perfila entonces un sistema cuya complejidad viene dada en su interacción constante consigo mismo, en constante retroalimentación, en el cual las acciones revierten sobre el mismo sujeto que las ejerce. Este tipo de mecanismo de retroalimentación, servorregulación o feed-back, es el denominado cibernético, y su objetivo es la generación de la propia acción, modulando la actividad de cada momento a los fines especificados[291].

Plasticidad cerebral

La facultad del hombre de poder formar sociedades se consolida de acuerdo a convenciones y de una forma "supraorgánica" en el estadío posnatal. Entonces el hombre, en lugar de venir provisto de una amplia gama de instintos que le permitirían pasar un estado solitario en la edad adulta, viene en un estado de plasticidad por la ausencia de desarrollo neurológico: en tal estado, el bebé y posteriormente el niño, es un sujeto educable y socializable. La experiencia y la consciencia que empezará a adquirir, dependerán de los estímulos sociales. Dado que el bebé es totalmente dependiente de sus padres o cuidadores, es en cierta manera vulnerable a las influencias sociales de los adultos, a los patrones que le enseñen cerebros de mayor experiencia, independientemente de la que esta fuere: el resultado será un niño portador de unos valores para una civilización en potencia, que variarán de un conglomerado social a otro, de una familia a otra. El niño es el producto en cierta medida "doméstico" de los seres humanos que lo rodean[292].

De acuerdo a la teoría de la selección neural posnatal, en las primeras semanas se fortalecen características psicológicas específicas y de organización cerebral que tienen un rol activo en la adaptación social cultural en todos los grupos humanos. Sin embargo, la "poda" de conexiones neurales no logra explicar desde un punto de vista anatómico y conductual los cambios en el cuerpo y el cerebro que sean consistentes para toda la escala filogenética[293]. En virtud de la plasticidad cerebral, la naturaleza humana no es automáticamente orgánica, ni instintivamente espontánea; la naturaleza humana es obligatoriamente disciplinada y modelada en un proceso epigenético con el largo aprendizaje de la infancia. La lengua del niño es un aspecto de su asimilación de la cultura y es el principal instrumento de la integración social con el resto de la civilización. En este proceso evolutivo que implica pasar de una perspectiva de dependencia absoluta materna hasta una en que haya conceptualización de los otros, se produce una continua remodelación de los grandes sistemas neurales de representación, demostrada por la continua evolución de las subunidades de los receptores ligados a glutamato, así como del sistema que trabaja con el neurotransmisor inhibitorio GABA[294].

Los estudios de David Hubel y Torsten Wiesel en 1979 y de otros grupos investigativos, han mostrado que el bloqueo de estímulos visuales por la sutura temporal de uno de los ojos cambia la anatomía y función del córtex, dependiendo de la duración del bloqueo sensorial y del tiempo en relación con la maduración del cerebro. La deprivación prolongada puede llevar a ceguera irreversible aún después de eliminar la deprivación, concomitantemente con un aumento de las columnas y del córtex visual del ojo sin deprivación. La neuroplasticidad dependiente de experiencia forma parte de este proceso adaptativo. El antagonismo de receptores de glutamato bloqueará los cambios primarios y compensatorios, lo cual confirma el aforismo en neurobiología que "las células que descargan juntas, sobreviven juntas y se conectan juntas". La fortaleza sináptica durante los estadíos tempranos del desarrollo y durante el "esculpimiento" de la memoria en los adultos depende de un balance en la potenciación y depresión sináptica a largo término. Cuando las entradas sensoriales desde el ambiente no son suficientes no solamente se produce "depresión sináptica" sino retracción neuronal y dendrítica y por último, las neuronas sufren muerte celular programada o apoptosis. Robert M. Post y Sussan R.B. Weiss del Instituto Nacional de Salud en Bethesda, EE.UU.[295], plantean sobre los resultados de deprivación y atrofia en sistemas relacionados con maduración emocional y cognoscitiva, cuando esta ocurre de una forma semejante a la deprivación visual. Los estudios clásicos de Harlow (citados por Post y Weiss) sobre los efectos de una figura materna de alambre o revestida con peluche como madre sustituta en crías de primate mostraron que se requiere más que eso. Estos hallazgos reflejan el resultado del descuido de las figuras parentales en los hogares sustitutos, que desafortunadamente ocurren en nuestro tiempo, como los de los orfanatorios en la Rumania de Ceausescu.

Los estudios de estrés neonatal en ratones mostraron una disminución sostenida de los receptores para hormonas glucocorticoides en el hipocampo, que cuando se prolongó el suficiente tiempo, causó aumento de la muerte de neuronas en este nivel, asociado con déficits, en contraste con la preservación de los receptores y de las neuronas del hipocampo cuando hubo un adecuado manejo neonatal, que también resultó en un mejor desempeño cognoscitivo. Igualmente, en ambientes ricos en estimulación, las ratas mostraron aumento en el número de sinapsis y una continua producción neuronal a partir de células madre, con menor producción de astroglía en las áreas periventriculares, aún en la adultez: la complejidad ambiental es responsable de una mayor neurogénesis (producción de neuronas) y supervivencia neuronal, y una menor producción de astrocitos. Por el contrario, en ambientes con deprivación pocas células madre se diferenciaron a neuronas, hubo mayor retracción sináptica por disminución en factores neurotróficos[296]. Estos estudios muestran una dramática evidencia de los efectos de las experiencias tempranas en las funciones conductuales y cognoscitivas, por el papel de los sustratos neurales actuando en un nivel bioquímico y anatómico. De esta forma, se puede conceptualizar los múltiples mecanismos de impacto bioquímico y microestructural que ejerce la experiencia con el medio ambiente en el sistema nervioso. En otros estudios comparativos, se midió la molécula corticorrelina (factor liberador de corticotrofina o CRF) en el líquido cefalorraquídeo de crías de primate como marcador de estrés cuando las madres no tuvieron disponibilidad suficiente de comida en un patrón impredecible: comparativamente con madres con disponibilidad de comida, las crías de las madres con disponibilidad impredecible de comida mostraron niveles elevados de corticorrelina[297].

Los factores estresantes de una intensidad mayor a la deprivación en el período neonatal se han asociado con déficits perdurables al examinar rasgos de adquisición de memoria a largo plazo. Se ha demostrado que la memoria emocional adquirida en estadíos tempranos mediante la amígdala en la ausencia de un córtex desarrollado es relativamente fija. ¿En qué caso los factores estresantes pueden ser mayores a la deprivación? Lo escalofriante es que en nuestro tiempo existen niños con abuso físico o sexual a repetición, con deprivación asociada y descuido de los padres, que suele ocurrir en este contexto. Tales son las formas del llamado "síndrome del niño maltratado". Si el descuido parental es suficiente para conducir a un desarrollo insuficiente de los sistemas neurales encargados de modular emocional y cognoscitivamente al niño, las memorias y experiencias traumáticas quedarán "rotuladas" en el cerebro, produciendo una doble fuente de trastorno epigenético del desarrollo[298], que se manifestará por desorganización social y aumentará las probabilidades de redundar posteriormente en bajos niveles de cuidados paternales, inestabilidad laboral, abuso y maltrato físico, entre otras manifestaciones.

Se ha encontrado que la adaptación sináptica a largo plazo depende del estado de excitación neuronal previa: tal adaptación se conoce con el término de "metaplasticidad", de acuerdo a Abraham y Bear (citados por Post y Weiss). En la metaplasticidad,

> "El grado o dirección de la plasticidad sináptica inducida por un patrón particular de estimulación, no puede ser predicho a menos que se conozca previamente la historia de estimulación previa del tejido"[299].

Probablemente se conocerán otras formas de metaplasticidad incluyendo la de las llamadas "sinapsis de actividad dependiente de convergencia" implicadas en una combinación de altas funciones corticales. El descubrimiento de sinapsis flexibles por metaplasticidad, en estructuras como el hipocampo, encargado de funciones cognoscitivas y en la amígdala, encargada de funciones emocionales, dejan entrever las implicaciones para áreas de asociación ternaria y cuaternaria, como el córtex prefrontal. La flexibilidad permitiría que la información que ingresa pudiera cambiar su componente inhibitorio o excitatorio en la modalidad de largo plazo con base en la integración del estado actual y los antecedentes históricos, pudiendo llegar a modificar los sistemas estriatales (que codifican la memoria aprendida por hábito o automática, que es la empleada por ejemplo para manejar bibicleta) y los sistemas de memoria límbica temporal (que es la empleada en forma representacional, sujeta a la consciencia: se emplea por ejemplo en aprender series de números) del mismo modo con base en la integración de claves externas e internas.

De esta forma, nos acercamos a otro de los muchos mecanismos que subyacen a la complejidad del cerebro humano al mirarlo desde la óptica de memoria y aprendizaje a largo plazo pero esta vez, sustentando con un transfondo neurobiológico la volición. Las redes sinápticas y su continua re-estructuración a nivel de neurotransmisores y receptores fortalecen los procesos de modelamiento para "potenciación y depresión a largo término", de tal forma que los "territorios" neurales inicialmente implicados en el proceso de epigénesis cerebral y modelamiento de patrones determinados en la "morfogénesis prefuncional" para crecimiento por medio de la interacción social con los padres o figuras parentales, luego son afinados para continuar el desarrollo conceptual e interpersonal por el compromiso con otras figuras de importancia. (Cf. Factor de Motivación Intrínseca).

Dado que las propiedades de determinadas redes neurales surjan por presencia de determinadas personas para que se traduzcan en un sucesivo desarrollo en las escalas de desarrollo conceptual e interpersonal, se puede conceptualizar que la pérdida de un individuo crucial en el ambiente y la reacción de duelo asociada causarán cambios en la red neural de este individuo. La ausencia de un individuo crucial se traduce en cambios de remodelamiento neural, primero de una forma aguda, luego más gradualmente con la resolución del duelo y el reemplazo de tal individuo crucial para el esquema psicológico y psicofisiológico con otros individuos del ambiente. Este tipo de propiedades emergentes de las redes neurales son solamente un estadío en la serie de intentos para descubrir los mecanismos implicados, con lo cual al mirar hacia adelante, la siguiente generación de propiedades emergentes en sistemas autoorganizables será de utilidad para comprender una variedad de complejos problemas neuropsiquiátricos[300].

Los fenómenos Psi

En 1877, la posición oficial de la ciencia de la época condenaba a autoridades médicas militantes en el área de la psicología por su permisividad con lo que consideraban "fraudes espiritualistas" en los cuales estaban implicados pacientes considerados peyorativamente como "cabezas débiles al borde del trastorno". La psicología en ciernes consideraba que los hoy denominados fenómenos psi, eran susceptibles de investigación y estudio, pero el sector "oficial" de la ciencia no los consideraba como tales, y los acusaba de violar los principios de la naturaleza. Esta postura de negación sobre los fenómenos psi se sustentaba en un enfoque epistemológico realista complementado con el fenomenista. En estos enfoques lo real depende de la observabilidad de ciertas entidades[301].

Sin embargo, la evolución subsiguiente de la filosofía que resultó a partir de la fenomenología, hizo que Bertrand Russell ampliara el horizonte de los objetos físicos observables al darle cabida a los "objetos sensibles"[302]. En los objetos sensibles entraban los *sensibilia* captables sensorialmente que podían penetrar en cualquier oportunidad en el campo sensorial de alguien, y los *sensibilia* no captados sensorialmente que entrarían en el campo sensorial de quien se encontrase en el sitio y momento exactos[303].

Los datos sensoriales parecen una cosa privada, que se tiene pero no es posible compartir, lo cual hace difícil su caracterización como conocimiento, ya que el conocimiento es considerado tradicionalmente como algo que ha de ser público. sin embargo, la validación epistemológica de tales datos sensoriales se basa en que las estructuras en las que se basan los datos sensoriales son estructuras comunes a toda la especie, no individuales ni únicas y son lo suficientemente parecidas para poder hablar de un modo común de experiencia sensorial[304].

La mente es un circuito invisible que nos une a todos. Los fenómenos Psi nos espetan fehacientemente que tenemos acceso a una fuente de conocimiento trascendente, a un dominio sin las limitaciones espacio-temporales, donde la naturaleza carece de niveles simples. En la medida que intentamos acercarnos a ellos, los niveles de complejidad aumentan. Los fenómenos tienden a ser inesperados e improbables antes de ser descubiertos. En esta categoría también encajan los fenómenos psi, que implican reconocer la dimensión de lo desconocido en la vida cotidiana. En forma sucesiva ha crecido la argumentación de la existencia de este tipo de fenómenos, que son los que ocurren por citar unos ejemplos, en la telepatía, la psicocinesis, la precognición, la clarividencia y la clariaudiencia[305].

En los días en que hay "tranquilidad geomagnética" los campos de baja frecuencia sufren menos trastornos en las resonancias naturales que se generan entre el suelo y la ionosfera, pudiéndose presentar mayores posibilidades de fenómenos de PES, que curiosamente, causan estímulos espontáneos semejantes a descargas epilépticas en el lóbulo temporal humano.

Y también curiosamente, la mayoría de los casos de PES llevan aparejadas vivencias de intensa crisis y ansiedad. Si se recuerda que el hipocampo es una estructura cuyo papel está relacionado con los sueños y los estados alterados de conciencia, que equivaldría a una especie de "fichero" de la memoria, y que la amígdala está asociada en general con experiencias emocionales, la relación del lóbulo temporal, la amígdala y el hipocampo, permite entender por qué las vivencias asociadas a las diferentes clases de PES se presentan con pautas energéticas que emplean las imágenes almacenadas en la "biblioteca de la memoria"[306].

Ya existen trabajos que demuestran sensores sensibles al magnetismo comunes a muchos seres vivos, entre ellos las palomas mensajeras. La geobiología, una de las ciencias del hábitat que se ocupa de las relaciones entre las energías procedentes de la Tierra y su influencia en los seres vivos que la habitan, informa que la presencia de fuertes radiaciones procedentes del subsuelo puede producir trastornos psíquicos[307].

En estudios preliminares de la glándula pineal en ratas durante estados de tormenta magnética, al ser comparadas con ratas de control, se ha reportado descenso de la actividad de la pineal con la consecuente disminución de la actividad del sistema inmunológico y de la secreción de melatonina[308].

Se ha propuesto que los campos geomagnéticos de baja frecuencia podrían estar asociados de alguna forma con ciertas formas de percepción extrasensorial. Michael Persinger, profesor del departamento de Psicología en Ontario, Canadá, al estudiar bases de datos sobre diversos fenómenos relacionados con percepción extrasensorial (PES), encontró correlación del fenómeno de PES con una baja actividad del magnetismo terrestre. Este autor refiere como los campos geomagnéticos se generan en el compartimento entre el suelo y la ionósfera, y sus longitudes de onda específicas dependen de la circunferencia del globo terráqueo y de las propiedades eléctricas de la ionosfera[309]. La constante actividad solar irradia grandes cantidades de energía en la forma de un viento solar que baña a todos los planetas que giran en torno a él. Las partículas del viento solar que logran eludir la magnetopausa protectora del cinturón de Van Allen se acercan a la Tierra y son atrapadas por el campo magnético terrestre.

Complementariamente a lo anterior, es útil conocer la existencia de un cuarto estado físico de la materia, que constituye el noventa por ciento aproximado de la materia existente en el cosmos, que es el estado de plasma. De modo que los estados sólidos, líquidos y gaseosos representan por así decirlo, casos de excepción. Los soles, el fuego, las auroras boreales, los gases interplanetarios, los cinturones de irradiaciones o magnetopausas que rodean a la Tierra son plasma.

El plasma presenta siempre las mismas propiedades, obedece las mismas leyes naturales tanto bajo la acción de un calor gigantesco de varios millones de grados, como en el frío de los niveles superiores de la atmósferas; tanto si está condensado como enrarecido. Como dato de interés, las radioondas de origen natural se deben a oscilaciones eléctricas en el seno del plasma[310].

Es conocido recientemente como mínimos cambios en la energía solar pueden provocar efectos negativos sobre el planeta y sus organismos: por ejemplo, cuando los vientos solares son muy intensos lo cual ocurre durante los períodos de gran actividad de las manchas solares[311], se producen grandes corrientes que circulan por la ionosfera, generando tormentas magnéticas que alteran el campo electromagnético terrestre y pueden repercutir en alteraciones físicas y psíquicas. Tales alteraciones en el estado de salud son corroboradas por los reportes médicos de mayor cantidad de pacientes con trastornos psiquiátricos del tipo de depresiones e intentos de suicidio y de pacientes con alteraciones cardíacas sugestivas de enfermedad coronaria.

La percepción extrasensorial o PES sugiere una serie de mecanismos perceptuales diferentes a los usuales. Cada persona varía en su umbral sobre los PES. Con base en la evidencia de la percepción extrasensorial, se conoce por ejemplo, que la emoción incrementa el umbral a partir del cual la información es "admitida" por la conciencia. Al evaluar por medio de registro de EEG, se observa actividad en dicho trazado antes de que la persona se "dé cuenta". La capacidad del cerebro de reconocer este tipo de estímulos denominados "subliminales" o "por debajo del umbral", ha hecho surgir la hipótesis de que hay dos sistemas perceptuales en el cerebro, operando cada uno independientemente.

En virtud de uno de estos sistemas de percepción, el cerebro puede recibir información sensorial sin que los datos penetren en la conciencia. Pero en el sistema en que la percepción de la información es consciente, hay activación del sistema reticular activador ascendente del tallo cerebral, el cual es vital para la experiencia consciente. Esta dualidad de la percepción es un mecanismo homeostático, necesario para la supervivencia del hombre, ya que el cerebro al restringir la información que entra al organismo por mecanismos preconscientes en el proceso perceptivo, tiende a seleccionar lo realmente importante para enviarlo al nivel del sistema reticular activador ascendente[312].

Notas de Capítulo 5.

161. 📖 Barrow JD: **Teorías del Todo. Hacia una Explicación fundamental del Universo.** Crítica, Barcelona 1994. pp. 177

162. 📖 Barrow JD: **Teorías del Todo. Hacia una Explicación fundamental del Universo.** Crítica, Barcelona 1994. pp. 178

163. 📖 Sundberg ND, Tyler LE, Taplin JR: **Clinical Psychology: Expanding Horizons.** Second Edition. Prentice Hall, Inc. Englewood cliffs, New Jersey, 1973. pp 97

164. 📖 Moravec H : **El hombre mecánico. El futuro de la robótica y la inteligencia humana.** Salvat Editores. Barcelona, 1993. pp. 48

165. 📖 Fergusson M: **La Conspiración de Acuario.** 4ª Edición. Editorial Kairós, Barcelona, España. 1990. pp. 128, 183

166. 📖 Fergusson M: **La Conspiración de Acuario.** 4ª Edición. Editorial Kairós, Barcelona, España. 1990. pp. 186 y ss.

167. Viene del griego *kibernetes* y traduce timonel.

168. 📖 Moravec H : **El hombre mecánico. El futuro de la robótica y la inteligencia humana.** Salvat Editores. Barcelona, 1993. pp. 70

169. 📖 Churchland PM, Smith-Churchland P: ¿Podría pensar una máquina? En: **Psicología fisiológica. Monografía de Libros de Investigación y Ciencia.** Prensa Científica, Barcelona. 1994. pp. 151,152

170. 📖 Hofstadter DR: **Gödel, Escher, Bach. Un eterno y grácil bucle.** Tusquets Editores, Barcelona, 1998. pp. 75

171. 📖 Hofstadter DR: **Gödel, Escher, Bach. Un eterno y grácil bucle.** Tusquets Editores, Barcelona, 1998. pp. 99

172. 📖 Churchland PM, Smith-Churchland P: ¿Podria pensar una máquina? En: **Psicología fisiológica. Monografía de Libros de Investigación y Ciencia.** Prensa Científica, Barcelona. 1994. pp. 153

173. 📖 Churchland PM, Smith-Churchland P: ¿Podría pensar una máquina? En: **Psicología fisiológica. Monografía de Libros de Investigación y Ciencia.** Prensa Científica, Barcelona. 1994. pp. 147

174. De acuerdo a Hofstadter, la tesis de Church y Turing propone que al suponer que existe un método habitual seguido por un ser consciente. Si se supone igualmente que este método, produce siempre una respuesta dentro de un lapso finito y que siempre dá la misma respuesta con respecto a un número determinado. Luego, existe alguna función recursiva general que proporciona exactamente las mismas respuestas que proporciona el método del ser consciente. En: 📖 Hofstadter DR: **Gödel, Escher, Bach. Un eterno y grácil bucle.** Tusquets Editores, Barcelona, 1998. pp. 624

175. 📖 Barrow JD: **Teorías del Todo. Hacia una Explicación fundamental del Universo.** Crítica, Barcelona 1994. pp. 234

176. 📖 Jastrow, R: **El telar Mágico.** Biblioteca Científica Salvat. Barcelona, 1986. pp. 70

177. En esta ecuación la potencia de la información por transición equivale a la sumatoria de la multiplicación de la información que se comunica en una transición a cada uno de los estados siguientes por la probabilidad de pasar a ese estado, dividida por la sumatoria de las probabilidades de los estados de transición *i*-ésimos multiplicado por los tiempos de transición *i*-ésimos. Cf. La información y el cerebro.

178. 📖 Moravec H : **El hombre mecánico. El futuro de la robótica y la inteligencia humana.** Salvat Editores. Barcelona, 1993. pp. 204

179. 📖 Hofstadter DR: **Gödel, Escher, Bach. Un eterno y grácil bucle.** Tusquets Editores, Barcelona, 1998. pp. 42

180. 📖 Crick FHC: Reflexiones en Torno al Cerebro. En: **El Cerebro Monografía de Libros de Investigación y Ciencia.** 3ª Ed. Edit. Labor, Barcelona. 1983 pp. 227

181. 📖 Crick FHC: Reflexiones en Torno al Cerebro. En: **El Cerebro Monografía de Libros de Investigación y Ciencia.** 3ª Ed. Edit. Labor, Barcelona. 1983 pp. 227-228

182. 📖 Buzan T, Dixon T: **The Evolving Brain.** David & Charles. London. pp. 105

183. 📖 Moravec H : **El hombre mecánico. El futuro de la robótica y la inteligencia humana.** Salvat Editores. Barcelona, 1993. pp. 204

184. 📖 Zeki, S: La imagen visual en la mente y el cerebro. En: **Mente y Cerebro. Monografía de Libros de Investigación y Ciencia.** Edit. Prensa Científica, Barcelona. 1993. pp. 13

185. 📖 Kandel ER, Schwartz JH, Jessell TM: **Essentials of Neural Science and Behavior.** Appleton & Lange. 1995. pp 360

186. 📖 Moravec H : **El hombre mecánico. El futuro de la robótica y la inteligencia humana.** Salvat Editores. Barcelona, 1993. pp. 67

187. 📖 Barrow JD: **Teorías del Todo. Hacia una Explicación fundamental del Universo.** Crítica, Barcelona 1994. pp. 225

188. LASER: sigla inglesa de *Light Amplification by Stimulated Emission Radiation*: Amplificación de la luz por emisión estimulada de radiaciones.

189. The Brain-Mind Bulletin: La nueva perspectiva de la realidad. Capítulo 1. En: 📖 Wilber K, Bohm D, Pribram K, Keen S, Fergusson M, Capra F, Weber R y otros: **El Paradigma Holográfico. Una exploración en las fronteras de la Ciencia.** 3ª Ed. Edit. Kairós, Barcelona. 1992. pp. 13-25

190. Citado en: 📖 Fergusson M: La Realidad cambiante de Karl Pribram. Capítulo 2. En: Wilber K, Bohm D, Pribram K, Keen S, Fergusson M, Capra F, Weber R y otros: **El Paradigma Holográfico. Una exploración en las fronteras de la Ciencia.** 3ª Ed. Edit. Kairós, Barcelona. 1992. pp. 27-41

191. 📖 Wilber K, Bohm D, Pribram K, Keen S, Fergusson M, Capra F, Weber R y otros: **El Paradigma Holográfico. Una exploración en las fronteras de la Ciencia.** 3ª Ed. Edit. Kairós, Barcelona. 1992. pp. 161

192. 📖 Bohm D: El Universo Plegado-Desplegado. Entrevista por Renée Weber. Capítulo 5. En: Wilber K, Bohm D, Pribram K, Keen S, Fergusson M, Capra F, Weber R y otros: **El Paradigma Holográfico. Una exploración en las fronteras de la Ciencia.** 3ª ed. Edit. Kairós, Barcelona. 1992. pp. 65-142

193. 📖 Thomas NJT: Coding Dualism: Conscious Thought Without Cartesianism. Home Page: Imagination, Mental Imagery, Consciousness, Cognition: Science, Philosophy & History.

194. 📖 Wartofsky MW: **Introducción a la filosofía de la ciencia.** 2ª Edición. Editorial Alianza Universidad. Madrid, 1983. pp. 146

195. 📖 Hofstadter DR: **Gödel, Escher, Bach. Un eterno y grácil bucle.** Tusquets Editores, Barcelona, 1998. pp 288

196. 📖 Peyer, R: Gewitterflug (Vuelo tormentoso). Versión española de Antonio Zubiaurre. En: **Eco - Revista de la Cultura de Occidente** 1962; tomo IV 4: pp. 340

197. 📖 Gardner, H: **La nueva ciencia de la mente. Historia de la Revolución Cognitiva.** Reimpresión Paidós, Barcelona, 1996. pp 308

198. 📖 Maturana H, Varela F, Behncke R: **El árbol del conocimiento.** 13 Edición. Editorial Universitaria S.A. Santiago de Chile, 1996. pp 87

199. 📖 Wilber K: **Sexo, Ecología, Espiritualidad. El alma de la evolución. Volumen I** Gaia Ediciones, Madrid 1996. pp. 63, 90

200. 📖 Garzón-Mendoza, R: **Ensayos Críticos de Filosofía Histórica-Política y del Derecho.** Imp. Dptal Valle. Cali, Colombia, 1985. pp. 681-683

201. 📖 Wartofsky MW: **Introducción a la filosofía de la ciencia**. 2ª Edición. Alianza Universidad. Madrid, 1983. pp. 372

202. 📖 Eccles J: Capítulo 8. La cuestión cerebro mente en la evolución. En: **La evolución del cerebro: la creación de la conciencia**. Edit. Labor, Barcelona. 1992 pp.: 163 -183 nota 78

203. 📖 Mucciolo L.. The identity thesis and neuropsychology. **Nous** 1974; 8:327-42.

204. 📖 Capra F: **El Tao de la Física**. Editorial Sirio, Málaga, 1983. pp. 397

205. 📖 Capra F: **El Tao de la Física**. Editorial Sirio, Málaga, 1983. pp. 399

206. 📖 Capra F: **El Tao de la Física**. Editorial Sirio, Málaga, 1983. pp. 408

207. 📖 Capra F: **El Tao de la Física**. Editorial Sirio, Málaga, 1983. pp. 408 - 409

208. 📖 Hawking SW: **La Historia del Tiempo**. Crítica - Grijalbo, Barcelona. 1989 pp. 221

209. 📖 Wilber K, Bohm D, Pribram K, Keen S, Fergusson M, Capra F, Weber R y otros: **El Paradigma Holográfico. Una exploración en las fronteras de la Ciencia**. 3ª Ed. Kairós, Barcelona. 1992. pp. 190

210. 📖 Wilber K, Bohm D, Pribram K, Keen S, Fergusson M, Capra F, Weber R y otros: **El Paradigma Holográfico. Una exploración en las fronteras de la Ciencia**. 3ª Ed. Kairós, Barcelona. 1992. pp. 16

211. 📖 Wilber K: Reflexiones sobre el paradigma de la nueva era. Capítulo 10. En: Wilber K, Bohm D, Pribram K, Keen S, Fergusson M, Capra F, Weber R y otros: **El Paradigma Holográfico. Una exploración en las fronteras de la Ciencia**. 3ª Ed. Kairós, Barcelona. 1992. pp. 289-347

212. 📖 Fergusson M: **La Revolución del Cerebro**. Editorial Héptada. Madrid. 1991 pp. 257

213. 📖 Houston J: **The Posible Human**. Tarcher & Putnam & New York, 1982. pp. 192,193

214. En la mitología hindú el mar primitivo de la materia se llamaba *Prakriti* y este contiene el *Hiranyagarbha*, el huevo de oro del mundo. Este mar primitivo también se ha conocido como *anima mundi*. El oleaje de este mar primitivo tiene la calidad de "madre" de todas las cosas, permaneciendo intangible. En la cosmología hindú de Sankhya los elementos corpóreos o *bhutas* se considera que pertenecen al mundo "objetivo", mientras que en el sujeto perceptor existen las "medidas esenciales" o *tanmatras*. Tanto *tanmatras* como las *bhutas* proceden de *Prakriti* y configuran los polos subjetivo y objetivo del mundo de los fenómenos corporales. A su vez, la cosmología egipcia afirma que Nut, la masa líquida primordial contenía los gérmenes de todos lo seres y en la cosmología griega, Tales de Mileto dijo que el arché, la bas e y el comienzo de todas las cosas es el agua, y que la tierra flota sobre las aguas. La originalidad de Tales radica en que lo que postula como principio no es un inmenso ser divino, sino un principio natural, el agua. Posteriormente, Aristóteles propone un nuevo motivo, por cuanto lo líquido es adecuado especialmente a los seminal "las semillas de todas las cosas tienen naturaleza húmeda". Tomado de 📖 Burckhardt T: **Alquimia**. Plaza y Janés, Barcelona, 1976; García-Gual, C: Los siete sabios (y tres más). Alianza Editorial, Madrid, 1989. Edición de 1995. pp 52

215. 📖 Wilber K, Bohm D, Pribram K, Keen S, Fergusson M, Capra F, Weber R y otros: **El Paradigma Holográfico. Una exploración en las fronteras de la Ciencia**. 3ª Ed. Kairós, Barcelona. 1992. pp. 179, 191

216. En términos de las las leyes de cambio, estas deben poder originar postulados equivalentes que afirman que algo no debe cambiar: esta cantidad invariable es la invariancia. Cada una de las leyes físicas fundamentales de las que se tiene conocimiento, corresponde a alguna invariancia, la cual es equivalente a su vez a una colección de cambios que forma un grupo de simetría. Tomado de: 📖 Barrow JD: **Teorías del Todo. Hacia una Explicación fundamental del Universo**. Crítica, Barcelona 1994. pp. 31

217. 📖 Wartofsky MW: **Introducción a la filosofía de la ciencia**. 2ª Edición. Alianza Universidad. Madrid, 1983. pp. 363, 373

218. 📖 Greenberger DM, Overhauser AW: The role of gravity in quantum theory. **Scientific American** 1980; 242 (5): pp. 62

219. 📖 Capra F: **El Tao de la Física**. Editorial Sirio, Málaga, 1983. pp. 170

220. 📖 Zukav G: **La danza de los maestros del Wu-Li**. 2ª Ed. Plaza y Janés, Barcelona. 1991

221. 📖 Rojas C: **El problema de la causalidad en la epistemología de Mario Bunge**. Tesis doctoral - Pontificia Universidad Javeriana, Facultad de Filosofía y Letras. Bogotá, Junio 1980. pp. II

222. 📖 Zukav G: **La danza de los maestros del Wu-Li**. 2ª Ed. Plaza y Janés, Barcelona. 1991 pp. 195 y ss

223. 📖 Anaximandro 12 B. fr 1 (Tº I pág. 89) Citado en: Rio M: **Estudio sobre la libertad humana. Anthropos y Anagke**. Guillermo Kraft, Buenos Aires, 1955. pp. 62

224. 📖 Zukav G: **La danza de los maestros del Wu-Li**. 2ª Ed. Plaza y Janés, Barcelona. 1991 pp. 198

225. 📖 Trefil JS: **De los átomos a los quarks**. Biblioteca Científica Salvat, Barcelona, 1985. pp. 41

226. En el principio de indeterminación se ofrece una respuesta a la pregunta sobre localización, velocidad, tiempo y energía de una partícula elemental. La vaguedad en la determinación del presente implica necesariamente una limitación a nuestro conocimiento de los estados futuros. Dada la fórmula Δ p. Δ x $\geq$ h siendo h la constante de Planck, la máxima precisión con que se pueden conocer las dos variables (p, x) es tal que el producto de sus indeterminaciones es del orden de magnitud de la constante de Planck. De ahí que la determinación de velocidad y posición solo pueden darse dentro de un marco de probabilidad. La segunda forma del principio de indeterminación excluye una localización exacta en el tiempo, mientras que la tercera forma se refiere a las variables de momento y posición angular. Las órbitas electrónicas son pues, reducidas a probabilidades. Por último, la cuarta forma del principio de indeterminación prohíbe la determinación exacta del momento de inercia y la velocidad angular. Tomado de: 📖 Rojas C: **El problema de la causalidad en la epistemología de Mario Bunge**. Tesis doctoral - Pontificia Universidad Javeriana, Facultad de Filosofía y Letras. Bogotá, Junio 1980. pp. 27, 28

227. La mecánica cuántica, según John von Neumann: 1. Se ocupa de los procesos de preparación y observación que involucran al sujeto y al objeto y obedece a una nueva lógica. No se ocupa de las propiedades del objeto por sí solo. 2. Se ocupa de las propiedades objetivas del objeto en sí, atendiendo a la antigua lógica, pero observa que esas propiedades pasan a actuar de manera ilógica cuando son sometidas a observación.Los quántum (plural: *quanta*) que significan "cantidad de algo" son las partículas subatómicas, las cuales no "existen" sino que "tienen tendencia a existir" o "una tendencia a ocurrir". La fuerza de estas tendencias es expresada en términos probabilísticos.

228. 📖 Capra F: **El Tao de la Física**. Sirio, Málaga. 1983. pp 93

229. Planck sugirió con base en sus hallazgos experimentales que la luz exhibía propiedades de partícula, con base en la evidencia de sus estudios sobre la radiación emitida por objetos calientes, que llamó la radiación del "cuerpo negro", demostró que la radiación electromagnética es absorbida o emitida por un objeto solamente en paquetes discretos de energía. Para la

radiación de una frecuencia determinada f, este paquete o quanto de energía viene definido por la fórmula:

$$a. \; E = hf$$

En donde h = 6.63 x 10 $^{-34}$ Julios/ segundo, la cual es una constante universal o constante de Planck. La energía en cada cuanto de luz de un color en particular es la frecuencia de la luz multiplicada por la constante de Planck. Cuando un cuerpo negro se calienta, el primer color que brilla es el rojo, porque los paquetes de energía de la luz roja son los paquetes de energía más pequeños en el espectro de la luz visible. A medida que el calor aumenta se dispone de mayor energía y se pueden utilizar mayores paquetes de ella. Los mayores paquetes de energía forman colores de más alta frecuencia como el azul y el violeta. En 1905 Einstein hizo dar a la idea del cuanto de luz un paso más al proponer que la misma luz está compuesta de unidades corpusculares llamadas fotones. Un fotón se desplaza a la velocidad de la luz y su energía está relacionada con la frecuencia de la radiación. En: 📖 Cromer AH: **Física para las ciencias de la vida.** Editorial Reverté, Barcelona, 1978. pp. 447

230. 📖 Zukav G: **La danza de los maestros del Wu-Li.** 2ª Ed. Plaza y Janés, Barcelona. 1991 pp. 67

231. En 1972 se pudieron realizar los cálculos que solucionaban el problema de la síntesis de la relatividad general con el principio de la mecánica cuántica. Esta solución se denominó "supergravedad", y se consideró la mejor solución para unificar la gravedad con las otras fuerzas, que en 1984 cedió el lugar a la "teoría de las cuerdas" en la que las partículas son descritas como ondas viajando por una cuerda. Según esta, la emisión o absorción de una partícula por otra corresponde a la división o reunión de cuerdas. Pero la teoría de la división de cuerdas es consistente si el espacio-tiempo tiene entre 10 y 26 dimensiones, en vez de las cuatro usuales. Tomado de 📖 Hawking SW: **La Historia del Tiempo.** Crítica - Grijalbo, Barcelona. 1989 pp. 202, 204 y ss

232. Si se define la esencia como el aspecto más importante y significativo, el esencialismo o capatación intuitiva de la esencia, hace referencia a que los que captamos o percibimos es la propia esencia. la explicación de la esencia permite responder al tipo de preguntas "¿qué es?" y formular la respuesta en forma de una definición de la esencia. Al tratar sobre las visiones de la ciencia y la explicación científica, existen dos clases de respuesta: la explicación conjetural, que implica hacer algunas suposiciones y esperar a ver que se sigue, y el método de explicación esencialista que ofrece explicaciones infalibles, en contraposición a las explicaciones tentativas del enfoque conjetural. En: 📖 Popper KR, Eccles J: **El Yo y su cerebro.** 1ª Ed, 2ª Reimpresión, Editorial Labor Barcelona, 1985. pp. 193

233. Boscovich RJ, citado en : 📖 Popper KR, Eccles J: **El Yo y su cerebro.** 1ª Ed, 2ª Reimpresión, Editorial Labor Barcelona, 1985. pp. 215

234. 📖 Hawking SW: **La Historia del Tiempo.** Crítica - Grijalbo, Barcelona. 1989 pp. 223-224

235. 📖 Wilber K, Bohm D, Pribram K, Keen S, Fergusson M, Capra F, Weber R y otros: **El Paradigma Holográfico. Una exploración en las fronteras de la Ciencia.** 3ª Edición. Kairós, Barcelona. 1992. pp. 194

236. 📖 Zukav G: **La danza de los maestros del Wu-Li.** 2ª Ed. Edit. Plaza y Janés, Barcelona. 1991. pp. 58

237. 📖 Wilber K, Bohm D, Pribram K, Keen S, Fergusson M, Capra F, Weber R y otros: **El Paradigma Holográfico. Una exploración en las fronteras de la Ciencia.** 3ª Edición. Kairós, Barcelona. 1992. pp. 196

238. 📖 Wilber K, Bohm D, Pribram K, Keen S, Fergusson M, Capra F, Weber R y otros: **El Paradigma Holográfico. Una exploración en las fronteras de la Ciencia.** 3ª Edición. Kairós, Barcelona. 1992. pp. 195

239. 📖 Capra F: **El Tao de la Física.** Editorial Sirio, Málaga, 1983. pp. 399

240. 📖 Trefil JS: **De los átomos a los quarks.** Biblioteca Científica Salvat, Barcelona, 1985. pp. 202

241. 📖 Moravec H : **El hombre mecánico. El futuro de la robótica y la inteligencia humana.** Salvat Editores. Barcelona, 1993. pp. 220

242. 📖 Wilber K, Bohm D, Pribram K, Keen S, Fergusson M, Capra F, Weber R y otros: **El Paradigma Holográfico. Una exploración en las fronteras de la Ciencia.** 3ª Edición. Kairós, Barcelona. 1992. pp. 193

243. 📖 Fergusson M: **La Conspiración de Acuario.** 4ª Edición. Kairós, Barcelona, España. 1990. pp. 193

244. 📖 Popper KR, Eccles J: **El Yo y su cerebro.** 1ª Ed, 2ª Reimpresión, Editorial Labor Barcelona, 1985. pp. 215, 216

245. 📖 Zukav G: **La danza de los maestros del Wu-Li.** 2ª Ed. Plaza y Janés, Barcelona. 1991. pp. 48

246. 📖 Zukav G: **La danza de los maestros del Wu-Li.** 2ª Ed. Plaza y Janés, Barcelona. 1991 pp. 202

247. 📖 Garzón-Mendoza, R: **Ensayos Críticos de Filosofía Histórica-Política y del Derecho.** Imp. Dptal Valle. Cali, Colombia, 1985. pp. 256

248. 📖 Fergusson M: **La Revolución del Cerebro.** Editorial Héptada. Madrid. 1991 pp. 166

249. 📖 Trefil JS: **De los átomos a los quarks.** Biblioteca Científica Salvat, Barcelona, 1985. pp. 205

250. Como ha sido establecido en la teoría especial de la relatividad, al combinar masa y energía en masa-energía, combinando la ley de la conservación de la materia y la ley de la conservación de la energía para formar la ley de conservación de masa-energía. Esta ley dice que las cantidad de masa-energía en el universo siempre fué y sempre será la misma. La masa podrá convertirse en energía y viceversa, pero la cantidad total de masa-energía en el universo no cambiará.

251. 📖 Rojas C: **El problema de la causalidad en la epistemología de Mario Bunge.** Tesis doctoral - Pontificia Universidad Javeriana, Facultad de Filosofia y Letras. Bogotá, Junio 1980. pp. 134, 157, 159

252. 📖 Weisskopf VF: Letter to article "The quantum theory and reality". **Scientific American** 1980; 242 (5): pp. 8

253. 📖 Barrow JD: **Teorías del Todo. Hacia una Explicación fundamental del Universo.** Crítica, Barcelona 1994. pp. 51

254. 📖 d'Espagnat B: Response to letter. **Scientific American** 1980; 242 (5): pp. 9

255. 📖 Wilber K, Bohm D, Pribram K, Keen S, Fergusson M, Capra F, Weber R y otros: **El Paradigma Holográfico. Una exploración en las fronteras de la Ciencia.** 3ª Edición. Kairós, Barcelona. 1992. pp. 185

256. 📖 Wilber K, Bohm D, Pribram K, Keen S, Fergusson M, Capra F, Weber R y otros: **El Paradigma Holográfico. Una exploración en las fronteras de la Ciencia.** 3ª Ed. Kairós, Barcelona. 1992. pp. 163

257. 📖 Wilber K, Bohm D, Pribram K, Keen S, Fergusson M, Capra F, Weber R y otros: **El Paradigma Holográfico. Una exploración en las fronteras de la Ciencia.** 3ª Edición. Kairós, Barcelona. 1992. pp. 183

258. 📖 Sheldrake R: **Una nueva ciencia de la vida. La hipótesis de la causación formativa.** Kairós. Barcelona, 1990. pp 59

259. 📖 Wilber K, Bohm D, Pribram K, Keen S, Fergusson M, Capra F, Weber R y otros: **El Paradigma Holográfico. Una exploración en las fronteras de la Ciencia.** 3ª Edición. Kairós, Barcelona. 1992. pp. 163-164

260. 📖 Sheldrake R: **Una nueva ciencia de la vida. La hipótesis de la causación formativa.** Kairós. Barcelona, 1990. pp 59

261. 📖 Wilber K, Bohm D, Pribram K, Keen S, Fergusson M, Capra F, Weber R y otros: **El Paradigma Holográfico. Una exploración en las fronteras de la Ciencia.** 3ª Edición. Kairós, Barcelona. 1992. pp. 251

262. 📖 Wilber K, Bohm D, Pribram K, Keen S, Fergusson M, Capra F, Weber R y otros: **El Paradigma Holográfico. Una exploración en las fronteras de la Ciencia**. 3ª Edición. Kairós, Barcelona. 1992. pp. 184

263. 📖 Wilber K: **Sexo, Ecología, Espiritualidad. El alma de la evolución. Volumen I** Gaia Ediciones, Madrid 1996. pp. 322

264. 📖 Wilber K: **Sexo, Ecología, Espiritualidad. El alma de la evolución. Volumen I** Gaia Ediciones, Madrid 1996. pp. 311

265. 📖 D.T. Suzuki: The Essence of Buddhism, citado en: Capra F: **El Tao de la Física**. Editorial Sirio, Málaga, 1983. pp. 245

266. 📖 Wilber K, Bohm D, Pribram K, Keen S, Fergusson M, Capra F, Weber R y otros: **El Paradigma Holográfico. Una exploración en las fronteras de la Ciencia**. 3ª Edición. Kairós, Barcelona. 1992. pp. 252

267. 📖 Walsh RN: La posible aparición de paralelos interdisciplinarios. En: Walsh R, Vaughan F: **Más allá del Ego: Textos de Psicología transpersonal**. 5ª Ed. Kairós, Barcelona, 1991. pp. 345 - 355

268. Como lo describeGary Zukav , la descripción de una experiencia no es la experiencia en sí, sino tan sólo una charla sobre ella.

269. 📖 Barrow JD: **Teorías del Todo. Hacia una Explicación fundamental del Universo**. Crítica, Barcelona 1994. pp 46 - 50

270. 📖 Barrow JD: **Teorías del Todo. Hacia una Explicación fundamental del Universo**. Crítica, Barcelona 1994. pp 51

271. 📖 Pauwels L, Bergier JJ: **El retorno de los brujos**. Plaza y Janés Editores, Barcelona 1975. pp. 452-454

272. Este fenómeno está en contradicción con la Segunda ley de la termodinámica. Esta ley resulta del hecho que hay siempre muchos más estados desordenados que ordenados. Para un sistema dado, a medida que el tiempo pasa al sistema evolucionará de acuerdo con las leyes de la ciencia y su estado original cambiará. En la medida del paso del tiempo es más probable que el sistema esté en un estado desordenado, más si el sistema estaba sujeto a un sistema inicial de orden elevado.

273. 📖 Fergusson M: **La Revolución del Cerebro**. Editorial Héptada. Madrid. 1991. pp. 363 - 364

274. 📖 Wartofsky MW: **Introducción a la filosofía de la ciencia**. 2ª Edición. Editorial Alianza Universidad. Madrid, 1983. pp. 458-459

275. 📖 Sheldrake R: **Una nueva ciencia de la vida. La hipótesis de la causación formativa**. Kairós. Barcelona, 1990. pp 39

276. 📖 Capra F: **El Tao de la Física**. Editorial Sirio, Málaga, 1983. pp. 272

277. 📖 Capra F: **El Tao de la Física**. Editorial Sirio, Málaga, 1983. pp. 277

278. En 1972 se pudieron realizar los cálculos que solucionaban el problema de la síntesis de la relatividad general con el principio de la mecánica cuántica. Esta solución se denominó "supergravedad", y se consideró la mejor solución para unificar la gravedad con las otras fuerzas, que en 1984 cedió el lugar a la "teoría de las cuerdas" en la que las partículas son descritas como ondas viajando por una cuerda. Según esta, la emisión o absorción de una partícula por otra corresponde a la división o reunión de cuerdas. Pero la teoría de la división de cuerdas es consistente si el espacio-tiempo tiene entre 10 y 26 dimensiones, en vez de las cuatro usuales. Tomado de Hawking SW: **La Historia del Tiempo**. Crítica - Grijalbo, Barcelona. 1989 pp. 202, 204 y ss

279. 📖 Hawking SW: **La Historia del Tiempo**. Crítica - Grijalbo, Barcelona. 1989 pp. 217-218

280. La teoría del bootstrap es una teoría de partículas elementales en la que la consistencia lógica y un orden como concepto nuevo y central son requisitos esenciales.

281. 📖 Capra F: **El Tao de la Física**. Editorial Sirio, Málaga, 1983. pp. 406-407

282. 📖 Greenberger DM, Overhauser AW: The role of gravity in quantum theory. **Scientific American** 1980; 242 (5): pp. 62

283. En la teoría de la relatividad las distancias se definen en función de tiempos y de la velocidad de la luz, porque la velocidad de la luz es una constante universal.

284. 📖 Marco Aurelio: **Meditaciones (Selección)** Alianza Editorial, Madrid, 1996. pp. 9 - 10

285. 📖 Barrow JD: **Teorías del Todo. Hacia una Explicación fundamental del Universo**. Crítica, Barcelona 1994. pp. 55

286. 📖 Barrow JD: **Teorías del Todo. Hacia una Explicación fundamental del Universo**. Crítica, Barcelona 1994. pp. 145

287. 📖 Amato I: The head and heart of chaos theory**. Helix - Amgen's Magazin of Biotechnology** 1993; 2(3): 10-17

288. 📖 Kandel ER, Schwartz JH, Jessell TM: **Essentials of Neural Science and Behavior**. Appleton & Lange. 1995. pp 360

289. 📖 Aitken KJ, Trevarthen C: Self-other organization in human psychological development. **Development and Psychopathology** 1997; 9: pp 658

290. 📖 Pinillos JL: **La mente humana**. Salvat Eds, Navarra 1970. pp. 74 y ss

291. 📖 LaBarre W: **L'animal humain**. Editorial Payot, Paris. 1956. pp. 245

292. 📖 Aitken KJ, Trevarthen C: Self-other organization in human psychological development. **Development and Psychopathology** 1997; 9: pp 658

293. Sigla correspondiente al ácido gama-amino butírico

294. 📖 Post RM, Weiss SRB: Emergent properties of neural systems: how focal molecular neurobiological alterations can affect behavior. **Development and Psychopathology** 1997; 9: 907-929

295. De acuerdo a Zhang y colaboradores, citados por Post y Weiss, un día de deprivación maternal en ratones es suficiente para disminuir las concentraciones del péptido llamado "factor neurotrófico derivado del cerebro - *Brain Derived Neurotrofic Factor*" y para elevar marcadores de muerte celular programada.

296. 📖 Post RM, Weiss SRB: Emergent properties of neural systems: how focal molecular neurobiological alterations can affect behavior. **Development and Psychopathology** 1997; 9: 913, 914

297. 📖 Post RM, Weiss SRB: Emergent properties of neural systems: how focal molecular neurobiological alterations can affect behavior. **Development and Psychopathology** 1997; 9: 914

298. 📖 Post RM, Weiss SRB: Emergent properties of neural systems: how focal molecular neurobiological alterations can affect behavior. **Development and Psychopathology** 1997; 9: 923

299. 📖 Post RM, Weiss SRB: Emergent properties of neural systems: how focal molecular neurobiological alterations can affect behavior. **Development and Psychopathology** 1997; 9: 923, 925 - 926

300. 📖 Wartofsky MW: **Introducción a la filosofía de la ciencia**. 2ª Edición. Editorial Alianza Universidad. Madrid, 1983. pp. 145

301. Los claros y sencillos hechos de la observación le dan razón al hecho que lo que observamos es en gran medida función de la intención y del entorno y depende en gran medida de la actitud mental, del tono emocional en que nos encontremos en ese momento. Partiendo de la observación se puede llegar a unos cimientos firmes, una especie de nivel cero de las observaciones donde la experiencia sensorial se encuentra desnuda, libre de todo

juicio. Este enfoque epistemológico está vinculado a la formulación empírica "que nada hay en el entendimiento que antes no haya pasado por los entidos" Wartofsky MW: **Introducción a la filosofía de la ciencia**. 2ª Edición. Editorial Alianza Universidad. Madrid, 1983. pp. 136-137

302. 📖 Wartofsky MW: **Introducción a la filosofía de la ciencia**. 2ª Edición. Editorial Alianza Universidad. Madrid, 1983. pp. 364

303. 📖 Wartofsky MW: **Introducción a la filosofía de la ciencia**. 2ª Edición. Editorial Alianza Universidad. Madrid, 1983. pp. 138-139

304. 📖 Fergusson M: **La Conspiración de Acuario**. 4ª Edición. Editorial Kairós, Barcelona, España. 1990. pp. 195

305. 📖 Devereux P, Steele J, Kubrin D: **Gaia, la Tierra Inteligente**. Impreso por Lerner, con permiso de Editorial Martínez Roca, 1991. pp. 97

306. 📖 Bueno M: **El gran libro de la casa sana**. Martínez-Roca, 1994. pp. 14

307. 📖 Bueno M: **El gran libro de la casa sana**. Martínez-Roca, 1994. pp. 72

308. Entre la ionósfera y la superficie terrestre hay un gradiente de tensión estática de aproximadamente 300.000 voltios, lo cual equivale a una diferencia de aproximadamente 200 - 400 voltios entre la cabeza y los pies de una persona. Este campo electrostático tiene variaciones o armónicos denominadas ondas Schumann que son las resultantes de las diferentes frecuencias de vibración electromagnética por la interacción terrestre y cósmica, formando así parte del medio ambiente. Muchos fenómenos biológicos dependen de las ondas Schuman a manera de un marcapaso. Tomado de: 📖 Bueno M: **El gran libro de la casa sana**. Martínez-Roca, 1994. pp. 56 - 57

309. 📖 Pauwels L, Bergier JJ: **El planeta de las posibilidades imposibles**. Plaza y Janés Editores, Barcelona 1972. pp. 115

310. Las manchas solares se producen por fuertes explosiones de gases en la corteza solar, tienden a aparecer en regiones del Sol donde su campo magnético es muy fuerte. Estas manchas son cíclicas, con períodos de gran intensidad cada once años, con lapsos de mayor intensidad de dos a tres años, en que las manchas son más intensas y de mayor tamaño que lo habitual. Tomado de: 📖 Bueno M: **El gran libro de la casa sana**. Martínez-Roca, 1994. pp. 68-71

311. 📖 Fergusson M: **La Revolución del Cerebro**. Editorial Héptada. Madrid. 1991. pp. 366

Capítulo 6. Las emociones y el cerebro

Cuando (el buque) hubo desaparecido completamente, Parker se volvió de repente a mí con tal expresión en el semblante que me hizo estremecer. (...) En breves palabras me propuso que uno de nosotros fuera sacrificado para salvar la existencia de los demás (...) Me recobré a tiempo para ver el desenlace de la tragedia y asistir a la muerte del que, como autor de la proposición, era, por así decirlo, su propio asesino. El desdichado no hizo ninguna resistencia, y herido en la espalda por Peters, cayó muerto del golpe"
Edgar Allan Poe - Las aventuras de Arthur Gordon Pym

"La virtud, aún cortejada por la lujuria en forma celestial seguirá inquebrantable; la lascivia aunque enlazada a un ángel esplendente, sentirá hartazgo en el celeste tálamo e irá voraz a hozar en la basura"
William Shakespeare - Hamlet: Acto I, Escena V.

Cicerón (106-43 a.D.C) puede considerarse el autor de la primera descripción detallada de las pasiones, en las que describió cuatro pasiones o perturbaciones principales como el deseo, el miedo, la alegría y la tristeza, pasiones que podían ser moderadas por la razón y en la que la más fuerte era la libido, "deseo violento". Por su parte, Areteo de Capadocia es considerado el "Hipócrates de la psiquiatría", por su presentación gnoseológica de los trastornos afectivos de la manía y la melancolía. En la búsqueda de experiencias extremas, vívidas e intensas, el conocido psicólogo Abraham Maslow encontró que la mayoría de las personas han pasado por períodos expandidos de la conciencia, pero la mayoría de las personas se olvidan de ellos. Los detonantes más comunes de estos episodios son la música, la belleza inesperada, las emociones fuertes, un estado de exaltación después de un logro difícil. En concordancia con estos conceptos, la emoción actualmente se define "como cualquier sentimiento fuerte, ya sea ira, miedo, excitación, amor u odio, asociado con ciertos tipos de cambios corporales, principalmente viscerales y bajo el control del sistema nervioso autónomo, que usualmente impulsan a una acción o a un determinado tipo de conducta"[313]. Si una emoción es intensa (quien no ha tenido la vivencia de una emoción intensa, como su primer beso de enamorado, su graduación, el nacimiento de un hijo, por citar algunos), puede causar un disturbio de las funciones intelectuales, es decir, la intensidad de la emoción es una medida de la desorganización de la secuencia normal de ideas y una tendencia a una conducta más automática de carácter repetitivo y estereotipado, sin modulación.

Los investigadores del cerebro han apuntado sus luces entre otros, al sistema límbico la parte desconocida del cerebro que probablemente tenga mucho que ver con los estados alterados de conciencia; pero, ¿qué es el sistema límbico? En latín, *limbus* significa borde o margen. El término fué originalmente introducido por Broca, para denominar al anillo de materia gris formado por los giros cingular y parahipocámpico, que envuelven al cuerpo calloso y el tallo cerebral subyacente. A la luz de la neuroanatomía actual, el sistema límbico comprende varias estructuras inmediatamente por debajo de la corteza cerebral, además de los giros mencionados, la formación hipocámpica, el giro subcalloso y el área paraolfatoria. La formación hipocámpica comprende el hipocampo, el giro dentado y el subículum, siendo de particular importancia en el aprendizaje, al procesar datos de la memoria a corto y a largo plazo.

El principal componente de la formación hipocámpica es una banda neuronas piramidales que comprende un segmento llamado el sector de Sommer o CA1 (CA es la abreviatura para *Cornu ammonis*, Asta de Amon). El hipotálamo o "cerebro visceral", es el encargado de regular hambre, sed, impulso sexual y placer. La proximidad del lóbulo temporal le hace a veces ser considerado parte del sistema límbico[314]. La conexiones de la corteza límbica con el nivel neocortical en la corteza orbitofrontal, con el hipotálamo y el tallo cerebral, están representadas por el llamado haz medial del cerebro anterior, que conecta la corteza orbitaria frontomedial, los núcleos septales, la amígdala y el hipocampo, algunos núcleos en el tallo cerebral, todas estas conexiones son las responsables con su plasticidad, de los variados matices de la conducta emocional y su vinculación con la memoria.

Hay otras conexiones que complementan la circuitería del sistema límbico, estas comprenden el circuito de Papez, que va desde el hipocampo, vía fórnix a los cuerpos mamilares y las regiones septales y preópticas. A su vez, el haz mamilotalámico de Vicq D'Azyr conecta el cuerpo mamilar con los núcleos anteriores del tálamo, el cual al proyectarse al cíngulo conecta con el hipocampo. Papez atribuyó a todos estos circuitos la elaboración y la participación de las emociones a nivel central así como su expresión emocional.

La posición intermedia de las estructuras límbicas las capacita para ser intermediarias de los efectos neocorticales del hipotálamo y de aquellos recibidos desde el mesencéfalo. La estimulación de la región límbica en seres humanos hace que digan que "se sienten divididos" o que son "testigos de sí mismos"; experimentalmente también se ha encontrado que la estimulación también producía "alteraciones intelectuales, despersonalización, sentido de irrealidad, estado de trance, distorsión de la posición del cuerpo"[315].

La evaluación del papel penetrante de los sentimientos nos ofrece una oportunidad de aumentar sus efectos positivos y de reducir su peligro potencial. No somos observadores imparciales, solemos influir en lo que observamos, traemos a la existencia determinadas cualidades de las cosas porque elegimos medirlas.

Depositamos cierto interés emocional en los resultados, por un inconsciente deseo de hacer del mundo un lugar más interesante, y por encontrar algo que llegue hasta las raíces de la psique humana. Roger Boscovich, el genial serbio del siglo XVIII reconoció la inevitabilidad de las influencias perturbadoras en la realidad, cuando refiere que para obtener un conocimiento completo:

> "(...) no podemos aspirar a ello, no ya porque nuestro intelecto humano no alcance a realizar la tarea, sino porque no conocemos el número, ni la posición o el movimiento de cada uno de estos puntos (...) y hay otra razón, a saber, que los movimientos libres producidos por sustancias espirituales afectan a estas curvas (...)"[316].

Los filósofos suelen discutir sobre cómo es la naturaleza humana, pero la ciencia neural cognoscitiva ofrece su propia respuesta en la que el cerebro y el comportamiento humano son de una plasticidad increíble: por ejemplo, las personas dedicadas a la obtención y el procesamiento del conocimiento, por ejemplo, los científicos, son susceptibles a pesar de su objetividad, de abandonar temporalmente su agenda de trabajo del método científico; no obstante el hecho que los ideales del método científico se hayan manifestado a lo largo de la historia como tremendamente eficaces en la determinación de cómo funciona el mundo, es imprescindible recurrir a una mezcla de corazonada, intuición, brillante creatividad e incansable persistencia. Dicho en otros términos, la naturaleza humana abarca una adecuada mezcla entre las tendencias emocionales y el dialéctico raciocinio de la investigación.

En la forma reconocida con mayor frecuencia, la emoción humana se desencadena por un estímulo real o imaginario, cuya percepción implica reconocimiento, memoria de referencia y asociaciones específicas. El estado emocional que se engendra se refleja en una experiencia psíquica que puede tomar la forma de un afecto, un sentimiento que es índole subjetiva y se conoce por otros solamente por las expresiones verbales con que se refiere, o por las reacciones conductuales que el sujeto exhiba.

Teoría de la emoción: relaciones entre estados fisiológicos y cognoscitivos.

Los humanos tenemos una carga genética que nos condiciona para sentirnos miedosos u hostiles, para ponernos a la defensiva o buscar la pareja. La teoría de la emoción de James-Lange (propuesta por el filósofo americano William James y el psicólogo danés Karl Lange) -con posteriores modificaciones por Schachter y Damasio-, tuvo una vigencia casi secular, se manifestaba en la célebre pregunta de ¿Huyes porque tienes miedo o tienes miedo porque huyes?; propusieron que "la experiencia consciente que llamamos emoción ocurre después que la corteza recibe señales sobre cambios en el estado fisiológico". En 1883, Dufour aseguró que la disposición del sistema visceral transmitía al cerebro la excitación que había recibido, mientras que en 1884 William James afirmaba lo contrario, "que los cambios corporales se derivan de la percepción de un hecho excitante y la vivencia de tales cambio mientras ocurren, es la emoción".

De acuerdo a este enfoque, las emociones son respuestas cognoscitivas a información procedente del exterior y son experimentadas de una manera similar a la forma en que se percibe el pensamiento. La controversia duró aproximadamente 20 años y llegó a ser un reflejo de la contienda entre el materialismo y el dualismo. Hacia 1920, Walter Cannon en su rol como principal fisiólogo de Harvard contradijo a William James con la noticia del hallazgo de un centro cerebral responsable de la emoción, el tálamo. Cannon y su colaborador Philip Bard, formularon posteriormente una teoría de las emociones en la cual las estructuras subcorticales eran piezas claves en éstas. A medida que su investigación evolucionó, llegaron a proponer que el hipotálamo, junto con el tálamo proveían las órdenes motoras que regulaban las manifestaciones periféricas de la emoción y emitían información requerida a la corteza, para la percepción cognoscitiva de las emociones. Adicionalmente, Cannon introdujo en 1929 el término de homeóstasis en la biología conductual, encontrando junto con Bard que los mecanismos neuronales para el mantenimiento de la homeóstasis estaban localizados en el hipotálamo y en sus dos sistemas efectores a saber, el sistema autonómico y el endocrino.

Aunque el hipotálamo es menos del 1% del volumen del cerebro humano, contiene los circuitos neuronales que regulan funciones vitales que varían con los estados emocionales, como temperatura, pulso, presión sanguínea, ingesta de comida y agua. Desde la época de Cannon y Bard y su propuesta del rol de las estructuras subcorticales como el tálamo y el hipotálamo como estructuras con un importante rol en las emociones, se ha evolucionado hasta el sugestivo y revolucionario concepto introducido por Peter Salovey, de la universidad de Yale, sobre la inteligencia emocional. No hay que dejar de lado la contribución de Stanley Schachter, quien en 1960 realizó una elaboración de la teoría de James-Lange, enfatizando que la corteza construye la emoción a partir de señales ambiguas que recibe del ambiente exterior, así como la de Antonio Damasio y Hanna Damasio con sus estudios en pacientes con daño en la amígdala o en la corteza prefrontal. Schachter propuso un rol activo de la corteza cerebral en la transformación de las señales periféricas, sugiriendo que se creaba una respuesta cognoscitiva a la información periférica consistente con las expectativas individuales y el contexto social.

Dado que cualquier teoría de la emoción debe poder explicar la relación entre los estados cognoscitivos y fisiológicos, en la medida de descubrir nuevas relaciones en el continuo mente-cerebro-cuerpo hay una buena aproximación con la teoría de James-Lange-Schachter-Damasio. Esta teoría denominada por el neurólogo Antonio Damasio "del marcador somático", propone que la experiencia de la emoción es esencialmente una historia que el cerebro "fragua" para explicar las reacciones corporales y conserva concordancia con una teoría de la emoción que incluya los sistemas nervioso autónomo y endocrino. La participación del sistema nervioso autónomo en los cambios emocionales se manifiesta por sudoración, sequedad de la boca, rapidez en respiraciones y latidos, tensiones musculares. Dado que el sistema nervioso autónomo es autorregulado, con respuestas en su mayoría de tipo reflejo, acondicionado para adaptar al organismo a condiciones restaurativas o de emergencia, opera conjuntamente con el sistema motor voluntario para mantener un ambiente interno estable, así como una conducta regulada ante condiciones cambiantes. Los hallazgos de Kutas y Federmeier de la universidad de La Jolla en California confirman que interactuamos en una medida que no imaginábamos con el mundo circundante, por evidencia obtenida a partir de técnicas psicofisiológicas como electroencefalografía, potenciales evocados, tomografía de emisión de positrones, magnetoencefalografía, rastreo ocular, pupilometría, mediciones cardiovasculares y actividad electrodérmica, con hallazgos de variaciones no solamente en los patrones espacio temporales, sino en función de los procesos fisiológicos y psicológicos a los cuales son sensibles estos métodos[317].

El tono del sistema nervioso autónomo está influenciado por diferentes regiones del cerebro, como la corteza, la amígdala y algunas partes de la sustancia reticular. La mayoría de estas regiones produce sus acciones en el sistema nervioso autónomo a través del hipotálamo, el cual integra toda esta información en una respuesta coherente. El hipotálamo actúa en el sistema nervioso autónomo modulando los circuitos de respuesta a los reflejos viscerales, y modula el sistema endocrino (también se conoce como el cerebro visceral, término introducido por MacLean) por la secreción de productos neuroendocrinos. Ernst & Bertha Scharrer y Geoffrey Harris desarrollaron el concepto de neurosecreción, basados en que ciertas neuronas funcionan como transductores neuroendocrinos al ser capaces de convertir un estímulo eléctrico en información endocrinológica.

A través de estos puentes orgánicos, se puede comprender mejor como las manifestaciones de estados emocionales pueden ser particularmente desencadenados con la estimulación del hipotálamo. En 1932, Stephen Ranson logró alteraciones de la tasa de frecuencia cardíaca, presión sanguínea y motilidad digestiva, así como piloerección en animales, respuestas equivalentes a las requeridas en humanos para el diagnóstico de la ansiedad generalizada. Estos hallazgos demostraron la hipótesis de Cannon y Bard, de que el hipotálamo es un centro de coordinación que integra varias entradas de información en respuestas somáticas y autonómicas altamente organizadas. Las complejas interacciones entre el hipotálamo, la amígdala, el tallo cerebral, el sistema autónomo y el sistema endocrino, con la amígdala, la corteza prefrontal y límbica produce el carácter de emoción en las experiencias y se manifiesta en las acciones o conductas, mediadas en parte autónomamente y en parte voluntariamente, a través de la expresión facial, la vocalización, la actitud corporal y la actividad voluntaria.

El miedo es una emoción de carácter desagradable, que cumple un papel determinante en la conducta y la supervivencia. Experimentos recientes muestran como resultados que animales que son expuestos a situaciones amenazantes como exposición a un predador y logro de supervivencia, aprenden ciertas claves que les permiten escapar o evitar con mayor facilidad a una situación del mismo tipo, por ejemplo, correr al escuchar ciertos ruidos o percibir ciertos olores.

Las claves de dicho aprendizaje están cifradas en el condicionamiento clásico descrito por el fisiólogo ruso Iván Pavlov. Un experimento clásico de lo que ocurre en la naturaleza consiste en introducir un ratón en una jaula con un piso compuesto por una malla electrificada. Al enviarse dos estímulos simultáneos, uno neutro como un sonido y otro nocivo -la descarga eléctrica-, al cabo de unos cuantos ensayos el ratón asociará el estímulo neutro con el nocivo, de tal manera que al escuchar el sonido exhiba una reacción de miedo con parálisis, taquicardia, piloerección al escuchar el sonido aunque no esté acompañado de la descarga.

El sustrato anatómico de tales eventos es común en toda la escala zoológica: los estímulos tanto auditivos como dolorosos llegan a diferentes núcleos talámicos, de donde salen proyecciones que van a la amígdala cerebral, conectada al córtex por sinapsis paralelas. En el córtex son finalmente interpretados ambos estímulos y allí se almacenan como memoria emocional. Tal circuitería es también común al ser humano, porque al mostrar rostros amenazantes a voluntarios sanos en asociación con sonidos desagradables, se demostró una respuesta positiva en la amígdala cerebral (por tomografía de positrones) en quienes tuvieron condicionamiento, lo cual indica que la amígdala cerebral interviene en el proceso y almacenamiento de estímulos emocionales. Cuando existe lesión bilateral de ambas amígdalas, existe dificultad para reconocer los rostros francamente hostiles.

El desarrollo y la expresión de la emoción tradicionalmente se considera integrado por varios componentes, que comprenden el reconocimiento de un evento importante, seguido de una experiencia emocional consciente que produce las señales en estructuras como el corazón, los vasos sanguíneos, las adrenales y las glándulas sudoríparas.

Robert Post y Susan Weiss del Instituto Nacional de Salud en EE. UU., plantean que las conductas complejas y las emociones se elaboran a partir de integraciones, reintegraciones y síntesis de la vida pasada y la actual, trabajando sobre las codificaciones de múltiples áreas a nivel del neocórtex, el cerebelo y el sistema límbico, junto con los reflejos automáticos del cerebro y la médula espinal. La elaboración depende de la modificación de las redes sinápticas y de neurotrasmisores por medio de nuevas experiencias. El grado de plasticidad es enorme, según hallazgos de potenciación y depresión a largo plazo en amígdala e hipocampo, que manejan funciones emocionales y cognoscitivas respectivamente[318].

Empatía y alexitimia

Las personas difieren considerablemente en cuanto a su capacidad para apreciar las orientaciones afectivas de los demás. Sin embargo, en aquellos con la capacidad de entrar vicariamente en la mente de otra persona, simpatizar con ella y tener en cuenta sus sentimientos al tratarla, es lo que se conoce como empatía. Hay bastantes diferencias en las capacidades de las personas al respecto y dado que cada persona tiene un conjunto limitado de experiencias que puede plausiblemente atribuir a otros, las clases de personificaciones con que cada uno puede identificarse son probablemente limitadas. La empatía sugiere que las actividades comunicativas solo pueden apreciarse enteramente en el contexto social en que ocurren[319].

Así como la mente racional se expresa a través de las palabras, la expresión de las emociones es por medio de lenguaje no verbal. En el medio de investigación de las comunicaciones, el 90% de un mensaje emocional es no verbal. La empatía se construye sobre la conciencia de uno mismo. En la medida de estar más abiertos a nuestras propias emociones, surgirá una mayor habilidad para interpretar los sentimientos de quienes nos rodean. En contraposición con la empatía, la alexitimia consiste en un desconocimiento de los propios sentimientos, que al extenderse a la esfera de las relaciones con otros, se pone de relieve como una incapacidad para conocer lo que siente quien está con ellos.

La habilidad de saber lo que siente el otro sirve a una amplia gama de situaciones de la vida, desde profesionales hasta familiares, incluyendo la compasión y la actividad política. El polo opuesto también es muy revelador: la ausencia de empatía se observa en psicópatas criminales, secuestradores y abusadores de niños. La empatía permite una mejor adaptación social y emocional, el tener mayor popularidad y ser más sensible, en el sentido de advertir con mayor facilidad las necesidades de otros.

Prácticamente desde el día en que nacen, los niños se sienten perturbados cuando oyen llorar a otro bebé, respuesta que es considerada por algunos autores como un precursor temprano de la empatía.

Refiere el neurólogo Antonio Damasio como ninguna otra cosa resulta "tan morbosamente intrigante y escalofriantemente atractiva que un relato sobre una mente que funciona mal". La emoción es un elemento crucial en el proceso del pensamiento racional, lo cual afirma con base en la evidencia de casi dos docenas de pacientes que han exhibido conducta irracional después de cirugías en las que se hizo resección de tumores cerebrales[320]. En un paciente que describe, un empresario fué sometido a la resección de un tumor en la zona prefrontal, y posterior a esto comenzó a presentar problemas para cumplir citas y hacer las inversiones acertadas, lo cual le llevó a derrochar los ahorros de toda una vida. La zona anatómica destruida quirúrgicamente en su cerebro era esencial en la toma de decisiones, pero lo que se deterioró en el paciente fueron las habilidades para experimentar emoción.

Y aunque el núcleo amigdaliano de este paciente todavía procesaba sensaciones de temor, había otras partes del cerebro importantes en la regulación de la emoción. La emoción deteriorada en el caso de este paciente, no le permitió "sentirse mal" al respecto, con lo cual se perdió la capacidad de actuar posteriormente con más cuidado para evitar situaciones dolorosas en lo sucesivo.

De hecho, afirma Damasio, la emoción es un elemento clave del aprendizaje y la toma de decisiones: si como en el caso del empresario una inversión se malogra, uno se siente mal al respecto y actúa con más cuidado la próxima vez, algo que este empresario no pudo hacer después de su lesión.

Daniel Goleman refiere como los psicólogos del desarrollo han descubierto que los bebés sienten una preocupación solidaria con otros, incluso antes de darse cuenta plenamente de que existen como seres aparte de los demás. Incluso pocos meses después del nacimiento, los bebés reaccionan ante la perturbación de quienes les rodean como si esa perturbación fuera algo propio, en forma de llanto cuando ven las lágrimas de otro niño[321].

Cuando llegan hacia el año de edad empiezan a darse cuenta que la congoja no es la de ellos, sino la de otra persona, actuando en forma confusa y sin saber que hacer al respecto. Los bebés muestran un fenómeno de "mimetización motriz" de acuerdo al sentido original de la palabra empatía, tal como la usó E.B. Titchner, un psicólogo estadinense hacia la década de los veinte. La empatía surgía de una especie de imitación física de la aflicción del otro, que de tal forma evoca los mismos sentimientos del otro en uno mismo. Tal mimetismo motriz es una conducta del repertorio de los niños hasta los dos años y medio de edad, que es el momento en que los niños se "dan cuenta que el dolor ajeno es diferente al de ellos mismos", de modo que son más capaces de controlarlo. Marian Radke y Carolyn Zahn del Instituto de Salud Mental en EE. UU., demostraron que los niños eran más empáticos cuando la disciplina recalcaba la aflicción que su mala conducta producía en alguna otra persona. Igualmente estas autoras descubrieron que al imitar lo que ven, los niños desarrollaron un repertorio de respuestas empáticas que se manifestaba como ayuda a otras personas que están afligidas.

Alexitimia es un término acuñado por Peter Sifneos de la Universidad de Harvard, hacia 1972. Su significado es literalmente "sin palabras para la emoción". En esta situación, las personas carecen de palabras para expresar sus sentimientos, por lo cual dan la impresión de carecer de sentimientos, aunque esto puede deberse más a su incapacidad para expresarlas que a la ausencia de tales sentimientos. Las personas con alexitimia expresan su dificultad para expresar sus sentimientos y los de quienes les rodean, además de un vocabulario emocional muy limitado. Rara veces lloran, pero cuando lo hacen, lloran bastante.

Adicionalmente tienen problemas en distinguir una emoción de otra, así como entre emoción y sensación física, son las personas que pueden decir que por ejemplo, sienten "mariposas en el estómago", palpitaciones, sudores y mareos, en lugar de expresar que sienten ansiedad; no es que los alexitímicos no sientan nada, sino que son incapaces de saber y de expresar en palabras sus reales sentimientos, de modo que la función de la conciencia de sí mismo permite saber lo que sentimos, mientras las emociones que se agitan en el interior no ofrecen pistas para que un alexitímico lo sepa[322]. Esta confusión básica sobre la vivencia de un estado de la vida emocional llamado sentimiento, es en ocasiones la causa de problemas médicos indefinidos cuando lo que ocurre en realidad es un trastorno emocional, mimetizándose tal situación ocasionalmente con el fenómeno descrito de somatización en el que se confunde un dolor emocional con uno físico. El interés de la psiquiatría en los alexitímicos es el lograr diferenciarlos de aquellos que van al médico en busca de ayuda porque suelen tener una larga búsqueda en pos de un diagnóstico y un tratamiento adecuados para un problema cuya verdadera índole es emocional. El doctor Sifneos plantea que en el origen de la alexitimia probablemente existan desconexiones entre dos importantes sistemas en el cerebro, a saber el sistema límbico y los centros verbales del neocórtex. El dilema del alexitímico se podría plantear en los términos de que el no tener palabras para los sentimientos, significa el no poder apropiarse de ellos.

La emoción y el sentimiento son útiles en el proceso de razonamiento

¿Por qué se incluyen aquí a la emoción y al sentimiento como procesos de soporte útiles para el razonamiento? No todos los procesos biológicos que culminan en la selección de una opción de respuesta como la más adecuada están ligados al ámbito del razonamiento y la decisión.
Razonar y decidir son actividades demandantes y especialmente cuando tienen que ver con la propia vida personal y su contexto personal inmediato. El dominio personal y social inmediato son los que están más cerca y pueden llegar a comprometer el bienestar y la calidad de la supervivencia, de modo que son los que implican una mayor incertidumbre y complejidad. En toda decisión que implique el ejercicio del razonamiento, surgirán en la mente del lector un variado repertorio de imágenes o representaciones del mundo exterior, ya reales o imaginarias que estarán generadas por la complejidad de la situación a la que se enfrenta, que penetran y salen de su percatación en un maremágnum demasiado rico para que él mismo se dé cuenta. Ante esta plétora de imágenes y representaciones, ¿cómo decidir sobre la más adecuada? Las posibilidades que permiten la escogencia de una opción, vienen en la forma de la concepción tradicional de la razón, del proceso de toma de decisiones, mientras que el segundo procede de la hipótesis del marcador somático, como lo propone Damasio.

Jung describe que los antropólogos emplean el término "misoneísmo" para referirse a la resistencia ante situaciones nuevas que suelen exhibir los pueblos primitivos; empero el hombre "civilizado" reacciona de forma parecida ante las ideas nuevas, levantando barreras psicológicas para protegerse de la conmoción de tener que enfrentarse con algo nuevo. No es de extrañar que la psicología al tratar en sus albores con aspectos de la vida emocional se haya encontrado con un misoneísmo extremado[323].

La hipótesis del marcador somático

La concepción de razón, a la luz de las concepciones platónicas y cartesianas, dice que la lógica formal por sí misma ofrece la mejor solución posible para cualquier problema, y, para obtener los mejores resultados, la emoción debe quedar por fuera. De tal modo, la capacidad de dominar las emociones que parece ser muy deseable desde un punto de vista, podría ser discutible desde otro porque privaría a las relaciones sociales de variedad, calor y color. A la luz de la racionalidad, el controlar las emociones, se separan los distintos supuestos y se hacen una serie de cálculos complejos repartidos en diversas épocas imaginarias, que hacen necesaria la comparación contra un patrón para que la comparación tenga sentido.

Aitken y Trevarthen refieren como a partir de un complejo anatómico denominado IMF (sigla de *Intrinsic Motive Formation*) que comprende los componentes límbico y de la sustancia reticular, se determinan los protomapas en la neocorteza emergente y el modelamiento de la circuitería cortical en el estadío fetal. Con este principio de morfogénesis, la ontogenia del cuerpo y del cerebro se unifican y se logra inscribir la inteligencia "corporal" en el cerebro, cuyos componentes hablan el mismo lenguaje de movimiento prospectivo y tienen la capacidad de reconocer modelos espacio-temporales de actividad corporal en un individuo[324].

Una parte de este cálculo dependerá de representaciones imaginarias construidas a partir de representaciones visuales y auditivas y de representaciones verbales de tipo narrativo que acompañan a estos supuestos y que son esenciales para el mantenimiento del proceso lógico. Sin embargo, si esta estrategia es la única de que se dispone, la racionalidad en la forma en que se ha descrito no funcionará, porque el proceso de decisión tomaría un tiempo excesivamente largo porque no sería fácil conservar en la memoria muchos parámetros de evaluación para hacer la comparación, de modo que se perderían muchas representaciones intermedias por la capacidad limitada de la atención y la memoria funcional. A pesar de los fallos en la concepción del sentido común y el mal uso que los seres humanos hacemos de la teoría de probabilidades y de la estadística, con frecuencia nuestro cerebro decide bien, en cuestión de segundos o minutos, en función del marco temporal que se considere apropiado[325].

La hipótesis del marcador somático en la teoría de la emoción de James-Lange-Schachter-Damasio, permite sustentar una mayor rapidez en el proceso de decisión, porque marca una "imagen que tiene que ver con el cuerpo", retomando el concepto de la experiencia emocional como información procedente de la periferia que llega a una corteza activa. Los fenotipos conductuales humanos se están relacionando con mayor frecuencia con mecanismos neurobiológicos y con formación física del cuerpo: de aquí resulta la noción de que un trastorno de conducta se puede asociar a una alteración en el cuerpo físico. En psiquiatría se reconocen con mayor frecuencia enfermedades y trastornos corporales asociadas a la enfermedad mental ampliando así el horizonte de la medicina psicosomática.

Cuando un resultado "malo" aparece en la mente conectado a una determinada opción de respuesta, experimentamos un sentimiento desagradable en las entrañas. El complejo amigdaloide o amígdala en su calidad de estructura intermediaria entre los sentidos y las emociones permite que la corteza enfoque su funcionalismo a los estímulos dotados de interés emocional. El hecho de la riqueza en opiáceos endógenos de las neuronas amigdalares, permite que las vías de conexión emitidas hasta otras estructuras cerebrales, realicen una función de barrera al liberar los opioides en respuesta a estados emocionales generados en el hipotálamo: de este modo, la amígdala permite que las emociones influyan en lo que se percibe y aprende, de acuerdo a las expectativas individuales y el contexto social[326]. El marcador somático enfoca la atención sobre un resultado negativo, que funciona como una señal de alarma automática que informa sobre exposición al peligro, con posibles repercusiones sobre la supervivencia de una forma u otra: por esta razón, los episodios con carga emocional provocan una reacción desproporcionada. Esta señal puede llevarnos a un rechazo inmediato de una opción, lo que resultará posiblemente en la escogencia de un número menor de otras alternativas. Damasio define los marcadores somáticos como un "caso especial de sentimiento generado a partir de una emoción secundaria. Estas emociones y sentimientos han sido conectados mediante aprendizaje, a resultados futuros predecibles a partir de determinados supuestos".Y al contrario de los marcadores somáticos negativos como señales de alarma, los marcadores somáticos positivos son un incentivo para la acción. La hipótesis del marcador somático es compatible con la noción de que el comportamiento social efectivo entre los diferentes individuos requiere que cada individuo se forme una idea adecuada de su propia mente y de las mentes de los demás. En tal situación el marcador somático realiza una detección automática de las opciones o componentes de una decisión que son más relevantes. Por ejemplo, el marcador somático explica la elección de acciones cuyas consecuencias inmediatas son negativas, pero que generan resultados positivos en el futuro. De esta forma se puede explicar la fuerza de voluntad, en la que el individuo evalúa una serie de perspectivas decidiendo aceptar una serie de sufrimientos actuales conducentes a una gratificación futura. La fuerza de voluntad es el nombre del proceso que elige en función de los resultados a largo plazo ignorando las consecuencias negativas a corto plazo[327].

Los marcadores somáticos se suelen crear en nuestro cerebro en aquellas zonas vinculadas con el manejo de las emociones primarias. Anatómicamente, a partir de lesiones focales demostradas en ciertas zonas cerebrales en pacientes en quienes se realizaron experimentos clínicos, se logró demostrar que las áreas frontales ventromediales se encargan de manejar la información que tiene que ver con el marcador somático, aún antes de haber participación de las zonas que codifican el pensamiento racional, codificado en circuitos sinápticos presentes en el área frontal ventromedial. Estas zonas cerebrales vinculadas con el manejo de las emociones primarias procesan permanentemente señales que conciernen al comportamiento personal y social, generando pautas para relacionar a un gran número de situaciones sociales con respuestas somáticas adaptativas. La mayoría de los marcadores somáticos que empleamos para nuestras decisiones se instalan en nuestro cerebro durante el proceso de educación, con lo cual se hacen asociaciones de mayor especificidad entre clases particulares de estímulos y clases particulares de estados somáticos. La acumulación de tales marcadores requiere que tanto el cerebro como la cultura sean normales. Con cualquiera de estos dos componentes defectuosos, los marcadores dejan de ser adaptativos. Un ejemplo de la disfunción cerebral para aprehender marcadores somáticos es el que se dá en la psicopatía o sociopatía.

La ausencia del marcador somático ocurre por la disminución o la ausencia de los sentimientos. En la otra punta del espectro, está la cultura enferma, cuyos efectos sobre un sistema adulto de razonamiento pueden ser devastadores: la guerra es una de las principales enfermedades de la cultura que tiene consecuencias desastrosas sobre una maquinaria adulta de razón presuntamente normal, y explican los casos de Alemania en la segunda guerra mundial, de la revolución cultural en China, de Cambodia durante el régimen del fallecido Pol-pot, de Bosnia bajo Slobodan Milozevic en un anacrónico fin de milenio. Charles Taylor -citado por Wilber[328]- refiere que cuando cambia el sentido cultural de lo que es el bien, se asocia a nociones diferentes del yo y de lo que es el agente humano. El sentido moderno del yo no está solamente ligado y es posible por la comprensión de lo que es lo bueno, sino que también está acompañado por nuevas formas de narración y nuevas comprensiones de los lazos y relaciones sociales, que desafortunadamente en muchos sectores de la sociedad occidental en que vivimos se están convirtiendo en ejemplos perpetuadores de una cultura enferma. La propia integridad y las intenciones son reducidas a un funcionamiento cerebral sano, con lo cual el significado personal se reduce a como se encaja en el comportamiento y el interrogante fundamental sobre el significado de la existencia se convierte en "¿cómo puedo trabajar mejor?".

La adaptación a la sociedad se convierte en la principal medida por la que son juzgadas implícita o explícitamente las modificaciones del comportamiento, no interesando si la adaptación a una sociedad es buena idea o no, sino como se funcionaría mejor en esa sociedad. Si no se está de acuerdo por ejemplo, con la "limpieza étnica", entonces habrá un medicamento que pueda solucionar ese punto difícil, con lo cual el auto-entendimiento es reemplazado por un funcionamiento conductista que solamente refuerza la respuesta deseada[329].

En el contexto de los marcadores somáticos, su adquisición es con la experiencia, bajo la guía de un sistema de preferencia interno con determinadas representaciones e imágenes, que reciben la influencia de una serie de circunstancias externas que incluyen entre otras convenciones sociales y normas éticas bajo las cuales el organismo debe actuar. El marcador somático en el marco de una cultura enferma que meramente nos permite juzgar si lo que se espera de nosotros como parte, como fracción para el mantenimiento y la expansión del sistema, encaja con una vida decente, noble y que merezca la pena de ser emulada, que inspire valor y reverencia, admiración y respeto, para evitar que lo bueno, lo verdadero y lo bello sea solo aquello que encaje con el monólogo de la cultura enferma[330].

Agresión e impulsividad

No hay una definición universal de la agresión humana, aunque su interés desde el punto de vista nosológico distingue los actos agresivos impulsivos de los no impulsivos. Algunos investigadores creen que la agresión es el resultado de un instinto innato de lucha, mientras que otros consideran que la agresión es aprendida, en lugar de ser una conducta innata[331]. La agresividad es una parte integral de la conducta social, su emergencia en estadíos tempranos de la vida tiene valor individual para asegurar una posición en el núcleo familiar y posteriormente en un círculo social siempre creciente. Sin embargo, el grado en el cual la conducta excesivamente agresiva es tolerada, tiene límites variables entre las diferentes culturas, en la mayoría de las sociedades civilizadas conductas como los "berrinches" infantiles, las reacciones de ira y la destructividad no se toleran, siendo uno de los objetivos de la educación la supresión y la sublimación de tal conducta.

La agresión impulsiva de acuerdo al psiquiatra Ernest S. Barrat incluye tres clase de actos agresivos: 1) Actos premeditados, conscientemente ejecutados, o actos agresivos planeados; 2) Agresión como síntoma de un trastorno médico; 3) Agresión impulsiva: con un mínimo detonante, se desencadena agitación psicomotriz que culmina en un acto agresivo durante la agitación; la comunicación personal es ineficiente y existen déficits en el proceso de información[332]. Desde el punto de vista puramente médico, cuando la agresión es una enfermedad, se clasifica como un "trastorno explosivo intermitente" aunque requiere de una mejor definición.

En los casos de agresión impulsiva, generalmente hay un patrón de comunicación ineficiente, sumado a falta de control en los impulsos -relacionados en parte con disfunción del lóbulo frontal-, unido a un alto nivel de ira y hostilidad que conduce a agitación, adicional a déficits en las habilidades verbales relacionados con disfunción de los lóbulos temporal y parietal. Lewis, citado por Barratt, cita como:

"(...) cuando coexisten impulsividad, hipervigilancia y extensos déficits cognoscitivos, se ha alcanzado un nivel psicofisiológico para que ocurra violencia"

Es interesante anotar como Raine y Scerbo -también citados por Barratt-, refieren que ha habido poco interés conceptual en el tema de cómo la violencia no difiere sustantivamente del crimen. Dos de los rasgos de personalidad que más se asocian con la agresión son la ira / hostilidad y la impulsividad, como se ha demostrado en prisioneros con agresión impulsiva. La ira se puede definir "como un estado emocional que usualmente precede a un acto agresivo"; los estados de ánimo que cursan con ira generalmente no tienen un buen funcionamiento cognoscitivo en el procesamiento de la información; por su parte, la impulsividad también altera el procesamiento de información. La impulsividad, así como los brotes de ira y violencia, son algunos de los principales rótulos de la conducta sociópata, que característicamente, no siente remordimiento una vez cometido el acto antisocial. Las actividades antisociales más frecuentes que comete un sociópata incluyen robo, incorregibilidad, huídas nocturnas de casa, asociaciones con personas inadecuadas, peleas a repetición, relaciones sexuales indiscriminadas, falta de control, vandalismo, abuso de drogas y alcohol y por último, incapacidad de conservar un trabajo. Estas inician desde la infancia y disminuyen progresivamente en la edad adulta, aunque en los grupos de adultos sociópatas las manifestaciones antisociales suelen ser las mismas que presentan en la infancia. El modelo epigenético en que el desarrollo de las características individuales del sistema nervioso depende del medio externo, parece darse también en la sociopatía: Cadoret y colaboradores, citados por el neurólogo Raymond Adams, han presentado evidencia en favor de la interacción genética y ambiental en el desarrollo de conducta antisocial en el adolescente, al describir como en hijos de padres antisociales dados en adopción desde el nacimiento, hubo conducta antisocial[333].

La anatomía funcional de los estados de ira y agresividad tiende a mostrar que tanto en animales como en humanos hay participación de los lóbulos temporales. En humanos, la estimulación de los núcleos amigdaloides corticomediales evoca un cuadro de ira; por el contrario, la destrucción bilateral del complejo amigdaloide reduce la agresividad.

Las lesiones en el núcleo dorsal medial que recibe proyecciones del núcleo amigdaloide, confieren mayor docilidad y placidez al comportamiento de seres humanos. Las hormonas sexuales influencias las actividad de los circuitos temporales, así, la testosterona promueve la agresividad, mientas que el estradiol la suprime, lo cual sugiere una explicación en la diferente tolerancia y predisposición de los sexos hacia la ira.

Notas de Capítulo 6.

312. Adams RD, Victor M, Ropper AH (Eds): Chapter 25. The limbic lobes and the neurology of emotion. En: **Principles of Neurology**. Sixth Edition. McGraw Hill. New York, 1997. pp. 508

313. Fergusson M: **La Revolución del Cerebro**. Editorial Héptada. Madrid. 1991. pp. 81,82

314. Fergusson M: **La Revolución del Cerebro**. Editorial Héptada. Madrid. 1991. pp. 84

315. Barrow JD: **Teorías del Todo. Hacia una Explicación fundamental del Universo.** Crítica, Barcelona 1994. pp. 55

316. Kutas M, Federmeier KD: Minding the body. **Psychophysiology** 1998; 35 (2):135-150

317. Post RM, Weiss SRB: Emergent properties of neural systems: how focal molecular neurobiological alterations can affect behavior. **Development and Psychopathology** 1997; 9: 921

318. Shibutani T: **Sociedad y Personalidad**. Paidós. Buenos Aires. 1961 pp 158

319. Damasio A: Una mirada a los secretos de la mente. **Summa** 1995; 99: 65-73

320. Goleman D: **La inteligencia emocional.** Editorial Javier Vergara S.A., Buenos Aires, 1996. pp. 125

321. Goleman D: **La inteligencia emocional.** Editorial Javier Vergara S.A., Buenos Aires, 1996. pp. 72

322. Jung CG, von Franz ML, Henderson JL, Jacobi J, Jaffé A: **El hombre y sus símbolos**. Ediciones Paidós, Barcelona. pp. 31

323. Aitken KJ, Trevarthen C: Self-other organization in human psychological development. **Development and Psychopathology** 1997; 9: pp 661

324. Damasio AR: **El Error de Descartes**. Crítica-Grijalbo. Barcelona, 1996. pp. 165

325. Mishkin M, Appenzeller T: Anatomía de la memoria. En: **Función cerebral. Monografía de Libros de Investigación y Ciencia.** Prensa Científica. Barcelona, 1991 pp. 96-106

326. Damasio AR: **El Error de Descartes**. Crítica-Grijalbo. Barcelona, 1996. pp. 167

327. Wilber K: **Sexo, Ecología, Espiritualidad. El alma de la evolución. Volumen I** Gaia Ediciones, Madrid 1996. pp. 91

328. Wilber K: **Sexo, Ecología, Espiritualidad. El alma de la evolución. Volumen I** Gaia Ediciones, Madrid 1996. pp. 171

329. Damasio AR: **El Error de Descartes**. Crítica-Grijalbo. Barcelona, 1996. pp. 171

330. Fadem B: **Behavioral Science - Board Review Series**. 2nd Edition. Harwal Publishing. Philadelphia, 1994. pp. 157

331. Barratt ES, Stanford MS, Kent TA, Felthous A: Neuropsychological and cognitive psychophysiological substrates of impulsive aggresion. **Biological Psychiatry** 1997; 41: 1045-1061

332. Adams RD, Victor M, Ropper AH (Eds): Chapter 25. The limbic lobes and the neurology of emotion. En: **Principles of Neurology**. Sixth Edition. McGraw Hill. New York, 1997. pp. 1525

Capítulo 7. Funciones mentales superiores

Facultades cognoscitivas e intelectuales

La ciencia cognoscitiva neural emergió a partir de diferentes desarrollos técnicos y conceptuales, a saber :

• Técnicas para estudio de neuronas individuales
• Técnicas para registro de disparo de células individuales en zonas específicas
• Desarrollo en los campos de neurobiología y psicología cognoscitiva
• Desarrollo en técnicas de imágenes diagnósticas
• Aplicaciones de la ciencia computacional

El conjunto de estas técnicas ha hecho posible el estudio de procesos perceptuales, motores, a la luz de como se procesa la información y como el sujeto llega a una respuesta; así mismo han hecho posible el desarrollo de la base neural de la cognición, concepto que indica que dentro de cualquier sistema cognoscitivo hay muchos módulos procesando información. Los desarrollos en el campo de imágenes diagnósticas han permitido relacionar los cambios en poblaciones específicas de neuronas con procesos mentales específicos en el cerebro humano *in vivo*. Por último, la ciencia computacional ha hecho posible hacer modelos sobre la actividad de grandes poblaciones de neuronas y hacer hipótesis sobre funciones cerebrales complejas, sobre la base de una comprensión de las propiedades de red relacionadas con los circuitos que hacen que las propiedades neuronales individuales no sean idénticas además que los procesos cognoscitivos, al igual que los ordenadores de los computadores, están relacionados con procesamiento de información[333]. Se destaca en particular el papel de las técnicas de neuroimágenes y el conocimiento de los eventos moleculares y celulares por permitir hacer hipótesis sobre el desarrollo conductual a partir de los mecanismos neurobiológicos en los niños: de esta forma, la plasticidad cerebral de la infancia se ha podido evaluar por medio de técnicas neuropsicológicas, de diagnóstico electrofisiológico, magnético y metabólico[334]. La información obtenida a partir de estas nuevas técnicas ha permitido el desarrollo de la neurociencia cognoscitiva, sin embargo, es importante la discusión sobre la naturaleza localizacionista de estos hallazgos, es decir, describen las funciones cognoscitivas como localizadas en determinadas regiones del cerebro. De esta forma, la actividad Phi en una determinada región cerebral está implicada en una función cognoscitiva específica Psi.

La discusión sobre los hallazgos y limitaciones de tales hallazgos son importantes, porque evitan el surgimiento de un marco conceptual de localizacionismo mental, es decir, la atribución de conceptos mentales como felicidad, moralidad o conciencia a una determinada estructura cerebral, e ilustra la importancia de converger y comparar estos hallazgos de imágenes diagnósticas con la información generada por diferentes técnicas investigativas[335].

Si se piensa por un momento cual es el criterio para definir a un acto cognoscitivo, lo que se busca es una conducta efectiva, lo que significa que se busca una acción efectiva en el dominio en que se espera una respuesta. Entonces la evaluación de si hay presente un conocimiento o no, ocurre en un contexto relacional en el que las perturbaciones desencadenan cambios estructurales en un organismo que para el observador aparecen como un efecto sobre el ambiente. Estos argumentos valdrían para explicar la participación del sistema nervioso en todas las dimensiones cognoscitivas, ello implicaría por ejemplo en el ser humano la descripción de todos los procesos específicos y concretos que tienen lugar durante la generación de cada una de las conductas humanas en sus diferentes dominios de acoplamiento estructural.

Esta descripción puede resumirse de alguna forma en que toda interacción de un organismo en general puede ser considerada por un observador como un acto cognoscitivo; del mismo modo, el hecho de vivir, de conservar ininterrumpidamente el acoplamiento estructural como ser vivo, es conocer el ámbito del existir; aforísticamente vivir es conocer, de tal modo Maturana y Varela conciben el concepto de vivir como acción efectiva en el existir como ser vivo[336].

Los procesos cognoscitivos por excelencia como la percepción y el pensamiento tienen sede en zonas de la corteza cerebral y particularmente en las llamadas "cortezas de asociación". Desde el punto de vista de las neurociencias, las "cortezas de asociación" son aquellas que integran la actividad de cortezas cerebrales que reciben información sensorial, e integran también la actividad de las cortezas sensoriales con las motoras. Las cortezas de asociación se correlacionan con las funciones cognoscitivas. Las principales cortezas de asociación comprenden:

• La zona del lenguaje (llamada polimodal sensorial, comprende parte de los lóbulos parietal, temporal y occipital)
• La zona prefrontal (en el lóbulo frontal, asociada con conducta cognoscitiva y planeación motora)
• La zona límbica (en los lóbulos parietal, temporal y frontal, asociada con emoción y memoria)

Las cortezas de asociación suelen participar en más de una función cognoscitiva, incluyendo movimiento voluntario, percepción sensorial, conducta emocional, memoria y lenguaje. La corteza prefrontal se asocia con la planeación y ejecución de acciones motoras complejas; el área polimodal sensorial con la integración de funciones sensoriales y formación de percepción así como el lenguaje, mientras el área límbica se asocia con la memoria y los aspectos de motivación y emoción en la conducta.

El hecho de que la enfermedad de ciertas partes del cerebro determine ciertos síndromes, ha suscitado la cuestión sobre la localización de las funciones cognoscitivas; sin embargo tal afirmación es controversial con la que las funciones dependen del cerebro como un todo, como lo proponen la teoría holográfica o el orden implicado al tratar sobre el fenómeno de la conciencia. Cuando una parte del cerebro se elimina en un estudio de lesiones, la conducta posterior del animal es un reflejo de las capacidades ajustadas de la parte remanente, en lugar de ser de la parte del cerebro que se removió: por lo anterior es improbable que la función conductual cognoscitiva (especialmente percepción, pensamiento y lenguaje) sean comprendidas por el estudio de una región en particular, considerando la relación entre todas las áreas. Mientras las áreas anatómicas activas son particulares para cada actividad, estas comparten características comunes para todas las tareas de tipo cognoscitivo, según evidencia que muestra activación de una pequeña porción de áreas separadas que parecen ser necesarias para el desarrollo de la tarea cognoscitiva[337].

Para asimilar que no se pueden percibir las diferentes cosas por entero, o comprenderlas por completo, la extensión de hasta donde se ve, se siente con el tacto o que saborea en un momento dado, estas son modalidades sensitivas cuya calidad depende del número y el grado de funcionamiento de los órganos perceptores. La percepción a través de los diferentes órganos de los sentidos de alguna forma impone un límite de certeza al conocimiento consciente.

A nivel humano, el estudio de las lesiones cerebrales ha mostrado que si una lesión no altera la ejecución de una determinada tarea, no significa que esa área no esté relacionada con esa tarea, sino que más bien habrá una reorganización tal que en un plazo variable permitirá que otras áreas asuman la función.

Buena parte de los conocimientos que hoy existen sobre la corteza cerebral humana se han adquirido por el estudio de las características de pacientes con lesiones cerebrales en zonas concretas. Tales pacientes que bien podrían figurar en el "Salón de la Fama" de la historia de la neurología, han constituido la base para conocer en mayor detalle el funcionamiento cerebral.

Phineas Gage no sabía que a sus 25 años, entraría a los anales de la neurología sustentando parte de la disputa dialéctica entre los fisiólogos cerebrales de naturaleza localizacionista y los holistas[338], por el azar de haber sufrido una lesión traumática frontal que empero su gravedad, gracias a los cuidados médicos, respetó su vida. El 13 de septiembre de 1848, Gage trabajaba en la colocación de rieles ferroviarios en una zona rocosa cercana a Vermont, Boston.

Una explosión prematura con pólvora hizo que la barra de hierro que Gage usaba para apisonar la pólvora hizo que le penetrara en la cara en la zona por debajo del ojo izquierdo, atravesando el cráneo para salir por el plano medio cerca de la unión de los huesos frontal y parietal. El testimonio de los trabajadores que acompañaban a Gage, fué que posteriormente a la herida Gage estuvo inconsciente varios minutos, al cabo de los cuales se reincorporó y empezó a hablar. John Harlow, uno de los médicos tratantes, describe los cambios conductuales que sufrió Gage, lo que hoy se consideraría un síndrome prefrontal:

> "(...) Tiene frecuentes accesos de irritabilidad, es irreverente y manifiesta poca consideración con las personas que lo rodean, en ocasiones profiere toda suerte de obscenidades (cosa que no acostumbraba a hacer anteriormente), es impaciente y obstinado, caprichoso pero vacilante, organiza múltiples planes para el futuro pero apenas termina de armar uno lo abandona para embarcarse en otra alternativa que le parece más factible. Un niño en su capacidad intelectual y en las manifestaciones de su conducta pero con las pasiones animales de un hombre fuerte (...)"[339]

Phineas Gage murió a consecuencia de un "estado epiléptico" transcurridos doce y medio años de su accidente. A partir de los datos de la nosografía de Gage, junto con datos obtenidos de investigaciones clínicas en pacientes con lesiones focales, se ha identificado como los daños en la zona ventromedial de la corteza prefrontal, ocasionan cambios comportamentales, consistentes en lo que conoceríamos como una "vida caótica", con incapacidad para tomar decisiones correctas en los campos laboral y social, familiar y económico a pesar que la inteligencia se encuentra conservada, junto con una pobre capacidad para expresar y sentir emociones.

Cuando se estudian las funciones mentales superiores, es de importancia el tener en cuenta que la vanguardia de los conocimientos en neurociencias afirma que la lógica, el razonamiento, las clásicas funciones de la mente en la concepción filosófica, están íntimamente unidos con la emoción. El aumento del conocimiento sobre como funciona el cerebro, nos ha llevado a reconocer los substratos anatómicos que borran la dicotomía clásica entre la mente y el cuerpo.

Cuando se explora sobre la desorientación en amnesia, si ocurre como una consecuencia de fallas en aprender nueva información o una confusión de información dentro de la memoria, se encontró que la orientación está mucho más alterada cuando se mide en el contexto temporal, que cuando se mide la capacidad de adquirir información.

A partir de evaluaciones escanográficas se demostró que la confusión temporal se asoció con daño orbitofrontal o de la base del cerebro, de tal forma que la desorientación en tiempo indica una confusión de las fuentes de memoria para diferentes eventos y refleja primariamente un impacto en la memoria a consecuencia de la lesión de la zona orbitofrontal[340].

La Inteligencia

"La función de la mente es pensar; cuando tú piensas, conservas tu mente, y cuando no piensas, la pierdes. Eso es lo que el cielo nos ha dado, con el propósito de pensar, o saber lo que es acertado y lo que es erróneo"

Respuesta de Mencio a Kungtutse - La sabiduría de Confucio

Generalidades

Toda la crónica de la historia evolutiva del planeta Tierra, en particular, la que está plasmada en la cara interna de los cráneos fósiles demuestra una progresiva tendencia a la creación de organismos inteligentes. A la luz de los planteamientos de evolución de las especies y de la selección natural, los seres más inteligentes subsisten mejor en condiciones adversas y dejan más descendencia que los organismos menos dotados.

El funcionamiento conjunto de ambos hemisferios cerebrales es el instrumento con que la naturaleza ha dotado la especie humana para que consiga sobrevivir y salir adelante y esto será probable en la medida que se usen cabal y creativamente las capacidades del entendimiento humano. El hecho de haber podido llegar hasta el punto de ser una civilización que busca la *fons et origo* de sus inicios y haber encontrado respuestas a este planteamiento, de llegar a ser una civilización científica en la que el saber y la integridad de sus componentes son de la mayor importancia, nos hace ser concientes, como bien lo dice Jacob Bronowski, que nuestro destino es el conocimiento[341].

Durante la Edad Media el pensamiento médico versó entre muchas otras cosas sobre las relaciones entre los estados mentales y los mecanismos fisiológicos. El juicio, colocado bajo el imperio de la razón sufrió las interferencias entre las concepciones de psiquismo y fisiología. Se llegó a considerar, que si las cohabitaciones "eran demasiado frecuentes", llegarían a producir un desecamiento que generaba un vaciamiento, en especial de la parte delantera del cerebro, donde se consideraba que se captaban las impresiones suministradas por los sentidos. La medicina medioeval, explicaba de esta forma el vínculo del alma al cuerpo. Los árabes transmitieron a occidente la teoría con un transfondo médico y filosófico de "los sentidos internos" Dicha teoría situaba en el interior de los tres ventrículos o cavidades en el interior del cerebro, la sede de las fuerzas que "desempeñaban la función de intermediarias entre los cinco sentidos y las potencias intelectivas del alma". La "virtud estimativa" -equivalente al juicio- se hallaba en el ventrículo medio, la "virtud imaginativa" estaba en el ventrículo anterior, y la memoria estaba situada en el ventrículo posterior"[342].

Ni siquiera en el Renacimiento se presentó una serie de cambios tan radicales como los ocurridos a finales del siglo XX. Nos hemos dado cuenta de que estamos ligados en mayor medida unos con otros, que se está más cerca a la idea de la aldea global y la especie humana accede a una imagen del universo y de sí misma que no acaba de ser comprendida, por las sorpresas que depara.

El conocimiento del universo natural que podemos obtener con la ciencia, es en todo el horizonte de lo humano, el único conocimiento que siempre tiene un sentido acumulativo y direccional en el horizonte de la actividad de la especie humana. Este es el valor implícito del conocimiento científico, que se construye sobre sí mismo y la razón por la que la humanidad no regresa periódicamente a un estado de ignorancia, ni los resultados de la ciencia natural están sujetos al capricho humano.

El acúmulo del conocimiento científico se ha venido realizando durante largo tiempo y ha tenido una especie de efecto mudo y persistente sobre los caracteres fundamentales de las sociedades humanas. Pero el cambio en el proceso científico tuvo sus bases en los planteamientos de la ciencia moderna surgidos a partir del desarrollo del método científico desarrollado a partir de los trabajos de Renato Descartes, Francis Bacon y Baruch Spinosa en los siglos XVI y XVII. Una vez inventado el método científico, tuvo la propiedad de volverse una posesión del hombre racional con potencial accesibilidad a todos, cuya capacidad de producción de cambios históricos se generó a partir -paradójicamente- de la competencia militar, por el hecho que la tecnología confería -y aún confiere- ventaja a los grupos sociales que la manejan, como lo sugiere Francis Fukuyama[343].

Razón, inteligencia, lógica y conocimiento no son sinónimos, en la búsqueda de la primacía de uno de ellos en el campo de lo mental, han generado el debate sobre si vale la pena dividir la inteligencia y el intelecto en partes, partiendo de la base fundamental que el desarrollo futuro seguirá siendo la evolución intelectual.

Al examinar como se manifiesta la inteligencia, es posible que las capacidades de razonamiento ofrecidas a la especie humana por la selección natural nos permitan llegar a una teoría unificada completa que nos permita contestar a las preguntas más profundas del hombre, sobre su origen y destino. No se puede negar que la inteligencia y el conocimiento científico son una enorme ventaja para la supervivencia, -aunque por el momento pareciera que los descubrimientos científicos aplicados podrían acabar con la civilización del planeta-.

La integración intelectual es el proceso más importante de nuestra evolución, es la que ha permitido que el conocimiento se haya vuelto patrimonio cultural de la especie. Esto fué posible gracias al desarrollo del lenguaje, con lo cual se logró la adaptación y la definición de los conceptos. La inteligencia, como experiencia intelectual es un potencial que se trata de hacer pasar desde un estado virtual a uno operacional, para lo cual ayuda la educación que se recibe y el conjunto de las experiencias que se viven. A lo largo de toda nuestra vida la integración intelectual nos ofrece la ventaja de poder acrecentar e ir ajustando las condiciones de eficacia y armonía, al permitir una mayor reflexión sobre sí mismo en función de una evolución[344].

Desarrollo de la inteligencia

La inteligencia es la capacidad de un individuo de razonar, manejar conceptos abstractos, asimilar hechos, recordar lo aprendido, analizar y organizar la información y ser capaz de manejar una nueva situación[345]. De acuerdo a Weschler, la inteligencia es un "agregado o capacidad global de un individuo de actuar con un propósito, de pensar racionalmente y de manejar eficientemente su ambiente externo". Es global en cuanto caracteriza la conducta de un individuo como un todo, es un agregado por cuanto está integrada por un número capacidades cognoscitivas independientes y cualitativamente diferenciables[346]. Alonso-Fernández concuerda con los anteriores criterios, al referir la inteligencia como "un acto intrapsíquico de comprensión racional" caracterizado por a) la capacidad de resolver problemas nuevos; b) la capacidad para utilizar el pensamiento de forma productiva; c) la capacidad de síntesis; d) implica poder distinguir lo esencial de lo accesorio.

Las primeras pruebas de inteligencia fueron las desarrolladas por Alfred Binet y Théodore Simón en 1.905 y su propósito fué la evaluación del desempeño escolar; el término de coeficiente intelectual o CI fué introducido por Lewis Terman en 1.916 y denota una cifra que es el resultado de dividir la edad mental sobre la edad cronológica, multiplicando el resultado por 100.

De acuerdo a Binet, la edad mental es el nivel intelectual promedio de un individuo a una edad cronológica específica. Dado que las diferencias entre los seres humanos suelen ser pequeñas, el individuo con un coeficiente de inteligencia o CI de 140 no es el doble de brillante que aquel con uno de 70: la variabilidad de la inteligencia es un fenómeno universal confirmado por los estudios poblacionales para definir la normalidad en cuanto al parámetro de CI. Por su parte, los psicólogos de la inteligencia como Charles Spearman y Lewis Terman juzgaban la inteligencia como una capacidad general única para formar conceptos y resolver problemas. El seguimiento de los sujetos con CI elevados mostró que se mantenía durante los años, asociándose con alto desempeño en la escuela y a nivel profesional. Sin embargo, los altos valores de CI o de otras pruebas psicométricas no bastan para alcanzar la trascendencia social del genio: los rasgos de personalidad, así como el entorno familiar fueron los más importantes para alcanzar eminencia social. Los altos valores en las pruebas psicométricas no son un factor determinante en lo que se conoce como "éxito" y las predicciones tienden -del mismo modo que en las predicciones climáticas por los meteorólogos- a ser estocásticas/probabilísticas en lugar de deterministas.

El desarrollo de la inteligencia supone desde el punto de vista cognoscitivo una evaluación de las facultades de atención, memoria y rendimiento en general. La inteligencia general o g fué conceptualmente desarrollada por Spearman en 1.904. Ya se enfoque estadísticamente como una matriz positiva universal de correlaciones para los resultados en población general extraída a partir de lenguaje, razonamiento, memoria, aptitud espacial y velocidad psicomotora, o bien como una fuente biológica de variabilidad, g es con frecuencia un excelente predictor de resultados que se obtendrán en las pruebas que evalúan aptitudes mentales[347].

Dado que la actividad humana está dirigida a la consecución de propósitos, el nivel de resultados que se obtenga en la experiencia estará determinado en buena parte por el proceso educativo -cuya raíz significa conducir o guiar-. El aprendizaje, la formación intelectual como proceso de reacción ante las circunstancias, busca ayudar a los niños a tener conciencia de la dignidad de las personas y a desarrollar sus aptitudes para convertirlas en capacidades que puedan ser empleadas en beneficio de los demás. Cuando el niño aprovecha sus experiencias, su formación intelectual, los sentimientos (como marcadores somáticos) y actitudes, estos son los determinantes básicos de la situación de aprendizaje, fundamental para una experiencia equilibrada, que exige en la actualidad que sepamos trabajar, como abordar un problema, como adquirir y emplear conocimientos nuevos. Los marcadores somáticos de los sentimientos y las actitudes no pueden asignarse, exigirse ni controlarse deliberadamente[348].

En su obra sobre "Las estructuras de la mente y las inteligencias múltiples", Howard Gardner define la inteligencia como "la capacidad de resolver problemas o crear productos que sean valiosos en uno o más ambientes culturales"; sin embargo, tal definición no dice nada acerca de los orígenes de tales capacidades o de los instrumentos adecuados para medirla. La propuesta de las llamadas "inteligencias múltiples" que Gardner propone, se sustenta en evidencia evolucionista, neurológica y transcultural. Adicionalmente agrega que las pruebas usuales de inteligencia reflejan el conocimiento obtenido por vivir en determinado medio social y educacional y rara vez valoran la aptitud para asimilar nueva información o para resolver nuevos problemas.

Pero no hay que olvidar que las aptitudes específicas individuales y los factores de grupo influyen entre sí, de tal forma que una persona con un puntaje elevado en una aptitud posiblemente tenga puntajes elevados en otras pruebas de otras aptitudes. De modo que cuando se quieran medir las aptitudes de una persona, es necesario considerar como es la generalidad de la medida en una población dada y cual es la aptitud de interés para evaluarse.

La inclinación por la evaluación de conocimiento que podría llamarse "cristalizado" en oposición al "fluido" revela poco acerca del potencial futuro de crecimiento que exhibirá un individuo dado, concepto también adscrito por el psicólogo y autor soviético Lev Vygotsky.

El enfoque cognoscitivo de las ciencias del desarrollo se enfoca en los procesos de desarrollo mental evaluando los procesos de la inteligencia individual. Sin embargo, estos enfoques se centran en el individuo, mientras descuidan el papel de las funciones interpersonales, ya que los principales desarrollos cognoscitivos son regulados desde el nacimiento por los "motivos" del cerebro del niño para interactuar con los "motivos" del cerebro de otros niños. Las emociones son un sistema innato de asemejar las funciones de atención, propósito y aprendizaje de tal manera que logren ser armónicas entre los sujetos. Wittgenstein, citado por Kenneth Aitken, refiere como:

> " El lenguaje ofrece un escape del espectro del solicismo individual, de la creencia, la ilusión hacia el conocimiento como uno del Ego, que es el único objeto real para conocimiento (...) el propósito de un filósofo es considerar la cuestión de la existencia de su propia mente o de cualquier otra mente, él tiene necesariamente que haber adquirido el lenguaje, lo cual requiere de una vida en un mundo social, lo cual hace insignificante la cuestión sobre si el pensamiento es inherentemente social o un fenómeno mental privado"[349].

Si se hace una correspondencia entre los "motivos" propuestos por las ciencias del desarrollo y el "símbolo" como un hipotético complejo o subsistema neural que se aparece como un jardín, mamá, una imagen de atardecer (con algunas características descritas en la tabla 7.1), se encuentra que las palabras del lenguaje y los símbolos se pueden corresponder, de donde surge la interpretación. Es probable que los símbolos se apliquen a conceptos que tengan aproximadamente la dimensión de las palabras, y las ideas extensas como las oraciones o ciertas expresiones esten ligadas a la activación simultánea o sucesiva de diversos símbolos. Si la dimensión de los símbolos coincide aproximadamente con la de las palabras, un símbolo vendría a ser algo que la especie humana representa por medio de palabras o expresiones determinadas, a las cuales asocia un determinado nombre. La representación cerebral de una situación más compleja se puede ver como una secuencia de activaciones de diversos símbolos por la acción de otros símbolos[350].

Tabla 7.1 Símbolo en contexto neural

- Pueden ser latentes o activados
- Como es desencadenado de diferentes formas, actúa de diferentes formas
- El símbolo desencadenado ocurre cuando un número suficiente de neuronas suficiente sobrepasa el umbral en respuesta a estímulos internos o externos
- Un símbolo desencadenado en contexto de interpretación de bajo nivel equivale a la activación de muchas de sus neuronas.
- Un símbolo desencadenado en contexto de interpretación de alto nivel elimina toda referencia a las neuronas y se concentrará exclusivamente en los símbolos, con lo cual es posible tabicar el pensamiento respecto a los hechos neurales del mismo modo que es posible tabicar la biologías celular del comportamiento de los quarks, merced a las propiedades insospechadas de la emergencia a un nivel jerárquicamente superior y abarcante.
- Los símbolos son la concreción del hardware de los conceptos: si se permanece en el "nivel bajo" de interpretación, un grupo de neuronas que desencadena a otra neurona es algo que no se corresponde con ningún acontecimiento del exterior, mientras que el desencadenamiento de un símbolo por otros símbolos sí guarda relación con hechos del mundo real o imaginario.

Tomado con modificaciones de: Hofstadter DR: **Gödel, Escher, Bach. Un eterno y grácil bucle.** Tusquets Editores. Barcelona, 1998. pp 389

En la figura 7.1 se ilustran las acciones de los símbolos en su proceso de trasladar mensajes de una parte a otra

Vygotsky, como impulsor del desarrollismo donde propone un principio de "organización extra-cortical de las funciones mentales complejas", enfatiza el rol del medio social en el contexto del desarrollo y afirma:

El hecho que los niños lo hagan (el proceso del desarrollo) con la asistencia de otros es de alguna forma, indicativo del desarrollo mental del grupo, más de lo que pueden hacer solos"[351].

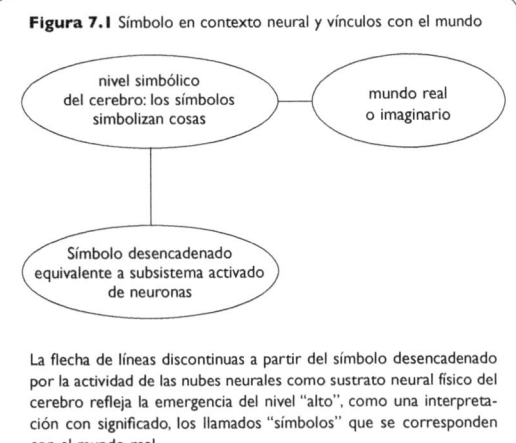

Figura 7.1 Símbolo en contexto neural y vínculos con el mundo

nivel simbólico del cerebro: los símbolos simbolizan cosas

mundo real o imaginario

Símbolo desencadenado equivalente a subsistema activado de neuronas

La flecha de líneas discontinuas a partir del símbolo desencadenado por la actividad de las nubes neurales como sustrato neural físico del cerebro refleja la emergencia del nivel "alto", como una interpretación con significado, los llamados "símbolos" que se corresponden con el mundo real.

Para Vygotsky este es un proceso lingüísticamente mediado (lo cual muestra las estrechas relaciones entre lenguaje y pensamiento), relacionado con la autorregulación del ego, concepto que se debate por su pertenencia a aspectos mentales o físicos, lo cual también es una señal de la falta de consenso entre los monistas y los dualistas.

El concepto de auto-organización permite comprender las dinámicas de poblaciones mayores, explicadas en la ontogenia de los organismos. Si se considera que el proceso autoconsciente cognoscitivo de la experiencia surge asociado con las capacidades de interacción social del niño, la regulación de la comunicación con sus cuidadores cuando le ofrecen una compañía afectuosa y emocionalmente estable, enmarca la importancia necesaria al contexto social en que vive y se desarrolla el ser humano, que finalmente resultará en un adecuado dominio en el descubrimiento y aprendizaje de la realidad.

Desde el punto de vista genético, la heredabilidad amplia (denominada como H^2) es una medida de la influencia genética que indica que proporción de la variación fenotípica de la población es asignable a una variación genotípica. Como es un concepto poblacional, no indica que proporciones de un fenotipo individual se pueden atribuir a carácter heredado y al ambiente.

Desde el punto de vista de la inteligencia, dado que el genotipo y el ambiente interactúan para producir el fenotipo, es un sinsentido afirmar que 110 puntos de CI se deben a influencia genética y 20 puntos se deben a influencia ambiental: no es posible partir las causas de la variación. Adicionalmente, el conocer la heredabilidad de un rasgo no permite predecir como cambiará la distribución de este rasgo si se cambian las frecuencias genotípicas o las ambientales. Por lo tanto, una heredabilidad alta no significa que el ambiente deje de afectar el rasgo y aunque la inteligencia tenga un alto componente de heredabilidad, las influencias epigenéticas ambientales no restan su importancia. Los psicólogos, teóricos sociales, médicos y otros profesionales se han preocupado una y otra vez de la heredabilidad amplia de ciertas características en la suposición que la existencia de heredabilidad demuestra inmutabilidad de un fenotipo para un determinado ambiente o medio social. Un ejemplo citado sobre interpretación errónea en cuanto a heredabilidad e inmutabilidad de la inteligencia, es el de A.R. Jensen, del campo de la educación, quien en 1969 presentó una publicación sobre cuanto se podía mejorar el CI y los logros académicos ante lo que concluyó que "no mucho", por su carácter inmutable justificado por la alta heradabilidad del rendimiento en una prueba psicométrica como el CI.

El carácter erróneo de parangonar inmutabilidad con alta heredabilidad se develó a partir de los estudios de adopción en niños separados de sus padres biológicos, que mostraron una alta correlación de los valores de CI de los niños con los de sus padres biológicos, pero como *grupo* los hijos mostraron un valor promedio que tendía a asemejarse al de los padres adoptivos.

Por lo anterior, cuando un investigador desea averiguar la forma en que la dotación genética influye el curso del desarrollo de cualquier rasgo humano, ya se trate de la inteligencia o de cualquiera otro, debe tener en cuenta los diversos genotipos de la población en conjunto con las condiciones ambientales previsibles[352].

La inteligencia es dependiente de la interacción entre las potencialidades individuales, así como del medio externo, en forma de oportunidades y limitaciones implícitas en un ambiente cultural determinado, también como del correcto funcionamiento del sistema nervioso.

El conocimiento del ambiente cultural es capital, porque no es un bajo resultado en las pruebas psicométricas de inteligencia la causa directa de una "mala" paternidad, sino que son las propias necesidades emocionales no satisfechas las que impiden que determinados conglomerados sociales de adultos no puedan ofrecer consistentemente a sus hijos los cuidados físicos y el adiestramiento social ni tolerar las demandas emocionales. Por tal razón, es necesario delimitar hasta que grado el funcionalismo mental puede mezclarse con enfermedades médicas y "sociales".

Las mil caras de la inteligencia

"Todo es nuevo y no obstante, todo es antiguo"

Johan Wolfgang von Goethe

"No hay ninguna expresión del espíritu que no determine un ademán en el cuerpo, ni movimiento alguno que no trace en el espacio un ademán del espíritu".

E. Mounier

Mientras asistía a la escuela primaria durante la segunda mitad del siglo XVIII, Franz Joseph Gall observó una determinada relación entre determinadas características mentales de sus condiscípulos y las formas de sus cabezas: por ejemplo, observó que los niños con ojos prominentes tenían una buena memoria: Gall continuó desarrollando esta idea una vez graduado como médico y neuroanatomista y algunos años más tarde la colocó en el centro de una disciplina que denominó frenología. La idea fundamental de la frenología es que las diferencias de lo cráneos humanos y sus variaciones reflejan diferencias en el tamaño y la forma del cerebro, dado que las diferentes partes de este se subordinan a funciones concretas, de modo que el examen de las configuraciones craneales de un individuo dado podría determinar las características de su perfil mental. Originalmente, Gall estableció 27 localizaciones que luego fueron ampliadas a 37 por su discípulo Joseph Spurzheim. Las características estaban distribuidas en cuatro grupos principales que incluían inclinaciones, sentimientos, facultades intelectuales perspectivas y facultades intelectuales reflexivas. Gall fué uno de los primeros científicos modernos en destacar como diferentes partes del cerebro intervienen en las diferentes funciones, además de que "en general no existen poderes mentales como la percepción, la memoria y la atención, sino que hay diferentes formas de percepción, memoria y cosas parecidas para cada una de las distintas facultades intelectuales, como el lenguaje, la música o la visión". Gall fué el primer proponente del localizacionismo, que recibió un fuerte apoyo cuando el cirujano y antropólogo Pierre Broca demostró la relación entre la lesión entre una zona cerebral determinada con un deterioro cognoscitivo específico[353].

En el cenit del conductismo y la psicometría se creía que la inteligencia era una sola, y que los seres humanos a semejanza de una *tabula rasa* podrían ser capacitados para aprender cualquier cosa que se presentara con los métodos adecuados. Los continuos avances en este campo han llevado a sostener una postura opuesta, que considera que existe una multitud de inteligencias que son interdependientes entre sí, cada una tiene sus propias ventajas y limitaciones.

Al considerar que las inteligencias o tendencias intelectuales humanas se conciben en términos neurobiológicos, si se conjuga esta vertiente biológica con una vertiente de influencia socio-ambiental, nuevamente surge un concepto epigenético del desarrollo. La distinción entre inteligencia, ámbito y campo es un avance conceptual porque permite comprender que toda inteligencia se puede aplicar en un amplio espectro de situaciones sociales. Si una persona destaca en el ámbito musical o cualquiera otro, durante la etapa de socialización se fortalecerá este vínculo: una vez se alcanza cierta destreza, el campo como conjunto de instituciones, gente, críticas del propio desempeño personal, define las oportunidades de éxito. En la medida que un "campo" acepte las innovaciones de una persona, se puede considerar la persona como creativa. El individuo creativo es aquel que regularmente resuelve problemas o inventa productos en un ámbito y su trabajo es reconocido como innovador por los miembros de un determinado campo.

De otra parte, los estudiosos de la inteligencia, buscan su aplicabilidad por medio de la inteligencia artificial, partiendo del hecho que si bien no hay en el momento actual una clara raya divisoria entre la conducta no-inteligente y la conducta inteligente, existen algunas capacidades que son características de la inteligencia[354]:

• Responder flexiblemente a las situaciones
• Sacar provecho de situaciones fortuitas
• Hallar sentido en mensajes ambiguos o contradictorios
• Reconocer la importancia relativa de los diferentes elementos de una situación
• Encontrar semejanzas entre varias situaciones, pese a las diferencias que puedan separarlas
• Descubrir diferencia entre varias situaciones, pese a las semejanzas que puedan vincularlas
• Sintetizar nuevos conceptos sobre la base de conceptos viejos que se toman y reacomodan de nuevas maneras
• Originar ideas novedosas

Uno de los atributos inherentes a la inteligencia, cuestión examinada a la luz de comparaciones entre ordenador frente a cerebro, es que la inteligencia puede tomar distancia de lo que está haciendo, con el objeto de examinarlo, con el fin de buscar modelos. En marco sociológico por ejemplo, solo contados individuos tienen la lucidez de percibir un sistema que está gobernando la existencia de muchas personas, un sistema que nunca antes había sido identificado como sistema y a partir de ese momento esos individuos suelen dedicar su vida a la empresa de convencer que el sistema que está allí en forma soterrada es preciso abandonarlo. Todos los seres humanos en alguna medida son capaces de actuar dentro de un sistema y simultáneamente, pensar acerca de lo que se está haciendo[355].

Las inteligencias múltiples se han propuesto a partir de diversas fuentes que incluyen desde individuos sanos normales hasta individuos con lesiones cerebrales, procedentes de diversas culturas.

Del genio y la creatividad

En los casos de las más altas cotas de inteligencia humana, la inteligencia elevada se asocia con una gran memoria. Una de las múltiples definiciones de inteligencia, la considera como la capacidad de ver interrelaciones, pero para ello, la mente debe estar llena de ideas con las que el tema que interesa pueda relacionarse. Pero si la inteligencia y la memoria suelen estar estrechamente unidas, no significa que no puedan descollar por separado. El rasgo básico de la amplitud intelectual consiste en la capacidad de integrar datos aislados en patrones y estos en configuraciones aún más amplias.

Un ejemplo clásico es el de Karl Friedrich Gauss, nacido en Brunswick -Alemania occidental- en 1777, quien a los diez años ingresó a clases de matemáticas, y habiendo el profesor de la escuela preguntado cuanto sumaban los cien primeros números, Gauss levantó la mano inmediatamente, y diciendo ¡Ligget se! -Lo tengo-, dió la respuesta correcta: cincomil cincuenta. Aún en su edad madura, Gauss gustaba decir como de todas las respuestas de los demás alumnos, la suya había sido la única correcta. A los 24 años publicó su obra *Disquisitiones Aritmethicae*, donde se considera que plantea la teoría de los números del mismo modo que Euclídes lo hizo por la geometría[356].

Los calculadores veloces o "calculistas relámpago" no tienen porque ser más inteligentes -como de hecho se puede ver el hermoso ejemplo de un autista de alto rendimiento personificado por Dustin Hoffman en la película "Rainman", de Barry Lehvinson, cuyas dotes son explotadas por un hermano inescrupuloso para ganar apuestas en casinos-, sin embargo, la comprensión de las relaciones forma parte de la inteligencia. Los llamados "idiots savants" (en francés, los idiotas sabios) son conocidos por hacer cálculos matemáticos de hasta 100 cifras, y por poder hacer grandes conteos en lapsos breves; en personas normales la capacidad de conteo instantáneo es de un promedio de seis unidades.

Al hablar de inteligencia, no es posible pasar por alto las cotas altas de su expresión y que constituyen el genio, pues aunque éste no siempre se manifiesta a edad temprana, en algún momento dejará su huella[357]. "Al león se le conoce por las garras", dijo el matemático Bernoulli a propósito de la resolución del problema de la braquistocrona, cuando en la solución anónimamente enviada, entrevió la genialidad de Newton.

El genio se puede definir como un individuo altamente dotado quien produce contribuciones a la civilización que trascienden más allá de su tiempo. Hay una amplia opinión acerca de que siempre hay algo anormal con quien es considerado genio. Desde el tiempo de Aristóteles se ha descrito que los hombres y mujeres con rasgos de genialidad generalmente muestran características patológicas, fenómeno también destacado por Kretschmer, enfatizando la relación del genio con la psicopatología. Kretschmer plantea adicionalmente que el calificativo de genio corresponde a un atributo personal excepcional, sugiriendo

> (...) denominar genios a aquellas personalidades que han sido capaces de despertar en gran número de hombres, de modo duradero y en grado excepcionalmente elevado, sentimientos positivos de valor (...) se les llamará genios sólo en el caso particular en que dichos valores hayan surgido de la estructura anímica de su poseedor, especialmente combinada al impulso de un imperativo psicológico (...)[358].

William James y Herbert Spencer propusieron como tesis que las funciones de la sociedad y del ambiente geográfico no son la producción del genio, sino un factor seleccionante; pero usualmente se conoce al genio por los datos biográficos asociados a la producción de su obra importante, aunado al hecho de las motivaciones personales que llevaron a tal trabajo[359].

Los genios son altamente inteligentes, pero no todos los individuos de gran inteligencia son genios, porque hace falta interactuar con el mundo circundante, para lo cual es necesario el desarrollo de algunas capacidades especiales, de algunas cualidades específicas que residen en el pensamiento y la personalidad. La tarjeta de identidad del genio es un exuberante talento creativo que en la escala de la inteligencia no ofrece ningún rasgo peculiar, en la mayoría de los casos su inteligencia está en el rango medio superior, con CI entre 110-130, pero como en la dotación de la inteligencia no reside ningún condicionamiento imprescindible para el genio, ni mucho menos rasgos definidores, en la casuística de los genios se halla una dispersión intelectual extrema, tanto en los valores superiores como en los inferiores de CI, abarcando el espectro desde los "idiots savants" hasta los superdotados.

Es necesaria una especie de delicado equilibrio entre la fortaleza de la versatilidad, y la debilidad de la falta de concentración en una sola actividad. En el momento presente más que nunca, se pone de relieve la necesidad de individuos con un alto coeficiente intelectual, con una gran capacidad mental y un amplio campo de intereses, para poder crear "la masa crítica" que permita un lento pero progresivo florecimiento de los rasgos genuinamente hominizantes de la naturaleza humana y que actúen como los catalizadores que medien en la multiplicación de experimentos de tipo social, político, económico, cultural y científico para poder obtener beneficios a largo plazo para la especie.

Thomas Alva Edison -el mago de Menlo Park- respondía a la pregunta sobre el secreto de sus inventos "el 1% es inspiración, el 99% es transpiración", mientras que Ernest Gombrich-el historiador de arte más conocido de todos los tiempos se refería a que "hacer está antes que adecuar".

Tanto los genios literarios como los científicos y los plásticos requieren encender su genialidad con el tesón y el esfuerzo mantenidos con suficiente continuidad. El retrato del genio creativo corresponde a un trabajador muy motivado por la voluntad de la creación al mismo tiempo que muy tocado por la inspiración. Tiene una finalidad. El genio puede estar poseído por una manantial tal de energía creadora que le motive a salir avante de cualquier adversidad, como sucedió en los casos particulares de Beethoven y Dostoievski. Y el genio, en su faceta de personalidad creadora, gira en torno a la independencia, la libertad crítica ante sí mismo y los demás, el sentido del humor y la voluntad de trabajo. La personalidad creadora depende de sí misma en la motivación cognoscitiva, que a veces se presenta en forma de una curiosidad desatada, unida a una tendencia a la autorrealización y una búsqueda de la libertad[360].

La personalidad creadora adicionalmente tiene otros factores que le permiten surgir y son, un pensamiento de tipo lógico-racional e imaginativo asociado con una gran intuición enlazado con la actividad creadora del inconsciente, todos estos factores sustentados en una sólida inteligencia conceptual capaz de seleccionar lo esencial[361]. Jung destaca el hecho que muchos artistas, filósofos y científicos deben algunas de sus mejores ideas a la inspiración que súbitamente provino desde el inconsciente: la capacidad de llegar a un filón de material intelectual y convertirlo realmente en filosofía, literatura, música, ciencia o arte por citar algunos, garantiza lo que comúnmente se llama genio.

Refiere el psiquiatra Francisco Alonso Fernández como la creatividad, si bien no es un proceso adscrito a la esfera de la inteligencia, requiere el concurso de una dotación intelectual de tal magnitud que haga que el proceso de la creatividad tenga por así decirlo, cierta fluidez. La inteligencia es un fundamento de la creatividad, pero su presencia en un grado abundante como en el caso de un superdotado, al que Fernández se refiere como "el inteligente del éxito", no basta para pulsar el motor de la originalidad creativa[362].

Una forma de caracterizar la producción de cualquier civilización es tomar en consideración el modo en que se plantean los tópicos fundamentales sobre el origen, la naturaleza, el destino de la vida, nuestro papel en el mundo y en el universo como un todo y las soluciones planteadas en relación a estas cuestiones. El lento proceso de respuesta a estas cuestiones trascendentales es una de las respuestas a los interrogantes sobre la propia naturaleza humana, sobre la naturaleza de nuestra mente y nuestra conciencia, nuestra relación con el cosmos.

Es necesaria, pues, la presencia de individuos con capacidades especiales y buena capacidad de trabajo para el logro de estos desempeños sobresalientes para el beneficio de toda la humanidad. Muchos de los problemas que se plantean tienen solución, pero si estamos dispuestos a aceptar soluciones atrevidas, brillantes y complejas, que parafraseando a Carl Sagan, solo las podrán encontrar individuos atrevidos, brillantes y complejos. La educación de tales seres debe abarcar la mayor comprensión posible de la naturaleza, una educación general en el más amplio sentido del término. En virtud del ingenio y la creatividad humanos, *Homo sapiens sapiens* es la primera especie que parece tener en sus manos la evolución como tal, aunque teniendo en contra todas sus acciones que parecen delatar más que la falta de su inteligencia, su limitada visión de la pertenencia a procesos globales, cuya fuente quizá sea el sobre-racionalismo de la sociedad occidental, en el extendido uso de la tecnología para incrementar la sensación de placer material y disfrute corporal y no la creatividad ni la inteligencia.

La inteligencia del "Hombre social" (*Zoon politikon*)

"Se deben tener conocimientos para producir obras"

Francis Bacon - The advancement of Learning

En los noticieros -de todos los días abundan informes sobre actos relacionados con emociones fuera de control. Las noticias reflejan en una escala amplia como lo refiere Daniel Goleman, una escala más amplia de que existen cada vez más emociones fuera de control en nuestras propias vidas y en las de los demás. Norman Vincent Peale en un artículo de Selecciones del Reader's Digest hacía referencia en Junio de 1974 a la "Virtud de los buenos modales", afirmaba como su madre le decía que se "portara con educación", y el padre le reprochó a la madre que atribuyera a los modales el mismo valor que a la moral, a lo cual ella respondió que no les daba el mismo valor, pero "los principios morales no siempre se exteriorizan" Ralph Waldo Emerson decía que "los buenos modales constituyen la manera feliz de hacer cualquier cosa" y en la "Ética a Nicómaco", Aristóteles plantea el desafío de administrar nuestra vida emocional con inteligencia. Las pasiones presentes en cada uno, cuando son bien ejercitadas son sabias, guían adecuadamente nuestro pensamiento, nuestras acciones y nuestra subsistencia.

La visión de la inteligencia se ha expandido, incluyendo la inteligencia emocional, que incluye cualidades como el autodominio, el celo, la persistencia y la capacidad de motivarse a uno mismo. Existe cada vez un mayor cuerpo de evidencias sobre la relación de la inteligencia emocional con manifestaciones que conocemos como "sentimientos", "carácter" e "instintos morales". Cada vez se logra una mayor aproximación a que las posturas "éticas" fundamentales en la vida surgen de las capacidades emocionales subyacentes. En principio, el impulso es el instrumento de la emoción; podría citarse nuevamente a Goleman cuando refiere "como la semilla de todo impulso es un sentimiento que estalla por expresarse en la acción"[363]. Existen quienes están a merced de sus impulsos, de tal forma que careciendo de autodominio, carecen de capacidad de controlarlos no pueden mostrar voluntad ni carácter. Una extendida enfermedad emocional se expresa en el aumento de los casos de depresión en el mundo, ya que la raíz del altruísmo se encuentra en la empatía, en cierta forma, de interpretar las emociones de los demás. Si no se siente esta necesidad o la desesperación del otro, no existe esa sensación que en el Nuevo Testamento se describió con la palabra griega *esplacnisomai,* que literalmente significa "sentir con las tripas". Existen dos posturas que nuestra época reclama, que son dominio de sí mismo y compasión. Un Mahatma, literalmente "alma grande", es un mar de compasión, al decir del hinduismo.

¿De dónde surge este tipo de manifestaciones empáticas como el *esplacnisomai* que se mencionó? La mente emocional, de acuerdo a los psicólogos Paul Ekman y Seymour Epstein de la Universidad de California y de Massachussets respectivamente, ofrece una lista básica de las cualidades que dan vida individual a las emociones, lejos de otras contingencias de la vida mental. Así por ejemplo, la mente emocional es mucho más rápida que la mente racional, no se detiene a pensar en lo que está haciendo. Su rapidez es incompatible con reflexiones analíticas o deliberadas propias de la mente pensante, que surgió probablemente de dilemas frente a otro animal sobre quien se come a quien. Si el animal era muy lento, probablemente no podría transmitir estos genes lentos a su progenie. De este modo, la mente emocional actúa como un "radar" para percibir el peligro, los intervalos en que evalúa la percepción transcurren en milésimas de segundo, de modo que la velocidad y el auto-matismo de esta reacción que son los empleados por los denominados marcadores somáticos (Cf. Marcadores somáticos - teoría de la emoción de James-Lange-Schachter-Damasio), no alcanza a ser percibido por la conciencia. Dado que la mente racional le toma más tiempo que a la mente emo-cional registrar la información y responder de una manera adecuada, lo que se conocen como "los primeros impulsos" tienden a provenir del cerebro emocional. Ekman se refiere a estos primeros impulsos como aquellos en "que no elegimos nuestras emociones", aunque aclarando que le mente emocional no decide el tipo de emociones que se pueden exhibir en un momento dado; la mente racional se encarga de controlar el curso de estas reacciones[364]. En la vida emocional las identidades pueden comportarse holográficamente, en el sentido de que una sola parte evoca al todo.

Paradójicamente, en la época de la historia como lo es el siglo XX cuando la educación ha llegado a una mayor proporción de humanidad, es también la época de la generación más destructiva y sangrienta. Los individuos actualmente viven en un complejo mundo de tecnología y organizaciones demasiado grandes y costosas para que pueda poseerlas y manejarlas. La ciencia y la tecnología ofrecen cantidades ilimitadas de bienes y comodidades sin poner en peligro la salud o la seguridad de la mayoría, fenómeno cuya raíz se encuentra en la especialización del trabajo, que ha creado una mayor interdependencia entre los hombres, lo cual es la "*raison d'être*" de la democracia. El método básico de la democracia es el funcionamiento de la inteligencia de grupo, de la capacidad y disposición de un grupo social para llegar a un acuerdo sobre los objetivos comunes y para en-focar efectivamente la acción en la consecución de los objetivos deseados. De este modo, el grupo inteligente determina sus propósitos y trata de alcanzarlos por medio del pensamiento.

Asimetrías en el rendimiento funcional del neocórtex

Los hemisferios son la parte del cerebro anterior que ha evolucionado más recientemente y de aquí el nombre de neocórtex o corteza nueva que recibe la gran corteza que lo recubre. El neocórtex de ambos hemisferios se subdivide en cuatro lóbulos, el frontal, temporal, parietal y occipital. Las partes más antiguas del cerebro anterior, el archicórtex y el paleocórtex se relacionan específi-camente con el sentido del olfato. Estas cortezas primitivas poseen conexiones y características estructurales únicas, como sucede por ejemplo con las funciones mnésicas del hipocampo, que constituye una parte principal del archicórtex y con el sistema límbico, que se relaciona con el humor y las emociones.

Volviendo al neocórtex, los hemisferios cerebrales están compuestos por una capa de corteza cerebral que recubre toda la superficie replegada, dando origen así a un área total de 1200 cm^2 por cada hemisferio, en donde el neocórtex tiene unos 3 mm de espesor y comprende aproximadamente unos 10.000 millones de neuronas[365], si fuéramos capaces de extenderla, ocuparía dos metros cuadrados.

En el cerebro normal, con abundantes conexiones interhemisféricas a cargo de la sustancia blanca comisural del conjunto de fibras llamado cuerpo calloso, la interacción entre los dos hemisferios es de tal clase que parecen ayudarse el uno al otro en tareas tanto verbales como no verbales. Teuber, citado por Eccles, se refiere a tal cooperación entre los hemisferios afirmando que "la idea del dominio unilateral del hemisferio izquierdo sobre el derecho en el humano se ha abandonado, sustituyéndose por la idea de la especialización complementaria". No se habla entonces de dominancia hemisférica, sino de especialización hemisférica. Antonio y Hanna Damasio consideran que el lenguaje es procesado en el cerebro por medio de tres grupos de estructuras que actúan influyéndose recíprocamente. El primer grupo comprende un amplio conjunto de sistemas neurales que hay en ambos hemisferios representando las interacciones no lingüísticas entre el cuerpo y su entorno mediadas por los diversos sistemas sensoriales y motores, lo cual significa que todo lo que la persona haga, perciba o piense mientras actúa en el mundo le permite organizar los objetos, los sucesos y las relaciones como un pilar para el procesamiento del lenguaje. Un segundo grupo neuronal situado en el hemisferio cerebral izquierdo representa las reglas sintácticas para combinar las palabras, de tal modo que si se le ha estimulado, reúnen las formas verbales para generar frases ya sean verbales o escritas. Un tercer grupo neuronal también localizado en el hemisferio izquierdo sirve de intermediario entre los dos primeros, pudiendo estimular la producción de formas verbales o bien recibir palabras y hacer que en respuesta a la recepción de palabras, hacer que se formen los conceptos correspondientes. Los procesos neurales responsables de la interacción entre el individuo y el objeto constituyen –de acuerdo a Damasio & Damasio-, una rápida secuencia de micropercepciones y microacciones casi simultáneas por lo que respecta a la conciencia[366].

Cada hemisferio cerebral considerado en forma aislada tiene sus propias fortalezas y debilidades para ejecutar determinadas tareas. Ciertas tareas son mejor ejecutadas por medio de análisis dividiendo el problema en elementos lógicos, por medio de decodificación verbal, mientras que otras son mejor ejecutadas en forma no secuencial, sino por procesamiento de la totalidad de la información. Como ejemplo de esta última categoría, reconocemos una cara por la integración de elementos como los ojos, las mejillas, los labios, el bigote, el cabello, etc. Si se verbalizaran cada una de las características que se reconocen en una cara, sería difícil reconocer a quienes nos rodean[367].

Se ha descrito en otros apartes como el hemisferio izquierdo con su particular modo de conocimiento dualista y de lógica aristotélica ha sido el pilar de la cultura occidental. El método de "oposición de contrarios" fué una de las herramientas para lograr la dilucidación racional de las nociones primeras. En varias ramas de la ciencia se usa el interjuego de las determinaciones por oposición para poder entender conceptos como el punto, la unidad, la proposición del ser en general, como algunos ejemplos. En geometría, para describir el punto, se expresa su diferencia específica mediante un término negativo, que de acuerdo a la definición euclidiana, consiste en que el punto es aquello extenso que carece de partes; en aritmética la unidad se define como aquello que no es divisible; en lógica y metafísica la proposición del ser en general es una enunciación negativa que se basa en el principio de no dar cabida a la contradicción.

Estos ejemplos sin embargo, encierran en sí la paradoja de que las proposiciones primordiales son negativas, sin que su ser dependa de su correlación con el no ser. Pero el modo cognoscitivo del hemisferio izquierdo, de tipo analítico, lógico y lineal requiere de los principios como un mecanismo para visión, intelección, esto es literalmente *intus lectio* que traduce "lectura del objeto en lo íntimo". Las dilucidaciones obtenidas por el método de oposición son claramente divisionistas, permiten separar el objeto de su totalidad y lo introducen seguramente a su contenido propio[368]. "Entender" las cosas equivale a reducir las cosas a las dimensiones adecuadas, ordenarlas, hallar patrones de regularidad, factores comunes y simples recurrencias que nos dicen porqué las cosas son como son y como van a ser en el futuro.

Sin embargo, surge una paradoja que cognoscitivamente nos pone a caminar en el filo de la navaja, cuando por un lado suponemos que el sistema nervioso opera con representaciones del mundo. Cuando se plantea que el sistema nervioso no opera –y no podría operar- meramente con una representación del mundo circundante, ¿cómo surgiría la gran efectividad operacional de las es-pecies animales y del hombre, la gran capacidad de aprendizaje y manipulación del mundo? Surge una versión opuesta si se rechaza el rol del medio circulante y se asume que el sistema nervioso funciona en el vacío donde todo es posible, configurando un extremo de absoluta soledad cognos-citiva llamado solipsismo (término que en la antigüedad clásica denotaba que solamente existía la interioridad). La paradoja entre solipsismo y el representacionismo emerge cuando el solipsismo postula que solamente por mecanismos mentales que permitan la adquisición de la información se logra la adecuación entre el organismo y su mundo, mientras que el representacionismo postula que la efectividad operacional y manipulativa del hombre y los animales se basa en representaciones mentales. El solipsismo argumenta la imposibilidad de conocer el fenómeno cognoscitivo cuando se asume el mundo como un mundo de objetos a menos que haya un mecanismo que de hecho nos permita tal información y el cual tiene que ver con el individuo. Estos dos extremos aparen-temente contradictorios han existido desde los primeros intentos por comprender el fenómeno del conocer; y la afirmación de aparente contradicción se hace en el contexto de que sí existe una solución, la cual consiste de acuerdo a Maturana y Varela, en mantener una clara "contabilidad lógica", lo cual significa salirse del plano de la oposición y pasar a un contexto más abarcador en el que no se pierde de vista el hecho de "que todo lo dicho es dicho por alguien"[369].

En un sentido práctico, la inteligibilidad del mundo equivale al hecho de hallar que tiene la llamada "compresibilidad algorítmica"[370]. Churland, Damasio & Damasio, llaman acertadamente a tal pro-ceso "compresión cognoscitiva", que ayuda a categorizar el mundo y a reducir la complejidad de las estructuras conceptuales a una escala manejable[371]. Tal propiedad se relaciona con la capacidad de representar abreviadamente una serie de símbolos. Cuando las cadenas de hechos pueden ser comprimidas algorítmicamente de una manera significativa, estamos en el camino de crear ciencia.

En las ciencias exactas como la física y la química, la característica más importante de su objeto de estudio es la existencia de idealizaciones sensibles de fenómenos complicados, que garantizan que las compresiones algorítmicas sean una buena aproximación al verdadero estado de hechos: se facilita el conocimiento por "mapas", que no equivalen al territorio, pero en la medida que las idea-lizaciones sobre un concepto dado evolucionen se puede avanzar a una descripción más realista al permitirse la introducción de pequeñas desviaciones[372]. Sin embargo, cuando la verdad es reducida a una mera representación, los pensamientos ya no son una parte integral del cosmos, sino que son proposiciones desimplicadas que se supone que hacen de espejo del cosmos, reflejando un mundo de materia y de hechos "allí afuera": la razón es reducida a un conjunto de procedimientos para cartografiar el paisaje del cosmos, dejando de ser una sintonía con éste. Con el enfoque de conocimiento por mapas, la verdad puede llegar a significar solo un encaje funcional por medios instrumentales que mantienen a un sistema en términos funcionales. El especialista en semántica Alfred Korzybski, refiere que el "mapa no es el territorio", a propósito de lo difícil que es ser consciente de las limitaciones y la relatividad del conocimiento conceptual, que hace que al poder captar con mayor facilidad la representación de la realidad frente a la realidad misma. Tendemos a tomar nuestros conceptos y nuestros símbolos como la realidad[373].

El conocimiento entonces no se debe limitar al conocimiento por mapas. Ya Francis Bacon había advertido de este peligro al tratar sobre los ídolos o idola -término que empleaba en el sentido del rechazo a las imágenes- que consisten en "tomar un retrato por la realidad", confundir una idea con una cosa. Los errores forman parte de este tema, y el primer problema de la lógica es descubrir y represar las fuentes de estos errores. Estos errores o ídolos humanos Bacon los denomina como "ídolos de la tribu", "ídolos de la cueva", "ídolos del mercado" y por último, los "ídolos del teatro". Tales errores "apartan al hombre del camino de la verdad (...) es una desgracia (que) el mundo intelectual deba permanecer cerrado dentro de los estrechos límites de los viejos descubrimientos"[374].

Históricamente, el concepto de la dualidad morfológica y funcional en el funcionalismo de los hemisferios cerebrales fué planteada por dos médicos ingleses, Henry Holland y Arthur Landbroke-Wigan. Holland anotó en su obra "Notas Médicas y Reflexiones" un capítulo sobre el "Cerebro como órgano doble", en el cual especulaba que los cuadros de aberraciones de la mente o insania podían deberse a alguna clase de incongruencia de la doble estructura, de modo que los dos estados de conciencia descritos en la histeria podrían ser el producto de los cambios en los hemisferios. Por su parte, Wigan publicó la obra titulada "Dualidad de la Mente" en el cual trataba de probar como los dos hemisferios cerebrales funcionaban en ocasiones en forma dual y como las enfermedades mentales eran el resultado de una función anormal de uno de los hemisferios cerebrales[375].

Las investigaciones realizadas en personas en quienes ha sido necesaria la escisión de las conexiones del cuerpo calloso o comisurotomía ha permitido el conocimiento de las asimetrías funcionales entre los hemisferios. Al hacer la diferenciación entre los dos hemisferios, se sigue imponiendo la clasificación en hemisferio dominante y no dominante. La dominancia deriva de las capacidades verbales e ideativas y de su conexión con la mente autoconsciente. El hemisferio dominante realiza un control casi completo en la ejecución del habla, la escritura y el cálculo, es más agresivo y ejecutivo en el control del sistema motor. Suele ser el hemisferio con el que nos comunicamos ordinariamente, y el que deja secuelas devastadoras cuando es lesionado, por ejemplo en enfermedad cerebrovascular. Las actividades nerviosas del hemisferio menor quedan aisladas de aquellas áreas cerebrales que mantienen comunicación con la mente autoconsciente.

En los pacientes con comisurotomía, el premio Nobel de Medicina Roger Sperry describe:

> "el hemisferio menor, mudo, parece dejarse arrastrar a la manera de un pasajero pasivo y silencioso que deja la dirección de la conducta principalmente al hemisferio izquierdo. De acuerdo con ello, la naturaleza y cualidad del mundo mental interno del silencioso hemisferio derecho permanece relativamente inaccesible a la investigación, precisando mediciones de prueba especiales con formas de expresión no verbales"[376].

El hemisferio menor puede ser considerado superior al cerebro de los primates no humanos, porque exhibe reacciones inteligentes, aunque las demuestre con varios minutos de retraso, del mismo modo que respuestas de aprendizaje. Posee habilidades relacionadas con procesamiento espacial y auditivo de información, aunque no proporciona experiencias conscientes a la persona. Es probable que exista otra mente en este cerebro que no se comunica con nosotros porque carece de lenguaje; *o nuestro lenguaje verbal no es suficiente para acceder a esta mente* -cursiva mía-.

La posición de autores connotados como Eccles, es agnóstica respecto al problema de las actividades mentales del hemisferio menor y la consciencia. Se puede considerar que hay una aproximación al hemisferio derecho cuando por ejemplo, en el análisis junguiano se aplica una dialéctica simbólica particular e irrepetible para cada individuo, cuyo convencimiento depende de presentar una visión reiterada de un mismo tema visto desde un ángulo ligeramente diferente, en lugar de trabajar con argumentos silogísticos, hasta que la persona quien en un principio consideró que no había demostraciones conclusivas, se ha apoderado e incorpora dentro de sí una verdad más amplia. El argumento junguiano se eleva en espiral sobre su tema, siendo descrito como un pájaro volando en torno a un árbol: al principio cerca del suelo solo ve hojas y ramas en confusión, a medida que paulatinamente asciende, los aspectos del árbol forman un todo y cobran relación con sus contornos[377].

A la luz de los hallazgos sobre especialización hemisférica, John Rowan refiere en su obra sobre psicología transpersonal como lo transpersonal no es el hemisferio derecho. Si bien el hemisferio izquierdo rige las operaciones del pensamiento formal que incluye las categorías del ego mental y de la lógica aristotélica, no es verdadero que todo lo demás esté localizado en el hemisferio derecho. Lo prepersonal del hemisferio derecho es aquello que aún no es capaz de operar con lógica formal o no admite su validez porque su complejidad lo sobrepasa, mientras que lo transpersonal es aquello que sobrepasa las categorías ordinarias del pensamiento porque su marco conceptual es limitado. Lo transpersonal no es pues, ubicable al menos en el estado actual de conocimientos en alguna parte exacta del cerebro, porque surge la falacia de convertir un proceso en una cosa[378].

Cada lado del cerebro es capaz de ejecutar una serie de tareas cognoscitivas que el otro lado encuentra difícil de realizar. El hemisferio derecho sintetiza en el espacio, mientras el hemisferio izquierdo analiza en el tiempo; mientras el derecho percibe la forma, el izquierdo percibe los detalles. Definiendo funcionalmente los hemisferios por lo que no son capaces de hacer, y de acuerdo a Jerre Levy, "al hemisferio derecho le falta un analizador fonológico y al hemisferio izquierdo un sintetizador de gestalt". Sin embargo, en adultos el hemisferio derecho puede presentar una comprensión sustancial del lenguaje, especialmente en el uso lingüístico asociado a las imágenes.

El hemisferio derecho puede comprender instrucciones breves que no sobrepasen las tres palabras, aunque carece de la capacidad semántica para completar oraciones. Eccles, en concordancia con Zaidel, sugiere que en cada etapa de adquisición del lenguaje se da una compleja interacción entre ambos hemisferios. Existen pruebas que el hemisferio derecho presta apoyo en tópicos de comprensión auditiva a un hemisferio izquierdo afásico. Sin embargo, no se ha logrado entender porque a pesar de su considerable comprensión verbal, el hemisferio derecho es tan deficiente en expresión verbal, excepto cuando ha alcanzado a tener transferencia de la capacidad lingüística a edades tempranas[379].

Pese a ser ambos hemisferios diferentes en sus habilidades de tipo perceptual, cognoscitivo y emocional, tanto el cerebro como la personalidad tienen un carácter unitario y ello es debido al incesante tránsito de información entre ambos hemisferios.
Volvamos a Roger Sperry cuando describe como:

> "las especialidades del hemisferio derecho son de tipo no verbal, no matemático y no secuencial, siendo fundamentalmente de tipo espacial y pictórico, como el reconocimiento de caras, la discriminación y el recuerdo de formas no descritas, discriminación de acordes musicales, selección de tamaños y formas en categorías, percepción del todo a partir de una de las partes, percepción intuitiva y comprensión de principios geométricos "[380].

Las áreas visoconstructivas en el neocórtex fueron descritas por Wilder Penfield y Lamar Roberts en 1959, a partir de la información obtenida por técnica de estimulación eléctrica directa en la corteza cerebral. Posteriormente los estudios realizados en pacientes comisurotomizados han revelado que las áreas visoconstructivas se localizan en el hemisferio derecho, en particular hacia el área parietal inferior, y se hipotetiza que principalmente hacia las áreas 39 y 40 de Brodmann que se configuran especularmente con parte del área de Wernicke del lenguaje.

Las áreas visoconstructivas evolucionan asimétricamente para un óptimo rendimiento funcional en la capacidad del neocórtex que evite funciones duplicadas. Eccles, de acuerdo con las ideas de Marshack, plantea como las capacidades de secuenciación y abstracción lateralizada orientada por la visión evoluciona a partir de la pictografia primitiva inicial a sistemas simbólicos de mayor complejidad, como los de matemáticas, geometría y astronomía. Y de acuerdo con Baumgartner, le cita al considerar como "el sistema visual lleva a una representación del entorno con un patrón dinámico de actividad neuronal, construyendo para nosotros una realidad ajustada a nuestras interacciones con el mundo físico"[381].

La asimetría cerebral tiene un significado evolutivo importante, porque multiplica la capacidad cortical. Evolutivamente, la economía de la corteza se caracteriza por la supresión de la duplicación de las funciones neocorticales. Los estudios realizados en niños con daño de uno u otro hemisferio han mostrado que la dominancia izquierda está presente si ya se ha iniciado el lenguaje, pero a diferencia de los adultos, cuando hay daño en el hemisferio izquierdo los niños pueden recobrar la capacidad del lenguaje porque el derecho puede asumir tales funciones por el fenómeno llamado "plasticidad cerebral" (Cf. Plasticidad cerebral) ¿Porqué el hemisferio izquierdo es el dominante en la mayoría de las personas? Tal parece que el lenguaje se desarrolla en el hemisferio izquierdo por una asimetría anatómica presente en el feto humano y que favorece al hemisferio izquierdo para las funciones del lenguaje. Una vez una región del cerebro empieza a ser especializada para una función en particular, tal como el lenguaje cuando los circuitos de tal zona se están formando, es posible que la actividad funcional preexistente fomente el desarrollo de esta área sobre otras.

El cuerpo calloso, ese conjunto de fibras que conectan a los dos hemisferios tiene menor cantidad de conexiones que las presentes en cada hemisferio. Si tuviera la misma cantidad, ocuparía el volumen de ambos hemisferios. De modo que la especialización hemisférica favorece el ahorro de espacio, evita la diseconomía de escala, (Cf. Una teoría general del cerebro) dado el tamaño limitado de la cavidad craneana y mejora la eficiencia funcional[382].

Desde el punto de vista del neurodesarrollo es importante que el desarrollo del hemisferio izquierdo es posterior al del hemisferio derecho, de modo que cualquier trastorno en el neurodesarrollo durante el segundo trimestre de vida intrauterina conducirá a una alteración en el desarrollo del hemisferio izquierdo, con un hemisferio derecho dentro de lo normal. Existen diferencias de género en cuanto al desarrollo cerebral, se describe como el lóbulo temporal se desarrolla más rápido en mujeres que en hombres, lo que sugiere la presencia de mas anormalidades por disfunción del lóbulo temporal en hombres que en mujeres[383].

El surgimiento de la asimetría en las funciones corticales por la creación de la neoneocórtex permitió el aumento de la capacidad cortical sin el aumento de las complicaciones obstétricas. En el desarrollo evolutivo del cerebro del homínido se puede conjeturar que resultaba biológicamente eficiente la posesión de un hemisferio especializado en las tareas lingüísticas, analíticas, de cálculo e ideación, mientras que el otro hemisferio se especializaría por un diseño microestructural distinto, en tareas sintéticas, holísticas, pictóricas y espaciales. Es notable que estas categorías de diferenciación en general persistan, a pesar de la gran cantidad de conexiones interhemisféricas por las fibras blancas comisurales o de conexión, como el cuerpo calloso. Pero esencialmente, persiste la idea de la especialización complementaria descrita por Teuber[384].

Esta caracterización hemisférica es exclusiva del hombre, no se ha encontrado en primates no humanos. A lo largo de la evolución humana, la especialización de los hemisferios debe haberse desarrollado en respuesta a las exigencias únicas hechas por el lenguaje o quizá en un grado menor, por las capacidades de reconocimiento de las formas y una nueva concepción del espacio, que fueron capacidades implícitas en la construcción y utilización de instrumentos. Esta considerable exigencia de espacio hemisférico en caso de tener representación bilateral hubiera resultado en una enorme diseconomía de escala por la gran cantidad de conexiones que se hubieran requerido, de forma que la evolución eliminó tal redundancia y separó las funciones[385]. Existen pruebas de la codificación genética de la separación de las funciones de ambos hemisferios por la evidencia de un mayor tamaño del lóbulo temporal del hemisferio izquierdo, que contiene uno de los centros del lenguaje; si bien la plasticidad cerebral de los primeros años es susceptible de hacer una gran contribución al balance final de la funcionalidad hemisférica, como lo demuestran niños menores de seis años en quienes el aprendizaje depende de ambos hemisferios.

La ventaja evolutiva de la asimetría neocortical se ha resumido en:

$$\text{Neoneocorteza de } \textit{Homo sapiens sapiens} = 3.2 \text{ neoneocortezas de } \textit{Pan troglodytes}$$
$$\text{(chimpancé)}[386]$$

La existencia de los mecanismos de las fontanelas, que permiten el acabalgamiento de los huesos del cráneo al momento del nacimiento y del neoneocórtex con su impresionante multiplicación de la capacidad cerebral, son mecanismos adaptativos para la evolución de *Homo* sin que tenga que mediar un largo tiempo para el aumento de la capacidad cerebral por cambios del genoma que resulten en el ensanchamiento del canal obstétrico, ya de por sí ampliado en la pelvis femenina, anatómicamente de mayor capacidad que la masculina. El aumento de la capacidad cerebral, sumado a la existencia de un canal de parto con las dimensiones actuales puede ser una explicación para la bíblica sentencia de "parirás con dolor". El hecho de que el dolor del parto sea especialmente intenso en las madres humanas por el enorme incremento en el tamaño del cerebro en los últimos millones de años es referido por Sagan "como si nuestra inteligencia fuese la fuente de nuestra desdicha, pero que también la desdicha es la fuente de nuestra fuerza como especie".

El lenguaje

Generalidades

Según un mito africano muy difundido, los monos pueden hablar, pero prefieren abstenerse de ello, porque si los hombres ven que los monos hablan, los pondrían a trabajar inmediatamente. A la luz de este mito, su silencio sería una elegante demostración de su inteligencia.

Todos los organismos se comunican con los miembros de su misma especie de alguna forma u otra, y algunos de los sistemas de comunicación sub-humana además de ser complejos son eficientes - como en el caso de los cetáceos-, aunque se consideran limitados en el sentido fundamental de que las especies están restringidas a una serie fija de mensajes, con un conjunto igualmente fijo de significados, afirmando de paso, que no pueden construir nuevos mensajes. Es altamente significativo que la transmisión social de un código no sea característica solamente de los homínidos u otros primates, sino que ocurra en casi toda la escala zoológica, creando una escala cromática de mensajes que asombra por su diversidad.

La capacidad de los individuos en un sistema de comunicación lingüística con propiedades emergentes que no existían previamente liberó un potencial que permitió un enorme aprendizaje transmisible socialmente. Progresivamente durante la evolución de los homínidos el ejercicio de las nuevas capacidades mentales de conceptualización, pensamiento y escogencia de múltiples alternativas de opción, se dió el paso desde una etapa protocultural no lingüística en la cual predominaba el aprendizaje por observación, a una etapa de participación lingüística activa que dinamizó los sistemas de acción social simultáneamente con los procesos mentales de los individuos. Las características de la etapa protocultural se incorporaron en un nuevo nivel de integración socio-psicológica, caracterizado por una orientación normativa culturalmente constituida y por una participación psicológica de los actores de estos sistemas como personas. En esta nueva etapa la transformación psicológica de los individuos en personas autónomas por un proceso de socialización les permitía participar en un sistema socio-cultural. Las potencialidades latentes en la dotación genética de los individuos y en la naciente herencia cultural acumulativa pudo ser incorporada por medio de una integración en el nuevo nivel de integración psicológica que se encontraba latente en la personalidad humana[387].

Es conocido que el lenguaje se presenta en el nivel de los primates como los chimpancés, ya que pueden asociar sin ambigüedad ciertos signos con ciertas personas, animales u objetos, lo cual guarda relación con el fenómeno ya conocido de los diferentes gritos de alarma y distintas estrategias de evasión ante diferentes depredadores.

Son clásicos los informes de los chimpancés Washoe y Lucy estudiados por los psicólogos Beatrice y Robert Gardner de la universidad de Nevada, quienes en la década de 1960 observaron que la laringe y la faringe del chimpancé no están adaptadas para la emisión de sonidos y articulación de palabras del mismo modo como en el hombre, lo cual les llevó a suponer que los chimpancés poseían un lenguaje de tipo simbólico. Sin embargo, aunque se demostraron deficiencias lingüísticas en gramática y sintaxis[388], del mismo modo que ocurre con los niños cuando empiezan a aprender un idioma[389], era notable su riqueza de lenguaje gestual, en el cual se aprovecha la soltura manual para representar rasgos conceptuales del idioma hablado. La chimpancé Washoe aprendió el lenguaje de sordomudos llamado "American Sign Language" -acrónimo Ameslan- y después de 10 años, fué llevada a vivir a una colonia de primates en Oklahoma, donde continuó haciendo los signos a sus compañeros menos capacitados.

En otros estudios sobre lenguaje en chimpancés, también cabe anotar la experiencia de Keith y Cathy Hayes con el chimpancé Viki, con el cual se consiguió que lograra emitir ciertas palabras elementales y a utilizarlas como señal de sus necesidades, en una situación parecida a la que exhibe un perro que quiere salir de paseo y rasca la puerta o salta alrededor de su amo para indicarle que quiere salir de paseo. En esta experiencia de los Hayes con Viki se consiguió que el chimpancé entendiera y utilizara las palabras como señales directas de ciertas actividades o cosas.

Pero lo que no se ha podido lograr es que se utilicen las palabras como señales de otras palabras, articulándolas en un lenguaje propiamente dicho, como un generador espontáneo de frases y oraciones con sentido. El lenguaje empleado por los animales se consideró de acuerdo a una forma llamada "señales de primer orden", en la cual los animales con un aparato fonatorio semejante al humano pueden aprender a pronunciar algunas palabras. Pero el uso como "señales de segundo orden", es decir como señales de otras señales les resulta inaccesible a los animales. Se puede imaginar que el animal piensa hasta el punto que lo permite la falta de lenguaje, aunque también se puede argumentar que el animal no habla porque no piensa.

Y aunque el animal puede resolver problemas, no piensa en un sentido verdaderamente humano y aunque puede comunicarse, no habla en un sentido estricto[390].

Al hablar sobre el lenguaje y el nivel de inteligencia de los chimpancés cabe anotar que Washoe demostró ser capaz de formular preguntas y rebatir aseveraciones, de donde surgió la dificultad de delinear fronteras cualitativas claras entre el uso del lenguaje gestual por parte de los chimpancés y el empleo del habla ordinaria de los niños.

Pero no solamente se han estudiado chimpancés, también se han estudiado gorilas. En la investigación sobre estos primates, Francine Patterson evaluó el vocabulario de trabajo de la gorila "Koko" que comprendía aproximadamente 375 signos. Koko respondía y hacía preguntas, refería cuando se sentía feliz o triste y se refería a eventos pasados y futuros; curiosamente, también mintió en ocasiones para evitar la culpa[391].

Aquella afirmación de John Locke que afirmaba que "las bestias no pueden formular abstracciones" y del antropólogo Leslie White que "el comportamiento humano es un comportamiento simbólico; y el comportamiento simbólico es un comportamiento humano" pierden validez con la evidencia del lenguaje de Washoe, Lucy y Koko. Por experimentos neuroquirúrgicos se ha demostrado que el cerebro de los primates está preparado aunque quizá no en el mismo grado para la expresión de las ideas mediante el lenguaje, y por su parte, Darwin afirmó que la diferencia entre el intelecto humano y el de los animales superiores, es básicamente de grado y no de especie[392].

El lenguaje y su adquisición, el grado de su complejidad, distingue al hombre de otros animales, pero es un misterio la forma por la que se aprende y cómo se aprende. A diferencia de otras especies animales, el hombre es virtualmente capaz de comunicarse sobre cualquier cosa. Si en el bagaje del vocabulario no está presente la palabra que denota un concepto, somos capaces de desarrollar la forma para lograr expresarlo. Los niños pequeños con frecuencia inventan palabras para nombrar objetos que todavía no están en su repertorio. Todos los seres humanos estamos sometidos a constante presión para desarrollar nuevos modos de comunicación con los otros. Esta necesidad viene dada por la naturaleza del lenguaje mismo, porque para cada objeto nombrado no existe una sola palabra y cada grupo humano tiene un manejo lingüístico particular, que da origen a las jergas o argots. Una "línea" no es lo mismo para un matemático que para un vendedor[393].

Al hablar sobre el lenguaje, es inevitable desligarlo de los procesos de pensamiento, ya que ambos son eventos correlacionados. La conducta del lenguaje es de una gran complejidad, y al mencionar algunos aspectos sobre el lenguaje como una de las funciones superiores de la mente, no se pretende en modo alguno abarcar el tema, ya de por sí bastante extenso de la ciencia lingüística, aunque algunos de sus tópicos permitirán aclarar aspectos relevantes de la función mental superior del lenguaje. La complejidad del lenguaje se demuestra simplemente por el hecho que una persona podría pronunciar un número infinito de oraciones gramaticalmente correctas y aceptables sin repetirlas nunca, y además, podría entender otro número infinito de oraciones que le dijera otra persona. Cada ser humano es capaz de expresar y entender oraciones que no ha oído previamente, lo cual equivale a afirmar que cada oración expresada y entendida lo es en forma independiente. El empleo de las palabras en forma individual y combinada permite la codificación de los objetos, eventos, procesos y estado de cosas que constituyen el medio ambiente de una persona. Los códigos lingüísticos se emplean para describir, comunicar o tratar con estas circunstancias y en esta medida, generarán una conducta que se concebirá como relacionada con el conocimiento y las habilidades. En el grado en que una persona conozca datos sobre un elemento y como emplearlos, el elemento tendrá un significado. La esencia del lenguaje es la codificación de la experiencia. El hecho de dar un nombre a un objeto, como lo demostró el experimento de HB Ranken, facilitó el aprendizaje, sugiriendo que el lenguaje facilita el pensamiento[394].

El psicólogo Daniel Goleman, al referirse a las ideas de Manheim expresadas por él en 1.936, describió como la "realidad" quedaba configurada por el tipo de *ethos* -comportamiento- de la sociedad[395]. El lenguaje no solo forma parte del comportamiento, del *ethos* social, sino que codifica arbitrariamente una serie de categorías por medio de reglas sintácticas que configuran la realidad. El concepto de realidad se forma de acuerdo una serie arbitraria de supuestos que son mantenidos por el lenguaje. Quizá en este tiempo inmemorial la configuración de la realidad por el lenguaje gestó un fenómeno social que el sofista Antifonte refiere en *Alétheia* (La verdad):

> "Al hombre le libera la necesidad (ananke physeos) y le ata y avasalla lo que en su vida es libre convención (nomos)"[396].

Las personas integradas y autónomas no lo son, porque suelen estar situadas dentro del contexto de las estructuras lingüísticas, que determinan de forma autónoma el significado, una visión del mundo, que usa el lenguaje sin que el lenguaje registre este hecho[397].

Cuando se afirma que una persona entiende o "puede"[398] hablar un lenguaje se está afirmando que la competencia idiomática le permite realizar ciertas ejecuciones. La teoría de la "competencia lingüística" hace referencia a lo que una persona sabe y le permite realizar una ejecución verbal en una gran variedad de formas. El médico argentino José Bebchuk, refiere desde una óptica sistémica la importancia del vocabulario, que en tanto lenguajes empleados en una comunidad de interlocutores, los vocablos moldea, provocan y forman parte de las circunstancias de los participantes, y en la medida en que el lenguaje precipite una descripción y comprensión de la gente, modificando la vida interpersonal.

Desarrollo del lenguaje

Generalidades

La existencia de los aborígenes australianos es una especie de "cápsula del tiempo" que permitió conocer a los exploradores europeos las condiciones de vida de un pueblo paleolítico. De estas tribus llamó la atención la existencia de tantos lenguajes como tribus. La bruma sobre el desarrollo del lenguaje empezó a despejarse hacia la revolución del neolítico cuando el aumento de actividades especializadas hizo necesario el surgimiento de un lenguaje acorde a las necesidades de la incipiente agricultura, hilandería, alfarería[399].

Ya en la antigüedad clásica los filósofos discutían acerca de si el lenguaje era algo que pertenecía a la naturaleza o a la cultura y para contestar a este interrogante, desarrollaron una serie de categorías gramaticales basadas en el griego o en el latín, durante el Renacimiento los estudios filológicos sobre el lenguaje hizo grandes logros al aplicarse al análisis textual y crítico. En 1786 el orientalista inglés Sir William Jones informó ante la Sociedad Asiática de Bengala que el sánscrito tenía semejanzas con el griego y el latín, proponiendo que los tres idiomas provinieran de un precursor común, con lo cual la creencia de que el hebreo era la lengua original de donde partían todas las existentes se plegó no con dificultades, ante el concepto de la filogenia y los procesos de cambio lingüístico. Por su parte, el filólogo Ferdinand de Saussure refiere que la incorporación de una nueva palabra reverbera en todas las que componen una locución, un texto o la lengua en su totalidad. De este modo, la lengua es una totalidad organizada cuyas diversas partes son interdependientes y derivan su significación del sistema en su conjunto[400].

La gran semejanza que existe entre los comienzos del lenguaje infantil en todas las lenguas sugiere que todos los niños tienen las mismas capacidades para el aprendizaje de una lengua. La adquisición del lenguaje que realiza un niño es un logro notable, si se tiene en cuenta la complejidad del sistema de lenguaje, pero el niño aprende el sistema básico en un período de 30 meses[401].

Al considerar si el lenguaje se transmite de una generación a otra con base únicamente en los pilares de la cultura o si existe alguna capacidad biológica innata que le permita al niño el aprendizaje de la lengua, se plantea la cuestión sobre si el niño es un ente pasivo o activo frente a la asimilación del lenguaje y se traen a escena dos posiciones lingüísticas divergentes frente al aprendizaje de la lengua en los humanos, a saber, la postura racionalista o innatista y la postura empirista. Retomando a Locke, podría decirse que los niños empiezan como *tabulae rasae* (tablas en blanco) que la experiencia modela poco a poco. Locke define la experiencia como ideas a las que el pensamiento se limita a unir unas con otras. En consecuencia, los niños aprenderán el lenguaje mediante principios generales de aprendizaje que se consideran iguales a los de otras especies. Tal es el argumento de la posición empírica. Las diferencias con el innatismo radican en que según los empíricos, el lenguaje solo se adquiere a partir de habilidades generales para aprender, con la mediación de principios psicológicos como el condicionamiento y la generalización. Igualmente se basan en la observación de que el lenguaje es una posesión común a casi todos los seres humanos y es específico y uniforme de la especie. Pero en contra del enfoque empirista y a favor del enfoque innatista, se encuentra el hecho de la uniformidad del lenguaje y que los niños muestren un dominio del sistema lingüístico que no varía mucho. Este fenómeno se halla a favor del argumento que el lenguaje forma parte de la herencia biológica del hombre[402]. En contraste con el aprendizaje de matemáticas o lectura, el niño logra el dominio del lenguaje sin pasar por ningún tipo de enseñanza formal y de hecho, mucho de su aprendizaje transcurre en un medio limitado que no da una serie de reglas precisas sobre su uso adecuado.

La posición racionalista o innatista afirma que el desarrollo del lenguaje está determinado en gran medida por patrones biológicos. Según el lingüista Noam Chomsky, el papel de la experiencia es el de activar la capacidad innata y convertirla en experiencia lingüística[403]. A Chomsky le impresionaba la idea de que cada niño al momento de aprender el lenguaje se enfrentaba con una tarea bastante abstracta, así como la rapidez con que lo hace a pesar de la ausencia de instrucciones explícitas. En el extremo opuesto se halla la posición empirista según la cual ninguna estructura lingüística es innata y el lenguaje se aprende solamente por experiencia.[404]. Burrus F. Skinner, uno de los líderes del conductismo a mediados de este siglo propuso que el lenguaje se aprendía por imitación y sin esfuerzo, tema que a la luz de lo planteado por Chomsky requirió de una perspectiva psicológica totalmente nueva para explicar adecuadamente porque los niños adquirían el lenguaje a pesar de la pobreza de estímulos (entendidos como una cantidad relativamente pequeña de locuciones a menudo incompletas) en comparación con la pequeña cantidad de locuciones que se encuentran en la vida cotidiana[405].

Las investigaciones de Peter Deimas[406] en la universidad de Brown tienden a demostrar ciertos conocimientos y capacidades innatas subyacentes en el aprendizaje del lenguaje, confirmando los postulados del innatismo.
Estos consisten en una serie de mecanismos perceptivos innatos adaptados a las características del lenguaje humano que preparan al bebé para el próximo mundo lingüístico al que tendrán que enfrentarse. Y aunque el recién nacido no es capaz de expresar sus propias necesidades en la forma usual que entienden los adultos, por su estado de inmadurez, el único medio de comunicación con el medio ambiente que le rodea es el llanto.

El llanto es una señal muy importante mediante la cual construye los primordios de la comunicación. En la medida en que un bebé que llora es atendido inmediatamente durante los seis primeros meses de vida, tiende a no utilizar el llanto posteriormente como medio para llamar la atención de la madre y aquellos bebés que han tenido experiencias inconsistentes en relación a su llanto tienden a usarlo persistentemente como estrategia comunicativa. De acuerdo a Ostwald y Peltzman, los primeros sonidos que emite un bebé son los "natales", en los cuales hay una combinación de jadeos, toses y esfuerzos hechos para respirar. A estos sonidos sigue con rapidez el llanto, que durante la etapa neonatal es un acto reflejo.

Las primeras vocalizaciones en los niños se desarrollan lentamente desde el llanto. El niño llora al nacer, y con el llanto comunica a sus padres y/o cuidadores si tiene hambre, dolor incomodidad o aburrimiento[407]. Posteriormente el lenguaje sufre la sucesiva evolución de la aparición del denominado arrullo y del balbuceo el cual tiende a mantener un patrón común de desarrollo independientemente de la cultura lingüística a la que pertenezca el niño.

La aparición de los primeros signos de lenguaje hablado se presenta hacia los doce meses y es a partir de este momento cuando el niño comienza a utilizar un repertorio de sonidos para la construcción de sus primeras palabras. Dicho repertorio se va enriqueciendo cada vez más en los siguientes dos años hasta que el niño forma frases con un significado social y cultural.

El lenguaje en el esquema de desarrollo psicomotriz.

El desarrollo del lenguaje requiere de un adecuado desarrollo de los órganos fonatorios, de una buena evolución de la inteligencia y de una adecuada estimulación psicosocial, debido a que la imitación juega un papel importante en la adquisición del lenguaje. Todos estos son factores que en conjunto permiten el desarrollo del lenguaje. Los primeros episodios interactivos ocurren con la madre, mostrando respuestas preferenciales ante el rostro y el lenguaje. A partir de estos, el aprendizaje semántico se hace a partir de los objetos de atención común para la madre y el niño y las interrelaciones que establezcan con estos.

El proceso evolutivo de interacción entre la madre y el bebé humanos, resulta en una progresiva asimilación de la producción verbal y lingüística, en un principio por imitación. En la medida que haya mayor cantidad de vocalizaciones maternas repetidas, el bebé adquirirá mayor facilidad en la detección del significado de las producciones verbales, en su interpretación y producción de lenguaje. Hacia el segundo mes de vida, el bebé repite de forma involuntaria los movimientos que realiza para satisfacer sus necesidades alimenticias. La producción de sonidos está asociada a succión, deglución y eructos. Hacia el sexto mes de vida, aparecen las primeras comprensiones del lenguaje, por ejemplo, el hecho de asociar "biberón" con determinada postura y con comida. Hacia el noveno mes el repertorio vocal aumenta por la producción de fonemas que desembocarán en la producción de palabras pertenecientes a su comunidad lingüística. Posteriormente entre el primero y segundo año de edad, el desarrollo de la memoria auditiva y de la discriminación fonética facilita la adquisición de nuevo vocabulario debido al desarrollo del concepto[408].

En el período del año de edad, aunque el bebé tiene un repertorio de aproximadamente 4 o 5 palabras que puede hablar, es capaz de entender de 100 a 120 palabras. Ahora bien, se considera que las primeras palabras del niño equivalen a frases completas, dando lugar a las llamadas palabras-frases o frases-palabras (*wortsatz*) lo cual tiende a ocurrir de forma equivalente en idiomas primitivos.

Desde la frase-palabra, el lenguaje del niño evoluciona a la fase de palabras en estilo telegráfico, caracterizada por la ausencia de inflexiones gramaticales, usando los verbos en infinitivo.

Progresivamente, al manejar el lenguaje en un contexto social el niño adquirirá las herramientas básicas para la comunicación[409]. El intercambio verbal entre los padres y el niño fomenta el desarrollo del lenguaje. Se sabe que los bebés oyen desde la etapa prenatal y esta capacidad de escucha no sufre modificaciones durante el primer año de vida. Es sabido como lo que más le gusta oír al bebé es la voz de la madre.

Cuando el niño escucha hablar a personas adultas ocurre lo que se ha denominado "un paradigma de recepción" y se le presentan ejemplos positivos de un concepto sobre los cuales el niño intenta hablar, resultando en un "paradigma de selección", sobre los cuales recibe retroalimentación[410]. Esta situación se presenta alrededor de los cuatro o cinco años cuando el nivel de competencia le permite tener un grupo de oraciones y verbalizaciones que ha experimentado y abstraído de un sistema que lo capacita para entender y generar un número casi infinito de verbalizaciones[411].

Dicho sistema es un conjunto de reglas que describe las verbalizaciones, pero no cómo se producen[412], enmarcado en el proceso de la elaboración del lenguaje como un continuum en la conducta del niño. Es conocido que hacia los cuatro años de edad el niño exhibe todas las complejidades de la conducta del lenguaje adulto, aunque no es posible fijar la edad hacia la cual ha ocurrido la asimilación del proceso.

El niño que está aprendiendo un lenguaje participa en una intrincada tarea de aprendizaje de conceptos. El concepto que adquiere es complejo y no se ha podido describir de forma adecuada, por lo cual se han planteado mecanismos genéticos para el aprendizaje del idioma.
Estos mecanismos genéticos han sido planteados por Eric Lenneberg[413], con base en cinco argumentos principales que sugieren de manera precisa que el hombre es el único ser capaz de hablar, debido a sus antecedentes genéticos:

a) hay disposición anatómica especial de órganos fonatorios
b) la ocurrencia del habla en todos los niños cualesquiera que sea su cultura tiende a ocurrir a una edad uniforme
c) la conducta del lenguaje aparece a pesar de grandes y adversos déficits sensoriales
d) todos los lenguajes en el planeta se basan en los mismos principios básicos de semántica, sintaxis y fonología
e) los animales nunca han adquirido el lenguaje a pesar de los esfuerzos empleados para enseñarlos; hay algunos puntos en controversia con respecto a los casos de primates superiores como los de Washoe y Lucy.

La dotación genética y la experiencia son cruciales, pero los factores genéticos como lo plantea Lenneberg son capitales en la adquisición del lenguaje y están a favor de la posición innatista de desarrollo del lenguaje. Podría considerarse que la importancia de los factores genéticos para la adquisición del lenguaje radica en el rol socializante del lenguaje. Aunque el niño no sea capaz de utilizar el lenguaje, en los primeros estadíos de su desarrollo le permite un conocimiento dinámico del mundo que le rodea.

Génesis del lenguaje normal

Gutzman ha afirmado que el afecto es el padre del lenguaje. En su fase más primitiva, el lenguaje presenta un marcado componente emocional, predominando su cualidad de tipo expresivo, y a medida que va madurando va deviniendo progresivamente más intelectual, predominando entonces el carácter descriptivo.

Para neurólogos como Hughlins Jackson, el lenguaje traduce y significa intención. En los primeros estadíos evolutivos predominan en él los componentes emocionales e involuntarios, y en la medida de evolucionar, pertenece cada vez más a las esfera racional noética. Es característico de la fase emocional del lenguaje el iniciar como sencillas expresiones mímicas, de tipo sonoro, que son las exclamaciones como ¡Ay!, ¡Oh!, ¡Ah!, que tienden a ser parecidas en la mayoría de los idiomas. Estas exclamaciones exteriorizan estados subjetivos[414], son el primer estadío del lenguaje, que en el niño se observan como los balbuceos, arrullos, gorgoritos y existen tanto en el hombre como en el animal. Estas exclamaciones denotan admiración, dolor, sorpresa, etc.

Después de esta primera fase, viene una segunda con un mayor compromiso social, orientada hacia el grupo, que representa una comunicación con los demás en su forma más primitiva, es decir, mediante el llamado de la atención. En este lenguaje ya no predomina la función de descarga (la llamada *entladungsfunktion*), sino de una función voluntaria (la llamada *willensfunktion*) que puede ser vista en los animales. Como ejemplos de exclamaciones en esta fase, están ¡Cuidado!, ¡Atención!, así como los imperativos de todos los verbos, los pronombres y adverbios de persona, lugar y forma. La tercera modalidad del lenguaje es la típica del hombre por antonomasia, es la más desarrollada y se ha denominado la modalidad representativa (la llamada *darstellungsfunktion*). Abarca casi la totalidad del lenguaje del adulto y comprende el conjunto de símbolos lingüísticos desprovistos en su mayor parte de carga afectiva que representan de un modo objetivo diferentes elementos, cosas o estados. La modalidad representativa del lenguaje del hombre es la que sirve de soporte al pensamiento humano, siendo un vehículo de las elevadas funciones que permiten al hombre acceder al mundo mental[415].

De este modo, la comunicación humana participa de todos los rasgos básicos de la comunicación, aparecidos a lo largo de la filogenia. El proceso evolutivo de la maduración del lenguaje ocurre dentro de ciertos límites que cumple sus etapas, independientemente de los factores ambientales. Esto explica porque hay casos de personas con sordera severa que pueden llegar a asimilar un nivel de léxico bastante aceptable, aunque la producción del lenguaje esté alterada. El proceso madurativo con las diferentes modalidades del lenguaje se presenta junto con los de aprendizaje social para que el lenguaje aparezca y se desarrolle, resultando una interacción que hominizará al niño y le facilitará el intercambio social.

Al aprender el lenguaje, aprendemos lo que significa el sonido en sí mismo, la sintaxis y el vocabulario, y adicionalmente aprendemos como manipularlo para una emisión eficiente de conceptos además de que esto no es lo mismo que haber aprendido el lenguaje. Los niños ante situaciones nuevas suelen usar mensajes cortos e idiosincráticos cuando no han desarrollado aún un código socialmente compartido, a diferencia de los adultos, que ante situaciones nuevas muestran un lenguaje detallado, abundante, casi que prolijo. La existencia de variabilidad, el tomar en cuenta la audiencia y el contexto de la conversación forman parte del lenguaje social, el cual no se desarrolla sino al parecer tardíamente hacia la adolescencia, cuando hay mayor solvencia para la resolución de problemas cognoscitivamente exigentes. La comunicación de los niños es una conjunción de conocimiento y habilidades que le permiten interactuar con el mundo, con otros adultos y otras culturas. El lenguaje del adulto es una resultante de la experiencia que permita acceder a este acervo de conocimientos así como del conocimiento del lenguaje en sí mismo[416].

Bases neurológicas del lenguaje

Al tocar algunos aspectos sobre la base orgánica que en el sistema nervioso central explican la génesis del lenguaje, nuevamente no pretende agotarse el tema, ni reemplazar a excelentes revisiones sobre el tema. Las explicaciones concernientes a estructuras anatómicas permiten cobrar una mayor familiaridad con nuestros propios mecanismos de producción del lenguaje. En condiciones normales las sensaciones auditivas llegan a la corteza cerebral a una zona especializada de la corteza cerebral a nivel de la primera circunvolución temporal[417], de donde pasan a la zona de Wernicke, donde es posible el proceso de identificación de las palabras.

A nivel del hemisferio izquierdo existen conexiones con la zona de Broca, en la primera circunvolución frontal. En esta zona de Broca existen las secuencias motoras para pronunciar las palabras, las cuales se dirigen a una zona vecina, el área 4 de Brodman, ubicada en la corteza motora prefrontal, más exactamente en la porción inferior de la circunvolución frontal ascendente, donde está el control de la musculatura de labios, lengua y laringe. La conexión entre estas cuatro mencionadas zonas es considerada como una de las más sólidas y se establece cuando el niño aprende la lengua materna de viva voz. En el momento en que por ejemplo, el niño aprende a leer, los estímulos sensoriales de la visión llegan a la zona interna del lóbulo occipital en la primera circunvolución occipital y a los dos labios de la cisura calcarina, de donde pasan al centro de las imágenes visuales de las palabras escritas, ubicado en el pliegue curvo. Este centro se relaciona con el área de Wernicke, el área auditiva de las palabras, así como con el área de Broca. En el momento en que se aprende a escribir, se acumulan los engramas en la zona de Exner, en el pié de la segunda circunvolución frontal izquierda. Este centro gráfico motor de Exner está conectado con el área motora prefrontal 8 de Brodman, también situada en la circunvolución frontal ascendente, así como con el centro óptico-verbal de las imágenes visuales de las palabras escritas (Área 6 de Brodman). El córtex de las zonas frontal y parietal suele considerarse el centro de los conceptos o "noético". Todo este centro configurador de los conceptos está estrechamente relacionado con el centro audioverbal de Wernicke, y con el verbomotor de Broca y aunque cabe la posibilidad que también esté conectado con el centro visual de las palabras, normalmente el enlace se establece por medio del centro de Wernicke. Las implicaciones psicológicas de estas vías de uso predominante, implican que se suele pensar de acuerdo a un lenguaje interior, bien escuchado o bien hablado[418].

Afasias

En la alteración de la emisión o de la comprensión del lenguaje denominada afasia, lo primero en lo que se suele observar déficit es en la función representativa del lenguaje; se conservan las funciones voluntaria y de reacción expresiva o de descarga. Por esta razón las personas con afasia pueden emitir exclamaciones y blasfemias, con la conservación del lenguaje mímico expresivo pero sin poder expresar aquellos pensamientos desprovistos de emoción[419].

Lenguaje y dominancia hemisférica

A diferencia de otras lenguas en el mundo, el japonés y el polinesio presentan numerosas palabras formadas solo por vocales o por la combinación vocal-consonante-vocal. En japonés, solo para citar algunas, *aoi* verde o azul, *wayoi* débil, *nagai* largo, *omoshiroi* interesante, *keiei* gerencia/administración. Así mismo, esta es la característica predominante de la poesía y la literatura escrita en japonés, que al igual que el arte, está lleno de referencias a la naturaleza y a los sonidos naturales. Tadanobu Tsunoda del centro de investigación Médica y Odontológica de la universidad de Tokio descubrió como la lengua materna es el factor por el cual se establecen las diferencias en el modo de recepción, elaboración y comprensión de los sonidos del medio ambiente que les rodea. La lengua materna se relaciona estrechamente con el desarrollo de los mecanismos de la emoción en el cerebro y tal parece que exhibe una estrecha relación con las particularidades de la cultura y la mentalidad en cada grupo étnico. Normalmente el cerebro es capaz de discernir las características estructurales de los sonidos y el tipo de manejo hemisférico que recibirá dependerá de la "estructura" del sonido escuchado. Al analizar el sonido de las vocales humanas se hallaron una serie de frecuencias máximas, llamadas también "formantes". Con el empleo de un sintetizador para eliminar algunos "formantes" Tsunoda descubrió que hay dos requisitos necesarios para que el hemisferio izquierdo maneje los formantes, como son las frecuencias inarmónicas en los formantes y que exista cierto grado de modulación de frecuencia, condiciones que se presentan en sonidos como los de las vocales humanas, el llanto, la risa, el canto de los insectos y otros sonidos naturales. El profesor Tsunoda encontró que en el cerebro de los japoneses y de los polinesios había predominio del oído derecho (hemisferio cerebral izquierdo) tanto para las sílabas como para las vocales, y del oído izquierdo (hemisferio cerebral derecho) para los sonidos de tonos puros.

De este modo, en sujetos de lengua japonesa y polinesia, los sonidos que se relacionan con la emoción son tratados por el hemisferio izquierdo, cuyo predominio se refuerza en la medida del progresivo desarrollo de la función del lenguaje, mientras que en sujetos de lengua francesa, sueca, alemana, española, china, cantonesa, israelí, tailandesa, indonesia y africana, los sonidos de las vocales fijas y los tonos puros daban lugar al predominio del oído izquierdo (hemisferio cerebral derecho), mientras que las sílabas eran predominantemente manejadas por el oído derecho (hemisferio cerebral izquierdo). A pesar de estas diferencias, es correcto considerar que para ambos grupos el hemisferio izquierdo es el hemisferio del habla, pero la diferencia en el manejo hemisférico de las vocales es de tipo lingüístico ya que tanto en el japonés como en las lenguas polinesias, hay muchas palabras formadas a partir de una vocal o de unión de vocales lo cual les confiere importancia como medio de comunicación, de modo que son manejadas en el hemisferio del lenguaje, del mismo modo que los sonidos que se asemejen a las vocales. Como consecuencia del vínculo entre los sonidos que se relacionan con las emociones y las experiencias que se vinculan con ellas, el hemisferio izquierdo pasa a ser dominante también con respecto a las funciones de la emoción. Este mismo proceso explica porque entre las personas no japonesas existe un predominio del hemisferio derecho cuando se analizan sonidos y funciones no relacionados con las emociones. Por esta razón, el lenguaje materno tiene un rol de primer nivel en la lateralidad de la localización de las emociones. Volviendo al profesor Tsunoda,

"¿Cómo descubrir el hemisferio cerebral predominante? En el mismo momento en que habla, el hombre escucha sus propias palabras. Cuando conversamos controlamos nuestra voz gracias a esta audición de fondo. Y si nos ponemos unos audífonos que hagan llegar a nuestros oídos el sonido de nuestras palabras con un retraso de 0.2 segundos aproximadamente, nuestro hablar se verá perturbado. (...) Supongamos que hacemos llegar al oído izquierdo un sonido constante y sincrónico de 40 decibelios, y al oído derecho un sonido retardado, aumentando la intensidad de este último, y que la consecuente perturbación se manifiesta a partir de los 55 decibelios, es decir, cuando el volumen supere en 15 decibelios al oído sincrónico, Y sigamos suponiendo que repetimos el experimento invirtiendo los audífonos y que el comienzo de la perturbación se manifiesta al nivel de 75 decibelios, es decir, cuando el sonido retardado alcanza un volumen superior en 35 decibelios al sonido constante y sincrónico dirigido al oído derecho. Comparando ambos resultados tendremos que el oído derecho (hemisferio cerebral izquierdo) superará al oído izquierdo en 20 decibelios (la diferencia de 35 - 15) respecto del sonido que se trate. En otras palabras, el sujeto habrá conseguido concentrarse mejor al recibir el sonido sincrónico en el oído derecho que en el lado izquierdo. El oído derecho (hemisferio cerebral izquierdo) será pues, dominante, en o que se refiere ese sonido en particular"[420].

Se sabe que la música estimula el hemisferio derecho del cerebro en personas con acondicionamiento cultural de tipo llamado "occidental" -siendo el término usado sin connotaciones de valor- que el lenguaje es procesado en el hemisferio izquierdo de este cerebro con aculturación occidental. Este conocimiento, a la luz de la década del cerebro, hace que se recomiende la música para los bebés para estimular la expresión creativa del hemisferio derecho al empezar a "migrar" hacia el hemisferio izquierdo, considerándose que se favorecen entonces las manifestaciones de la inteligencia y el genio.

Lenguaje, coherencia y cosmovisión

Refiere Douglas Hofstadter que en la significación en el contexto de los sistemas formales aparece cuando hay un isomorfismo entre símbolos gobernados por reglas y objetos del mundo real. En general, mientras mayor complejidad exista en un isomorfismo, mayor requerimiento habrá de equipo para extraer la significación de los símbolos. Por el contrario, si un isomorfismo es muy simple o familiar, nos inclinamos a decir que el significado es explícito, con lo cual y de una forma semejante a lo que ocurre en el lenguaje humano, se atribuye significado a las palabras sin advertir el complejo isomorfismo que les confiere significación.

Hofstadter quiere significar que usualmente atribuimos toda la significación al objeto, antes que al vínculo entre ese objeto y el mundo real. Aclarando el término de isomorfismo, este hace referencia a los símbolos permiten interpretar los conceptos. La interpretación de símbolos ocurre mediante las palabras, aclarando que los procesos simbólicos que permiten la comprensión del leguaje humano son de los más complejos que existen, con lo cual se llega a la conciencia como un elemento central que permite descifrar la naturaleza de los isomorfismos o interpretaciones que subyacen a la significación. En el contexto de la interpretación es importante el concepto de la coherencia, entendida como algo que en un sistema dado depende de las interpretaciones que se asignen a éste.

Noam Chomsky refirió que el hecho de que tengamos claras intuiciones al enfrentarnos con frases sin sentido aparente de los cuales Lewis Carroll propuso una larga versión en su célebre "Galimatías" (Jabberwocky) donde describe frases del tipo de "mimosos se fruncían los bogorobios, mientras el momio rantas murgiflaba" ("All mimsy were the borogoves and the mom raths outgrave"). Chomsky logró llamar la atención sobre ciertas propiedades de las oraciones de una lengua que todos sus hablantes conocen de manera intuitiva pero que simultáneamente derivan de una comprensión más profunda del lenguaje cuyas propiedades solo pueden ser conocidas explícitamente por el lingüista. Para conocer que frases son correctas dentro del lenguaje y que significan, distinguir las oraciones que transgreden las reglas y son por tanto agramaticales aunque no carentes de sentido, el hablante de una lengua debe poseer en algún nivel un conjunto detallado de reglas y procedimientos que le indiquen en que lugares determinados dentro de una emisión pueden aparecer diferentes partes del habla.

En su obra "Syntactic Structures" Chomsky se fijó una serie de objetivos para los que describía la gramática que parecía necesaria para establecer las regularidades apropiadas en cualquier lengua, y con los cuales se propuso probar que la sintaxis podía estudiarse independientemente de otras partes del lenguaje, y que la disciplina de la lingüística podría desenvolverse independientemente de otras ramas de la ciencia cognoscitiva. Igualmente concebía que la sintaxis era un núcleo del lenguaje, entendida como la propiedad de la especie humana para combinar y recombinar símbolos verbales en un cierto orden determinable a fin de crear un número potencialmente infinito de oraciones gramaticalmente aceptables, donde los símbolos verbales se manejaran sin referencia alguna a su significado o sus sonidos.

A manera de ejemplo, cuando se procuran aprender los modismos o los refranes de un idioma, cargados de profunda significación, se encuentra un dominio de lenguaje que no es accesible por el mero hecho de conocer todo el vocabulario de la lengua extranjera, aunque ello fuera posible. Si se dice en japonés "Saru mo ki kara ochita", traduciéndolo en un sentido literal tendríamos que "El mono también se cae del árbol", pero el refrán en español se conoce como "hasta el maestro se equivoca" o su versión inglesa "Even Homer gets nods" (literalmente aún Homero cabecea). Tales giros idiomáticos forman parte de un conjunto de símbolos verbales que son manejados sin referencia a su significado o sonido, donde en términos de Chomsky la sintaxis es el nivel profundo, descentrándose de las locuciones y de las realizaciones efectivas de los sujetos hablantes. Apoyándose en obras de Descartes, en ideas de Platón y Kant, Chomsky adujo que nuestra interpretación del mundo se basa en sistemas de representación derivados de la estructura de la mente que no reflejan la forma directa del mundo exterior, es decir, son isomórficos adscribiendo el concepto de Hofstadter.

Chomsky siguió muchas de las ideas de Karl Lashley, concretamente por sus trabajos sobre el comportamiento ordenado en forma serial donde Lashley estableció que una locución no se produce simplemente por el hecho de reunir una serie de respuestas bajo control de los estímulos exteriores y de las asociaciones e palabras. Con base en los trabajos de Lashley, Chomsky propuso que "debía existir una multiplicidad de procesos de integración" que solamente se podían enfocar a partir de los resultados finales de su funcionamiento[421].

El pensamiento

"Todo es doble; todo tiene dos polos; todo, su par de opuestos: los semejantes y los antagónicos son lo mismo; los opuestos son idénticos en naturaleza pero diferentes en grado; los extremos se tocan; todas las verdades son semiverdades; todas las paradojas pueden reconciliarse"

El Kybalion

"El pensamiento es la semilla de la acción".

Ralph Waldo Emerson (1803 - 1882)

Generalidades

Casi nunca pensamos en el presente, y cuando lo hacemos es sólo para ver como ilumina nuestros planes sobre el futuro, decía Blas Pascal. Vivimos consumidos por el pasado para planificar lo que venga después, sea en el cercano o lejano futuro.

Quizá el propósito del razonamiento sea decidir, y la esencia de decidir es seleccionar una opción de respuesta, sea esta una acción no verbal, una palabra, una frase o una combinación de las anteriores en conexión con una situación determinada. Los términos de razonamiento y decisión suelen implicar que :

• Se tienen conocimientos sobre la situación que requiere una decisión.
• Se conocen las diferentes opciones de acción o respuestas.
• Se conocen los resultados o consecuencias de cada una de estas opciones, a corto y largo plazo.

El pensamiento implica el ordenamiento selectivo de un conjunto de símbolos para aprendizaje y organización de información, resolución de problemas y capacidad de razonar y formar juicios, siendo las palabras y los números las unidades de este tipo de actividad mental. La sustitución de objetos por palabras y números o simbolización es una parte fundamental del proceso. A partir de los símbolos surgen ideas o conceptos y la disposición de las nuevas ideas en ciertos órdenes con determinadas relaciones debe seguir las reglas de la lógica.

El conocimiento que existe en la memoria en forma de representaciones disposicionales es accesible a la memoria en una versión con o sin lenguaje. Tanto el razonamiento como la decisión implican que el decisor posee alguna estrategia lógica para producir enunciados válidos que lleven a una opción de respuesta adecuada y que su atención, memoria funcional, emoción y sentimiento como procesos de soporte sean igualmente funcionales.

Es conocido que el pensamiento racional con las tradicionales características que le atribuimos, depende anatómicamente de la integridad de la zona prefrontal dorsolateral, donde se pueden guardar durante algunos segundos información como números, palabras, mapas mentales del entorno, con el fin de producir lenguaje articulado, cálculos matemáticos, análisis intelectuales complejos: una vez la tarea intelectual ha concluido, los datos acumulados desaparecen para para ser reemplazados por unos nuevos necesarios para realizar la siguiente actividad. Sin embargo, a pesar de estos hallazgos, el pensamiento es una de las operaciones mentales más elusivas.

El matemático Stanislav Ulam propone -a la luz del concepto de la inteligencia artificial-, que para que ocurra la sucesión del pensamiento, un grupo de neuronas que funciona iterativamente debe poner en tránsito por todo el cerebro un patrón en formación y la forma en que aparece está basada en la memoria de patrones similares[422].

¿Cómo pensamos?

Desde Pascal y Leibniz, los hombres vienen imaginando la posibilidad de máquinas que realicen tareas intelectuales. Durante el siglo XIX, Cajal procuró demostrar ampliando el curso de la investigación neuronal, un mecanismo histológico de la asociación, ideación y atención en la que trataba de explicar por los cambios morfológicos en las diferentes células nerviosas, el mecanismo de algunos actos mentales. Aunque no tuvo éxito, por otra vertiente diferente Boole y De Morgan idearon algunas leyes del pensamiento que plasmaron en la forma del cálculo proposicional, hito que permitió los primeros pasos en el desarrollo de la inteligencia artificial. La inteligencia artificial consolida su existencia en el momento en que las invenciones mecánicas tomaron a su cargo diversas tareas que hasta entonces eran solamente realizables por el esfuerzo de la mente humana. No es fácil imaginar el temor reverente que sintieron aquellos que presenciaron la ejecución por medio de engranajes de operaciones matemáticas de grandes números, pero sus inventores sí experimentaron un sentimiento místico ante la presencia de un ser de algún modo "pensante": la medida de existencia de pensamiento real en estas máquinas planteó un enigma, que sigue desatando controversia en nuestros días[423]. Si se mira el ajedrez jugado por computadora, su ejecución por medio de inteligencia artificial implica la percepción de configuraciones integradas por diversas piezas relacionadas entre sí, del mismo modo que una heurística o "regla de oro" que está vinculada a los bloques de alto nivel. Aunque las reglas heurísticas no tienen la misma rigurosidad al compararlas frente a las reglas oficiales, abren "atajos" que permiten la captación de lo que está sucediendo en el tablero. Pero la subestimación del rol intuitivo y otras aptitudes humanas en el campo ajedrecístico condujo a que las predicciones que un programa con una determinada capacidad heurística, junto con la velocidad, la exactitud, la anticipación de una computadora haría fácil derrotar a los jugadores humanos más avezados, lo cual aún no ha ocurrido.

Los programas de inteligencia artificial (IA) se basan en la versión reduccionista de la tesis Church-Turing que reza que todos los procesos cerebrales se derivan de un sustrato computable. La tesis Church-Turing, (desarrollada por el lógico Alonzo Church y por el matemático y experto en inteligencia artificial Alan Turing) propone -siguiendo a Hofstadster-, que "los problemas matemáticos pueden ser resueltos únicamente mediante el ejercicio de la matemática" en donde los problemas matemáticos parten de la base de tener determinadas propiedades aritméticas y donde gracias a los aportes de Kurt Gödel con la numeración del mismo apellido[424] y sus recursos de codificación se facilita la formulación de cualquier problema[425].

Con respecto al pensamiento existe una distinción corriente, que diferencia entre "categorías" e "individuos", o entre "clases" y "casos". Un símbolo, descrito en términos de su equivalencia con palabras (si bien en otro aparte se ha asemejado con los módulos neurales, lo cual ayuda a esclarecer este aparte) que describen objetos del mundo real o imaginario y que tiene una facultad selectiva de desencadenamiento potencial de otros símbolos, se podría simplificar al incluirlo dentro de una clase, o dentro de un caso, aunque también puede hacer ambos papeles. La idea de "clase" suele evocar los atributos de gran amplitud y abstracción, gracias al denominado principio del prototipo, el cual refiere que "aún el hecho más específico puede servir como ejemplo genérico para una clase de hechos".

Tal afirmación parte del hecho que conocemos que los hechos específicos son de una viveza tal que perduran fuertemente en la memoria y por tal razón, son utilizables como modelos de otros hechos de naturaleza semejante, lo cual permite concluir que los "símbolos de caso" pueden coexistir con "símbolos de clase" y que los primeros no son la única modalidad de activación de los "símbolos de casos"[426]. La enumeración de los símbolos dentro del cerebro implica conocer todos los vínculos latentes, todas las combinaciones y permutaciones posibles, de tal modo que abarcaría mezcla de todas las combinaciones y permutaciones de todos los símbolos conocidos[427]. No es posible el aislamiento de un símbolo, porque de manera semejante a los objetos del mundo que subyacen a un contexto formado por otros objetos, los símbolos siempre están conectados a una constelación de otros símbolos. Si los símbolos son parte de la realidad, Hofstadter considera que podría existir un procedimiento natural para trazar su diseño en un cerebro real, lo cual es concordante con el hecho de las pautas coordinadas de actividad neural. Sin embargo, el hecho de que un símbolo no puede ser identificado de una forma aislada (de una forma similar a como el neurocirujano Karl Lashley no pudo ubicar la memoria en un sitio topográfico determinado), no opaca la identidad independiente del símbolo, pues su identidad se funda precisamente en su forma de conectarse.

El punto de vista piagetiano sobre los procesos de cognición parte del supuesto que el pensamiento humano ocurre cuando un individuo trata de comprender el sentido del mundo. El individuo construye hipótesis en forma continua y con ello trata de producir conocimiento: trata de desentrañar la naturaleza de los objetos materiales en el mundo, como interactúan entre sí, al igual que la naturaleza de las personas en el mundo, sus motivaciones y conducta. En última instancia, el sujeto debe reunir a todos en una historia sensata, una descripción coherente de los mundos físico y social.

Al principio el bebé comprende el sentido del mundo a través de sus reflejos, sus percepciones sensoriales y sus acciones físicas en el mundo. Transcurridos uno a dos años, logra un conocimiento práctico o sensoriomotor del mundo de los objetos, en la forma como existen en el tiempo y el espacio: con este conocimiento comprende que un objeto sigue existiendo en el espacio y el tiempo a pesar de estar fuera de su vista. Una vez que el niño comienza a caminar, desarrolla operaciones mentales como operaciones que potencialmente pueden ocurrir en el mundo de los objetos, por medio del uso de símbolos como lo son el idioma y los dibujos. Las capacidades que evolucionan desde la interiorización y la simbolización alcanzan su mayor desarrollo alrededor de los ocho años, le permiten al niño desarrollar operaciones concretas en las que ya hay razonamientos sistemáticos sin necesidad de interacción física directa sobre el mundo de objetos, espacio, tiempo, causalidad entre otros.

Una última etapa del desarrollo ocurre durante la adolescencia, cuando se alcanza la etapa de operaciones formales o de pensamiento formal operativo, en la cual se razona sobre el mundo no solo a través de acciones o símbolos aislados, sino calculando las implicaciones y consecuencias de un conjunto de proposiciones relacionadas.

El adolescente ya puede pensar en una forma completamente lógica y puede expresar hipótesis en forma de proposiciones, probarlas y revisar las proposiciones a la luz de los resultados. Sin embargo, hay pruebas que los niños pueden clasificar consistentemente y abandonar el egocentrismo desde los tres años de edad, pruebas en contra de la teoría piagetiana[428].

Los modelos mentales

La mayoría de los modelos mentales que solemos tener ordinariamente consisten en imágenes que se unen entre sí y forman bloques de información en la mente. La relevancia de los modelos mentales es que pueden considerarse como una de las estrategias que permitirá mejorar el pensamiento de los niños en lugar del método tradicional de enfoque y organización. Los modelos mentales se basan en nuestro conocimiento que cada fragmento de información tiene muchos "ganchos". La mayoría de los problemas relacionados con la organización, lógica, secuenciamiento y ordenamiento de la información, surgen porque tratamos de forzar linealmente, o como una lista una serie de secuencias cuando realmente este tipo de orden está más allá del que manejamos orgánicamente. Una de las razones para que esta confusión surja es que confundimos la lógica con el concepto de una lista ordenada.

La palabra "lógica" en el sentido en que la usamos hace referencia a "una vía o forma razonable". Partiendo de tal base, la información se puede representar de una forma ligada y ordenada. La generación de ideas creativas es viable a partir de los modelos mentales, de tal forma que la situación usual en que generamos aceleradamente una gran cantidad de ideas creativas que van disminuyendo con el tiempo, a la luz del modelo mental cada pensamiento se liga rápidamente a otros y estos a su vez a otros, de modo que una situación que inicia como una explosión de creatividad finalice con una explosión aún mayor.

La teoría de la codificación dual propuesta por el psicólogo Alan Paivio propone la existencia de dos formatos diferentes y cuasi-independientes de representación mental, a saber la representación verbal y la representación en imágenes; aunque no tiene una aceptación universal, tiene una fuerte sustentación empírica. Esta teoría fué desarrollada inicialmente para explicar los efectos de la creación de imágenes en los experimentos de aprendizaje verbal.

La creación de imágenes mentales relevantes a un determinado contenido verbal mejora la memorización de las palabras y viceversa, teniendo utilidad en memorización de pinturas y en estudios cronométricos de comparación de dimensiones variables, como distancias, tamaños entre otras. Aunque el término imagen es en sí mismo una metáfora de tipo visual, de todas maneras representa una experiencia perceptual multimodal, lo cual de alguna forma, es la base de nuestra experiencia perceptual[429]. Sin embargo, no somos *ipso facto* conscientes de todas las representaciones verbales o de imágenes que aparecen durante nuestro proceso cognoscitivo, lo cual equivale a decir que algunas veces somos conscientes de nuestras representaciones en imágenes y palabras. Por otra parte, las imágenes mentales representan una imagen de algo que también es representado por una palabra, pero sin que la imagen represente la palabra. La imagen de un "barco" no intenta representar la palabra "barco" y dado que pertenecen a sistemas de referencia diferentes, permiten explicar la coherencia del proceso de pensamiento.

La representación que tenemos del mundo real abarca elementos que no son equivalentes en el mundo exterior. Mientras un problema de números después de enunciado está completo en y por sí, un problema del mundo real nunca queda confiablemente circunscrito con respecto a ninguna región de lo que conocemos en el mundo real.

La representación del mundo real que conocemos abarca "algo" más las estructuras mentales representativas por ejemplo de mamá, papá, amigo, esposa, hijos, trabajo, peligro, por citar algunos: todos estos existen como símbolos, pero con estructuras internas de gran complejidad, cerradas en gran medida a la inspección conciente, por lo cual es un esfuerzo vano el querer establecer una correspondencia de uno a uno entre la estructura interna de un símbolo y un rasgo o cosa específica del mundo real[430].

Se mencionaba en la complejidad como aproximación a una teoría del sistema nervioso y el cerebro, la presencia de dos niveles, uno "alto", trascendente, más abarcante y uno "bajo", de base, que se corresponde con el nivel neural. En el nivel neural de base operan las reglas físicas y cambian los estados, no puede haber interpretación de los elementos primordiales, como la excitación de las neuronas, mientras que en el nivel superior emerge una interpretación con significado, semejando una correspondencia entre las grandes "nubes" de actividad neural a las cuales Hofstadter denomina "símbolos", -que pueden se alguna forma ser equiparables con los módulos corticales- y el mundo real. Sin embargo, los hechos del nivel neural no están sujetos a interpretación del mundo real, porque son el puro sustrato que apoya al nivel más alto, en una relación semejante a la de los transistores con una calculadora.

El nivel superior como holón o totalidad/parte emergente, incluye a los holones o totalidades partes precedentes, de tal manera que al emerger el nivel superior añade un nuevo patrón que define la nueva forma o totalidad, preservando los holones previos del nivel neural, pero negando su separación. De tal forma, el pensamiento a la luz de holones emergentes que trascienden pero incluyen a los predecesores, en un sentido hegeliano preservándolos y negándolos a la vez[431], es un concepto que Roger Sperry confirma al referir que las fuerzas más simples, primitivas y elementales permanecen presentes y operativas, sin que ninguna de ellas haya sido suprimida; sin embargo, estas fuerzas de naturaleza elemental se han reemplazadas en pasos sucesivos por entidades organizativas de mayor complejidad.

La memoria

Las grandes habilidades no son requisito para un historiador. Para la composición histórica todos los poderes de la mente son quiescentes. El tiene los hechos al alcance de su mano, no tiene necesidad de la invención. Tampoco se requiere imaginación en demasía, solamente aquella requerida en las más elementales poesías. Algo de penetración, agudeza y matización bastarán a un hombre para esta tarea si se aplica a ella con la disciplina requerida

Samuel Johnson

Generalidades

Jorge Luis Borges en su novela "Funes, el memorioso", relata sobre el personaje Ireneo Funes:

> "Ireneo comenzó por enumerar, en latín y español, los casos de memoria prodigiosa registrados por la *Naturalis historia*: Ciro, rey de los persas, que sabía llamar por su nombre a todos los soldados de sus ejércitos; Mitrídates Eupator, que administraba la justicia en los 22 idiomas de su imperio; Simónides, inventor de la mnemotecnia; Metrodoro, que profesaba el arte de repetir con fidelidad lo escuchado una sola vez (...) sabía las formas de las nubes australes del amanecer del treinta de abril de mil ochocientos ochenta y dos y podía compararlas en el recuerdo con las vetas de un libro en pasta española que solo había mirado una vez y con las líneas de la espuma que un remo levantó en el Río Negro la víspera de la acción del Quebracho. Estos recuerdos no eran simples; cada imagen visual estaba ligada a sensaciones musculares, visuales, térmicas, etc."[432].

La memoria es una amalgama compleja de fantasías, hechos y realidades tanto internas como externas. Los hechos se dan en ciertos contextos y las memorias se recuperan en otros, pero la historia no solamente depende de quien la relata, sino de quien la interpreta a la luz de su propia experiencia. El sistema de memoria es lo suficientemente potente en el cerebro para permitir la captura de la imagen de un rostro con un vistazo, lo suficientemente amplio para cumular las experiencias de una vida y con la suficiente versatilidad para que el recuerdo de una escena traerá asociaciones de imágenes visuales, sonidos, colores, sensaciones táctiles y emociones.

Pese a lo reducido de su volumen, el cerebro humano aloja un sistema de memoria tan potente que captura la imagen de un rostro al primer encuentro, tan amplio que almacena las experiencias de una vida, siendo a la vez tan versátil que el recuerdo de una escena evoca simultáneamente imágenes, olores, sonidos, emociones.

Hace aproximadamente 50 años, el psicólogo Heinrich Klüver, junto con P.C. Bucy se sorprendieron por la extraña conducta de unos monos a los que se había extirpado los lóbulos temporales: con inusitada frecuencia, estos simios examinaban repetida e indiscriminadamente un objeto no comestible, palpándolo, probándolo y olfateándolo como si lo encontraran extraño; además habían perdido el miedo a los seres humanos y su aversión a sensaciones normalmente repelentes como pinchazos, lo cual se interpretó como un desligamiento entre los estímulos familiares y sus asociaciones emotivas.

Posteriormente se demostró que este fenómeno solo ocurría con la extirpación de la amígdala. por lo cual se propuso que la raíz de tal comportamiento era la incapacidad de los monos para vincular entre sí diferentes clases de recuerdos. Si bien en otros apartes (Cf. La evolución de la conciencia) se destaca la importancia de los mecanismos sensoriales receptivos, es necesario ponderar la memoria asociativa, como capacidad de recordar experiencias sensoriales pasadas y correlacionarlas con otras anteriores como base del aprendizaje.

Si bien el mecanismo exacto en que se basa la memoria está abierto a especulación, algunas teorías proponen que el conocimiento de las influencias externas puede modificar la estructura de varios tejidos, teoría que es reforzada por el hecho que tales procesos ocurren en otras partes del sistema nervioso, debajo de la corteza. En consecuencia, es posible que las neuronas de la corteza sean las últimas en modificarse y los cambios en la corteza pueden alterar la acción de los estímulos que la alcanzan en un tiempo posterior, gracias a su gran capacidad de modificación, de modo que dichos cambios constituyan la base para la memoria consciente e inconsciente.

Otros enfoques -de acuerdo a los neuroanatamistas House, Pansky, & Siegel, 1982- son más de tipo estructural, partiendo de la arquitectura cerebral, sobre la argumentación que la memoria depende de que determinados impulsos pongan en marcha una serie de circuitos llamados reverberantes, de forma tal que cuando un impulso facilitador -que puede tomar cualquier característica- actúa sobre un determinado circuito, le permite penetrar en la conciencia.

Estos circuitos reverberantes ocurren en las grandes áreas de asociación de la corteza partiendo de la evidencia que la estimulación de ciertas regiones del lóbulo temporal desencadena una recreación definida de acontecimientos pasados o la evocación de personas desaparecidas mucho tiempo atrás, o el recuerdo de las estrofas de una poesía o los fragmentos de una canción, lo cual les permite postular a los citados autores, que cualquier objeto independientemente de su naturaleza está en última instancia *representado* por un conjunto de memorias relacionadas en un modelo de diseño con las fibras del sistema sensorial que alguna vez fueron activadas por estímulos. Cuando posteriormente un impulso iniciado por cualquier modalidad sensorial pulsa "sobre la cuerda apropiada", se libera el modelo del intrincado laberinto, con lo cual se reconoce como se hubiera visto, olido, oído o sentido antes[433]. Los impulsos olfatorios también caben en este enfoque.

La memoria que nos permite aprender a partir de la experiencia y que el neurocientífico Rodolfo Llinás denomina como memoria referencial, representa el cúmulo de aprendizaje realizado durante el lapso de una vida. Esta capacidad intrínseca facilita las propiedades predictivas del cerebro y en esta medida, ejerce una función de supervivencia. Entonces la memoria tiene en cuenta los contenidos significativos del mundo externo en el contexto interno generado por el sistema talamocortical.

Sustrato neural

El patrón de despolarizaciones neuronales en determinadas áreas de la corteza se asocia con neuronas de áreas corticales cuyas funciones se relacionan entre sí (por ejemplo, áreas visuales tálamocorticales con áreas de reconocimiento de caras), de esta manera los patrones de estructuras adquieren significado, como cuando se reconoce la cara de alguien.

La repetición hace que se agreguen otras propiedades, como asociar la cara con el sonido del nombre, eventualmente otros sucesos más complejos como escenas del sitio donde esta persona se hallaba, aromas, sonidos, música, con lo cual las escenas conscientes se vuelven contenidos multimodales con muchos enlaces sensoriales o sensitivos, en las cuales hay una zona de foco, una zona "marginal", en donde la focalización depende de la atención[434].

Los recuerdos de hechos y sucesos concretos que en principio pueden recuperarse a voluntad, son coordinados por el hipocampo, una colección de neuronas en forma de media luna que se encuentran en el centro del cerebro. Pero la memoria es manejada en diferentes áreas. La amígdala (o para ser más exacto, el complejo amigdaloide, porque está compuesto de varios núcleos) es un grupo de neuronas del tamaño de una almendra (de hecho, *amygdalon* en griego significa almendra) que se encuentra cerca de la médula oblonga, se especializa en conferir carga emocional a las experiencias sensoriales, permitiendo que las emociones configuren la percepción y el almacenamiento de recuerdos, haciendo indelebles los recuerdos asociados a temor. Tal parece que las emociones influyen sobre el procesamiento sensorial en la corteza para destacar aquellos estímulos de interés en el maremágnum de impresiones aportadas por los sentidos. De este modo, las emociones proporcionan un filtro necesario para limitar la atención y por ende el aprendizaje a los estímulos dotados de interés emocional[435] (Cf. marcador somático). Por otra parte, los ganglios o núcleos de la base los cuales son colecciones de materia gris en la profundidad de los hemisferios cerebrales, se encargan del manejo de hábitos y actitudes físicas, codificando un mapa interno del espacio en el cual el sujeto tiene la disponibilidad de moverse a voluntad; por su parte, el cerebelo coordina el aprendizaje condicionado, siendo el ejemplo clásico de tal aprendizaje el condicionamiento clásico de los perros de Pavlov.

Las lesiones que ocurran en cualquiera de estas áreas tienen un efecto en la modalidad de la memoria correspondiente. El neurólogo Antonio Damasio refiere como un paciente suyo quien requirió una gran cirugía en el hipocampo para el control de una epilepsia, podía recordar todo lo que le había ocurrido con anterioridad a la operación, pero no podía formar nuevos recuerdos, quedando atrapado para siempre en la década de los cincuentas[436].

Una situación semejante fue presentada en el artículo clásico de William Scoville y Brenda Milner, quienes informaron en 1.957 las alteraciones en la memoria del paciente de Montreal identificado con las siglas "H.M.". Scoville y Milner describieron como en Septiembre de 1953, a "H.M." se le realizó una resección bilateral de la porción media del lóbulo temporal para tratamiento quirúrgico de ataques epilépticos. En el período posoperatorio se empezaron a observar las alteraciones de memoria, consistente en la falta de reconocimiento de los empleados del hospital y en que no encontraba el camino hacia el baño. En "H.M." la memoria de los eventos de su infancia, adolescencia y primeros años de la edad adulta están relativamente preservados.

Dentro de las muchas anécdotas de "H.M.", se describen que no se identifica a sí mismo al contemplarse en un espejo o en una fotografía reciente, pero sí lo logra en una imagen de la época de su cirugía o previa a esta. La historia trágica de "H.M." que le dejó como el anterior paciente del doctor Damasio, suspendido para siempre en un presente sin nexos históricos, ha enriquecido el conocimiento del cerebro. El análisis detallado de tales déficits apoya la hipótesis que plantea que las funciones corticales siguen una distribución determinada y localizable en mayor o menor grado. Tres años antes de la resección bilateral del hipocampo en "H.M.", en contraste con los hallazgos anteriores, el pertinaz neuropsicólogo Karl Lashley, profesor de Psicología de la universidad de Harvard consideró que había demostrado que no había localización específica de las funciones mnésicas, "no hemos podido descubrir nada directamente sobre la naturaleza real del engranaje. Al repasar las pruebas sobre la localización de la huella mnésica, a veces pienso que es inevitable concluir que el aprendizaje no es posible"[437]. De acuerdo a Lashley, durante el proceso de aprendizaje la información quedaba representada en vastas zonas del cerebro, si no en todo él .

Sin embargo, el deterioro de la amígdala y el hipocampo no es el único tipo de neuropatología capaz de provocar amnesia global: en otros pacientes amnésicos la lesión se localiza en el diencéfalo (anatómicamente está organizado en los núcleos llamados tálamo e hipotálamo).

Algunas partes del diencéfalo situadas en vecindad de la línea media del cerebro al lesionarse producen el denominado síndrome de Korsakoff, que es un tipo de amnesia global descrita en algunos alcohólicos crónicos. El descubrimiento que al diencéfalo llegan fibras procedentes del hipocampo y la amígdala refuerza las pruebas clínicas que describen una participación de los núcleos diencefálicos en la memoria. Al producirse por cirugía experimental lesiones específicas de las regiones del diencéfalo que reciben fibras del hipocampo y la amígdala, las pruebas de reconocimiento visual mostraron un patrón de fallos semejante al de las lesiones del hipocampo y la amígdala, con alteración del patrón de memoria recognitiva, situación que también ocurrió al producirse lesión experimental de las conexiones que comunican el tálamo con la corteza prefrontal ventromedial. Todo este conjunto de lesiones por cirugía experimental a determinados circuitos neuroanatómicos busca sustentar que un sistema sensorial -el visual-, está conectado con circuitos mnésicos presentes en las estructuras límbicas del lóbulo temporal, las partes mediales del diencéfalo y la corteza prefrontal ventromedial.

La memoria desde el punto de vista de las neurociencias es una de las funciones cognoscitivas más importantes, de bastante complejidad, que abarca los procesos de recepción y registro de los estímulos sensoriales, almacenamiento a corto plazo y largo plazo de la información y recuperación de la información almacenada. A lo largo de la vía visual por ejemplo, el cerebro integra los datos sensoriales y los convierte en una experiencia de percepción, situación que ocurre con los demás datos sensoriales.

La memoria es un proceso activo constante de adquisición, almacenamiento y recuperación de información. Es de diferentes modalidades, ya visual, auditiva, sensorial, cinestésica y temporalmente se presenta como memoria inmediata, con retención de estímulos en el rango de segundos, memoria reciente con retención de estímulos en el rango de días, y a largo plazo, en el rango de años a décadas.

En la riqueza neural, cada elemento celular está constantemente cambiando y adaptándose de acuerdo a la información que recibe, multiplicando las cascadas de neurotransmisión y regulación intranuclear, programando la maquinaria genética y de proteínas de la célula para crecimiento o retracción dendríticas, o muerte celular programada. Gerald Edelman —del Instituto de Neurociencias de San Diego- refiere como,

> "Las estructuras evolucionaron de tal manera que permitieron correlaciones significativas entre los patrones o modelos dinámicos en curso y aquellos impuestos por patrones o modelos pasados. Todas las estructuras difieren entre sí y la memoria toma sus propiedades en función del sistema en el cual aparece. Lo que los sistemas de memoria tienen en común son la evolución y la selección. La memoria es una propiedad esencial de los sistemas biológicamente adaptados"[438].

François Boller y Oscar López de la Universidad de Pittsburgh describieron una correlación entre los hallazgos de autopsia en pacientes fallecidos de demencia y sus respectivos diagnósticos médicos, encontrando una vasta gama de enfermedades diferentes a la de Alzheimer como causantes de los estados demenciales[439].

¿Por qué recordamos algunas cosas y olvidamos otras? En general, la memoria es una "reconstrucción" más o menos precisa. Las experiencias inusuales tienden a ser recordadas mejor porque se confunden menos con otros eventos. El gusto y el olfato se asocian con muchas memorias porque las vías neuronales unen directamente a estos sentidos con el hipocampo. La imaginería eidética se refiere a la facultad popularmente conocida como memoria fotográfica, en la cual se puede evocar un objeto con todas sus características.

Charles Stromeyer de los laboratorios Bell realizó estudios en personas con facultad eidética (memoria fotográfica), a quienes les presentaba un patrón de diez mil puntos generados por computadora, y a continuación miraba a otro cuadro de diez mil puntos. Si el individuo podía generar una imagen eidética del primer cuadro y sobreponerla sobre la segunda, el individuo podría ver una figura, resultado que confirmaba la memoria eidética.

La imaginería eidética y la sinestesia se encuentran con mayor frecuencia en los adultos altamente creativos en comparación con el adulto promedio; y se observa más en niños que en adultos. La sinestesia es una especie de conversación cruzada entre los sentidos. Uno de los casos más interesantes de sinestesia, fué el del paciente Shereshevsky o "S", descrito por el neurofisiólogo Luria. "S" era incapaz de olvidar, experimentaba un flujo constante de memoria vívida que casi lo paralizaba.

La sinestesia en "S" intensificaba la memoria, situación que "S" refería cuando escuchaba algunas palabras, estas le producían un color o una sensación táctil cada vez que las oía, con lo cual las palabras se volvían más memorables; S decía que no podía dejar de ver colores, líneas, manchones o salpicaduras al oír un sonido, y cuando se encontraba con alguien quedaba tan absorto en el tono cromático de la voz que le hablaba, que no percibía el mensaje que se le decía. "S" es un caso excepcional en el que una persona libre de acción de drogas o de esquizofrenia confunde las memorias con la realidad del momento. Su confusión de memoria -a modo de ejemplo-, la describía en sus propios términos:

> "Cuando veo un reloj, veo por un largo rato las manecillas en una posición fija y no percibo que el tiempo ha pasado (...) por lo cual siempre llego tarde"[440]

De Jan Sibelius se decía que percibía los tonos como colores, del mismo modo que otros músicos con oído absoluto que a veces describen las teclas como teniendo un color característico[441]. La plasticidad de los sentidos no es un estado, sino un proceso, que permite entender mejor el proceso asociado a la memoria eidética. Existen sinestesias conocidas y comprobadas, en que algunos individuos experimentan una sensación auditiva relacionada con la luz. Se describen casos de individuos que escuchan las auroras boreales. ¿cómo se explica este fenómeno, siendo que los sistemas auditivo y visual han sido clásicamente distinguidos por sus respuestas a energía acústica y electromagnética, respectivamente?

La respuesta subyace en la demostración que el sistema auditivo humano puede responder a energía electromagnética en una porción del espectro de las frecuencias de radio, poseyendo el cerebro una capacidad de percepción de un orden de magnitud menos que un radio de mesa.

Clarence Wieske -citado por Marilyn Fergusson-, refirió el caso de una mujer que sufría dolor por un sonido muy fuerte, proveniente de la energía electromagnética libre de su casa, causada por cables eléctricos y aparatos electrodomésticos. Por un proceso desconocido, los campos de corriente alterna eran audibles para esta mujer como "ladridos y como un código morse de intensidad extremadamente alta".

Cuando los campos de energía de los alambres eléctricos y la tubería de agua se convirtieron en sonidos audibles por la grabación en una cinta, se escuchaban como un ladrido. Y con un receptor de onda larga, Wieske encontró que el "código morse" correspondía a ondas de radio provenientes de estaciones de onda de larga y baja frecuencia. Wieske también refirió en conversaciones con enfermeras de instituciones para enfermos mentales, como había pacientes que se quejaban crónicamente de ruidos muy fuertes, inaudibles para el equipo médico[442].

La razón del porqué olvidamos cosas está relacionada con el fallecimiento de algunas neuronas, teniendo en cuenta que las neuronas no son reemplazadas cuando fallecen los circuitos neuronales a que pertenecen trastornan la codificación mnésica. Es conocida la pérdida neuronal progresiva en la medida de nuestro envejecimiento, pero incluso los ancianos conservan la capacidad de generar nuevas conexiones neuronales y de mantener las ya existentes Sin embargo, esto a la luz de la nueva investigación en neurociencias tampoco es completamente verdadero el que las neuronas fallecidas no sean reemplazadas, porque se ha demostrado que algunas "células progenitoras" pueden volverse neuronas cuando se exponen a factores de crecimiento adecuados. Se desconoce si es posible que ellas ejecuten tareas que requieran de nuevo aprendizaje.[443].

Durante toda la existencia las personas viven envueltas en incertidumbre, las situaciones del futuro son impredecibles y es una regla "que hay que esperar lo inesperado". Existe la denominada "memoria de trabajo", que desde el punto de vista de la psicología cognoscitiva, es aquella que manipula la mayor cantidad de representaciones o variables posibles, con el fin de obtener un resultado deseado, de tal modo que es uno de los factores involucrados en la organización del comportamiento[444]. La memoria de trabajo está estrechamente ligada con los "marcadores somáticos", porque ayuda a tomar decisiones correctas en la vida, asemejándose a un saber de tipo intuitivo. La intuición es una poderosa herramienta que se emplea para tomar decisiones cuando las variables para la toma de una decisión no son suficientes y el entorno es de incertidumbre.

Tal memoria de trabajo se encarga de ejecutar los componentes de una tarea dada cuando les dá prioridad a través de la atención, que simultáneamente se activan ciertas áreas y circuitos relevantes en el cerebro, relacionadas con habilidades como lectura, cálculo, reconocimiento y recuerdo, las cuales son capacidades comunes de los humanos.

Todas estas áreas se relacionan por medio de una serie de códigos internos de considerable plasticidad, cuyo umbral de activación puede ser temporalmente reducido por activación previa, generalmente adquirida por práctica, que puede cambiar o modificar el número o la cantidad de áreas cerebrales implicadas.

La combinación de enfoques cognoscitivos y anatómicos permiten una mejor comprensión de las habilidades ligadas a la memoria de trabajo[445]. Existe evidencia que muestra patrones espaciales de activación neuronal coherente mientras sujetos sanos almacenaban información sobre diferentes eventos en su memoria de trabajo.

Los patrones de configuración obtenidos fueron distintivos y algunas veces persistieron por largos períodos, lo cual implica la participación sostenida de grandes poblaciones independientes de neuronas, activadas en forma coherente, interactuando en sistemas funcionales[446].

Memoria de corto y largo plazo

A este respecto son de importancia los conceptos que explican como se produce la memoria a largo plazo en el sistema nervioso ya maduro. Inicialmente, las neuronas presentan potenciación llamado de tipo pos-tetánico que es mediada por eventos locales en la sinapsis, que lleva a la llamada "potenciación a corto plazo". La llamada "potenciación a largo plazo" y la "potenciación a muy largo plazo" requieren la síntesis de nuevas proteínas, por lo cual confieren una mayor permanencia a la memoria por cambios bioquímicos y estructurales de las sinapsis. El descubrimiento de la potenciación a largo plazo en 1.973, puso de manifiesto los mecanismos mediante los cuales podría codificarse la memoria.

En investigaciones en las que se estimulaba el córtex entorrinal y las células granulosas del hipocampo, la respuesta de estas células fue medida por Bliss y colaboradores, tanto en respuesta a un único impulso eléctrico, como a impulsos múltiples, encontrándose que tras la serie de varios impulsos se encontró una excitación comparativamente bastante superior en las células granulosas frente a las desencadenada por el pulso eléctrico único.

En este fenómeno de excitación persistente tiene un papel el receptor de N-metil-D-aspartato, que al ser estimulado repetidamente permite la entrada de ión calcio a la célula, el cual desencadena una serie de eventos que culminan en cambios de larga duración en las sinapsis, responsables de la potenciación[447].

Bioquímicamente y estructuralmente se ha descubierto gran parte de las moléculas participantes en los procesos de memoria a corto y largo plazo. Estas moléculas comprenden gran variedad de receptores y segundos mensajeros que en última instancia, alcanzan el núcleo celular de la neurona, e implican la participación de factores de crecimiento neural.

En estudios experimentales en gatos, la evaluación de una tarea de evitación mostró la participación de aproximadamente cien millones de neuronas; en una situación de urgencia, la alta tasa de disparo de algunas neuronas, la máxima inhibición en otras y un "ajuste fino" del sistema nervioso hacia los mecanismos facilitadores de supervivencia, comprende una enorme variedad y complejidad de factores neurotróficos, mensajeros que cimentan y/o depotencian los neurotransmisores que se liberan.

Cuando el genoma no pudo codificar las conductas necesarias para la adaptación y supervivencia, la naturaleza creó los cerebros. Y después de los cerebros, cuando el saber surgido en torno al quehacer de los núcleos sociales llegó a sobrepasar la capacidad de aprendizaje de los cerebros, el ser humano aprendió el desarrollo de un sistema para plasmar la memoria comunal de la especie, que no pertenece al genoma ni a la corteza cerebral y que es la escritura, y los libros. Toda esta información cultural esta en la memoria de las bibliotecas[448].

Y recientemente esta información ha empezado a ser manejada en los ordenadores.

El neoneocórtex

Solo podemos saber lo que el cerebro es capaz de hacer si se lo demandamos. El repertorio genético de cualquier especie incluye un número infinito de potencialidades, mayor de los que puede permitir el entorno o la duración de una vida. El concepto del neoneocórtex surge a partir de los planteamientos de Flechsig, al considerar el tiempo de mielinización de la corteza como un índice evolutivo. Existen grandes áreas prefrontales y en la zona inferior del lóbulo temporal con una mielinización retardada, cuya utilidad es aumentar la proporción de la corteza. Se considera que estas áreas neoneocorticales tienen funciones asociadas con el alto desempeño cognoscitivo de *Homo*. Las áreas 39 y 40 de Brodmann, las pertenecientes a los lóbulos prefrontal medio y temporal inferior son las áreas mejor definidas en el neoneocórtex, en las cuales se plantea la existencia de "microestructuras sutiles en los minimódulos de estas áreas corticales".

En la evolución de los homínidos el tubo neural tendría zonas codificadas previamente para la posterior producción del neoneocórtex con un desarrollo tardío explicado por el retardo en las mitosis de determinados grupos de células neuroepiteliales, sobre lo cual todavía hace falta mayor estudio. De acuerdo a Eccles, el desarrollo de los dendrones en el neoneocórtex es muy lento, su inclinación para las diferentes funciones gnósticas se desarrollan en los años prepuberales en respuesta a diferentes experiencias que inducen procesos de autoorganización en el neoneocórtex.

El desarrollo trófico posterior de los dendrones de acuerdo a las inclinaciones naturales, produce la asimetría funcional resultante hacia los 14 años de edad, a partir de la cual las asimetrías se fijan.

Funcionalmente las áreas neoneocorticales son la base estructural de la mayoría de las asimetrías corticales tradicionales como el lenguaje y la construcción espacial, pero también se le atribuye un rol en el pensamiento, la memoria, los sentimientos, las imaginaciones y la creatividad[449].

Wolfgang Amadeus Mozart es un ejemplo de desarrollo trófico del neoneocórtex durante los años prepuberales. Desde su temprana infancia, su cerebro desarrolló una propensión para la música. El efecto de una educación musical sin descanso produjo una autoorganización intensa de las áreas neocorticales para la función gnóstica de tipo musical. Así se creó el cerebro mejor dotado para la música de todos los tiempos y que se tradujo en su capacidad de dar carga de irradiación afectiva a su música que logra proporcionar coherencia a lo que no la tiene y unidad sentimental a elementos dispersos.

Interacción hemisférica y cambios en el modo del conocimiento

Se ha hablado sobre la actitud pluralista, sobre como de este enfoque se pueden cambiar viejos esquemas de dicotomía y de radicalización, consecuencia del enfoque cognoscitivo del hemisferio izquierdo. Guédez, corroborando las ideas de Edgar Morin, plantea algunas tendencias predominantes en este fin de siglo, como lo son: la muerte de las ortodoxias, el cultivo del pensamiento divergente y la reificación del pluralismo. La epistemología se yergue hoy en día sobre la base de la interdisciplinariedad.

De acuerdo con Aristóteles, las sociedades son cíclicas porque los regímenes de un modo u otro eran imperfectos y una sociedad de hombres compuestos por entero de deseo y razón conduciría a una sociedad de hombres bestiales en busca de reconocimiento, en una oscilación sin fin[450].

Pero la postura del hemisferio izquierdo de un logos que en función conceptual de díadas antitéticas domina su entorno de una forma semejante a como *Iskandar el Rum* -Alejandro el Grande- se lanza a conquistar el mundo helénico, con dicotomías y guerras, ha resultado en la pérdida de la conciencia sobre lo conectados que estamos con el mundo.

Impersonalidad es el término que describe a nuestra sociedad de núcleos urbanos en que las estructuras de la vida organizada permiten un mínimo de relaciones interpersonales, las cuales cuando ocurren, son de un nivel muy superficial.

El problema de la impersonalidad se acentúa por el alto grado de movilidad que existe en nuestra cultura. Lewis Mumford, citado por Lane & Beauchamp (1967), capta la esencia del problema de la impersonalidad cuando refiere:

"La extensión misma de la comunidad en nuestros tiempos a través de organizaciones nacionales y mundiales, solo aumenta la necesidad de reforzar más que nunca, las células íntimas, el tejido básico de la vida social: la familia y el hogar, el vecindario y la ciudad, el grupo de trabajo y la fábrica. Nuestra civilización actual carece de la capacidad de autodirigirse porque se ha sometido a las organizaciones masivas y ha creado sus estructuras desde arriba hacia abajo, sobre el principio que rige en las dictaduras y los regímenes totalitarios en vez de formarse desde abajo hacia arriba: es eficiente para dictar órdenes, forzar a la obediencia y hacer que la comunicación se efectúe en un solo sentido. Pero es esencialmente inepta para todo lo que implique reciprocidad, ayuda mutua, intercomunicación e interrelación"[451]

Las teorías se apoyan en preguntas actualizadas y pertinentes, se retroalimentan continuamente para erradicar el error y de este modo generan su propia superación. Los paradigmas del conocimiento de nuestro tiempo se hallan en un interjuego en virtud de la incertidumbre y la paradoja; parafraseado de otra forma, sobre la incertidumbre y la paradoja se yerguen unos paradigmas superestructurales, lo cual equivale a decir que los paradigmas de nuestro actual estado del saber se nutren de los sentidos ambivalentes y contradictorios[452].

La estructura y las relaciones funcionales del cerebro son dinámicas porque hay una continua adaptación al entorno y los cambios que en el ocurren son de un patrón que es mejor explicado a la actualidad como cuántico y probabilístico (Cf. Eccles y el concepto de la rejilla presináptica), predecible solamente dentro de ciertos límites.

El reconocimiento racional no se sustenta a sí mismo pero con miras a funcionar adecuadamente se sustenta en formas no universales de reconocimiento. Se fomenta mejor la productividad con una ética del trabajo que generalmente se basa en creencias, o de un vago compromiso con otros miembros del grupo. El reconocimiento por el grupo apoya la vida de comunidad.

Notas de Capítulo 7.

333. Kandel ER, Schwartz JH, Jessell TM: **Essentials of Neural Science and Behavior.** Appleton & Lange. 1995. pp 325

334. Nelson CA, Bloom FE: Child development and neuroscience. **Child Development**. 1997; Vol 68(5): 970-987

335. Sarter M, Berntson GG, Cacioppo JT: Brain imaging and cognitive neuroscience: Toward strong inference in attributing function to structure. **American Psychologist** 1996; 51(1): 13-21

336. Maturana H, Varela F, Behncke R: **El árbol del conocimiento.** 13 Edición. Editorial Universitaria S.A. Santiago de Chile, 1996. pp 116

337. Posner MI, DiGirolamo GJ, Duque D: Brain mechanisms of cognitive skills. **Consciousness and Cognition** 1997; Vol 6(2-3): 267-290

338. Damasio AR: **El Error de Descartes**. Critica-Grijalbo. Barcelona, 1996. pp. 35

339. Rosselli DA: Phineas Gage, "Tan" y "HM". Tres pacientes famosos en la historia de la neurología. **Acta Neurológica Colombiana** 1993; 9(4): 223-226

340. Schnider A, von Daeniken C, Gutbrod K: Disorientation in amnesia: A confusion of memory traces. **Brain** 1996; 119(5): 1627-1632

341. Sagan, C: **Los Dragones del Edén**. Editorial Grijalbo Crítica, Barcelona. 1993 pp. 199, 234, 242

342. Jacquart D, Thomasset C: **Sexualidad y Saber Médico en la Edad Media.** Editorial Labor, Barcelona, 1989 pp. 80

343. Fukuyama F: **El fin de la historia y el último hombre**. Editorial Planeta Colombiana SA, 1993. pp. 116

344. Brissard F: **Desarrolle toda su inteligencia.** Intermedio Editores - Robin Cook S.L., Bogotá, 1993. pp 23

345. Fadem B: **Behavioral Science** 2nd Edition. Harwal Publishing. Philadelphia, 1994. pp 123

346. Adams RD, Victor M, Ropper AH (Eds): Chapter 21. Dementia and the Amnesic (Korsakoff) Syndrome. En: **Principles of Neurology**. 6th Edition. McGraw Hill. New York, 1997. pp. 417

347. Deary, I: Differences in mental abilities. **British Medical Journal** 1998; 17: 1701-1703

348. Lane H, Beauchamp M: **Comprensión del Desarrollo Humano.** 2da Edición. Editorial Pax. México D.F., 1967. pp 98-99

349. Aitken KJ, Trevarthen C: Self-other organization in human psychological development. **Development and Psychopathology** 1997; 9: pp 653-654

350. Hofstadter DR: **Gödel, Escher, Bach. Un eterno y grácil bucle.** Tusquets Editores, Barcelona, 1998. pp 390

351. Aitken KJ, Trevarthen C: Self-other organization in human psychological development. **Development and Psychopathology** 1997; 9: pp 654

352. Griffiths A, Miller J, Suzuki D, Lewontin R, Gelbard W et al: **Una introducción al análisis genético.** Edit. Interamericana - McGrawHill Madrid, 1993. pp. 757, 758

353. Gardner H: **Estructuras de la Mente: La teoría de las Inteligencias Múltiples.** Fondo de Cultura Económica. Bogotá, 1997. pp 44-45

354. Hofstadter DR: **Gödel, Escher, Bach. Un eterno y grácil bucle.** Tusquets Editores, Barcelona, 1998. pp. 30

355. Hofstadter DR: **Gödel, Escher, Bach. Un eterno y grácil bucle.** Tusquets Editores, Barcelona, 1998. pp. 43,44

356. Stewart I: Gauss. **Scientific American**, 1977; 237 (1): pp. 1

357. Rattray-Taylor, G: **El cerebro y la mente. Una realidad y un enigma**. Planeta, Barcelona, 1979. pp. 247

358. Kretschmer E: Hombres Geniales. Labor, Barcelona, 1954. Citado por: Alonso-Fernández, F: **El talento creador. Rasgos y perfiles del genio.** Ediciones Temas de Hoy. Madrid, 1996. pp. 19

359. Tyler L: **The Psychology of Human Differences.** Appleton Century Crofts. New York , 1947. pp. 212, 215

360. Alonso-Fernández, F: **El talento creador. Rasgos y perfiles del genio.** Ediciones Temas de Hoy. Madrid, 1996. pp. 107-108

361. Alonso-Fernández, F: **El talento creador. Rasgos y perfiles del genio.** Ediciones Temas de Hoy. Madrid, 1996. pp. 116

362. Alonso-Fernández, F: **El talento creador. Rasgos y perfiles del genio.** Ediciones Temas de Hoy. Madrid, 1996. pp. 59

363. Goleman D: **La inteligencia emocional.** Editorial Javier Vergara S.A., Buenos Aires, 1996. pp. 16

364. Goleman D: **La inteligencia emocional.** Editorial Javier Vergara S.A., Buenos Aires, 1996. pp. 335 y ss

365. Popper KR, Eccles J: **El Yo y su cerebro.** 1ª Ed, 2ª Reimpresión, Editorial Labor Barcelona, 1985. pp. 260

366. Damasio AR, Damasio H: Cerebro y Lenguaje. En: **Mente y Cerebro. Monografía de Libros de Investigación y Ciencia**. Prensa Científica, Barcelona. pp. 68

367. Kupferman I: Chapter 19. Cognition and the cortex. En: Kandel ER, Schwartz JH, Jessell TM (Eds.): **Essentials of Neural Science and Behavior**. Appleton & Lange, Connecticut, 1995. pp. 357-358

368. Río M: **Estudio sobre la libertad humana. Anthropos y Anagke**. Guillermo Kraft, Buenos Aires, 1955. pp. 16

369. Maturana H, Varela F, Behncke R: **El árbol del conocimiento**. 13 Edición. Editorial Universitaria S.A. Santiago de Chile, 1996. pp 89

370. Barrow JD: **Teorías del Todo. Hacia una Explicación fundamental del Universo**. Crítica, Barcelona 1994. pp. 223

371. Damasio AR, Damasio H: Cerebro y Lenguaje. En: **Mente y Cerebro. Monografía de Libros de Investigación y Ciencia**. Prensa Científica, Barcelona. pp. 67

372. Barrow JD: **Teorías del Todo. Hacia una Explicación fundamental del Universo**. Crítica, Barcelona 1994. pp. 232

373. Capra F: **El Tao de la Física**. Editorial Sirio, Málaga, 1983. pp. 41

374. Durant W: **Historia de la Filosofía. La vida y el pensamiento de los más grandes filósofos del mundo**. 6a Ed. Diana. México D.F., 1994; pp. 169

375. Sánchez G: La disociación mental. **Revista Colombiana de Psiquiatría**. 1982; 11(3): 319-325

376. Popper KR, Eccles J: **El Yo y su cerebro**. 1ª Ed, 2ª Reimpresión, Editorial Labor Barcelona, 1985. pp. 364-365

377. Jung CG, von Franz ML, Henderson JL, Jacobi J, Jaffé A: **El hombre y sus símbolos**. Ediciones Paidós, Barcelona. pp. 14.

378. Rowan J: **Lo transpersonal. Psicoterapia y Counselling**. Editorial Libros de la liebre de marzo. Barcelona, 1996. pp. 34

379. Eccles JC: **La evolución del cerebro: la creación de la conciencia**. Editorial Labor, Barcelona. 1992 pp. 373-374

380. Eccles JC: **La evolución del cerebro: la creación de la conciencia**. Editorial Labor, Barcelona. 1992 pp. 201

381. Eccles JC: **La evolución del cerebro: la creación de la conciencia**. Editorial Labor, Barcelona. 1992 pp. 130, 132

382. Kupferman I: Chapter 19. Cognition and the cortex. En: Kandel ER, Schwartz JH, Jessell TM (Eds.): **Essentials of Neural Science and Behavior**. App.leton & Lange, Connecticut, 1995. pp. 359

383. Waddington JL: Schizophrenia: developmental neuroscience and pathology. **The Lancet** 1993; 341: 531-536

384. Eccles JC: **La evolución del cerebro: la creación de la conciencia**. Editorial Labor, Barcelona. 1992 pp. 393; 396-397

385. Eccles JC: **La evolución del cerebro: la creación de la conciencia**. Editorial Labor, Barcelona. 1992 pp. 397

386. Eccles JC: **La evolución del cerebro: la creación de la conciencia**. Editorial Labor, Barcelona. 1992 pp. 205

387. Irving-Hallowell, A: Hominid evolution, cultural adaptation and mental dysfunctioning. En: A.V.S. de Reuck, Ruth Porter, Eds: **Transcultural Psychology**. Ciba Foundation Symposium. J&A Churchill Ltd. 1965. pp 42

388. La sintaxis trata del ordenamiento de las palabras para integrar construcciones mayores como frases y oraciones.

389. Sagan C, Druyan A: **Sombras de antepasados olvidados**. Edit. Planeta, Barcelona, 1992. pp. 339

390. Pinillos JL: **La mente humana**. Salvat Eds, Navarra, 1970. pp. 110 y ss.

391. Patterson F: Conversations with a gorilla. **National Geographic** 1978; 154(4): 458 y ss.

392. Sagan C: **Los Dragones del** Edén. Edit. Crítica-Grijalbo, Barcelona. 1993. pp. 112 y ss

393. Krauss RM, Glucksberg S: Social and Non-social speech. **Scientific American** 1977; 236(2): pp. 100

394. En 1963, HB Ranken diseñó unas figuras irregulares, y comparó dos grupos de estudio en cuanto al reconocimiento de las formas. A uno de los grupos se le proporcionaron nombres para la memorización de las formas, y al compararlo con el otro grupo, encontró que los nombres facilitaron el aprendizaje, y que no todo el pensamiento es de naturaleza verbal

395. Goleman D: La realidad y el estudio de la conciencia. En: Walsh R, Vaughan F: **Más allá del Ego: Textos de Psicología transpersonal**. 5ª Ed. Edit Kairós, Barcelona, 1991. pp. 38 y ss

396. Laín Entralgo P: **La curación por la palabra en la Antigüedad clásica**. Editorial Anthropos, Barcelona, 1987. pp. 113

397. Wilber K: **Sexo, Ecología, Espiritualidad. El alma de la evolución. Volumen I** Gaia Ediciones, Madrid 1996. pp. 91

398. Por ejemplo, en el idioma japonés, ser capaz de hablar (japonés) se expresa como *nihongo ga dekiru mono* es decir "persona que puede el japonés".

399. Derry TK, Williams TI: **Historia de la tecnología. Desde la antigüedad hasta 1750**. 6º Edición. Editorial Siglo XXI. México DF, 1982. pp. 310

400. Gardner H: **Estructuras de la Mente: La teoría de las Inteligencias Múltiples**. Fondo de Cultura Económica. Bogotá, 1997. pp 223

401. Bourne L, Ekstrand BR, Dominovski RI: Capítulo 14. El Lenguaje: Un sistema para pensar. En: **Psicología del pensamiento**, Editorial Trillas, México DF, 1975 pp 403

402. Si como lo afirma el empirismo, la competencia lingüística fuera una función de la habilidad para aprender, y en general, de la inteligencia entonces algunos niños deberían aprender el lenguaje mejor que otros y algunos no deberían ser capaces de aprenderlo, pero las cosas no ocurren así. Incluso niños con un coeficiente intelectual de 50 aprenden a hablar. Dale PS: Capítulo 4: La lingüística y el lenguaje infantil. En: **Desarrollo del Lenguaje: Un Enfoque Psicolingüístico**. Editoral Trillas. México DF. 1980 pp. 128

403. Dale PS: Capítulo 4: La lingüística y el lenguaje infantil. En: **Desarrollo del Lenguaje: Un Enfoque Psicolingüístico**. Editoral Trillas. México DF. 1980 pp. 127

404. Gardner H: **Estructuras de la Mente: La teoría de las Inteligencias Múltiples**. Fondo de Cultura Económica. Bogotá, 1997. pp 215

405. Gardner H: **Estructuras de la Mente: La teoría de las Inteligencias Múltiples**. Fondo de Cultura Económica. Bogotá, 1997. pp. 216.

406. Deimas PD: Capítulo 8. Percepción del habla en la primera infancia. Tomado de: **Función Cerebral. Monografía de Scientific American**. Editorial Prensa Científica. Barcelona 1991. pp. 77-83

407. Los estudios del llanto del recién nacido revelan la existencia de diferencias marcadas en la cantidad de llanto y en las circunstancias bajo las cuales se produce. En los primeros días de edad el llanto tiende a disminuir progresivamente. La mayor parte del llanto se produce entre las seis de la tarde y la medianoche, aunque este patrón puede variar de un bebé a otro y se afectapor el modo que reaccione la madre ante el llanto de su bebé. Existen fuera del llanto los "sonidos explosivos" que pueden ser silbidos, quejidos, gemidos, gárgaras y toses, que son los llamados arrullos, que involucran el uso de órganos de la fonación como labios y lengua. Se presentan cuando el bebé está relajado o alimentándose al pecho. Los arrullos no son una forma de comunicación como el llanto porque los bebés no intentan comunicar a otros sus necesidades o deseos, como lo hacen con el llanto. Tomado de: Hurlock E.B: Capítulo 4. Efectos del nacimiento sobre el desarrollo. En: **Desarrollo del niño**. Ediciones McGraw-Hill, México DF 1978. pp. 94 y ss

408. En el neonato se presenta llanto entre 30 minutos y 4 horas al ser separado de la madre, y solo de un minuto/hora si están con los padres después del nacimiento. Tomado de 📖 Luddington-Hoe, S: Estimulación sensorial en perinatología. Publicación de E.M.E.S.F.A.O. 1987. pp. 170.

409. 📖 Blanco Perales, MD: **El Fracaso escolar**. Editorial Faussí. Barcelona. 1988 pp. 30 y ss

410. Es importante destacar que en el trabajo de Irwin en 1960, el hecho de que los padres leyeran a sus hijos por diez minutos diarios durante varios meses, resultó en mayor fluidez del lenguaje en los niños de este grupo experimental después de un lapso de cuatro a seis meses. Se coligió adicionalmente que el hecho de escuchar el habla resultó efectivo en el desarrollo del lenguaje. Estos datos experimentales apoyan el hecho evidente que la experiencia en el lenguaje es crucial para el aprendizaje, y dentro de las experiencias, la frecuencia y la variedad gobiernan el desarrollo.

411. Aunque el lenguaje que utilizan los padres en el intercambio con el niño es más sencillo que el que emplean con otros adultos, suele estar por encima del nivel de producción del niño, con lo cual sirve de incentivo al aprendizaje. La atención del niño determina el grado de complejidad del lenguaje de los padres. Tomado de: Teorías del Desarrollo Sintáctico. Capítulo 6. En: 📖 Dale PS: **Desarrollo del Lenguaje: Un Enfoque Psicolingüístico**. Editorial Trillas. México DF. 1980 pp. 181 y ss

412. 📖 Bourne L, Ekstrand BR, Dominovski, RI: Capítulo 14. El lenguaje: Un sistema para pensar. En: **Psicología del pensamiento**, Edit. Trillas, México DF, 1975. pp. 374 y ss

413. 📖 Bourne L, Ekstrand BR, Dominovski, RI: Capítulo 14. El lenguaje: Un sistema para pensar. En: **Psicología del pensamiento**, Edit. Trillas, México DF, 1975. pp. 409

414. Estas exclamaciones como manifestaciones externas de estados subjetivos fueron denominadas como *Ausdrucksprache*, por el alemán Bühler o *Entladungsfunktion* -función de descarga- por Müller-Freienfelds.

415. 📖 Pons PA, Farreras-Valentí P, Ley A, Montserrat S, Sales R, Sarró R, et al: Enfermedades del sistema Nervioso, Neurosis y Medicina Psicosomática, Enfermedades mentales, Tomo IV. **Tratado de Patología y Clínica Médicas**. Salvat. Barcelona. 1965. pp. 104 y ss.

416. 📖 Krauss RM, Glucksberg S: Social and Non-social speech. **Scientific American** 1977; 236(2): pp. 101, 104-105

417. La sigla de esta circunvolución es T1.

418. 📖 Pons PA, Farreras-Valentí P, Ley A, Montserrat S, Sales R, Sarró R, et al: Enfermedades del sistema Nervioso, Neurosis y Medicina Psicosomática, Enfermedades mentales, Tomo IV. **Tratado de Patología y Clínica Médicas**. Salvat. Barcelona. 1965. pp. 107 y ss.

419. 📖 Pons PA, Farreras-Valentí P, Ley A, Montserrat S, Sales R, Sarró R, et al: Enfermedades del sistema Nervioso, Neurosis y Medicina Psicosomática, Enfermedades mentales, Tomo IV. **Tratado de Patología y Clínica Médicas**. Salvat. Barcelona. 1965

420. 📖 Brabyn H: Lengua materna y hemisferios cerebrales. **El Correo de la Unesco**. 1982 (2): 10-14

421. 📖 Gardner H: **Estructuras de la Mente: La teoría de las Inteligencias Múltiples**. Fondo de Cultura Económica. Bogotá, 1997. pp 215

422. 📖 Hofstadter DR: **Gödel, Escher, Bach. Un eterno y grácil bucle.** Tusquets Editores, Barcelona, 1998. pp. 622

423. 📖 Hofstadter DR: **Gödel, Escher, Bach. Un eterno y grácil bucle.** Tusquets Editores, Barcelona, 1998. pp. 667

424. La numeración Gödel hace que los números cumplan funciones de símbolos y de secuencia de símbolos Hofstadter pp 20; que de una forma semejante al lenguaje es capaz de introspección o autoanálisis

425. 📖 Hofstadter DR: **Gödel, Escher, Bach. Un eterno y grácil bucle.** Tusquets Editores, Barcelona, 1998. pp. 623

426. 📖 Hofstadter DR: **Gödel, Escher, Bach. Un eterno y grácil bucle.** Tusquets Editores, Barcelona, 1998. pp. 614

427. 📖 Hofstadter DR: **Gödel, Escher, Bach. Un eterno y grácil bucle.** Tusquets Editores, Barcelona, 1998. pp. 36

428. 📖 Gardner H: **Estructuras de la Mente: La teoría de las Inteligencias Múltiples.** Fondo de Cultura Económica. Bogotá, 1997. pp 51, 53

429. 📖 Thomas NJT: **Coding Dualism: Conscious Thought Without Cartesianism**. Home Page: Imagination, Mental Imagery, Consciousness, Cognition: Science, Philosophy & History.

430. 📖 Hofstadter DR: **Gödel, Escher, Bach. Un eterno y grácil bucle.** Tusquets Editores, Barcelona, 1998. pp. 633

431. 📖 Wilber K: **Sexo, Ecología, Espiritualidad. El alma de la evolución. Volumen I** Gaia Ediciones, Madrid 1996. pp. 68

432. 📖 Borges JL: **Artificios**. Alianza Cien, Madrid. 1995 pp. 13-14

433. 📖 House A, Pansky B, Siegel A: **Neurociencias. Enfoque sistemático**. 1ª Edición en Español. Edit. McGraw-Hill, México D.F. 1982 pp. 463

434. 📖 Seth AK, Ishikevich E, Reeke GN, Edelman GM: Theories and measures of consciousness: an extended framework. **Proceedings National Academy Sciences** 2006; 103(28): 10799-10804

435. 📖 Mishkin M, Appenzeller T: Anatomía de la memoria. En: **Función cerebral. Monografía de Libros de Investigación y Ciencia**. Prensa Científica. Barcelona, 1991 pp. 96-106

436. 📖 Damasio A: Una mirada a los secretos de la mente. **Summa** 1995; 99: 65-73

437. 📖 Gardner, H: **La nueva ciencia de la mente. Historia de la Revolución Cognitiva**. Reimpresión Paidós, Barcelona, 1996. pp 287

438. Citado en 📖 Post RM, Weiss SRB: Emergent properties of neural systems: how focal molecular neurobiological alterations can affect behavior. **Development and Psychopathology** 1997; 9: 925

439. 📖 Boller, François, López, Oscar, Moossy, John: Diagnosis of Dementia. **Neurology** 1989; 39:76-79

440. 📖 Gregory R: Brainy Mind. **British Medical Journal** 1998; 317: 1693-1695

441. 📖 Fergusson M: **La Revolución del Cerebro**. Editorial Héptada. Madrid. 1991 pp. 264

442. 📖 Fergusson M: **La Revolución del Cerebro**. Editorial Héptada. Madrid. 1991 pp. 272-274

443. 📖 Swerdlow JL: Quiet Miracles of the brain. **National Goegraphic** 1995; 187 (6): pp. 39 (2-41)

444. 📖 Thomas NJT: **Coding Dualism: Conscious Thought Without Cartesianism**. Home Page: Imagination, Mental Imagery, Consciousness, Cognition: Science, Philosophy & History. pp. 4

445. 📖 Posner MI, Digirolamo GJ, Duque D: Brain mechanisms of cognitive skills. **Consciousness and Cognition** 1997; Vol 6(2-3): 267-290

446. 📖 John ER, Easton P; Isenhart R: Consciousness and cognition may be mediated by multiple independent coherent ensembles. **Consciousness and Cognition**. 1997; 6(1): 3-39

447. 📖 Winson J: El significado de los sueños. En: **Psicología Fisiológica. Monografía de Libros de Investigación y Ciencia**. Prensa Científica S.A. Barcelona, 1994; pp 69,70

448. 📖 Sagan C: Capítulo XI. La persistencia de la memoria. En: **Cosmos** 7ª Ed. Edit. Planeta, Barcelona. 1983 pp. 281

449. 📖 Eccles JC: **La evolución del cerebro: la creación de la conciencia**. Editorial Labor, Barcelona. 1992 pp. 201, 204-205

450. 📖 Fukuyama F: **El fin de la historia y el último hombre**. Editorial Planeta Colombiana SA, 1993. pp. 443

451. 📖 Lane H, Beauchamp M: **Comprensión del Desarrollo Humano**. 2ᵈᵃ Edición. Editorial Pax. México D.F., 1967. pp 115

452. 📖 Guédez V: La calidad y la educación en el marco de los nuevos paradigmas. **Revista de la Secretaría del Convenio Ejecutivo "Andrés Bello"** pp. 60

Capítulo 8. Disfunción de facultades mentales superiores

Sobre los trastornos emocionales

La ataraxia o estado mental de imperturbabilidad fué la aspiración de los ideales de los filósofos estoicos y epicúreos durante el siglo III a.D.C. El ideal estoico que llegó a ser la base de su filosofía se basó en la aspiración a la virtud y la felicidad.

Una extendida enfermedad emocional se expresa como un aumento de los casos de depresión en el mundo, simultáneamente con los hechos que informan sobre la creciente violencia por incremento de la agresividad. La depresión es un problema común, que ocurre hasta en el 30% de los pacientes que son atendidos ambulatoriamente, lo cual equivale a que no se hospitalizan. El costo estimado de la depresión en Estados Unidos en 1990, ascendió a los 43.700 millones de dólares; uno de los grandes problemas con la depresión es que no se suele reconocer y queda sin tratamiento. Sólo el 40-60% de los pacientes deprimidos son diagnosticados acertadamente por los médicos de atención primaria. Este bajo porcentaje, teniendo en cuenta que la realidad de la mayoría de los pacientes deprimidos solo pueden acceder al nivel médico de atención primaria más el hecho que muchos de ellos se niegan a ser remitidos para su atención a profesionales como psicólogos o psiquiatras, agrava el problema.

El tratamiento para la depresión en el nivel de la atención primaria es con frecuencia insuficiente. El conocimiento de los criterios de diagnóstico de la depresión es necesario, pero no suficiente para la correcta detección de los pacientes deprimidos. Es de destacar que la clave para la detección de la depresión en muchos pacientes, es el interrogatorio médico. El desarrollo de los nuevos agentes farmacológicos, la mejor comprensión de las alteraciones bioquímicas subyacentes a los estados de ánimo, facilita el tratamiento de la depresión, accesible para un mayor número de pacientes[453].

La literatura sobre el trastorno de estrés postraumático confirma que aún en individuos con un sistema nervioso ya maduro, los eventos traumáticos pueden dejar una memoria indeleble y en algunos casos, dejar una predisposición prácticamente de por vida para tal trastorno. En estudios recientes, los traumas en etapas tempranas de la vida se asociaron con la presentación del trastorno en la adultez, lo cual resalta la importancia de la presencia de una vulnerabilidad temprana para desencadenar tardíamente la experiencia de un evento traumático, así como la predisposición para inducir cambios conductuales y consecuencias mnésicas a largo plazo[454].

Los excesos o las inapropiadas descargas emocionales son de presentación frecuente en los pacientes aquejados de manía, hipomanía o esquizofrenia, en las que la experiencia emocional y el impulso para actuar ocurren en respuesta a delirios. La anormalidad subyace en la esfera cognoscitiva y del pensamiento, más que en los mecanismos de la expresión emocional. En algunos pacientes psicóticos los delirios se acompañan de alucinaciones que dada su persistencia, se acompañan de reacciones emocionales e impulsos de carácter inadecuado. En pacientes con alucinosis auditoria alcohólica las alucinaciones terroríficas con una respuesta emocional concordante son difíciles de distinguir por ejemplo de la esquizofrenia paranoide con respuesta emocional inapropiada[455]. Mucho se ha hablado sobre la asociación entre la genialidad y trastornos anímicos, quizá por una naturaleza vital más inestable que los común, que se puede acentuar por episodios depresivos estacionales u oscilaciones entre la depresión y la hipertimia. Goethe decía que "todos los años solía pasar las semanas que preceden al día más corto en un estado de depresión y continuo suspirar", descripción que el psiquiatra Francisco Alonso-Fernández explica como una depresión estacional agregada a un padecimiento de tipo ciclotímico, provocada por la debilidad luminosa natural propia de la primera parte del invierno[456].

El miedo es una reacción normal a una fuente externa y conocida de peligro, mientras que en la ansiedad hay una sensación de aprehensión en la cual no hay una fuente identificada de peligro. Las manifestaciones físicas de uno y otro son semejantes, con inquietud, palpitaciones, temblor, diarrea, deseo urgente de micción. El trastorno de pánico se caracteriza por episodios de intensa ansiedad que inician explosivamente, y su principal característica es la creencia que se puede morir[457].

Hans Selye describió los estadios por los que atraviesa el cuerpo en respuesta al estrés, fenómeno conocido en el ámbito médico como "síndrome general de adaptación", que se caracteriza por una reacción de alarma medida por los sistemas endocrino y nervioso autónomo, que causan cambios en funciones fisiológicas cardiocirculatoria, aumento del consumo de oxígeno. En caso de mantenerse crónicamente, tal síndrome general de adaptación puede llegar a causar enfermedades psicosomáticas[458].

Trastorno obsesivo-compulsivo (TOC)

El trastorno obsesivo-compulsivo (TOC) es una condición ampliamente prevalente que se ha documentando desde el siglo XV, cuando Henry Kramer y James Sprenger publicaron el "Malleus Maleficarum" (El martillo de las brujas), obra tristemente famosa por su tratado sobre brujería y psicopatología.

A nivel mundial se estimó que en 1997 en el mundo existían aproximadamente 50 millones de personas con trastorno obsesivo-compulsivo, haciendo de este un problema global. De acuerdo a estudios epidemiológicos, parecer ser el segundo trastorno psiquiátrico de mayor presentación en la población en general. La importancia de reconocer este trastorno radica en que con un tratamiento adecuado, muchos pacientes mejorarán de sus síntomas obsesivo-compulsivos y tendrán una significativa reducción de malestar y ansiedad, con mejoría en su calidad de vida. ¿Qué son las obsesiones? Las obsesiones son ideas recurrentes, impulsos o imágenes mentales que son intrusivas e irracionales. Se vuelven importantes cuando persisten a pesar de los esfuerzos para ignorarlas y conllevan a un esfuerzo para contrarrestarlas con otras ideas o acciones.

¿Qué son las compulsiones? Las compulsiones son conductas que a pesar de que el propio sujeto las reconoce como poco razonables o excesivas, las ejecuta una y otra vez como una maniobra para reducir ansiedad por una situación temida o un conflicto: para causar enfermedad mental, tanto las obsesiones como las compulsiones deben cursar con malestar y sufrimiento, ser consumidoras de tiempo en las actividades diarias y llegar a interferir con la vida laboral y social[459].

La discrepancia entre la conciencia que tales obsesiones y compulsiones son irracionales y la urgencia de llevar a término las compulsiones contribuyen al sufrimiento asociado con el trastorno. Los tipos de obsesiones y compulsiones presentes en el trastorno pueden ser clasificados en varios grupos mayores.

La obsesión más común a nivel mundial está relacionada temor a la suciedad y a los gérmenes: la compulsión acompañante es el lavado. Tales pacientes pueden gastar varias horas al día lavándose las manos, duchándose o limpiando. Están también los obsesivos revisionistas o chequeadores, obsesionados con dudas usualmente teñidas de culpa, y su obsesión principal es que si no revisan lo suficiente pueden perjudicar a otros. La abstención de chequear o revisar, conduce a dificultad en la concentración y a agotamiento por la inclusión constante en el pensamiento de molestas incertidumbres. Algunos pueden no estar seguros de porqué están revisando algo, pero sienten la compulsión de hacerlo. Los obsesivos de la variedad revisionista también pueden estar comprometidos con otras conductas compulsivas, como contar mentalmente hasta cierto número, repetir determinadas acciones un determinado número de veces, o evitar ciertos números en particular.

Otra variedad en el TOC es la de las obsesiones puras. En la obsesión pura el pensamiento es repetitivo con contenido somático, agresivo o sexual; cuando buscan tratamiento tales obsesivos pueden alegar que presentan una "fobia", Algunas veces las obsesiones son de tipo religioso, conduciendo a prédica silenciosa repetitiva, confesiones u otros rituales, como ir frecuentemente a la iglesia. Tales conductas plantean un reto porque es difícil la diferenciación entre la devoción y el trastorno. Por último, la llamada lentitud obsesional implica la obsesión de tener objetos o eventos en un determinado orden o posición, realizar ciertas acciones en un determinado orden, o tener las cosas perfectamente simétricas.

Tales personas requieren una gran cantidad de tiempo para completar cualquier tarea simple[460]. Una vez conocida la perspectiva de la frecuencia del TOC, viene la pregunta de qué lo causa: se afirma que los síntomas del TOC son la manifestación de un trastorno orgánico en la cual una anormalidad del neurotransmisor serotonina ha sido ligada con el desarrollo del TOC.

Estas anormalidades de la serotonina causan aumento de la actividad metabólica en las estructuras cerebrales del cuerpo estríado y la corteza frontal orbitaria. La corteza orbitofrontal[461] regula la ansiedad, el control de los impulsos, la conducta meticulosa, la higiene, las inhibiciones y la conducta perseverante, mientras que el cuerpo estríado controla los movimientos accesorios, la información sensorial, la marcha y las perseveraciones.

Los mecanismos estriatales regulan los pensamientos sexuales o agresivos: tal parece que en los obsesivos estos mecanismos son menos eficientes y "permiten el paso" de los pensamientos de contenido sexual o agresivo. Tales anormalidades de la serotonina tienen una buena respuesta con el grupo de medicamentos llamados "inhibidores de la recaptación de serotonina", como fluoxetina, sertralina, clomipramina, fluvoxamina, entre otros[462].

Esquizofrenia

"Et qui in rabiem actus furit intrepidè, et non agnoscit et neque audit neque intelligit, jam moribundus est"
"Quien afligido por locura rabia sin temor, no conoce a nadie y no oye ni comprende, está muriendo"
Hippocratis Aphorismorum-Aforismo XVI Sección 8

Según los escritos hipocráticos, el concepto de locura giraba alrededor de la interacción de cuatro humores del cuerpo, que incluían sangre, bilis negra, bilis amarilla y flema. Estos humores eran el resultado de la combinación de cuatro cualidades básicas de la naturaleza, calor, frío, humedad y sequedad, lo cual originó la clasificación tipológica que se creía orientaba emocionalmente al individuo, volviéndolo sanguíneo, colérico, melancólico o flemático. El equilibrio de tales humores permitía una personalidad normal, el conflicto de los humores o "discrasia" alteraba la personalidad e indicaba que debía ser extraído mediante purgas, en general con eléboro negro[463].

Ya Hipócrates en el siglo IV a.d.C consideraba que la locura provenía "de un exceso de humedad en el cerebro". Los hallazgos actuales de aumento de los ventrículos laterales (con un consiguiente aumento de la cantidad de líquido cefalorraquídeo y disminución del volumen cerebral) en escanografías y resonancias cerebrales, confirmados en exámenes postmortem demuestran disminución del volumen cerebral y aumento del tamaño ventricular. Concretamente, hay alteración en el lóbulo temporal, con disminución del tamaño de la circunvolución hipocámpica y parahipocámpica (esta última circunvolución también llamada corteza entorrinal), de la amígdala cerebral y de otras estructuras como la sustancia nigra. Adicionalmente, hay pérdida neuronal en las áreas de asociación prefrontal[464]. Tal parece que el cúmulo de anormalidades en el lóbulo temporal izquierdo se originan en anormalidades de la cisura de Silvio; al faltar ésta, no se produce lateralización de las funciones, y las anormalidades resultantes están estrechamente relacionadas con la esquizofrenia[465].

La esquizofrenia es un grupo de trastornos que médicamente se caracteriza por síntomas como las alucinaciones, agitación e inquietud, afecto que impresiona como indiferente, constelación sintomática acompañada por pobreza del pensamiento y del contenido del lenguaje. Todos los hombres y mujeres psicóticos son semejantes a lo largo de las diferentes culturas. Se puede hacer referencia a ellos como afectos de "desintegración de la personalidad", para describir su estado mental, en el cual hay un trastorno en el "homúnculo cognitivo", o se presenta una progresiva pérdida de la capacidad para responder intuitivamente a actos con propósito concreto para el propio ego y para otros. Tal parece que el principal trastorno en la esquizofrenia es un déficit en la capacidad de hacer inferencias sociales correctas sobre acciones concretas. Este "procesamiento social aberrante" es semejante al que ocurre en el autismo, con la diferencia que la manifestación es más tardía; se pierde capacidad de interpretar las acciones y reacciones sociales, que resulta en conclusiones bizarras sobre la naturaleza y motivación de la propia conducta y la de los demás[466].

Se ha demostrado que en primates hay sitios para la memoria con ubicación en el hicampo y el córtex prefrontal. Los trabajos de Patricia Goldman-Rakic de la universidad de Yale (citada por Post y Weiss) describen que en el mono algunas neuronas disparan en anticipación a la aparición de un estímulo, otras disparan simultáneamente con la aparición del estímulo, otras disparan en el intervalo hasta que se produce el estímulo, otras en el intervalo después que el estímulo ha pasado. De esta forma, se demuestran campos de memoria que tienen diferentes patrones de impulso neuronal en relación a los diferentes momentos de un estímulo dado. Se describen déficits en el córtex prefrontal en esquizofrenia por alteraciones en las tareas neuropsicológicas específicas: el test de cartas de Wisconsin implica el aprendizaje de una serie de reglas de juego para escoger una carta apropiada basándose en referencias visoespaciales. A diferencia de los pacientes normales, aquellos con esquizofrenia no activaron las regiones prefrontales, pero en otras pruebas neuropsicológicas no dependientes del córtex prefrontal no hubo compromiso y el metabolismo así como el flujo sanguíneo estuvieron en límites normales. De tal manera, es posible proponer que algunos de los mecanismos implicados en la función prefrontal anormal impliquen receptores de GABA o dopamina, que pueden ser generados por infecciones virales, anoxia o medicamentos, alteraciones tempranas del desarrollo epigenético o estímulos estresantes de aparición tardía, particularmente aquellos que afectan selectivamente la dopamina cortical[467]. Damasio, considera que en la esquizofrenia hay alteración de los "procesos generadores de narrativa personal" y del compartir una "dinámica afectiva organizada" con otras personas, que se traduce en incapacidad para deducir acciones sociales, con lo cual su conciencia cooperativa con otros se altera[468].

La psicosis como aproximación a la locura interroga al sujeto humano en su mismo ser y se constituye el límite de su libertad. Lacan refiere como:

"la locura es la permanente virtualidad de una fisura en su esencia. (humana). Lejos de ser un insulto a la libertad, es su más fiel compañera, sigue su movimiento como una sombra (...) que no sería el ser del sujeto humano si no llevara en sí la locura como límite de su libertad"[469].

Una profunda *trihsnâ* -sed- de relaciones humanas pueden ocultarse bajo una coraza de preocupaciones, o aún de descuido que súbitamente puede transformarse en ira y desesperanza. Bleuler, adhiriendo el concepto de Emil Kraepelin, describió la esquizofrenia como

"un grupo de psicosis cuyo curso es a veces crónico, a veces marcado por ataques intermitentes, que se pueden detener en cualquier estadio, pero no permiten una completa *restitutio ad integrum*. La enfermedad se caracteriza por un tipo de alteración específica del pensamiento, emoción y relación con el mundo externo (...) Los síntomas fundamentales consisten en trastornos de la asociación y el afecto, la predilección por la fantasía en lugar de la realidad y la inclinación por divorciarse de la realidad (autismo). Además podemos agregar la ausencia de aquellos síntomas que juegan un papel definitivo en otras enfermedades, como trastornos primarios de la percepción, orientación, memoria (...)"[470].

El reconocimiento de la esquizofrenia a veces se tiene que basar en modelos de conducta que son considerados como anormales por sus congéneres. Tales conductas son fruto de la pérdida de asociaciones en el pensamiento cuya consecuencia es que las ideas son percibidas como oscuras o vagas. Adicionalmente, se presenta una formación defectuosa de conceptos, el pensamiento incluye ítems extraños y detalles significativos únicamente para el paciente, que dificultan la comunicación. Se ha observado con frecuencia que la mayoría de los esquizofrénicos tienen una actitud de apartamiento, no se mezclan espontáneamente con otras personas y aparentemente prefieren estar solos.

Una rica variedad de enfoques neurobiológicos y neuropsicológicos se han aplicado para determinar el trasfondo básico de la esquizofrenia. Estas investigaciones indican que en la esquizofrenia hay una formación deficiente de modelos adaptativos conductuales para desempeñar roles convencionales como resultado de una deficiente selección, ordenamiento y secuenciación de tales elementos conductuales. La comunicación con otros parece exigirles un esfuerzo extraordinario y parece que en ellos hay una fuerte predilección por reemplazar con episodios imaginativos los actos manifiestos que se requerirían. Es común que se sientan solos, hablando a veces consigo mismos y viviendo en un mundo de sueños. Las versiones retrospectivas de estas personas una vez resuelto su trastorno esquizofrénico es que a veces lo que erróneamente se toma como estupor catatónico es la incapacidad de suministrar una respuesta manifiesta. La incapacidad exhibida por un esquizofrénico para comunicarse efectivamente con personas que están presentes puede constituir la forma más severa de aislamiento social. La debilidad de las asociaciones se observa en el lenguaje, cuando las ideas del paciente son ausentes u oscuras. Al escuchar el lenguaje de un esquizofrénico, el oyente tiene la impresión de que en algún momento deja de entender el pensamiento del paciente, surgiendo una situación similar a la de hablar con un extranjero. Las ideas extrañas del paciente conducen a un lenguaje sin propósito, incoherente. el paciente crea o selecciona palabras con la impronta de su mundo interior, sin estar sujeto a validez social. El trastorno del pensamiento se puede conceptualizar como un defecto para relacionar adecuadamente pensamientos y percepciones, de tal forma que las palabras adquieren un uso altamente individualizado, lo cual equivale a decir que muchas palabras son comprensibles tan solo para el sujeto esquizofrénico, e incluso se crean palabras nuevas o neologismos. Desde el punto de vista lingüístico en la esquizofrenia, la lógica excluye la información importante en el proceso de razonamiento, con disrupción de las conexiones lógicas; los símbolos pueden ser tratados como objetos o pueden sustituirse por otros elementos, las ideas concretas pasan a reemplazar al juicio abstracto, resultando en que el esquizofrénico pierde la capacidad de entender símiles y metáforas.

La organización o interdependencia del pensamiento de un esquizofrénico se puede evaluar por medio de una prueba en que se plantea secuencialmente la escogencia de una entre dos alternativas. La formación anormal de conceptos es un resultado del defecto de la percepción por el cual los esquizofrénicos no pueden excluir las ideas irrelevantes del proceso conciente, de tal modo que el pensamiento se vuelve inclusivo. Las alucinaciones toman la máscara de un aire religioso o mágico que lentamente progresará a una conducta inusual que será percibida como bizarra. El lenguaje del paciente, además de palabras nuevas o neologismos empieza a incluir temas extraños y pequeños detalles de significación personal en su comunicación. De acuerdo a la teoría de la comunicación, la entropía de un mensaje se refiere a la incertidumbre promedio para cada símbolo de mensaje de un conjunto indefinidamente grande de mensajes. Si la incertidumbre/entropía (H) de un símbolo o mensaje (S) es cero, expresado mediante la fórmula,

$$H(S) = 0$$

entonces esto equivale por ejemplo a saber cual será la próxima palabra de un interlocutor y que éste no produce información para su oyente, mientras que si la incertidumbre/entropía H de un mensaje S es igual a 1, equivale a que la incertidumbre será mayor y consecuentemente la información será la máxima. Desde el enfoque de la teoría de la información, los pacientes esquizofrénicos en forma individual muestran mayor incertidumbre/entropía en las respuestas, con una alta uniformidad en la interdependencia de las respuestas[471].

La aplicación de métodos no lineales y el análisis de las fluctuaciones de la entropía[472] proveen una base para examinar la composición de las respuestas conductuales (Cf. La información y el cerebro - Transmisión de información). Las respuestas de los pacientes esquizofrénicos son menos predecibles (o interdependientes, la respuesta es menos predecible desde la óptica que no va a ser comprensible en el código usual de lenguaje, o dicho de otra forma, van a tener mayor entropía) que las secuencias generada por personas sanas de control.

Este resultado está en concordancia con la poca complejidad neuroconductual propia de la esquizofrenia. Un hecho adicional a favor de la disminución de la complejidad neuroconductual en la esquizofrenia es la disminución de las dimensiones del EEG durante el estadío II y el estadío MOR del sueño en comparación con los trazados electroencefalógraficos de personas normales[473].

La dinámica no líneal, estrechamente relacionada con la teoría del caos, permite la cuantificación de modelos biológicos y físicos. Estos métodos cuantifican la interdependencia promedio dentro de una secuencia aplicable a elementos conductuales no regulados. De acuerdo a la teoría del caos, la esquizofrenia es una compleja alteración de los sistemas neurobiológicos y conductuales, en lugar de una malrregulación hacia arriba - abajo[474]. Los defectos perceptuales en la esquizofrenia son el resultado de la incapacidad para habituarse y suprimir los estímulos ambientales externos al sujeto, sin embargo, es importante enfatizar que las alteraciones perceptuales o sensoperceptuales no son *sine qua non* en la esquizofrenia, porque también pueden ocurrir en trastornos del afecto como las manías o en enfermedades orgánicas del cerebro.

El desequilibrio mental ocurre por igual en todos los estratos sociales; mientras que en EE. UU. la esquizofrenia ocurre en estratos sociales bajos, en India las mayores tasas de esquizofrenia ocurren en las castas altas.

Dando un vistazo a la historia, esta trágica enfermedad ha ocurrido en un sin fin de personajes. Citemos un poco uno de los casos descritos por el doctor Juan Vallejo, sobre la patografía de Doña Juana de Castilla y Aragón hija de los Reyes Católicos y apodada "La Loca".

Doña Juana es descrita hacia 1498, durante en su estadía en Flandes, por sus médicos de cámara, Soto y Gutiérrez de Toledo:

> " algunas veces no quiere hablar, otras veces da muestras de estar `transportada´ (...) pasa días y noches recostada en un almohadón, con la mirada fija en el vacío"

A instancias del esposo de Juana "La Loca", se sabe que su tesorero Martín de Moxica llevó un diario en el que describía con lujo de detalles las anormalidades de Juana. Lamentablemente, este diario nosográfico no se conserva hoy día; sin embargo, las noticias filtradas de las cortes vecinas en Europa describen como la esquizofrenia incipiente se acentuó progresivamente:

Juana pasaba días enteros con la mirada extraviada en el vacío, con inmovilidad de tipo catatónico, o con actividades repetitivas como canturrear constantemente entre dientes, síntomas que sugerían indiferencia o afecto plano, inactividad motriz y estereotipias del tipo de verbigeración[475].

Aún le quedarían a Juana cuatro décadas más de encierro y manejo -si se pudiera decir "puramente sintomático"- por los sirvientes de su cuidador y carcelero, el marqués de Denia. En su lucha contra sus vivencias delirantes, contra sus alucinaciones visuales, Juana involuciona progresivamente hasta fallecer en Tordesillas, a los 76 años[476].

Las pinturas y los dibujos de cada paciente psicótico hallan sus bases en el transfondo cultural que ha vivido, pero en el cénit de la enfermedad faltan las características ligadas a su cultura matriz. Vincent van Gogh (1853-1890), Giorgio de Chirico y Edvard Munch, fueron artistas con desintegración psicótica. Muchas de sus características llegaron a nosotros por el legado de su obra, exhibiendo la cualidad de su estado emocional con elocuente grafismo. Solo se expresan los sentimientos internos, y la obra siempre provoca una gran reacción en quien la ve.

Se podría decir que cada artista desintegrado internaliza un particular sentido de espacio, basado en luz, aire y gravedad, características ampliamente difundidas a través de las culturas. Siendo Van Gogh un enfermo mental tan grave, no ha sido de extrañar la discordancia de diagnósticos emitidos en forma retrospectiva sobre su caso, que hacen de paso a Van Gogh un personaje con luces propias en el terreno de la patología y del arte. Van Gogh cortó su oreja en alusión posiblemente a la oreja del toro en el ruedo que recompensa al torero, pensando en que era al mismo tiempo el toro vencido y el triunfante torero.

Gauguin describe sobre Van Gogh:

> "(...) la casa en completo desorden, tirados los tubos de pintura que nunca cerraba ... pese a este revoltijo, todo brillaba cálidamente en sus cuadros y en sus palabras (...)"

En la temporada en que fué acompañado por Gauguin, al observar el retrato que éste le hizo mientras pintaba girasoles, Van Gogh se quedó pensativo y exclamó: "Soy yo, desde luego, pero volviéndome loco"; trabaja en los intervalos en que la enfermedad lo permite,

> "Como un verdadero poseso, experimento un sordo furor de trabajo y creo que ello contribuirá a curarme (...) he encontrado la pintura cuando ya no tengo dientes ni aliento; en el sentido de que mi triste enfermedad me hace trabajar con un furor sordo, muy lentamente, pero de la mañana a la noche, sin parar"[477]-.

Como las palabras fallan para expresar lo que la mente quiere expresar, la comunicación perdida asume la forma de lo visual. La pintura pasa a ser una especie de mapa donde el mundo interno se explaya. A través de la iconografía de los psicóticos no solamente se accede al mundo de la psicosis, sino también de alguna forma, al de la mente[478]. La obra de Van Gogh muestra altos y bajos en la productividad y el sello de la enfermedad en la selección de temas y en algunos detalles técnicos, pero la belleza pictórica siempre se conserva.

Las demencias

Conducta y demencia

Cuando se habla de demencia, el término hace referencia al deterioro de las facultades mentales. Las demencias como un conjunto, se caracterizan por la pérdida de las funciones mentales superiores de tipo intelectual y cognoscitivo, resultando en deterioro gradual de la memoria, la inteligencia y las habilidades de comunicación y socialización en una persona previamente normal: el deterioro intelectual no solamente se acompaña de cambios conductuales, sino de cambios en la personalidad. No hay trastorno del estado de conciencia ni de la percepción. Sin embargo, el hecho de atribuir las demencias a patologías crónicas de tipo degenerativo[479] en el cerebro estrechan los alcances de la definición de demencia.

Aunque la división de los cuadros o síndromes demenciales depende de si el sitio primario de las lesiones radica en la corteza cerebral -como ocurre en la enfermedad de Alzheimer- o en la estructuras subyacentes o subcorticales -como ocurre en la enfermedad de Huntington[480]-, esta categorización no es neta. En la demencia senil la principal manifestación es el déficit de la memoria, con algún grado de déficit intelectual agregado, pero en todo caso, la conducta senil tiene como una de sus marcas principales el deterioro intelectual, haciendo que sean víctimas fáciles de intenciones aviesas por no captar la mentalidad de quienes les rodean[481].

¿En qué consisten las demencias?

Clásicamente, se considera que en las demencias corticales las manifestaciones clínicas se presentan por alteración de la memoria reciente, el cálculo, las asociaciones lógicas que se evalúan por ejemplo con refranes, mientras que en las demencias subcorticales hay lentitud en el proceso de informa-ción, afecto poco expresivo, denominado "plano", alteraciones de la motivación, constelación aso-ciada con trastornos del movimiento. Adicionalmente, pueden coexistir incapacidad para controlar los impulsos y cambios de humor, particularmente cuando hay compromiso de los lóbulos frontales.

Aproximadamente el 15% de los ancianos mayores de 65 años sufre de demencia en países indus-trializados; en dos tercios de los casos la demencia es por enfermedad de Alzheimer, en 5% de los sujetos es por enfermedad de Pick, mientras que en 10% es de tipo multi-infarto. La pseudode-mencia también ocurre en ancianos, imita las características de la demencia, pero es el resultado de depresión asociada[482].

La delimitación entre la forma cortical y la subcortical no es clara, ya que en la variedad cortical de la enfermedad de los lóbulos frontales pueden darse características de las demencias subcorticales. Cada año miles de personas comienzan a perder su capacidad de recordar si han realizado activi-dades cotidianas tan triviales como cerrar un grifo, apagar la estufa, cerrar la puerta de su vivienda. Como si esto no bastara, empiezan a tener dificultades en encontrar las palabras adecuadas, para reconocer donde están, para recordar si ya hicieron un pago, pero su aspecto es normal y saludable, sin presentar signos de déficit neurológico. Lo grave es que en un plazo de 3 a 10 años su demencia empeorará y con el tiempo su supervivencia se verá comprometida, falleciendo por alguna de las complicaciones que afectan a los pacientes postrados en cama.

La frecuencia y la importancia de las demencias no se han comenzado a apreciar sino muy recientemente, quizá por el desafortunado uso de los términos "senil" y "presenil" con que se pretendió clasificar a las demencias. A pesar que Alzheimer describiera la degeneración neurofibrilar, muchos autores establecieron categóricamente que esta enfermedad era "presenil", porque ocurría debajo del límite arbitrariamente fijado de 65 años para adscribir una demencia a senilidad.

Las demencias que ocurrían por encima de esta edad las provocaba el envejecimiento y la aterosclerosis vascular, mientras que el término presenil no aumenta la precisión del diagnóstico de una demencia e induce a error porque las mismas causas con diferente frecuencia pueden actuar a cualquier edad: es posible el paso de un horizonte patogénico asintomático a un horizonte clínico sintomático independientemente de la edad, en donde juegan un rol importante los factores hereditarios, bioquímicos, epidemiológicos y ambientales, para resultar en los variados matices clínicos de la patología demencial.

Enfermedad de Alzheimer

En 1907 el neurólogo alemán Alois Alzheimer describió y tipificó esta enfermedad como una entidad clínica y patológica específica, en la cual se observa una pérdida neuronal particularmente al nivel de las regiones esenciales para la memoria. La pérdida neuronal se acompaña de una acumulación de filamentos helicoidales (ovillos neurofibrilares que en la neurona causan la llamada degeneración neurofibrilar), agregados amorfos de proteínas (llamados amiloides) adyacentes a las neuronas y en la pared de los vasos sanguíneos, degeneración gránulo-vacuolar de núcleos del hipocampo, así como focos diseminados de restos celulares y amiloides, llamados placas neuríticas, que reemplazan las terminales nerviosas dañadas: tales placas neuríticas son abundantes en la corteza, el hipocampo y la amígdala.

Se ha demostrado correlación directa entre la severidad de la demencia y los cambios neuropatológicos descritos, y dado que estas lesiones se encuentran a nivel cerebral en la mayoría de ancianos con demencia, se correlaciona el grado de deterioro mental con las lesiones neuropatológicas corticales descritas en la enfermedad de Alzheimer.

Todos estos cambios con una concomitante y significativa pérdida neuronal en algunas regiones de la base del cerebro desencadenan una particular reducción del neurotransmisor acetilcolina. En 1907, Alzheimer describió como los ovillos absorbían las tinciones de plata, que al microscopio se ven como bandas oscuras del citoplasma que posteriormente evolucionan a grandes masas fibrosas que distorsionan el cuerpo celular. Se resisten a la ruptura enzimática y química, siendo insolubles en agua por lo que pueden sobrevivir en el tejido cerebral por un largo plazo después de la muerte neuronal. En el microscopio electrónico las fibras de un ovillo corresponden a dos filamentos enrollados en hélice, por lo cual se le conoce como filamentos helicoidales dobles. La neurona posee proteínas fibrilares de tipo estructural que forman los microtúbulos los microfilamentos y los neurofilamentos (conocidos también como filamentos intermedios). Tal parece que los filamentos helicoidales son neurofilamentos alterados. Se ha atribuido un papel a la proteína amiloide como posible iniciador de una cascada en la que como evento final se activaría una enzima que transformaría los neurofilamentos en los filamentos helicoidales dobles.

Se estima que un 10% de la población padecerá la enfermedad al alcanzar los 65 años, cifra que se remonta hasta el 47% en los mayores de 80 años. Se desconoce la causa exacta de esta enfermedad, atribuyéndose a factores genéticos, proteínas anormales, agentes infecciosos (como los llamados priones), un modelo tóxico con posible participación del aluminio. Este último modelo se basa en la observación de acumulación de aluminio en neuronas con ovillos neurofibrilares, en que la inyección de sales de aluminio bien en conejos o en gatos, (no así en ratones, ratas o monos) producía ovillos neurofibrilares.

Igualmente se describe que el aluminio inhibe algunas enzimas cerebrales y sus sales inhiben el transporte de ciertas proteínas incluidas las precursoras de los neurofilamentos, desde el cuerpo celular hasta las neuronas. Sin embargo, las pruebas que implican al aluminio no son definitivas y aunque no pueda por sí mismo provocar la constelación de hallazgos clínicos y patológicos de la enfermedad, puede contribuir al desarrollo del mal en individuos con otro factor causal. Otros modelos propuestos contemplan alteraciones circulatorias, y alteraciones en el neurotransmisor acetilcolina. En el primero hay descenso del flujo sanguíneo sin aumento compensatorio de la extracción de oxígeno principalmente en lóbulos frontales y parietales que son los que muestran mayores lesiones patológicas. El segundo modelo se basa en el hallazgo de que en el hipocampo y a nivel de la corteza cerebral, se encontraron déficits de la enzima colina acetil transferasa (CAT), hasta del 90% con respecto a niveles normales: la disminución de CAT refleja la pérdida de las terminales colinérgicas, que al ocurrir al nivel del hipocampo y la corteza, explican los déficits mnésicos y cognoscitivos de la enfermedad[483].

Enfermedad de Parkinson

Al hablar de los núcleos de neuronas situados en la parte profunda del cerebro llamados núcleos o ganglios basales -GB- (que comprenden el pallidum, el putamen y el caudado, los cuales se estudian en asociación con otros núcleos de funciones semejantes, como el núcleo rojo, la sustancia nigra, el cuerpo subtalámico de Luys), se entra al terreno de los movimientos predictivos, que se planean antes de iniciarse, y que al momento de realizarse no reciben retroalimentación.

Hace más de 180 años James Parkinson describió el trastorno que lleva su apellido. Como enfermedad degenerativa de causa desconocida, en la cual la edad es el principal factor de riesgo para su desarrollo y se calcula que para el año 2040 será la causa más común de muerte en ancianos:[484]. Los pacientes con enfermedad de Parkinson suelen tener dificultades para realizar dos movimientos simultáneamente y el trastorno en la ejecución de los movimientos es mayor si la complejidad de los movimientos aumenta, por trastornos de la coordinación de la parte motriz con la información sensorial: por esto los movimientos de los parkinsonianos suelen depender del control visual directo[485].

Oliver Sacks en uno de sus relatos clínicos, "En el nivel", refiere:

"De manera que es esto, preguntó el señor McGregor. ' No puedo usar el nivel del espíritu dentro de mi cabeza. No puedo usar mis oídos, pero puedo usar mis ojos (...) inclinó su cabeza de un lado a otro. Las cosas me parecen lo mismo, el mundo no se inclina '. Entonces solicitando un espejo (...) 'ahora me veo inclinándome', dijo. 'Ahora me veo enderezándome, pero no puedo vivir entre espejos, o llevar uno rodando conmigo'. Y pensando de nuevo profundamente, frunciendo de concentración, súbitamente su cara se aclaró y se encendió con una sonrisa 'Lo tengo!'. 'No necesito un espejo, sino un nivel '. ' No puedo usar los niveles de espíritu dentro de mi cabeza. pero, porque no usarlos fuera de ella, usarlos con mis ojos? ' (...) Tuvimos otros pacientes con parkinsonismo que también sufrieron por reacción de inclinación y reflejos posturales - un problema no solo riesgoso, sino notoriamente resistente al tratamiento. Pronto un segundo paciente y luego un tercero portando los lentes con el espíritu de McGregor pudieron caminar rectamente, sobre el nivel "[486].

Aunque las lesiones específicas de los núcleos basales son poco frecuentes en el humano, la enfermedad de Parkinson y la corea de Huntington son el ejemplo de la disfunción de estas estructuras. Las lesiones se manifiestan como retardo en la ejecución de actividades, e incapacidad para compensar los cambios de la posición corporal al momento de ejecutar una acción determinada. Al deteriorarse la coordinación motora perceptual, se deterioran los procesos intelectuales ligados a la representación espacial del ambiente. La representación espacial defectuosa afecta el control de los movimientos voluntarios existentes en estas enfermedades[487].

Cuatro de cada diez pacientes con enfermedad de Parkinson sufren de demencia, que suele ser semejante a la de los enfermos de Alzheimer, excepto que hay mayor deterioro de la percepción visual. Los cambios que ocurren en la corteza cerebral son semejantes a los de la enfermedad de Alzheimer (con placas neuríticas seniles y ovillos neurofibrilares), la presencia de los llamados "cuerpos de Lewy"[488] a nivel cortical y subcortical y por último, daño de las neuronas de la sustancia nigra[489].

Las relaciones funcionales entre la corteza y los núcleos basales parecen ser de tipo paralelo y en serie, con mayor predominio del tipo en serie, dado que cada estructura contribuye con una fracción del proceso de una conducta determinada, pero también están implicados con respuestas de retroalimentación. En cuanto a las relaciones con el nivel cortical, hay evidencia anatómica que existen proyecciones ordenadas desde toda la corteza de asociación hacia áreas específicas del estríado, relaciones tópicas que también se mantienen en las proyecciones desde el caudado hasta los núcleos basales y a estructuras inferiores.

Un método que evalúa estas relaciones es la prueba de adaptación a prismas, que implican la coordinación y la integración de información motora y sensorial para formar una nueva representación perceptual del ambiente espacial[490]. Hassler, citado por Stern, consideró que el putamen produce enfoque de la atención, participación emocional y excitabilidad hacia el lado estimulado, suprimiendo otros eventos, mientras que la función del globus pallidus es activar la locomoción, mejorar el tono muscular y dirigir la atención al lado contralateral. Los patrones de la inhibición motora son complejos, así como los efectos modulantes de la atención producidos por el cuerpo estríado, la zona de unión entre los núcleos de la base y la sustancia nigra[491].

Por otra parte, Buchwald, también citado por Stern- considera que los núcleos basales median la generación de respuestas de acuerdo a estilos cognoscitivos, las cuales incluyen la capacidad de iniciar y mantener un determinado tipo de movimientos. Los núcleos basales han sido asociados con movimiento, pero tienen un papel en el proceso conductual, ya que la percepción adecuada del espacio del medio ambiente es una base para la coordinación motora perceptual. De este modo los déficits en la coordinación no solo tendrán un componente motriz, sino también uno intelectual, y los déficits motores de la enfermedad de Parkinson y la de Huntington son manifestaciones de lesiones en el sistema de coordinación motora perceptual[492].

Se ha sugerido que la pérdida neuronal nigral con la alteración de las proyecciones al caudado causa disfunción cognoscitiva, del mismo modo que el compromiso de estructuras subcorticales como el núcleo colinérgico de Meynert y el locus cœruleus, y de estructuras corticales como la corteza entorrinal.

Es de interés que la enfermedad de Parkinson puede coexistir con enfermedad de Alzheimer o con daño vascular (otra causa frecuente de demencia), con lo cual surge una incómoda convivencia de factores lesivos que finalizan ocasionando un acentuado compromiso de la esfera cognoscitiva[493].

Retraso mental

Durante los años de ocupación militar de las ciudades de Rotterdam, Amsterdam y la Haya por las fuerzas militares alemanas de la Wehrmatch, el hambre fué uno de los azotes secundarios para la población, por los embargos de alimentos.

En el período de noviembre de 1944 a mayo de 1945 las personas ordinarias consumían en dos o tres días la ración dada para una semana. Los médicos y enfermeras abrieron hospitales para pacientes famélicos que llenaron los hospitales en enero de 1945, lo cual les obligó a trabajar día y noche sin raciones adicionales.

La gente se amontonaba en las calles y aproximadamente 10.000 pobladores fallecieron de hambre. Esta gran hambruna, como la de otras regiones del mundo, fué un experimento en gran escala sobre el desarrollo humano.

Los registros de los nacimientos y las defunciones de los niños continuados por médicos y enfermeras con férrea disciplina permitieron un seguimiento médico y psicológico que permitió conocer los efectos a largo término de la hambruna *in útero*.
Los bebés de las madres hambreadas durante el primer trimestre fueron pequeños. El hambre diezmó su rata de crecimiento y su tamaño.

En el grupo de niños quienes llegaron a la edad de 19 años, curiosamente no hubo compromiso detectable a nivel de las capacidades mentales, estatura, o estado general de salud, pero se presentó un gran porcentaje de raras anomalías del sistema nervioso central[494].

Cerebro y envejecimiento

Pollà gerásco didaskómenos : "Envejezco aprendiendo muchas cosas"
Solón de Atenas, legislador y poeta.

Los efectos del envejecimiento sobre el cerebro son prácticamente inevitables, y el deterioro en su función es inevitable, de acuerdo a lo afirmado por Bernard Strehler "que es un efecto de la ley general del aumento de la entropía". El cerebro junto con el corazón y el músculo estríado es una de las estructuras de mayor duración en el cuerpo de los mamíferos: las neuronas presentes en la octava década son un remanente de aquellas con las que se nacieron. Una ventaja de la prolongada duración de esta población neuronal es la preservación de la memoria y otras funciones aprendidas, con la desventaja que no puede ser renovada.

La estructura y la función del cerebro están afectadas en la vejez, hacia los ochenta años, el cerebro ha perdido el 10% de su peso y volumen: algunas neuronas se pierden selectivamente, como el 50% de las de la sustancia negra responsable de la producción de dopamina, el 25% de las de la zona mesial del lóbulo temporal, ocurriendo también deterioro en las neuronas del locus coeruleus, cuando se compara frente a las neuronas en los núcleos de los pares craneales que se preservan hasta edades muy avanzadas.

A nivel de la corteza cerebral, las neuronas disminuyen en tamaño y número, las sinapsis disminuyen ligeramente, sin llegar hasta el grado de la enfermedad de Alzheimer, aunque también aumenta la cantidad de placas neuríticas y ovillos neurofibrilares, sobre los cuales se desconoce su impacto en los cerebros sanos. El neurólogo Dennis J. Selkoe del Centro de Enfermedades Neurológicas en Brigham, refiere adicionalmente que aproximadamente un 5% de las neuronas del hipocampo desaparecen cada década en la segunda mitad de la vida, con lo cual, se pierde hasta el 20% de neuronas hipocámpicas en este período. No obstante, este deterioro es desigual frente a otras áreas del hipocampo.

Al igual que las neuronas, las células de sostén neural o glía también se resienten, con lo cual se presentan cambios en el apoyo que normalmente prestan a las funciones cerebrales, describiéndose un aumento en la cantidad y tamaño de astrocitos fibrosos hacia la sexta década, de acuerdo al neurólogo Robert Terry de la universidad de San Diego en California[495].

Son conocidos los cambios neurológicos en los ancianos: una disminución en la rapidez de almacenamiento de nueva información y un alargamiento en los tiempos de reacción: el estado de conciencia, la memoria y el estado de ánimo permanecen normales. Con la edad se suelen atrofiar las neuritas (dendritas y axones) y los cuerpos celulares en ciertas áreas cerebrales importantes para el aprendizaje, la memoria, la planificación y otras funciones intelectuales complejas, mientras que en los espacios extracelulares tienden a desarrollarse placas seniles.

Tales placas son depósitos esféricos de una proteína llamada amiloide beta, sobre la cual se desconocen qué efectos puede causar en las neuronas vecinas en ancianos sanos. Las grandes neuronas en la corteza y el hipocampo sufren atrofia, aunque no todos los cambios neuronales son necesariamente destructivos.

Paul D Coleman y colaboradores -citados por Selkoe-, describen un crecimiento neto de las dendritas en ciertas regiones del hipocampo y la corteza cerebral entre los 40 y 70 años, seguido por una regresión de tales dendritas entre los 80 y 90 años, lo cual significa que existen capacidades compensadoras para contrarrestar la pérdida de neuronas vecinas a causa de la edad. Esto se ha demostrado en modelos animales, donde los estímulos visuales se asocian con dendritas de mayor longitud y complejidad en la corteza visual.

Los términos de "olvido benigno del anciano" y "compromiso de memoria asociado a la edad" han sido aplicados a la disminución de la memoria, frecuentemente manifestados por quejas en la dificultad para recordar nombres y ubicar incorrectamente los objetos de uso común. ¿Por qué ocurre la senescencia? Al parecer las neuronas poseen información genética que codifica y regula los procesos que conducen a la muerte celular programada, fenómeno denominado apoptosis. Tal degeneración celular puede ser desencadenada por diferentes mecanismos como radiación, falta de factores tróficos de crecimiento, o el envejecimiento mismo.

También están las causas extrínsecas, como las mutaciones en el ADN que se acumulan y con el tiempo producen los cambios degenerativos del envejecimiento, con cambios en las proteínas estructurales, daño por radicales libres, alteraciones por predominio de neurotransmisores tóxicos, déficits hormonales, falla de sistemas de soporte[496] y alteraciones del ADN mitocondrial, con disminución de una enzima llamada oxidasa de citocromo, muy importante para el metabolismo mitocondrial[497].

A medida que se envejece muchas proteínas acumulan cambios inútiles, característicamente las células de adultos con una enfermedad denominada progeria -que consiste en una forma acelerada de envejecimiento-, contiene niveles muy altos de proteínas oxidadas que tienden a ser semejantes a los de individuos en su octava década.

Dado que las proteínas en su forma de enzimas catalizan muchas de las reacciones químicas en el organismo, aquellas que sintetizan neurotransmisores o receptores para estos se vuelven menos activas a medida que ocurre el envejecimiento; otras enzimas como las superóxidodismutasa y la catalasa, encargadas de inactivar los lesivos radicales libres, también tienden a escasear con la edad.

El proceso de senescencia conlleva algún grado de deterioro de la capacidad intelectual y si se permite el término, de la "vivencialidad". Se encuentran personas ancianas con deterioro de la memoria, una menor actividad, sin considerárselas anormales. La frontera entre la senescencia normal y la demencia senil es difícil, porque el deterioro intelectual en ciertos dominios es una consecuencia inevitable del envejecimiento, si bien la severidad de estos deterioros tiene un amplio rango de variabilidad.

Diferentes informes médicos refieren la presencia de déficits sostenidos en la memoria, el aprendizaje y las destrezas psicomotoras, cuando individuos previamente sanos comenzaron a envejecer. La frontera que separa estos déficits de la demencia, no es clara, como tampoco lo es la historia natural de este lento deterioro, al que médicamente se le conoce como "deterioro cognoscitivo sin demencia", que surge inexplicablemente en un plazo de uno a cinco años en los individuos afectados, que pasan a presentar un trastorno cognoscitivo por deterioro en un punto intermedio entre la normalidad y la demencia.

El estudio Canadiense de la Salud y el Envejecimiento identificó un grupo de 861 individuos mayores de 65 años con problemas de memoria que no fueron lo suficientemente severos para ser demencia[498].

Otros datos, como los de Dennis Evans y Arthur Benton de la universidad de Harvard e Iowa respectivamente y sus colaboradores, -con quienes el neurólogo Dennis Selkoe en concordancia les cita-, refieren que menos del 5% de los ancianos entre 65-75 años sufrían de cuadros demenciales, lo cual es una cifra baja si se atiende a que en el grupo entre 75-85 años la demencia puede llegar hasta el 20% y ser casi del 50% en mayores de 85 años y que adicionalmente, cuando el estado de salud es bueno, el rendimiento en pruebas psicométricas de memoria, percepción y lenguaje solo disminuye levemente[499].

El creciente número de gente que sobrevive hasta edades más avanzadas ha despertado el interés sobre las diferencias que ocurren en la especie humana con el tiempo y si conservamos la inteligencia a través de nuestro transcurso vital: la realización de la misma prueba de inteligencia con 40 años de intervalo a un grupo de soldados canadienses a quienes se les había realizado por primera vez a los 25 años y luego a los 65 años, mostró una alta correlación.

A lo largo de 40 años, la estabilidad del coeficiente para habilidades verbales fué de 0.9, pero en las habilidades no verbales fué de 0.6; esto sugiere que las habilidades que implicadas con la "inteligencia cristalizada" como información almacenada y conocimientos en general, permanecen más consistentes, mientras que las habilidades de "inteligencia fluida" implicadas con pensamiento bajo presión con materiales nuevos tienden a declinar. Si nos preguntamos si la inteligencia tiende a declinar con la edad, la respuesta es sí y no: las capacidades verbales y el conocimiento se mantienen e incluso tienden a aumentar con la edad, mientras que la habilidad para manejo de nuevos materiales decae. Si bien las investigaciones sobre porqué ocurren estos cambios cognoscitivos con la edad son preliminares, se han encontrado factores "protectores" de las habilidades mentales, como el vivir en un ambiente intelectualmente estimulante, tener una personalidad flexible en la edad adulta, vivir con una pareja de altas destrezas mentales, mantener la velocidad en el procesamiento de información y por último, estar satisfecho con la vida en la edad adulta[500].

Es posible no aprender o recordar rápidamente cuando se tienen muchos años, pero un buen estado de salud permite soslayar en alguna medida estos cambios anatómicos y fisiológicos.
Al envejecer aprendiendo muchas cosas, como lo dijera el ateniense Solón -retomando el epígrafe-, admitimos que la senectud es una etapa de la vida donde aspiramos a realizar una plenitud,

> "por una mayor serenidad y más saber de experiencias, un gusto más refinado para muchas cosas, un punto para reposar y extender la vista a un horizonte mayor (...) para gozar del recuerdo de lo bello y lo querido, apreciar una labor bien hecha y ver cumplidos algunos esfuerzos"[501].

El envejecimiento feliz del cuerpo y de la mente tendrá enormes consecuencias para los conglomerados sociales, para los cuales afortunadamente la sociedad contará con una valiosa fuente de ayuda para resolver tales problemas y esta será la sabiduría de sus ciudadanos más viejos.

Notas de Capítulo 8.

453. Lichstein PR: Introducción - Manejo de la depresión en atención primaria. **The American Journal of Medicine** 1996; 101(Supp.l 6A).

454. Post RM, Weiss SRB: Emergent properties of neural systems: how focal molecular neurobiological alterations can affect behavior. **Development and Psychopathology** 1997; 9: 913, 915

455. Adams RD, Victor M, Ropper AH (Eds): Chapter 25. The limbic lobes and the neurology of emotion. En: **Principles of Neurology.** Sixth Edition. McGraw Hill. New York, 1997. pp. 514-5

456. Alonso-Fernández, F: **El talento creador. Rasgos y perfiles del genio.** Ediciones Temas de Hoy. Madrid, 1996. pp. 23

457. Fadem B: **Behavioral Science - Board Review Series.** 2nd Edition. Harwal Publishing. Philadelphia, 1994. pp. 99, 101

458. Fadem B: **Behavioral Science - Board Review Series.** 2nd Edition. Harwal Publishing. Philadelphia, 1994. pp. 176

459. Pary R, Lippman S, Tobias CR: Obsessive-compulsive disorder. How to free patients from intrusive thoughts and rituals. **Posgraduate Medicine 1994 ; 96(8) : 119-125**

460. Sasson Y, Zohar J, Chopra M, Lustig M, Iancu I, et al: Epidemiology of obsessive-compulsive disorder: a world view. **Journal of Clinical Psychiatry** 1997; 58 (Supp.l 12): 7-10

461. La corteza orbitofrontal o frontal orbitaria forma parte de la corteza de asociación, está localizada en la superficie ventral y medial de los lóbulos prefrontales

462. Pary R, Lipp.man S, Tobias CR: Obsessive-compulsive disorder. How to free patients from intrusive thoughts and rituals. **Posgraduate Medicine 1994 ; 96(8) : 119-125**

463. Freedman AM, Kaplan HI, Sadock BJ (Eds): **Compendio de Psiquiatría.** Salvat Editores, 1984. Traducción a español de la versión en inglés: Modern Synopsis of Comprehensive Textbook of Psychiatry, Williams & Wilkins Co., Baltimore. pp. 2

464. Neligh GL: Schizophrenic disorders. En: Scully JH (Ed): **National Medical Series for Independent Study. Psychiatry** 3rd Edit. Williams & Wilkins Hong-Kong. pp. 62

465. Waddington JL: Schizophrenia: developmental neuroscience and pathology. **The Lancet** 1993; 341: 531-536

466. Aitken KJ, Trevarthen C: Self-other organization in human psychological development. **Development and Psychopathology** 1997; 9: pp 671

467. Post RM, Weiss SRB: Emergent properties of neural systems: how focal molecular neurobiological alterations can affect behavior. **Development and Psychopathology** 1997; 9: 919

468. Aitken KJ, Trevarthen C: Self-other organization in human psychological development. **Development and Psychopathology** 1997; 9: pp 671

469. Garzón-Mendoza, R: **Ensayos Críticos de Filosofía Histórica-Política y del Derecho.** Imp. Dptal Valle. Cali, Colombia, 1985. pp. 495

470. Adams RD, Victor M, Ropper AH (Eds): Chapter 58. The Schizophrenias and Paranoid States. En: **Principles of Neurology.** Sixth Edition. McGraw Hill. New York, 1997. pp. 1546

471. Paulus MP, Geyer MA, Braff DL: Use of methods from chaos theory to quantify a fundamental disfunction in the behavioral organization of schizophrenic patients. **American Journal of Psychiatry** 1996; 153: 714-717

472. La entropía o incertidumbre promedio H en términos de información, equivale a que tanta información nueva proporciona un símbolo (s) que puede representar un acontecimiento externo. Si la totalidad de la información es nueva, no habrá predictibilidad sobre el acontecimiento externo, la incertidumbre será completa y H = 1. Si se puede predecir exactamente lo que va a suceder, entonces no hay incertidumbre y H=0 (lo cual equivale a que no hay información).

473. Roschke J, Aldenhoff JB: Estimation of the dimensionality of sleep-EEG data in schizophrenics. **European Archives of Psychiatry and Clinical Neuroscience** 1993; 242: 191-196

474. Paulus MP, Geyer MA, Braff DL: Use of methods from chaos theory to quantify a fundamental disfunction in the behavioral organization of schizophrenic patients. **American Journal of Psychiatry** 1996; 153: 714-717

475. La verbigeración consiste en la repetición persistente de palabras o frases. En: 📖 Scully JH (Ed): **National Medical Series for Independent Study. Psychiatry** 3rd Edit. Williams & Wilkins Hong-Kong. pp. 40

476. 📖 Vallejo-Nágera JA: Memoria de la Historia - Locos egregios. 30ª Ed.Planeta, Buenos Aires, 1991. 296 pp.

477. 📖 Vallejo-Nágera JA: Memoria de la Historia - Locos egregios. 30ª Ed.Planeta, Buenos Aires, 1991. 296 pp.

478. 📖 Morrison P: **Scientific American** 1980; 242 (5): pp. 25- 26

479. Aunque el término degenerativo no es médicamente satisfactorio porque implica un deterioro inexplicable desde un nivel de normalidad a uno de menor funcionalidad, desde el punto de vista de neurociencias hace referencia a enfermedades que inician insidiosamente, después de un largo período de función normal y siguen un curso progresivo, sobre una década o más. En estas enfermedades se presenta una alteración selectiva de sistemas de neuronas relacionados funcional y/o anatómicamente relacionados, comprenden la enfermedad de Parkinson, de Alzheimer, Pick, entre uchas otras. Una completa clasificación se presenta en: 📖 Adams RD, Victor M, Ropper AH (Eds): Chapter 39. Degenerative Diseases of the Nervous System. En: **Principles of Neurology**. Sixth Edition. McGraw Hill. New York, 1997. pp. 1048

480. La enfermedad de Huntington consiste en una tríada de movimientos anormales (coreoatetosis), demencia y mecanismo de herencia dominante. Su nombre se debe al médico George Huntington, de Pomeroy, Ohio. Huntington presentó un comunicado ante la Academia de Medicina Mason & Meigs en 1872 sobre observaciones de pacientes que sus padre y abuelo habían recogido durante el curso de su práctica médica en East Hampton, Long Island. Se logró demostrar en 1932 que todos los pacientes con enfermedad de Huntington en el oriente de Estados Unidos podían rastrearse hasta seis individuos que habían emigrado desde el poblado de Bures, en Suffolk, Inglaterra, en 1630. Una de estas familias, característicamente presentó la enfeermedad durante doce generaciones. La enfermedad afecta más a hombre, entre la cuarta y quinta décadas. Una vez se manifiesta, avanza inexorablemente hasta dejar al paciente postrado y facilitar su deceso por causa de enfermedades que ocurren en pacientes confinados a cama. En: Adams RD, Victor M, Ropper AH (Eds): Chapter 39. Degenerative diseases of the nervous system. En: 📖 **Principles of Neurology**. Sixth Edition. McGraw Hill. New York, 1997. pp. 1061

481. 📖 Montserrat-Esteve S: Capítulo 2. Psicopatología Especial. En: Pons PA, Farreras-Valentí P, Ley A, Montserrat S, Sales R, Sarró R, et al: Enfermedades del sistema Nervioso, Neurosis y Medicina Psicosomática, Enfermedades mentales, Tomo IV. **Tratado de Patología y Clínica Médicas**. Salvat. Barcelona, 1965. pp. 1066

482. 📖 Fadem B: **Behavioral Science - Board Review Series.** 2nd Edition. Harwal Publishing. Philadelphia, 1994. pp 106-107

483. 📖 Wurtman RJ: Enfermedad de Alzheimer. En: **Función cerebral. Monografía de Libros de Investigación y Ciencia.** Prensa Científica. Barcelona, 1991 pp. 158-168

484. 📖 Lang AE, Lozano AM: Parkinson's Disease. I part. **New England Journal of Medicine** 1998; 339 (15): 1044

485. Tomado de 📖 Benson F: Subcortical Dementia. A clinical aproach. En: Mayeux R, Rosen WG: **The Dementias**. Raven Press, New York, 1983. pp. 185; Stern Y: Behavior and the basal ganglia. En: Mayeux R, Rosen WG: **The Dementias**. Raven Press, Nueva York, 1983 pp. 203

486. 📖 Sacks: **The man who mistook his wife for a hat and other clinical tales**. Harper Perennial, New York, 1990. pp. 75

487. El retardo en la ejecución de tareas se ha correlacionado con la presencia de lesiones a nivel anteriodorsal de la cabeza del núcleo caudado, o en la zona dorsolateral de la corteza frontal, ya que se compromete la recuperación de información espacialmente codificada y las habilidades visoespaciales. Stern Y: Behavior and the basal ganglia. En: 📖 Mayeux R, Rosen WG: **The Dementias**. Raven Press, Nueva York, 1983 pp. 199

488. El cuerpo de Lewy consisten en masas redondeadas de color rosado rodeadas por un borde transparente, presentes en neuronas susceptibles a lesión en el tallo cerebral y la corteza, que se produce por la acumulación de neurofilamentos. Se desconoce su papel en la enfermedad.

489. 📖 Mayeux R, Chun MR: Acquired and hereditary dementias. En: Rowland LP (Ed.): **Merritt's Textbook of Neurology** 9th Edition. Williams & Wilkins pp 677 y ss

490. La nueva representación espacial surgida de la visión obtenida a través de un prisma implica no solamente adaptaciones sensoriales, sino también motoras y uno de los roles de los GB es contribuir a la coordinación motora dependiente de percepción, pudiendo ser entonces el lugar para la correlación de información sensorial y motora; al participar el caudado, surge el sistema denominado por Potegal de "orientación egocéntrica", en el cual los movimientos de la cabeza y los ojos se codifican para localización espacial. La representación interna de cualquier punto en el espacio podría consistir en programas motores que giran los ojos a ese punto en particular. Stern Y: Behavior and the basal ganglia. En: 📖 Mayeux R, Rosen WG: **The Dementias**. Raven Press, Nueva York, 1983 pp. 201

491. A partir de los resultados experimentales obtenidos en gatos, se conoce que la estimulación unilateral del putamen, una de las estructuras de los ganglios de la base, produce cesación de todas las actividades, la apertura de los ojos en la dirección del lado estimulado y supresión de movimientos en el lado no estimulado. La estimulación de la estructura complementaria del putamen conocida como globus pallidus produjo dilatación de las pupilas e inclinación hacia el lado contralateral. Stern Y: Behavior and the basal ganglia. En: 📖 Mayeux R, Rosen WG: **The Dementias**. Raven Press, Nueva York, 1983 pp. 195 nota 178

492. 📖 Stern Y: Behavior and the basal ganglia. En: Mayeux R, Rosen WG: **The Dementias**. Raven Press, Nueva York, 1983 pp. 206

493. 📖 Lang AE, Lozano AM: Parkinson's Disease. I part. **New England Journal of Medicine** 1998; 339 (15): 1044-1053

494. 📖 Morrison P: **Scientific American** 1977; 237 (1): 150

495. 📖 Selkoe, D: Envejecimiento cerebral y mental. En: **Mente y Cerebro. Monografía de Libros de Investigación y Ciencia.** Edit. Prensa Científica, Barcelona. 1993. pp. 120

496. 📖 Drachman DA: Aging and brain: A new frontier **Annals of Neurology** 1997; 42: 819-828

497. 📖 Selkoe, D: Envejecimiento cerebral y mental. En: **Mente y Cerebro. Monografía de Libros de Investigación y Ciencia.** Prensa Científica, Barcelona. 1993. pp. 122

498. 📖 Ebly Em, Hogan DB, Parhad IM: Cognitive impairment in the nondemented elderly. **Archives of Neurology** 1995; 52: 612-619

499. 📖 Selkoe, D: Envejecimiento cerebral y mental. En: **Mente y Cerebro. Monografía de Libros de Investigación y Ciencia.** Prensa Científica, Barcelona. 1993. pp. 123

500. 📖 Deary, I: Differences in mental abilities. **British Medical Journal** 1998; 17: 1701-1703

501. 📖 García-Gual, C: Los siete sabios (y tres más). Alianza Editorial, Madrid, 1989. Edición de 1995. pp 78

Capítulo 9. De la conciencia normal y los estados alterados de conciencia

"La palabra 'yo' es tan fundamental y primogénita, tan llena de la realidad más aprehensible -y por tanto de la más noble- tan infalible como guía y tan rigurosa como piedra de toque, que en lugar de despreciarla, debería caerse de hinojos ante ella (...) Yo soy mi problema principal, y acaso mi único problema, el único de todos mis héroes que me importa en realidad."

Witold Gombrowicz

La evolución del concepto de la conciencia

En los tiempos homéricos (siglos IX y X a.D.C.) la psique se concebía como "un aliento de vida" (del griego *psyché*: soplo, hálito), como una fuerza que mantenía en vida al ser humano y que persistía después de la muerte. Heráclito de Éfeso (540-475 a.D.C.) fué de los precursores en separar el concepto de alma de las cualidades del cuerpo y sus órganos físicos en una época en que no había límites claros entre lo animado y lo inanimado y el hilozoísmo de Tales de Mileto (etimológicamente del griego *hylé*: materia y *zoé*: vida) compenetraba la visión de una naturaleza animada.

Desde el punto de vista filogenético, al considerar el continuum o espectro de los diversos seres que están presentes en la Tierra, desde los organismos procarióticos unicelulares hasta el hombre, se observa que la información que se obtiene del medio ambiente es captada en la medida que tenga importancia para ese organismo, ya sea para alimentación, reproducción o evitar peligros o predadores. Naturalmente, la pregunta de cómo apareció la conciencia en la vida es lo suficientemente difícil, donde los elementos de juicio son prácticamente inexistentes, en una forma similar a la cuestión de cómo apareció la vida. Dado entonces que la historia evolutiva se aplica a la vida y la conciencia, entonces de alguna forma tienen que existir grados de vida y de conciencia. A favor de este argumento, está el hecho que hay disminución del estado de conciencia durante el sueño y en consonancia con John Eccles, es el principal argumento que refuerza la existencia de grados de conciencia y de algún modo está igualmente relacionado con la emergencia de la conciencia[502].

Ya se había hecho referencia a Ernst Mayr (Cf. Una teoría general acerca del cerebro) cuando afirmaba sobre el surgimiento de la conciencia a la luz de la teoría de los sistemas como un fenómeno de "emergencia"[503], en el cual la respuesta principal que se puede suministrar por tener algunas pruebas a su favor, es la de los "grados de conciencia", donde es posible atribuir a los animales dotados de un sistema nervioso central de algo similar a la conciencia, sin ser la autoconciencia, sino algo de atributos semejantes a la conciencia de un niño antes de haber aprendido a hablar. Sin embargo, cuando el tema de la emergencia gradual de la conciencia en las especies con sistema nervioso central hasta llegar a los monos antropoides, es algo que no se puede contrastar adecuadamente por lo cual también existe la posibilidad de negar los elementos de juicio a favor de algo denominado conciencia en los animales.

Los animales no son conscientes del tiempo en el sentido que solamente viven el presente, aunque sus acciones sean susceptibles de modificación por acontecimientos pasados y aprendan de la experiencia, sin embargo la finalidad de sus acciones, su memoria, su capacidad de aprender, la organización social indican que poseen cierta conciencia, pero no autoconciencia, no al menos en la forma que sugeriría el preocuparse y ocuparse de los congéneres enfermos.

La concepción teilhardiana de conciencia es útil en cuanto la considera como un atributo presente en todos los seres. La utilidad intrínseca de tal idea teilhardiana sobre la conciencia es que se extrae de la clase limitada a la que pertenecen el hombre y los animales superiores, y cuando se articula con un panorama de elucidación sistemática permite desarrollarlo en gamas más amplias[504].

Ken Wilber plantea a semejanza de filósofos como Spinoza, Leibniz, Schopenhauer, Whitehead, Schelling y Radhakrisnan que dentro de las cosas, lo que él denomina "la interioridad de los holones individuales", es esencialmente conciencia. Dejemos a Ken Wilber:

> "Whitehead utiliza la palabra 'aprehensión' para describir el contacto y por tanto 'el sentimiento' de un objeto por parte de cualquier sujeto, sin importar lo primitivo que sea, pues también incluye a los átomos (...) Spinoza usa la palabra 'cognición' para referirse al conocimiento de un suceso desde dentro, y "extensión" o materia (como discípulo cartesiano, la usa en el sentido de la materia como res extensa, todo aquello que ocupa un lugar en el espacio) para el conocimiento del mismo 'desde fuera'. Leibniz usa 'percepción' para el interior de su mónadas (holones) y 'materia' para el exterior (la materia en la acepción de una apariencia vacía de realidad sustancial). Teilhard lo expresó de forma muy simple: 'el dentro, conciencia, espontaneidad' "[505].

Wilber afirma que el "dentro" de las cosas es conciencia, mientras que el "fuera" de las cosas es forma. Se dejará de lado si los holones básicos de Wilber tienen o no formas rudimentarias de conciencia, porque no importa hasta qué punto se quiere "descender" en la conciencia, ya que lo importante no es donde se traza la línea divisoria, sino que, como Wilber lo afirma, "la línea misma implica fundamentalmente una distinción entre lo interno y lo externo"[506].

La siguiente tabla modificada de Wilber, ilustra como en cada holón o sistema hay un estado de conciencia.

Tabla 9.1 La conciencia emergente de los holones individuales

Átomos	Aprehensión
Células	Irritabilidad
Organismos metabólicos	Sensación rudimentaria
Organismos neuronales	Percepción
Peces/anfibios	Percepción impulso
Reptiles	Impulso
Paleomamíferos	Emoción, imagen
Primates	Símbolos (Conceptos?)*
Humanos	Conceptos

* Aunque la diferencia entre los primates y los humanos de acuerdo a Wilber es que en los humanos el neocórtex es complejo, se interroga el manejo de conceptos por el neocórtex de los primates por el informe de lenguaje gestual en diferentes primates. (Cf. Lenguaje - Generalidades)
Tomada con modificaciones de: Wilber K: **Sexo, Ecología, Espiritualidad. El alma de la evolución. Volumen I** Gaia Ediciones, Madrid 1996. pp. 135

La búsqueda por la estructura y el carácter de la experiencia consciente muestra que la consciencia puede ser considerada como una entidad irreductible que existe a un nivel fundamental y desde un punto de vista holonómico no puede ser comprendida como la suma de partes más simples[507].

Al tratar concretamente de aquellos animales en los cuales los órganos sensoriales y sus respectivos sistemas nerviosos en los cuales ciertos tipos de estímulos desencadenan ciertos tipos de respuesta, se observa que el procesamiento de los estímulos no se limita solamente a los que se reciben del mundo exterior, sino que también se tiene en cuenta el estado interno del organismo.

De modo que las señales de origen interno y externo influyen conjuntamente sobre el comportamiento, pero esto equivale a un tipo de automatismo que en algunos animales inferiores es rayano en rudimentos de memoria y en los animales superiores ya se observan más estrechamente vinculadas. En este estadío de la evolución se presenta una nueva frontera, en la cual se transciende la esfera de las respuestas determinadas genéticamente hacia una en la cual las respuestas dependen del procesamiento de la información en el sistema nervioso.

De acuerdo a los holones individuales de Wilber, a mayor profundidad, mayor conciencia, que Teilhard expresa en su "ley de la complejidad y la conciencia" cuando propone "cuanto más de la primera, más de la segunda", lo cual equivale a afirmar que los conceptos trascienden e incluyen a los símbolos, los símbolos a las imágenes y así sucesivamente, sin que nada de esta trascendencia tenga que ver con la extensión física[508].

En el largo camino seguido hasta el desarrollo de la conciencia, el polvo de estrellas transformado en la materia orgánica, sometido a la alquimia del proceso de evolución y de selección natural se transformó en el hombre; este hombre partiendo de su propio psiquismo al interrogarse a sí mismo sobre sus orígenes y permitir que el cosmos se conozca a sí mismo -parafraseando a Sagan-, marca un hito evolutivo cuando aparecen en su sistema nervioso una serie de estructuras "moldeables", es decir, sectores sin una estructuración definitiva, dotados de la capacidad de configurarse a sí mismos. Con la aparición de estas regiones en los cerebros, determinados estímulos sensoriales que antes se limitaban a pasar rápidamente por el cerebro, ahora podían dejar huella tras de sí.

A partir de este hito, el mundo exterior dejaría de ser siempre el mismo e iba a permitir a los animales trascender los límites del tiempo. Al escapar de los límites del presente, los animales descubrieron una nueva dimensión en su existencia, una que trascendía el aquí y ahora que percibían sus sentidos. Y aunque todas sus células portaban el mismo ADN que sus predecesores, su cerebro, su sistema procesador de datos no se diferenciaba en nada del de sus congéneres.

Desde el punto de vista puramente neurológico, existe el sistema denominado por los neuroanatomistas House, Pansky y Siegel, "aferente somático general", cuya finalidad es la transmisión de información al sistema nervioso relacionada con los cambios ambientales. Esta información posibilita hacer ajustes inmediatos y automáticos frente a alteraciones en el medio ambiente, como cambios extremos en la temperatura que fueran lesivos para el organismo, o mensajes relacionados con la presencia de material alimenticio. Este sistema se distribuyó inicialmente como las "ramas aferentes de arcos reflejos, de los cuales dependía el animal para sobrevivir"[509].

Aunque en este nivel todavía no se puede hablar de la emergencia de la conciencia cualitativamente como tal, sería pertinente considerar que las señales ambientales influyendo en estos seres con sistemas neurales primitivos para conseguir la calma de pulsiones, como la del "hambre" y la búsqueda de la pareja para la perpetuación de la especie, originaran un estado semejante a la "atención", que Popper sugiere como una experiencia que se derivaba de aquella primitiva del dolor y del placer y que fenoménicamente asemeja a la conciencia. Las vías de tipo ascendente o sensitivo -mal denominadas conscientes- se construyen sobre la base de un sistema de reflejos pre-existentes, que luego permitirán la representación de un espacio personal en la forma de un mapa cortical de la sensibilidad táctil de la superficie corporal, que luego sufrirá una serie de modificaciones para elaborar una representación más compleja, conocida como espacio peripersonal, que en aquellos animales con capacidad de prehensión incluye los objetos más allá del alcance de la mano[510].

Estas representaciones luego dieron lugar a representaciones imaginadas y recordadas, que luego se descubrió que podían ser modificadas. El fin fundamental del sistema sensorial es captar y emitir señales al sistema nervioso central mediante impulsos o mensajes que a modo de un código, logran transmitir la intensidad del estímulo. La transmisión nunca es directa, sino que se hace sucesivamente a través de una serie de relevos sinápticos que modifican el mensaje, de modo que el sistema nervioso central acaba recogiendo una imagen codificada muy distorsionada de los estímulos periféricos. Se puede considerar entonces que estas líneas de trasmisión de la información se ocupan de la conversión del estímulo original en sucesos neuronales que pueden ser manejados a nivel de la corteza cerebral.

Eccles, al tratar sobre la percepción consciente, se apoya en la interesante evidencia experimental aportada por los hallazgos de Libet, y le cita cuando refiere que "la sensación consciente no tiene lugar en el mismo instante en que el mensaje neuronal llega a la corteza cerebral", sino que hay un período de incubación o latencia relativamente prolongado, que dura alrededor de 500 milisegundos, período durante el cual ocurre una progresiva complejización y expansión de los patrones neuronales, hasta el momento en que alcanzan el nivel adecuado para actuar a través de la línea de separación existente entre el cerebro y la mente autoconsciente, "si bien se ha visto que la mente autoconsciente es capaz de adelantar la percepción de modo que puede verse que ocurre hasta 500 milisegundos antes del desencadenamiento de los sucesos neuronales"[511].

Una vez entonces los patrones neuronales alcanzan -de acuerdo a lo propuesto por el físico cuántico Margeneau- un comportamiento análogo al de un campo cuántico de probabilidad que no posee masa ni energía, su perspectiva interaccionista propone una interacción cerebro-mente análoga a la del campo de probabilidad de la mecánica cuántica[512], al causar una acción eficaz en microespacios, como lo es la rejilla vesicular presináptica (Cf. Hipótesis de interacción entre cerebro y mecánica cuántica)

Para el neurólogo Antonio Damasio, el desarrollo de la mente implicó el desarrollo de *representaciones* -que se podrían considerar homologables a los símbolos descritos por Hofstadter a propósito de los hipotéticos complejos neurales que pueden ser latentes o activados- de las que se podía ser consciente, como imágenes, lo cual brindaba a los organismos una vía para adaptarse a las circunstancias del ambiente que no habían podido preverse en el genoma. La base de esta adaptabilidad comenzó con la construcción de imágenes del cuerpo en funcionamiento tanto internamente, como externamente en respuesta al medio ambiente. Estas representaciones permitieron el desarrollo y la supervivencia del cuerpo, de tal manera que cuando aparecieron los organismos capaces de pensar, los primeros pensamientos fueron sobre el cuerpo, de modo que las representaciones del mundo externo se hicieron como las modificaciones causadas por el medio ambiente externo en el cuerpo[513]. Uniendo los conceptos sobre el sistema aferente somático general y las representaciones primordiales, se puede decir que las aferencias o entradas sensitivas representan en el cerebro los diferentes estados de regulación bioquímica, concretamente en el tallo cerebral y el hipotálamo; la representación de las vísceras, incluyendo los órganos de la cabeza, el tórax, el abdomen, la masa muscular y la piel -funcionando como un órgano que constituye la frontera del organismo- y por último, la representación del estado musculoesquelético y su potencial para realizar movimientos en diferentes zonas de la corteza cerebral.

Todas estas representaciones se distribuyen por diferentes regiones del cerebro, están coordinadas por conexiones neurales, que en el caso de la piel y las estructuras músculo-articulares juegan un papel de importancia en asegurar dicha coordinación. De tal manera, el mapa dinámico del organismo que parte de un esquema corporal y de una frontera corporal, es posible por la participación de varias áreas del cerebro, que interactúan mediante pautas coordinadas de actividad neural.

La representación sensorial de todas las partes con un potencial de movimiento suele conectarse a diferentes lugares y niveles del sistema motor susceptible de producir actividad muscular, de modo que el mapa corporal es de tipo somato-motor. Este dispositivo hace posible la localización aproximada del dolor, con todas las consecuencias beneficiosas que permite el dolor en cuanto a evitar exposición prolongada a estímulos ambientales adversos[514].

El mecanismo neurológico aferente que asimila las experiencias ambientales hizo posible un gran registro de gamas sensoriales que contribuyó al perfeccionamiento de los mecanismos automáticos del cerebro y que paralelamente con el desarrollo de la nueva capacidad de registro de las neuronas "moldeables" produjeron una multiplicación de la información neuronal, sin la necesidad de cambios a nivel del ADN, puesto que el hombre, así como los demás mamíferos tienen la misma cantidad proporcional de ADN, que es del orden de $7x10^{-12}$ gramos por núcleo celular[515].

En los estadíos primitivos del desarrollo del cerebro aquellos sectores que manejan la información procedente del exterior están estrechamente vinculados a los procesos de estímulo-respuesta determinados genéticamente en el sistema nervioso. Este es un fenómeno que se presenta en los insectos, en los cuales se combinan los circuitos programados con la información adquirida. Un ejemplo interesante se presenta en las avispas de arena, de las cuales se conoce que "recuerdan" la situación de sus nidos, puesto que vuelven a ellos una y otra vez sin problemas. Pero en un experimento en que se cambia de posición la vegetación circundante conservando la disposición inicial, la avispa al regresar buscará sus nidos en la nueva zona donde deberían estar de acuerdo a la disposición de la vegetación.

De lo cual se puede deducir que la avispa de arena tenía grabada una imagen óptica de la disposición de sus nidos[516]. Pero la grabación permanente de las percepciones sensoriales no supone una ventaja para el organismo, porque conlleva el peligro de confundir el pasado con el presente y de realizar siempre el mismo comportamiento bajo circunstancias diferentes.

Con el fin de trascender la esfera genéticamente predeterminada del estímulo-respuesta, el cerebro desarrolló la capacidad de poder tener en cuenta las experiencias vividas para decisiones posteriores, lo cual abrió un enorme campo de posibilidades. Por supuesto, se está aludiendo a la memoria. Desde el punto de vista de la etología, en virtud de esta capacidad de conservación de la información un animal puede volver a encontrar su madriguera, un abrevadero, o conocer las zonas de peligro donde existen predadores.

La memoria es uno de los pasos que permite recorrer el camino de la evolución a esferas más elevadas, aprovechando la experiencia que ofrece diferentes objetos y acontecimientos que casi siempre son dados en contexto y conexión, raramente en forma aislada o inconexa. Así, el animal es capaz de reconocer sus zonas, y no solamente eso, sino que las puede reconocer desde cualquier ángulo. Y puesto que cada animal vive en un ambiente diferente y recibe estímulos diferentes, la información genética le facilita la disposición de circuitos neuronales "moldeables" a los que el medio ambiente les dará su modelo de conexión definitiva.

A partir de este momento, el establecimiento de conexiones en las zonas moldeables configura la individualidad como única e irrepetible debido a la naturaleza particular e irrepetible de los estímulos externos para cada individuo y permite que este ser sea diferente de los otros.

¿Cómo permitió el sistema genético que algunas neuronas no tuvieran todas sus sinapsis determinadas de antemano? Tal parece que hubo alteraciones fortuitas del ADN, cuya codificación era que en determinadas zonas del sistema nervioso los axones de las neuronas establecieran igualmente conexiones fortuitas. Estas conexiones permitieron el aumento de la información que manejaba la red neuronal, sin que fuera necesario aumentar la información contenida en el ADN. Lo esencial del proceso en estas zonas cerebrales especiales radica en las sinapsis, ya que al ir repitiendo un patrón de estimulación, las sinapsis adquirieron una mayor capacidad de transmisión de señales. Cuando un camino se ha transitado muchas veces, es más fácil el recorrido en él.

En la evolución de la transmisión sináptica química pronto se desarrolló un mecanismo para el control de la emisión vesicular porque la rejilla vesicular presináptica limitaría la rata de exocitosis a menos de una por impulso, ya que la activación de las sinapsis a una frecuencia muy alta podría agotar rápidamente las reservas del axón. Por ejemplo, a nivel de la sinapsis neuromuscular que requiere una gran cantidad de neurotransmisor, solo se liberan aproximadamente unas cien vesículas sinápticas por impulso.

Una vez que la repetición constante de estímulo establece un "canal de estimulación", los estímulos que desencadenarán la respuesta del circuito o canal serán cada vez menores. De este modo, la estructura neuronal moldeable habrá adquirido una configuración determinada, y equivaldrá a un circuito ya conocido, dando origen al engrama. El engrama es una vía o canal de excitación de las neuronas en los cuales se construyen las "imágenes" del mundo exterior.

Pero no hay que olvidar que estas representaciones son engendradas en el cerebro sobre la base del reconocimiento de las fronteras corporales y las pautas de movimiento en el ambiente.

Aunque existe una realidad externa lo que conocemos de ella nos llega a través del cuerpo propiamente dicho, a través de las representaciones de sus altibajos con el medio ambiente externo, lo que brinda consistencia en las construcciones o representaciones de la realidad que nuestro cerebro hace y comparte[517].

Hay que agregar que la configuración del circuito no se asemeja al objeto o situación que representa, pero es la que siempre se activa del mismo modo en respuesta a la influencia del mundo exterior que la configuró. Las múltiples capacidades del sistema nervioso central se pueden considerar como surgidas debida a la interacción entre los circuitos neuronales determinados genéticamente y aquellos "engramas" o representaciones surgidos epigenéticamente de la relación con el medio ambiente. Se puede considerar que el doble sistema compuesto por la codificación genética y la información proveniente del medio ambiente como un "sistema de información intelectual". Dicho "sistema de información intelectual" parte de una base biológica del sistema nervioso central en que la estructura del cerebro es la base para los registros de la información intelectual.

El proceso de selección natural favoreció la ampliación de la capacidad de registro del cerebro y favoreció el desarrollo de la flexibilidad en las reacciones, de forma que en el sistema nervioso se concedió progresivamente más atención a una mayor cantidad de factores externos, volviendo cada vez más y más complejos los procesos cerebrales. De esta manera, a partir de las aferencias y de la interpretación de los estímulos y las respuestas surgieron pautas comportamentales cuya complejidad fué creciente a lo largo de la escala filogenética: los instintos surgen como procesos automáticos programados genéticamente que suelen ser activados por circunstancias externas.

Aunque las circunstancias externas pueden hacer que los procesos del individuo se desarrollen en una u otra dirección, no puede haber alteración del programa. El animal no puede hacer su destino. El programa genético y el medio ambiente se hallan estrechamente interrelacionados, ya que incluso las facultades más elevadas del cerebro dependen estrechamente de la interrelación entre la codificación genética y el "sistema de información intelectual".

Pero, ¿dónde empieza realmente la actividad del pensamiento? La dificultad en la respuesta de cómo surge el pensamiento radica en que en los procesos cerebrales de las zonas "moldeables", participa algún grado de la programación genética, y quizá haya una interacción a partes iguales con el medio ambiente, configurando así un punto de vista epigenético, sostenido por autores como Aitken y Trevarthen (Cf. La corteza nueva y la interacción social).

En forma general, se puede decir que en todo momento se están produciendo mutaciones en la dotación genética, que en alguna oportunidad serán de utilidad, en otras ocasiones conlleva a pérdida de funciones y la selección natural se encarga rigurosamente de cribar tales mutaciones y rechazarlas. Por otra parte, son desconocidos muchos de los aspectos del comportamiento de los homínidos y como Eccles lo menciona, hay muy pocos estudios sobre el desarrollo del cerebro en estas especies, que se desarrollan en un período que cubre aproximadamente diez millones de años.

El desarrollo progresivo de los primates partiendo de rasgos nuevos, por ejemplo, la marcha bípeda, el quedar con las manos en libertad, supuso una importante ventaja evolutiva en los homínidos que evolucionó también concomitantemente con toda su maquinaria neural.

Estos fenómenos ocurrieron aproximadamente hace nueve o diez millones de años, cuando se produjo la división de la familia de póngidos y homínidos y hubo un período de desarrollo durante un lapso de aproximadamente cinco millones de años, período en el cual hubo una serie de homínidos intermedios entre los primeros hominoides arbóreos y el *Australopithecus*.

Los vínculos de asociación grupal y el surgimiento de la conciencia

Los homínidos y los humanos iniciaron su distinción de los simios antropoides en que adoptaron el trabajo socialmente organizado y desarrollaron una incipiente economía. Los machos adultos de los homínidos formaron bandas de cazadores que usaron herramientas y armas, el equivalente arcaico de una tecnología; cooperaron en la división del trabajo y se encargaban de la distribución de las presas dentro del colectivo, con lo cual se plantearon reglas de distribución. La organización del trabajo, el acceder a medios de producción y la distribución del alimento sentaron las condiciones para una visión económica de la vida. En este nivel, homologable con la época arcaica de Wilber y Gebser, ya hay una visión del mundo, un espacio común en el mundo en el que sus acciones ya presuponen un nivel rudimentario de conciencia o aprehensión, interioridad que está compartida con un círculo de seres afines. Tal nivel es una profundidad compartida, que también se puede interpretar como un espacio común en el mundo, con sus particulares identidad de yo, sentido de ley, moral, medidas represivas, etc. Lo importante de esta visión compartida del mundo es que genera el sentimiento interno de lo que Ken Wilber denomina un "holón social", entendido como espacio interno de una conciencia colectiva en un nivel dado de desarrollo, que se podría explicar no "como un yo me siento" sino "como nosotros nos sentimos"[518]. Engels, en "El origen de la familia, la propiedad privada y el estado", refiere a propósito de la horda y la familia en los animales superiores no son complementos recíprocos sino estados antagónicos, por ejemplo en la horda, los machos muestran su rivalidad durante el período del celo que relaja o suprime momentáneamente los lazos de la horda; dejemos a Engels cuando cita a Espinas,

"allí donde está íntimamente unida la familia, no vemos formarse hordas (...) para que se produzca la horda se precisa que los lazos familiares se hayan relajado y que el individuo haya recobrado su libertad (...) si se ha desarrollado una sociedad superior a la familia, ha podido deberse únicamente a que se han incorporado a ellas familias profundamente alteradas, aunque ello no excluye que, precisamente por esta razón, dichas familias no puedan más adelante reconstituirse bajo condiciones infinitamente más favorables"[519].

Este incipiente holón social, para poder salir de la animalidad tuvo la necesidad de reemplazar la creencia del poder defensivo del hombre aislado por la unión de fuerzas y la acción común de la horda. La tolerancia recíproca entre los machos adultos y la ausencia de celos fueron condiciones requeridas para la formación de estos grupos sociales en forma extensa y durable para que se operara por completo la transformación al hombre.

La forma más primitiva de familia pudo ser el matrimonio por grupos en el que grupos enteros de hombre y grupos enteros de mujeres se pertenecen recíprocamente, dejando poco margen para los celos y delimitando una unidad económica primitiva, dada inicialmente por el cuidado del ganado en un área determinada y posteriormente al introducirse la agricultura, por el cuidado de las cosechas. Esta clase de familia evolucionó sucesivamente con sus antagonismos que más adelante se desarrollarían en la sociedad y el estado, hasta dar lugar a la familia monogámica, cuyo triunfo definitivo es uno de las manifestaciones de la civilización naciente: se basa en el predominio del hombre, su fin expreso es la creación de hijos cuya paternidad sea reconocida para que los hijos en calidad de herederos directos pudiesen entrar en posesión de los bienes paternos[520]. Esta concepción de la familia a su vez generó una versión avanzada de identidad del yo, sentido de la moral, medidas represivas para los transgresores, consolidando aún más el espacio de una conciencia.

Volvamos nuevamente a la perspectiva evolucionista: los homínidos adicionalmente desarrollan en forma progresiva su inteligencia por la capacidad de lucha. El aumento de las facultades cerebrales permitió que las reacciones instintivas automáticas de estímulo-respuesta pasaran a ser complejas pautas de comportamiento instintivo. En este momento el hombre, cuya inteligencia le permite el uso de herramientas -el palo que se vuelve lanza, la piedra que se talla y se vuelve un hacha primitiva-, se libera de la amenaza de otras especies. La sociedad primitiva carece de enemigos naturales, pero el hombre se vuelve su propio enemigo. El físico y genetista Carsten Bresch refiere como el instinto asesino, que en principio es una regresión, se convierte en un factor que paradójicamente potencia la evolución de la especie. Solo a través de la selección de los seres más aptos, al mirar retrospectivamente en los albores de la escala filogenética fué posible el desarrollo del cerebro[521]. Sin embargo, tal postura que usa el término biológico "supervivencia del más apto" como un significador para fenómenos sociales, hace implícito el mensaje de que fenómenos donde el instinto asesino se manifiesta y constituye un potenciador de la especie, es una cuestión natural. Esta es una explicación en el contexto del llamado darwinismo social, que exige un mayor examen crítico. La historia de las explicaciones que apelan a una naturaleza humana basada en lo biológico, debería advertirnos -siguiendo al pensador Peter Taylor-, que no cabe esperar respuestas de líneas de pensamiento darwinianas, lo que significa que este tipo de explicaciones se deben mirar críticamente[522].

La vida de los primates en general se puede describir como una vida gregaria, en la cual existe la capacidad de reconocer diferentes expresiones faciales y la postura corporal. Estos permitieron un sistema de comunicación basado en interacciones gestuales, complementado con un sistema de señales de llamada. Todas estas características permitieron la interacción necesaria para lograr éxito en labores de caza que permitiría llegar a comprender las experiencias y preparó el camino para la conexión sistemática de logros cognoscitivos, expresiones afectivas y relaciones interpersonales, que son cardinales para la hominización[523].

Una de las funciones del cerebro de los primates durante la evolución fué el recordar los agravios. Los chimpancés machos perdonan con facilidad, pero las hembras no, e incluso pueden recordar el agravio por el resto de la vida. Una de las consecuencias sociales de este tipo de memoria son las "enemistades heredadas" y las "venganzas", que a veces pueden durar generaciones y de alguna forma, son un presagio de lo que vendrá con la historia[524]. En la escala geológica en que se ha dado la evolución, ninguna de las características del hombre se pudo presentar de un momento a otro, pero es difícil descartar la hipótesis que los homínidos primitivos a través de la lucha entre ellos mismos se hubieran convertido en el instrumento de su propia selección, y que esto no hubiera repercutido en un rápido desarrollo del cerebro.

El hombre comparte con los animales superiores el instinto de la curiosidad. Todo lo que aparece por primera vez en el entorno es observado cuidadosamente, primero con ansiedad, después con detenimiento. De esta forma se aprovecha al máximo la capacidad del cerebro de registrar las características de un objeto o situación. Experimentar jugando conduce a nuevos y provechosos conocimientos. Carl Sagan relata amenamente como "la Arquímedes de los macacos", una macaco llamada "Imo", logró introducir en su colonia las costumbres de lavar la comida que les daban al descubrir que podía separar los granos de maíz de la arena por el hecho de que los granos flotaban al arrojarlos al agua.

Los primates que viven una vida comunitaria, sometidos a la presión de los predadores, con cerebros en rápida evolución y un sistema para la educación de los jóvenes, desarrollan nuevas formas de inteligencia[525]. Por el expediente de la curiosidad se llega a la imitación y esta es una forma de asimilar experiencias ajenas. Si existe el suficiente grado de curiosidad, el individuo observa lo que hacen otros y lo repite. El instinto de imitar las acciones de los mayores es importante en la génesis del lenguaje. Por el instinto de imitación los niños desarrollan la capacidad de comunicación.

El cerebro permite toda esta gama de conductas, que son de una alta adaptabilidad ante un medio que plantea exigencias vitales. Ahora bien, ¿en qué momento las características que se mencionaron sobre instintos, "sistema de información intelectual" surgieron y diferenciaron al hombre de los animales? Theodosius Dobzhansky considera la autoconsciencia humana como:

> "(...) una característica fundamental, posiblemente la más fundamental de la especie humana. Esta característica es una novedad evolutiva; las especies biológicas de las que proviene la humanidad poseen solo rudimentos de autoconciencia o quizá carecen de ella totalmente. La autoconciencia ha traído sin embargo, en su séquito compañeros sombríos (miedo, ansiedad y la consciencia de la muerte) (...) El hombre tiene que cargar con la consciencia de la muerte. Un ser que sabe que tiene que morir surgió de aquellos que no lo sabían"[526].

Si se considera que la conciencia de la muerte como un espejo de la autoconciencia en los homínidos, se puede identificar este rasgo en las costumbres ceremoniales de enterramiento que inició el hombre de Neanderthal hace aproximadamente 80.000 años. Se enterraban a los adultos y a los niños, en la tumba junto con el muerto colocaban muchos regalos como adornos, instrumentos de piedra, alimentos. En el enterramiento de los cazadores de mamuts de Predmosti, descubierto en 1894 en Prerov[527], se encontraron veinte esqueletos enterrados con la cabeza hacia el norte, lo cual indica que la autoconciencia con respecto a la muerte la consideraba como un tránsito, porque los muertos se aprestaban con un puente con el mundo que dejaban, además de reflejar una manifestación cultural, por el hecho de dejar a los muertos en orientación hacia un punto cardinal.

Desde el punto de vista neurobiológico, Damasio propone que la base neural de la conciencia parte del reconocimiento de un yo biológico imbuído de valor, agregado a la representación de objetos, un organismo que responde al proceso de representación que se mantienen simultáneamente en la memoria funcional y se les presta atención a todos a la vez o a uno tras otro en rápida interpolación en las cortezas sensoriales iniciales. En lugar de referirse concretamente a la conciencia, Damasio refiere que:

> "el dispositivo neural mínimo capaz de producir subjetividad requiere cortezas sensoriales iniciales (incluidas las somatosensoriales), regiones de asociación corticales sensoriales y motrices, y núcleos subcorticales (especialmente el tálamo y los núcleos basales), con propiedades de convergencia capaces de actuar como conjuntos de terceros (...) no creo que exista otra propuesta específica para una base neural de la subjetividad, pero puesto que la subjetividad es una característica clave de la conciencia, resulta apropiado señalar como se relaciona con otras propuestas en esta área en general"[528].

Parte de la comprensión de nuestra naturaleza se puede captar al estudiar las especies primates que evolucionaron simultáneamente con el hombre. Jane Goodall, una de las brillantes discípulas de la escuela de Louis Leakey, describe a partir de su experiencia de campo en el lago Tanganica, como los chimpancés actúan en forma cooperada al momento de cazar presas mayores, para cobrarlas sin mayor peligro. Durante una "patrulla" los machos huelen el suelo con frecuencia, los troncos de los árboles y la vegetación. Ponderan los mensajes de ramas, huellas, frenan su ruidosa comunicación. Cuando la comida escasea, la capacidad de rastreo unida a un raciocinio elemental, son la diferencia entre sobrevivir y sucumbir.

Los grupos de machos eliminan a los que consideran forasteros, seleccionándose rudimentariamente unas habilidades "militares". Las habilidades que permiten asesinar a grupos ajenos -que quizá consideren "animales"-, son útiles en la cacería con lo que se difunden los genes que transmiten una gran capacidad de combate para conseguir alimento para sí y los miembros del grupo[529].

En la naturaleza, tanto en las escalas grandes que comprenden las especies, como a nivel molecular, la competición es un mecanismo que favorece la selección de los organismos mejor dotados. El cerebro es el fruto de la competencia por la consecución de un procesamiento más eficaz de estímulos, la competencia por conseguir la inteligencia más eficiente. Y de este mar de competencia, de seres con una conciencia arcaica surgió el hombre, quien introdujo el asesinato en su propia especie como un instrumento de selección: por el asesinato, era la tribu más inteligente la que sobrevivía; y para poder dedicarse a la caza y a la lucha se debía desarrollar el orgullo, el gusto en competir, la combatividad: éstas eran las tendencias favorecidas por la selección[530].

En la medida que el hombre primitivo fuera adquiriendo una mayor experiencia personal, las reacciones instintivas serían progresivamente desplazadas. Y la facultad de hablar que permitió consolidar una mayor experiencia de grupo, al mismo tiempo que desplazaba los comportamientos instintivos, al volverlos más flexibles por efectos de un proceso cerebral que era resultado de las tradiciones sociales. De esta forma, la progresiva incorporación de la experiencia del grupo codificada por medio de un lenguaje rudimentario fué eliminando progresivamente la influencia de la parte genética -traducida como pautas instintivas-, para llegar a un control regido por el "sistema de información intelectual" basado en las costumbres.

Ken Wilber y Jean Gebser proponen cuatro épocas principales en la evolución de la conciencia humana, cada una de ellas anclada en un particular nivel o estructura de conciencia en un nivel individual que se corresponde con una visión social del mundo. Estas cuatro épocas o estadios son el arcaico, el mágico, el mítico y el mental. Cada estructura de conciencia en cada uno de estas épocas genera una sensación diferente de la interpretación espacio-tiempo, de la ley y la moral, de la identidad del yo, la tecnología, los impulsos y las motivaciones, la patología personal, los tipos de opresión y represión en la sociedad, la aceptación y negación de la muerte, la experiencia religiosa. Wilber junto con el pensador Jürgen Habermas, anotan que a partir de los trabajos de Piaget, hay una correspondencia entre la época mágica con el pensamiento pre-operacional de Piaget, de la época mítica con el pensamiento concreto operacional y por último de la época mental con el pensamiento formal operacional. Con respecto a lo arcaico, tanto para Gebser como para Wilber, la época arcaica es una época indefinida donde como en un paraguas, "cabe de todo", representa todas las estructuras de conciencia incluidas las de los primeros homínidos[531].

Conciencia y mecanismos neurales

Una de las formas en que se postula de como el funcionalismo neuronal se configuró para facilitar la aparición de la conciencia es por medio de la rejilla vesicular presináptica. Eccles considera que el surgimiento de la conciencia a nivel neural puede explicarse en parte por la presencia de la rejilla vesicular presináptica con su emisión controlada de vesículas sinápticas. Tal rejilla presináptica podría actuar como un microespacio para los espacios mentales, la cual se desarrolló inicialmente para la neurotransmisión de las sinapsis químicas y tras un largo tiempo evolutivo, se utilizó para la interacción entre los estímulos externos y el cerebro, originando la conciencia en los animales[532].

No hay que perder de vista lo que refiere Damasio acerca de las representaciones primordiales del cuerpo, que cuando está en acción podrían desempeñar un papel en la conciencia al proporcionar un núcleo para la representación neural del "yo" y así permitirían un patrón natural de referencia para lo que sucede en el organismo, ya dentro o fuera de sus límites[533].

La rejilla presináptica ofrece una oportunidad para que la intención mental seleccione que vesícula de un botón sináptico hará la exocitosis. A nivel estructural, este fenómeno se facilita merced a la asociación de las dendritas apicales de las células piramidales V, III y II del córtex, en un haz que se dirige hacia la capa I, fenómeno descrito por Peters y Kara, citados por Eccles. La agrupación de neuritas -característica de todas las áreas de la corteza cerebral- define una microunidad estructural denominada dendrón cuya importancia es que parece ser el punto de interacción en el córtex de asociación de los eventos mentales unitarios con los eventos microneurales[534].

En la universidad Johns Hopkins, Apostolos Georgopoulos -citado por el neurobiólogo Gerald Fischbach-, ha descrito una clase de neuronas de mando en la corteza premotora del chimpancé, en las que se codifica la dirección del movimiento del antebrazo. La excitación de estas neuronas curiosamente, no está asociada con la contracción de ningún grupo muscular en particular, ni con la fuerza de un movimiento muscular coordinado. Georgopoulos refiere que el vector obtenido al suma la frecuencia de disparo de muchas neuronas -alrededor de un centenar- guarda correlación con la dirección del movimiento, por lo cual concluye que tal vector es un signo de planificación motora[535].

La teoría de la selección de grupos neuronales (TGNS) propone que el cerebro es un sistema seleccional en el cual ocurre la coordinación espaciotemporal de la actividad neural principalmente por re-entradas, donde la re-entrada permite el intercambio dinámico de señales sobre muchos sistemas paralelos masivos que recíprocamente unen mapas y núcleos en el cerebro.

De esta forma, en la perspectiva de la teoría de la selección de los grupos neuronales propone que la conciencia está vinculada a las interacciones de re-entrada en las poblaciones neuronales en el sistema talamocortical, también llamado centro dinámico (dynamic core). Las interacciones tálamocorticales permiten la vinculación de la llamada categorización perceptual con la memoria. La conciencia se correlaciona con transacciones entre el organismo y el ambiente y estas transacciones son fundamentalmente procesos, en los cuales están incluidos diferentes tipos de escenas como las experimentadas durante sueños, ensoñaciones, pensamiento abstracto, planeación o ima-ginación[536]. Estados como la vigilia, como el sueño de movimientos oculares rápidos o MOR están en condiciones de generar experiencias cognoscitivas aunque en estados como en los sueños el cerebro incrementa su atención a su estado intrínseco sin ser afectado por los estímulos externos. Y si ocurre aumento de actividad talamocortical durante la vigilia sin información sensorial apro-piada, surgen las alucinaciones.

Teorías cuantitativas de la conciencia

Las interacciones complejas dentro de los sistemas neurales vinculados a la conciencia se han acompañado de interesantes propuestas para cuantificar dichas interacciones, lo que ha resultado en la propuesta de algunos aspectos claves de la consciencia que podrían ser de alguna forma, cuantificables, pero sin perder de vista que algunos aspectos de la consciencia definitivamente no son cuantificables. Lo interesante de los enfoques que proponen cuantificación de la conciencia, es que son concordantes con los principios físicos y evolutivos aceptados.

Dado que la consciencia es un rico fenómeno, el desarrollo y la aplicación simultánea de múltiples medidas cuantitativas como las propuestas por los enfoques de 1) complejidad neural, 2) inte-gración de la información; 3) densidad causal, permite caracterizar la complejidad de los sistemas neurales vinculados a la conciencia no solamente en términos cuantitativos, sino cualitativos, con lo cual permite un enfoque integral.

De acuerdo a lo investigado por Anil K Seth, Eugene Ishikevich, George Reeke y Gerald Edelman en el Instituto de Neurociencias en San Diego[537], los enfoques dualísticos (por ejemplo, el de la mente autoconsciente) deben ser excluidos para poder analizar adecuadamente los mecanismos neurales, con los tres enfoques referidos.

Según el enfoque de la complejidad neural C_N, un sistema X está integrado por n elementos que se comportan independientemente pero están dinámicamente integrados. La entropía del sistema H(X) corresponde a la matriz de covarianza COV(X) de las respuestas de los elementos del sistema. Cabe agregar que la entropía corresponde a la cantidad promedio de información por símbolo (Cf. Información y cerebro). Una de las desventajas de la complejidad neural C_N es que no refleja interacción causal, porque la complejidad neural C_N se basa en información mutua.

Por su parte, el enfoque de integración de información ϕ se ha propuesto como una forma de cuantificar la cantidad total de información que un sistema consciente puede integrar. Se basa en la consciencia corresponde a la capacidad de un sistema para integrar información y la integración de in-formación ϕ mide dicha capacidad. La experiencia corresponde a la integración de información "efec-tiva", calculada en forma dicotómica y como aquella que tiene la mayor entropía. Al comparar con la complejidad neural C_N, la integración de información ϕ muestra la ventaja de mostrar causalidad.

El último enfoque para cuantificar conciencia es el de densidad causal cd. La densidad causal es una mide la interacción entre los elementos neurales e igualmente mide la integración dinámica entre dichos elementos. Específicamente cd mide una fracción de las interacciones entre los elementos neurales que se pueden denominar como causalmente significativos. La densidad causal de un sistema se calcula como: $cd = \alpha/n(n-1)$ donde α representa el número de interacciones causales y $n(n-1)$ el número total de elementos conectados en una red con n puntos, excluyendo autoco-nexiones. Una alta densidad causal en un sistema indica que los elementos dentro de un sistema están altamente coordinados y simultáneamente son dinámicamente distintos. La densidad causal es entonces una medida de proceso y aunque no puede ser inferida directamente a partir de una red, puede ser calculada a partir de las series temporales que representan la actividad dinámica de los elementos de la red.

De la instrucción a la selección en la evolución de la conciencia

El aprendizaje por la experiencia se puede entender en el contexto de modificar expectativas, teorías y programas de acción y se puede aplicar incluso desde el nivel de adaptación genética, siendo igualmente aplicable en el nivel de la conducta animal y humana. Carl Sagan refirió que ante la insuficiencia del genoma en la instrucción por codificación de las conductas necesarias para la adaptación y supervivencia, la naturaleza creó los cerebros: de tal modo, al proponer un aprendizaje de la experiencia codificable en el cerebro, ello implica que los organismos lo logran solo cuando son activos, cuando poseen objetivos o preferencias y producen expectativas. Todo esto se puede formular diciendo que el aprendizaje implica la modificación programas de acción o teorías por ensayo y eliminación de errores.

De acuerdo a Popper, existen tres niveles de adaptación, que incluyen: 1) el genético; 2) el comportamental; 3) el de la formación de las teorías científicas. Existe interacción en los tres niveles con cooperación de tendencias conservadoras y revolucionarias. Las tendencias conservadoras preservan y protegen un logro estructural por su complejidad inherente, mientras que las tendencias revolucionarias añaden nuevas variaciones a las estructuras complejas. La emergencia como propiedad nueva de una totalidad o estructura -de acuerdo a lo sugerido por Mayr-, es una propiedad que requiere del equilibrio entre las tendencias conservadoras y las revolucionarias.

En cada nivel, los cambios surgen a partir de una serie de estructuras dadas: en el genético, que codifica las instrucciones de acuerdo a las cuales se interpretará un determinado nivel de conciencia, la estructura a partir de la cual se origina el cambio es el genoma; en el nivel comportamental, la estructura está integrada por el repertorio genéticamente heredado de formas posibles de conducta, así como las reglas de conducta manejadas por tradición; en el nivel científico, la estructura consta de las teorías científicas dominantes manejadas por la tradición, así como los problemas abiertos.

Un punto común a todas las estructuras o puntos de partida, es que se transmiten por instrucción. El genoma se reproduce como una plantilla, y en este proceso de duplicación del ADN, el proceso ocurre de acuerdo a instrucciones predeterminadas en la misma plantilla. La tradición se maneja por instrucción directa, incluyendo la imitación.

Cuando se interpreta la explicación de Popper sobre como el aprendizaje por la experiencia ocurre en cada uno de los niveles de adaptación, empezando desde el nivel genético, se puede decir que bajo el contexto de objetivos, preferencias y expectativas -en un marco de selección natural que busca la selección de las mejores secuencias genéticas-, la experiencia cumulada por aprendizaje en este nivel genético crea la expectativa de expansión a uno de mayor complejidad, en el cual ocurre la emergencia de nuevas propiedades.

Si se ve desde una óptica estructuralista, estos niveles adaptativos son holones que pueden ayudar a entender la evolución de la conciencia, con lo cual, cuando un nivel adaptativo considerado como holón se expande a un holón de mayor complejidad, surge el nivel de adaptación comportamental. Y este holón a su vez, acumula experiencia por aprendizaje, exponiéndose a la técnica de ensayo y error, seleccionando las pautas de comportamiento de mayor adaptación, para dar emergencia a un comportamiento de mayor complejidad, que se rige de acuerdo al pensamiento lógico - racional. Consecuentemente, surge un holón de mayor complejidad, al que Popper y Eccles denominan el Mundo 3, que equivale al nivel de adaptación de las teorías científicas.

Lo interesante es que los cambios adaptativos en las estructuras ocurren por medio de selección natural, que propone un proceso de competición y eliminación de ensayos sin respuesta adecuada, o no adaptativa. De modo que las mutaciones o variaciones más o menos accidentales, caen bajo la presión selectiva de la competición mutua. Los niveles de adaptación se conservan: la potencia conservadora viene dada por la instrucción (que se aplica en el nivel genético), mientras que la potencia evolutiva depende de la selección.

En cada nivel de adaptación, ésta parte de una estructura altamente compleja que se puede considerar como una serie de teorías muy complejas acerca del medio o como lo refiere el mismo Popper, como una estructura de expectativas.

Cada estructura presenta su adaptación en virtud del cual la estructura se modifica de acuerdo a ensayos de mutaciones y selección. De modo que las adaptaciones o expectativas en los niveles comportamental y científico son procesos muy activos. Particularmente en el nivel científico, los cambios, (aunque también se podría interpretar como mutaciones o adaptaciones), se basan en descubrimientos revolucionarios y creadores que resultan de una gran cantidad de actividad en que para una serie de problemas dados se dan nuevas teorías, nuevos experimentos, nuevas críticas[538].

La conciencia entonces se vuelve necesaria para seleccionar críticamente las nuevas expectativas o teorías en un determinado nivel de abstracción, de tal modo que si una teoría o expectativa tiene éxito invariablemente en ciertas condiciones, tras un período de tiempo se volverá rutinaria y se hará inconsciente. La elección de programas de acción nuevos o de expectativas nuevas con respecto a un objetivo, hacen más clara la función de la conciencia al explicarla en términos de función biológica[539].

Por experiencia personal, sabemos que el yo cambia. Comenzamos siendo niños y nos volvemos viejos. Pero de alguna manera sabemos que seguimos "siendo los mismos", lo cual está asegurado por la continuidad del yo, que permanece más auténtico que el cambiante cuerpo. En el holón de la humanidad, aunque a nivel personal el yo cambie lentamente debido al envejecimiento y al olvido, cambia mucho más rápido debido al aprendizaje de la experiencia. Y aprendemos de la experiencia por acción y por selección. La acción se pone en marcha de acuerdo a determinados objetivos y preferencias encaminadas con las expectativas de realizar total o parcialmente nuestros objetivos. Al aprender por experiencia, nos volvemos capaces de modificar nuestras expectativas y teorías.

Surgimiento de vínculos entre el lenguaje y la conciencia.

Hasta ahora no se sabe cómo se originó el lenguaje, pero lo que sí ocurrió, es que las palabras debieron ser pensadas antes de ser pronunciadas, y los conceptos debían estar presentes en muchos cerebros.

En algún momento de la prehistoria de las tribus, se asociaron ciertos sonidos con "animal cazado" y "comida", por ejemplo. Cada vez que los cazadores regresaban a la tribu con el animal cazado, emitían los sonidos que correspondían a "animal cazado" y "comida" y todos los que entendían la conexión entre el símbolo sonoro y el concepto preparaban, por ejemplo, el fuego. El júbilo estaba en todos los miembros, la experiencia se transmitía a los pequeños y el lenguaje proseguía triunfal su largo camino. Vista la cuestión de cómo los conceptos o algún vago sentimiento común de un grupo de hombres primitivos con respecto a alguna situación de interés vital, se transmite desde el plano de la acción crasa hasta el plano abstracto de la representación mental de los objetos, los sucesos y las relaciones, se comienza a vislumbrar a la conciencia, con sus características de estar alerta, con percatación, conocimiento del medio ambiente y de sí mismo -como se verá más adelante-.

De una manera parecida a la de la adquisición del lenguaje de los humanos modernos para categorizar acciones, trabajan los cerebros de los infantes representando y evocando miríadas de acciones antes de poder pronunciar su primera palabra y mucho antes de que puedan formar frases y hacer un verdadero uso del lenguaje.

Tomando el concepto de Piaget, según el cual el desarrollo de la conciencia se hace en forma paralela con otras conductas, y hay un proceso de transición en el cual se pasa de la ausencia de conocimiento del entorno a la percatación del entorno y del sí mismo, mediante un proceso de conceptualización en los niveles mentales superiores de lo que está en el plano concreto de la acción[540].

Es bien conocido el fenómeno que las conexiones neuronales del ser humano ocurren a una tasa muy rápida en los primeros años de vida, y se considera que cuando el niño -hacia los dieciocho meses aproximadamente- reconoce su imagen en el espejo, ya ha cobrado conciencia de sí mismo, fenómeno que también se describe en chimpancés que se quitan una mancha de la cara mientras se contemplan al espejo, pero no en primates más inferiores, lo cual implica que se reconocen a sí mismos.

El desarrollo progresivo de la conciencia, desde el estadío de bebé hasta la conciencia de un niño, es un modelo que se podría asemejar a la forma en que evolucionó la conciencia en los homínidos. En este tipo de modelo la conciencia del sí mismo es un conocimiento primitivo, adquirido antes de la "asimilación" de la experiencia traumática de la muerte. El conocimiento del sí mismo en el niño antecede a la experiencia de la muerte.

Eccles plantea que en el surgimiento de la conciencia hay una interacción entre el cerebro de relación con una enorme área que corresponde a la lámina de 10^{10} neuronas en los 2000 cm^2 del neocórtex el mundo de los sentidos internos y externos que también es el de las experiencias conscientes y de ambos mundos en forma aislada con la esfera de la psiqué, el ego o el alma según se hable psicológica, filosófica o teológicamente. Aunque en el surgimiento evolutivo de la conciencia, Lack y Lorenz -citados por Eccles- hablan del abismo infranqueable entre el alma y el cuerpo, se debe tener en cuenta que el surgimiento del alma o psiqué como un punto central entre los estímulos externos y la experiencia sensorial es una transición ontogénica semejante a la que ocurre en el continuum evolutivo desde el bebé al niño y al adulto humano; si esto ocurrió filogenéticamente en los homínidos, es un terreno abierto a la especulación. Pero se debe aceptar desde un punto de vista darwinista, el hecho que la evolución humana surgió a partir de aquella conseguida por los hominoides superiores[541].

El lenguaje existe como un artefacto en el mundo externo, correspondiendo a un conjunto de símbolos en combinaciones admisibles, que se incorporan cerebralmente junto con los principios que determinan estas combinaciones, que nos permite construir un mapa intelectual de la realidad en que las cosas están más reducidas a sus rasgos generales.

El llamado conocimiento racional constituye un sistema de conceptos y símbolos abstractos caracterizado por una secuencia lineal y secuencial típica de nuestro modo de pensar así como nuestro hablar. En la mayoría de los idiomas esa estructura lineal se evidencia en el uso de alfabetos que sirven para comunicar experiencias y pensamientos mediante largas líneas de letras.

Sin embargo, si bien el lenguaje estuvo vinculado en alguna forma con el surgimiento de la conciencia, nuestro sistema abstracto de pensamiento conceptual no puede entender ni describir completamente la realidad de infinitas variedades y complejidades que es el mundo real, donde las cosas no ocurren en secuencias sino casi siempre juntas.

Por tales procedimientos solo obtenemos una representación aproximada de la realidad con lo cual, todo conocimiento racional estará necesariamente limitado.

Definiendo el estado de conciencia

"La corteza se convierte ahora en un campo chispeante de puntos de luz destellando rítmicamente con trenes de chispas que se desplazan afanosamente por todas partes. El cerebro se está despertando y con el retorna la mente (...) la corteza se transforma rápidamente en un telar encantado donde millones de lanzaderas veloces tejen una forma en disolución, siempre una forma con sentido, pero nunca una forma permanente, una armonía de subformas desplazándose. Ahora, a medida que el cuerpo se despierta, subformas de esta gran armonía de actividad descienden hacia las rutas no iluminadas (...)"

Charles Sherrington

En 1949 los científicos Giussepe Moruzzi y Horace Magoun descubrieron un área especial en el bulbo raquídeo de un gato de experimentación. Su hallazgo fué que al estimular esta zona, el gato se despertaba, pero no mostraba las características de un "estado de alarma", sino una respuesta normal. En el examen microscópico se logró definir un conjunto celular de disposición reticular, al cual denominaron sistema reticular activador ascendente. (SRAA)

Sin la sensibilidad para las impresiones sensoriales producidas por los sentidos, sin un conocimiento de nuestros propios pensamientos y acciones, la función cortical carecería de significado. Si bien ha sido difícil desde un punto de vista estructural neuroanatómico la localización precisa de la conciencia, hay consenso que es el resultado de la actividad cortical, junto con el normal funcionalismo de una estructura llamada diencéfalo que contiene varios núcleos de neuronas agrupados en dos estructuras principales, el denominado tálamo y el SRAA.

En los seres humanos, el SRAA está ubicado en el tallo cerebral, distribuido a lo largo del bulbo raquídeo, la protuberancia y el mesencéfalo. La SRAA está adyacente en forma estratégica a otras estructuras de la vida de relación como los pares craneales, vías sensitivas y motoras. Las neuronas de esta estructura elaboran la información de una gran cantidad de procesos relacionados con la modulación y retransmisión de la información sensitiva a la corteza, el control de las respuestas llamadas autónomas y la regulación del ciclo de sueño y vigilia, de vigilancia o conciencia, con sus diferentes denominaciones, con lo cual uno de los hechos notables de la SRAA es que participa en una variedad de procesos, sin tener una función única.

Desde el punto de vista neurofisiológico para autores como Monnier, las anteriores funciones requieren de un sistema codificado en virtud del cual los estímulos sensoriales sean convertidos -por el conjunto de neuronas del sistema reticular activador- en señales eléctricas que serán rechazadas o aceptadas en la corteza. Se postula que las descargas eléctricas del sistema reticular anterior, emitidas en forma asincrónica al córtex en estado de reposo lo activan, y surge el denominado estado retículo-tálamo-cortical-vigilante.

Hay una gran variedad de neurotransmisores que facilitan esta transmisión, como adrenalina, serotonina, acetilcolina; como dato de interés, SRAA es el origen de la mayoría de las monoaminas en el sistema nervioso central. Las vías noradrenérgicas tienen su papel concretamente en la regulación de los estados de sueño y vigilia.

En particular, el núcleo llamado locus coeruleus ha sido vinculado con el denominado sueño paradójico, que se caracteriza por ser un sueño en el que el patrón EEG es similar al que ocurre en los estados de vigilia.

Se acepta que las conexiones de las neuronas del sistema reticular activador tienen una amplia distribución hacia la corteza cerebral. La estimulación de estas neuronas produce un modelo eléctrico cortical característico, denominado "patrón de reclutamiento"[542].

Esta es una pieza en el esquema de la definición de la conciencia, definida tradicionalmente "como el conocimiento del ambiente y de uno mismo".

Funciones del ego y autoconciencia

El nivel psicológico de organización permitió que el hombre empezara a contemplarse como un objeto en cuanto actor individual de los sistemas socioculturales. Si bien asume importancia desde el punto de vista filético el hecho de conocer claramente un marco de evolución biológica, este marco requiere de una concepción social y conductual en la evolución de los homínidos, por el encajamiento social de los homínidos. Los primates en general han sido continuamente animales sociales, lo cual es una de las características distintivas que ayuda a entender los mecanismos básicos de adaptación además de ser una de las características comunes que comparte con el hombre. Entonces la característica de "animal social" del hombre, deja entrever un proceso evolutivo, y es reforzada por el hecho de que los cambios evolutivos ocurren en poblaciones localizadas.

Desde el punto de vista evolutivo, las funciones del ego jugaron un papel central en el surgimiento de la estructura psicológica, al determinar las respuestas al mundo exterior en pro del interés de las necesidades internas, particularmente cuando se requería retardar o posponer una acción o una escogencia, que como se sabe, están ligados al funcionamiento de los lóbulos prefrontales. Los procesos de retardar o posponer estaban también ligados a los procesos de percepción, atención, pensamiento y juicio.

El ejercicio de las funciones del ego, el mundo interior se amplió y empezó a volverse socialmente significativo como factor de adaptación cultural. Esto significa que *Homo sapiens* no solamente debe asimilar e integrar un amplio rango de experiencias subjetivas, sino también acumular conocimiento práctico.

El psicoanalista David Beres (citado por Irwing Hallowell pp 45) refiere que el término imaginativo tiene una connotación psicológica consistente en "un proceso cuyos productos son imágenes, símbolos, fantasías, sueños, ideas, pensamientos y conceptos". La imaginación es entonces una compleja función que participa en todo aspecto de la vida psíquica, ya sea el pensamiento normal, procesos patológicos o la creatividad artística misma. El valor de la imaginación es que permite adaptar el sujeto a la realidad, al permitir comprenderla mejor, "no solo como un concepto relativamente indeterminado, sino como uno infundido de los procesos de imaginación".

Entonces el ego regula las representaciones simbólicas derivadas del proceso de adaptación del mundo interior del hombre ante el mundo exterior. Con el ego como regulador, los sueños, fantasías, mito, arte y la concepción del mundo por el hombre se articulan en una tradición cultural permitiendo ajustes no solo personales sino culturales.

La autoconciencia surge en coordinación con un avanzado grado de adaptación cultural y se enraiza con las funciones del ego. En la dimensión psicológica de la evolución el desarrollo del ego permitió la diferenciación de los homínidos más avanzados, resultando en un grado de mayor autonomía que se relaciona a su vez con una menor tendencia a presentar conductas erráticas o impulsivas. El surgimiento del ego permitió la adaptación de los miembros más avanzados del género Homo.

Substrato neurológico y estructural de la conciencia

"Pienso que el alma y el cuerpo reaccionan uno sobre otro por simpatía. Un cambio en el estado anímico produce un cambio en la forma del cuerpo y, a la inversa, un cambio en la forma del cuerpo produce un cambio en el estado del alma"

Aristóteles de Estagira

La sensibilidad para los estímulos sensoriales procedentes de los sentidos, así como el conocimiento de los propios pensamientos y acciones son algunos de los sustratos para que la función cortical tenga significado. Y aunque se considera que es el resultado de la actividad cortical, el funcionamiento normal del diencéfalo es un prerrequisito *sine qua non* para el funcionamiento de la conciencia, ya que las lesiones a este nivel producen somnolencia, mientras que la estimulación de la formación reticular bien a nivel del tálamo o del tallo encefálico, altera la actividad eléctrica cortical. El sistema reticular activador ascendente (SRAA) tiene papel en las funciones del despertar general, en la regulación del ciclo sueño-vigilia y del estado de alerta, en cuanto a la "agudeza" que caracteriza el estado de vigilia[543].

El progresivo avance de la ciencia médica y de la ciencia de la reanimación o reanimatología, en términos de considerar que la reanimación debe estar dirigida a evitar la mayor cantidad de lesiones al cerebro, ha sido la consecuencia de considerar la muerte de un sujeto no en términos de muerte clínica, sino en términos de la muerte cerebral[544], lo cual ha permitido que se aprecie en su justo valor a las funciones mentales superiores y por ende a la corteza como factores preponderantes en la definición de lo que es el ser humano integral. Hay una indisoluble relación entre el funcionamiento homeostático consciente del sistema nervioso central -y por antonomasia del cerebro- y el aporte metabólico de diferentes substratos, entre ellos el oxígeno.

La interrelación entre la actividad funcional del cerebro, el metabolismo y el flujo sanguíneo fueron sugeridas en 1890 por Charles S. Roy y Charles S. Sherrington, en el laboratorio de patología de Cambridge, al observar que segundos después de una convulsión, se producía una turgencia masiva del cerebro, lo cual sugería que se debía a un aumento masivo en el flujo sanguíneo.

El aporte de oxígeno es capital para la producción de energía, y los requerimientos del cerebro son los más altos de todo el organismo, de aproximadamente 3.4 cm^3 por 100 gramos de tejido por minuto; el aporte insuficiente de oxígeno así como de otros substratos energéticos, producen serios trastornos de la función normal llegando incluso hasta coma[545]; el cerebro tiene requerimientos leoninos de energía en comparación con otros órganos del cuerpo. La muerte cortical cerebral es la destrucción irreversible en particular del neocórtex y otras estructuras supratentoriales; una vez instaurada la muerte cortical, el electroencefalograma es "silencioso", habrá un registro eléctrico directo de la corteza (electrocorticograma) anormal, con coma persistente, pero con respuesta ventilatoria espontánea presente.

Las lesiones del tallo cerebral[546] se asocian con alteraciones del estado de conciencia: la lesión del sistema reticular activador a nivel del mesencéfalo o de la protuberancia anular producen coma. En algunas lesiones del tallo se puede hallar en los pacientes un trazado electroencefalográfico similar al denominado "ondas lentas de sueño", en el cual se conservan algunos reflejos motores junto con movimientos de los ojos, dando lugar a los estados clínicos denominados "coma vigil" o "mutismo acinético".

Cuando las lesiones son más inferiores, cercanas a la médula oblonga, pueden presentarse alteraciones de los centros de estímulo cardíaco y respiratorio, que generalmente son fatales. Desde el punto de vista de la legislación, se define la muerte en términos de la muerte del tallo cerebral, aún cuando el corazón continue latiendo y la respiración se sostenga por medios artificiales. Es interesante conocer que la alteración del estado de conciencia conocida neurológicamente como "estado vegetativo persistente" sea conocido también como "muerte social[547]".

Regresando al tema de la parte estructural con respecto a la conciencia, Eccles considera que existe un grupo especial de neuronas denominado neuronas de eventos neurales mentales, las cuales ocurren solamente a un alto nivel cerebral. Su función se presenta cuando ocurren funciones mentales, disparando al unísono (la identidad) y este "disparo" se presentaría en respuesta a las aferencias de otros grupos neuronales. A su vez, Douglas Hofstadter refiere que el fenómeno de la conciencia, de la misma forma que la inteligencia, es de alto nivel, en el mismo sentido que los restantes fenómenos complejos de la naturaleza y ambos cuentan con sus propias leyes de alto nivel, las cuales dependen de los niveles más "bajos" del sustrato neural[548].

El disparo de este grupo neuronal de eventos neurales-mentales es semejante al que ocurre en la presencia de eventos mentales como atención, pensamiento silencioso o intención, según lo demostrado en estudios con cambios del porcentaje de flujo sanguíneo regional cerebral. Niels Lassen y colaboradores en Lund-Suecia, describieron como un sujeto ante un estímulo táctil, no mostraba cambios en el flujo sanguíneo cerebral, pero ante estímulos dolorosos se producía un aumento hasta del 20% en el flujo sanguíneo del hemisferio y del consumo de oxígeno.

Estas observaciones sustentan la hipótesis que la actividad generalizada del cerebro relacionada con una intensificación del estado de conciencia, produce un aumento del flujo cerebral y del consumo de oxígeno[549].

Otras sustentaciones estructurales podrían ayudar a entender el mecanismo de la atención vienen dadas por la concepción de que cada hemisferio media entre otras cosas, sobre el comportamiento y la atención contralateral, independientemente del campo sensorial. Se han realizado registros en la corteza parietal inferior con el hallazgo de "neuronas atencionales" que responden (en animales de experimentación) al mirar o dirigirse a estímulos que son importantes para la motivación. Este hallazgo también se complementa con el que el hemisferio derecho contiene el aparato neural para atender a ambos lados del espacio, aunque sea predominantemente unilateral[550].

Los módulos corticales y la mente autoconsciente

Hipócrates de Cos sostenía hace 2.500 años que:

"el cerebro nos puede volver locos o delirantes, aterrorizados o insomnes, angustiados o incoherentes, todo esto porque el cerebro se enferma por exceso de calor o frío, de humedad o sequedad, o cualquier otro efecto antinatural para el cual no esté acostumbrado".

Las relaciones entre la mente y el cerebro han sido motivo de permanente curiosidad para profesionales de diversas ramas del conocimiento humano. Es un interrogante de vieja data el tipo de trabajo que realizan las neuronas corticales y subcorticales para producir el intelecto, el cual ha sufrido diversas modificaciones. Desde hace bastante tiempo se plantearon las hipótesis de que cada sistema neuronal en el cerebro tenía una función específica (hipótesis locacionista) mientras que otros afirmaban la unidad global del cerebro sin localización de funciones (hipótesis holística).

El neurólogo británico del siglo XIX, John Hughlins Jackson descubrió que lesiones irritativas en la corteza cerebral en un lado del cuerpo provocaban movimientos epilépticos en la mitad opuesta del cuerpo (clínicamente conocidos como convulsiones jacksonianas). Los estudios que realizó en la corteza motora lograron trascendencia en el mundo neurológico, porque se demostró por vez primera que la corteza cerebral no era una especie de "bodega de pensamientos", sino como lo dijo Jackson,

> "parece haber una objeción insuperable a la teoría de que los hemisferios cerebrales sirven para el movimiento (...) La razón creo yo, es que se considera que las circunvoluciones (del córtex) no son para los movimientos sino para las ideas"[551].

Además consideraba que los reflejos y los movimientos voluntarios no están en oposición, más bien los movimientos voluntarios se hallaban sujetos a las leyes de la acción refleja. De todas formas, los movimientos voluntarios no pueden definirse por la exclusión de reflejos, lo que plantea un nueva definición, dada por el neurofisiólogo sueco Ragnar Granit, cuando refiere en su obra "The purposive brain", "lo voluntario del movimiento voluntario es su propósito".

Considerando este punto, las características volitivas de un acto motor deben considerarse en términos de la finalidad de la acción, del mismo modo que lo plantea el cibernetista ruso Victor Gurfinkel, quien también definió el movimiento voluntario en relación con su finalidad. Gurfinkel llegó a esta conclusión por los hallazgos en estudios sobre control motor en los mejores tiradores del ejército Rojo: encontró que la característica esencial es la habilidad en estabilizar el arma, lo cual se conseguía por mecanismos reflejos de todo tipo, dependientes de vías vestibuloespinales y vestibulooculares, entre otras.

Con lo cual Granit y Gurfinkel aceptan la teoría sherringtoniana de que los movimientos voluntarios tienen una participación de componente reflejo, sustentando que la corteza motora en los organismos superiores estaba sujeta a las mismas leyes de acción refleja que caracterizan a componentes más antiguos del cerebro. Hay que tener en cuenta que la corteza motora igualmente es dirigida por varios conjuntos de entradas de información, que incluyen los núcleos de la base, el cerebelo, que alcanzan la corteza motora a través del tálamo. Estos hallazgos motivaron el estudio del movimiento voluntario por la comprensión de los diferentes tipos de información que procesaban las estructuras subcorticales (como los núcleos basales) y se buscó descubrir como las salidas de información procedentes del cerebelo y los núcleos de la base lograban su interacción en el tálamo: posiblemente las interacciones entre estas estructuras y la corteza motora que logran traducirse en movimientos voluntarios e involuntarios son el producto de un patrón complejo espacio-temporal.

Tal parece que los "patrones de actividad neuronal" permiten un proceso de "escudriñamiento" de actividad neuronal. La pregunta ahora es ¿qué escudriña los patrones espaciotemporales de interacción entre todas estas estructuras? Es conocido como la señal emitida para un movimiento voluntario causa un aumento de la actividad eléctrica en una amplia zona de la corteza cerebral sin que se observe ninguna respuesta motora: a esta señal se le denomina "potencial reactivo", que es seguida por un período de aproximadamente 800 milisegundos, lapso en el cual ocurre actividad secuencial en varios cientos de neuronas antes de evocar la descarga de las motoneuronas corticales de Betz. El concepto de la mente autoconsciente como aquello que escudriña (Cf. La conciencia a la luz de diferentes sistemas), permite comprender los cambios provocados en los acontecimientos neuronales, de modo que sean interpretados y modificados los sucesos en desarrollo en la trama neuronal. La mente autoconsciente está activamente ocupada en la búsqueda y sondeo de zonas especialmente seleccionadas en el entramado neuronal y en las rejillas presinápticas, pudiendo así regular sus actividades dinámicas de acuerdo a su deseo e interés[552]. Durante los tiempos de latencia en la corteza ocurre la lectura acumulativa de patrones espacio-temporales precisos codificados en las neuronas de la corteza, lo cual se puede igualar con el tiempo de "incubación" de la mente autoconsciente[553].

La disposición columnar y la concepción modular del córtex cerebral tuvieron sus raíces en los trabajos de Ramón y Cajal publicados en 1911, en los que describía detalladamente las células piramidales y las neuronas menores, trabajos que fueron ahondados por Rafael Lorente de Nó quien agregó a la neurohistología detallada de Cajal de las seis capas principales que todavía se aceptan en la corteza, el descubrimiento de una disposición en cadenas verticales de neuronas a lo largo de toda la altura del córtex, con lo cual Nó abrió el camino de la moderna concepción de la disposición columnar, concepto que se desarrolló a partir del estudio detallado de las respuestas de neuronas aisladas. Hoy en día se calcula que existen aproximadamente uno o dos millones de módulos corticales. Adicionalmente, Eccles describió que los módulos corticales en cuanto grupos neuronales, podían contener en su colectividad hasta 10.000 neuronas que están conectadas entre sí mediante conexiones mutuas: tales módulos corticales tienden a acumular energía en su interior y a inhibir las neuronas de los módulos vecinos.

Están por un lado las potentes conexiones sinápticas de las láminas III, IV y V con las dendritas y pericariones o cuerpos celulares de las grandes células piramidales y donde las fibras aferentes específicas ejercen su principal influencia sináptica; y por otro lado las láminas I y II en las que Szentágothai -citado por Eccles- propone la presencia de conexiones sinápticas de estructura mucho más fina y efectividad mucho menor que conjeturalmente pueden tener una significación especial para la interacción con la mente autoconsciente, por conexiones sinápticas a las que Eccles denomina como "menos exigentes" al modular la excitación de las células piramidales de una forma que varía muy sutilmente, por un menor poder excitador y porque las neuronas inhibitorias poseen axones más cortos que solamente inhiben células muy próximas, careciendo de la acción inhibitoria más remota de las células inhibitorias en las láminas III, IV y V que proyectan a los módulos adyacentes[554].

Un módulo es, como ciertos circuitos, una unidad funcional porque acumula energía y tiende a conservarla ejerciendo su influencia inhibitoria sobre los módulos vecinos. Los módulos pueden variar en los tipos de células y poblaciones integrantes, en los tipos de conexiones externas e internas y en el modo de procesamiento neuronal, aunque los circuitos neuronales se repitan iterativamente. Si se considera al módulo como una unidad de energía, cuya naturaleza es acumular energía a expensas de sus vecinos, entonces el sistema nervioso funcionaría en cierta medida por los "conflictos" por el acúmulo de energía entre módulos adyacentes. En la salida de un módulo hay un gran espectro de posibilidades, que va desde las descargas de alta frecuencia a otras células piramidales, hasta las descargas irregulares de bajo nivel que ocurren en el córtex cerebral en reposo.

Generalmente, el nivel de excitación acumulado en un módulo se comunica a otros módulos corticales en cada momento por medio de los impulsos emitidos por las fibras de asociación intrahemisférica y comisurales interhemisféricas, formadas por los axones de las células piramidales, que suelen corresponder según cálculos de Eccles, a medio millón en los haces que van desde el córtex hacia la vía piramidal motora voluntaria y a veinte millones aproximadamente desde un hemisferio hasta el tronco cerebral[555].

El resultado de los diversos patrones espaciotemporales entre los diferentes módulos corticales es una compleja interacción energética de inhibición y excitación, que sirven a funciones de distribución de impulsos originados en las neuronas de las capas III, IV y V. Esta continua interacción ocurre en toda la maquinaria neural de la corteza cerebral humana, en la cual participan entre uno y dos millones de módulos, con su enorme población neuronal (de al menos hasta 10.000 neuronas), de modo que el nivel de complejidad de las interacciones de los módulos corticales es dinámico, y sin duda "mayor a cualquier otra cosa que se haya descubierto en el universo", como lo afirma el propio Eccles[556]. El módulo se considera entonces una unidad de energía que asegura la estabilidad en la delimitación del entorno al ejercer su acción inhibitoria.

Complementariamente, las investigaciones de Vernon Mountcastle y T.P.S. Powell sobre el córtex somestésico y las de David Hubel y Torsten Wiesel sobre el córtex visual mostraron que las neuronas corticales de pequeñas áreas presentaban una respuesta aproximadamente similar a estímulos diferentes: en el caso del córtex somatestésico (encargado de recibir las sensaciones somáticas como calor, frío, dolor y temperatura) respondían a la sensación superficial o profunda sin el tiempo de latencia de 500 milisegundos transcurrido entre un estímulo cutáneo y el acúmulo de actividad cortical, sino ¡como si tal tiempo de latencia no existiera! a lo cual Libet -citado por Eccles-, refiere como un adelanto en el proceso de experimentación del estímulo (desde el plazo usual de 500 milisegundos hasta 15 milisegundos).

Tal parece que los registros en que confluyen las actividades fragmentarias de los diferentes módulos en las zonas de asociación de la corteza cerebral se conjugan con los axones de las neuronas que proyectan información previsora (en inglés, feedforward), los cuales al unirse con las proyecciones de retroalimentación de otras zonas cerebrales las estimulan, con lo cual se logra la respuesta de muchos grupos de neuronas anatómicamente separados y ampliamente distribuidos que permiten reconstruir una actividad mental que ya habían constituido en otras ocasiones[557].

Existe un acuerdo general[558], respecto a la existencia de la conciencia asociada a los sucesos mentales, como el pensamiento. A la luz de los conceptos sobre el mundo de materia-energía, de las experiencias subjetivas/estados de conciencia y del mundo de la cultura y el conjunto del saber humano (los denominados Mundo 1, Mundo 2 y Mundo 3 de Popper y Eccles) se ha planteado como la interacción del cuerpo y la mente se produce en el cerebro[559].

En el diálogo suscitado entre los personajes ficticios de Aquiles, la Tortuga, el Oso Hormiguero y el Cangrejo, el físico Douglas Hofstadter plantea magistralmente el tema de la mente autoconsciente, cuando tratando sobre el holismo y el reduccionismo y trabajando sobre un paralelo entre el cerebro y una colonia de hormigas, atribuye al Oso hormiguero - reduccionista- el siguiente diálogo, del cual se cita el siguiente fragmento:

"Aquiles: nunca he mirado en una colonia de hormigas otra cosa que no sea el nivel de hormiga.
Oso Hormiguero: Quizá no. Pero las colonias de hormigas no son diferentes a los cerebros en muchos aspectos.
Aquiles: Sin embargo, nunca he visto ni tampoco leído ningún cerebro.
Oso Hormiguero: ¿Y qué hay de su propio cerebro? ¿No es usted consciente de sus propios pensamientos? ¿No es esa la esencia de la conciencia? ¿Qué más está Ud. haciendo, sino leyendo su propio cerebro a nivel de símbolo?

Aquiles: Nunca lo había pensado de esa manera. ¿Se refiere Ud. a que yo paso por alto todos los niveles inferiores y solo veo el nivel superior?

Oso Hormiguero: Eso es lo que sucede con los sistemas conscientes. Ellos se perciben a sí mismos en el nivel de símbolo y no tienen conciencia de los niveles inferiores, tales como el nivel de las señales (...) en cualquier sistema consciente existen símbolos que representan el estado cerebral que ellos simbolizan. La conciencia requiere un alto grado de autoconciencia"[560].

Al considerar la atención en cuanto selección y mantenimiento de los contenidos conscientes, se ha propuesto que una vez se enfoca en un objeto exterior al sujeto o en el ego mismo, requiere la actividad simultánea de tres regiones cerebrales que están interconectadas por un circuito triangular, que comprende algunas zonas corticales dedicadas a la atención, así como el tálamo, y la corteza prefrontal. El circuito triangular de la atención se propone con base en conocimientos neuroanatómicos y la evidencia experimental del funcionamiento neuronal en estas estructuras. Con base en este circuito triangular se ha propuesto que estar alerta sobre un objeto requiere que el componente de atención se dirija hacia una representación del ego. El enfoque de la atención en la autorrepresentación implica activaciones de los sitios corticales correspondientes al mapa del cuerpo, o a memorias de base verbal de episodios autobiográficos[561].

Karl Pribram[562], -citado por Eccles-, postuló en 1971 los campos micropotenciales, que se asumía que proporcionaban una respuesta cortical más sutil que aquella generada por los impulsos de las neuronas. De acuerdo al postulado del campo micropotencial, cientos de miles de neuronas crearán un campo micropotencial a través de una pequeña zona en la corteza cerebral. Hay un significado funcional esencial en todas las interacciones neuronales en patrones espacio-temporales determinados. Operativamente, son de mayor confiabilidad las acciones efectuadas por los módulos corticales.

Eccles plantea la interesante hipótesis que la mente autoconsciente escudriña incesantemente la disposición modular, interactuando solamente con los módulos que poseen cierto grado de "apertura". Pero a través de estos módulos "abiertos", puede influir sobre los cerrados por medio de las fibras de asociación. En virtud de estas fibras de asociación se vislumbra una compleja e intensa interacción entre los módulos, cuyo principal atributo es el de ser de tipo inhibitorio sobre los módulos inmediatamente adyacentes, al mismo tiempo que excita las fibras de la sustancia blanca comisural o de conexión interhemisférica, que permiten la asociación con nódulos remotos. Dado que en cada módulo están contenidas cientos de células piramidales y estrelladas que comunican con otros módulos, los impulsos se propagan a muchos cientos de módulos vecinos, alterando su actividad y creando una gran complejidad en el patrón de dispersión, que puede llegar a desembocar en convulsiones de no mediar las interacciones inhibitorias entre módulos.

Los módulos agrupan poblaciones hasta con 10.000 neuronas de diferentes tipos, con determinadas disposiciones funcionales de inhibición y excitación, de los cuales se conjetura que son los transductores de las señales del mundo físico (el Mundo 1 de Popper y Eccles) hasta el mundo de la mente autoconsciente (Mundo 2 de Popper y Eccles), dada su complejidad en la cual se puede tanto recibir como transmitir información. Por definición, la relación de los módulos de la corteza con la esfera de los estados de conciencia se restringiría a los módulos del cerebro de relación siempre y cuando se hallen en el nivel adecuado de actividad.

A favor de esto se encuentra la evidencia experimental sobre pacientes afásicos, según refieren Antonio y Hanna Damasio, al referir que en aquellos pacientes mudos quienes sufren lesiones focales en el hemisferio izquierdo de la especialización verbal –disposición que se dá en el 99% de las personas diestras y en dos tercios del total de las zurdas- está alterado el sistema de formación de la palabra, de tal forma que quienes sufren lesión del hemisferio izquierdo pierden la capacidad de emitir signos o la de entender el lenguaje sígnico. Como la alteración a este lenguaje sígnico no parece afectar la corteza visual, tales afásicos no pierden la capacidad de ver los signos, sino la de interpretarlos.

En contraste, los afásicos cuyas lesiones recaen en el hemisferio derecho -sin un rol en la formación de frases y palabras-, pueden perder la percatación consciente de objetos situados al lado izquierdo de su campo visual o pueden ser incapaces de percibir correctamente relaciones espaciales entre los objetos, pero sin sufrir menoscabo en la capacidad de recibir e interpretar signos. Por tanto, sin que importe el canal sensorial por el cual pase la información lingüística, el hemisferio izquierdo es la base para los sistemas de construcción y transmisión del lenguaje[563].

Si se considera, como refiere Hofstadter a un módulo neural como un símbolo, tales símbolos pueden ser activados o desencadenados, ello implica que "un símbolo activo a diferencia de uno latente envía mensajes o señales cuyo objetivo es tratar de despertar desencadenar otros símbolos".

Si bien los mensajes son trasladados bajo la forma de impulsos nerviosos por las diferentes neuronas, el tratar los módulos como símbolos es más práctico porque los símbolos *simbolizan* cosas y las neuronas no, siguiendo a Hofstadter. Un grupo de neuronas que desencadena a otra neurona es algo que no se corresponde con ningún acontecimiento exterior, a diferencia de los símbolos donde el desencadenamiento de un símbolo o símbolos por otros guarda relación con los hechos de un mundo real o imaginario. Al vincularse los símbolos mediante los mensajes que envían de una parte a otra, sus patrones de desencadenamiento serían semejantes a los acontecimientos que ocurren en gran escala en nuestro mundo, permitiendo así el surgimiento de la significación mediante un isomorfismo. A diferencia del módulo, una neurona individual no podría desempeñar el papel de "símbolo", al tener solo una vía de transmisión de información, careciendo de la facultad selectiva de desencadenamiento del cual debe estar dotado un símbolo para actuar como un objeto del mundo real.

Al examinar los conceptos representados por símbolos, la mayoría de los pensamientos están compuestos por elementos básicos que por lo general no se someten a revisión, siendo una especie de bloques elementales con los que construimos ensambles mayores como la historia de la familia, la librería que nos gustó, la naturaleza de la conciencia, por citar algunos casos. Así, un símbolo es algo que se representa por medio de una palabra o una expresión determinadas, que a nivel cerebral interactúa en una secuencia bastante compleja de activaciones o desencadenamientos de otros símbolos para así permitirnos una representación orgánica del mundo[564].

Popper postula que la autoconciencia humana surge en estrecha interacción con el Mundo 3, siendo su función biológica la de construirlo y anclarnos a nosotros mismos a este mundo de ideas, cultura y máximas realizaciones como patrimonio de la especie. Enlazando con los módulos corticales como símbolos, se podría considerar que el yo o la conciencia personal como un símbolo de extrema complejidad en todo el conjunto de símbolos del cerebro, -y arbitrariamente se le podría denominar siguiendo a Hofstadter, como un subsistema, para significar una mayor jerarquía-constituido de una constelación de símbolos que pueden desencadenarse internamente entre sí.

Al estar el subsistema o supersímbolo de la conciencia comunicado con otros sistemas toma nota de cuales símbolos o módulos están activos y de qué manera lo están. Esto significa que debe contar con los símbolos para representar la actividad mental, lo cual equivale a símbolos de símbolos y símbolos de las acciones que cumplen los símbolos, con el fin de darle sentido al mundo que rodea un objeto localizado en el espacio y tiempo, a través de la comprensión del propio papel de ese objeto con relación a los que le rodean. El tránsito desde los símbolos al subsistema de la autoconciencia es un reflejo de la superioridad jerárquica y no un cambio cualitativo.

La conciencia a la luz de diferentes sistemas

"La naturaleza de la mente es la sabiduría de lo ordinario"

La ciencia busca la creación de leyes para fenómenos que en el pasado hubieran sido impredecibles, haciéndolos de tal forma, predecibles. Al desarrollarse la ciencia, se intenta leer mejor el libro de la naturaleza, facilitando cada vez más el acceso humano a su seno por medio de leyes cada vez más amplias. Pero al estudiar el comportamiento y los fenómenos que se denominan conscientes, la reducción de sus rasgos a la forma de leyes de medida o de las leyes numéricas implica su expresión bajo la forma de "enunciados condicionales universales". En las ciencias de la conciencia es difícil que las leyes que se formulan adquieran formas numéricas, por la razón que las explicaciones relativas a la conciencia, como cualquier explicación biológica, son de tipo funcional, en el sentido de que se explica en términos de la función que cumple para el organismo.

Autores como el neurólogo Antonio Damasio sugieren que es posible que la conciencia no sea más que un producto evanescente de procesos más mundanos completamente físicos, de una forma semejante al arco iris, que es el resultado de la interacción entre la luz y las gotas de lluvia y refiere que a medida que los neurólogos adquieren cada vez mayores conocimientos sobre los procesos relacionados con la conciencia, se acercan más al misterio central de la conciencia misma. La investigación es profusa, abarcando tópicos como construcciones de bases de datos, el poder de los sentimientos, los tipos de información y la creación del yo. Aunque esta proposición sugiere algunos visos de la conciencia como epifenómeno, si se contempla el estudio de la conciencia como un proceso fluido como ya lo había propuesto William James hace un siglo, se pueden llegar a otras conclusiones.

Las explicaciones relativas a la conciencia se apoyan en funciones que se relacionan para la obtención de algún fin, que a su vez se relaciona con algún fin más amplio y así sucesivamente[565]. Algunas de las dificultades en el hecho de definir y conocer lo suficiente sobre los estados de conciencia (Cf. El espectro de la conciencia) radican en que bajo el estado actual, las diferentes disciplinas que tienen como objeto de estudio a la conciencia se refieren a un solo estado, cuando ya se empieza a reconocer que hay un espectro de estados de conciencia, cada uno asociado con una individualidad diferente; por otro lado, hasta hace poco se inició la aceptación de los aportes de ciencias no empíricas, en la medida de considerar que el conocimiento científico no es la única forma de conocimiento, ya que allende el método científico -comprendiendo las ciencias empíricas que aglutinan datos procedentes de los sentidos y de sus extensiones como microscopios, telescopios, otros instrumentos de laboratorio-, están los conocimientos mental y contemplativo.

El ojo de la carne, como lo refería San Buenaventura no puede conocer lo que conoce el ojo de la Razón y el ojo del Espíritu. De modo que si el ojo de la carne no ve algo, solamente puede decir que no lo ve, en lugar de decir que no existe; cuando se hacen tales extrapolaciones, se incurren en los llamados "errores categoriales". A su vez, el ojo de la Razón permite contemplar cosas a las que no accede el ojo de la Carne, dentro de estos conocimientos están las matemáticas, la lógica y todo lo relacionado con el lenguaje, que trascienden el mundo de los sentidos. Al igual que el ojo de la Razón va más allá de los sentidos, el ojo de la Contemplación o del Espíritu va más allá de la Razón y el lenguaje. Del conocimiento intuitivo nacen la sabiduría y la espiritualidad. Fué para desarrollar este ojo casi siempre cerrado que se desarrollaron técnicas en Oriente, como la meditación o los koanes del Zen. Utilizar exclusivamente el ojo de los sentidos no es ciencia, sino cientificismo; usar solamente el ojo de la Razón equivale a un racionalismo vacío, como la escolástica medioeval; y utilizar solamente la intuición puede llevarnos "a estar en las nubes". Y cada uno de estos tipos de conocimiento tiene su lugar, que no debe confundirse, o resulta en los errores categoriales: por ejemplo si se contempla la espiritualidad con el ojo de los sentidos lleva al error categorial del dogmatismo[566].

Al tratar sobre las herramientas conceptuales que cada rama empírica de la ciencia emplea para dar origen a conocimientos válidos, surge el tema de los llamados "errores categoriales", que surgen cuando las verdades surgidas de los ámbitos de la sensación, de la razón y de la contemplación se traslapan o se deducen a partir de los datos obtenidos en particular para cada ámbito. Cuando las herramientas de obtener conocimiento en cualquiera de estos ámbitos o categorías intentan obtenerla en forma homóloga para cualquiera de los otros, se produce una invalidación de la epistemología resultante[567]. El instrumentalismo por ejemplo, considera que los átomos y las moléculas implicados en la teoría cinética de los gases son cómodas ficciones teóricas, cuya introducción está justificada por su utilidad para relacionar un conjunto dado de observaciones de un sistema físico, con otro conjunto similar. Alan Chalmers refiere que a la luz del instrumentalismo, "los amperímetros, las limaduras de hierro, los planetas y los rayos de luz existen en el mundo, mientras que los electrones, los campos magnéticos, los epiciclos tolemaicos, no". Complementa Chalmers refiriendo como:

> "Si hay cosas que existen en el mundo además de las cosas observables y que quizá sean responsables del comportamiento de las cosas observables, eso es algo que no interesa al instrumentalista ingenuo. Cualquiera que sea su postura acerca de esta cuestión, para él no es asunto de la ciencia establecer lo que pueda existir más allá del reino de la observación. La ciencia (de acuerdo al instrumentalismo) no nos proporciona un medio seguro de llenar el vacío entre lo observable y lo inobservable"[568].

Sin embargo, a pesar que el instrumentalismo comparte con el inductivismo[569] una actitud precavida en cuanto a no afirmar nada que derive de la base sólida de la información, tiene debilidades en su postura que radican en que los enunciados observacionales dependen de la teoría y son falibles. Sin embargo, en nuestra época se ha dado la coincidencia de que se puedan ver casi directamente estas "ficciones teóricas", por ejemplo, la observación de átomos con microscopía de luz visible y rayos X, con lo cual se socava la concepción instrumentalista, ratificando de paso, que lo que el ojo de la carne no ve no equivale a que no exista.

El establecimiento de categorías, en las cuales se puede conocer por medio de los sentidos, o por medio del discurso mental, o de la contemplación, ha servido para salvaguardar en términos categoriales el aporte de cada una. La psique y el soma son trama y urdimbre, están ligados el uno al otro. Nuestro estado habitual de conciencia es un instrumento especializado para hacer frente a nuestro medio y a las personas que en él se encuentran, y aunque es posible fraccionar la definición de la conciencia en diferentes partes, todas estas partes funcionan como un todo. Algunos psicólogos opinan que una teoría de la conciencia deberá explicar el mayor número posible de aspectos de la misma, como imaginación, sueños, experiencias religiosas y así sucesivamente.

Todavía no hay un consenso sobre cómo puede ser definida la conciencia. Pero la conciencia en cuanto función superior permite al hombre ubicarse en el campo social donde desempeñará un rol y le permitirá identificarse a sí mismo como participante en ese campo social[570].

Vernon Mountcastle hace alusión a la interpretación de la realidad que hace la conciencia:

> "Todos creemos vivir directamente inmersos en el mundo que nos rodea, sentir sus objetos y acontecimientos con precisión, y vivir en el tiempo real y ordinario. Afirmo que todo eso no es más que una ilusión perceptiva, dado que todos nosotros nos enfrentamos al mundo desde un cerebro que se halla conectado con lo que está "ahí afuera" a través de unos cuantos millones de frágiles fibras nerviosas sensoriales. Esos son nuestros únicos canales de información, nuestras líneas vitales con la realidad. Estas fibras nerviosas sensoriales no son registradoras de alta fidelidad, (...) la neurona central es un contador de historias (...) y nunca resulta completamente fiable, permitiendo distorsiones de cualidad y medida en una relación espacial forzada (...) La sensación es una abstracción, no una réplica del mundo real"[571].

Mountcastle explica la evolución de la conciencia y los esfuerzos conscientes de la inteligencia como surgientes a partir de la resolución de problemas no ordinarios. Aquellos problemas que se pueden resolver por rutina no precisan de la conciencia. Los instintos capacitan a los animales para adaptarse rápidamente al medio natural que les corresponde a través de unas pautas innatas de comportamiento que hay que aprender en muy escasa medida pero al mismo tiempo que facilitan la adaptación a la existencia, la restringen férreamente. El animal lo tiene todo pero no puede variar nada, aunque deba realizar algunos esfuerzos adaptativos para ajustar sus instintos concretos al ambiente concreto en que debe desplegarlo. En agudo contraste, los problemas nuevos no resueltos por rutina (por instinto) se seleccionan críticamente en un determinado nivel de abstracción -y si bajo el enfoque de los procesos inteligentes de estructuración e integración, organización y planeamiento, evaluación y juicio, tienen éxito bajo ciertas condiciones-, tras un período de tiempo determinado se convertirán en una cuestión rutinaria y no requerirán del mismo grado de atención. Pero los sucesos inesperados atraen la atención y por lo tanto la conciencia del mismo modo, que con aquellas situaciones con las que estamos familiarizados.

Situaciones similares vienen dadas por el surgimiento o la elección de programas no rutinarios o de nuevos objetivos[572]. Todos los organismos saben cómo conducirse, pero ninguno de ellos tiene que inventarse su vida, como en rigor ha de hacerlo el hombre, describe el autor José Luis Pinillos[573]. La antropología define al hombre como un ser de carencias, como un ser que ha de crearlo todo porque no tiene nada, y de un modo semejante, el existencialismo afirma que el hombre está forzado a ser libre.

De acuerdo al enfoque sistémico el estado básico de conciencia es el estado ordinario, en el cual existe el denominado estado de percatación o de atención sobre el cual hay cierto control volitivo y se acepta adicionalmente que existe la autopercatación, en la cual uno se da cuenta de que se percata, de que está prestando atención al entorno[574].

Las ciencias neurológicas procuran explicar de un modo cada vez más coherente y completo el comportamiento total de un animal y de un ser humano, incluyendo el comportamiento verbal. La mente autoconsciente de la que se ha hablado previamente, desempeña una función selectiva y unificadora que interpreta y selecciona los diversos patrones de actividad de la corteza cerebral estructurándolos y organizándolos en la unidad de la experiencia consciente. En cada momento, la mente autoconsciente selecciona determinados módulos neuronales según sus intereses y por el fenómeno de la atención integra esta diversidad para producir la experiencia consciente. La corteza, según evidencia experimental, ha mostrado un total de 200 zonas o áreas, definidas con base en diferencias funcionales, puestas de relieve por investigación experimental y patológica. John C. Eccles conjetura que las experiencias conscientes se derivan de patrones espacio-temporales de actividad neuronal en los módulos de zonas espaciales del neocórtex.

La comunicación entre los diferentes componentes al nivel de la corteza cerebral se realiza por medio de un conjunto de neuronas de asociación, que corresponden a aproximadamente unos 14 mil millones. De las conexiones de estos grupos neuronales surgen las llamadas vías de asociación, creando así un patrón neural complejo, por medio del cual los impulsos de diferentes modalidades sensoriales permitan realizar un reconocimiento dado[575]; el siempre creciente número de las neuronas de asociación avanzando al unísono con los cambios evolutivos ha acrecentado enormemente las posibilidades de reacción, abriendo muchas más vías entre las diferentes áreas sensitivas y motoras. En general, las áreas sensitivas se encuentran atrás de la cisura central, sin embargo, el reconocimiento consciente de percatación y autopercatación depende de muchas cosas, estando comprometido en buena medida con las posibilidades contenidas dentro de los límites de la percepción unisensorial. Por lo anterior, es necesario que las vías de asociación establezcan un puente entre las diversas áreas parasensoriales en un patrón neural complejo, por medio del cual los diferentes impulsos se mezclen en percepciones unisensoriales. Por ejemplo, los estímulos táctiles y cinestésicos se combinan en percepciones de tamaño, forma y textura; sin embargo, el reconocimiento final de un objeto dado puede depender de la participación de impresiones visuales y auditivas. Por todo lo anterior, la mejor localización de un área polimodal sensorial es el gran territorio cortical ubicado entre las zonas de percepción unisensorial[576]. Del mismo modo se hallan dispuestas para esta interpretación, aquellas áreas del hemisferio dominante que poseen funciones lingüísticas o ideativas, o que tienen entradas denominadas polimodales. A estas áreas se les conoce como áreas de relación o de asociación, dentro de las cuales la 39, la 40 y los lóbulos prefrontales son las más importantes.

La sección del cuerpo calloso o comisurotomía produce una división de la unidad funcional de ambos hemisferios. En los estudios de los pacientes sometidos a comisurotomía es importante distinguir la autoconciencia o la mente autoconsciente como aquella asociada al hemisferio dominante, que es de la cual informa el sujeto consciente. Es importante esta cuestión porque el hemisferio no dominante puede desempeñar muchas de las funciones que antes realizaba el cerebro intacto, pero ha dejado de estar bajo el control de la mente autoconsciente. El hemisferio menor puede estar conectado con una mente, aunque ésta es diferente de la mente autoconsciente del hemisferio dominante.

Desde el punto de vista de las neurociencias, la atención se puede definir como la capacidad de un sujeto de enfocar la conciencia a un solo estímulo ambiental, manteniendo los contenidos de conciencia, excluyendo otros que causen distracción, diferenciándolos directamente de la conciencia[577]. La atención implica un proceso deliberado en el cual nos volvemos hacia algún aspecto en particular de los sucesos neurales y nos concentramos en ellos con la interacción en sentido retrógrado y anterógrado que mantiene la mente autoconsciente con la mayoría de los módulos neuronales[578]. Cuando se desarrolla la hipótesis sobre la interacción de la mente autoconsciente con el cerebro, la concentración o enfoque de la mente autoconsciente en un aspecto particular del funcionamiento cerebral, origina el fenómeno de la atención[579]. A primera vista podría parecer que nuestros sentimientos son evidentes para el estado consciente: los psicólogos denominan *metacognición* a la conciencia del proceso de pensamiento, mientras consideran que el *metahumor* es la conciencia de las propias emociones. Sin embargo, ambas son semejantes al estado de atención a los propios estados internos. En esta conciencia unitaria la mente observa e investiga la experiencia misma, incluidas las emociones.

La atención implica la percepción de un estímulo aislado, mientras que el estado de alerta / percatación (arousal / alertness) se refiere a la capacidad de respuesta ante cualquier estímulo ambiental. La concentración es el período de tiempo en el cual se mantiene la atención. De este modo, el sujeto alerta puede o no estar atento y el sujeto atento (attentive) puede no estar concentrado (vigilant). La capacidad de concentración es importante en la ejecución de tareas de tipo cognoscitivo, pudiendo ser alterada por daños orgánicos al cerebro, o por trastornos afectivos[580].

En el estudio de los estados de conciencia es importante que existe la limitación que no existe la figura objetiva del "observador desapegado", porque su percepción es selectiva y afecta a lo observado. Debido a que las denominaciones de los estados de conciencia y de los estados alterados de conciencia se han usado indiscriminadamente para describir cualquier tipo de pensamiento en un momento dado, con miras a unificación de la terminología, se propone el empleo de *estado distinto de conciencia* que equivale a un tipo de configuración de las estructuras psicológicas cuyas propiedades siguen siendo las mismas en virtud de múltiples procesos de estabilización que operan simultáneamente, resultando en la conservación de la identidad y la función del individuo que experimenta ese estado distinto de conciencia.

En estos estados distintos de conciencia: (*discrete state of consciousness*) se incluyen el estado de vigilia ordinaria, el sueño, la hipnosis, los estados de embriaguez alcohólica, las intoxicaciones por psicofármacos y los estados meditativos. Por ejemplo, bajo la influencia del LSD[581] los trazados electroencefalográficos del cerebro muestran un estado de excitación, lo cual ha motivado que algunos investigadores postulen que este patrón de ondas cerebrales no representa un estado de conciencia vigílico, sino una actividad semejante a la del cerebro en fase de movimientos oculares rápidos, durante el cual ocurren los sueños; en experimentos realizados con personas ciegas muestran que el cerebro produce sus propias imágenes, independientemente de las que el ojo vea; se concluye que lo que se ve en estos estados alterados de conciencia "no se encuentra en la realidad objetiva, sino que surge de uno mismo". En aquellos pacientes tratados con LSD en el grupo de Stanislav Grof, hubo una experiencia llanada "éxtasis de fusión", cuya particularidad es que tal concepto es semejante al descrito en los Vedas, (los libros sagrados de la India) en los que se describía tal experiencia de fusión como *Tat tvan asi*[582], traducido literalmente como "tú eres eso".

Por otra parte, están los estados de conciencia distintos alterados (*discrete altered state of conciousness*) los cuales son un sistema nuevo con propiedades peculiares propias que implican una reestructuración, porque muchos investigadores habían considerado a los estados alterados de conciencia como si existieran independientemente del cerebro; Arthur escribió como "las emociones que trascienden el yo aún son hijastras de la psicología, a pesar de su evidente realidad"[583]. El hecho de agregar la palabra "alterado" a los estados de conciencia carece de connotación de valor[584].

La autoobservación permite una conciencia ecuánime con respecto a sentimientos apasionados o turbulentos, de modo que Goleman, de acuerdo con las ideas de John Mayer y Peter Salovey, describe que la conciencia de uno mismo significa ser consciente del estado del humor y de las propias ideas sobre este humor[585]. Carlos Castaneda, reconocido antropólogo por sus publicaciones de experiencias de campo con indígenas de la tribu yaqui[586], refiere que la maestría del estar consciente "es estar suspendido en las emanaciones del águila" lo cual alude a un universo de campos de energía al que Juan Matus, indígena yaqui llama "las emanaciones del águila"[587]. Cuando Castaneda interpreta las enseñanzas de Matus, habla de nuestra naturaleza de seres que percibimos y se refiere a nuestro cuerpo como campo de energía que percibe. La percepción corporal tiene lugar con la totalidad del cuerpo y se presenta como opuesta a la percepción ordinaria, que es aparente y que se logra a través de interpretaciones de lo percibido por los sentidos, la experiencia previa. La división cuerpo-mente carece de sentido en este contexto en que el cuerpo es asimilado con un campo de energía y la percepción es una interacción entre el cuerpo y los campos de energía externos. Es por ello que desde el principio de su relación, Matus le insiste a Castaneda que preste más atención a lo que siente y se olvide pensar, le habla de "que el cuerpo aprende y el cuerpo sabe (...) el sustento de todo lo que le enseña tiene una dimensión corporal en cuanto radica en actos y no en pensamientos o palabras". De aquí, Castaneda en su obra hace referencia a que la percepción corporal es un conocimiento silencioso "que no incluye palabras ni pensamientos"[588]; toda percepción es pues, corporal. Se ha descrito como hay una profunda correspondencia entre la capacidad de sostener pensamientos complejos y la riqueza de la percepción cinestésica y sensorial. En la medida de estar por ejemplo leyendo las presentes líneas, habrá, diferentes percepciones como las relaciones espaciales entre las letras, el hecho de pensar en cómo se conectan estos significados con los ya existentes en la mente, se escuchará simultáneamente la voz interna. En la medida de producirse una congelación de la percepción sensorial se vuelve posible el proceso de abstracción, donde se plantearán en términos generales las ideas, serán vistas desde una perspectiva más amplia. La percepción cinestésica permite que a través de nuestros cuerpos podamos sentir las experiencias del mundo externo. Estamos interactuando continuamente con el mundo externo a través de la piel, de las estructuras osteomusculares, lo cual permite que el cuerpo procese y actúe en respuesta a una información procesada neurológicamente. La percepción no es solamente cuestión de que el cerebro reciba señales directas a partir de un determinado estímulo: el organismo entero se modifica activamente de manera que aquello que es percibido no deje al cuerpo como un elemento pasivo. Todas las señales se procesan en el interior del cerebro: dependiendo del tipo de estímulo, por ejemplo, si se trata de un estímulo visual, se pueden activar estructuras subcorticales como los colículos superiores cuando el estímulo es visual: igualmente se activan las cortezas sensoriales iniciales y las distintas áreas de la corteza de asociación y del sistema límbico interconectadas con ellas. Una vez se empiezan a activar en el cerebro las representaciones de lo percibido, el resto del cuerpo participa en el proceso, cuando las vísceras de alguna manera reaccionan ante lo que se está percibiendo. Si eventualmente se forma una memoria del estímulo percibido, en esta memoria habrá un registro neural de muchos de los cambios que ocurrieron en los diferentes órganos: tanto de los que han ocurrido en el cerebro mismo, como de los que han ocurrido a nivel visceral[589].

La localización de la mente en el cuerpo es relevante para tener una conducta coherente, ya que permite una autoidentidad conservada en el tiempo y espacio que nos permite relacionarnos con nuestro pasado y futuro inmediato. Esta función, junto con la de unidad centralizada de órgano conductor, son capitales para la función principal del sistema nervioso central como guía del organismo. El neurólogo y autor Oliver Sacks ilustra con una vívida prosa en el relato "Sobre el nivel" acerca del cuerpo cinestésico:

> "(...) Tenemos cinco sentidos en los cuales nos glorificamos, nos reconocemos y nos celebramos, sentidos que constituyen el mundo sensible para nosotros. Pero hay otros sentidos, sentidos secretos, el sexto sentido, igualmente vital, pero no reconocido y no alabado. Este sentido, inconsciente, automático, tuvo que ser descubierto (...) Los victorianos lo llamaban el "sentido muscular", el conocimiento de la posición relativa del tronco y las extremidades (denominado propiocepción) en 1890. Y los complejos mecanismos y controles por los cuales nuestros cuerpos están apropiadamente alineados y balanceados en el espacio (...) todavía están cargados de misterios. Quizá sea solamente en esta edad del espacio con la licencia paradójica y los riesgos de la vida bajo gravedad cero, que verdaderamente apreciaremos nuestros oídos internos (...) y los oscuros receptores y reflejos que gobiernan nuestra orientación corporal. Para el hombre normal, en situaciones normales, estos simplemente no existen"[590]

El cuerpo cinestésico, también denominado imagen corporal, fué cartografiado por el neurocirujano Wilder Penfield. Este cuerpo cinestésico, denominado homúnculo (pequeño hombre), es la representación del cuerpo inscrito sobre la corteza cerebral, tanto para las funciones motrices como las sensitivas, e ilustra que la percepción de las diferentes partes del cuerpo no es proporcional a su tamaño real, sino que se relaciona más bien con su aplicación en la manipulación y la interpretación del entorno. Esto es de importancia para la conciencia del yo basado en la localización del cuerpo. Está claro que la identidad e integridad del yo tiene una base física que parece centrarse en el cerebro, sin embargo, podemos perder partes considerables de masa cerebral sin que ello interfiera con nuestra personalidad.

Si se parte de la afirmación que el organismo actúa continuamente sobre el ambiente a través de acciones y exploración, para que el organismo tenga éxito en evitar el peligro y ser eficiente en encontrar comida, sexo y cobijo, debe ser capaz de oler, gustar, ver tocar y oír al medio ambiente, para hacer lo necesario en respuesta a lo que se siente. Tal parece que la mente en cuanto complejidad de los circuitos neurales, derivase del organismo en su conjunto: el destacado neurólogo Antonio Damasio sugiere que la mente surge de la complejidad de tales circuitos neurales, con la salvedad que estos circuitos fueron modelados a lo largo de la evolución por requisitos funcionales del organismo; agrega que una mente normal solo puede tener lugar si los circuitos neurales contienen las representaciones básicas del organismo y si continúan supervisando los diferentes estados del organismo. Para Damasio, los circuitos neurales representan el organismo de forma continua, incluyendo cuando éste cambia por estímulos procedentes de los ambientes físico y sociocultural y cuando éste actúa sobre dichos ambientes. Si bien y como se expresa más adelante, cuando se concibe la conciencia como un campo con el cual el cerebro se sintoniza, y la complejidad del entramado neural es la condición *sine qua non* para "sintonizar" con el campo de conciencia, Damasio termina afirmando:

> "no estoy diciendo que la mente esté en el cuerpo. Lo que digo es que el cuerpo contribuye al cerebro con algo más que el soporte vital y los efectos moduladores. Contribuye con un contenido que es una parte fundamental de los mecanismos de la mente normal"[591].

Autores como Mario Bunge proponen que toda actividad mental es una actividad cerebral, lo que justifica lo superior por lo inferior y no viceversa por la denominada "parsimonia de niveles". Esta explicación de lo psicológico por lo fisiológico tiene claras connotaciones mecanicistas, que también se extienden al campo de la conducta, afirmando que las "leyes de lo mental son leyes biopsicológicas"[592]. Pero existen dos objeciones clásicas a la noción de que la mente es una función del cerebro. Una de ellas es la conciencia del feto antes de la existencia de un cerebro maduro, la cual parece indicar que la conciencia usa el cerebro, pero no puede ser identificada con él. La otra objeción la proporcionan las experiencias cercanas a la muerte (experiencias peritanáticas) que muestran que las personas cuyos cerebros han dejado de funcionar tienen vivencias complejas. El hecho es considerado como innegable por numerosos autores, según lo refiere John Rowan "ya que si el cerebro fuera idéntico a la mente, eso sería imposible". La mente ya no es una función del cerebro en general, ni de la corteza en particular[593].

Una idea de postura materialista fué la del "fantasma en la máquina", propuesta por Gilbert Ryle, de la universidad de Oxford, en 1949. Esta idea afirma -en una desafortunada analogía- como cuando las primeras locomotoras recorrieron las praderas norteamericanas, los pieles rojas al no comprender que las movía, les atribuyeron un caballo en el interior. La analogía que empleó Ryle, fué que al no comprender como funciona el cerebro, le atribuimos del mismo modo que los pieles rojas, un fantasma en el interior, llamado "mente"; quizá no exista un caballo escondido en la locomotora, pero se utilice o no el vocablo "mente", el problema sigue en pié. La postulación de conceptos como el "fantasma en la máquina" es una explicación animista que causa una confusión elemental entre lo que diferencia los seres vivos y los no vivos, que desvía la discusión sobre la relación entre la mente y el cerebro. El hecho que la palabra "mente" o "mental" exista en nuestro vocabulario, permite describir algunos fenómenos interiores que experimentamos con frecuencia y que no requieren de interpretaciones adicionales[594].

El premio Nobel de Medicina John C. Eccles, un ecléctico neurobiólogo partidario del dualismo y del interaccionismo, (dualismo interaccionista) al hablar de la interacción entre el cerebro y los estados de conciencia plantea una respuesta al problema del cerebro y la mente, en la que sugiere el término de "mente autoconsciente. Esta mente autoconsciente conlleva implícitamente una teoría de tipo dualista-interaccionista, que se aplica bien para la mente autoconsciente y el hemisferio dominante del cerebro humano, mientras que es discutible en el caso del hemisferio menor y el cerebro de los animales. Según la hipótesis de Eccles:

"la mente autoconsciente es una entidad independiente entregada activamente a interpretar los centros activos de los módulos de las áreas de relación que hay en el hemisferio cerebral dominante. La mente autoconsciente hace una selección de dichos centros de acuerdo con su atención e intereses e integra su selección para producir la unidad de la experiencia consciente en cada momento. También reacciona sobre los centros nerviosos (...) Se propone que la unidad de la experiencia consciente no procede de una síntesis última de la maquinaria nerviosa, sino de la acción integradora de la mente autoconsciente, ejercida sobre lo que capta en la inmensa diversidad de actividades nerviosas del cerebro de relación (...)"

El interaccionismo emergente, también conocido como dualismo[595] interaccionista, propuesto por Eccles y Popper, es planteado desde el punto de vista epistemológico como la única posición sostenible de la relación/interacción entre mente y cuerpo, ya que de alguna manera, la ciencia neural cognoscitiva ha tendido a contemplar el pensamiento de alguna forma como un epifenómeno[596]. De acuerdo al neurobiólogo Gerald Fischbach de la universidad de Harvard, "las explicaciones biológicas de los acontecimientos mentales se tornarán más evidentes en cuanto se hallen más definidas las funciones nerviosas componentes, con lo cual dispondremos entonces de un vocabulario más apropiado para la descripción de la mente emergente"[597].

Con base en la interacción entre la mente autoconsciente y el cerebro se plantean los siguientes puntos:

• La relación con los sucesos nerviosos
• La discrepancia temporal entre los acontecimientos neurales y la vivencia de la mente autoconsciente.
• La experiencia continua que la mente autoconsciente influye sobre los eventos cerebrales.
• La unidad de la experiencia conciente.

Al explicar estas cuestiones, la relación con los sucesos nerviosos, la interacción entre la mente autoconsciente y el cerebro suministra un grado de correspondencia, pero no de identidad. Si nos detenemos un poco en esta afirmación, la correspondencia de la actividad superior que supone la conciencia se corresponde en los niveles del sistema nervioso con la llamada prodigalidad neuronal, consistente en la existencia de innumerables secuencias patrones espaciotemporales o engramas.

En cuanto al planteamiento de discrepancias temporales entre los acontecimientos y las experiencias de la mente autoconsciente, una situación que puede demostrar tal discrepancia es la vivencia del flujo más lento del tiempo experimentado en situaciones de extrema urgencia.

A nivel de la experiencia continua que la mente autoconsciente influye sobre los eventos neurales, la demostración viene dada en la acción voluntaria: cuando se intenta recuperar un recuerdo, expresar un pensamiento, hacer un nuevo recuerdo. Si se retoma el planteamiento de la correspondencia, la mente autoconsciente interactúa a nivel cuántico con toda la prodigalidad neuronal de los centros superiores, modificando sus patrones dinámicos espaciotemporales, eligiendo las rejillas presinápticas más adecuadas -de acuerdo al principio de incertidumbre-, se logra sustentar como la mente autoconsciente ejerce una función superior, interpretativa y controladora sobre los acontecimientos neurales, de acuerdo a leyes de física cuántica.

En cuanto al último planteamiento en relación con el dualismo interaccionista, la unidad de la experiencia conciente, se sustenta en la ausencia de teorías neurofisiológicas que expliquen como la diversidad de los sucesos neuronales llega a sintetizarse de manera que produzca la experiencia conciente y unificada de carácter holístico y global.

La mente no es una función del cerebro ni de la corteza en particular. La evidencia experimental de registros de actividad eléctrica en cerebros de primates superiores es que los acontecimientos cerebrales aparecen como dispersos, siendo los aconteceres individuales de las neuronas participantes en los patrones espaciotemporales de actividad.

La experiencia de unidad no procede pues, de una síntesis neurofisiológica, sino del carácter integrador de la mente autoconsciente[598].

Se entiende por cerebro de relación aquellas áreas de la corteza cerebral que son potencialmente capaces de estar en contacto con la mente autoconsciente: tales zonas generalmente se encuentran con el hemisferio dominante. El enfoque de la mente autoconsciente en relación al cerebro permite dar una interpretación del sueño y de la actividad onírica, de los estados inconscientes inducidos por la anestesia, de los comas de diverso tipo y sobre la muerte cerebral.

Adicionalmente la función activa de la mente autoconsciente llega hasta el punto de provocar cambios en los acontecimientos neuronales, de modo que no solamente interpreta los sucesos en desarrollo en la trama neuronal, sino que también los modifica[599].

Eccles describe como la mente autoconsciente al proseguir una línea de pensamientos o al tratar de recuperar un recuerdo, está activamente ocupada en la búsqueda y sondeo de zonas especialmente seleccionadas en el entramado neuronal y en las rejillas presinápticas, pudiendo así regular sus actividades dinámicas de acuerdo a su deseo e interés.

Un aspecto primordial de la mente autoconsciente regulando los sucesos en la maquinaria neuronal es la capacidad de producir acciones voluntarias, correspondiéndose con los "potenciales reactivos". La actividad neuronal en patrones permite que el proceso de "escudriñamiento" de la mente autoconsciente pueda detectar las acumulaciones precisas de actividad neuronal de acuerdo con un patrón temporal.

Cuando se emite la señal para un movimiento voluntario, ocurre un aumento de actividad eléctrica llamado "potencial reactivo"en una amplia zona de la corteza cerebral. A continuación, se sucede un período de latencia -sin ninguna actividad- de aproximadamente 800 milisegundos; si se tiene en cuenta que el tiempo de transmisión neuronal de una neurona a otra es de 1 milisegundo, entonces se deduce que hay actividad secuencial en varios cientos de neuronas antes de evocar la descarga de las motoneuronas corticales de Betz. Lo anterior equivale a que durante este tiempo de latencia ocurre la lectura acumulativa de patrones espacio-temporales precisos codificados en las neuronas de la corteza, que se puede igualar con el tiempo de "incubación" de la mente autoconsciente de modo que ésta no puede actuar instantáneamente sobre el córtex cerebral[600].

El estudio de Libet -citado por Eccles- confirma la presencia del tiempo de latencia -en este caso un cifra menor, de 500 milisegundos-en el cual se produce la mayor complejidad y el aumento de actividad hasta un punto crítico que logra atravesar la línea de separación entre el cerebro y la mente autoconsciente, comportándose en cierta forma como una estructura disipativa. La transmisión de la información del sistema sensorial tiene una serie de relevos que modifican el mensaje: no es absurdo entonces afirmar que el sistema nervioso central recibe una "imagen codificada", con algún grado de mayor o menor distorsión de los estímulos periféricos; la información así transmitida puede ser manejada e interpretada en la corteza cerebral[601].

De acuerdo al dualismo interaccionista, también se propone que en pacientes con comisurotomía de las fibras del cuerpo calloso la mente autoconsciente solamente podría "escudriñar" los entramados neuronales del hemisferio dominante. Las pruebas en estos pacientes han demostrado que las experiencias conscientes del sujeto surgen solamente en relación con las actividades neurales del hemisferio dominante. Las acciones voluntarias iniciadas en el hemisferio menor o no dominante, aunque de carácter inteligente, escaparían a la percepción consciente y en las personas normales solamente acceden a la conciencia una vez transmitidas al hemisferio dominante.

Sin embargo, en la comprobación científica de tal afirmación es necesaria la exclusión de la actividad eléctrica originada en patrones de conducta aprendida, para poder determinar fehacientemente que el potencial reactivo es "incubado" por la mente autoconsciente en el período de latencia[602]. Sperry considera que durante la evolución de la percepción se desarrolló la mente en forma de autopercepción y luego en forma de reflexión, aunque no refiere como ocurre esto. Sin embargo, partiendo de los hallazgos de pacientes con comisurotomía, considera que los sistemas conscientes pueden darse simultáneamente en ambos hemisferios e incluso, entrar en conflicto mutuo[603].

Damasio afirma que existe un "yo" para cada organismo, excepto que haya enfermedades que creen más de uno (como en el trastorno de personalidad múltiple), o altere adversamente el único existente como ocurre en determinadas formas de anosognosia o en algunos tipos de apoplejía. El "yo" dota a nuestra experiencia de subjetividad; no es un "conocedor central", ni un inspector de todo lo que ocurre en la mente. Para que el estado biológico del yo tenga lugar, debe haber continuidad en las conexiones de los diferentes sistemas orgánicos con los diferentes sistemas cerebrales. Tal afirmación, está a favor de lo dicho por Popper, cuando afirma:

> "(...) trato de sugerir que el cerebro lo posee el yo[604], más bien que a la inversa. Sugiero que la actividad del yo es la única actividad genuina conocida. El yo psicofísico activo es el programador activo del cerebro (que es el computador); es el ejecutante cuyo instrumento es el cerebro (...) El yo no es un 'ego puro' (...) por el contrario, es increíblemente rico. Como el timonel, observa y emprende la acción al mismo tiempo. Actúa y sufre, evoca el pasado y programa el futuro; espera y dispone. En rápida sucesión o a la vez, contiene deseos, planes, esperanzas, decisiones acerca del modo de actuar, así como una conciencia viva de ser un yo activo, un centro de acción "[605].

La alteración del flujo normal de estas conexiones neurales de tipo aferente, como ocurre en pacientes con lesión de la médula espinal, produce cambios en el estado mental. Existe un experimento que Damasio refiere como "de pensamiento filosófico" llamado "cerebro en una tina", que consiste en imaginar un cerebro separado de su cuerpo, manteniéndolo vivo en un baño nutriente, y estimulado a través de los nervios ahora colgantes, del mismo modo que si estuviera dentro del cráneo y del cual opina que dicho cerebro no podría tener una mente normal, por la ausencia de estímulos del cuerpo que ya no contribuiría a la modulación de los estados corporales: tales estímulos al no tener ya una posibilidad de representación en el cerebro dejarían de aportar un sólido fundamento de la sensación de "estar vivo".

Desde el mismo punto de vista fenomenológico la conciencia como campo hace necesaria la determinación de una totalidad de datos que se experimentan simultáneamente, que ocurre en un contexto que caracteriza la estructura total del campo de la conciencia en el que hay simultaneidad y sucesión, en el que descriptivamente ocurren una serie de actos con "funciones presentativas" en los cuales un sujeto percibe la presencia de un objeto que se le presenta, ya sea el objeto de características materiales, una relación matemática, una composición musical, o la conclusión de una teoría. Tales objetos son experimentados mediante estados de conciencia que tienen formas organizadoras, especificándose psicológicamente en un contexto y físicamente en otro, tal como lo propone Gurtwisch, de acuerdo con las ideas de William James y Mach: no hay distinción desde un carácter último entre los substratos físicos y psicológicos. Expresándolo de otra forma -continúa Gurtwisch-, la diferencia entre lo físico y lo psicológico depende enteramente del punto de vista que se adopte para estudiarlos y cita a Berger, quien en 1941 refiriera que:

> "no hay datos que puedan ser considerados exclusivamente como físicos o como psicológicos. Un cierto dato asume el sentido de hecho físico si lo referimos al sistema de movimientos en el espacio, pero si lo consideramos desde el punto de vista personal, adquiere el sentido de hecho psicológico. La mente y el cuerpo no son por consiguiente sustancias o realidades, sino más bien objetos ideales o sistemas de conceptos y significados a los cuales todo acontecimiento puede integrarse. De este modo, no hay forma de creer que estos sistemas sean los únicos posibles (...)"[606].

De esta forma, un objeto se enlaza con otros y entra en un sistema de contextos determinados de acuerdo a la preferencia individual, y no se dá en la en la experiencia inmediata a pesar de ser coherente y sistemática.

De esta forma, la experiencia suele darse como integrante de un contexto, de un sistema o un orden del ser. Los contextos del campo de la conciencia dependen de las conexiones o enlaces que existan entre los términos relativos a todo orden del ser; si estos son heterogéneos, así mismo deben ser sus conexiones[607].

Al considerar la conciencia como campo, hay otro enfoque según el cual la conciencia es un fenómeno que ocurre "fuera" y cuya procedencia sería desde la Tierra misma. Aunque es de antigua data la aguda división entre el hombre y la naturaleza, ciertamente el hombre es una entidad física, con un cuerpo que se mueve en el espacio, con propiedades biológicas particulares, de modo que hay continuidad con el resto de formas vivientes en la naturaleza. La conciencia como campo plantea el debate de la existencia de una conciencia planetaria, de una *anima mundi*, como un tipo de efecto ambiental[608], mientras que los filósofos estoicos desarrollaron la idea de tomar como modelo de vida los procesos naturales, planteando como regla para la mejor actuación "el seguir a la naturaleza", siguiéndola como una regla prescriptiva de la cual se siguiera ejemplo.

Al ir un poco más lejos de lo dicho por la ciencia neurológica en relación a los ritmos eléctricos producidos por las neuronas y correlacionándolo con otros tipos no convencionales de fenómenos -los fenómenos psi-, se han hallado relaciones entre los diferentes ritmos del cerebro y los campos electromagnéticos naturales de nuestro planeta. Robert Becker ha propuesto la idea que el sistema de corriente continua del cuerpo o de la cabeza podrían ser los medios que permitan registrar los bajos ritmos de frecuencia del planeta.

El concepto de campo fué presentado en el siglo XIX por Faraday y Maxwell en su descripción de las fuerzas existentes entre cargas y corrientes eléctricas. Un campo eléctrico es una particularidad del espacio que rodea a un cuerpo cargado eléctricamente, que producirá una fuerza sobre cualquier otra carga eléctrica que se halle en ese espacio. Los campos magnéticos son aquellos creados por cargas eléctricas en movimiento, es decir por corrientes eléctricas y las fuerzas magnéticas resultantes solo pueden ser percibidas por otras cargas en movimiento. Tanto los campos eléctricos como magnéticos pueden desplazarse a través del espacio como ondas de radio, luz o radiación electromagnética.

Los trabajos precursores de Gauss y Wilhelm Weber en 1831, hicieron posible la descripción del campo magnético terrestre por la invención del magnetómetro. El campo magnético terrestre se origina en el núcleo del planeta, no es constante, está sujeto a fluctuaciones originadas en las radiaciones solar, cósmica y en las tormentas magnéticas que pueden durar desde varios minutos a días enteros. Einstein consideraba a la materia "como constituida por las regiones del espacio en las cuales el campo era extremadamente intenso (...) y no había lugar para campo y materia, porque el campo es la única realidad".

La concepción de los objetos y fenómenos físicos como manifestaciones transitorias de una entidad esencial es el fundamento de la teoría del campo cuántico[609].

No se puede experimentar la idea de los campos directamente, excepto bajo los efectos de estados alterados de conciencia, dadas sus características de holismo y continuidad. Los campos tienen entre otras propiedades el poder relacionarse e influirse recíprocamente y ocupar el mismo espacio. Pero los campos son entidades distintas.

Por ejemplo, los campos electromagnéticos difieren en especie de los campos cuánticos de la materia planteados por la física moderna. En los campos cuánticos las partículas contenidas son "manifestaciones de la realidad subyacente de los campos" y la materia consiste, como lo describe Rupert Sheldrake "en procesos rítmicos de actividad, de energía limitada y modelada dentro de los campos". Un aporte conceptualmente útil que hace este autor sobre los campos, es que podrían ser el punto de articulación por medio del cual la mente humana y la biosfera se funden en general[610].

Para entender un poco más sobre los campos, es necesario conocer sobre las partículas que en la mecánica cuántica son las responsables de las interacciones entre las fuerzas y la materia. Las partículas de las cuales se compone la materia son interacciones entre campos. Un campo, como una onda, se extiende sobre una zona mucho más amplia de la que ocupa una partícula y llena por completo un espacio dado, como por ejemplo el campo gravitatorio de la tierra cuando llena todo el espacio que la rodea de inmediato a ella.

Cuando dos campos interactúan entre sí no lo hacen de modo gradual ni tampoco en todas las zonas de contacto: lo hacen de modo instantáneo y en un solo punto del espacio. Esta interacción de tipo instantáneo y local es una partícula. La continua creación y aniquilación de partículas a nivel subatómico es el resultado de una interacción continua entre diferentes campos: esta es la teoría cuántica de los campos. Stephen Hawking relata en la "Historia del tiempo" acerca de las partículas:

"Una propiedad importante de las partículas portadoras de fuerza es que no se comportan de acuerdo al principio de exclusión lo cual significa que no existe un límite al intercambio que puedan realizar, por lo que pueden dar lugar a fuerzas muy intensas (...) Se dice que las partículas portadoras de fuerza que se intercambian entre sí las partículas materiales son partículas 'virtuales', porque al contrario que las partículas 'reales' no pueden ser descubiertas por un detector de partículas (...) En este caso se nos muestran como lo que un físico clásico llamaría ondas, tales como ondas luminosas u ondas gravitatorias. A veces pueden ser emitidas cuando las partículas materiales actúan entre sí por medio de un intercambio de partículas virtuales portadoras de fuerza"[611].

De acuerdo con la teoría cuántica de los campos la realidad física es esencialmente no sustancial y lo único real en ella son los campos. Los campos son la sustancia del universo: la materia, las partículas son manifestaciones momentáneas de la interacción de los campos intangibles e insustanciales. Las interacciones de los campos se asemejan a las partículas porque actúan entre sí abruptamente y en regiones extremadamente pequeñas del espacio. Herman Weyl describe en relación al campo:

Según la teoría del campo de la materia, una partícula material tal como un electrón, es simplemente una pequeña zona de un campo eléctrico, dentro de la cual la fuerza del campo asume valores enormemente altos indicando que una energía comparativamente muy grande está concentrada en un espacio muy pequeño. Tal nudo de energía que de ningún modo se presenta delineado contra el resto del campo, se propaga a través del espacio vacío como una onda de agua sobre la superficie de un lago; no existe una substancia de la que pueda decirse que el electrón está compuesto en todo momento[612].

Es conocido recientemente como mínimos cambios en la energía solar pueden provocar efectos negativos sobre el planeta y sus organismos: por ejemplo, cuando los vientos solares son muy intensos lo cual ocurre durante los períodos de gran actividad de las manchas solares[613], se producen grandes corrientes que circulan por la ionosfera, generando tormentas magnéticas que alteran el campo electromagnético terrestre y pueden repercutir en alteraciones físicas y psíquicas. Tales alteraciones en el estado de salud son corroboradas por los reportes médicos de mayor cantidad de pacientes con trastornos psiquiátricos del tipo de depresiones e intentos de suicidio y de pacientes con alteraciones cardíacas sugestivas de enfermedad coronaria.

La actividad eléctrica del sistema nervioso crea un campo energético que se considera portador de información y con funciones reguladoras. El origen del campo magnético que rodea la cabeza tiene su fuente a partir de la actividad eléctrica del cerebro y también se ha detectado en otros órganos, como el corazón. Es conocido el hecho que en organismos vegetales como árboles, los campos[614] eléctricos biológicos sufren modificaciones con las fases lunares, las manchas solares y las tormentas entre otros fenómenos, asociación demostrada por FS Northrop y HS Burr de la Universidad de Yale en la década de 1930 - 1940.

Estos científicos sugirieron que dichos campos eléctricos aportaban una especie de patrón o molde electromagnético que regulaba la pauta de crecimiento y retomaban de alguna forma, el concepto de los "campos morfogenéticos" así denominados por el biólogo Paul Weiss sobre los cuales Rupert Sheldrake propuso una versión más avanzada[615].

Los autores e investigadores Tony Buzan y Terence Dixon en su obra "*The Evolving Brain* - El cerebro evolutivo", citan a Olaf Stapledon cuando escribió en 1930 sobre una mente grupal, o un "cerebro mundial", en el que:

un sistema de irradiación que abarca todo el planeta que incluye todos los millones de cerebros de la especie, se vuelve la base física de un yo racial. Cada individuo se puede encontrar envuelto en todos los cuerpos de la raza, (...) saboreando en singular intuición todos los contactos corporales, incluidos los de los amantes. A través de los pies de todo los hombres y mujeres abarca su mundo en un solo paso: Ve con todos los ojos y en una sola visión abarca todos los campos visuales. De este modo, percibe como una sola y continua, toda la superficie del planeta: Se yergue sobre todas las mentes y mira al hombre como este puede mirar sus tejidos vitales, con simpatía y reverencia (...)[616"]

Los indígenas de ascendencia tolteca se refieren al maíz como *no nacatl*, literalmente "nuestra carne", expresando con ello la conciencia de que la tierra es la que nos brinda la subsistencia. Los trabajos antropológicos realizados con indígenas nahuas en México han mostrado que este pueblo sigue realizando una ceremonia llamada "del recuerdo de la tierra": esta ceremonia es una oportunidad en la cual la comunidad celebra una serie de rituales en los cuales se perpetúa el recuerdo de la relación con tierra: este sentimiento de integración y de no-separación con que las culturas indígenas expresan su amor a la tierra como un ser vivo y consciente, es un silencioso mensaje para el hombre moderno, cuyo modo de relación con la tierra le ha llevado al borde del caos.

Carl Jung refiere como "ya no somos individuos sino género" cuando nos identificamos con la función cabal del pensar, y al estar identificados con una función diferenciada la humanidad deviene en una colectividad adaptada, de modo que "el juicio de todas las mentes está expresado por la nuestra"[617], lo cual en un marco interaccionista propone que los fenómenos mentales no dependen únicamente de leyes físicas, sino que también se rigen por leyes propias.

Al considerar la memoria desde un punto de vista interaccionista, si bien su almacenamiento depende la integridad de un sustrato neural, las propiedades de la mente son tales que los estados mentales pasados son capaces de ejercer influencia directa sobre los estados actuales, sin que dicha influencia dependa del almacenamiento de rastros físicos de memoria, con lo cual la hipótesis locacionista es insuficiente para dar una verdadera explicación a la memoria. Por lo anterior, si los recuerdos no se almacenan físicamente en el cerebro, no es preciso que ciertos tipos de memoria estén confinados a mentes individuales, con lo cual el concepto junguiano de un inconsciente colectivo heredado que contiene formas arquetípicas podría interpretarse como un tipo de memoria colectiva, justificable desde el punto de vista del interaccionismo, pero que tendría reparos desde el punto de vista mecanicista locacionista[618].

Se puede retomar el concepto ya planteado en la mecánica cuántica y la mente y en el orden implícito, de como el cerebro analiza la realidad por decodificación de análisis de frecuencias, sumergiéndose en una esfera en la que no hay espacio ni tiempo, sino solamente acontecimientos o frecuencias según lo descrito por Karl Pribram. El físico teórico Fritjof Capra considera que la física puede ayudar a crear una conciencia ecológica y como:

> "el papel de la mente en los seres humanos, en las sociedades y ecosistemas demuestra lo ligados que estamos con nuestro entorno y si lo destruimos, en últimas nos destruimos a nosotros mismos".

Del mismo modo que la función de los ojos es la percepción de las vibraciones luminosas pero no el crearlas, los oídos son capaces de percibir las vibraciones sonoras pero tampoco las crean, el cerebro trata sobre la conciencia pero no la produce. Henri Bergson ya había planteado que el cerebro es un mecanismo reductor, cuyo diseño permitía al organismo enfocar la atención selectivamente a los diferentes estímulos del entorno con el fin de realizar acciones apropiadas.

De modo que si el cerebro no actuara como un filtro, no habría discriminación entre la multitud de estímulos que llegarían en un momento dado al individuo. En favor de la función "de filtro" del cerebro, hay evidencia experimental reciente de registros electroencefalográficos que demuestran que el cerebro responde continuamente a los estímulos del medio ambiente de los cuales el individuo no está consciente.

Por otra parte, se han hecho elegantes elaboraciones al concepto de los campos, mediante la interesante y controvertida hipótesis de la causación formativa, desarrollada por el bioquímico británico

Rupert Sheldrake, la cual se basa en un concepto holista que es de los campos morfogenéticos, en el cual propone que:

> "tales campos ejercen efectos físicos que pueden ser medidos y son responsables de la organización y forma características de los sistemas en todos los niveles de complejidad, no solamente en el terreno de la biología, sino también en los terrenos de la física y la química. Estos campos organizan los sistemas con los que se relacionan influyendo sobre sucesos indeterminados o probabilísticos desde un punto de vista energético, imponiendo determinadas restricciones sobre los resultados energéticamente posibles de los procesos físicos"[619].

Si los campos morfogenéticos son responsables de la organización y forma de los sistemas materiales, deben presentar estructuras de campo características que derivan de campos morfogenéticos asociados a sistemas previos.

Entonces, los campos morfogenéticos de todos los sistemas anteriores alteran los sistemas similares subsiguientes mediante un efecto acumulativo que actúa a través del espacio y el tiempo. La hipótesis se relaciona pues, con la repetición de formas y modelos de organización, quedando el punto del origen de tales formas y modelos fuera de su ámbito.

La hipótesis de los campos morfogenéticos propone predicciones demostrables: si por ejemplo una rata aprende a desarrollar un nuevo modelos de conducta, cuanto mayor sea el número de ratas que aprenden a efectuar dicho modelo, más fácil será que cualquier otra rata lo aprenda. Sheldrake propone que si se enseña a miles de ratas en un laboratorio en Londres un determinado trabajo nuevo, el aprendizaje de tal trabajo será más fácil para otras ratas parecidas en cualquier lugar del mundo: si se determina la velocidad de aprendizaje de las ratas en un laboratorio distante en Estados Unidos, antes y después de enseñar a las ratas de Londres, se encuentra que en el último caso las ratas analizadas serían más veloces en su aprendizaje frente a las del primer caso, siempre y cuando no haya comunicación física alguna entre los dos laboratorios.

Los campos morfogenéticos como estructuras de probabilidad en el contexto de la hipótesis de la causación formativa no se definen por precisión, sino por distribuciones de probabilidad. La acción de un campo morfogenético de una estructura jerárquicamente superior sobre sus partes, que son unidades mórficas de nivel inferior, puede comprenderse en términos de la influencia que ejerce esta estructura de probabilidad de nivel superior sobre estructuras de probabilidad de nivel inferior. Consecuentemente, durante la morfogénesis el campo de nivel superior modifica la probabilidad de los sucesos probabilísticos en las unidades mórficas de nivel inferior que están bajo su influencia[620].

Yendo un poco más lejos con esta idea, el cerebro vendría siendo -en una burda analogía- una especie de "aparato receptor" o un "filtro receptor" de la conciencia, que con toda la complejidad de su entramado neuronal logra la sintonía con el/los estados de conciencia del mismo modo que un aparato televisor sintoniza con un determinado campo electromagnético para transmitir una imagen. Pero el cerebro no produce realmente el campo y por consecuencia, buscar la conciencia por "dentro" de los circuitos físicos del cerebro es inútil, del mismo que lo es el buscar la imagen de la pantalla en los circuitos físicos del televisor. Los circuitos de diferentes componentes del cerebro, vendrían a ser una clase de "transductor" que permite que el cerebro perciba el campo de conciencia, lo cual estaría de acuerdo a las afirmaciones de Persinger relacionadas con los campos naturales de frecuencia baja que provienen del mismo planeta. El campo de la conciencia implicaría revestir el paisaje terrestre con un manto de paisaje mental, parangonable con la psicósfera de los términos teilhardianos.

Tal vez la próxima revolución consista en la permisión de que "la conciencia salga del cráneo", modelo propuesto ya en ciernes por la teoría holográfica del cerebro cuando afirma que la conciencia depende de la interpretación de un mundo de frecuencias que está implícito o plegado. En consecuencia, los seres humanos tendrán que percatarse conscientemente del proceso a través de la relación con su entorno.

La humanidad adquirirá la conciencia en la medida de una mayor comunión o identificación con el campo de la conciencia externo a ella, y en una posibilidad de escala planetaria tal comunión sería facilitada por los campos de frecuencia baja. Con esta óptica, cobra sentido la afirmación de que la materia contiene conciencia y, si logra pasar un lapso suficiente -quizá de millones y millones de años-, podrá llegar a adquirir una tenue percepción de sí misma. Sin embargo, aún queda mucho camino por recorrer en lo que dista del conocimiento real de las funciones del cerebro y lo que en realidad sea el proceso de la conciencia.

Conciencia y percepción

"Donde el instinto formal se impone y obra en nosotros el objeto puro, tenemos la máxima amplitud del ser, desaparecen todas las limitaciones y el hombre se eleva de la unidad de cantidad a que le restringía la indigencia de los sentidos, a unidad de ideas que abarca el reino de todos los fenómenos."

Friedrich Schiller

Al hablar de los *"Psychologische typen"* -Tipos psicológicos-, Jung refiere como el pensar es una función que está tan perfectamente desarrollada y obedeciendo únicamente a sus leyes aspira a conferir validez general. Pero considera que el mundo real es comprensible con las luces del sentimiento, la percepción, el pensamiento y afirma que cada persona es una "indivisible unidad que no puede estar en contradicción consigo misma", pero el hombre, armonizando todas estas funciones como surgidas del intelecto, produce una mutilación de sí mismo, porque el pensar sólo es una parte del mundo, mientras otra parte solo puede ser comprendida por el sentimiento, otra por la percepción y cada modalidad es válida solamente en los límites de su esfera. Quien coloca por encima de todo la "unidad de idea", dejando de lado la percepción y el sentimiento, podría compararse a quien "teniendo buenos ojos fuera completamente sordo y anestésico"[621].

Cuando el entendimiento se investiga a sí mismo surge una investigación de tipo reflexivo e introspectivo. Entonces cada investigador debe ser capaz de penetrar en las condiciones de su propia conciencia y someterlos a escrutinio crítico, para llegar a los rasgos universales que eliminen a los personales y accidentales. Al intentar ir más allá de los límites de la esfera subjetiva introspectiva y someterla a investigación para establecer una serie de datos intersubjetivos, la psicología procura sustituir la introspección por un comportamiento externo perceptivamente accesible (observación tipo "caja negra", donde el interés en lo observado es enfocado en la manifestación conductual), aunque la implicación de tal sustitución es una reducción ontológica.

William James, el psicólogo de inicios de siglo, consideraba que la conciencia no existía, por estar separada de los procesos de la actividad cognoscitiva y perceptual. Y el conductismo psicológico planteó que la conciencia era un hecho físico con propiedades mensurables con los métodos de observación y experimentación. Partiendo de estos supuestos, la psicología fisiológica comenzó la investigación de como en el complejo biofísico del cerebro surgían la percepción, el pensamiento, la memoria[622]. Para la fisiología de la percepción, la actividad perceptiva a nivel neuronal se caracteriza por ser de tipo holístico, lo cual significa que todas las exigencias del organismo se expresan hasta en la mínima respuesta de un solo nervio periférico.

El prefijo griego *syn* (junto con) de las palabras síntesis, sintropía, sinergia es aleccionador, orienta a que cuando las cosas se unen sucede algo nuevo y toda relación supone mayor complejidad, novedad. Esta es una de las razones que subyacen a nuestra curiosidad, porque tratamos de entender el todo. Al considerar situaciones en las que participan diferentes componentes, el comportamiento del todo no puede predecirse a través de la simple observación de sus componentes. Jan Smuts en su obra "Holismo y Evolución" proponía que la globalidad es una característica fundamental del Universo, que el holismo es autocreador y sus estructuras finales son de mayor holismo que las iniciales[623].

La tesis general del holismo, propuesto por Alfred North Whitehead desde el punto de vista biológico considera que los organismos, a diferencia de los mecanismos son sistemas esencialmente intactos, cuya implicación ecológica es que dichos organismos están complejamente relacionados con su medio ambiente. La tesis general del holismo propone un cambio del paradigma mecanicista de la máquina al paradigma del organismo en las ciencias biológicas y físicas. Whitehead lo resume en una frase, "la biología estudia los organismos superiores, mientras que la física estudios los organismos inferiores"[624].

Para la ciencia moderna, esa característica de la Naturaleza que reúne elementos para formar estructuras crecientemente sinérgicas y significativas la rama del saber que se ocupa de estos tópicos es nada más que la Teoría General de los Sistemas propuesta por Bertalanffy, Lazslo y Jantsch, la cual propone que en cualquier sistema dado "ninguno de los niveles puede ser reducido a ningún otro, con leyes generales o regularidades de los patrones dinámicas semejantes en cada uno de los niveles", lo cual significa que en todo sistema cada una de las variables se relaciona con las demás de una forma tan completa que no cabe esperar causa o efecto.

Es imposible comprender una estructura llámese célula, familia, cultura, sociedad si se la desmonta de su contexto global puesto que las relaciones y las conexiones de las partes al determinar un sistema conforman la totalidad. Las relaciones, las conexiones de las partes que determinan un sistema conforman la totalidad[625]. Hay que anotar que las leyes que rigen en cada nivel de un sistema son "homólogas", no "análogas", lo cual se interpreta en el sentido que las leyes son las mismas, no similares.

La totalidad se comporta como un modelo de estructura disipativa y exhibe unos rasgos que sólo se conservan cuando el organismo es considerado como un todo integral, que desaparecerían al perderse la integridad. Bajo esta óptica podría considerarse que la conciencia es una propiedad que surge como una representación de un conjunto de relaciones internas que actúa eficazmente en un plano superior.

Vale la pena considerar la teoría atomística de la conciencia del empirismo inglés clásico que afirmaba que los estados mentales son en su mayoría de tipo complejo, por estar compuestos en elementos, aunque también pueden ser simples: estos últimos al combinarse permiten el surgimiento de un estado mental superior, de mayor complejidad, pero lo anterior no equivale a decir que los estados inferiores produzcan el superior, sino que solamente son sus componentes. Sin embargo esta afirmación parece tener contradicción cuando se mira que el estado de conciencia es un todo indiviso y unitario, "una única pulsación de la conciencia, un solo sentimiento, psicosis o estado mental"[626]. Al explicar la percepción sensorial, William James intenta solucionar esta contradicción, al referir que el punto de partida para el estado unitario no son las sensaciones simples -que serían independientes entre sí-, sino las llamadas "totalidades sensibles" entendidas como todas las impresiones simultáneas que provienen de los diferentes sentidos que se unifican a partir de procesos de diferenciación, distinción y separación.

Esto ocurre por ejemplo, cuando el niño no se encuentra con datos diferenciados, a diferencia de un adulto en quien los diversos objetos se muestran separados entre sí, merced al proceso de "interés selectivo" (equiparable con la atención), que mantiene la disociación, la distinción y la separación, estableciendo un "fondo" y un "primer plano", en que la actividad de la mente confiere la diversidad de modos de organización que se encuentran en la experiencia; Piaget refiere que a medida que el niño pasa por los diferentes estadíos del desarrollo, la experiencia que adquiere es a la luz de un proceso interpretativo en que paso a paso se construye una realidad por el establecimiento de relaciones espaciales, temporales y causales[627].

Característicamente las relaciones internas de algo implican que no pueden expresarse por enumeración o análisis y sólo se muestran en la unidad sistemática del todo. El holismo ofrece la posibilidad de demostrar que la vida es aparente en los organismos completos, como una función de las relaciones internas en interacción con el ambiente, y que no se presenta por separado en ninguna de las partes[628]. Al usar un objeto en la práctica, se descubre paulatinamente para que fines y cuáles no, es apropiado su uso, con lo cual se hace patente la forma en que se ha de emplear el objeto.

La instrumentalidad (desde un punto de vista piagetiano) permite ejemplificar las características funcionales que se adquieren en la experiencia; al adquirir tal instrumentalidad se adquieren las características funcionales de idoneidad y conveniencia en general. Al percibir que por ejemplo, cierta herramienta (ya sea conceptual, ya sea material), es apropiada para determinados fines, tales características se establecen permanentemente. A partir de tal permanencia otros objetos son reconocidos como similares al presentar las características antedichas en la experiencia perceptiva[629].

Dada la evolución del sistema nervioso central y la unicidad de la herencia genética y de la experiencia individual, es posible vincular la inteligencia y el sentido de unidad al organismo biológico en forma unitaria. La emergencia de la conciencia plena, capaz de autorreflexión, ligada al cerebro humano y a la función descriptiva del lenguaje, es uno de los hitos en la larga evolución de la individuación. La aparición del lenguaje posibilitó la verbalización de los estados internos, con lo cual el habla, el gesto, el acto de la comunicación verbal permitieron acceder en forma indirecta al estudio de la conciencia[630]. Es posible que la unidad de experiencia consciente sea consecuencia en parte, de la individuación biológica de los organismos con instintos incorporados para la supervivencia del organismo individual, sugiriendo entonces que la conciencia e incluso la razón han evolucionado en gran medida por su valor de supervivencia para cada organismo en particular.

El hecho de que un niño pequeño muestre un vivo interés en su mundo, por ejemplo, al demostrar una actitud de franca preferencia hacia los rostros de las personas, es un tipo de conducta que parece no haber inferido partiendo de su propia experiencia sensible y que sugiere que se está guiando por un conocimiento "innato", que él desarrolla y expande con sus exploraciones activas, por ejemplo, con la sonrisa social.

Estos hechos hacen suponer a Popper que la idea de "persona" es genética y psicológicamente anterior a la de mente o "yo"[631], e igualmente considera desde un punto de vista filosófico conjetural, que la conciencia emerge a partir de cuatro funciones biológicas, a saber el dolor, el placer, la expectativa y la atención. Quizá la atención emergiera a consecuencia de las experiencias primitivas de dolor y placer, pero en cuanto fenómeno es "casi idéntica a la conciencia", ya que incluso el dolor puede desaparecer si la conciencia se concentra en otro foco. El dolor y el placer fueron los reguladores que los organismos adquirieron para que en un medio adverso, funcionaran las estrategias instintivas y adquiridas.

Cuando muchos individuos en grupos sociales experimentaron las consecuencias dolorosas de fenómenos psicológicos, sociales y naturales, fué posible desarrollar una serie de estrategias intelectuales y culturales para lograr reducir la sensación de dolor. El neurólogo Antonio Damasio refiere que el dolor y el placer tienen lugar cuando nos hacemos conscientes de estados corporales que se apartan de una gama básica de percepción. Las configuraciones de estímulos y de pautas de actividad cerebral que se perciben como dolor o placer se hallan establecidas a priori en la estructura cerebral.

Aunque nuestras reacciones al dolor y al placer pueden modificarse mediante la educación, son un ejemplo de fenómenos mentales que dependen de la activación de disposiciones innatas. Pero la percepción del dolor no acaba cuando el cerebro percibe una alteración de una determinada imagen corporal, porque se producen una serie cambios adicionales con matices emocionales que se experimentan como sufrimiento porque poseemos tal mecanismo que nos confiere representaciones/experiencias de dolor y placer. La utilidad del dolor y de su eco emocional, el sufrimiento, es que ofrecen la mejor protección para la supervivencia, porque el individuo toma las medidas para evitar el dolor y corregir sus consecuencias[632].

La atención implica un proceso activo de captar/asimilar los aspectos pertinentes de una situación, seleccionados y abstraídos por el aparato perceptivo que incorpora una programa de selección que se ajusta al repertorio de respuestas comportamentales que disponemos. Cuando surge un problema nuevo e inesperado que exige nuestra atención, se pone de relieve una de las funciones de la conciencia, relacionadas con la percepción.

Los animales superiores luchan por la supervivencia en un contexto puramente individual. Cada organismo individual es el que descansa, el que adquiere nuevas experiencias y habilidades, el que sufre y por último termina muriendo. El sistema nervioso central es el integrador por excelencia en los animales superiores, porque "integra" -al decir de Sherrington- todas las actividades del animal individual y todos sus reflejos. Las actividades integradoras (reflejos) que Sherrington describe son automáticas, pero la toma de decisiones no lo es, siendo una función de la mayor importancia biológica que depende de una "actividad integradora" que relaciona el comportamiento en determinados momentos con las expectativas, lo cual también equivale a relacionar el comportamiento actual con el futuro. Cuando una percepción se considera a la luz de las potencialidades implícitas en la conciencia actual en términos de la fenomenología de Karl Husserl, Berger refiere que "se requiere de precisar los significados y en distinguir y separar las ideas virtuales que hacen que los objetos o aspectos del conocimiento sean explícitamente reconocidos"; las percepciones permiten que un objeto unitario forme un grupo sistemático y coherente, lo cual implica considerar la percepción trascendentalmente[633].

El concepto de usar las leyes psicofísicas para describir la conciencia ha sido recientemente difundido por David Chalmers (1996), basado en intento de Heinrich Weber y Gustav Theodor Fechner para explicar los fenómenos psíquicos como leyes y como mecanismos (1860). Aunque Fechner creyó que la conciencia era una propiedad no física del universo, la vista dominante de la comunidad psicofísica en la actualidad tiende a ser materialista y reduccionista.

La psicofísica moderna tiene como objetivo la medición exacta de las experiencias sensoriales y el desarrollo de las leyes psicofísicas sensoriales, que se pueden considerar como aquellas que reflejan las propiedades superiores de los sistemas neurales en los cuales ellas se basan. Si se asume que la conciencia sea un constructo unitario, las leyes psicofísicas de la conciencia no deberían ser diferentes frente a las diferentes modalidades sensoriales o frente a cualquier otro fenómeno que se experimente en forma consciente como la emoción, el estrés, por citar algunos.

De igual forma, las leyes empíricas de la conciencia deben estar relacionadas entre sí mediante una estructura matemática, de la misma forma que en la física, con el fin de poder realizar predicciones para un amplio rango de situaciones de una serie de principios fundamentales. Con estos criterios se define un marco para la reacción de leyes psicofísicas significativas independientemente de que el enfoque sea dualístico o no dualístico. La teoría entrópica de la percepción de Norwich (1993) satisface estos criterios al unificar muchas de las leyes descritas de la psicofísica por medio del concepto de la información de Claude Shannon (concept of information) como la unidad subyacente de la experiencia perceptual[634].

La conciencia y el nuevo paradigma

"El espacio en el cual se desenvuelve el ser espiritual del hombre tiene dimensiones distintas de aquellas en que se desplegó en los últimos siglos"

Werner Heisenberg

Un paradigma (del griego *paradigmon*: pauta) constituye un estado de logro intelectual que es derrotero para las tendencias del conocimiento en la ciencia, guía la actividad científica por la organización de los principales fenómenos relativos a ese campo. Un paradigma es una especie de tendencia cognoscitiva surgida del fondo de la conducta humana, y que no tiene límites precisos, que está constituido por los supuestos teóricos generales, las leyes y las técnicas para su aplicación que manejan los miembros de una determinada comunidad científica. El físico Thomas Kuhn en su concepción de las teorías científicas como estructuras complejas, describe el paradigma como un concepto sin definición precisa que denota "la totalidad de la constelación de valores, técnicas y otras compartidas por los miembros de una comunidad dada" y que pertenece a la misma categoría que otras cosmovisiones compartidas socialmente. Un paradigma establece las normas necesarias para legitimar el trabajo dentro de la ciencia que rige, coordina y dirige la actividad de resolución de problemas que efectúan los científicos que trabajan dentro de él. Refiere Alan Chalmers, físico en la universidad de Sidney que Thomas Kuhn, en la posdata a la edición de 1970 de "La estructura de las revoluciones científicas", quería impartir al vocablo paradigma -tan difundido a final de siglo-, el sentido de matriz disciplinar, con una connotación de ejemplaridad. A manera de ejemplo, las leyes del movimiento de Newton forman parte del paradigma newtoniano y las ecuaciones de Maxwell forman parte del paradigma de la teoría electromagnética clásica. De este modo, los paradigmas también incluirán las maneras normales de aplicar las leyes fundamentales a los diversos tipos de situaciones, de modo que el paradigma newtoniano se puede aplicar no solamente al movimiento planetario, sino al pendular, al choque de bolas de billar, entre muchas otras. Adicionalmente, los paradigmas como matrices disciplinares están constituidos por algunos principios metafísicos muy generales, que guían el trabajo dentro de la matriz con prescripciones metodológicas del tipo de "que los paradigmas deben intentar compaginarse con la naturaleza"[635].

Los medios por los cuales se perpetúan los paradigmas están relacionados con los procesos de socialización de cualquier grupo en particular y trabajan de la misma manera aún en grupos de acentuada divergencia[636]. Las revoluciones científicas (los cambios de paradigma/matriz disciplinaria) se hacen posibles por el descubrimiento de fenómenos que no resultan comprensibles a la luz de las antiguas teorías.

Los paradigmas científicos no son la verdad en un sentido epistemológico fundamental, pero alcanzan su grado de importancia en la medida en que aciertan en la predicción de fenómenos naturales y permiten que pueda haber manipulación de dichos fenómenos por parte del hombre. La ciencia conlleva intentos detallados de articular el paradigma y compaginarlo mejor con la naturaleza, partiendo de que es impreciso y abierto como para permitir esto. Por otra parte, Víctor Gúedez, corroborando las ideas de Edgar Morín, refiere un paradigma como un enfoque o un "macroconcepto multidimensional", según el cual se capta, se interpreta y se orienta la realidad existente.

Una interesante definición de cómo opera un paradigma se puede encontrar en Werner Heisenberg, cuando escribió:

> " (...)cuando grupos de fenómenos obligan a cambios en las pautas conceptuales, incluso el físico más eminente tropieza con inmensas dificultades. La exigencia de un cambio en las pautas del pensamiento puede engendrar en nosotros la sensación de que le quitan el suelo de abajo de los pies.... Creo que las dificultades en este punto difícilmente pueden ser exageradas. Una vez que se ha experimentado la desesperación con la que reaccionan los hombres de ciencia inteligentes y conciliadores, cuando se les exige un cambio en la pauta de sus pensamientos, solo cabe el sorprenderse de que tales revoluciones de la ciencia hayan sido posibles "[637].

En cada época histórica entran en juego simultáneamente diversas variables. Unas tienden a ser permanentes y otras son novedosas, estas últimas deben hacer frente a la resistencia que tiende a impedir su aparición inmediata. Otras son influyentes por la aceptación que han recibido, mientras que otras son recurrentes y resurgen después de haber sido rechazadas[638].

Hay una jerarquía entre los diferentes paradigmas que suele imponer la propia naturaleza, más que el mismo hombre: por ejemplo, el hecho de que la mecánica clásica newtoniana sea válida para velocidades inferiores a la luz no resta su utilidad en el manejo de otras situaciones en la naturaleza, como en navegación, balística, o en nuestros días, el cálculo de las trayectorias de las naves espaciales en su viaje a los grandes planetas del sistema solar; la teoría de la relatividad de la materia y la energía no se hubiera podido descubrir, a no ser que antes se hubieran conocido las leyes newtonianas del movimiento.

Las nuevas teorías desplazan las antiguas hacia un ámbito diferente de fenómenos. La nueva teoría no invalida la precedente, solo mejora su enfoque. Esta jerarquía de los paradigmas ofrece coherencia y unidireccionalidad en los avances del saber científico[639].

Al referirse a la conciencia y al cambio de paradigma, es necesario saber que el concepto griego clásico atomista de un universo divisible y aislable, comprensible mediante el reduccionismo está en proceso de ser reemplazado. Se considera entonces que este enfoque puede ser extensible y aplicable a todas las ciencias, y en particular a las neurociencias y la ciencia y las disciplinas de la conciencia.

En el contexto del tiempo contemporáneo en que transcurrimos, el paradigma de conciencia se debate entre las dimensiones diferentes pero complementarias de la incertidumbre y la paradoja, ya que en la medida del avance y mayores logros de la ciencia, más se expande el horizonte de estas dos dimensiones.

Desde el punto de vista epistemológico es importante la tesis de que es posible el estudio de los estados alterados de conciencia con el método científico, aunque en el estudio de tales estados de conciencia haya existido la tendencia a considerarlos epifenómenos[640], debido a su complejidad inherente y a que no tienen manifestaciones físicas conocidas. En algunas teorías de cómo podría surgir la conciencia, existen algunas que tienden a tratar a la conciencia misma como un epifenómeno, como la planteada por Francis Crick, del Salk Institute y por Christof Koch del Instituto Californiano de Tecnología, cuando sugieren que la conciencia es de alguna manera un subproducto de la descarga simultánea y de alta frecuencia de neuronas hacia diferentes partes del cerebro.

De acuerdo a Crick y Koch, el engranaje de estas frecuencias es lo que genera la conciencia, de un modo semejante a como los tonos de instrumentos individuales producen el complejo sonido de una orquesta sinfónica. Crick alude en forma humorística a su teoría sobre la conciencia que expresa en su obra "The Astonishing Hypothesis" (La hipótesis sorprendente) "que si creen que estoy buscando el camino a tientas por la jungla, tienen razón".

Permítaseme un ejemplo personal: en el filme "Judgement Day", una obra de ficción futurista del director Paul Verhoeven, un sistema de computadoras llamado "Skynet", que el coordinador maestro de los "sistemas ciberdinos" de defensa militar, cobra un día la conciencia y envía a un autómata cibernético llamado "terminator" al pasado, para eliminar a la madre de quien sería en ese futuro presente, el organizador de la resistencia contra la tecnocracia consciente comandada por "Skynet", que en su conocimiento no veía la utilidad de la existencia de la especie humana, por lo cual decidió su exterminio. Traigo este ejemplo a colación a propósito de como sustentar la conciencia surgiendo como un epifenómeno, a consecuencia de la complejidad en el entramado de conexiones en los sistemas de microcircuitos de una computadora.

Esta es la llamada concepción "computacionista", que propone una teoría computacional de la mente, en la que las representaciones computacionales cognoscitivas se deben interpretar como algo diferente de la representación consciente, en razón al automatismo de los procesos computacionales y a un modo de operación relacionado con las propiedades sintácticas de los símbolos implicados; por otra parte, el pensamiento consciente depende de la atención a las propiedades semánticas de las imágenes representadas y de su manipulación deliberada a la luz de sus contenidos actuales[641]. Hay que agregar que la llamada "memoria de trabajo" no basta para explicar la experiencia consciente.

El egiptólogo Schwaller de Lubicz mostró como en el antiguo Egipto, el cuerpo era percibido como conexión y expresión de astronomía, geografía, matemáticas, artes mágicas, sanación y arte. El cuerpo se honraba como el "Templo del conocimiento". Del mismo modo en la literatura helénica, los griegos consideraron que el cuerpo estaba compuesto de *psyche* y *soma* y es la expresión perfecta de los valores de la verdad y la belleza (*kalokagathia*)[642].

Honrando el cuerpo como un instrumento de conocimiento intelectual y espiritual, las culturas orientales han desarrollado sistemas de respiración y posturas yógicas. En el arte y la práctica budista, el énfasis se hace en estar centrado a nivel del ombligo. Para los practicantes budistas, hinduistas y del tantrismo el cuerpo es el supremo templo de la trasmutación, el sitio donde todas las fuerzas del universo pueden llevar a un orden superior de naturaleza y espíritu.

Sogyal Rimpoché relata cómo es necesario conocer la verdadera naturaleza de la mente. "Dzogchen" palabra tibetana para "gran perfección" entendida como el estado autoperfeccionado de nuestra naturaleza primordial es aquello que permite saber que la verdadera naturaleza de la mente es la verdadera naturaleza de todo. La enseñanza práctica del camino de Dzogchen se expresa con los términos Visión, Meditación y Acción. Dudjom Rimpoché se refiere a la Visión como:

"la comprensión de la conciencia desnuda, dentro de la cual está contenido todo: la percepción sensorial y la existencia fenoménica, el samsara y el nirvana. Esta conciencia tiene dos aspectos: la 'vacuidad' como espectro absoluto, y las apariencias o percepción como aspecto relativo[643]"

Complementando los conceptos de Rimpoché, el aumento de la sensibilidad perceptiva puede lograrse por vía de análisis conceptual, por aumento y sistematización de la percepción sensorial con base en la instrumentación y la experimentación, o bien por adiestramiento directo de la percepción.

En la medida que evolucionan y se vuelven más sensibles las disciplinas empíricas, es posible establecer más paralelos entre ellas, e igualmente es posible que las ciencias que se basan tradicionalmente en el análisis cuantitativo, que piensan en términos de actuación y actúan de acuerdo al pensamiento, tiendan a soslayar en un menor grado la esencia de las cosas. Otra forma de acceder a un orden de realidad diferente viene dada por los enfoques antropológicos, en los que el conocimiento de un enfoque diferente al usual de una sociedad occidental puede conducir a captar aspectos no sospechados de la realidad, debido al fenómeno que cada cultura codifica su experiencia particular de una forma diferente y tiene un vocabulario especializado para referirse a los ámbitos de realidad a los que son más sensibles en su particular manera de ver el mundo[644]. Es importante aclarar que al discutir los aspectos relativos a la conciencia que ofrece cada disciplina científica, se suscita la cuestión sobre lo que determina que una ciencia sea diferente a la otra y si algunos supuestos "aspectos" de la "misma" ciencia son en realidad ciencias distintas[645].

Bases epistemológicas para el estudio de los estados alterados de la conciencia

Al considerar el método científico como esfuerzo por la sistematización del proceso de adquisición de conocimiento de modo que se reduzcan al mínimo los sesgos provenientes de la observación y el racionamiento, es posible argumentar que el método científico puede aplicarse para el estudio del fenómeno de la conciencia.

Son posibles las observaciones y la teorización en el estado básico de conciencia. Pero en la medida de que la sensibilidad perceptiva humana siga incrementándose, se irá trascendiendo la experiencia ordinaria del mundo y su tipo de realidad inherente. Tales estados alterados de conciencia concebidos como epifenómenos podrían partir del hecho de considerar que las neuronas tienen diferentes modos de organización, resultando ello en diferentes experiencias subjetivas. Pero el epifenómeno es incidental, es un efecto que se produce independientemente o no de su utilidad.

Considerar como epifenómenos a los estados de conciencia parte del hecho que la experiencia subjetiva no se puede explicar de modo suficiente con las leyes actuales de la neurología y que son algo que el cerebro produce en forma secundaria sin ser capaz de influir en ellos, con lo cual los estados de conciencia y la mente quedarían reducidos a la sustancia inmaterial del dualismo cuya expresión en el plano material es mediante el cerebro, resulta a todas luces, insuficiente[646].

Al referirse al "conocimiento objetivo" Popper expone una tesis en la que existen dos sentidos diferentes de conocimiento o pensamiento:

"El conocimiento o pensamiento en sentido subjetivo, que consiste en 1) un estado de la mente o de la conciencia, o en una disposición a comportarse o actuar; y (2) un conocimiento o pensamiento en sentido objetivo[647], que consiste en los problemas, teorías y argumentos como tales.

El conocimiento en este sentido objetivo es totalmente independiente de la pretensión de conocer de cualquiera; es también independiente de las creencias o de la disposición de cualquiera a asentir, a afirmar o a actuar"[648].

Sin embargo, la realidad que se revela es bastante diferente de la cotidiana según los aportes de las disciplinas de la conciencia, algunos modelos físicos y aportes de las neurociencias, lo que se puede conocer es la interacción entre el observador y lo observado, no es posible conocer las propiedades de lo observado solo: toda observación es una función de la conciencia del observador y por eso el universo está inextricablemente ligado a la conciencia, en vez de ser divisible en "conciencia" y "objetos de conciencia".

Así, Bertrand Russell expresó que "al mundo se le puede llamar físico, mental o las dos cosas; o ninguna, como más nos guste; en realidad las palabras no sirven para nada"[649].

Hace milenios la humanidad descubrió que podía entrenar su cerebro para inducir en el cambios profundos de conciencia. La mente aprendió a mirarse a sí misma y a examinar sus propias realidades, su espacio interior.

Un experimentador individual al construir su "aparato", juzgar la fiabilidad de su funcionamiento y utilizarlo para extraer datos, empleará habilidades en cierta forma artesanales que ha aprendido en parte de alguna fuente (por ejemplo, los libros de texto), pero sobre todo, de sus tanteos e interacción con colegas más experimentados. Por mucha que sea la confianza del experimentador en la fiabilidad de los resultados que obtiene, esa confianza subjetiva no bastará para calificar a esos resultados como una parte constituyente del conocimiento científico. Los resultados deben poder superar los posteriores procesos de comprobación, efectuados tal vez en primera instancia por los colegas, luego si la estructura social de la ciencia se dá en el mismo contexto del experimentador, por los editores de los medios escritos de divulgación especializada.

Ken Wilber refiere sobre San Buenaventura que afirmaba que el ser humano tiene tres modos de alcanzar el conocimiento, o tres ojos, por así decirlo. El adiestramiento de los tres ojos del alma a saber, el ojo de la carne, el ojo de la razón y el ojo de la contemplación permite percibir el mundo externo, el mundo de la filosofía y la mente misma y el conocimiento de las verdades trascendentes. Si se acepta que cada ojo tiene sus propios objetos de conocimiento, ya sean mentales y trascendentales, y que un ojo superior no puede ser reducido a uno inferior, cada ojo es útil y válido en su propio campo, para no incurrir errores categoriales.

Desde este marco conceptual una persona que se niega a adiestrar uno u otro de los ojos, suscita un "negarse a mirar" y existe justificación en no considerar como válida la opinión de tal persona. En alguien que se niega a aprender contemplación, por ejemplo, no se puede admitir verosimilitud en observaciones hechas sobre la naturaleza trascendental[650].

En consonancia con los dictados del método científico un buen investigador en el campo de los estados de conciencia se compromete a realizar buenas observaciones, a difundirlas en público, a realizar argumentación teórica que sea lógica y a lograr la reproductibilidad de los resultados[651]. El calificar los estados de conciencia como epifenómenos ha implicado que se les considere de poca importancia, por las implicaciones de subjetividad y por consiguiente, de poca credibilidad.

La figura "clásica" del observador desapegado no funciona al estudiar los estados de conciencia porque su percepción alterada puede afectar lo que observa. Cuando el observador es quien vivencia el estado alterado de conciencia es necesario conocer las características del observador, con el objetivo de poder conservar la validación consensual[652]. Al respecto de la validez de los conocimientos subjetivos, Wilber concuerda con Charles Tart que el conocimiento científico no es la única forma de conocimiento: en términos de los tres modos de alcanzar el conocimiento ya sea científico, mental o contemplativo se plantea el problema de las pruebas que lo hacen verificable. Si se reconoce que todo conocimiento tiene, de acuerdo a Wilber, tres componentes básicos que incluyen:

• Un ala instrumental o imperativa: compuesta de instrucciones simples o complejas que dan la guía para la obtención de un resultado.
• Un ala iluminativa: consiste en un ver iluminativo a cargo de la modalidad particular de conocimiento correspondiente al ala imperativa. Además de ser autoiluminativa, conduce a la posibilidad de un ala comunal.
• Ala comunal: es el compartir efectivo de la visión iluminativa con otros que están usando el mismo modo. Si otros colegas coinciden con la visión compartida, se logra una prueba comunal de la verdad de la visión.

En el plano categorial de conocimiento de la conciencia desde un punto de vista trascendental implica "entrenar la mente" viviendo la manera directa y concreta en que esto se logra. Con el enfoque de la contemplación, la percepción así lograda de aquello que llamamos realidad, mostrará unas propiedades más fundamentales y verídicas de lo habitual, que originarán el concepto de un orden de realidad diferente al que estamos acostumbrados a percibir[653]. El conocimiento para entrenar la mente deriva de enseñanzas personales y de la propia experiencia personal por ejemplo, en la meditación. El propósito de la meditación es despertar en cada uno la naturaleza de la mente para vislumbrar esa vivencia inmutable de *Rigpa*. La meditación consiste en algo similar a "llevar la mente de regreso al hogar" por la práctica de la presencia mental o atención, en que no se vivencian las emociones, sino solamente se las contempla con el mayor altruismo posible[654].

En el yoga, de modo semejante a los estados de *engourdissement* hipnótico, o cuando hay un *abaissement du niveau mental* -de acuerdo al neurólogo francés Janet-, hay una conciencia indiferenciada en la que no causan ningún disturbio las percepciones, los sentimientos, los pensamientos. Este es un estado en que existe la vivencia de *être bien dans sa peau* "estar bien en la piel", que se asocia a una sensación de autoliberación y profunda tranquilidad.

Siguiendo de nuevo a Wilber y haciendo énfasis en el desarrollo interno del denominado holón social, se llega al interesante concepto de una visión compartida del mundo.

En un marco de ello, yo, nosotros (conceptos a los que denomina los Tres Grandes), las tres pruebas de validez de Habermas a saber, la verdad (objetos), veracidad o sinceridad (sujetos) y de justicia o derecho (intersubjetividad), estos valores corresponden a los de Platón: lo verdadero (verdad proposicional, referido a un estado objetivo de cosas o ello), lo bueno (o adecuación cultural, hace referencia al concepto de nosotros) y lo bello (dimensión individual estética que hace referencia al yo) y a las tres críticas de Kant: la crítica de razón pura (razón teórica, ello), la razón práctica (moral intersubjetiva, nosotros) y el Juicio Estético Personal (yo). Estos conceptos son los dominios de la ciencia empírica, de la moralidad y el arte[655].

502. 📖 Popper KR, Eccles JC: **El Yo y su cerebro**. 1ª Ed, 2ª Reimpresión, Editorial Labor Barcelona, 1985. pp. 492

503. La aparición de nuevas características en las totalidades ha sido llamada *emergencia*. La emergencia ha sido invocada a menudo para explicar fenómenos tan difíciles como la vida, la mente o la conciencia. En: 📖 Wilber K: **Sexo, Ecología, Espiritualidad. El alma de la evolución. Volumen I** Gaia Ediciones, Madrid 1996. pp. 64

504. 📖 O'Manique J: **Energía en evolución**. Editorial Rotativa. Barcelona 1972. pp. 127

505. 📖 Wilber K: **Sexo, Ecología, Espiritualidad. El alma de la evolución. Volumen I** Gaia Ediciones, Madrid 1996. pp. 133

506. 📖 Wilber K: **Sexo, Ecología, Espiritualidad. El alma de la evolución. Volumen I** Gaia Ediciones, Madrid 1996. pp. 134

507. 📖 Chalmers, DJ (Ed.): The conscious mind: In search of a fundamental theory. New York 1996. Oxford University Press

508. 📖 Wilber K: **Sexo, Ecología, Espiritualidad. El alma de la evolución. Volumen I** Gaia Ediciones, Madrid 1996. pp. 136

509. 📖 House A, Pansky B, Siegel A: **Neurociencias. Enfoque sistemático**. 1ª Edición en Español. Edit. McGraw-Hill, México D.F. 1982 pp. 138

510. 📖 Kandel ER, Schwartz JH, Jessell TM: **Essentials of Neural Science and Behavior**. Appleton & Lange. 1995. pp 324

511. 📖 Popper KR, Eccles JC: **El Yo y su cerebro**. 1ª Ed, 2ª Reimpresión, Editorial Labor Barcelona, 1985. pp. 282

512. 📖 Eccles JC: **La evolución del cerebro: la creación de la conciencia**. Editorial Labor, Barcelona. 1992. pp. 179

513. 📖 Damasio AR: **El Error de Descartes**. Critica-Grijalbo. Barcelona, 1996. pp. 213

514. 📖 Damasio AR: **El Error de Descartes**. Critica-Grijalbo. Barcelona, 1996. pp. 215

515. 📖 Bresch C: **La vida, un estadío intermedio**. Biblioteca Científica Salvat. Barcelona, 1987. pp. 153

516. 📖 Bresch C: **La vida, un estadío intermedio**. Biblioteca Científica Salvat. Barcelona, 1987. pp. 158

517. 📖 Damasio AR: **El Error de Descartes**. Critica-Grijalbo. Barcelona, 1996. pp. 218

518. 📖 Wilber K: **Sexo, Ecología, Espiritualidad. El alma de la evolución. Volumen I** Gaia Ediciones, Madrid 1996. pp. 144

519. 📖 Engels, F: **El origen de la familia, la propiedad privada y el estado**. pp. 36

520. 📖 Engels, F: **El origen de la familia, la propiedad privada y el estado**. pp. 69

521. 📖 Bresch C: **La vida, un estadio intermedio**. Biblioteca Científica Salvat. Barcelona 1987 pp. 172

522. 📖 Taylor P: La selección natural: un lastre sobre el pensamiento biológico y social. **Ludus Vitalis** 1999; VII (12): 27-55

523. 📖 Wilber K: **Sexo, Ecología, Espiritualidad. El alma de la evolución. Volumen I** Gaia Ediciones, Madrid 1996. pp. 180

524. 📖 Sagan C, Druyan A: **Sombras de antepasados olvidados**. Edit. Planeta, Barcelona, 1992. pp. 333

525. 📖 Sagan C, Druyan A: **Sombras de antepasados olvidados**. Edit. Planeta, Barcelona, 1992. pp. 336 - 337

526. 📖 Eccles JC: **La evolución del cerebro: la creación de la conciencia**. Editorial Labor, Barcelona. 1992. pp. 193

527. 📖 Augusta J, Burian Z: **El origen del hombre**. Ediciones Suramérica, Bogotá, 1966. pp. 103

528. 📖 Damasio AR: **El Error de Descartes**. Critica-Grijalbo. Barcelona, 1996. pp. 224

529. 📖 Sagan C, Druyan A: **Sombras de antepasados olvidados**. Edit. Planeta, Barcelona. pp. 281

530. 📖 Bresch C: **La vida, un estadío intermedio**. Bilioteca científica Salvat, Barcelona 1987 pp. 223 y ss

531. 📖 Wilber K: **Sexo, Ecología, Espiritualidad. El alma de la evolución. Volumen I** Gaia Ediciones, Madrid 1996. pp. 142

532. 📖 Eccles J: **La revolución del cerebro: creación de la conciencia**. Edit Labor 1992. pp. 183

533. 📖 Damasio AR: **El Error de Descartes**. Critica-Grijalbo. Barcelona, 1996. pp. 218

534. 📖 Eccles J: **La evolución del cerebro: creación de la conciencia**. Edit Labor 1992. pp. 181

535. 📖 Fischbach GD: Introducción general. En: **Mente y Cerebro. Monografía de Libros de Investigación y Ciencia**. Edit. Prensa Científica, Barcelona. 1993. pp. 13

536. 📖 Seth AK, Ishikevich E, Reeke GN, Edelman GM: Theories and measures of consciousness: an extended framework. **Proceedings National Academy Sciences** 2006; 103(28): 10799-10804

537. 📖 Seth AK, Ishikevich E, Reeke GN, Edelman GM: Theories and measures of consciousness: an extended framework. **Proceedings National Academy Sciences** 2006; 103(28): 10799-10804

538. 📖 Popper KR, Eccles JC: **El Yo y su cerebro**. 1ª Ed, 2ª Reimpresión, Editorial Labor Barcelona, 1985. pp. 149-150

539. 📖 Al explicar el conocimiento y la inteligencia humanos en términos biológicos, Popper lo considera "como el conocimiento animal o humano como un resultado evolutivo, o de adaptación evolutiva al medio ambiente. Popper KR, Eccles JC: **El Yo y su cerebro**. 1ª Ed, 2ª Reimpresión, Editorial Labor Barcelona, 1985. pp. 136

540. 📖 Tissot R: **Introducción a la Psiquiatría biológica**. Editorial Pluma, Bogota D.C., 1980 pp. 209

541. 📖 Eccles J: **La evolución del cerebro: creación de la conciencia** Edit. Labor 1992. pp. 195

542. 📖 House A, Pansky B, Siegel A: Capítulo 19. La formación reticular. En: **Neurociencias. Enfoque sistemático**. Edit. McGraw-Hill, México D.F. 1982. pp. 363 y ss

543. 📖 P. Farreras - Valentí: Síndromes comatosos Capítulo 15. En: Pons PA, Farreras-Valentí P, Ley A, Montserrat S, Sales R, Sarró R, et al: Enfermedades del sistema Nervioso, Neurosis y Medicina Psicosomática, Enfermedades mentales, Tomo IV. **Tratado de Patología y Clínica Médicas**. Salvat. Barcelona, 1965. pp. 298 - 323

544. Los criterios de muerte cerebral total incluyen: ausencia completa de actividad cortical y de tallo cerebral en dos exámenes clínicos realizados con dos horas de intervalo en ausencia de depresores de SNC, relajantes musculares o hipotermia, con EEG sin actividad eléctrica (isoeléctrico) registrado con estimulación auditiva por un período de al menos 30 minutos [amplificación de 2 V/mm]. No debe haber ventilación espontánea durante 3 minutos. Los reflejos de los pares craneales deben estar ausentes pero pueden presentarse reflejos de la médula espinal. Estos hallazgos deben ser corroborados por al menos dos médicos. 📖 [Weil MH, von Planta M et al **Capítulo 1. En: Shoemaker, WC: Textbook** of Critical Care. WB Saunders, Philadelphia, USA. 1989 pp. 1 - 40

545. 📖 House L, Pansky B, Siegel A: **Neurociencias Enfoque Sistemático**. 1ª Ed en Español. McGraw Hill. México DF, 1982. pp. 363

546. 📖 House L, Pansky B, Siegel A: **Neurociencias Enfoque Sistemático**. 1ª Ed en Español. McGraw Hill. México DF, 1982. pp. 466

547. La muerte clínica es la asociación de paro respiratorio (apnea), paro circulatorio, con suspensión de la actividad cerebral que puede ser reversible.

548. 📖 Hofstadter DR: **Gödel, Escher, Bach. Un eterno y grácil bucle.** Tusquets Editores, Barcelona, 1998. pp. 398

549. 📖 Lassen NA, Ingvar DH, Skinhøj E: Función cerebral y flujo sanguíneo. En: **El Cerebro Monografía de Libros de Investigación y Ciencia** 3ª Edición.. Editorial Labor, Barcelona. 1983 pp. 194-204

550. 📖 Montañés P: La negligencia unilateral. **Acta Neurológica Colombiana** 1988; 4(3): 23-27

551. 📖 Evarts EV: Mecanismos cerebrales del movimiento. En: **El Cerebro Monografía de Libros de Investigación y Ciencia.** 3ª Ed. Edit. Labor, Barcelona. 1983 pp. 136

552. 📖 Popper KR, Eccles JC: **El Yo y su cerebro.** 1ª Ed, 2ª Reimpresión, Editorial Labor Barcelona, 1985. pp. 400

553. 📖 Popper KR, Eccles J: **El Yo y su cerebro.** 1ª Ed, 2ª Reimpresión, Editorial Labor Barcelona, 1985. pp. 410 y ss

554. 📖 Popper KR, Eccles J: **El Yo y su cerebro.** 1ª Ed, 2ª Reimpresión, Editorial Labor Barcelona, 1985. pp. 274

555. 📖 Popper KR, Eccles J: **El Yo y su cerebro.** 1ª Ed, 2ª Reimpresión, Editorial Labor Barcelona, 1985. pp. 272

556. 📖 Popper KR, Eccles JC: **El Yo y su cerebro.** 1ª Ed, 2ª Reimpresión, Editorial Labor Barcelona, 1985. pp. 275

557. 📖 Damasio AR, Damasio H: Cerebro y Lenguaje. En: **Mente y Cerebro. Monografía de Libros de Investigación y Ciencia.** Prensa Científica, Barcelona. pp. 69

558. Popper considera que las entidades del mundo físico como procesos, fuerzas, campos de fuerzas, interactúan entre sí, y del mismo modo con los cuerpos materiales. Define lo real como el conjunto de cosas que son capaces de ejercer un efecto causal sobre cosas materiales de tamaño ordinario, y que explican cambios en el mundo material ordinario. Las fuerzas y campos de fuerzas están ligadas a átomos y partículas, poseen un carácter disposicional a interactuar, integrando así concepciones del materialismo y el fisicalismo. El Mundo 2 es el mundo de las experiencias subjetivas, de los estados mentales, incluyendo los estados de conciencia, las disposiciones psicológicas y los estados inconscientes. El Mundo 3 es el mundo objetivo de los productos de la mente humana. La existencia de las grandes e incuestionables obras creativas del arte y de la ciencia muestra la creatividad humana y con ella, a la del universo. La palabra creatividad, una de las claves en el surgimiento del Mundo 3 se entiende en el sentido de la impredictibilidad de la especie humana. Con la emergencia del hombre, considera "que la creatividad del universo se ha hecho obvia". El hecho de la existencia de los Mundos, ofrece una respuesta al problema de la mente y el cuerpo, que entendido en una mejor circunscripción como el problema del cerebro y la mente, por la teoría del interaccionismo, según la cual los estados mentales y físicos interactúan. Esta teoría del interaccionismo soluciona el problema en que se interacción se localiza en el cerebro: Popper K: Capítulo 1. El materialismo se supera a sí mismo. En: 📖 Popper KR, Eccles JC: **El Yo y su cerebro.** 1ª Ed, 2ª Reimpresión, Editorial Labor Barcelona, 1985. pp. 2-40

559. Llaman la atención las semejanzas planteadas con el nivel mental, premental / submental o de dominio material o biosensorial y transmental o del alma y el espíritu, o como materia, mente y espíritu, o subconsciente, autoconsciente y superconsciente, o instinto, razón e intuición (mencionadas por otros autores, como Hegel). Lo importante de estos niveles desde el punto de vista metodológico es que cada nivel superior no puede explicarse en términos del inferior, cada nivel superior tiene propiedades y características que no se encuentran en los inferiores. Desde el punto de vista epistemológico, la biología no puede explicarse solamente en términos de física, ni la psicología solamente en términos de biología. Cada estadío superior abarca a las fases inferiores, pero trascendiéndolas al agregar sus propios atributos definitorios. Citado en Wilber K: Capítulo 10 Reflexiones sobre el paradigma de la nueva era. En: 📖 Wilber K, Bohm D, Pribram K, Keen S, Fergusson M, Capra F, Weber R y otros: **El Paradigma Holográfico. Una exploración en las fronteras de la Ciencia.** 3ª Ed. Edit. Kairós, Barcelona. 1992. pp. 298

560. 📖 Hofstadter DR: **Gödel, Escher, Bach. Un eterno y grácil bucle.** Tusquets Editores, Barcelona, 1998. pp. 365

561. 📖 LaBerge D: Attention, awareness, and the triangular circuit. **Consciousness and Cognition** 1997; Vol 6(2-3): 149-181

562. 📖 Popper KR, Eccles J: **El Yo y su cerebro.** 1ª Ed, 2ª Reimpresión, Editorial Labor Barcelona, 1985 pp. 411 - 413

563. 📖 Damasio AR, Damasio H: Cerebro y Lenguaje. En: **Mente y Cerebro. Monografía de Libros de Investigación y Ciencia.** Prensa Científica, Barcelona. pp. 70

564. 📖 Hofstadter DR: **Gödel, Escher, Bach. Un eterno y grácil bucle.** Tusquets Editores, Barcelona, 1998. pp. 388-90

565. 📖 Wartofsky MW: **Introducción a la filosofía de la ciencia.** 2ª Edición. Editorial Alianza Universidad. Madrid, 1983. pp. 342

566. 📖 Pigem J: Salir de la caverna. En: **Nueva Conciencia. Monografía Nº 22 de Integral.** Ediciones Integral. Barcelona, 1994. pp 112

567. 📖 Wilber K: El ojo de la ciencia y de la Psicología transpersonal. En: Walsh R, Vaughan F: **Más allá del Ego: Textos de Psicología transpersonal.** 5ª Ed. Kairós, Barcelona. 1991. pp. 336, 338

568. 📖 Chalmers AF: **¿Qué es esa cosa llamada ciencia?** Siglo XXI Eds. Madrid, 1987. pp. 206

569. 📖 El razonamiento inductivo o inducción lleva desde una lista finita de enunciados singulares a la justificación de un enunciado univervsal que lleva de la parte al todo. De acuerdo al inductivismo la ciencia inicia con la observación, que proporciona una base segura sobre la que se puede construir el conocimiento científico. El conocimiento científico se deriva de acuerdo al inductivismo, mediante la inducción de unos enunciados observacionales. Para el inductivista la fuente de la verdad no es la lógica, sino la experiencia: el conjunto del conocimiento se construye mediante la inducción a partir de la base segura que proporciona la observación, y en la medida de aumentar el número de hechos establecidos mediante la observación y le experimentación, son más las leyes y teorías con mayor genarlización y alcance. En: Chalmers AF: **¿Qué es esa cosa llamada ciencia?** Siglo XXI Eds. Madrid, 1987. pp. 16

570. 📖 Shibutani T: **Sociedad y Personalidad.** Paidós. Buenos Aires. 1961

571. 📖 Mountcastle VB: "The view from within - Pathways to the study of the perception" Johns Hopkins Medical Journal 1975; 136: 109-131. Citado en: Popper KR, Eccles JC: **El Yo y su cerebro.** 1ª Ed, 2ª Reimpresión, Editorial Labor Barcelona, 1985. pp. 468

572. 📖 Popper KR, Eccles J: **El Yo y su cerebro.** 1ª Ed, 2ª Reimpresión, Editorial Labor Barcelona, 1985. pp. 141 - 142

573. 📖 Pinillos JL: **La mente humana.** Salvat Eds, Navarra 1970. pp. 107

574. 📖 Tart C: Enfoque sistémico de los estados de conciencia. En: Walsh R, Vaughan F: **Más allá del Ego: Textos de Psicología transpersonal.** 5ª Ed, Editorial Kairós, Barcelona, 1991. pp. 169-174

575. 📖 Tart C: Enfoque sistémico de los estados de conciencia. En: Walsh R, Vaughan F: **Más allá del Ego: Textos de Psicología transpersonal.** 5ª Ed, Editorial Kairós, Barcelona, 1991. pp. 169-174

576. House L, Pansky B, Siegel A: **Neurociencias Enfoque Sistemático**. 1ª Ed en Español. McGraw Hill. México DF, 1979. pp. 462

577. Baars BJ: Some essential differences between consciousness and attention, perception, and working memory. **Consciousness and Cognition** 1997; 6(2-3): 363-371

578. House L, Pansky B, Siegel A: **Neurociencias Enfoque Sistemático**. 1ª Ed en Español. McGraw Hill. México DF, 1979. pp. 461 y ss

579. Popper KR y Eccles, J: **El Yo y su cerebro**. 1ª Ed, 2ª Reimpresión, Editorial Labor Barcelona, 1985. pp. 405

580. Strub RL. Black FW: The Bedside Mental Examination. Chapter 2. In: **Handbook of Neuropsichology**. Vol 1. Elsevier Science Publications. New York. pp. 30-46

581. Sigla alemana Lisergic Diethylamid Saure, dietilamida del ácido lisérgico.

582. Fergusson M: **La Revolución del Cerebro**. Editorial Héptada. Madrid. 1991. pp. 140,141

583. Fergusson M: **La Revolución del Cerebro**. Editorial Héptada. Madrid. 1991. pp. 81

584. Popper KR y Eccles, J: **El Yo y su cerebro**. 1ª Ed, 2ª Reimpresión, Editorial Labor Barcelona, 1985. pp. 600 y ss

585. Goleman D: **La inteligencia emocional.** Editorial Javier Vergara S.A., Buenos Aires, 1996. pp. 68

586. Aclaro un poco sobre estos personajes, citando un fragmento de la obra de Víctor Sánchez, **Las enseñanzas de Don Carlos. Aplicaciones prácticas de la obra de Carlos Castaneda** (1987) : "(...) a principios de la década de los sesenta Carlos Castaneda era un estudiante de antropología a punto de graduarse, por lo que se puso en contacto con un viejo indio yaqui llamado Juan Matus. Con el viejo como informante, pretendía llevar a cabo un estudio sobre los usos medicinales del peyote entre los indios del sur de los EE.UU. y norte de México. El caso fué que el indio se le reveló como un poderoso hombre de conocimiento o brujo y lo tomó como un aprendiz desde el principio de su relación (...) él (Castaneda) ha ido describiendo las diferentes etapas de su aprendizaje, lo cual despertó un gran interés entre lectores de todo el mundo." En: Sánchez V: Op. Cit. pp. 13.

587. Sánchez, **Las enseñanzas de Don Carlos. Aplicaciones prácticas de la obra de Carlos Castaneda**. Editorial Norma. Bogotá, 1987. pp. 225

588. Sánchez, **Las enseñanzas de Don Carlos. Aplicaciones prácticas de la obra de Carlos Castaneda**. Editorial Norma. Bogotá, 1987 pp. 225-226

589. Damasio AR: **El Error de Descartes**. Critica-Grijalbo. Barcelona, 1996. pp. 209

590. Sacks O: **The man who mistook his wife for a hat and other clinical tales**. Harper Perennial New York, 1990. pp. 72

591. Damasio AR: **El Error de Descartes**. Critica-Grijalbo. Barcelona, 1996. pp. 210

592. Rojas C: **El problema de la causalidad en la epistemología de Mario Bunge**. Tesis doctoral - Pontificia Universidad Javeriana, Facultad de Filosofía y Letras. Bogotá, Junio 1980. pp. 117

593. Rowan J: **Lo transpersonal. Psicoterapia y Counselling**. Editorial Libros de la liebre de marzo. Barcelona, 1996. pp. 259

594. Rattray-Taylor, G: **El cerebro y la mente. Una realidad y un enigma**. Editorial Planeta, Barcelona, 1979. pp. 285

595. Como se comenta en detalle más adelante (Cf. La realidad como conciencia) el origen del dualismo se remonta a la escuela de Parménides de Elea, cuando sostuvo que el Ser era único e invariable, que los cambios no eran posibles y lo que percibíamos como cambios eran ilusiones de los sentidos, a partir de lo cual surgió el concepto de una sustancia indestructible e inmutable. De esta idea también fructificó la del atomismo, en que los átomos como las unidades indivisibles más pequeñas de la materia se movían pasivamente en el vacío sin que se explicara la causa de su movimiento excepto por fuerzas espirituales, fundamentalmente diferentes de la materia. Esta imagen dualista de materia y fuerzas espirituales con el paso del tiempo se convirtió en un elemento importante del pensamiento occidental que dividía la mente y la materia.

596. Thomas NJT: **Coding Dualism: Conscious Thought Without Cartesianism**. Home Page: Imagination, Mental Imagery, Consciousness, Cognition: Science, Philosophy & History.

597. Fischbach GD: Introducción general. En: **Mente y Cerebro. Monografía de Libros de Investigación y Ciencia**. Edit. Prensa Científica, Barcelona. 1993. pp. 15

598. Popper KR, Eccles JC: **El Yo y su cerebro**. 1ª Ed, 2ª Reimpresión, Editorial Labor Barcelona, 1985. pp. 406-407

599. Popper KR, Eccles JC: **El Yo y su cerebro**. 1ª Ed, 2ª Reimpresión, Editorial Labor Barcelona, 1985. pp. 400

600. Popper KR, Eccles J: **El Yo y su cerebro**. 1ª Ed, 2ª Reimpresión, Editorial Labor Barcelona, 1985. pp. 410 y ss

601. Popper KR, Eccles J: **El Yo y su cerebro**. 1ª Ed, 2ª Reimpresión, Editorial Labor Barcelona, 1985. pp. 283

602. En la demostración experimental del potencial reactivo es necesaria la exclusión de patrones previamente aprendidos o "preprogramados". La mayoría de los movimientos voluntarios son componentes de secuencias complejas en las cuales hay participación de zonas de la corteza y del cerebelo que almacenan memoria de habilidades aprendidas. Es necesaria una evaluación crítica para excluir los efectos del repertorio de acciones automáticas ya aprendidas. En: Popper KR, Eccles J: **El Yo y su cerebro**. 1ª Ed, 2ª Reimpresión, Editorial Labor Barcelona, 1985. pp. 330, 366

603. Popper KR, Eccles J: **El Yo y su cerebro**. 1ª Ed, 2ª Reimpresión, Editorial Labor Barcelona, 1985. pp. 365

604. Al referirse al yo, Popper cita los dos enunciados kantianos que definen "persona" : "Una persona es un sujeto responsable de sus acciones" y "lo que es consciente de la identidad numérica de sí mismo en tiempos distintos". Popper KR, Eccles JC: **El Yo y su cerebro**. 1ª Ed, 2ª Reimpresión, Editorial Labor Barcelona, 1985. pp. 129

605. Popper KR, Eccles JC: **El Yo y su cerebro**. 1ª Ed, 2ª Reimpresión, Editorial Labor Barcelona, 1985. pp. 135

606. Gurtwisch A: **El campo de la conciencia. Un análisis fenomenológico**. Alianza Universidad - Revista de Occidente. Madrid, 1979. pp. 30

607. Gurtwisch A: **El campo de la conciencia. Un análisis fenomenológico**. Alianza Universidad - Revista de Occidente. Madrid, 1979. pp. 17, 30, 33

608. Devereux P, Steele J, Kubrin D: **Gaia, la Tierra Inteligente**. Lerner, con permiso de Editorial Martínez Roca, Bogotá, 1991 pp. 183-185

609. Capra F: **El Tao de la Física**. Editorial Sirio, Málaga, 1983. pp. 272

610. Devereux P, Steele J, Kubrin D: **Gaia, la Tierra Inteligente**. Lerner, con autorización de Martínez Roca, 1991. pp. 95

611. Hawking SW: **La Historia del Tiempo**. Critica - Grijalbo, Barcelona. 1989 pp. 100-101

612. Citado en: Capra F: **El Tao de la Física**. Editorial Sirio, Málaga, 1983. pp. 275

613. Las manchas solares se producen por fuertes explosiones de gases en la corteza solar, tienden a aparecer en regiones del Sol donde su campo magnético es muy fuerte. Estas manchas son cíclicas, con períodos de gran intensidad cada once años, con lapsos de mayor intensi-

dad de dos a tres años, en que las manchas son más intensas y de mayor tamaño que lo habitual. Tomado de: 📖 Bueno M: **El gran libro de la casa sana**. Martínez-Roca, 1994. pp. 68-71

614. El bioquímico Rupert Sheldrake señala que los campos "son las entidades más fundamentales que la materia. No pueden explicarse en términos de materia; más bien la materia se expresa en términos de la energía que hay en los campos". En: 📖 Devereux P, Steele J, Kubrin D: **Gaia, la Tierra Inteligente**. Lerner, con autorización de Martínez Roca, 1991. pp. 95

615. 📖 Devereux P, Steele J, Kubrin D: **Gaia, la Tierra Inteligente**. Lerner, con autorización de Martínez Roca, 1991. pp. 94

616. 📖 Buzan T, Dixon T: **The Evolving Brain**. David & Charles. London. pp. 160

617. 📖 Jung C: **Tipos psicológicos**. 9º Ed. Editorial Sudamericana, Buenos Aires, 1964. pp. 137

618. 📖 Sheldrake R: **Una nueva ciencia de la vida. La hipótesis de la causación formativa**. Kairós. Barcelona, 1990. pp 38

619. 📖 Sheldrake R: **Una nueva ciencia de la vida. La hipótesis de la causación formativa**. Kairós. Barcelona, 1990. pp 21

620. 📖 Sheldrake R: **Una nueva ciencia de la vida. La hipótesis de la causación formativa**. Kairós. Barcelona, 1990. pp 100,101

621. 📖 Jung C: **Tipos psicológicos**. 9º Ed. Editorial Sudamericana, Buenos Aires, 1964. pp. 137

622. 📖 Rattray-Taylor, G: **El cerebro y la mente. Una realidad y un enigma**. Editorial Planeta, Barcelona, 1979. pp. 286

623. 📖 Fergusson M: **La Revolución del Cerebro**. Editorial Héptada. Madrid. 1991. pp. 174

624. 📖 A.N. Whitehead, 1928. Citado por Sheldrake R: Una nueva ciencia de la vida. La hipótesis de la causación formativa. Kairós. Barcelona, 1990. pp 20

625. 📖 Fergusson M: **La Revolución del Cerebro**. Editorial Héptada. Madrid. 1991. pp. 175

626. 📖 Gurtwisch A: **El campo de la conciencia. Un análisis fenomenológico**. Alianza Universidad - Revista de Occidente. Madrid, 1979. pp. 39

627. 📖 Gurtwisch A: **El campo de la conciencia. Un análisis fenomenológico**. Alianza Universidad - Revista de Occidente. Madrid, 1979. pp. 39-40; 52

628. 📖 Wartofsky MW: **Introducción a la filosofía de la ciencia**. 2ª Edición. Editorial Alianza Universidad. Madrid, 1983. pp. 477-479.

629. 📖 Gurtwisch A: **El campo de la conciencia. Un análisis fenomenológico**. Alianza Universidad - Revista de Occidente. Madrid, 1979. pp. 54

630. 📖 Wartofsky MW: **Introducción a la filosofía de la ciencia**. 2ª Edición. Editorial Alianza Universidad. Madrid, 1983. pp. 456-457

631. 📖 Popper KR y Eccles JC: **El Yo y su cerebro**. 1ª Ed, 2ª Reimpresión, Editorial Labor Barcelona, 1985. pp. 130-131

632. 📖 Damasio AR: **El Error de Descartes**. Crítica-Grijalbo. Barcelona, 1996. pp. 243

633. 📖 Gurtwisch A: **El campo de la conciencia. Un análisis fenomenológico**. Alianza Universidad - Revista de Occidente. Madrid, 1979. pp. 341-343

634. West, R. L. (1998). The Psychophysical Laws of Consciousness [Summary]. Consciousness Research Abstracts, Toward a Science of Consciousness (Tucson III), Tucson, Arizona: Consciousness Studies at the University of Arizona.

635. 📖 Chalmers AF: **¿Qué es esa cosa llamada ciencia?** Siglo XXI Eds. Madrid, 1987. pp. 127-130

636. 📖 Kuhn, citado por Goleman D: Enfoques de la psicología de la realidad y el estudio de la conciencia. En: Walsh R, Vaughan F: **Más allá del Ego: Textos de Psicología transpersonal**. 5ª Edición. Editorial Kairós, Barcelona. 1991 pp. 39

637. Citado en: 📖 Zukav G: **La danza de los maestros del Wu-Li**. 2ª Ed. Edit. Plaza y Janés, Barcelona. 1991 pp. 194

638. Cuando los marcos teóricos más antiguos, con los que hay mayor familiaridad resultan limitados para una adecuada descripción de los fenómenos, deja de hacer inteligibles los nuevos conocimientos adquiridos, si se considera al antiguo marco en función de un lenguaje, el nuevo marco teórico será una reconstrucción del que antes existía y la nueva reconstrucción será apta para empleos en los cuales anteriormente era insatisfactorio. El nuevo lenguaje permite interpretar de un modo peculiar el antiguo, en virtud de una mayor sistematicidad, por lo que puede sintetizar una mayor heterogeneidad de hechos que la antigua manera ordenaba con dificultad. 📖 Wartofsky MW: **Introducción a la filosofía de la ciencia**. 2ª Edición. Editorial Alianza Universidad. Madrid, 1983. pp. 370

639. 📖 Fukuyama F: **El fin de la historia y el último hombre**. Editorial Planeta Colombiana SA, 1993. pp. 117

640. Definido como "un fenómeno concomitante que se da como resultado secundario o periférico"

641. 📖 J.R. Searle, (1980), "Minds, Brains and Programs." The Behavioral and Brain Sciences, 3, 417-424; J.R. Searle, (1990), "Is the Brain a Digital Computer?" Proceedings and Addresses of the American Philosophical Association, 64(3), 21-37, J.R. Fodor, (1981), Representations. MIT Press: Cambridge, MA; S.P. Stich, (1983), From Folk Psychology to Cognitive Science: the case against belief. MIT Press: Cambridge, MA ; citados por Thomas NJT: **Coding Dualism: Conscious Thought Without Cartesianism**. Home Page: Imagination, Mental Imagery, Consciousness, Cognition: Science, Philosophy & History. pp. 4

642. 📖 Houston J: **The Possible Human.** Tarcher & Putnam & New York, 1982. pp. 6,7

643. 📖 Rimpoché S: **El libro tibetano de la vida y la muerte.** Ediciones Urano. Barcelona, 1994. pp. 196

644. 📖 Goleman D: Enfoques de la psicología de la realidad y el estudio de la conciencia. En: Walsh R, Vaughan F: **Más allá del Ego: Textos de Psicología transpersonal.** 5ª Edición. Editorial Kairós, Barcelona. 1991 pp. 41

645. 📖 Wartofsky MW: **Introducción a la filosofía de la ciencia**. 2ª Edición. Editorial Alianza Universidad. Madrid, 1983. pp. 466

646. 📖 Tart, C: Estados de conciencia y ciencia de los estados específicos. En: Walsh R, Vaughan F: **Más allá del Ego: Textos de Psicología transpersonal.** 5ª Ed, Editorial Kairós, Barcelona, 1991. pp. 312-331

647. Con respecto al conocimiento, humano, el objetivismo es una concepción que hace hincapié en que los datos del conocimiento, desde las proposiciones simples, a las teorías complejas, tienen propiedades y características que trascienden las creencias y los estados de conciencia de los individuos que las conciben y las contemplan. El sujeto toma sobre sí en cierto modo las propiedades del objeto, lo cual supone que el objeto se presenta como algo acabado y definido ante la conciencia del sujeto cognoscente. Se opone al individualismo que concibe el conocimiento como "un conjunto especial de creencias que son sustentadas por los individuos y residen en sus mentes y cerebros (…) para que una creencia figure como auténtico conocimiento deberá ser posible justificar la creencia demostrando que es verdadera o probablemente verdadera mediante el recurso de la evidencia apropiada. El conocimiento, de acuerdo con esta concepción, es una creencia verdadera, debida-

mente evidenciada, o una fórmula similar". En: Chalmers AF: **¿Qué es esa cosa llamada ciencia?** Siglo XXI Eds. Madrid, 1987. pp. 160

648. Chalmers AF: **¿Qué es esa cosa llamada ciencia?** Siglo XXI Eds. Madrid, 1987. pp. 169

649. Walsh R, Vaughan F: **Más allá del Ego: Textos de Psicología transpersonal**. 5ª Edición. Kairós, Barcelona. 1991 pp. 351

650. Wilber K: El ojo de la ciencia y de la psicología transpersonal. En: Walsh R, Vaughan F: **Más allá del Ego: Textos de Psicología transpersonal**. 5ª Edición. Kairós, Barcelona. 1991 pp. 342

651. Se puede complementar en: Walsh R, Vaughan F: **Más allá del Ego: Textos de Psicología transpersonal**. 5ª Edición. Editorial Kairós, Barcelona. 1991 pp. 316

652. Walsh RN: La posible aparición de paralelos interdisciplinarios. En: Walsh R, Vaughan F: **Más allá del Ego: Textos de Psicología transpersonal**. 5ª Ed. Edit Kairós, Barcelona, 1991. pp. 345 - 355

653. Walsh RN: La posible aparición de paralelos interdisciplinarios. En: Walsh R, Vaughan F**: Más allá del Ego: Textos de Psicología transpersonal**. 5ª Ed. Edit Kairós, Barcelona, 1991. pp. 345 - 355

654. Rimpoché S: **El libro tibetano de la vida y la muerte.** Ediciones Urano. Barcelona, 1994. pp. 91

655. Wilber considera que existen holones individuales y sociales, y cada uno de ellos tiene un interior y un exterior. En la evolución general y humana en particular, surgen cuatro pistas de direcciones distintas, cada una de ellas estrechamente conectada y dependiente de las demás, aunque ninguna puede ser reducida a la otra. El desarrollo de las formas exteriores de los holones individuales comprende átomos, moléculas, células, organismos, organismos de neurales y organismos neurales de cerebro triple. El desarrollo de las formas exteriores del holón social tiene como objeto de estudio los enjambre de estrellas y los planetas, Gaia, los grupos familiares, los ecosistemas; por otra parte, también está el desarrollo interno del holon individual y por último, el desarrollo interno del holón social que se evidencia en una serie de visiones compartidas (desde una panorámica mágica, pasando por la mítica y la mental). Wilber K: **Sexo, Ecología, Espiritualidad. El alma de la evolución. Volumen I** Gaia Ediciones, Madrid 1996. pp. 143

Capítulo 10. El cerebro, la mente y la conciencia a la luz de algunos sistemas filosóficos

"Para dar significado a donde estamos hoy, necesitamos saber de dónde venimos".

Richard Leakey (1944 -)

"El mundo es todo lo que es el caso".

Ludwig Wittgenstein (1877-1951)

Algunas reflexiones filosóficas en torno al hombre y la mente humana

Nuestra época se ha caracterizado por un fenómeno antes desconocido, como una especie de Renacimiento, en el cual se ha producido la irrupción en la sociedad de la investigación científica y técnica a un muy alto nivel. Y aunque este fenómeno ha sido constante, la novedad del fenómeno reside en la amplitud del fenómeno cuya escala ha sido planetaria. Al preguntarse sobre el cerebro humano, nos preguntamos inevitablemente sobre el mismo centro de ser del hombre, pues los cambios en la actual concepción del cerebro y la mente tendrán un efecto profundo sobre la idea de la humanidad misma y el mundo.

Cuando se hacen preguntas se llevan los objetos y las cosas de la vida diaria, así como los objetos científicos a un nuevo plano en el cual aparecen como si fueran ideas. Para preguntar en un marco adecuado, para no expresar sinsentidos e insensateces, los autores como el austríaco Ludwig Wittgenstein recomiendan que orientemos adecuadamente las palabras, porque el lenguaje es el vehículo del pensamiento. Por esta razón, algunas veces la filosofía puede dar la impresión de que presta más atención a las afirmaciones sobre la realidad que a la realidad misma, sin embargo, al continuar en la línea wittgensteniana, se encuentra que una adecuada pregunta sobre el centro de ser del hombre viene enmarcada en que "todo lo que se puede decir, puede decirse clara y comprensiblemente, y sobre las cosas de las que no se puede hablar, hay que guardar silencio".

Estas consideraciones las hace Wittgenstein para evitar que el entendimiento se enajene por el lenguaje, "para combatir el embrujamiento de nuestro entendimiento por medio de nuestro lenguaje"[656], "ya que los límites del lenguaje, son los límites del mundo"[657].

Las disquisiciones filosóficas sugieren que para lograr inferencias sobre determinados procesos de tal manera que se tienda hacia la universalidad y la totalidad de los objetos, se deben hacer preguntas relativas a ellos mismos y ver en que estructuras se basan; entonces la actitud del filósofo ante la totalidad de los objetos es una actitud intelectual y de pensamiento, con un carácter racional y cognoscitivo.

La física moderna al orientarse hacia el conocimiento del mundo objetivo ha ofrecido respuestas, al demostrar que la estructura básica del universo es muy compleja, del mismo modo que ha permitido conocer el orden subyacente del mundo. La biología ha demostrado que las interacciones bajo condiciones muy particulares de los componentes de la célula como partes dependientes de un conjunto organizado son decisivas para el fenómeno de la vida. Se podría decir biológicamente que "la vida es el secreto oculto en el ADN"[658].

Uno de los objetivos de la ciencia moderna es la trascendencia de las limitaciones perceptivas habituales -que equivaldría a decir que estamos ciegos, y no somos conscientes de ello-, lo cual impide un conocimiento más fundamental del universo, y en últimas, de nosotros mismos. Entre estos elementos de "concepción del yo" y de "concepción del universo" existe una clase de antagonismo, que en cierta forma imprime un curso pendular al pensamiento humano que a veces se orienta hacia el macrocosmos, a veces hacia el microcosmos, acentuando la búsqueda entre uno u otro, pero siempre buscando las últimas conexiones entre las cosas[659].

Las limitaciones perceptivas ya notadas por ramas del conocimiento como la física, las neurociencias y las disciplinas de la conciencia suelen advertir sobre la presencia de dicotomías, separaciones, simplificaciones en las propiedades fundamentales como el fluir continuo, la interconexión de las cosas y la concepción de un universo holista.

Probablemente este es el sentido del término "ilusorio" al hacer referencia sobre estas limitaciones perceptivas que deforman la realidad en una medida que desconocemos[660]. El estado de conocimientos sobre el cerebro y la conciencia se mueve acorde con la ley válida para la física y la biología de que el "movimiento es necesario para que haya equilibrio". El ser humano nació para evolucionar y ese proceso de evolución le plantea problemas en forma constante, fruto de las soluciones halladas para los problemas precedentes.

Cuando un fenómeno se caracteriza por su gran complejidad -como sería el caso del cerebro-, hallándose además sujeto a fuerzas que lo someten al cambio, la trayectoria evolutiva sobre los conocimientos de este tema presentará períodos de continuidad y bifurcaciones. En la medida que se acumula información sobre diferentes aspectos de la neurobiología, la química, la mecánica cuántica, la psicología transpersonal, se amplía la capacidad de la humanidad para reflexionar sobre sí misma; y de esta complejidad hay un progresivo crecimiento de la interdependencia, hasta un punto en que ninguno de los sistemas puede ser considerado en sí mismo separado del todo, aunque no se ha llegado hasta este punto con el estado actual de conocimientos.

Pero no se deben escatimar esfuerzos cuando se trata de conciliar las ciencias naturales con los interrogantes que el hombre se formula acerca de su propia existencia[661].

A propósito de los interrogantes que el hombre se formula sobre su existencia, aquí cabe citar algo del pensamiento vislumbrado por el escolástico Abelardo cuando trata sobre el problema reiterado de la relación del hombre consigo mismo y con el mundo. De Abelardo, Jung refiere como:

"lo contradictorio apenas admite otra compaginación que la paradoja en tanto se aspira verdaderamente a una expresión que por principio se apoya en uno de los puntos de vista (...)".

El mensaje que subyace en estos comentarios de Jung es que hay sujetos que se relacionan con objetos desde el ángulo de la idea (pudiéndoseles llamar de alguna forma idealistas) o desde la perspectiva del objeto, surgiendo en este caso las naturalezas de tipo objetivo, originando una persona -si las características se dan- con un agudo sentido de la lógica.

El pensamiento de Abelardo intenta demostrar una conjugación de contrastes psicológicos, sugiriendo que la lógica y el ideal aparecen como una paradoja, porque están acabalgados en la zona abstracta y al mismo tiempo sin reconocimiento de la realidad concreta.

Aquí es donde la discusión comenzó a surgir porque ninguno de los dos sistemas (v.gr nominalismo y realismo) era argumentalmente más poderoso que el otro, ya que al *"esse in intellectu"* (ser intelectual) le falta el *"esse in re"*, (ser de las cosas) que transcurre en la realidad cotidiana. Ante esta incompatibilidad aparente entre *esse in intellectu* y *esse in re*, se propuso la conjunción de ambos factores en el *"esse in anima",* como una especie de *tertium quid*. La actividad vital específica de esta conjunción *"esse in anima"* se alcanza la percepción sensible la suficiente hondura impresiva y la idea la fuerza efectiva que son partes integrantes de una realidad vital. La actividad holonómica de la psiqué, entonces surge de la conjugación de opuestos como sentir y pensar.

Tradicionalmente, bajo las luces del "empirismo" o sensualismo psicológico de Locke, Berkeley y Hume, la inteligencia y el conocimiento se atribuyeron a las entradas (input) sensoriales de información. El empirismo consideró que la percepción sensible era el paradigma de la experiencia consciente y cognoscitiva, concepción que condicionó a la experiencia consciente como surgida directamente de la percepción sensible. Ha habido un indudable progreso desde la concepción a comienzos de siglo sobre el sistema nervioso visto a la luz conductista como un simple "conductor", en el cual el cerebro era una especie de conector de impulsos entre receptores y efectores, en el que los nervios eran como unos hilos conductores. Esta concepción lineal-mecánica resultó en una interpretación mecanicista de la psiqué, en la cual unos determinados estímulos provocaban determinadas respuestas.

Y llevó a científicos como el francés Pierre de Laplace así como a Du Bois-Raymond a concebir la ciencia en términos mecanicistas, según los cuales era posible el conocimiento científico de la naturaleza representado en fórmulas matemáticas. Esta concepción de la mente y la conciencia a la luz de la frontera física y biológica de la época fué un basamento de la escuela conductista: de los enfoques causa-efecto. Podría teleológicamente parangonarse esta concepción de causa-efecto en la explicación de la conciencia como originada en la visión mecanicista cartesiana del mundo.

Según el mecanicismo el Universo era una Gran Máquina en la cual todas sus partes eran ruedas dentadas, partes de un mecanismo, a la cual las leyes newtonianas le justificaban su capacidad de movimiento por el establecimiento de una mecánica celeste racional. Este enfoque racional mecanicista presupone entonces la existencia de un mundo externo aparte de la conciencia humana; supone adicionalmente que con ese mundo es posible hacer observaciones, mediciones y especulaciones sin modificarlo. De aquí se originó el concepto de "objetividad científica", por la presunción que existía tal mundo externo "allá afuera" en oposición a la mente, al yo que está "aquí dentro".

Las explicaciones mecanicistas más recientes, si bien aceptan sus limitación en la comprensión del sistema nervioso central, consideran que con el avance del tiempo los progresivos e impresionantes avances de la bioquímica, la biofísica y la electrofisiología podrán dar una explicación a la mente en función de los términos físicoquímicos del cerebro, en vista de los éxitos obtenidos anteriormente con el desciframiento del naturaleza química del material genético, el ADN, el código genético mediante el cual se codifica la secuencia de aminoácidos en las proteínas.

El ideal clásico de la objetividad científica se ha visto abatido por la aceptación del concepto de que hay participación de la conciencia del observador. No existen las propiedades objetivas de la naturaleza independientes de la conciencia del ser humano, pero origina un conocimiento de tipo introspectivo que hace que la ciencia no pueda estar exenta de valores. Los científicos son intelectual y moralmente responsables de su investigación, su trabajo puede ennoblecer a la ciencia y ser crucial para la supervivencia de la humanidad.

El próximo estadío de la evolución del hombre es considerado como una transformación de la conciencia, abarcando adicionalmente la definición que el hombre tiene sobre su propio potencial y su lugar en el Universo. En el año de su muerte -acaecida en 1961-, Jung expresó que el hombre moderno debía redescubrir la vida del espíritu, porque esta liberaba al hombre de toda atadura con el ciclo de las alteraciones biológicas. Jung y Teilhard, predijeron que la línea entre lo físico y lo psíquico desaparecería. Theodor Dobzhansky expresó que el hombre ignoraba el lado espiritual de su naturaleza, y Loren Eiseley refirió como "el hombre está adquiriendo poderes lentamente sobre una dimensión capaz de presentarle una sabiduría que apenas ha empezado a discernir"[662]. Jan Smuts comentaba sobre el holismo que "la evolución posee un carácter espiritual interior que no deja de profundizarse".

El estructuralismo es una concepción que acentúa la contextualidad del concepto de estructura. Las estructuras de las ideas son interdependientes, a diferencia de los seres biológicos, porque cada una de ellas tiene sus raíces en otras ideas predecesoras estrechamente relacionadas.

Cualquiera que sea el tipo de la idea, ya religiosa, científica, política, está sujeta a cambios y a un proceso de constante renovación por la vía del contacto con otras ideas y con el creciente tesoro del conocimiento de una humanidad en dinámica continua en el proceso del conocimiento. Pero, ¿cuál es el concepto de estructura? Una estructura puede ser un complejo de relaciones que no obedece a un orden preconcebido, sino que exige una reconstrucción y otra conformación modélica de la realidad.

Ya se trate de un mito o de una teoría científica, de problemas metafísicos o fórmulas matemáticas, el contenido está regido por cierta organización lógica, por una sucesión regulada de un número de operaciones mentales, que se definen con una terminología específica que las reduce a un común denominador.

La actividad estructuralista o estructuralismo surgió como un estudio del lenguaje humano bajo el aspecto del contenido, desde las disciplinas de la fonología[663], la lingüística y la estética en que los elementos formaban parte de sistemas más vastos. Los sistemas son lo que más profundamente compenetra todo, existen antes que el hombre y le sustentan en el tiempo y el espacio. La actividad estructuralista es la actividad regulada de un determinado número de operaciones mentales que operan en un mundo de reglas, de modo que al reconstruir un objeto del campo del conocimiento que sea, ya de la antropología, la filosofía, la política, el arte o la ciencia, en su reconstrucción se reflejen las reglas de su funcionamiento. Cualquier cosa que no sea totalmente amorfa, posee una estructura. Del mismo modo, una estructura es un complejo de relaciones, en que la dependencia de los elementos se caracteriza por sus relaciones con la totalidad[664].

Los avances en los conocimientos en cualesquiera de las áreas del conocimiento humano tendrán trascendentales consecuencias en otros campos del conocimiento. Es inevitable con el conjunto de conocimiento actual relativo a la conciencia, no considerarla como uno de los constituyentes principales de la realidad, si no acaso el único.

La teoría general o dinámica de los sistemas propone una integración en la estructura más amplia de las cosas, que representan de alguna forma las "tendencias de la evolución" o "propensiones de manifestación" en los tres principales dominios de la evolución, a saber la fisiosfera, la biosfera y la noosfera.

Desde la perspectiva de las ciencias que tratan con sistemas auto-energetizados y auto-organizados, están los diferentes ramales de las ciencias de la complejidad que incluyen la teoría general de los sistemas, la cibernética, la termodinámica del desequilibrio, la teoría del autómata celular, la teoría de las catástrofes, la teoría de los sistemas autopoyéticos, la teoría dinámica de los sistemas y la teoría del caos. Con el riesgo de sobresimplificar la teoría dinámica de los sistemas, se le puede ver como un "pluralismo emergente entrelazado por patrones comunes que conectan al universo"[665]. En términos de la compresibilidad algorítmica (Cf. asimetrías funcionales en el rendimiento del neocórtex) se conoce que el mundo no es compresible algorítmicamente en su totalidad, existen procesos caóticos particulares que escapan a este enfoque del mismo modo que existen operaciones matemáticas que no son computables: este vislumbre de aleatoriedad deja entrever un mundo poco comprensible en que la ciencia busca comprimir algorítmicamente la estructura esencial.

Las ciencias de la complejidad tratan grosso modo sobre regularidades básicas, patrones o leyes que se aplican a los tres reinos de la evolución, a saber la fisiosfera, la biosfera y la noosfera : en la actualidad tales ciencias de la complejidad han mostrado una visión unificada y coherente del mundo. Básicamente, el trasfondo de estas ciencias es que "todo está conectado con todo lo demás" con lo cual el entramado de la vida es una visión científica[666] ; epistemológicamente, los marcos de referencia que manejan estas ciencias de la complejidad se pueden unir con las ciencias de la jerarquía, como la holoarquía, con la consecuencia que se trascenderá la separación de los valores y los hechos, conjugándolos, lo cual permitirá una visión del mundo auténticamente holística, no acumulativa, como lo refiere Wilber, "que permitirá una síntesis verdaderamente significativa que podría esperarnos en nuestro futuro colectivo"[667].

En busca de lo humano

"Por patria el Universo, por Ley la voluntad y por encima de todo, la embriaguez de la libertad"
Thomas Mann

"Por diferentes motivos se marchan los hombres a los confines abandonados del mundo. A algunos los impele solamente el afán de aventuras, otros sienten más intensa sed de saber, los terceros obedecen a la seductora llamada de unas voces quedas, al encanto misterioso de lo desconocido, que los aleja de los senderos rutinarios de la vida cotidiana"
Diario del oficial Ernest Shackleton de la exploración a la
Antártica en la nave "Discovery", en 1903.

Se ha dicho que ocurre con frecuencia que los pensamientos de mayor trascendencia en una obra sean los que ofrecen mayor dificultad para una expresión clara. Al querer mostrar como a partir de la mente humana con sus características únicas, se pueden derivar las propiedades que definen al hombre, se retoma una antigua discusión, plasmada desde la época de Linneo, y cuyas implicaciones filosóficas son fehacientes. Las características únicas de desarrollo de nuestro cerebro nos han permitido al decir de Kant, cierto carácter y causalidad inteligente y libre; con la connotación que en la libertad existe cierta región insólita, conocida como libre arbitrio, en la cual el hombre puede vivir plenamente sus características humanizantes de bondad, su inteligibilidad y su trascendencia que le hace componente de un orden social dado.

La teorización antropológico-filosófica en lo concerniente a la libertad psíquica busca las razones últimas en el orden de lo humano y las organiza para extraer una concepción total del hombre. La libertad humana desde el punto de vista antropológico-filosófico se refiere a las potencialidades del sujeto y a sí mismo en su unidad. Si se establece que la libertad existe, muestra en el hombre una aptitud para obrar libremente: los actos libres se caracterizan por ser elegidos entre otras eventualidades, por tener puntos de comparación. A su vez, la comparación exige reflexión, y la reflexión pide atención.

Aristóteles diferenció las potencialidades del hombre desde el punto de vista psíquico diferenciándolas en modalidades objetivas que reflejan la intencionalidad u objetividad del hombre. Soslayando un poco la terminología, las potencialidades u características hominales son clasificadas por Aristóteles como cognoscitivas y apetitivas[668].

Tabla 10.1 Potencias o Facultades psíquicas

Tipo de sujeto	Según la intencionalidad	
	Cognoscitivas	Apetitivas
Comunes al animal y al hombre	Sensibilidad Percepción, imaginación, memoria sensible	Afectividad Emoción, sentimiento, pasión
	Racionalidad	Voluntad
Propias del hombre	Inteligencia, razón	Emoción y afección espirituales, volición sensible

En el nivel humano u hominal por excelencia de la inteligencia racional y de la volición, se funda una parte de la existencia específica humana. Por la inteligencia racional su poder de reflexión, sus creaciones artísticas, logra el hombre tal variedad que se otorga el atributo de un microcosmos. Por la volición trasciende al sujeto de las operaciones biológicas y de las vivencias psíquicas, "logrando otorgarse una unidad que es cognoscente y volente, consciente y autónoma; es precisamente la persona de acuerdo a la definición de Boecio: una substancia individual de naturaleza racional (*individualis substantia rationalis naturae*)"[669].

Las potencias funcionales de tipo cognoscitivo y apetitivo constituyen de alguna forma un sistema dinámico de cómo opera un ser humano. Estas potencias no agotan la realidad viva, y el hombre mediante tales potencias hace efectivas sus posibilidades y desarrolla su ser. Sin embargo, la falta de criterios objetivos claros para evaluar la presencia de conciencia subjetiva en otros -lo cual es particularmente palpable en los casos de animales no humanos, así como humanos con alteración cerebral-, ha suscitado por parte de autores como C.H. Vanderwolf de la universidad de Ontario en Canadá, proponer que las subdivisiones aristotélicas convencionales como la emoción o la cognición no son adecuadas a los actuales propósitos de las neurociencias al buscar como la actividad neural genera la conducta[70].

La interacción entre la antropología física y la cultural ha hecho surgir el concepto de que el hombre, en cuanto especie, es un animal con rasgos biológicos particulares, que lo vuelven humano. Estos rasgos humanos significativos, están presentes en todas las razas. Anatómicamente la humanidad, los rasgos hominizantes del hombre provienen de su postura erecta; se podría agregar que desde el punto de vista fisiológico su humanidad reside en una exageración de sus rasgos de mamífero y psicológicamente preponderan en él la exageración de la dependencia y de la sexualidad, que son causa de la diversidad de los comportamientos individuales en el seno de la familia humana[671]. El fundamento de la condición humana en términos filosóficos estaría en el ser para la muerte, en el ser para el sexo y en su condición concerniente a la libertad. Se puede agregar desde una óptica de Marx, que el hombre se crea a sí mismo en el proceso de la historia, en donde el factor esencial está en relación con la naturaleza: al principio de su evolución el hombre está ciegamente atado a la naturaleza y mediante el proceso de la evolución transforma su relación con la naturaleza y por tanto, se transforma a sí mismo.

La sexualidad podría ser considerada como una interpretación de la vida, que proyectada sobre el cosmos nos enmarca en un destino antropocósmico que implica no solamente la sexualidad, sino que lleva implícitas las acepciones de la fecundidad, la muerte y el renacimiento. Conceptos ligados a la presencia de conciencia, que delinea un mundo externo, que percibe al entorno en términos de vida, y por consiguiente, de sexo.

En la medida del desarrollo cultural del mundo, tanto el mundo "natural", como el de los objetos y herramientas fabricados por el hombre se presenta como sexuado. Mircea Elíade describe como en la India védica la *vedi* o ara de los sacrificios era considerada como "hembra", mientras que *agni* o el fuego ritual era "macho". El *vedi* era asimilado al ombligo o *nâhbi*[672] de la tierra, símbolo del "centro" por excelencia, que también equivalía a la matriz de la diosa. Aunque este simbolismo está presente en sociedades arcaicas, estos términos de implicación sexual traducen una concepción cosmológica. Los pitagóricos consideraban por ejemplo que el triángulo representaba la fecundación universal y lo llamaron *arché genesoas* a causa de su forma "perfecta", que también equivalía a la fecundación[673].

Las características de sensibilidad y afecto que compartimos con otras especies animales se satisfacen por objetos del mundo exterior, que despiertan deseos de posesión o fuga. Estas apetencias por objetos externos a nosotros suscitan vivencias que actúan en la integridad del ser animal moviéndolo en la polaridad del placer o del disgusto, de modo que la intencionalidad del afecto en los animales es instintiva, lo cual excluye la libertad[674].

Los humanos también compartimos con los animales la selección de parentesco, que surge al presentarse la cooperación entre grupos de parientes cercanos, del mismo modo que en los grupos de animales sociales. Esto se entiende mejor si uno se imagina que sus hijos están hambrientos, sin hogar o enfermos, pero aproximadamente 40.000 niños mueren cada día por hambre, descuido o enfermedades evitables. De no mediar de una forma tan fehaciente el mecanismo de la selección de parentesco, con reglas matrimoniales y sociedades reglamentadas, seguramente no existiría la muerte de niños por hambrunas, los ghettos, las masacres en los campos de concentración.

Al vivir con individuos de la propia especie, es fácil cooperar contra un enemigo común. Si el altruísmo y el heroísmo son cualidades humanas es posible que existan para aplicarlos a miembros de la propia especie, aunque incidentalmente pueden dirigirse a otras especies, como cuando los miembros de Green Peace evitan la cacería de ballenas por barcos balleneros japoneses o noruegos, o soportan agresiones por grupos colonizadores en la Antártida cuando protegen a los pingüinos, cuando las sociedades protectoras de animales proponen eliminar la tauromaquia y los tratos crueles a los animales; o en un sentido inverso, altruísmo de los animales para con los humanos, cuando los delfines acercan a los náufragos a tierra firme, o los perros hacen acciones heroicas por sus amos.

El genetista Ronald A. Fisher se refiere al heroísmo como una predisposición que "inclina a su portador hacia una mayor probabilidad de ocuparse en cosas difícilmente conciliables con la vida familiar", cuya ventaja es la preservación de las secuencias genéticas más parecidas a la del ser heroico, aumentando las probabilidades de perpetuación de ese genoma en particular para las generaciones futuras[675].

Todos los seres humanos poseen una civilización, que es equiparable con el mundo 3 de Popper y Eccles, civilización única y universal surgida a partir de los rasgos biológicos comunes a todos los miembros de la especie humana, pero excluyendo cualquier interpretación reduccionista en que la civilización pueda ser reducida a la biología, porque existe una gran tentación de hacerlo si se atiende a las fuertes relaciones sociales existentes en los homínidos, los vecinos hominoides y los ancestros comunes a ambos. Lo anterior, porque desde el punto de vista biológico si bien los primates son animales sociales por excelencia, característica que les es distintiva y explica su modo de adaptación y las características estructurales que los vinculan, no puede pasar por alto que los cambios conductuales y anatómicos tienen lugar en unidades poblacionales localizadas, poblaciones que son las unidades evolutivas y es en donde transcurre la acción social. Los actores de la unidades de población son al mismo tiempo participantes en los sistemas de acción social[676].

El antropólogo Weston LaBarre refiere que la cultura es la forma en que el hombre se adapta a su humanidad y Dobzhansky refiere a su vez que "la evolución humana no puede ser entendida como un proceso meramente biológico ni puede ser adecuadamente descrito como historia de la cultura" (citado por Hallowell, pp 36). La concepción de cultura implica los ajustes sociales y psicológicos de las personas participantes. Grace de Laguna en su discusión del significado de persona en un contexto filosófico ha dicho que "la cultura puede ser heredada solamente a través de la internalización en las personas, siendo el proceso de su herencia el de su re-creación", con lo cual cualquier cosa que se diga sobre la cultura debe tener implícito el reconocimiento de las personas como agentes intermediarios. La tradición cultural depende del funcionamiento de las personas. Las personas que pertenecen a los mismos sistemas socio-culturales pueden usar el mismo código lingüístico, pero sus expresiones diferirán, lo cual será un reflejo de la diferencia de su proceso de pensamiento. Los papeles están tradicionalmente definidos, siendo ejecutados por personas que actúan de acuerdo a sus propias variantes idiosincráticas. Tal variabilidad sustenta el fulcro psicológico de la creatividad, la creatividad y la variabilidad de los sistemas socioculturales, así como su continuidad en el tiempo[677].

Desde un punto de vista antropológico la civilización se concibe como un proceso, producto de la disciplina y la distribución de los roles en el seno de la familia, lo cual permite a LaBarre afirmar que la familia es el origen de la civilización, no viceversa. En cuanto proceso, la adaptación cultural tiene su forma más desarrollada en el hombre moderno si se la considera enraizada en los procesos de adaptación de los prehomínidos. Los animales no poseen civilización porque no poseen la organización social humana[678].

Al considerar el orden humano subyacente en los sistemas socioculturales, se encuentra la denominada orientación normativa., relacionada con los fenómenos de la variabilidad y la continuidad de los sistemas socioculturales en el tiempo, así como con el hecho que las personas son capaces de conducta voluntaria, de hacer juicios y escoger entre alternativas de acción. Los estándares reconocidos y los valores son reconocidos como característicos de los sistemas socio-culturales. Las técnicas se aprecian como adecuadas o inadecuadas en la medida que tengan iguales propiedades los objetos elaborados. Los derechos de propiedad se regulan de acuerdo a estándares convenidos, el conocimiento y/o las creencias se juzgan como verdaderas o falsas el arte y las expresiones lingüísticas también caben en la esfera de la orientación normativa y la conducta se evalúa en relación a valores éticos.

Todas las anteriores características hacen que los sistemas socioculturales estén imbuidos por una serie de valores cognoscitivos, apreciativos y morales, de forma que las relaciones entre los valores que constituyen la cultura, los objetivos y la psicodinámica de la adaptación de las personas se integran en este sistema sociocultural constituido como un todo. Una de las condiciones de la normatividad de los sistemas socioculturales es la capacidad de los actores de verse objetivamente, lo cual hace posible la autoidentificación a lo largo del tiempo. Sin la presencia de un nivel de organización psicológica que permita el ejercicio de esta objetivación -entre otras funciones- un sistema social no podría operar al nivel de la orientación normativa ni de la responsabilidad sobre la conducta. Las relaciones entre necesidades, motivaciones, metas socialmente aceptadas y aprendizaje tienen más complejidad en la medida que las funciones corticales adquieran mayor importancia para el sujeto.

La adaptación a los nichos terrestres por parte de los australopitecinos creó territorialismo con una vida social incipiente dependiente de la asignación de hogares, de la elaboración de herramientas, que en conjunción con la expansión del neocórtex, el desarrollo en el artesanado de herramientas, una mayor longevidad y una mayor dependencia en la etapa de la infancia que facilitara el aprendizaje, la comunicación y la diferenciación de roles, fueron la matriz social de la evolución conductual que facilitó el desarrollo y la diferenciación de las condiciones requeridas para el funcionamiento de la personalidad humana que conocemos.

El largo proceso de adquisición de los caracteres homínidos puede considerarse como un objetivo logrado cuando el hombre adquiere la conciencia de su propio entorno. Desde un punto de vista antropológico, la civilización puede ser vista como un mecanismo de adaptación relativamente reciente de la sociedad humana, donde se crean vínculos que trascienden lo somático y lo genético en el cual las nuevas regulaciones controlaron la agresión por la creación de la comunicación.

La selección natural propone la supervivencia de los individuos y los grupos más capacitados, pero el conocimiento de su ambiente por la exploración activa, permitió a algunos individuos verse favorecidos al encontrar mejores formas de supervivencia. Este tipo de comportamiento, común a los mamíferos y las aves, ha sido importante en la selección natural. Así el hombre abandona los bosques y las cavernas por propósitos y planes de una vivencia diferente, surgidos a partir del desarrollo de la observación del ambiente, con la que el hombre adquiere una de sus capacidades esenciales, a saber, la adaptación, que le ha permitido vivir en un ambiente de profundos cambios cuando otras especies no los han podido superar. La presencia de esta adaptabilidad ha permitido que el hombre explore sistemáticamente el mundo en que vive, amplíe constantemente este conocimiento y proponga alternativas para conservarlo por el conocimiento de otros mundos. En un principio, cuando el hombre conoció su ambiente pudo establecer un incipiente régimen económico del cual hay rastros en la etapa recolectora de la humanidad, que luego se amplió con el marco de una economía en que la persecución y la cacería de animales colocó al hombre en contacto con ambientes diversos y nuevas dificultades que debió vencer. El pensador Jurgen Habermas -citado por Wilber-, afirma que lo que separa a los humanos de los homínidos y otros primates es el trabajo social que origina la existencia de una economía, aunque cree probable que los homínidos también tuvieran una actividad económica arcaica, con lo cual el intercambio económico no distinguiría específicamente la forma de vida humana.

> " (...) no solo los humanos, también los homínidos se distinguían de los simios antropoides en que adaptaron el trabajo socialmente organizado y desarrollaron una economía . Los macho adultos (de homínidos) formaron bandas de cazadores que a) usaron herramientas y armas b) cooperaron en la división del trabajo y c) distribuyeron las presas dentro del colectivo (reglas de distribución) (...) (así) completaron las condiciones de una forma económica de reproducción de la vida"[679].

Habermas concluye que "la emergencia de una economía es adecuada para delimitar el modelo de vida de los homínidos respecto a los primeros primates, aunque no capta la forma específicamente humana de reproducción de la vida". Este conjunto de nuevas actividades fueron tempranamente señaladas con sentidos de mejora, de afán de beneficio, es decir con un sentido económico que ya no habría de abandonar al hombre en su posterior desarrollo. Con el aumento vertiginoso de la actividad del neolítico, la aparición de una economía de producción incipiente y el nacimiento de industrias propias de una sociedad sedentaria, la actividad exploradora del mundo circundante conllevó al desarrollo de medios de transporte, de desarrollo relacionado con la estructura social, política y económica de las diversas sociedades[680]. Federico Engels en "El origen de la familia, la propiedad privada y el estado" se refiere la producción de medios de existencia:

> "La habilidad en esa producción desempeña un papel decisivo en el grado de superioridad y domi- nio del hombre sobre la naturaleza: el hombre es entre todos los seres, el único que ha logrado un dominio casi absoluto de la producción de alimentos. Todas las grandes épocas del progreso de la humanidad coinciden, de manera más o menos indirecta con las épocas en que se extienden las fuentes de existencia"[681].

Engels, aludiendo a la teoría de Darwin en su más profundo enfoque sobre el origen del hombre, considera que el trabajo con el uso de instrumentos elaborados, constituyó el factor primordial del proceso de la transformación de mono en hombre. A medida que aumentaba la influencia del traba- jo en la determinación de las relaciones del grupo, disminuía la influencia de la selección natural[682]. Cuando descubre el mundo que lo rodea, el hombre se siente diferente, quiere conocerlo en mayor profundidad; es mediante un continuo desarrollo de las capacidades de observación que comienza un proceso ininterrumpido de exploración que le llevará a la conquista del orbe, "et sic ad astra"[683]. Como una criatura inteligente, el hombre comienza la exploración de su mundo y luego emprende la de otros mundos. Nacida para explorar, la especie humana viene cruzando fronteras desde la prehistoria. De la inteligencia, espoleada por la curiosidad, viene el poder y la gran serie de satisfac- ciones por las cuales sobrepasa a otras criaturas. Se puede decir que el proceso de la exploración acompaña desde sus albores a la especie humana, para conocer y apreciar el mundo externo en relación a los objetos trascendentales e infinitos que de alguna manera logra discernir por su intelecto. Aquello que se explora es un medio para satisfacer exigencias auténticas de su espíritu.

En la época histórica las primeras exploraciones conocidas corresponden a las de expansión y con- quista de los reyes sumerios. Luggalzaggisi de Uruk, dómine desde el mar Inferior (Golfo pérsico) hasta el mar Superior (Mediterráneo), ofreció la primera imagen histórica del mundo conocido. Sha- rrukin, mejor conocido como Sargón de Acad, adquirió la fama de ser el mayor conquistador merced a la exploración de los montes del Tauro, la parte oriental de la península de Anatolia, la región de

Elam y las costas del golfo pérsico. Las grandes exploraciones sumerias que originan la leyenda de Gilgamesh en un viaje por la búsqueda de la inmortalidad y el retorno de la nave de Magallanes tras su circumnavegación del globo en 1522, fueron algunos hitos que en los tiempos modernos han llegado a límites insospechados, más allá de la superficie terráquea merced a la astronomía y la astronáutica, la batimetría y otras disciplinas y tecnologías que muestran las nuevas fronteras del orbe conocido.

En las expediciones de conquista de los polos terrestres, la expedición de los daneses Amundsen, Bjaaland, Hanssen, Hassel y Wisting, se podría considerar uno de los hitos de la aventura en la exploración de unos límites que parecen prefijados por la naturaleza. Los expedicionarios se encaminaban al polo norte, pero al saber que ya estaba conquistado, dieron media vuelta y conquistaron el Polo Sur. Su travesía en el polo inició en octubre y terminó en diciembre de 1912, y así dijeron mientras sus cinco manos izaban la bandera:

> " (...) así te izamos, bandera amada, en el polo sur y damos a la llanura en que se halla el polo el nombre de la tierra del rey Haakon VII".
> Roald Amundsen escribió en su diario "seguramente nunca ha llegado un hombre a un puesto tan opuesto al que se propusiera en sus proyectos primitivos (...)"

"Las regiones del polo norte habían llenado todos los sueños de mis días infantiles. Y he aquí que me encontraba en el polo sur. ¿Cabe imaginar mayor contraste?". Las regiones de los polos como muchas otras regiones conocidas con las grandes exploraciones del siglo XX han dado la impronta de lo humano al planeta[684].

Cuando se exploran estos lejanos parajes la comprensión de nosotros mismos adquiere otra dimensión, en que nos vemos profundamente implicados como parte del continuum biológico que es la vida sobre la Tierra. El hombre ha continuado su viaje hasta las estrellas, yendo sobre los hombros de titanes como Konstantin Tsiolkovsky -uno de los pioneros en la aeronáutica espacial que trabajó por años y años desarrollando su idea de un viaje espacial- y los de Robert Goddard. Goddard fué otro de los pioneros quien intuyó que debía emprenderse la navegación del espacio interplanetario para asegurar la continuidad de la raza, como si se tratara de un fenicio del siglo XX, proponiendo la creación de otras ciudades como Karth Haddasad -Cartago Nova- en mundos allende la Tierra.

Así, los humanos hemos llegado a explorar las fronteras de otros territorios desconocidos en el límite de lo muy grande como los planetas del sistema solar, en una saga épica realizada por las naves Viking y Voyager y llegado a conocer la existencia de galaxias que se extienden a lo largo de 500 millardos de años-luz en la llamada "Gran Pared"[685].
Nuestros destinos más profundos son ahora infinitesimales o buscan tocar a las estrellas; los límites de lo muy pequeño son parte de la próxima frontera como el reino subatómico, amén del propio genoma, representado por la totalidad del ADN. Este último es un viaje de exploración al centro de la vida que de paso, ha derivado también en la investigación de las modificaciones que ha producido el cerebro en la vida. El premio Nobel de Medicina Jacques Monod fué el primero en proponer las metas sobre esta exploración: el origen de la vida, y el comportamiento del cerebro humano. En 1987 una comunidad de biólogos y expertos de las ciencias de la salud se dió al inicio de explorar y trazar el mapa de este territorio.

El genoma humano es un territorio inmenso, de una extensión de 3'000.000.000 (tres mil millones) de caracteres. Conocer este territorio sirve para conocer mejor el funcionamiento de las células, conocer aquellas "regiones" particulares de genes que están relacionados con la enfermedad. El también premio Nobel de Medicina de 1987, Walter Gilbert propuso la creación de una biblioteca completa de los genes humanos que no dejará de tener repercusiones éticas y filosóficas. Algunas de las críticas que han surgido tienen que ver con que el transfondo mecanicista en que los seres vivos son contemplados como máquinas físicoquímicas, lo cual plantea la duda que todos los fenómenos de la vida incluyendo la conducta humana puedan explicarse en términos físicos y químicos como lo propone la cartografía de los genes humanos. si bien tal enfoque le permitirá conocerse un poco más a sí mismo, le planteará una nueva serie de circunstancias, de una forma semejante a cuando se conquistan nuevos territorios y se corre el riesgo de un manejo colonialista y expoliador. No obstante las anteriores consideraciones, el paradigma mecanicista como lo propone Rupert Sheldrake, es por ahora el único método disponible en biología experimental y seguirá siendo utilizado hasta que pueda ser reemplazado por alguna alternativa mejor[686]. Cuando el código genético haya sido descifrado, el biólogo conocerá indudablemente las combinaciones que corresponden a la inteligencia, a la solidez del sistema nervioso, a la resistencia contra las aceleraciones, y por qué no, hasta la sede de potencial paranormal.

El desarrollo de estas cualidades no atañe más que a un mejoramiento cuantitativo de lo que el hombre posee ya. Para hacer un ser cualitativamente diferente del hombre, haría falta escribir escaleras de caracol con otras cuatro letras diferentes a las del código actual: habría que utilizar otras bases, otras combinaciones de átomos, pero no es posible responder o prever siquiera razonablemente que la introducción de una o varias bases diferentes a las actuales en los peldaños de la escalera otorgará poderes o propiedades que estamos tan distantes de conocer como un *Homo habilis* lo estaría de una pila nuclear[687].

De modo que estos nuevos territorios de lo infinitamente pequeño plantearán un nuevo abordaje ético y social, porque no podemos prever lo que ocurrirá cuando sepamos escribir en los peldaños de la escalera de caracol del ADN. La primera idea que acude a la mente es pesimista, porque el hombre habrá creado por sí mismo la próxima mutación: el hombre conforme al hombre[688].

Las sociedades humanas de acuerdo a Stebbins -citado por Eccles- son diferentes de las sociedades animales por la existencia de tres características distintivas, a saber,

• el artesanado
• la conexión temporal consciente
• el pensamiento imaginativo

Al tratar con la nomenclatura de la taxonomía biológica que expresa relaciones filéticas en un rango evolutivo, surge el problema que no existe una terminología equivalente para manejar los fenómenos culturales o psicológicos de una forma semejante. Por esta razón es necesaria una reconceptualización de los conceptos relacionados con el *Homo sapiens sapiens* de cultura, mente, naturaleza humana, lenguaje, herramientas y un largo etcétera, cuando se usan en una perspectiva evolutiva. Si se considera por ejemplo la ecuación hombre=lenguaje=cultura= naturaleza humana, no se puede enfocar el problema evolutivo.

Las herramientas de piedra se pueden considerar muestra del funcionalismo del sistema visomotor de los homínidos avanzados, siendo tal capacidad artesanal una demostración de éste. La conexión temporal consciente se descubrió por la evidencia del conocimiento de los ciclos lunares en la era paleolítica temprana, grabados en una placa ósea descubierta en Blanchard - Francia que contiene un pictograma de las fases secuenciales de la luna para un período de dos meses y cuarto. Esta placa ósea constituye un logro pionero de estos grupos humanos de cazadores y recolectores.

El pensamiento imaginativo se refleja en las herramientas finas, cuando el artista observa por ejemplo, la forma de una hoja de laurel en la lasca que está modelando y logra imprimirle esta imaginería. Las artes plásticas como la arquitectura, pintura, cerámica, escultura, entre otras, permiten conocer la imaginación creativa y la gradación del nivel de cultura en los diferentes pueblos, porque el arte no solo pertenece al proceso artístico creador, sino a un ambiente social determinado, relacionado con una conciencia colectiva determinada por los estados subjetivos de conciencia suscitados por la obra artística en los miembros de ese grupo[689].

La evolución cultural es más prolífica en la medida que se vea enriquecida por el aprendizaje y se puede considerar como una base de la evolución humana[690]. Por otra parte, en la dimensión psicológica de la evolución humana ocurre el desarrollo de condiciones que permiten el surgimiento de la personalidad y la autonomía funcional humana. Esto requiere de una integración de funciones mentales interrelacionadas que tienen múltiples determinantes, provenientes de las raíces biológicas en la filogenia, de sistemas de acción social mediados por los códigos lingüísticos u por una orientación normativa culturalmente constituida[691].

G. Ledyard Stebbins, uno de los principales arquitectos de la moderna teoría evolutiva, describe como el concepto de asociación temporal consciente expresa la habilidad humana "para planificar el futuro, mientras aprovecha las memorias de experiencias pasadas". Vivimos en una conjunción temporal de pasado, presente y futuro. Cuando hay conciencia del tiempo presente-ahora, esa experiencia conjuga la memoria de eventos previos y la anticipación de eventos futuros.

El raciocinio, a la manera de la lógica formal, con todos sus procedimientos y mecanismos estrictos es un camino hacia lo que se considera verdadero, que se complementa con la argumentación. Gran parte de nuestra experiencia consciente labora continuamente con un conjunto de anticipaciones que se piensan al planear acciones para el futuro, y son valoradas críticamente para realizar los cambios necesarios en planes futuros. Este proceso se realiza en la corteza frontal y prefrontal, por la capacidad de esta zona para el manejo de información secuencial[692]. Vivimos en una época de quehacer colectivo, razón por la cual existe una cultura colectiva altamente desarrollada que supera en organización a todo lo conocido, pero que ha perjudicado la vida individual. Por lo anterior, existe un hondo abismo entre lo que cada persona es y cada persona representa.

La función social está desarrollada pero no la individualidad, de modo que la participación social implica el identificarse teleológicamente con la función desempeñada, pero esto ha dado lugar a progresos que de otra forma no se hubieran conseguido nunca. Es pertinente citar a Jung cuando dijo como "al concentrar la energía de la mente y comprimir en un haz de fuerza única el ser individual, llevamos esta mente más allá de los límites que la naturaleza parecía haber puesto"[693].

Habermas refiere que la emergencia de la familia humana tuvo lugar cuando se asignó el papel de padre. Lenski -citado por Wilber- sostiene que este estadío se presenta en el 97% de las sociedades conocidas, con un patrón diferenciador masculino / femenino: esta integración hizo posible la evolución, porque la mujer, sencillamente no podía estar embarazada y cazar.

> "La sociedad masculina del clan de cazadores se independizó de las hembras recolectoras y los jóvenes, ya que ambos permanecían apartados en las expediciones de caza. Con esta diferenciación ligada a la división del trabajo, surgió una nueva necesidad de integración, a saber, la necesidad de un intercambio controlado entre los dos subsistemas. Pero los homínidos aparentemente, sólo tenían a su disposición la pauta de las relaciones sexuales dependientes del status. Esta pauta no satisfacía las nuevas necesidades de integración (...) solo un sistema familiar basado en el matrimonio y en la descendencia regulada permitió a los machos adultos conectar a través del papel de padre un sistema de status masculino en el clan de cazadores con un status en el sistema femenino e infantil (...) "[694].

Leo Frobenius en su obra de 1929 *Monumenta Terrarum,* describió el surgimiento de una cultura global mundial. A medida que la racionalidad continúa con su búsqueda de un planteamiento realmente global, de naturaleza no coercitiva, origina un tipo de conocimiento al cual Ken Wilber dá el nombre de visión-lógica o lógica reticular. El funcionamiento de la racionalidad cuando se suma en una totalidad es semejante al de una estructura disipativa, que origina una nueva totalidad, al que Wilber denomina el "holón interno superior" o "visión lógica superior", y Sri Aurobindo aludió como "su movimiento más característico es una ideación en masa, un sistema de totalidad que ve la verdad de una vez; las relaciones de una idea con otra, de una verdad con otra, autovistas en el todo integrado"[695].

Lo que se plantea aquí es pues, que la definición de lo humano ha llegado a un punto evolutivo de exquisita elegancia en lo crítico de su nivel, cuando mediante esta visión-lógica superior comienza a explorar los límites de como las cuestiones individuales que se han planteado por diferentes disciplinas y han sido denominadas de diferentes formas se pueden articular a la vez y encajar en la verdad-visión. Tal cosmovisión de la visión-lógica, es al decir de Ken Wilber, un

> "holón superior que opera sobre (y por tanto, trasciende), a sus holones menores, como la racionalidad misma. La visión-lógica como tal puede mantener en mente contradicciones, puede unificar opuestos, es dialéctica y no lineal y unifica lo que de otra forma serían nociones incompatibles, siempre y cuando se relacionen en un nuevo holón superior, negadas en su parcialidad pero preservadas en sus contribuciones positivas"[696].

Tal holón superior -retomando el término de Wilber- es a lo que Hegel denominó Razón, como opuesto a la comprensión. Esta es la causa por la que Hegel consideró que una de las características de la Razón es la de poder unificar opuestos y ver la identidad-en-diferencia. Nuevamente, aquí la frase tiene un cierto aire de estructura disipativa, por la capacidad de Hegel de acercarse tanto al planteamiento de una totalidad sistemática, como la aprehensión explícita de la identidad como una de tipo diferenciado. Wilber interpreta tal visión-lógica implícitamente planteada en los términos hegelianos como una ventana que deja ver a lo transracional en su conjunto[697]. Sin profundizar mucho en los planteamientos de Hegel, su dialéctica es un método de análisis basado en la idea de que la verdad es algo que evoluciona a partir de contradicciones. El análisis dialéctico no se puede asir a la verdad por los medios normales de la lógica. La lógica se opone a la dialéctica porque es estática y no le cabe la contradicción.

Según la lógica algo es o no es, y así permanece eternamente. Por el contrario, en el pensamiento dialéctico hegeliano los conceptos de "es" y "no es" forman una totalidad no estática y en la cabe la contradicción el cual - funcionando de un modo semejante a una estructura disipativa, con un consumo permanente de energía, relacionado con el estado no estático, inserto mío- puede transformarse a sí mismo en verdades de mayor trascendencia, que a diferencia de la dialéctica socrática, Hegel considera como un principio cósmico inherente en la naturaleza, la historia y la conciencia de la humanidad misma. De tal forma, a partir de las autocontradicciones y la autotransformación de la lógica dialéctica deviene también el desarrollo histórico. De esta forma, cada estadio social en la evolución histórica debe con el tiempo originar nuevas y elevadas formas de sociedad[698].

La realidad como conciencia

"Vive simplemente, preserva la Naturaleza y sé libre en cuerpo y espíritu"

Henry David Thoureau

"Tú eres la suprema personalidad de Dios, la última morada, la Verdad absoluta. Tú eres la persona original eterna y trascendente, el no nacido y el más grande"

Baghavad Gita

Nuestra visión del mundo ha cambiado. Al conducirnos a una cosmovisión de mayor alcance, estamos retomando los pasos de hace 2500 años de los filósofos griegos, cuando no existía separación entre la ciencia la filosofía y la religión. El hilozoísmo griego de la escuela de Mileto -cuyo planteamiento era la vitalidad de la materia- no veía diferencia entre lo animado y lo inanimado, entre espíritu y materia. Tales declaró que "todas las cosas estaban llenas de dioses" (*pánta plére theôn*)[699], volviendo su mirada intelectual a todos los seres existentes del universo y al hombre en su realidad efectiva (*tá ónta*) reemplazando el enfoque mítico por el objetivo dejando entrever su concepción de un orden superior; y Anaximandro vio el universo como una especie de organismo sostenido por el "pneuma" o aliento cósmico. Este pensamiento monista se acentuó aún más en Heráclito de Éfeso, quien enseñó que todos los cambios en el mundo ocurrían por la interacción dinámica y cíclica de los opuestos. Consideraba que todo par de opuestos formaba una unidad y la unidad que contenía y trascendía a todas las fuerzas opuestas la denominó el Logos.

El origen del dualismo se remonta a la escuela de Elea, cuando Parménides sostuvo que el Ser era único e invariable, que los cambios no eran posibles y lo que percibíamos como cambios eran ilusiones de los sentidos. No fué raro que a partir de este pensamiento se desarrollara el concepto de una sustancia indestructible e inmutable, que al reconciliarse con las visiones de Heráclito sobre un continuo devenir, originó la asunción de que el ser se manifiesta en ciertas sustancias invariables y que la mezcla de estas origina los cambios que tienen lugar en el mundo.

De esta idea evolucionó posteriormente la del átomo, la unidad indivisible más pequeña de la materia que se movían pasivamente en el vacío sin que se explicara la causa de su movimiento excepto por fuerzas espirituales, fundamentalmente diferentes de la materia. Esta imagen dualista con el paso del tiempo se convirtió en un elemento importante del pensamiento occidental que dividía la mente y la materia, el cuerpo y el alma[700].

Los límites entre la conciencia psicológica y la conciencia moral son mucho más borrosos de lo que a primera vista pudiera parecer. La palabra conciencia, incorporada a la mayoría de las lenguas románicas se deriva de la voz latina "cum scientia", que a su vez representa la traducción latina del término griego "syneidesis".

Para los antiguos griegos "syneidesis" significaba el conocimiento de la culpa propia, es decir, la dimensión retrospectiva de la conciencia moral, de tal manera que la relación cognoscitiva con algo que es el significado de "cum scientia", alude de alguna forma, a la propia culpa. Cuando con el término conciencia se ha hecho referencia primero a la conciencia moral en lugar de la psicológica, se comprueba en la trayectoria de los términos alemanes "gewissen" -conciencia moral- y "bewusstsein" -conciencia psicológica-. El primero apareció hace varios siglos, en la obra de Lutero, mientras que el segundo apareció una vez bien transcurrido el siglo XIX. Ey, citado por el psiquiatra español Alonso-Fernández, refiere que el concepto de la conciencia psicológica encierra en todas las lenguas una alusión a la conciencia moral, y adscribe de igual manera el concepto de Bleuler cuando comenta que el dato definitorio de la conciencia es el claro conocimiento sobre el saber propio, al cual también se puede atribuir de alguna forma, que no es posible la exclusión del conocimiento alusivo a la propia responsabilidad.

Si bien el concepto de conciencia psicológica apareció más tardíamente frente al de conciencia moral, para una mayor comprensión de la noción de conciencia psicológica es importante advertir que en ella se incluye implícitamente algún elemento de la conciencia moral, con lo cual se podrían haber ahorrado no ingentes esfuerzos en aislar la una de la otra, siguiendo las ideas de Alonso-Fernández, quien refiere lo siguiente:

> " (...) la conciencia psicológica aparece como el resultado de haberse producido la transformación secularizada de la 'relación cognoscitiva con la culpa propia' o 'syneidesis' en relación con todo el género de saberes propios o 'pan-syneidesis' "[701].

Con lo cual, concluye Alonso-Fernández que la conciencia psicológica es una "pansyneidesis", es decir, una generalización de lo que los antiguos griegos llamaban "syneidesis". Posteriormente Rosenfeld definió la conciencia como "la totalidad de la vida psíquica momentánea", la que sin embargo tuvo objeciones por negarle cabida a la vida psíquica inconsciente, además que prescindía del continuo fluir de esta, con lo cual se podría adaptar la anterior definición a conciencia como "la totalidad de la experiencia momentánea insertada en la corriente continua de la vida psíquica"[702].

Cada persona puede acceder al conocimiento del mundo exterior, en virtud de la activación del propio aparato sensorial por medio de vivencias -que son atribuidas al mundo externo- y cada yo al compararlas continuamente con otras vivencias puramente internas, origina el conocimiento cuando hay confluencia de ambas vivencias[703].

La claridad de las vivencias viene dada por la atención, que a modo de imagen plástica, consiste en un rayo luminoso constitutivo de la conciencia, que en el sector que se enfoca en la conciencia permite alcanzar un máximo de claridad vivencial y en contraposición, cuando no se dispone de cierta capacidad de atención, se limita bastante la posibilidad de que se produzcan vivencias con suficiente nitidez y claridad lo que resulta en una conciencia oscura. En cuanto motor de la conciencia, la atención es promovida y estimulada por los intereses afectivos, emocionales e intelectuales, que vivifica y hace crecer los datos que enfoca[704].

Existen dos modos de conocimiento básico que son el conocimiento por mapas (aceptando que los mapas describen algo más que paisajes) de tipo simbólico, inferencial o dualista, en oposición a un tipo directo y no dual. Se acepta que el conocimiento íntimo no dual, es "el conocimiento de la realidad". Sin embargo, los contenidos de las experiencias íntimas no duales solo pueden ser vivenciados. Se ha afirmado que los diferentes modos del conocer se corresponden a diferentes niveles de conciencia lo cual hace alusión a una dimensión de "verticalidad" con distintos niveles de iluminación que permiten interpretar la identidad personal y su relación con el nivel de conciencia desde el cual se opera. Ya se trate de los mismos elementos particulares, las mismas percepciones aisladas, las mismas representaciones o los mismos sentimientos, son distintos en la conciencia normal o en la conciencia obnubilada, como puede ocurrir por ejemplo, en un estado de embriaguez. Si se trabaja desde un punto de vista dualista, no íntimo, el modo de conocer simbólico separa fundamentalmente al sujeto y al objeto, de modo que no se puede establecer conexión con el universo, no hay una adecuada inserción en el mundo.

El dualismo que dió origen a la ciencia moderna se basó en una formulación extrema atribuida a Renato Descartes quien basó su visión de la naturaleza en dos reinos separados e independientes, el de la *res cogitans* o reino de la mente y el de la *res extensa* o reino de la materia. Y su posición era que la mente estaba hecha de una substancia inmaterial que no ocupaba espacio y que dirigía el cuerpo a través de la glándula pineal. La famosa frase de Descartes "*Cogito ergo sum*, pienso luego existo", llevó al hombre occidental a considerarse identificado con la mente, como un ego aislado que existe dentro de un cuerpo. La mente estaba separada del cuerpo y su misión era controlarlo, lo cual desató un conflicto entre la voluntad consciente y los instintos inconscientes.

En contraposición con el dualismo se encuentra el monismo, cuyo perfil es de tipo materialista y afirma que la mente es el resultado de las actividades cerebrales, asemejando la mente con el cerebro. Pero la falla del dualismo es que postula la existencia de una substancia misteriosa con un comportamiento desconocido por no ser estudiable de acuerdo a las leyes conocidas de la naturaleza.

El funcionamiento del cerebro a la luz del dualismo interroga sobre cómo una colección de células nerviosas equivale a la mente, o sobre cómo los impulsos electroquímicos se pueden corresponder con un olor o una imagen. Al ir un poco más lejos, el dualismo socava el intento de construir una explicación racional por medio de unas pocas leyes básicas, porque al tratar al cerebro como una máquina o como objeto separado ofrece tan solo el beneficio del sentido estético porque lo presenta como un objeto con interacciones armoniosas, evitando también de paso el darle un carácter fluido y cambiante con el tiempo.

Entonces sobrevienen los interrogantes de como algo inmaterial puede afectar algo material -si ello es posible-, de como el cerebro y la mente/conciencia se influyen y logran interactuar recíprocamente, si se tiene en cuenta que para crear un efecto físico se requiere energía, entonces de donde obtendría la mente/conciencia -la mente autoconsciente- su energía para influir en el cerebro?

El vitalismo contesta que cierta fuerza vital e inmaterial, refractaria al análisis científico infunde la "vida" a la sustancia celular, que de otro modo sería inanimada. Pero la mente no equivale al cerebro, pues aunque éste es un transductor, la lesión accidental o intencional de algunas de sus partes no causa mayores efectos por ejemplo, en la conducta o en la experiencia subjetiva.

El monismo, en contraposición, interpreta los fenómenos subjetivos como una clase de "imágenes mentales", e incluso se ha equiparado la mente con el "conocimiento": este criterio no es válido, porque una computadora, capaz de acumular una mayor cantidad de información, no es consciente en el sentido estricto de la palabra[705]. Quizá la respuesta se encuentre en un punto intermedio entre el dualismo y el monismo, en un punto que discrepe al mismo tiempo de lo físico y lo mental, proponiéndose así una especie de *tertium quid* -una tercera cuestión- en la cual el cerebro y la mente autoconsciente serían dos aspectos de algo más fundamental, aunque de esto se podría argumentar que entra a complicar aún más un campo ya per se complicado. Sin embargo, se podría argumentar a favor el hecho demostrado de la naturaleza ondular y corpuscular de la luz y de la conducción eléctrica y química en las sinapsis.

No hay que excluir la posibilidad que las estructuras que se manifiestan como separadas en tres dimensiones, puedan estar relacionadas en otra faltante dimensión, por lo cual las propiedades de estas estructuras se relacionarían en una dimensión a la que no accedemos. Lo que se ve en nuestro espacio tridimensional es solo una parte de la totalidad y su naturaleza y causa se resistirían a la explicación por el pensamiento racional, del mismo modo que otros fenómenos físicos[706].

El postestructuralismo moderno afirma que la no existencia de perspectivas definitivas o últimas equivale a que ninguna perspectiva tiene ventaja sobre otra, proponiendo en forma dialéctica que la falta de ventajas de una perspectiva sobre otra es la mejor perspectiva. La contradicción como lo plantea Ken Wilber, es que ninguna perspectiva tiene privilegios excepto la mía, que afirma que ninguna perspectiva tiene privilegios, de un modo semejante a la afirmación que "no existen verdades absolutas, ni siquiera ésta".

El punto de vista integral-aperspectival de autores como Jean Gebser es un concepto holonómico. Ken Wilber usa el término de aperspectival bajo la connotación de la reunión de todas las perspectivas a la vez, sin privilegiar a ninguna de ellas como perspectiva final; el significado de aperspectival es algo carente de perspectivas. La mente aperspectival es holística, porque puede incluir en forma dinámica contextos dentro de contextos, dentro de otros contextos y así sucesivamente. Estos cambios son referidos por Gebser como mutaciones de conciencia, caracterizados por su carácter radical y emergente. La conciencia, del mismo modo que otras estructuras se desarrolla de forma holoárquica, trascendiendo e incluyendo a sus predecesoras, en concordancia con el principio de "interpenetración multidimensional con no-equivalencia", del cual se habla más adelante.

Dentro de las mutaciones de la conciencia se lleva a cabo una predisposición de las posibilidades existentes a una nueva estructura, que ocurre independientemente de los hechos encadenados al marco espacio temporal. Tal mutación de conciencia con su predisposición de las posibilidades y logros previos permite un desarrollo más poderoso de la conciencia[707].

El punto de vista aperspectival es integrador. La naturaleza dialéctica de la visión-lógica, se puede interpretar como una fusión de opuestos interpenetrados mutuamente siendo una de las señales intrínsecas a la conciencia "aperspectival emergente". Gebser dice de la conciencia como estructura aperspectival, "que permite la integración consciente de todas las estructuras previas, con lo cual la conciencia humana al tender hacia una mayor unidad, se puede ver a sí misma en una forma más transparente".

El espectro de la conciencia

Es difícil disociar el cuerpo de conocimientos que procura delinear la realidad de aquello que conoce dentro de nosotros. No se puede dejar de mencionar el hecho del enfoque multidisciplinario en la definición del espectro de la conciencia y de como todos estos conocimientos ensanchan y pertenecen al campo de las doctrinas universales referentes a la naturaleza del hombre y a su modo de relación con el mundo. Bajo esta óptica es posible explicar el interés compartido por académicos de diferentes disciplinas como psicólogos, filósofos, teólogos, hombres de ciencia, expertos en neurociencias y místicos por la denominada philosophia perennis "la filosofía perenne", concepto instaurado por Leibniz y retomado por pensadores como Aldous Huxley, Roger Walsh, Fritz Schumacher.

La filosofía perenne describe los aspectos fundamentales de la realidad y de la naturaleza humana que se encuentra en la base de las principales tradiciones metafísicas y es posible vislumbrar a partir de ella una *psychologia perennis*. La *philosophia perennis* fué un legado común a Oriente y a Occidente, hasta la aparición del racionalismo: los polos primarios de la existencia son la actividad y la pasividad, rectores de todas las cosas.

Considera que la materia tiene un aspecto físico, que no pretendía llenar la realidad, y no era algo que se pudiera estudiar en sí mismo, independientemente del espíritu. En la *psychologia perennis* se busca el descubrimiento del propio ser, con sus características particulares de no ser objetivo ni subjetivo, sino abarcando ambos conceptos. El conocimiento del ser implica necesariamente el conocimiento de la unidad, pues *unum et esse converguntur* -el uno y el ser convergen-[708]. El núcleo de la filosofía perenne es la misma experiencia que han vivido los místicos y que no es posible expresar en palabras, porque su clave reside en comprender que el "yo", la identidad no se encuentra dentro del cuerpo, sino en ¡el universo entero!

Uno de los rasgos más importantes del concepto oriental del mundo, es la conciencia de la unidad e interrelación existente entre todas las cosas y sucesos, la experiencia de que todos los fenómenos que ocurren son manifestaciones de una unidad básica, todas las cosas son consideradas como partes inseparables de un conjunto cósmico. La realidad última indivisible que se manifiesta en todas las cosas recibe diferentes nombres. En el hinduismo se le llama *Brahman,* en el taoísmo, Tao. Los budistas lo llaman *Talhala* o "eseidad"[709].

A la luz de la "psicología perenne" es posible bosquejar un modelo de conciencia que ofrezca consideración a los conceptos elaborados por otras disciplinas, como el psicoanálisis, la psicología humanista, el análisis junguiano y la psicología interpersonal. Si se toma por ejemplo el psicoanálisis interpersonal, enfatiza la influencia de las relaciones interpersonales de modo que estas constituyen el nivel de conciencia. La psicología interpersonal asume que las facetas de la mente humana independientemente de la profundidad intrapsíquica que tengan, se constituyen en la experiencia interpersonal. En ese sentido no pueden existir contenidos mentales sin el estímulo de las relaciones interpersonales. En el centro de este modelo de psicología perenne se encuentra que la conciencia humana es un espectro de múltiples manifestaciones de una sola conciencia, y cada nivel del espectro tiene un sentimiento de identidad individual diferente.

La intuición central de la psicología perenne es que la conciencia más íntima del hombre es idéntica a la realidad absoluta y fundamental del universo, a la cual entre otros nombres se le denomina Mente o Deidad. La Mente (con mayúscula), que corresponde al nivel 6, es todo lo que hay, es inespacial, infinita, intemporal y fuera de ella nada puede existir. Pero por alguna razón desconocida, en el océano infinito de la Mente surge un rizo sutil, que olvida el mar infinito del que viene, y se siente separado. Este nivel del rizo es el principio de la onda de yoicidad, esta es la zona causal del espectro supraindividual, donde el nivel de la conciencia no es conciente de la Mente pero tampoco está confinada a los límites del organismo individual. El rizo quiere y teme la liberación por lo que asume ser el mismo dios. Es el principio del narcisismo y de la batalla de la vida con la muerte. Al encontrar lo causal imperfecto, el rizo de la conciencia la reduce al nivel de lo sutil (nivel 5) y luego al de lo ideal (nivel 4) y por último, al de lo mental (nivel 3), donde cae cansado por esta búsqueda sin éxito que finalmente le hace llegar inconsciente al nivel material (nivel 1)[710]. Los niveles de conciencia percibidos por el hombre son solamente una parte del espectro total de la conciencia, en los que cada uno se asocia con un sentimiento de individualidad diferente que sirve a un proceso de desarrollo en el cual todos, querámoslo o no, estamos implicados.

Los seres humanos concientes en niveles más sutiles (los niveles 4 y superiores) trascienden su identidad más allá del organismo individual, la conciencia es supraindividual. A este tipo de conciencia supraindividual han hecho referencia autores místicos como San Juan de la Cruz y Santa Teresa, en quienes su obra refleja un estado de conciencia en el que las características de espacio, tiempo, lucidez y amplitud llevan a la llamada vivencia de tipo oceánico, supraindividual, ligada con el acto creador[711]. De acuerdo a autores como John Rowan, los estadios de conciencia que incluyen el nivel que el denomina del centauro, así como el sutil y el causal, conforman el dominio de lo transpersonal[712]. En el nivel existencial mental del hombre corriente, se produce la identificación con el organismo psicofísico, tal como existe en el tiempo y el espacio y se producen los procesos del pensamiento racional y de la voluntad personal. Las modificaciones se hacen por premisas sociales reguladas por pautas sensoriales culturalmente guiadas que dan lugar a una selección e interpretación de experiencia diferente a la de otros entornos sociales. La identidad del hombre en los niveles descendentes de conciencia es cada vez más restringida, viene desde el universo hasta el organismo, desde el organismo a la psique, y desde la psique a una faceta de la psique llamada persona. Epistemológicamente a cada nivel del espectro corresponde un modo de conocimiento diferente, un dualismo diferente entre otros[713].

La relevancia de la psicología perenne es que presenta al ser y a la conciencia como una jerarquía que se mueve desde las esferas más bajas y densas, hasta las más sutiles y unitarias presentes en la gran cadena del ser, existiendo semejanzas con los niveles de conciencia del hinduismo. De acuerdo al hinduismo, el nivel más alto (el 6) se considera el domicilio absoluto de la conciencia como tal, el plano *Adi* -palabra sánscrita no traducible- como fuente de la cual se originan los demás niveles del espectro. A continuación y en orden descendente -esta palabra descendente implica una menor complejidad en la escala óntica- viene la esfera de conciencia causal o *anandamayakosha*[714] .

Después viene la esfera de la conciencia mental superior o *vijñanamayakosha*[715] que también se conoce en occidente como *manas* -en sánscrito mente- que incluye los procesos arquetípicos, intuición extática y una gran claridad de conocimiento. Seguidamente viene la esfera de la conciencia mental inferior o *mannomayakosha* que equivaldría al nivel que se considera el intelecto, el pensamiento como lo experimentamos. A continuación viene el nivel de conciencia llamado *pranamayakosha* -la envoltura del aliento vital-, correspondiente al nivel 2 de la bioenergía. Por último, viene el nivel de conciencia llamado *annamayakosha*[716] que incluye el nivel del cuerpo físico y el cosmos material -correspondiente al nivel 1-.[717]

La escuela vedantina, coextensiva del hinduismo presenta a *Purusha*, "el espíritu que baila sobre las aguas", obra por medio de *prakriti* o la materia[718]. El cuerpo denominado *ksetra* consiste de sentidos, mientras que el Ser Supremo está presente en cada cuerpo como *Paramatma* o la Superalma. *Parabraman* es la energía o esencia del universo, es un principio pasivo, incomprensible e inconsciente[719]. Al estudiar la personalidad humana acorde con los conceptos hinduistas, se puede hallar un trasfondo de elementos búdicos, cuando algunos pacientes tomando LSD describen un mundo tranquilo y exquisito de naturaleza nirvánica; varios sujetos moribundos tomando LSD referían como "la muerte o desintegración de un cerebro individual no causa el cese de la conciencia mayor", mientras repetidamente describían como "se bajaba el umbral que les permitía experimentar el eterno ahora, más allá del tiempo y el espacio"[720].

Los niveles de conciencia en orden ascendente de acuerdo al hinduismo, son seis: el nivel 1 o el físico, el biológico el mental, el sutil, el causal sucesivamente, hasta el nivel 6 o último. El nivel 1 es estudiado por la física y la química; el nivel 2 es estudiado por la biología; el nivel 3 es estudiado por la psicología y la filosofía; el nivel 4 es estudiado por la religión; el nivel 5 es estudiado por la religión sabia[721].

Ya se mencionó el nivel existencial. En el nivel sutil el alma y Dios se unen; en el nivel causal, el alma y Dios son trascendidos en la identidad previa de la divinidad, o pura conciencia sin forma, la Pura Conciencia, el Puro Espíritu. A través de esta idea, Meister Eckardt afirmó como "a través de esta comprensión he descubierto que Dios y yo somos uno y el mismo". Wilber describe en palabras estos niveles de conciencia trascendentes en las cuales se dice poco y se comunica poco por la poca experiencia que las personas han tenido con estos diferentes estados de conciencia.

En el nivel más allá del Puro Origen y el Puro Espíritu que es totalmente ilimitado, inmanifestado, el Yo/Espíritu despierta a una identidad con todas las formas[722]. De acuerdo a Wilber, en el nivel sutil "comenzamos a cuestionar la existencia de una frontera estricta, la circunscripción a lo que se halla dentro de las limitaciones de nuestra propia piel"[723]. Este nivel sutil posee un nivel sutil superior, en el cual se puede hablar de inspiración, entendida como la aparición de mensajes procedentes de una fuente superior y más profunda. Los arquetipos, el "supraself" son entidades que caben en este nivel sutil superior. En este estadio, John Heron -citado por Rowan- se alcanza...

> "la gran inversión, en que todo nuestro sistema de creencias centáuricas experimenta un giro copernicano y la renuncia se convierte en algo más importante que la afirmación[724]"

En el nivel causal "las deidades arquetípicas se condensan y se disuelven en el Dios final, la fuente de todo arquetipo. Se abandonan toda clase de símbolos, guías (...) Las personas que alcanzan este nivel suelen hablar de resplandor y de liberación perfecta, no como algo que se vislumbra sino como una experiencia alcanzable. La compasión que suele acompañar a este estadío es diferente y mucho más profunda que cualquiera otra que antes se hubiera experimentado"[725]. En el nivel causal superior los testimonios son "de conciencia sin forma, de resplandor sin límites". Este es el nivel de conciencia en que los budistas hablan del *samadhi* de la vacuidad, de *nirvikalpa samadhi* y de *nirguna Brahman*. En este estadio el sustrato de Dios y el sustrato del alma son una misma cosa ; esta es la auténtica autotrascendencia. En el nivel último, se hallan varios nombres, como Unidad-Vacuidad, Nada y Todas las cosas, Inconsútil y sin rasgos distintivos, que Trasciende pero incluye toda manifestación, Brahman-Atman-Absoluto, *bhavi samadhi*, el reino del *Svabhavikakaya, cittamatra, kether*.

La filosofía perenne refiere como lo superior no puede explicarse por lo inferior pero lo inferior puede surgir de lo superior mediante el proceso de involución. Cada nivel de conciencia es jerárquico en el sentido de que cada nivel superior incluye y trasciende al nivel inmediato. No se puede pretender convertir una función de validez inferior en una de validez superior, a menos que la función de validez inferior tenga el valor inicial de la forma de la validez superior. La Divinidad trasciende completamente a todos los mundos, de modo que los incluye totalmente. Los niveles superiores de la realidad comportan cualidades nuevas respecto a los niveles inferiores, pero sin tratarse de una novedad absoluta, porque los niveles superiores comprenden a los inferiores.

Los niveles están interpenetrados e interconectados, pero no equivalentemente, que equivale a decir que el superior incluye al inferior, pero no viceversa, de donde surge el concepto de una "interpenetración multidimensional con no equivalencia"[726]. Todo lo inferior se halla en lo superior, pero no todo lo superior se halla en lo inferior: un cubo tridimensional contiene varios cuadrados bidimensionales, pero no viceversa; se podría pensar que la jerarquía en los niveles podría depender de las cualidades que diferencian a un nivel superior de uno inferior, sin embargo la frase "no viceversa" es la que crea una jerarquía, de modo que cada estadio evolutivo trasciende pero incluye a sus predecesores, de acuerdo a lo dicho por Hegel, que "trascender es al mismo tiempo, negar y conservar"[727]. Una de las confusiones que acecha esta concepción de la conciencia como un espectro corresponde a la que Wilber denomina la falacia pre - trans. Esta denominación alude a la confusión entre lo que está antes o por debajo con lo que está después o por encima. Lo prerracional no es lo mismo que lo transrracional, como el otoño no es lo mismo que la primavera. Ni la esquizofrenia ni el misticismo son racionales, pero mientras la esquizofrenia es prerracional, el misticismo es transrracional, está más allá de lo racional.

Algunos sistemas cognoscitivos del nivel de la categoría trascendental, entre ellos doctrinas religiosas como el budismo, proponen que la vida y la muerte están en la mente y en ningún otro lugar. La mente a la luz de la doctrina budista se revela como la base universal de la experiencia, creadora tanto de la felicidad como del sufrimiento, creadora de lo que llamamos vida y muerte. La mente tiene muchas facetas, destacando entre ellas la denominada *sem,* entendida como

> "aquello que posee conciencia diferenciadora, aquello que posee un sentido de la dualidad, que aferra o que rechaza algo externo. Es aquello que se puede asociar con cualquier cosa diferente de quien percibe. *Sem* es la mente discursiva, dualista que funciona en relación con un objeto o punto de referencia externo proyectado y falsamente percibido"[728].

Sem es la mente que trabaja en función de dicotomías, que siempre debe estar proclamando su existencia por fragmentación y conceptuación de la experiencia. Su energía se consume en la proyección hacia afuera y es aquí donde de alguna manera se sufre el cambio y la muerte. En cierta medida, *sem* puede ser conceptualmente asemejada a la *anoia* de Platón, entendida como la mente "que le faltaba entendimiento". Platón denominó Más allá de *sem* envuelta y velada por el rápido discurrir de nuestros pensamientos y emociones, está la esencia íntima.

Tal esencia íntima o *Rigpa* se manifiesta en oleadas de inspiración que proporciona un significado, comprensión, luz y libertad. Tal vivencia ocurre porque la naturaleza de la mente es la de la comprensión. *Rigpa* es una conciencia prístina, inteligente, radiante y despierta, que se ha descrito como el "conocimiento del propio conocimiento" y que en otras doctrinas religiosas como el hinduismo se conoce como Shiva, Brahma y Visnú, la trimurti brahmánica o en el sufismo se denomina "la esencia oculta" En el corazón de todas las doctrinas religiosas existe esta verdad fundamental en común[729].

Al igual que la Gran cadena del ser distingue niveles de existencia, la psicología perenne distingue niveles de salud mental. La psicología y la psiquiatría tradicionales tratan los denominados "niveles inferiores" de la salud mental y sus perturbaciones, como psicosis, histeria, esquizofrenia, considerando a quienes se hallan por encima de tales niveles como poseedores de una salud mental normal, aunque probablemente no lleven una vida no plena. A partir de aquí existen niveles de salud mental creciente, que son puestos de manifiesto por la psicologías humanista y tranpersonal, fundadas sucesivamente por Maslow al trascender las limitaciones del conductismo y el psicoanálisis. Desde esta óptica, la vida es un camino de crecimiento hacia una plenitud y un significado cada vez mayores.

ero avanzar por este camino requiere cierto arrojo, "que es el de ser uno mismo en vez de ser como los demás". Y quien se decide a caminar por este camino puede tener tropiezos, como problemas de relación, problemas filosóficos, problemas existenciales y espirituales, que son psicopatologías correspondientes a algunos de los tramos de crecimiento personal. Hasta ahora Wilber es quien mejor ha descrito estos tramos hacia un significado mayor y sus correspondientes terapias: para los primeros niveles por ejemplo, análisis transaccional; para un nivel inicial de autorrealización, la terapia Gestalt, bioenergética o formas de psicología humanista y existencial; en el ámbito de la espiritualidad, técnicas transpersonales como la psicosíntesis, el análisis junguiano o la terapia de Grof; para acceder a estados superiores de conciencia, las vías tradicionales como el hinduismo vedanta, el budismo Mahayana, el taoísmo.

El camino de nuestro desarrollo une así la psicología, la filosofía y la espiritualidad. Los afanes y ansiedades que aquejan a la especie humana son síntomas por la falta de desarrollo. Como lo señaló en su tiempo Edgar Morín, todos los grandes intentos de reforma social han fracasado porque faltaba una teoría acerca del desarrollo humano.

La psicología transpersonal ha esbozado y profundizado en esta teoría mostrando como en los niveles superiores de crecimiento personal, con un estado de conciencia más trascendente, los problemas humanos y personales no se resuelven, sino que se disuelven. Refiere Jordi Pigem que "el camino hacia lo que antaño se soñó como una utopía está más próximo, como también está más próximo el camino de la destrucción de la especie"[730].

Notas de Capítulo 10.

656. 📖 Bense, M: Rationalismus und Sensibilität. Agis, Baden Baden, 1956. Fragmento citado en: **Eco - Revista de la Cultura de Occidente** 1962; tomo IV 4: pp.427

657. 📖 Wittgenstein L: **Investigaciones filosóficas.**

658. 📖 Commoner B: **Ciencia y Supervivencia.** Plaza y Janés SA Editores, Barcelona. 1970 pp. 55

659. 📖 Hessen J: **Teoría del conocimiento** pp. 16

660. 📖 Walsh RN: La posible aparición de paralelos interdisciplinarios. En: Walsh R, Vaughan F: **Más allá del Ego: Textos de Psicología transpersonal.** 5ª Ed. Edit Kairós, Barcelona, 1991. pp. 345 - 355

661. 📖 Danzin A, Prigogine I: ¿Qué ciencia para el futuro? La investigación y las necesidades humanas. **Correo de la Unesco** 1982 (2):4-9

662. 📖 Fergusson M: **La Revolución del Cerebro.** Editorial Héptada. 1991. pp. 354-355

663. El fonólogo ve los fonemas como elementos significativos que reciben su significado solo a condición de estar incorporados a un sistema. Este es un concepto funcionalista que permite que lo inexplicablemente discontinuo se inserte en un orden continuo que antes no se había sospechado. En las matemáticas, el concepto de estructura va ligado a una construcción lógica. Tomado de: Broekman JM: **El Estructuralismo.** 2ª Ed., Editorial Herder, Barcelona, 1974 pp. 14

664. Broekman JM: **El Estructuralismo.** 2ª Ed., Editorial Herder, Barcelona, 1974 pp. 12,13.

665. 📖 Wilber K: **Sexo, Ecología, Espiritualidad. El alma de la evolución. Volumen I** Gaia Ediciones, Madrid 1996. pp. 47.

666. 📖 Wilber K: **Sexo, Ecología, Espiritualidad. El alma de la evolución. Volumen I** Gaia Ediciones, Madrid 1996. pp. 27

667. 📖 Wilber K: **Sexo, Ecología, Espiritualidad. El alma de la evolución. Volumen I** Gaia Ediciones, Madrid 1996. pp. 45

668. Tomada de: 📖 Río M: **Estudio sobre la libertad humana. Anthropos y Anagke.** Guillermo Kraft, Buenos Aires, 1955. pp. 314

669. 📖 Río M: **Estudio sobre la libertad humana. Anthropos y Anagke.** Guillermo Kraft, Buenos Aires, 1955. pp. 316

670. 📖 Vanderwolf CH: Brain, behavior, and mind: what do we know and what can we know? **Neuroscience Biobehavioral Review** 1998; 22 (2):125-142

671. 📖 LaBarre W: **L'animal humain.** Editorial Payot, París. 1956. pp. 11-12, 233

672. De aquí deriva la palabra inglesa navel, ombligo.

673. 📖 Eliade M: **Herreros y Alquimistas.** Alianza Editorial, Madrid, 1983. pp. 38-39, 41

674. 📖 Río M: **Estudio sobre la libertad humana. Anthropos y Anagke.** Guillermo Kraft, Buenos Aires, 1955. pp. 316

675. 📖 Sagan C, Druyan A: **Sombras de antepasados olvidados.** Edit. Planeta, Barcelona, pp. 116

676. 📖 Irving-Hallowell, A: Hominid evolution, cultural adaptation and mental dysfunctioning. En: A.V.S. de Reuck, Ruth Porter, Eds: **Transcultural Psychology.** Ciba Foundation Symposium. J&A Churchill Ltd. 1965. pp 35

677. 📖 Irving-Hallowell, A: Hominid evolution, cultural adaptation and mental dysfunctioning. En: A.V.S. de Reuck, Ruth Porter, Eds: **Transcultural Psychology.** Ciba Foundation Symposium. J&A Churchill Ltd. 1965. pp 42

678. 📖 LaBarre W: **L' animal humain.** Payot, París. 1956. pp. 238

679. 📖 Wilber K: **Sexo, Ecología, Espiritualidad. El alma de la evolución. Volumen I** Gaia Ediciones, Madrid 1996. pp. 180

680. 📖 **La conquista de la tierra.** Salvat Eds, 1970. pp. 10

681. 📖 Engels F: **El origen de la familia, la propiedad privada y el estado.**

682. 📖 Augusta J, Burian Z: **El origen del hombre.** Ediciones Suramérica, Bogotá, 1966. pp 12

683. "Y así, hasta las estrellas"

684. 📖 **La conquista de la tierra.** Salvat Eds, 1970. pp. 192-193

685. 📖 Wilford, JN: Revolutions in mapping. **National Geographic** 1998; 193(2): 6-39

686.	📖 Sheldrake R: Una nueva ciencia de la vida. La hipótesis de la causación formativa. Kairós. Barcelona, 1990. pp 19

687.	📖 Pauwels L, Bergier JJ: **El planeta de las posibilidades imposibles**. Plaza y Janés Editores, Barcelona 1972. pp. 151

688.	📖 de Rosnay, J: **Qué es la vida**. Biblioteca Científica Salvat. Salvat. Barcelona, 1993. pp. 211; 215-216

689.	📖 Broekman JM: **El Estructuralismo**. 2ª Ed., Editorial Herder, Barcelona, 1974 pp. 98

690.	📖 Eccles JC: **La evolución del cerebro: la creación de la conciencia**. Editorial Labor. Barcelona. 1992 pp. 131-132

691.	📖 Irving-Hallowell, A: Hominid evolution, cultural adaptation and mental dysfunctioning. En: A.V.S. de Reuck, Ruth Porter, Eds: **Transcultural Psychology.** Ciba Foundation Symposium. J&A Churchill Ltd. 1965. pp 44

692.	📖 Eccles JC: **La evolución del cerebro: la creación de la conciencia**. Editorial Labor. Barcelona. 1992 pp. 219

693.	📖 Jung C: **Tipos psicológicos**. 9º Ed. Editorial Sudamericana, Buenos Aires, 1964. pp. 104

694.	📖 Wilber K: **Sexo, Ecología, Espiritualidad. El alma de la evolución. Volumen I** Gaia Ediciones, Madrid 1996. pp. 183

695.	📖 Wilber K: **Sexo, Ecología, Espiritualidad. El alma de la evolución. Volumen I** Gaia Ediciones, Madrid 1996. pp. 213

696.	📖 Wilber K: **Sexo, Ecología, Espiritualidad. El alma de la evolución. Volumen I** Gaia Ediciones, Madrid 1996. pp. 213

697.	📖 Wilber K: **Sexo, Ecología, Espiritualidad. El alma de la evolución. Volumen I** Gaia Ediciones, Madrid 1996. pp. 213

698.	Hegel plantea de acuerdo a esta concepción dialéctica las transformaciones históricas y propone un método de análisis sopcial. En la lógica dialéctica el "es" y el "no es" están orgánicamente unidos en una totalidad autotransformadora. Dialécticamente si "lo real es racional" la afirmación opuesta "lo racional es real" también es verdadera, según lo afirmado por Hegel. En: 📖 Nelson BR: **Western Political Thought: from Socrates to the Age of Ideology**. Prentice Hall. New Jersey, 1982. pp. 305-306

699.	📖 García-Gual, C: Los siete sabios (y tres más). Alianza Editorial, Madrid, 1989. Edición de 1995. pp 53

700.	📖 Capra F: **El Tao de la Física**. Editorial Sirio, Málaga, 1983. pp. 27-28

701.	📖 Alonso-Fernández, F: **Compendio de Psiquiatría.** Editorial Oteo. Madrid, 1978. pp. 187

702.	📖 Alonso-Fernández, F: **Compendio de Psiquiatría.** Editorial Oteo. Madrid, 1978. pp. 188

703.	📖 Tart C: Estados de conciencia y ciencia de los estados específicos. En: Walsh R, Vaughan F: **Más allá del Ego: Textos de Psicología transpersonal.** 5ª Ed. Edit Kairós, Barcelona, 1991. pp. 315

704.	📖 Alonso-Fernández, F: **Compendio de Psiquiatria.** Editorial Oteo. Madrid, 1978. pp. 188

705.	📖 Rattray-Taylor G: **El cerebro y la mente. Una realidad y un enigma**. Editorial Planeta, Barcelona, 1979. pp. 283

706.	📖 Rattray-Taylor G: **El cerebro y la mente. Una realidad y un enigma**. Editorial Planeta, Barcelona, 1979. pp. 289-290

707.	📖 Wilber K: **Sexo, Ecología, Espiritualidad. El alma de la evolución. Volumen I** Gaia Ediciones, Madrid 1996. pp. 216-217

708.	📖 Burckhardt T: **Alquimia**. Plaza y Janés, Barcelona, 1976. pp. 166

709.	📖 Capra F: **El Tao de la Física**. Editorial Sirio, Málaga, 1983. pp. 167

710.	📖 Wilber K, Bohm D, Pribram K, Keen S, Fergusson M, Capra F, Weber R y otros: **El Paradigma Holográfico.** Una exploración en las fronteras de la Ciencia. 3ª Edición. Kairós, Barcelona. 1992. pp. 175

711.	📖 Alonso-Fernández, F: **El talento creador. Rasgos y perfiles del genio**. Ediciones Temas de Hoy. Madrid, 1996. pp. 114

712.	📖 Rowan J: **Lo transpersonal. Psicoterapia y Counselling**. Editorial Libros de la liebre de marzo. Barcelona, 1996. pp. 155

713.	📖 Wilber K: Psicología Perenne: el espectro de la conciencia. En: Walsh R, y Vaughan F: **Más allá del Ego: Textos de Psicología transpersonal**. 5ª Ed. Kairós, Barcelona, 1991. pp. 108-113

714.	*Anandamaya*, literalmente en sánscrito "formado de bienaventuranza/realización de la naturaleza bendita" *kosha*, significa "envoltura".

715.	*Vijñanamaya*, literalmente en sánscrito "formado de conocimiento/discernimiento/visión directa con los ojos del alma".

716.	*Annamaya*, literalmente en sánscrito "formado de cuerpo físico".

717.	Averroes, al citar a Galeno, refiere como el "espiritu vital" es una sustancia pura que se encuentra en el espacio sideral, que, mediante un proceso parecido a la respiración, se convierte en vida en el corazón. *Rûh* en árabe, *ruah* o *ruash* en hebreo, simbolizan el hálito creador del Espíritu universal, la movilidad del espíritu vital y su unión con la "atmósfera" sutil de este mundo. El espíritu vital se extiende por todo el espacio cósmico y es absorbido por los seres que extraen de él constantemente el "cuerpo sutil" de fuerzas vitales, -llamadas *prâna* por los hindúes, y *orenda* por algunas tribus norteamericanas- de la misma forma que se absorbe aire en la inspiración. 📖 Burckhardt T: **Alquimia.** Plaza y Janés, Barcelona, 1976. pp. 164

718.	Las palabras sánscritas originales son *prakrti* que traduce naturaleza; *purusa*, el que disfruta la naturaleza.

719.	📖 Sinnet AP: **El Budismo Esotérico**. Teorema, Barcelona, 1982. pp. 285, 286

720.	📖 Fergusson M: **La Revolución del Cerebro**. Editorial Héptada. Madrid. 1991. pp. 147

721.	📖 Wilber K, Bohm D, Pribram K, Keen S, Fergusson M, Capra F, Weber R y otros: **El Paradigma Holográfico. Una exploración en las fronteras de la Ciencia**. 3ª Edición. Kairós, Barcelona. 1992. pp. 174

722.	📖 Wilber K: **Sexo, Ecología, Espiritualidad. El alma de la evolución. Volumen I** Gaia Ediciones, Madrid 1996. pp. 336

723.	📖 Rowan J: **Lo transpersonal. Psicoterapia y Counselling**. Editorial Libros de la liebre de marzo. Barcelona, 1996. pp. 150

724.	📖 Rowan J: **Lo transpersonal. Psicoterapia y Counselling**. Editorial Libros de la liebre de marzo. Barcelona, 1996. pp. 150

725.	📖 Rowan J: **Lo transpersonal. Psicoterapia y Counselling**. Editorial Libros de la liebre de marzo. Barcelona, 1996. pp. 150

726.	📖 Wilber K, Bohm D, Pribram K, Keen S, Fergusson M, Capra F, Weber R y otros: **El Paradigma Holográfico. Una exploración en las fronteras de la Ciencia**. 3ª Edición. Kairós, Barcelona. 1992. pp. 177

727.	📖 Rowan J: **Lo transpersonal. Psicoterapia y Counselling**. Editorial Libros de la liebre de marzo. Barcelona, 1996. pp. 156

728.	📖 Rimpoché S: **El libro tibetano de la vida y la muerte.** Ediciones Urano. Barcelona, 1994. pp. 72

729.	📖 Rimpoché S: **El libro tibetano de la vida y la muerte.** Ediciones Urano. Barcelona, 1994. pp. 73

730.	📖 Pigem J: En nuestra mente hacemos el Mundo. En: **Nueva Conciencia. Monografía Nº 22 de Integral**. Ediciones Integral. Barcelona, 1994. pp 115

Capítulo 11. Consecuencias sociales del cerebro y la mente

Las especies elegidas

"La inteligencia del Todo es social. Pues ha hecho los seres inferiores en función de los superiores y los superiores los ha acomodado entre sí. Ves como subordinó, coordinó y distribuyó a cada cual según su mérito y trajo a recíproca concordancia a los seres superiores".

Marco Aurelio - Meditaciones

"No hay mayor sorpresa que la de un profeta cuyas profecías se vuelven realidad. Ya que existe una gran pereza de hábitos en los pensamientos del hombre y una voz risueña, profundamente enterrada en su interior, que le susurra al oído que mañana será exactamente como hoy y como ayer. Y lo cree, incluso contra sus propias convicciones. Y esto es realmente un don del cielo, ya que de otra manera el hombre no podría vivir con la certeza de su muerte"

Arthur Koestler – Los gladiadores

Aristóteles de Estagira mencionaba en la "Física" como "el objeto de nuestra búsqueda es el conocimiento y el hombre no cree que sabe una cosa hasta que ha entendido su porqué". Aunque la palabra "causa" puede usarse en muchos sentidos, extrapolamos el conocimiento de las situaciones con el conocimiento de las causas. El pensamiento científico desarrolla los significados de los conceptos de causa y del principio de causalidad, significados que han guiado la actividad académica y cognoscitiva del científico y del filósofo.

La humanidad más que nunca está expresando una necesidad colectiva que "se manifiesta en el choque evolutivo frontal del cual resurgirá coordinada de maneras desconocidas hasta ahora, implícitas en el material biológico, tan cierto como la mariposa está implícita en la oruga", citando al físico John Platt[731].

La evolución, al decir de Carsten Bresch, es la historia de la propagación de las estructuras. Los instintos y las tendencias de los animales tuvieron su utilidad en que permitieron la conservación de las especies hasta el umbral en que se crea el "sistema de información intelectual". La integración intelectual es el mayor logro de la evolución de la especie del *Homo sapiens sapiens*.

El lenguaje contribuyó a establecer vínculos más fuertes entre un grupo de individuos, lo cual suponía, en la otra cara de la moneda a reconocer como extraños a los que no hablaran la misma lengua. Al tiempo que mejoró la comunicación entre unos individuos, fomentó el aislamiento de diversas subpoblaciones. De este modo, las hipotéticas tribus compuestas por unas cuantas familias vecinas se desarrollaron independientemente y legaron a su progenie un patrimonio genético e intelectual propio y diferente. La existencia de diferentes lenguajes suscitó luchas, frecuentemente sangrientas, ya que quien hablaba como el grupo pertenecía a éste, pero el sujeto que utilizaba un lenguaje diferente no podía pedir misericordia. Presumiblemente, la facultad del lenguaje estableció a quien se podía matar y a quien no.

Con respecto al origen del lenguaje, solo es lícito suponer que, bien, se desarrolló a partir de la lengua de un solo grupo, o bien, fué el invento de diferentes grupos sociales, siendo este último caso es el de los aborígenes australianos; dado que las agrupaciones humanas primitivas eran reducidas, con grupos compuestos de hasta 100 individuos, los grupos más numerosos no podrían haber encontrado suficiente alimento en su entorno, lo cual obligaría a la disgregación de nómadas cazadores que solamente podrían entablar comunicación con los miembros de su tribu. Este fenómeno de la disgregación provocaría con el tiempo que a partir de un lenguaje surgieran diferentes dialectos, que serían un vínculo muy fuerte que fomentaría el sentimiento de pertenencia en los miembros de esas tribus.

El lento advenimiento de actividades civilizadas por el desarrollo de otras actividades, como la agricultura, la hilandería, la alfarería, provocó la explosión de los vocabularios especializados. La Biblia relata como en los tiempos antediluvianos sobresalieron por su ingenio los hijos de Lamec, llamados Jabel, Noema, Júbal y Tubalcaín. Comprendiendo Jabel que la ganadería era un complemento necesario de la agricultura, construyó tiendas y se dedicó al pastoreo. Noema, discurrió una manera de hilar y confeccionar telas y paños de lana. Júbal inventó instrumentos de música y enseñó a tocar la cítara y la flauta, mientras Tubalcaín se dedicó a la forja de los metales.

Ya sea en colectividades como las termitas o las sociedades humanas, la dinámica o funcionamiento de la estructura y la organización de un sistema social implica que este es activo y sujeto a cambios espacio-temporales y compuesto de partes interdependientes identificables como "status" y "papeles", cuya configuración como jerarquía permite una estratificación social, en los planos cultural y económico. La comunicación en los animales se hace por signos que designan algo para alguien, pero alcanzan su mayor desarrollo en el sentido de lo simbólico atribuido por los seres humanos a sus usos y costumbres[732].

El incremento de actividades civilizadas produciría nuevas necesidades de vocabulario para expresar las ideas concretas y las abstractas, amén de la modificación en la gramática para permitir la mayor exactitud del mensaje, sin ambigüedades. El sucesivo desenvolvimiento de la civilidad y del lenguaje demarcó lentamente los hitos de la costumbre y la convención social. Laín-Entralgo cita el diálogo suscitado por Antifonte en *Alétheia* (La verdad):

> "El *nomos* es obra de la convención humana -*homológesis*-; sus preceptos son arbitrarios, artificiosos, como sobreañadidos -*epítheta*-; opónese pues, al libre desarrollo de la *physis* en el hombre. Ahora bien, todo esto acaba por ser nocivo. La *physis*[733] tiene en su seno una última e inexorable "necesidad" -*ananke physeos*- la cual es de tal índole que obedecerla -seguir los impulsos de la propia naturaleza- hace que el hombre se sienta gozosamente libre. Es verdad que el hombre puede, con sus caprichos y convenciones, contravenir los mandatos de esa necesidad de la naturaleza; el ser humano es, en cierto modo, independiente de su *physis*; pero quien la contravenga, habrá de atenerse a lo inexorable, porque la *ananke* de la *physis* subsiste inexorable. Lo conveniente -hacer lo conveniente (*tò xymphéron*) debe ser la regla suprema de la vida- y esta consiste pues, en ser fiel a la physis y en librar a ésta de las coacciones perturbadoras del *nomos*."[734]

Cuando se hace un análisis lógico y exacto del lenguaje, se encuentra que Ludwig Wittgenstein refiere de una manera semejante a la homologesis de Antifonte, que "nuestras formas de expresión nos lanzan a la caza de quimeras, impidiéndonos de múltiples maneras ver que esto ocurre en el campo de las cosas comunes y corrientes", porque el lenguaje es una forma de vida[735].

Se podría pensar que las convenciones sociales eliminarían cualquier indicio de individualidad, pero este hecho se evidenciaría probablemente más en sociedades primitivas, en las que lo que sabía un miembro lo sabían prácticamente todos. Las habilidades estaban muy difundidas y el comportamiento estaba regulado por determinados ritos tribales[736]. Podría decirse -siguiendo en la línea del discurso sofista- que la naturaleza cambiante del ser humano es encontrarse ante un aumento progresivo del margen de libertad, que deja cada vez mayor tiempo para el desarrollo de la individualidad. Al intensificarse la integración del hombre, el entramado social le abre cada vez más campos, perfilando un desarrollo impredecible de las capacidades de reunión de los individuos en unidades sociales complejas de orden superior. El hombre moderno forma hasta tal grado parte de un conjunto superior, que no toleraría mucho tiempo el aislamiento total[737]. Ya no serían posibles las existencias de Robinson Crusoe ni de "Viernes" en nuestra época.

Merced a la integración intelectual, realizada en las zonas de asociación, o módulos de asociación cortical del lenguaje responsables de la relación con el mundo[738], las ramas del conocimiento humano como la religión, la filosofía, la ciencia y el arte, se vuelven patrimonio de toda la humanidad. Pero, ¿este fenómeno no podría conducir a la desaparición de la individualidad? En este siglo la influencia de homogenización intelectual, la influencia del consumo intelectual ha sido masiva, por el acceso de los y a los medios de comunicación, a la globalización de la cultura, la tendencia a "la aldea global" de Marshall MacLuhan.
Alvin Toffler refiere como,

"el surgimiento de una nueva cultura orientada al cambio y la diversidad, trata de integrar la nueva concepción de la naturaleza, la evolución y el progreso, las frescas concepciones del tiempo y la fusión del reduccionismo y el totalismo con una nueva causalidad[739]".

El progresivo entrelazamiento de las diferentes ramas del conocimiento está ampliando las fronteras allende el hombre, dejando poco a poco su mira antropocéntrica, en la medida de conocer otras especies con posibilidades de comunicación por lenguaje, ya sean chimpancés o gorilas, como se describió en el capítulo de lenguaje. Pero también están los cetáceos inteligentes, mamíferos marinos con inteligencia como los delfines y las ballenas.

Los delfines ya aparecen en el registro de la historia humana en épocas tan antiguas como la de la cultura Minoica, en murales de 4000 años a.d.C en el palacio de Knossos en Creta y en paredes de templos en Grecia y Roma. Con los delfines es difícil mostrar indiferencia, por su capacidad de juego, curiosidad e inexplicable afinidad por la especie humana. Los delfines producen una gran variedad de sonidos que sirven a funciones de lenguaje y ecolocalización. El repertorio sónico del delfín incluye una buena ración de señales emocionales[740]. Las ballenas tienen un complicado sistema de cantos, que ocupa una amplia variedad de frecuencias, de los cuales se desconocen el la naturaleza y significado real. En ocasiones cuando las ballenas migran de una zona y regresan después de varios meses, retoman la canción en la parte que quedó incompleta, continuándola sin interrupciones en donde la dejaron.

La imagen de una naturaleza basada en partículas discontinuas se reflejó socialmente en la idea de naciones-estado soberanas e independientes. En la medida que cambia el paradigma de la naturaleza y de la materia, se está transformando el concepto de la nación-estado, que da paso a una nueva civilización[741]. El espíritu de la educación del hombre busca apoyo en el fantasma del pasado. Federico Schiller al sentir que ya llegaba el cambio en la selección de los medios conducentes a la educación del hombre refiere:

"Que una deidad benéfica arranque del seno de su madre al infante por un tiempo y le nutra a los pechos de una Edad mejor y le haga crecer bajo el remoto firmamento griego hasta que alcance la virilidad, y ya como hombre, le haga retornar a su siglo como una figura extraña, más no para regocijarle con su presencia, sino para terriblemente purificarle, como el hijo de Agamenón (...) en este sentido tomará la materia ciertamente del presente mismo, pero tomará la forma de una edad más noble, incluso la buscará allende el tiempo en la absoluta e inmutable unidad de su esencia"[742].

Ires y venires de la medicina moderna

Durante los tres últimos siglos la finalidad de los estudios biológicos y médicos fué la comprensión y asimilación memorística de la anatomía, la fisiología y la patología del cuerpo propiamente dicho, en un marco de visión cartesiana, donde la mente era un objeto abstruso, idea que Fantoni describe como "(de) *obscura textura, obscuriores morbi, functiones obscurissimae*" de modo que el concepto de humanidad con que la medicina realiza su trabajo es uno incompleto, amputado.

La visión cartesiana de la humanidad en los últimas tres centurias fué la causa de que los estudios sobre la mente fueran en gran parte interés de la religión y la filosofía. Cuando la mente se volvió el objeto de estudio de la psicología y la psiquiatría, no llegó a tener vínculos con la medicina y la biología sino hasta hace muy poco tiempo, cuando los diferentes marcos conceptuales de estas disciplinas empezaron a tener más puentes.

Este marco preliminar sirve de alguna forma para explicar porque los estudios de la biología y la medicina se enfocaban en la comprensión de la fisiología y la patología del cuerpo dejando de lado en muchos casos las enseñanzas sobre la mente normal, y limitando el horizonte de las consecuencias de las enfermedades del cuerpo sobre la mente, si alguna vez recibieron consideración, así como la aceptación de que las perturbaciones psicológicas leves o intensas pudieran causar enfermedades al cuerpo, cosa que la sabiduría popular ya entreveía cuando decía que la pena, la preocupación o la ira excesivas producían úlceras, infartos cardíacos, y aumentaban la propensión a las infecciones.

Muchos médicos destacados en su práctica no solamente comprenden bien el conocimiento médico de su tiempo, sino que también comprender al ser y su conflicto. Pero nos engañamos cuando creemos que tal actuación es la norma de la práctica médica en el mundo occidental. Una visión distorsionada del organismo humano, en que la mente es prácticamente pasada por alto, combinada con un crecimiento siempre en aumento de los conocimientos y la necesidad de especialización, conspira para aumentar la inadecuación de la medicina, en lugar de reducirla. La medicina no necesita de los problemas adicionales que proceden de contemplar sus implicaciones económicas, que desafortunadamente son subrayadas con una frecuencia creciente, pero los está teniendo y lo que harán es que empeorarán la ya deteriorada relación médico-paciente. Lynn Hoffman -citada por el terapeuta argentino Bebchuk- refiere en su obra de "Bases teóricas de la terapia familiar" algunos puntos que si bien los refiere en función de un contexto familiar, son aplicables al campo de la medicina sobre la base de un objetivo común: la terapia. Refiere Hoffman[743] que la terapia debe estar caracterizada por:

• Postura de observador.
• Desarrollo de una relación de colaboración en vez de una relación jerárquica.
• En cuanto a las metas, se subraya la información de una contexto para el cambio
• Precaución ante el exceso de instrumentalidad, intrusividad e intervencionismo.
• Conveniencia de transmitir una visión no peyorativa, no enjuiciadora, porque a la gente se le hace difícil cambiar cuando está sometida a la presión de connotaciones negativas.

Ya sea que su ámbito de preocupaciones sea el campo de lo corporal o de lo mental, es necesaria una síntesis, de acuerdo a lo propuesto por Marilyn Fergusson, "ambos puntos de vista tienen que encontrarse y fundirse y su fusión se dará más profundamente que en los demás, en los médicos de práctica general"[744]. Siguiendo a Hoffman, en la terapia no hay un enfrentamiento con un problema, sino que existe una conversación sobre un problema, entorno que promueve la colaboración.

Hay mucha diferencia entre un científico que hunde botones de máquinas de avanzada tecnología -y naturalmente útiles- y aquel que valiéndose de esta parafernalia instrumental no olvida que el paciente es un personaje de la vida real, inserto en el tejido social con un consciente y un subconsciente, con distintos niveles de cultura, holón individual en el alma colectiva de la comunidad al que cada médico debe interrogar, examinar y entender.

El agudo José de Letamendi, tutor de Cajal, decía que "quien solo medicina sabe, ni siquiera medicina sabe". Afortunadamente para la práctica médica moderna, aunque escasos, todavía existen médicos de conducta paradigmática en los aspectos de compasión y cuidado, en quienes se produce una fructífera alianza entre el humanista y el clínico, que beneficia al enfermo cuando de algún modo "la enfermedad se reconoce descubierta y sentenciada". Estas figuras señeras transmiten un mensaje con su "*opus magnum*" de que cada individualidad inmersa en el rol de un tejido social, tiene unas circunstancias y otras individualidades que le ayudan a interpretar su papel y de alguna forma, determinan que aparezca o no la enfermedad. El personaje en medicina debe seguir siendo el paciente[745].

En siglos pasados la medicina consistía principalmente en amputaciones, morfina y un primitivo vademécum que generalmente resultaba más deletéreo que eficaz. Por ejemplo, la epidemia de influenza de 1918 segó en varios meses veinte millones de vidas, una cantidad mayor a todos los que fallecieron por causa de la Primera Guerra Mundial. Los posteriores y espectaculares avances en el área de la microbiología clínica y de la antibioticoterapia permitieron vencer diferentes clases de enfermedades, como la temida lúes, de la que alguna vez se llegó a decir que "si no le temes a Dios, témele a la sífilis". Por primera vez en muchos siglos, la esperanza de vida se logró aumentar. Pero la medicina del siglo XX no pudo hacer mucho para aumentar el promedio de vida de los seres humanos, que por primera vez en tres o cuatro milenios llegó hasta la octava década. La mayor comprensión de nuestro tiempo acerca de los trastornos mentales, parte de dos amplias bases, por una parte, de cómo funcionan el cerebro y el psiquismo humano que requiere de un prolongado y especializado estudio y de otra parte, de una alta sensibilidad y deseo de ayuda para con otros seres humanos.

A las ciencias biológicas les tomó mucho tiempo aceptar estas relaciones y dejar la vieja preocupación por el poder en cuanto quien es el experto y quien tiene la razón, e iniciar las investigaciones sobre estas afirmaciones de la sabiduría popular. El olvido de los aspectos relativos a la mente ha retrasado el impacto potencial que posiblemente un conocimiento profundo de la biología de la mente podría haber tenido en los asuntos humanos. Si bien esto no pretende que la neurobiología pueda "salvar el mundo", si pretende que de alguna forma el conjunto de conocimientos sobre los seres humanos puede ayudarnos a encontrar mejores formas para la gestión de los asuntos humanos, cuando ya los seres humanos han entrado más de lleno en una fase pensante de su evolución, en que su mente y su cerebro pueden ser a la vez esclavos y dueños del cuerpo y de las sociedades que constituyen.

En la medida de finalizar la década del cerebro, que dió su inicio en 1990 y con un mapa casi completo del genoma humano a la vista, -al llegar a una porción más ascendente en la espiral del conocimiento científico de la naturaleza humana representada en dos barreras consideradas tradicionalmente infranqueables, el sistema nervioso y el genoma-, ha hecho necesario el plantearse el cúmulo de diferentes significados del vasto crecimiento en el conocimiento sobre el sistema nervioso y el cerebro. Una de las consecuencias a nivel práctico de la integración de estos nuevos conocimientos con el marco ecléctico tradicional de la psiquiatría en los campos biológico, psicológico y sociológico, es la aparición de nuevos sistemas conceptuales unificados que inevitablemente producirán un cambio de la práctica psiquiátrica y la introducción de nuevos status legales para los enfermos mentales.

En el marco de la enfermedad mental, la "antipsiquiatría" de autores como Laing, Cooper y Szaz, surgió como consecuencia al introducir en el campo psiquiátrico una tendencia opuesta a la cultura de la época, en el marco de una psiquiatría llena de comprensión y eficacia para con sus enfermos, -con magníficos resultados en la curación médica y la rehabilitación social-, cuyo talón de Aquiles venía dado por los enfermos psicóticos.

Estos pacientes -caracterizados por no mantener un contacto con la realidad- recibían una asistencia impropia de estos tiempos, en una situación de indignidad y hacinamiento, encarnando la figura de un Prometeo encadenado, siendo lo encadenado no pocas veces un doloroso símil. El significado profundo de la antipsiquiatría es que el paciente es susceptible de convertirse en "cabeza de turco" del "establishment" social, que no permite que un ser humano piense o actúa más allá de los límites impuestos por las agencias de represión social[746]. La antipsiquiatría es positiva en la medida en que contesta a una psiquiatría deficiente, pero es negativa cuando niega la existencia de la enfermedad psíquica y pone el enfermo al servicio de una ideología sociopolítica[747].

La próxima revolución médica se encargará de prolongar la actual esperanza de vida, por el potencial que tiene la ingeniería genética para conquistar el cáncer, bloquear el desarrollo de vasos sanguíneos en los tumores, crear nuevos órganos a partir de células originarias y tal vez reprogramar la codificación genética. Se han descubierto las anormalidades genéticas -y la consiguiente producción de proteínas anormales- responsables de enfermedades neurodegenerativas como la corea de Huntington y la enfermedad de Alzheimer en las cuales los procesos moleculares alterados culminan en una devastadora muerte neuronal y trastornos funcionales, responsables de la enfermedad; igualmente se ha dicho que los genes pueden ser marcadores están asociados con trastornos como esquizofrenia o depresión bipolar.

Sin embargo, la tendencia a considerar algunas complejidades de la conducta humana como la orientación sexual, pobre desempeño escolar, alcoholismo, adicción a drogas, conducta criminal, antisocial e impulsiva, la religiosidad, la tendencia al divorcio y hasta el comprar compulsivamente como *exclusivamente* de determinación genética, excluyendo tales fenómenos de la dialéctica entre el individuo y la estructura social, tiene importantes implicaciones, una de ellas el llamado "determinismo neurogenético", concepto introducido por Steven P. R. Rose, del "Grupo de Investigación de Cerebro y Conducta" del Reino Unido[748].

Uno de los planteamientos que propone el determinismo neurogenético es el de que los problemas sociales como la violencia y el alcoholismo limitarían la búsqueda de sus soluciones solamente al campo de la investigación molecular, en lugar de reformar la sociedad, desconociendo el rol del modelo epigenético que por ejemplo parece darse también en la sociopatía, de acuerdo a estudios en hijos de padres antisociales (Cf. Agresión e impulsividad).

Cuando estos "problemas" se circunscriben desde un punto de vista práctico al campo de lo genético, los entes gubernamentales pueden evitar asumir los duros problemas de la ingeniería social favoreciendo los programas de investigación molecular. No es que estos programas no sean útiles, sino que deberían existir en conjunto con las alternativas de mejora social.

Es fácil considerar que conglomerados familiares de pocas oportunidades, con hacinamiento, numerosa descendencia tuvieran estas características por tendencias hereditarias de poca inteligencia y adaptación social: pero el desarrollo de marcos conceptuales que aceptan que muchas incapacidades pueden atribuirse a circunstancias sociales adversas -resultando por consiguiente en influencias deletéreas en el neurodesarrollo- es un punto de partida para una mejor asignación social de servicios como educación, trabajo, salud que mejore la vida de los niños de este segmento social.

La contribución de la psiquiatría, la psicología y la sociología es estudiar como romper estos ciclos de privación para que por los mecanismos adecuados -estatales, institucionales, etc.- los padres se conviertan en más humanos y afectivos.

Una de las situaciones que se plantearán con la manipulación del genoma es la de la elección de rasgos fenotípicos en los hijos: desde escoger su sexo, hasta manipular su coeficiente intelectual y su habilidad atlética. El dilema que surgirá de estas manipulaciones se hará necesario manejar con la noción moral propuesta en uno de los imperativos categóricos de Kant: "tratar a cada persona como individuo y no como un medio para conseguir un fin". Siendo consecuentes con este precepto, se propone un rechazo de la clonación humana, puesto que supone el uso de seres humanos como fines para conseguir los fines de otros seres humanos, la clonación implicaría que los clones se valorarían solamente como copias de otros seres queridos o como conjuntos de partes del cuerpo y no como individuos en sí.

Fuera del determinismo neurogenético, los dilemas de la clonación, la invención de nuevas categorías diagnósticas es un fenómeno que ha "medicalizado" la vida diaria. Veamos esto con más detalle: existe una condición denominada trastorno por déficit de atención, en el cual los niños exhiben lo que se considera una conducta de malacrianza en la casa, y son indisciplinados y tienen problemas de aprendizaje en la escuela.

Adicionalmente se supone que los niños con este trastorno pueden llegar a tener conducta antisocial y criminal en la adultez. Sin desconocer el hecho que algunos niños pueden tener este trastorno, y que en el pasado su situación podría haberse adscrito a factores ambientales como pautas de crianza insuficientes, pobreza, falta de escolaridad, profesores no adecuados, ahora el nuevo marco conceptual busca el origen del trastorno en el genoma del propio afectado. La antipsiquiatría, en un modo semejante al que propone el determinismo neurogenético, trata de mostrar que los procesos sociales interactivos y complejos no pueden ser reducidos a las propiedades de neurotransmisores individuales o genomas alterados, aunque la tentación de hacerlo sea grande.

Creatividad y tiempo libre

La creatividad está en el núcleo de nuestra vida. Nuestra sociedad en muy buena parte debe su revolución como en ningún otro tiempo gracias a la creatividad de muchas personas, porque la mayoría de los descubrimientos drásticos se han producido por el surgimiento y la defensa vehemente de nuevas ideas, y no por la recolección esmerada de información existente. La creatividad no es un patrimonio de los artistas. La creatividad es cosa de decidirse por un mejor manejo del propio tiempo libre. Es posible hacerlo, es posible darse cuenta que dentro del proceso creativo subyace una de nuestras mejores opciones humanas por excelencia. Sigue siendo un proceso adaptativo, de profundos alcances por sus efectos potenciales en todo el orbe social. Se ha dicho que el espíritu creador juega con los objetos que ama. El psiquiatra Francisco Alonso-Fernández cita al filósofo francés Henry Bergson cuando vincula la inventiva original y dinámica al espíritu creador cuyo instrumento predilecto es la intuición creadora. La intuición creadora permite llegar a planos esenciales de lo real y despliega las unicidades en multiplicidades.

Es ampliamente conocido como la mentalidad creadora exige un período formativo que generalmente es vivido a costa de un perseverante esfuerzo; el tiempo de estudio, formación y prácticas para alcanzar un nivel creativo en las ciencias o las artes oscila alrededor de los 10 años, con unas condiciones y duración de proceso formativo que están sujetas a amplias variaciones, según se trate de ciencias, artes o filosofía: las ciencias exigen un proceso formativo más prolongado que las artes[749].

Aquellas figuras humanas bien definidas que encierran los mayores valores humanos positivos incluyen al genio y al sabio. La interacción de los elementos de la personalidad en torno a la madurez y al aprendizaje social interpersonal permite la eclosión de lo que llamamos sabiduría. En la llamada sabiduría el pensamiento creador está impregnado por la lógica, la racionalidad y los hábitos y normas sociales. La motivación creadora en cada individuo ya en la vertiente del genio, o del sabio es una derivación de la personalidad creadora[750].

Todo individuo creador es generalmente ambiguo, el intelecto de tales personas al observar críticamente una serie de factores carecientes de reglas prefijadas y puestos en movimiento, procura la creación de lo nuevo, por la forzosa naturaleza de crear. Aquella persona comprometida con el proceso creador, gravita en torno a la independencia, el buen sentido del humor y una enorme voluntad de trabajo. Su dedicación al trabajo mantenida con tenacidad, disciplina y en ocasiones no exenta de sacrificios le evitan la dispersión y le permiten llegar a resultados concretos.

Se les reprocha a los individuos creadores el que consideren como cosa de juego la actividad creadora, porque permanece incógnita para la gran sociedad, y porque no es una actividad garantizada en la educación cabal de la niñez desde un principio. Este juego con ideas "locas" excluye la necesidad inmediata de formar juicios de valor con respecto a ellas. Los creadores plantean preguntas incesantemente y al no poder contestarse con las alternativas existentes, pueden sencillamente desecharlas y buscar otras nuevas, adquiriendo información sobre observaciones al azar y ajenas a su campo, siendo siempre de naturaleza ecléctica, sintetizando e integrando. Pasa mucho tiempo en ensoñaciones y está inclinado hacia el lado misticista de la vida; le gustan las sorpresas y los retos.

En ocasiones se afirma que la creatividad así como la intuición son actividades que se originan en un plano más sutil de conciencia, sin embargo, no siempre es así. John Rowan, expresando su concordancia con conceptos de Harman y Rheingold sugiere que la creatividad es un espectro de actividades, algunas de ellas son invisibles, tendiendo a ser reacciones con mayor automaticidad, mientras que otras son más visibles[751]. Frank Barron , psicólogo de la Universidad de California refiere que:

> "el poder creativo aumenta de la infancia a la edad adulta aproximadamente de la misma forma que lo hace la inteligencia general. Los individuos creativos guardan cualidades de frescura, espontaneidad y dicha, así como una cierta falta de cautelosa comprobación de la realidad (...) en este sentido son infantiles (...) pero esta es una progresión con coraje porque avanzan con su niñez, en lugar de dejarla atrás"[752].

Las amenazas y los obstáculos que gravitan sobre la creatividad en los últimos tiempos de nuestro agitado siglo XX provienen de la estrecha mentalidad histórico-cultural limitada al racionalismo utilitario y un creciente deterioro de la comunicación, asociada a una creciente incidencia de la enfermedad mental, cuya sombra desequilibra aún más el campo de la creatividad[753].

Cuando el sistema de enseñanza hace énfasis solamente en el seguimiento de las normas y en el conformismo, es bastante probable que desequilibre la creatividad de los sujetos. El aprendizaje rígido, dogmático, normativo, o como se le quiera llamar en este caso, evita que el sujeto llegue a sus propias elaboraciones cognoscitivas.

Por el contrario, un aprendizaje vivencial y sujeto a equilibrio entre la orientación práctica y la asimilación reflexiva y verbal facilita el aprendizaje, al permitir el surgimiento de una sana tensión cognoscitiva en el sujeto, configurada por dudas, incertidumbres y contradicciones, que son un terreno fértil para desarrollar la creatividad merced a una continua estimulación del pensamiento creativo.

Como el pensamiento creativo se desarrolla de acuerdo a la personalidad, la flexibilidad que la personalidad adquiera es importante para lograr configurar este rasgo en el pensamiento. De modo que un entorno de flexibilidad, tolerancia y libertad unidos con un sistema de instrucción acorde favorece la expansión de la creatividad[754].

La creatividad es un objetivo común y global ahora, pero como lo refiere Marilyn Fergusson, quizá estemos tratando de desarrollar algo connatural a nosotros desde nuestro nacimiento y cita a Georges Lennard, autor de "Educación y éxtasis", cuando manifiesta que "un cerebro poseedor de tal cantidad de neuronas jamás puede ser llenado hasta el tope, de modo que entre más sepa, más puede saber y crear"[755]. Vale la pena recordar que el cerebro, de acuerdo a Hunt y von Neumann, maneja información que puede variar del orden de cientos de billones de bits al orden de trillones a quintillones, equivalentes a varios billones de veces más el contenido de una computadora moderna.

Quizá la creatividad, más que ser desarrollada, lo que necesita es ser liberada. El miedo a estar equivocado es un fuerte inhibidor del proceso creativo, que cuando más temprano se incuba en la vida del niño en forma de énfasis en lo correcto y lo erróneo, lo verdadero y lo falso, trastorna gravemente la imaginación y la independencia personal. Mientras que en el mundo adulto la creatividad es recompensante, en la niñez es punificante: puede que los padres corrijan mucho al niño creativo, o lo critiquen por fantasear, efectos que son reforzados en la escuela. Un ejemplo clásico: Albert Einstein.

Einstein perteneció al grupo de individuos de todas las épocas que remodelan el mundo gracias al don especial de contemplar lo que todo el mundo contempla, pero bajo la óptica de un nuevo enfoque. La vida de Einstein fué rica en matices de genialidad e ironía, quien paradójicamente siendo niño no ofrecía indicios de lo que posteriormente sería. Einstein se describía "como un estudiante mediocre en sus años escolares, que durante su adolescencia prefería soportar castigos a tener que aprender de memoria cosas que no comprendía"[756].

En el estudio de Lewis Terman sobre la inteligencia, la mayoría de los maestros favorecía a los estudiantes con alta capacidad de asimilación de información, estudiantes cuidadosos y que no originaran problemas. Es decir, estudiantes brillantes y dotados para asimilación de información, pero de poca creatividad. Sin embargo, los modelos mentales indican que nuestras capacidades inherentes son mayores de lo que pensamos.

Nuestra memoria puede mejorar más allá de los niveles actuales y la capacidad de nuestros ojos para tomar información es mayor de lo que pensamos. La manera en que manejamos el lenguaje también puede mejorar.

Nuestro modo lineal de procesamiento de información es antinatural, porque la forma natural es que pensamos en imágenes, palabras clave y modelos ligados. Estos modelos mentales son piezas ligadas de información que ocurren de forma natural en la mente.

El cerebro, instrumento social

"La justicia es una excelencia pecualiarmente humana (…) como cualquier otra virtud es la expresión de relaciones armónicas entre el individuo y la sociedad como un todo"
Diálogo entre Sócrates y Polemarco acerca de la Justicia. Platón: La República

La civilización como la conocemos, descansa literalmente en los hombros de sus grandes hombres. En toda edad siempre hubo grupos selectos de individuos cuyos logros estuvieron más allá de lo esperado por el denominado sentido común.

Por ejemplo, los historiadores de la ciencia han calificado a 1.905 de *annus mirabilis,* -año milagroso- por la publicación de cuatro artículos de Albert Einstein que contenían información sobre la naturaleza de la luz, y la teoría especial de la relatividad; año solamente parangonable en la historia de la ciencia con 1.666 cuando Isaac Newton esbozó su teoría para explicar la naturaleza espectral de la luz solar, desarrolló los cálculos diferencial e integral y postuló la teoría de la gravitación universal[757].

El genio es un individuo que al decir del psiquiatra Alonso-Fernández, se alza como un creador de ideas u objetos, como un descubridor de claves inéditas de la realidad: más allá de estos procesos de invención, descubrimiento y creación, subyace un trasfondo común de aporte original de novedades.

Esta definición del genio está en concordancia con aquella según la cual el genio surge de acuerdo a la preeminencia de estas personas en relación al grupo, preeminencia definida por la permanencia de las contribuciones hechas por estos sujetos a la cultura. Entonces el tipo de obras, ya sean artísticas, literarias, políticas, o cualesquiera que ellas fueran, son contribuciones que trascenderán a la civilización más allá de su tiempo[758].

Autores del siglo XIX como el psiquiatra alemán W. Lange-Eichbaum ya se habían referido al genio como un portador de valores[759], que también es un creador de innovaciones importantes. De modo que estas obras, productos especialmente elaborados por el neocórtex hacen que éste tenga tan alto valor y por consiguiente, personas así sean una clase de patrimonio de la especie. Estos productos del neocórtex enriquecen las actividades cotidianas con un carácter utilitario o técnico cuando son invenciones, y enriquecen los valores del espíritu cuando están vinculados a la esfera de las artes y las ciencias cuando son creaciones[760]. Tal parece que un alto grado de esa capacidad que se denomina inteligencia se debe asociar a una serie de habilidades especiales con el fin de producir obras de significancia social, que permitan la trascendencia y la evolución de la especie.

Así como la civilización tiene unos fuertes pilares en las ideas renovadoras, también los tiene en las acciones de aquellos quienes son capaces de promover su aceptación por el grueso de la sociedad. Aquí radica la significancia social. Las ideas de Platón germinaron porque tuvo la motivación de fundar una universidad que llamó la Academia, cuya función era enseñar filosofía a los jóvenes y promover la reforma de los políticos griegos.

La política budista del emperador hindú Asoka, padre de Sidharta Gautama-Buda fué completamente derrotada hacia la época del emperador Vikramaditya en 80 a.D.C.; pero logró subsistir gracias a que Sankaracharya, había viajado por toda la India adelantándose a la lucha sectaria y fundando varios *mathams* o escuelas de filosofía inspirada en los Vedas.

La penicilina no fué un descubrimiento anodino más porque Florence Charney logró el montaje de la infraestructura industrial que permitió su producción en gran escala. Este tipo de acciones son la manifestación de la capacidad de ver conexiones donde otros no las han visto, es decir de la inteligencia.

El cerebro, al decir de Carl Sagan, ofrece una gama inimaginada de posibilidades en cuanto a las opciones de creación de nuevos modelos de conducta y nuevas pautas culturales en cortos períodos de tiempo. El hecho de introducir cambios en la conducta de los miembros de las sociedades no tiene ya que esperar tiempos de duración geológica de cientos de miles de años, sino que en el prolongado tiempo de maduración de los niños es posible que a través de un prolongado aprendizaje surjan conductas que permitan la evolución del individuo y la sociedad[761].

Cuando el ambiente ofrece una rica estimulación sensorial (del latín *sensus*: facultad de sentir y percibir por los sentidos), el neocórtex infantil no parece tener límites en su capacidad de aprendizaje. Este fué el caso de los infantes de la escuela de María Montessori, la primera mujer médico de Italia quien fué encargada de una escuela preescolar en un barrio urbanístico en Roma.

Sus alentadores resultados mostraron niños con capacidad de lectura a los tres años, y uso de un lenguaje mucho más adelantado para el atribuible usualmente a su edad. Su innovación fué el hecho de considerar que esta era la pauta de desarrollo normal y que los niños "normales" lo eran debido a falta de estimulación ambiental.

Hay investigaciones que demuestran que el cerebro busca patrones desde el principio de la vida. Es así como se sabe que hay preferencia en el período neonatal por la visión de rostros, y por patrones de contraste en blanco y negro. W. Ragan Callaway, educador de la Universidad de California en Los Ángeles, sugirió que la exposición temprana a letras y palabras antes de los seis años permite la estimulación en el período sensible a la percepción de la forma, el cual desaparece alrededor de dicha edad. Noam Chomsky propone que otro tanto ocurre con el lenguaje, sobre lo cual se postula la presencia de un mecanismo genético, ya que se perciben los objetos con mayor claridad cuando se tiene un nombre para ellos[762].

El cerebro como instrumento social puede verse en el trasfondo social griego de la época de Platón, quien por ser aristócrata disfrutaba del privilegio de ejercer la política, que entonces era considerada como una profesión noble y honorable, hasta que Sócrates le mostró que la vida filosófica tenía superioridad sobre la vida política.

La muerte de Sócrates le confirmó la inseparabilidad de la filosofía y la política. Así fué como Platón se convirtió en el primer filósofo político del mundo occidental. En su obra "La República", Platón expone su majestuosa idea de la filosofía política, que se puede considerar como holista en la medida de incluir una teoría sobre ética, psicología, economía y sociología.

Varios siglos más tarde, no deja de ser curioso que expertos en filosofía política como Jeremy Bentham y John Stuart Mill redescubrieron el fenómeno que una buena idea no es garantía de que será puesta en práctica, a menos -y aquí es donde radica el ingenio de su propuesta- que se tenga el liderazgo social o político que garantice que esta idea será aplicable.

Así fué como Mill convenció a Bentham de que sus propuestas para la reforma legal que buscaba en la sociedad británica "solo podrían ser exitosas en un transfondo de democracia liberal"[763]. De aquí la importancia de reconocer que las actividades que mejoran la vida de todos dependen de que un grupo de personas trabaje mancomunadamente en forma voluntaria, con la intervención del grupo completo. Un grupo de tales características está hecho de individuos que saben cuándo posponer sus intereses en aras de los de la mayoría y cuando evitar la intrusión del grupo en su esfera personal.

El momento histórico actual es uno en que el avance del conocimiento ha acometido y traspasado barreras consideradas previamente como infranqueables. La importancia de los nuevos descubrimientos se relaciona con la invención de nuevas herramientas para el pensamiento y la comunicación, como el ideograma, después el alfabeto, el cero, y en nuestro siglo, el ordenador.
Hace cosa de aproximadamente treinta años, cualquier persona que tuviera una ligera noción de cómo usar un ordenador recibía el título de "*mathemagician*" - matemago" o mago de las matemáticas, amén de otros superlativos; hoy en día estamos atravesando como lo sugiere Alvin Toffler,

"por uno de esos pasajes asombrosos de la historia en los que toda la estructura del conocimiento humano sufre de nuevo las convulsiones del cambio a medida que las antiguas barreras se desploman. No nos estamos limitando a acumular más "hechos", sean estos los que fueren (...) reorganizamos la producción y la distribución del conocimiento y de los símbolos utilizados para comunicarlo"[764].

Aprender a aprender

Tradicionalmente las sociedades han seleccionado a sujetos que fueron considerados importantes por los miembros de la sociedad para realizar la instilación de un conocimiento deseado en las mentes de los niños. Si bien el enfoque ha variado, se sigue aceptando que todo aquello que fué enseñado al niño, éste sea capaz de aprenderlo, comprenderlo, retenerlo, recordarlo y finalmente representarlo en forma de exámenes, ensayos, respuestas en clase.

El enfoque educativo asume que en el niño los procesos de reconocimiento, comprensión, memoria y articulación, son de algún modo naturales y que el niño solamente necesita tener la información presentada en una manera razonable para ser capaz de asimilarla y usarla. De aquí la necesidad de producir cambios en el campo de la educación, cambios que implican el conocer a fondo y aplicar los mecanismos fundamentales de la conciencia, el aprendizaje y la memoria.

Todas las sociedades en general se enfrentan con los mismos problemas para el aprendizaje, con problemas en los pasos de concentración, organización, lógica, rechazo, retención, miedo, ansiedad, aburrimiento, presión de tiempo, selección, secuenciación, toma de notas, incertidumbre, resolución de problemas, pensamiento, creación. La única forma de eliminar estos problemas es enfocar la educación en una nueva forma. En lugar de saturar al individuo con información sobre diferentes temas, es más importante enseñar al individuo sobre sí mismo, enseñarle como escuchar, como comprender, como es la naturaleza de recordar, retener y comunicar. Con estos datos fundamentales el individuo es capaz de manejar cualquier tema con entusiasmo y ecuanimidad en lugar de temer y presagiar.

El desarrollo de las personas en general no es tan natural como se había asumido. Se ha encontrado como los bebés tiene un "hambre" de aprendizaje casi insaciable y que si a ellos se les permite aprender ellos aprenderán mucho más que lo que normalmente hacen. Lo que se acepta usualmente como normal es que guiamos a los niños a repetir las trayectorias tradicionales. Desafortunadamente abundan los ejemplos de gente "aplastada" a un temprano estadío que luego crecieron con la aceptación que no tenían capacidad en ciertas áreas en las que probablemente si fueran capaces. En las escuelas y casas las preguntas de por qué, cómo, cuándo, dónde son frecuentemente contestadas con una frase de no "hacer preguntas estúpidas". Pero estas preguntas son "estúpidas" solo porque los adultos no pueden contestarlas.

Tal entrenamiento asocia la curiosidad con castigo e indica que el niño con una mente inquisitiva es algo que se debe evitar. También los niños que despliegan actividades relacionadas con el hemisferio derecho del cerebro son desalentados, porque aquellas actividades relacionadas con pensamiento imaginativo, habilidades de artesanía, pintura, aún de tipo humorístico no son tan valiosas como las actividades académicas o intelectuales, asociadas con palabras y números, que son especializaciones funcionales asociadas con el hemisferio izquierdo. De esta manera, muchos niños con despliegue de capacidades en las áreas creativas no convencionales son relegados y se desperdicia un enorme potencial humano.

Las nuevas evidencias sobre el potencial de los jóvenes y el anacronismo de los sistemas educativos nos llevan a un total replanteamiento de la forma en que se educa y se cría a los niños. Es hora de empezar a enseñar como aprender y no qué tipo de información aprender; debemos concentrarnos como lo sugiere el autor e investigador en temas de educación Tony Buzan junto con Terence Dixon en su obra " *The Evolving Brain*":

"en la retención y el recuerdo de la información, el uso de los ojos para leer y tomar información, nuevos enfoques de estudio, un examen sobre la manera en la cual la información se estructura, se recibe, se almacena y se usa por el cerebro humano y en la forma en que la información se transmite de una mente a otra. Es esencial que enseñemos a todo niño lo que actualmente sabemos sobre la mente y que esta mente tiene el potencial de conseguir logros: la motivación es un factor de primer orden en el funcionamiento mental y entre más conozca el niño sobre sí mismo, es más probable que logre una motivación para el uso adecuado"[765].

La educación ha progresado desde los tiempos de la Edad Media cuando se enseñaba muy poco, a un estado actual en el cual se puede seleccionar y presentar una sorprendentemente amplia variedad de información, de utilidad para quienes enseñan. El hecho de poder informarse sobre el presente contenido implica que quien lo hace tiene la asombrosa capacidad de leer. A veces nos asombramos al recordar que todos nosotros hemos tenido antepasados sumidos en el analfabetismo. El hecho de leer era todo un logro en el mundo antiguo: San Agustín de Hipona consideraba que su mentor San Ambrosio era la persona más inteligente del mundo, por el hecho de que podía leer en silencio[766].

Las universidades enseñan a los profesores a enseñar hechos. Tal situación de enseñanza fué factible hasta hace un tiempo, pero en la actualidad surge el fenómeno de una excesiva información para ser enseñada, que sobrepasa los límites de los alumnos y los profesores. Este dilema se resuelve enseñando a los profesores a enseñar como aprender; en lugar de enseñar hechos establecidos; en lugar de enseñar sobre matemáticas, historia, biología, religión, por ejemplo, el nuevo énfasis de la enseñanza en los niños debe ser sobre sus funciones mentales relacionadas con el aprendizaje; sobre como recordar palabras durante el período de aprendizaje; en concentrarse como se mueven sus ojos durante la lectura, en como varían la velocidad de asimilación de información, en cómo resolver problemas, en como pensar creativamente, como tomar notas adecuadamente, como estudiar de una forma flexible, de tal manera que el proceso de aprendizaje sea divertido, en lugar de tedioso como comúnmente se considera.

Todas estas metas son posibles en la medida que se convenza a los niños que ellos pueden aprender; nuestros cerebros son tan sensibles que una frase con un sentido positivo o negativo puede cambiar la imagen que una persona tiene de sí misma por el resto de su vida.

Una vez que un niño ha sido programado para aprender con una fracción del funcionamiento de su mente, podrá con mayor frecuencia cubrir mayores áreas del conocimiento, acelerando el proceso usual de asimilación por un factor de 5 a 10 veces.

Los niños que han sido enseñados sobre los rudimentos básicos de cómo usar su mente, han empezado a hacer obsoletas algunas de las pruebas usuales de evaluación de creatividad, de inteligencia y aptitud general.

En lo sucesivo, las futuras pruebas serán un reflejo de hasta qué punto los profesores han logrado que el niño asimile y refleje la capacidad de aprender. La educación del futuro, citando nuevamente a Buzan y Dixon,

"deberá incluir una diferenciación entre orden y rigidez, entre libertad y caos; en lugar de tener salones de clase reglamentados en términos de asignaciones académicas y tiempo o salones de clase en los cuales todo está al azar para favorecer la creatividad, dichos salones combinarán una estructura organizacional básica con libertad del individuo para moverse libre y responsablemente dentro de la estructura para su propio beneficio. La conciencia de la verdadera naturaleza de la libertad crecerá en la medida que nos volvemos más conocedores de la estructura y el orden en que vivimos y la enorme libertad que la estructura nos puede brindar a todos"[767].

La inteligibilidad del mundo que nos rodea parte de una serie de condiciones que permiten entender lo que de otra forma sería un caos intratable. La aplicación de los conocimientos sobre la especialización hemisférica a los métodos de aprendizaje permitirá una fructífera conjunción que tendrá profundas repercusiones en el ámbito educativo.

Al profundizar en aspectos sobre el proceso de cómo se produce el aprendizaje, con base en el cada vez más amplio panorama que ofrece la ciencia neural cognoscitiva, se conocerá más sobre los factores que crean problemas en el aprendizaje. La consecuencia es que se podrá llegar a un mejor abordaje conceptual y técnico para aquellos niños con dificultades de aprendizaje, porque el conocimiento sobre las especializaciones hemisféricas permite reconsiderar y replantear ampliamente las técnicas de aprendizaje. Las investigaciones neuropsicológicas en niños con dislexia han mostrado por ejemplo, que hay dislexia asociada a estímulos visuales, mientras que hay otra asociada a estímulos auditivos, existiendo también formas mixtas de dislexia visual y auditiva.

El conocimiento de las especializaciones hemisféricas muestra las maneras personales de procesamiento de información, lo cual es una motivación para que se amplíen los horizontes en educación. Esta ampliación permitirá el desarrollo de nuevas técnicas para el manejo de información, con lo cual los niños podrán aprender temas o materias específicas relacionados con su estilo personal de procesamiento de información.

La aplicación de la investigación neuropsicológica a la enseñanza ha mostrado la existencia de dos estilos de aprendizaje, por poner un ejemplo, en matemáticas. Existen aquellos estudiantes que siguen secuencias "paso a paso", en que pueden llegar al resultado correcto, pero permanecen al margen de la lógica que confiere sentido a lo que están haciendo, y también existen aquellos que muestran impaciencia ante los procedimientos "paso a paso", y es probable que cometan errores mientras los efectúan, pero son capaces de dar una respuesta correcta sin saber cómo han llegado a ella, son superiores en el reconocimiento de pautas a gran escala y en el cálculo de estimados: a los alumnos en el primer estilo se les puede ayudar solicitándoles el estimado de la respuesta, mientras que a los del segundo estilo se les puede ayudar a emplear su capacidad espacial superior y a reconocer los puntos difíciles, así como prestándoles atención.

La educación expandirá sus límites para volverse un proceso de toda la vida y contendrá un énfasis especial para cada edad. En lugar de condenar nuestra ancianidad a declinación y aislamiento inútil, los recursos inigualables de su experiencia y memoria deben ser colocados en un área que beneficie al conglomerado social.

Ello será posible entre por una mayor conciencia en cada sujeto, con un sistema educativo que permita cooperar a los individuos, reunirse y aprender como una función de interés y nivel de conocimiento, en lugar de agrupar en aislamiento de acuerdo a un obsoleto criterio de límites etáreos. Tales sistemas educacionales aún están buscando la luz, pero su balance en cada desempeño individual combinaría la continua capacidad de asombrarse de la infancia, con la visión acumulada y sabiduría de la experiencia[768].

Los métodos comúnmente empleados en las escuelas están dirigidos al estímulo de la inteligencia individual, creando sujetos reacios a la cooperación, a pesar que la vida moderna plantea problemas demasiado complejos para que un solo individuo los resuelva, exigiendo así mismo que habilidades y conocimientos demasiado amplios para que una sola persona los domine.

Este es el problema de la falta de liderazgo que presenta nuestra sociedad, no son suficientes los individuos capaces de hablar y ser escuchadas por los grupos de poder y gentes de otros campos de destreza técnica. Las actividades de grupo permiten que los individuos desarrollen y aprovechen sus capacidades y habilidades, los individuos en grupo mejoran su capacidad de pensar claramente, de ser imparciales y objetivos.

Una función significativa del profesorado consiste en descubrir, liberar y guiar los aspectos de competencia dentro del grupo, apoyando el principio que las capacidades individuales constituyen una ventaja para el grupo, en lugar de ser razones para hacer distinciones y otorgar privilegios. Si queremos vivir en un mundo en que la cooperación sea mayor, deben existir personas dispuestas a cooperar. Consideramos como inteligente en un contexto social a una persona que muestra respeto por las formas de vida de los demás: cultivar esta clase de sensibilidad y respeto es una de las principales funciones de la formación de la inteligencia social, cuyos hitos inician cuando el profesor o tutor o persona a cargo actúa con interés y respeto por los sentimientos internos de cada niño.

El individuo socialmente inteligente actúa motivado por un sentimiento activo de responsabilidad personal por el bienestar del grupo, no pide nada para sí que no trate de lograr para los demás. Está dispuesto a actuar de forma acorde con el concepto que tiene de los resultados de la actividad humana, cultivando su capacidad y recursos para predecir los resultados sociales de la conducta, respetando la autoridad auténtica. Aprende a discernir el valor de las opiniones y proposiciones tomando en cuenta las acciones de los demás, muestra respeto por los datos y testimonios pertinentes, respeta la autoridad que confiere la capacidad y la experiencia y reconoce su valor para el logro de objetivos.

La formación de personas con este tipo de cualidades depende de que quienes dirigen el grupo muestren estas cualidades en la dirección del grupo[769].

Confucio decía que "la educación del hombre debía empezar con la poesía, fortalecerse con una conducta apropiada y completarse con la música", haciendo en su época una referencia a que el modelo de educación debía favorecer la interacción de los modos cognoscitivos de ambos hemisferios. Un objetivo importante de la escuela en la actualidad consiste en proveer al niño de una cultura apropiada para niños. En esta cultura escolar debe dedicarse bastante tiempo a la valoración continua de las formas, valores y habilidades de la cultura mayor.

La corteza nueva y la interacción social

J.J. Rousseau en 1753 propuso que los hombres y los chimpancés eran miembros de la misma especie, porque consideraba que la capacidad de habla no era una característica exclusiva del hombre, así como Linneo clasificó a los hombres y a los chimpancés en el mismo género *Homo*, y a los hombres con los simios antropomorfos (gorilas, orangutanes, gibones y siamang) en el mismo orden de los Primates.

El nombre científico del chimpancé era *Pan satyrus*, debido a Pan, el dios de los pastores y la vida pastoril que era en parte hombre y en parte macho cabrío, y a los sátiros o faunos, miembros de la "corte" pastoril de Pan, representados con cola y orejas de caballo y el pene erecto; estaban cortejando constantemente a las ninfas, y simbolizaban el desenfreno sexual[770]. La sexualidad de los chimpancés observada como semejante a la de los sátiros originó el nombre, aunque hoy en día se les clasifica como *Pan troglodytes*. Quizá el reconocimiento de la autonomía de cada persona en una escala universal y el optar a la trascendencia puedan ser el fiel de separación en la balanza de comparación con nuestros hermanos menores en la escala evolutiva.

En la epigénesis de la cultura, el cerebro del embrión y del feto humanos despliegan la elaborada formación de mecanismos regulatorios intrínsecos que vienen dados en los pares craneales del tallo cerebral, en los componentes reticular y límbico, integrados con complejos mecanismos regulatorios humorales que inducen diferenciación neocortical merced a una buena comunicación con el medio ambiente y con personas maduras con cerebros de mayor experiencia.

Estos componentes se conectan con los órganos expresivos más complejos de los primates, como la musculatura facial, vocal, gestual y de movimientos oculares. A partir de la formación de las conexiones recíprocas más elaboradas entre las estructuras límbicas y las neocorticales se elaborará la experiencia posnatal. En esta experiencia, el ser humano utiliza la familia para satisfacer en cierta medida las necesidades de sus instintos, y la vida familiar le sirve para que adquiera una serie de convenciones y reglamentos[771]. La teoría de sistemas de la familia es reforzada por este concepto, cuando afirma que la conducta individual es explicada por interacciones entre los miembros de una familia, en lugar de las fuerzas motivacionales que operan en el individuo dentro de la familia. La causalidad es de tipo circular, porque cada miembro de la familia influencia a los demás de manera recíproca; de tal forma síntomas como la ansiedad, depresión, trastornos alimenticios orientan a disfunción en el núcleo familiar[772].

El "neocórtex" -corteza nueva- es el responsable de las funciones cognoscitivas que permiten definir al hombre como tal. Anatómicamente se organiza en los lóbulos frontal parietal, temporal y occipital. Por ejemplo, los lóbulos frontales albergan las facultades de pensamiento anticipatorio, de previsión y de planeación del futuro.

Como consecuencia de esto, el pensamiento anticipatorio permitirá mantener la seguridad para un conglomerado social, y la generación de tiempo libre que redundará en mayor interacción social. En humanos, el neocórtex en el estadío embrionario está constituido como un "protomapa" de una protocorteza con columnas celulares rudimentarias con abundantes árboles dendríticos y miles de millones de sinapsis que maduran postnatalmente. La maduración de la protocorteza es regulada en cada paso por los "sistemas de motivación intrínseca"

Se consideraba un misterio el saber cómo variaba la circuitería cerebral durante el aprendizaje, si se toma en consideración la enorme variación de la mente de cada individuo con respecto a su capacidad de pensamiento, a la expresión de sus sensaciones, por no mencionar a casi todas sus funciones psicológicas.

Una propuesta al origen de la variedad fenotípica en términos de funcionamiento mental se halla en el modelo epigenético de Piaget, que acepta el papel de la regulación intrínseca y la construcción ambiental, siendo la propia experiencia del niño el principal motor de asimilación de la experiencia objetiva[773]. Por medio del concepto de la plasticidad neural, se ha logrado un mayor puente conceptual entre la psicología y las neurociencias del desarrollo a partir de los progresos en la obtención de neuroimágenes y de un mayor conocimiento de los eventos moleculares y celulares durante el crecimiento del sistema nervioso. Partiendo de estas bases es posible correlacionar los mecanismos neurobiológicos con el desarrollo conductual y como a su vez, los mecanismos neurobiológicos son influenciados por la conducta[774].

Este concepto es reforzado por la teoría de sistemas de la familia al referirse a la "acomodación mutua" de acuerdo a la cual cada miembro de la familia conoce las necesidades del otro y actúa para satisfacer esa necesidad[775]; en el caso de los niños con su neocórtex en formación, tal acomodación es de tipo instintivo, siendo regulada por el sistema de motivación intrínseca. Aitken y Trevarthen proponen que la epigénesis es guiada genéticamente, se encarga de transformar las estructuras cerebrales límbicas y de la sustancia reticular en una serie de principios psicogénicos para la interacción interpersonal y una conciencia de cooperación que le permitirán moverse a través de los estadíos psicoanalíticos, piagetianos y eriksonianos de desarrollo conceptual y personal[776].

En cuanto desarrollo biológico de tipo epigenético, el cerebro muestra la aparición de nuevas estructuras que no pueden explicarse en términos de crecimiento y/o desplegamiento de estructuras presentes al principio del desarrollo embriológico.

La observación cotidiana así como las elaboradas investigaciones médicas y psiquiátricas encuentran que la mente es capaz de influenciar profundamente muchas funciones orgánicas, exhibiendo marcadas variaciones, con una amplia gama de síntomas que todos alguna vez hemos experimentado. Las diferencias individuales tienen entonces una extensa base de experiencia ambiental adquirida, más los componentes innatos, que solo pueden comprenderse desde el punto de vista de la historia individual. En casos de fobia, por ejemplo, una persona puede temer a los insectos, otra a las alturas: la fobia es en parte el fruto de una experiencia particular.

El desarrollo del neocórtex de especies como los delfines en proporción del peso total del cerebro, es del 97.8%, mayor que en el hombre que llega solamente al 95.9%. En estos cetáceos, así como en las ballenas, su función neocortical les permite jugar, comunicarse entre sí, jugar y demostrar compasión hacia otras especies[777]. Pero no tienen elementos que permitan definir una cultura como tal, como escritura o arte. Son estas conductas ligadas al desarrollo del neocórtex en estas especies lo que motiva su protección.

Cuando funciona un porcentaje importante del neocórtex, a pesar de la existencia de anormalidades clínicas como estado de coma, en caso de no configurarse la definición de muerte, se considera que esta persona vive. Cuando se considera al cerebro como la sede de la personalidad consciente, hay que reconocer que una gran parte del cerebro no es esencial, solamente la corteza cerebral es esencial, por su íntima unión con la conciencia de la persona. Esto se afirma con base en pruebas con pacientes con sección del cuerpo calloso (pacientes comisurotomizados), en quienes se ha encontrado que las experiencias conscientes surgen solamente en relación con las actividades neurales del hemisferio dominante[778].

En el 95% de las personas el hemisferio izquierdo es el dominante por su asociación con la comunicación lingüística, de modo que las lesiones de este córtex en particular pueden alterar la conciencia de la persona, al igual que otras estructuras del cerebro cuando alteran las aferencias o conexiones neurales necesarias para la actividad de los hemisferios. En el ejemplo del cerebro dividido, en aquellos pacientes que han sufrido comisurotomía existe una diferencia entre las respuestas de los hemisferios dominante y menor. Si se acepta que la mente autoconsciente está asociada al hemisferio dominante, como lo informan los pacientes comisurotomizados en los experimentos mentales, el hemisferio menor queda "por fuera" del control de la mente autoconsciente, en conexión con otra mente totalmente diferente de la autoconsciente. Tras la comisurotomía con dominancia del hemisferio izquierdo el sujeto consciente posee control voluntario sobre su mano derecha, pero no sobre la izquierda. Aquí se aplica la afirmación que la mano derecha no sabe lo que está haciendo la izquierda. Si la mano izquierda empuña una pistola dispara y mata a un hombre, ¿es un asesinato o un homicidio?

La diferencia fundamental entre los hemisferios dominante y menor se pone de manifiesto citando a Sperry, por cuestiones de índole legal, pues tales consideraciones no se hacen si es la mano derecha la que dispara[779]. Adicionalmente, un adecuado conocimiento del cerebro permite establecer puntos de juicio en cuestiones de interés social como la muerte, la aceptación del aborto y la práctica de la eutanasia al reivindicar los derechos de la libertad personal con respecto a la vida y la muerte -asunto que de paso enciende disputas con el orden religioso establecido-.

El hecho del valor especial de la vida humana -desde un punto de vista humano- reside en las cualidades específicamente humanas de la corteza cerebral. La cualidad humana básica es la inteligencia, aunque la definición de lo que en verdad es la inteligencia, ya sea conjunto de aptitudes mecánicas, ya sea orden social, jerarquía, actitud de respeto hacia un ser superior, lenguaje, protección de los menores, o autosacrificio, no ha bastado para hacer distinciones satisfactorias entre el hombre y los antropoides de orden superior. La visión de lo humano se puede encontrar la obra de autores como Hesíodo, quien sobre el problema de los males y pesadumbres de la vida, refiere que:

> "no tienen causa diversa. Consisten siempre en la *hamartía,* o la culpa, derivada de la *hybris,* la prepotente e insolente soberbia. La *hybris* es mala para los pobres hombres, hasta los grandes penan de sobrellevarla (...); Oh Perseo, guarda esto en tu espíritu: acoge el espíritu de justicia y rechaza la violencia; porque el *Kronion* ha impuesto esta ley a los hombres. Ha permitido a los peces, a las bestias feroces, a los pájaros de presa devorarse entre sí, porque carecen de justicia; en cambio ha dado a los hombres la justicia, que es la mejor de las cosas"[780].

La conciencia popular helénica se orientaba hacia los altos valores que reflejaban la inteligencia y la voluntad como prospección de la libertad al considerar al hombre como un ente autónomo, como un centro en sí mismo responsable, heterogéneo en relación a las fuerzas de la materia, que puede y debe orientarse por sí mismo hacia la justicia, la piedad y el bien[781].

Otra cualidad humana básica por excelencia, es la mente en su aspecto de base universal de la experiencia, creadora de vivencias agradables o desagradables, creadora de lo que llamamos vida y lo que llamamos muerte. En los numerosos aspectos de la mente hay dos que destacan: la mente diferenciadora, con un sentido de dualidad, discursiva y pensante que funciona en relación a un punto de referencia existente en el exterior a cada uno de nosotros. El otro aspecto de la mente es el de una clase de conciencia primordial que es al mismo tiempo inteligente, cognoscitiva, que se podría llamar el "conocimiento del propio conocimiento"[782].

El hombre es por esencia plural, y la mejor demostración de este ser social -*zoon politikon*-, como lo denominó Aristóteles es que su naturaleza social le hace capaz de convivir con personas que son siempre diferentes. Pascal expresaba "cuántas naturalezas hay en la naturaleza humana", y Schiller al hacer distinciones entre sentimiento y percepción refería como "el sentimiento sólo puede decir: esto es verdad para este sujeto y este momento y pueden venir otro momento y otro sujeto que recojan la manifestación de la percepción actual".

No se está lejos de la realidad si se definiera al hombre como un híbrido, que vive y crea una cultura que también es híbrida. En efecto, el hombre es simultáneamente un ser biológico, psicológico, social e histórico y desde estas múltiples perspectivas ha surgido el pluralismo como un esquema de referencia para explicar el desenvolvimiento de la realidad. El pluralismo indica capacidad para captar la dinámica del medio ambiente, tolerancia ante puntos de vista diferentes, capacidad de integración y de interacción con otras disciplinas. Podría decirse que el hecho de cobrar más conciencia en el modo cognoscitivo del hemisferio derecho ha resultado en la encarnación de actitudes pluralistas que se caracterizan por una disposición para asimilar apreciaciones diversas en las cuales se pueden conciliar conceptos antagónicos y se busca una autorregulación a partir de una amplia interpretación de la realidad.

El hombre es pues, una naturaleza integrada por múltiples naturalezas, diversidad para la cual se han ofrecido las denominaciones de un ser biopsicosocial, de un ser físico, mental y espiritual, de un ente empírico, racional y trascendental. Abu-l-Qâsim al Irâqî, filósofo árabe del siglo IX consideraba como en la materia prima del alma:

> "(...) se hallan todas las clases de conocimiento que puedan encontrarse en este mundo. No hay conocimiento ni entendimiento, sueño, pensamiento, saber, opinión, reflexión, inteligencia, geometría, modo de gobierno, poder, valentía, galanura, satisfacción, paciencia, educación, hermosura, inventiva, buena fe, don de mando, exactitud, vigilancia, dominio, imperio, dignidad, consejo o negocio que no estén contenidos en ella. Ni tampoco hay odio, ni malquerencia, engaño, infidelidad, yerro, tiranía, opresión, corrupción, ignorancia, estupidez, bajeza, despotismo, ni desenfreno; ni canto, música, flauta, lira, boda, diversión, arma, guerra, sangre ni muerte que no estén en ella"[783].

Adicionalmente el hombre puede ser también una manera de sentir, de pensar, de hacer y de aspirar. Todas estas denominaciones en el fondo denotan un esfuerzo por destacar una presencia a partir de la congregación de diferentes dimensiones, de aspiración a la unicidad a partir de la pluralidad. Podría decirse que el conocimiento de los modos cognoscitivos del cerebro y de la acepción de lo misterioso como algo que no es inexorable son de alguna forma, agentes en el resurgimiento de la espiritualidad que se aprecia en nuestros días. Pero esta espiritualidad no es una que se entienda como vivenciada desde lo religioso, sino como una vocación que mezcla la intuición con la fe.

Mientras el hemisferio izquierdo es la sede de los procesos de tipo lógico, lineal y secuencial, el hemisferio derecho asume el manejo de los procesos de tipo analógico, intuitivo, holístico y sinérgico. Mientras el hemisferio izquierdo se despliega a partir de palabras y números, el derecho lo hace en función de imágenes; mientras el izquierdo se mueve de acuerdo con lo conocido y con la experiencia adquirida en el pasado, el derecho en cambio, se apoya en la vivencia del ahora y puede manejar lo desconocido. El hemisferio derecho es la sede de los fenómenos del tipo " ¡Eureka!" ("Lo he hallado") dicho por el genial Arquímedes de Siracusa, al hacer el descubrimiento sobre la flotación de los cuerpos en el agua.

Schopenhauer y Schiller reconocían el valor de lo estético -definido como la relación de una cosa con el conjunto de las facultades psíquicas, sin que fuera determinado para ninguna en particular-. Este último lo enunció como un estado que surgía de la anulación de la sensibilidad y la razón y lo identificó con la actividad productora de símbolos. El símbolo para Schiller tenía la cualidad de "referirse a todas las funciones psíquicas sin constituir un objeto determinado de ninguna de ellas en particular"[784]; y Heinrich Heine refiere como:

> "las naturalezas febriles, místicas, platónicas desentrañan con reveladora virtud las ideas y los símbolos inherentes a ellas (...). Naturalezas prácticas, ordenadoras, aristotélicas, construyen con estas ideas y estos símbolos un sistema firme, una dogmática".

La pugna entre el poeta y el pensador podría resolverse muy bien si el pensador tomara las palabras del poeta no de modo literal, sino simbólico, tal como el lenguaje del poeta ha de ser comprendido. El "poeta" del hemisferio derecho asocia las imágenes de "fuentes de pura belleza que mana allende todos los tiempos y generaciones", por lo cual puede surgir en cualquier sujeto.

Son importantes los fenómenos que potencien la capacidad humana y que aseguren un mejor aprovechamiento de la capacidad del cerebro y del neoneocórtex. Los padres y maestros deben poder reconocer cual es el período más importante de los años prepuberales en los cuales se puede asegurar una mejor realización de las inclinaciones desarrolladas, que pueden demostrarse en lenguaje, música, matemática, poesía, artes plásticas

Ambos modelos cognoscitivos de los hemisferios cerebrales son importantes, el hombre no puede pasar del percibir al pensar. Sin embargo, existe una relación entre la corteza cerebral y el sistema límbico que con toda su complejidad media la relación entre los procesos de aprendizaje y los de índole creativa, ya que solo se aprende y se crea cuando se quiere, es decir, cuando existe un clima afectivo favorable[785]. Al estar libre de toda determinación y pasar paradójicamente por un estado de pura determinabilidad se logra un estado de "vacuidad de la conciencia" en el cual se unen lo consciente y lo inconsciente, se logra un estado en el que "actúan al mismo tiempo la sensibilidad y la razón en tanto que anulan mutuamente su potencia determinante, por su oposición producen una negación"[786]. A propósito de la intuición, Gabriel Marcel cita:

> " la intuición brota en ese lugar donde todo realmente sucede como si la frontera entre los vivos y los muertos se borrase, como si se penetrase en un universo, en el que por así decirlo, esa oposición se aboliese radicalmente".

Las perspectivas de la ciencia del pasado gravitan sobre la concepción de la conciencia en el siglo XX.. Se ha llegado a establecer la forma electromagnética en que hemos estado ligados con el planeta en que vivimos con procesos del cuerpo, del cerebro y muy probablemente, de la mente. Las ideas de pensadores como Lovelock, Teilhard de Chardin han sido atrevidamente influyentes, al proponer concretamente la entidad de la conciencia planetaria o "noosfera" (del griego *noia*: mente; el término hace referencia a una "esfera mental"), o Carsten Bresch al proponer el monón[787]. Es vital para la supervivencia de la especie averiguar si hay una verdadera posibilidad de la comunicación de la conciencia humana con el campo de la conciencia[788]. Si el campo de la conciencia responde a un origen estrictamente circunscrito a la Tierra, tenemos que aprender a interpretar la información contenida en nosotros mismos.

Toma de conciencia y homo faber.

"No habléis de fijeza allí donde el pasado y el futuro se reúnen. A no ser por el punto, el punto inmóvil, no existiría la danza, y la danza es todo lo que existe"

T.S. Elliot

Si nos preguntáramos sobre cuál sería la implicación práctica de establecer comunicación con el campo de la conciencia, esta sería la de poder trabajar juntos en beneficio del ambiente que mantiene a toda la especie humana. Carl Sagan refiere como la exploración de otros mundos nos ha advertido de tres potenciales catástrofes ambientales con efectos a escala global, como la reducción de la capa de ozono, el calentamiento por el "efecto invernadero" y el invierno nuclear[789]. La humanidad como organismo biológico dominante en el planeta remodela la superficie, pero destruye muchas de las condiciones de su hábitat que tambalearán su supervivencia en el largo plazo: los fluorocarbonados destruyen la capa de ozono propiciando el efecto invernadero; el deterioro del suelo y los experimentos incontrolados con el clima por citar algunos. Carl Sagan refiere que hemos alcanzado la dudosa distinción tecnológica de poder acabar con la vida terráquea.

La inconciencia -se podría así decirlo- sobre nuestro rol en el continuum de la conciencia planetaria origina dudas sobre la inteligencia de la vida en la Tierra. Las pautas de irracionalidad en el comportamiento humano se repiten una y otra vez, tanto a nivel individual como colectivo. Los viejos esquemas -el *statu quo*- son defendidos a ultranza, quizá como una manifestación ancestral de seguimiento y sumisión al líder dominante del grupo, de manera que la resistencia a la transformación congela el crecimiento. Tenemos miedo a saber porque en el fondo saber implica hacer. John Stuart Mill, el filósofo inglés afirmaba que

"una sociedad que suprime de su seno las nuevas ideas se robaba a sí misma (...) el miedo a la herejía es más peligroso que la herejía misma porque priva al pueblo de la especulación libre audaz que fortalece y ensancha las mentes".

Los problemas que enfrenta la humanidad como especie no pueden ser resueltos con los instrumentos del pasado, con la nueva tecnología, ni con la alteración de los marcos políticos. La crisis de la humanidad es una crisis en donde es necesario rehacer los cimientos del pensamiento. Es necesario comprender que el miedo a los "otros" es una reminiscencia del pasado biológico, pero como otros matices del entramado emocional, es susceptible de ser comandado por el neoneocórtex. El hombre tiene que aprender a pensar de forma responsable hacia el resto de la humanidad. El proceso de transformación del total social hacia algo evolutivamente superior requiere el esfuerzo de cada una de las partes componentes. A través de la continua unión de elementos independientes o integración, ya sea en el nivel atómico, en el nivel celular, o en el de las sociedades, la individualidad se basa en el entramado, en la integración de los holones. En estos marcos son posibles los saltos cuánticos, las mutaciones o las nuevas ideas que harán posible un nuevo desarrollo global.

El entramado social con su división del trabajo hizo posible la concentración del intelecto en una actividad dada, que produjo un paulatino pero sostenido aumento de los conocimientos de la humanidad. Creció el Mundo 3 de Popper y Eccles. Así fué aumentando progresivamente el tiempo libre y con él, el marco de libertad que permitió el mayor desarrollo de la individualidad. Mientras un insecto está obligado a cumplir su destino, el ser humano se puede labrar el suyo. En la medida de una mayor altura en la escala evolutiva hay mayor libertad y capacidad de reorganización. La transformación ocurre porque las totalidades superan en complejidad a sus componentes, gracias a un proceso evolutivo, como un continuum de transformación de estructuras preexistentes en otras estructuras nuevas dotadas de mayor capacidad de ejecución.

El comportamiento de estructura disipativa que resulta en un todo de mayor complejidad al nivel celular neuronal, causa una mayor interdependencia que logra modificar de algún modo positiva y definitivamente el estado de conciencia paran traducirse a nivel conductual. Cada individuo transformado identifica a su vez su mayor dependencia de la sociedad, siendo este el inicio de la forma responsable de pensar hacia el resto de la humanidad.

El principio revolucionario de *satyagraha,* literalmente "fuerza del alma" o "fuerza de la verdad" introducido por Gandhi, mostró ser eficiente en resolver la paradoja de la libertad. La fuerza de este principio reside en abarcar dos polos opuestos, a saber, autonomía y compasión total. Su filosofía es que el problema es el adversario y no cada uno de los implicados. La *satyagraha* es una conducta que desplaza a la política de sus terrenos usuales de confrontación, seducción y juego hacia uno de franqueza, humanidad compartida y búsqueda de comprensión.

Crea un ambiente de concordia en que no hay vencedores ni vencidos. Acepta reconocer la verdad que exista en la posición del contrario[790]. El nuevo hombre encontrará en términos de paradoja que la libertad se consigue a través de la dependencia.

Evolución de la investigación científica.

"La alegría de un hombre es hacer lo que es propio de un hombre. Propio de un hombre es la bondad para con sus semejantes, el desprecio de los movimientos de los sentidos, el discernimiento de las representaciones convincentes, la contemplación de la naturaleza universal y de lo que se produce conforme a ella".

Marco Aurelio-Meditaciones

La filosofía jónica fué el fruto de una religiosidad insular diferente a la de Grecia continental. La inseguridad íntima de los jonios se expresó en el deseo de saberse inscritos en una armonía cósmica humanamente cognoscible y conocida. El pensamiento jónico fué el tránsito de un "logos preponderantemente mítico" (*mytho*: discurso), a un "logos preponderantemente noético". La idea y el deseo de encontrar en el cosmos la armonía que le faltaba a su mundo interior, condujo a los *physiologoi* -filósofos de la naturaleza- a considerarla más allá de las necesidades prácticas.

Pero la armonía buscada no debía descansar sobre creencias, sino que debía ser comprobada por el experimento y la conclusión lógica, ser accesible a la razón, verdadera[791]. Tanto el arte como la ciencia buscan las causas y los aspectos universales, y se diferencian en que el arte está dirigido a la práctica, mientras la ciencia está enfocada a la teoría pura. De esta forma el saber quedó ligado a la búsqueda de causas y así fué como vino al mundo el concepto de la verdad.

En el pensamiento griego el modelo se obtenía de un modo deductivo, partiendo de algún axioma o principio fundamental y no inductivamente de lo que había sido observado, la llamada lógica discursiva. Pero el arte griego del razonamiento deductivo y lógico es el germen de la formulación de un modelo matemático congruente en la investigación científica. Aristóteles refiere en la Metafísica que "todo auténtico conocimiento tiene como objetivo la indagación de causas", "creemos poseer conocimiento científico si conocemos las causas". De ahí que los diversos tipos del saber se diferencien por el grado de profundidad que asumen en la explicación causal. Además, refiere en la Metafísica:

"creemos que el saber y el entender pertenecen más al arte (*tejne*) que a la experiencia (*empeiria*) (...) y esto porque los unos saben la causa y los otros no. Pues los expertos saben el qué, pero no el porqué. Aquellos en cambio, saben por qué y la causa"[792].

Todos los seres vivientes dotados de sensibilidad, hombres o animales, desean el placer, lo cual indica que el que en términos aristotélicos el sumo bien es el placer. Es verdad que no todos aspiran al mismo placer, pero es placer aquello a lo que todos aspiran; entonces surge la cuestión de cuál será el placer más propio del hombre? Aristóteles consideraba que ese placer es la felicidad (*eudaimonía*) y aunque la felicidad humana exija bienes materiales y exteriores, el placer más adecuado a ella es el que corresponde a la actividad del pensamiento. Hay placeres dianoéticos o del pensamiento y placeres somáticos o del cuerpo[793].

Las ideas aristotélicas logran extender su influencia en la física y las ciencias naturales hasta los albores de nuestro siglo: esta influencia se deja ver conceptos como *tejne*, que tienen analogía con los procesos de producción, con *physis* definida como "de las cosas que se generan unas por otras" aunque hay "otras cosas que se generan por arte" o *tejne*. La clasificación que Aristóteles hace de las causas es que oscilan entre "generación" y "producción".

Adicionalmente a esta proposición aristotélica del pensamiento como un placer dianoético, la filosofía pitagórica introdujo el razonamiento lógico en el dominio de la religión, algo que, según

Bertrand Russell resultó de importancia capital para la filosofía religiosa de Occidente, porque en un principio caracterizó la filosofía religiosa de Grecia, del Medioevo y de la época moderna hasta Kant. En figuras descollantes como Platón, San Agustín, Santo Tomás de Aquino, Baruch Spinoza y Godofredo Leibniz se encuentra una íntima combinación de religión, filosofía y razonamiento, de aspiración moral con admiración de lo eterno.

El estagirita es uno de los pensadores que ayudó a forjar en cierta forma la iluminación del mundo, todas las épocas posteriores de alguna forma han tomado algo de él y se han erguido en sus hombros para contemplar la verdad. Su Organon desempeñó una tarea central en la formación de la mentalidad de los pueblos bárbaros medievales, dió impulso al escolasticismo, dió lugar a la perfección enciclopédica de Santo Tomás de Aquino. Por sus parte, Boecio (480? - 524) y su obra matemática contribuyeron a formar la base de la cultura matemática europea durante casi un milenio, en el programa de las cuatro ramas de la matemática que comprendían la aritmética, la geometría, la astronomía y la música del "Quadrivium".

Cuando los cruzados trajeron consigo ejemplares griegos con textos aristotélicos directos y los especialistas helénicos huyeron de los sitiadores turcos en 1453, estas obras acabaron por significar para la filosofía europea algo semejante a la Biblia para la teología, un texto casi infalible, con soluciones para todos los problemas.

Fué necesario el transcurso de un milenio, la sucesiva acumulación de nuevas observaciones y experimentos que a través de Guillermo de Occam, Roger y Francis Bacon dieron un nuevo horizonte al intelecto europeo allende la estrechura de la filosofía escolástica. En universidades y monasterios y otros lugares de retiro, los hombres dejaron de disputar y comenzaron a investigar.

El filósofo nominalista[794] inglés Guillermo de Occam (1280-1347) afirmó que "el conocimiento de la naturaleza debe realizarse mediante la observación y la experimentación, sin recurrir a causas finales que son puramente metafóricas"[795]. Al intentar modificar las rutas para la búsqueda de oro por la piedra filosofal, la alquimia se transformó en química; las pacientes observaciones en los cielos por Johannes Kepler y Tycho Brahe encauzaron la astrología hacia la astronomía; y al margen de las fábulas de animales fantásticos, comenzaron los gérmenes de la zoología. Este despertar inició con el monje Roger Bacon (1214 - 1294), el *Doctor Mirabilis*, quien emparentó la filosofía escolástica con la moderna práctica experimental interpretada como un utilizar las fuerzas de la naturaleza; se desarrolló con Leonardo Da Vinci (1452 - 1519), alcanzó su plenitud con la astronomía de Nicolás Copérnico (1473 - 1543) y de Galileo Galilei (1564 - 1642), en las investigaciones anatómicas y fisiológicas sobre la circulación sanguínea de Andreas Vesalio (1514 - 1564) y William Harvey (1578 - 1657) respectivamente. Al desarrollarse el conocimiento, iba desapareciendo el temor y el hombre como especie, pensó menos en tributar culto a lo desconocido y más en superarlo.

Francis Bacon (1561 - 1626) a través del "Novum Organon" logró hacer de la lógica inductiva una conquista casi épica, en la que se establece la importancia de las ciencias racionales como clave para el aprendizaje de todas las demás. Si bien critica a los filósofos griegos por haber dedicado tanto tiempo a la teoría y tan poco a la observación, acepta que el pensamiento debe ser el ayudante de la observación. El primer aforismo del Nuevo Organon reza:

"el hombre en su calidad de ministro e intérprete de la naturaleza, hace y comprende sobre el orden de la misma tanto cuanto sus observaciones al respecto se lo permiten (...)"[796]

A su vez, al referirse al estudio de la naturaleza, Galileo afirmó:

> La filosofía está escrita en este gran libro que continuamente está abierto ante nosotros (quiero decir el Universo), pero no se puede comprender su primero no se aprende a entender su lenguaje y a conocer los caracteres en que está escrito. Se halla escrito en lenguaje matemático (...)"[797].

Lo que se interpreta de esta afirmación sobre el libro de la naturaleza, es que el conocimiento de la materia implica conocer al mismo tiempo sus propiedades aritméticas, geométricas y mecánicas. Esta causalidad mecánica retoma el atomismo de Demócrito y hace que la hipótesis científica sea susceptible de explicar los hechos físicos. Se perfila una preferencia por las causas y propiedades mecánicas porque se corresponden con la metodología matematicista de lo cuantificable, objeto del saber científico.

El modelo científico ya no sustenta la causalidad de un fenómeno sino más bien la legalidad. Cuando demostró con la ley de la caída de los cuerpos que existe una relación constante entre el espacio recorrido por un cuerpo que cae y el tiempo que emplea en caer[798], Galileo encaminó a la ciencia por el camino de establecer correlaciones entre factores, con la presencia de leyes no causales. Desde esta perspectiva, se puede considerar que la ciencia aparece como la búsqueda de las llamadas "compresiones algorítmicas", en las cuales los algoritmos equivalen a fórmulas que representen de manera compacta el contenido de la información de una serie de datos que tiene que poder predecir situaciones hipotéticas relacionadas con la secuencia o los términos de una serie.

Sin el desarrollo de las compresiones algorítmicas la ciencia se vería sustituida por una recopilación de datos sin sentido; la ciencia reposa en la creencia de que el universo es algorítmicamente compresible, es posible buscar una representación abreviada que se esconda tras las representaciones del universo que puede ser escrita en forma finita por los seres humanos[799].

Durante el siglo XVIII los filósofos consideraban a la ciencia y al conocimiento humano como objeto de estudio de su campo, pero el adelanto en las matemáticas de los siglos XIX y XX provocó una lenta escisión entre los filósofos y los matemáticos, nuevos cultores de la física y abanderados de la investigación sobre el orden del mundo y el universo.

El modelo científico de estudio se ocupa de una variable en forma independiente para establecer el comportamiento de ella como un sistema aislado simplificado, pero al incrementarse el número de variables, la interdependencia de tales variables llega a un punto en que se acepta que incluso el estado del observador es una variable más en el proceso de conocer -*scintiare*- un objeto externo a nosotros. El conocimiento puede ser definido como "una sensación vivencial que se da inmediatamente a continuación de la congruencia entre dos tipos de vivencias diferentes, un apareamiento"[800]; y a partir de dicho apareamiento esperamos entender mejor la diversidad de la naturaleza.

El método de abstracción científico es muy eficiente y poderoso, pero impone un precio a pagar: el conocimiento conceptual al que permite llegar se separa cada vez más del mundo real, a diferencia de los que ocurre en las denominadas culturas "salvajes" quienes poseen una ciencia de lo concreto que en muchos aspectos, citando a Lévi-Strauss, supera nuestro conocimiento occidental del mismo. "Para hacerse cargo de ello (enfocarse en lo concreto) se requiere una relativización -difícilmente realizable- de los propios esquemas del conocimiento, sobre todo, dado que ese saber de lo concreto sólo puede hacérsenos comprensible con nuestros medios de expresión"[801]. Interpretando a Lévi-Strauss, conocer lo concreto es difícil con nuestros medios de expresión.

Cuando se parte de un mito, se descompone en sus elementos y se estudian sus variaciones, sus correcciones y transformaciones, del mismo modo que los problemas de transformación de la matemática moderna, se hace una afirmación sobre el carácter de las ciencias humanas, que han de sujetarse al mismo rigor y objetividad que las ciencias de la naturaleza y liberarse del llamado "factor humano" pues éste es una ideología perturbadora[802].

El lenguaje ordinario se comporta a semejanza de un mapa que permite seguir con cierta comodidad la superficie irregular de un territorio, a medida que se hace más riguroso la flexibilidad desaparece y se llega a un punto de la realidad en que los lazos son tan tenues que la relación de los símbolos con la experiencia sensorial han dejado de ser evidentes.

La compresión cabal y completa de un fenómeno implicaría conocer todas las variables, por decir el universo entero. En este momento el modelo científico de conocimiento llega a un punto en que las cosas de la naturaleza forman parte de un modelo holista, interconectado e interdependiente[803].

Lewis Wolpert, un destacado embriólogo británico describió en su obra "The Unnatural Nature of Science" (La desnaturalizada naturaleza de la ciencia) como en los 10.000 años de historia de la humanidad la ciencia ha tenido dos surgimientos: el primero en la Grecia insular, donde su principal desventaja fué el carecer de métodos experimentales y el segundo en la Europa del siglo XVII, sentando las bases para el desarrollo del método científico. Wolpert sugiere como en la naturaleza tan impredecible de la ciencia subyace su rareza, su condición desnaturalizada, por así decirlo. La ciencia no es la aplicación del sentido común al mundo, sino más bien un abandono de las ideas surgidas del "sentido común".

Una de las artificialidades de la ciencia es considerar que el hombre es una entidad aparte del mundo externo, resultando de tal interpretación la homologación de la ciencia con la tecnología, cuando la mayoría de las civilizaciones tienen una interpretación más orgánica del mundo en la que el hombre es otro de los componentes de la Naturaleza.

El resultado de la tecnología es la producción de artefactos usables, mientras que el resultado de la ciencia son ideas. Aunque hoy día la ciencia y la tecnología están estrechamente relacionadas, no son la misma cosa. Tal parece que la definición de ciencia es más bien de tipo operativo, en la que la ciencia es lo que hacen los científicos. Y de esta surge la ambivalencia del público no lego en general, expresada en forma de admiración por los logros de la ciencia, conjugada al mismo tiempo con temor por sus consecuencias no predecibles en todos los casos[804].

Se ha visto la profunda relación entre el particular modo del conocimiento humano que se autoperpetúa y está en continua retroalimentación que es el conocimiento de tipo científico. La enorme fuerza de la investigación científica y su poder de trascendencia social radica en la rigurosidad de sus métodos que la hacen reproducible.

A partir de la utilización de la observación para reunir información sobre el mundo y para probar predicciones de cómo reaccionará el mundo sensible ante nuevas circunstancias, se busca la conversión de listas de datos observacionales a una forma abreviada a través del reconocimiento de patrones, de tal manera que este patrón sea como una fórmula taquigráfica que expresa el mismo contenido de información que la observacional. Sin embargo, Alan Chalmers, basado en las ideas de Popper, le cita y describe que los enunciados observacionales son aceptados en la medida de su capacidad para sobrevivir las pruebas:

> "Cualquier enunciado científico empírico puede ser presentado de tal modo que cualquiera que haya aprendido la técnica necesaria pueda comprobarlo. Si como resultado, rechaza el enunciado, no nos satisfará si nos habla de sus sentimientos de duda o de sus sentimientos de convicción con respecto a sus percepciones. Lo que debe hacer es formular una afirmación que contradiga la nuestra y darnos instrucciones para comprobarla. Si no lo hace, solamente podemos pedirle que eche otra mirada a nuestro experimento y reflexione de nuevo"[805].

A medida que el método científico ha ido madurando se han percibido patrones más elaborados, nuevas formas de simetría y nuevas clases de algoritmos que condensan inmensas series de datos observacionales en fórmulas compactas. Newton descubrió que el movimiento de los cuerpos en el firmamento o en la Tierra podían ser encapsulados en fórmulas simples a las que denominó las "leyes del movimiento", junto con su ley de gravitación universal.

El método científico abrió un campo amplio, dinámico y de riqueza sin límites al espíritu emprendedor del hombre. Por la capacidad de trascender en la vida de la sociedad y de acarrear consecuencias sobre otras formas de vida de la biosfera diferentes a los conglomerados sociales humanos, uno de los dilemas surgidos con respecto a este conocimiento es el saber cómo emplearlo. Es probable que Einstein no estuviera pensando en la idea de una bomba atómica cuando escribió $E = mc^2$.

Es una consecuencia que la humanidad como especie en su totalidad debe enfrentar en algún momento dado, como consecuencia no prevista en el momento de hacer un descubrimiento. La electricidad puede usarse para torturar prisioneros, surgiendo en este momento un dilema ético entre la utilidad de un descubrimiento para la evolución de la especie o una distorsión teleológica por un uso particular. Y así se pueden citar cientos de ejemplos. La civilización es bajo esta óptica un aprendizaje de cómo aplicar correctamente estos descubrimientos.

Para dar una respuesta adecuada a este dilema, es necesario comprender la estructura del conocimiento científico moderno, cuyo espíritu es diferente al que le animó en sus albores, en razón de la dependencia con grupos de poder, cuyo origen se puede ejemplificar en la época en que los gobiernos estadinense y británico emprendieron la tarea de traducir los conocimientos alquímicos de laboratorio sobre fisión nuclear en la realidad de la bomba atómica, para lo cual como dato curioso, pagaron a precios de oro todos los documentos que pudieron encontrar sobre alquimia en aquel momento histórico.

Como secuela del empleo militar de la bomba atómica en las ciudades japonesas de Hiroshima y Nagasaki en Agosto de 1945, el tiempo posterior a esta fecha fué bautizado por los historiadores modernos como la "era atómica", y algunos de sus concomitantes adicionales fueron la lluvia radiactiva, la contaminación por estroncio-90, y en época más reciente, la explosión de la central termonuclear de Chernobyl en la Unión Soviética, solo por citar algunas.

La ciencia natural moderna y las enormes empresas tecnológicas concebidas en su seno representan el pleno florecimiento de la actividad de la mente humana en su interpretación de la naturaleza. La ciencia natural moderna es un mecanismo causante de profundos cambios sociales porque es la única actividad acumulativa humana y por tanto, direccional. Su dirección histórica con la revolución industrial racionalizó las actividades de trabajo humano existente de acuerdo con una pauta de eficiencia económica y provocó cambios tecnológicos fundamentales. La ciencia moderna provocó entonces, cambios en las esferas social y de producción mecánica.

La ciencia como fenómeno social se despliega porque permite al hombre sentirse seguro y adquirir bienes. Su efecto ha sido consistente, aunque no siempre percibido en el moldeamiento de las estructuras sociales. Dado que el universo es el contingente de las contingencias por excelencia, el hecho que el hombre renunciara hipotéticamente a la tecnología le dejaría a completa merced de contingencias, como la presencia de asteroides que chocaran con la Tierra y causarán una catástrofe planetaria global como la que ocurrió en el Cretácico superior y fué la responsable de la extinción de los dinosaurios -y de paso de la perpetuación de nuestros precursores mamíferos que hoy hacen posible la lectura de estos contenidos-, la expansión del sol y la desaparición del planeta físico que conocemos, la aparición de virus mortales (y aunque se logró la erradicación de la viruela, el virus de la inmunodeficiencia adquirida está campante), o cualquier otra.

De modo que si la cultura ha crecido lo suficiente y posee las herramientas tecnológicas para manejar tales contingencias, tiene mayores oportunidades de sobrevivir y evolucionar[806].

Con el invento del método científico el tiempo comenzó a describirse en períodos de antes o después de tal o cual invención. Los efectos que ejerce en las sociedades son uniformes, por un lado debido a que la aplicación militar de la tecnología confiere ventajas en los conflictos bélicos, obligando a todos los estados a una "modernización defensiva". Por otro lado, la ciencia natural moderna ofrece un horizonte uniforme de posibilidades de producción económica, con posibilidades de acúmulo de riqueza lo cual motiva el consumo. La dirección es pues, hacia un continuo despliegue que explica por ejemplo, la urbanización progresiva, el armamentismo, la preponderancia de los Estados-nación. Las sociedades se encuentran cada vez más ligadas unas con otras por el factor común de los mercados de consumo global y por la extensión de una cadena universal de consumidores[807].

Los conocimientos logrados mediante el método científico hasta ahora han sido la mejor guía para el control de las fuerzas naturales, pero en un marco en el cual la vanidad por el dominio de algunos fenómenos de la naturaleza ha provocado el desconocimiento de las conexiones profundas de todas las cosas, nos han enfrentado a una situación en la cual no estamos en condiciones de pagar el elevadísimo precio de ir en contra de los equilibrios desarrollados por el laboratorio de la naturaleza en millones de años.

De hecho, se desconocen las consecuencias de los vastos y nuevos poderes arrebatados por muchos de los Prometeos científicos modernos al seno de la naturaleza. La terrible frase dicha por Goethe en "Fausto" "*Iudex ergo cum sedebit, quidquid latet apparebit, nil inultum remanebi* -El juez luego se sentará, todo lo oculto aparecerá, nada quedará impune", acaso sea una memoria del futuro sobre los riesgos que se corren al desbocarse la aplicación tecnológica de la ciencia.

La naturaleza es en sí un conjunto homogéneo, la biosfera o comunidad de vida se halla bajo el gobierno de los nexos entre sus numerosas partes. Como ejemplo de estos lazos, en fecha reciente una columna informativa de "Geodatos" informaba que las abejas productoras de miel en EE. UU. están siendo diezmadas como resultado de la combinación de varios inviernos inclementes y una epizootia de infestación en las abejas causada por ácaros de las variedades traqueal y varroa, que se alimentan de su sangre.

Al reducirse la cantidad de abejas que polinizan las plantas y los árboles, se reducen las cosechas. Esto se traduce como un menor mercado, con mayor precio de los alimentos[808]. Más datos que confirman los nexos de las partes de la biosfera, a propósito de porqué se han presentado los inviernos inclementes. Parte de esta respuesta está dada en la información que sobre la superficie de nuestro planeta recolectó la nave espacial "Galileo"[809]. En Diciembre de 1990, "Galileo" demostró en la superficie de la Tierra la existencia de vapor de agua, oxígeno, ozono; y adicionalmente, óxido nitroso, monóxido de carbono, metano y anhídrido carbónico. Estos últimos gases absorben el calor que la Tierra trata de emitir al espacio durante la noche, calentando el planeta. Ocurre que hemos estado quemando carburantes fósiles durante cientos de miles de años, tantos que hacia 1960 la comunidad científica empezó a llamar la atención sobre el "efecto invernadero".

Con los anteriores argumentos, se tiende a reforzar la idea que el trabajo del científico es el descubrimiento de nuevos hechos y la creación de nuevas ideas, sin embargo, muchos de los libros y artículos que los científicos publican están dedicados a una tercera empresa consistente en el refinamiento de las ideas existentes en formas más sencillas, de mayor compresibilidad que contribuyan a una divulgación efectiva. Cuando se descubre por primera vez una idea novedosa y profunda, seguramente su lenguaje será en la jerga técnica, que una vez transcurrido cierto tiempo, será examinada nuevamente y será presentada en una forma más sucinta que la relacionará con otras ideas existentes, contribuyendo a mayores puentes conceptuales. Tal destilación del conocimiento existente se hace con fines de simplicidad y claridad, es una permanente empresa científica. Este proceso de refinamiento puede encauzar la historia de la ciencia hacia vertientes del pensamiento certero, atribuye motivaciones, y sitúa individuos de diferentes mentalidades en una comunidad de buscadores de la verdad que comparten una misma opinión. Uno de los resultados de este pulimiento de marco histórico es presentar las leyes de la naturaleza de una forma atractiva a nuestras mentes[810].

A las dificultades en situarse en el horizonte de comprensión de una generación previa a la conceptualización científica, se une el hecho que las interpretaciones en una u otra dirección plantean los riesgos de una sobresimplificación. Cuando un científico produce una conceptualización, la produce en un marco social y en una atmósfera ideológica que ya están determinados por una serie de pautas tanto de la sociedad como de la comunidad científica: el análisis de estos momentos tan complejos muestra la complejidad inherente a la producción científica y la interdependencia dinámica de los dispositivos sensoriales, artificiales y teóricos que en el marco del desarrollo científico, al no ser tenidos en cuenta, desencadenan eventos imprevistos. Se atribuyen muchos de los problemas de la biosfera al desequilibrio entre el desarrollo de las ciencias físicas y las biológicas. "No podemos destruirlo todo sin destruirnos y no podemos salvarnos si no lo salvamos todo".

Relación de la conciencia con la cultura planetaria emergente

"Los recursos del significado de la vida ya no podrán ser hallados en uno mismo o en la tribu, raza o nación, sino que hallarán en su contexto, su terapia, su omega y su liberación en el abrazo mundicéntrico a través del cual circula la sangre de nuestra humanidad en común y late el corazón único de un pequeño planeta que lucha por su supervivencia y anhela su liberación en un mañana más profundo y verdadero"
Ken Wilber - Sexo, Ecología, Espiritualidad.

El surgimiento y sucesivo afianzamiento de la racionalidad ha generado el espacio por así decirlo, en el mundo donde todas las gentes pueden ser reconocidas como sujetos libres e iguales. Aunque la aceptación de este paradigma aún no es global, su inicio se ha planteado a nivel nacional y sus transformaciones se presentan igualmente a este nivel.

El marxismo y el materialismo histórico fueron sin embargo, una excepción en lo que respecta a movimientos globales. ¿Por qué? Aunque el trabajo social nos coloca a todos como tripulantes de la misma nave espacial terráquea y en este sentido, la humanidad es homogenizable con la ciudadanía del mundo, la división social del trabajo puede unir a la humanidad extensivamente, pero solo en el nivel del compartir material. En este sentido de globalidad, esta tendencia histórica del marxismo fué la mecha para la primera revolución moderna globalmente intencionada. Sin embargo, como otros gigantes con pies de barro, el marxismo ignoró la tarea cultural superior, el Mundo 3 de Popper y Eccles, y supeditó el surgimiento de estas tareas superiores a partir del trabajo social y del intercambio material. Así fué como entre otros, surgió el concepto materialista histórico de religión como "opio del pueblo".

La plataforma para la cultura mundial emergente está siendo construida por los mercados internacionales de intercambio material y económico, así como por el creciente cambio de estructuras de racionalidad, destacándose aquí las de las ciencias empírico-analíticas y la facilidad de transmitir la información por ordenadores y computadores personales. La explosión de la informática, considerada como un despertar del "sistema nervioso" de la noosfera es supranacional en su carácter esencial.

La conciencia entendida desde un punto de vista de la visión-lógica o perspectiva planetaria, requiere un proceso de transformación por un acúmulo de potencial cognoscitivo -permítaseme nuevamente retomar el concepto del Mundo 3 -, expresado en forma de nuevas visiones del mundo, que se vuelven operativas por medio de las instituciones sociales actuales que incluirían los mundos 1 y 2 de Popper y Eccles (los procesos relacionados con el mundo físico y los procesos mentales de quienes participan en esas instituciones), que permitirían expresar -por así decirlo-, el Mundo 3 de los productos y desarrollos cognoscitivos de la mente humana.

De acuerdo a Kant, "nuestro concepto de un objeto puede contener cuanto se quiera, pero hemos de salir lo más 'pronto posible' para otorgarle la existencia a este objeto (...)"[811]; pasar por así decirlo, lo más pronto posible del mundo 3 al mundo 2 y finalmente al 1. Este nuevo orden de desarrollos cognoscitivos vendrá desde dentro, de la conciencia y se irá encajando en la forma externa, en la interacción social.

La importancia de la conciencia en cuanto sus consecuencias sociales, es que solamente se dará la transformación de las estructuras sociales en la medida de los esfuerzos individuales, porque aparte de esto ninguna colectividad social manifiesta este interés nuevo y más profundo en la transformación que supone adquirir una perspectiva planetaria.

Al mirar un poco en el espejo del pasado, sin la luz de toda nuestra tecnología, sin haber avanzado tanto en el conocimiento de las leyes de la naturaleza, no se puede menos que tener la sensación de un proceso evolutivo en creciente espiral, en el cual retomamos los mismos elementos de conocimiento, pero con una mayor perspectiva al examinar algunas glosas de la cultura humanista de Confucio. En un planteamiento que podría considerarse casi holoárquico, Confucio mencionaba que aquellas personas que son absolutamente leales con ellas mismas (*que han tomado conciencia* -cursiva mía-) en este mundo podrían cumplir con su propia naturaleza, y de esta forma, podría cumplir con la naturaleza de los demás, pasando del mundo 3 sucesivamente hasta el 1.

Confucio decía que:

> "el hombre moral en este mundo ha advertido que su yo absoluto puede ordenar y ajustar las grandes relaciones de la sociedad humana, fijar los principios fundamentales de la sociedad humana, fijar los principios fundamentales de la moralidad, y comprender las leyes del desarrollo y reproducción del Universo"

Aquellos que cumplen con la naturaleza de los demás pueden cumplir con la naturaleza de las cosas; aquellos quienes cumplen con la naturaleza de las cosas son dignos de ayudar a la Madre Naturaleza para que desarrolle y sustente la vida, y aquellos que son dignos de ayudar a la Madre Naturaleza para que desarrolle y sustente la vida, son iguales al Cielo y a la Tierra.

Los que vienen después en el orden son los capaces de alcanzar la comprensión de una rama particular de estudio: por tales estudios, son capaces también de aprehender la verdad. La comprensión del verdadero yo obliga a la expresión; la expresión se transforma en evidencia; la evidencia se transforma en claridad o luminosidad de conocimiento; el conocimiento activo se transforma en poder y el poder se transforma en influencia penetrante. De modo que sólo aquellos que han logrado el cambio por ser absolutamente leales a sí mismos logrando cobrar conciencia del mundo de las ideas y la cultura, pueden ejercer una influencia efectiva en el mundo del quehacer material.

La soluciones a las distintas crisis globales requieren de esfuerzos globales en los frentes biomaterial, económico y financiero, que son los focos de origen de tales conflictos globales. Para que estas soluciones sean realmente viables se requiere una modificación en la cosmovisión que permita a los ciudadanos y a sus gobiernos percibir la gran ventaja que supone el pequeño sacrificio de la cesión de una parte de la soberanía nacional por el bien colectivo.

El ser consciente a nivel individual es desde esta óptica, acceder a un plano de supraconciencia. Ken Wilber refiere que:

> "los individuos que han empezado a emerger con la visión-lógica, para quienes toman posiciones en la conciencia global que integre la fisiosfera, la biosfera y la noosfera (tanto en hombres como en mujeres), para los que buscan el significado existencial y global -para esos pocos- la simple vivencia de la perspectiva planetaria (es decir, el aperspectivismo integral) crea pequeñas bolsas de conciencia avanzada, pequeñas bolsas de "potencial cognoscitivo" que lentamente, pero con seguridad, retroalimentan las visiones colectivas del mundo y las instituciones sociales mismas; una vez encajadas en lo material e institucionalizadas, estas estructuras actúan automáticamente, por así decirlo, como guías para la transformación de todos los que seguirán"[812]

Mientras la conciencia tribal no es suficiente para estos cambios, otros movimientos sociales ya establecidos tampoco quieren cambiar. El fantasma de la limpieza étnica está dispuesto a sacrificar las vidas de sus creyentes. Sin negar la importancia de los factores ecológicos, económicos y financieros, no hay que perder tampoco de vista que todos estos factores descansan en últimas sobre la transformación de la conciencia humana.

Para que nos "quepa el mundo" en la cabeza, es necesario entender y poner en práctica estos factores por individuos con una visión-lógica universal capaces de ser puentes efectivos de comunicación entre la multitud de líderes en los diferentes campos del quehacer humano. La escasez de los recursos de la biosfera confiere un profundo significado sobre el sentido de la vida, que busca los significados que tiene para una colectividad en común, ya se trate de una tribu, una raza, una nación.

Estas estructuras de visión-lógica están disponibles para aquellos individuos y sistemas sociales que soporten la transformación más allá de sus dogmatismos provincianos y abracen el reconocimiento filantrópico y el respeto mutuo hacia la existencia de los demás. Si se continúa con los paralelismos entre esta avanzada visión-lógica y la antigua sabiduría de oriente plasmada por Confucio, cuando plantea que la verdad significa la realización del yo, surge una amalgama del comienzo y el fin, y la sustancia de la existencia material de algún modo se nos presenta. Siguiendo a Confucio, sin verdad no hay sustancia material, y es por esta razón que el hombre moral aprecia la verdad: la ley moral, significa seguir la ley de nuestro ser.

Pero lo que Confucio denomina la verdad no es solamente la realización de nuestro propio ser, el *dharma* (cursiva mía), sino que también es aquello por la cual las cosas ajenas a nosotros tienen una existencia. La realización de nuestro ser es el sentido moral, mientras que la realización de la naturaleza de las cosas ajenas a nosotros, constituye el intelecto. Estas dos cualidades, el sentido moral y el intelecto son las fuerzas o facultades de nuestro ser que combinan el uso subjetivo del poder de la mente con el exterior. De modo que actuando con la verdad, el *homo faber* todo lo que hace, lo hace correctamente.

> "La verdad absoluta siendo indestructible, es eterna. Siendo eterna es existente por sí misma, siendo existente por sí misma es infinita. Siendo infinita, es vasta y profunda. Siendo vasta y profunda, es trascendental e inteligente. Porque es vasta y profunda, contiene toda la existencia, mientras que al ser infinita y eterna realiza toda la inteligencia. Por su vastedad y profundidad es como la Tierra, mientras que por su inteligencia trascendental es como el Cielo. Siendo infinita y eterna, es el Infinito mismo".

La Naturaleza es vasta, profunda, alta, inteligente, infinita y eterna; porque obedece a su propia ley inmutable, la manera como produce la variedad de las cosas es inimaginable e insondable.

Del papiro al hipertexto.

"El día que recibas mi carta, lleva contigo a Shuma, a su hermano Beletier, a Apia y a los artistas de Borsipa que conozcas. Trae todas las tablas que encuentres en sus casas, así como las tablas que estén en el templo de Ezida (...) Buscad las placas de valor cuyas copias no existan en Asiria. Ahora he escrito al sacerdote supremo del templo y al alcalde de Borsipa diciéndoles que tú, Shadanu tomará las placas del depósito y que nadie debe ocultártelas"
Palabras del rey asirio Asurbanipal a su funcionario Shadanu[813]

"Cuerpo y voz presta la escritura al pensamiento mudo y a través de los siglos lo lleva la hoja volandera"
Friedrich Schiller

El lenguaje es una tecnología cuya historia se pierde en la bruma de los tiempos, ya que solamente hasta los tiempos modernos comienza a dejar registros concretos. El registro duradero inicia en el arte paleolítico, con sus implicaciones de significación mágica, arte que dejaría lentamente el lugar a la escritura en la medida de requerirse registros cuantitativos para mantener la vida de un conglomerado urbano.

En su evolución, los símbolos, las imágenes y los códigos terminaron por configurar la escritura y este avance fué un hito en la aparición de civilizaciones destacadas como las de Mesopotamia y China, cuyos habitantes disfrutaron de ventajas sobre aquellos otros pueblos que todavía estaban por llegar a la escritura al poder conservar el legado del conocimiento y experiencia de sus antepasados.

De los archivos del templo de Erech en Sumer (que se atribuía a Nemrod, quien de acuerdo al Génesis "dominaba sobre la tierra") sobreviven una serie de tablillas en las cuales los dibujos son utilizados sintomáticamente como registros. Las palabras signos o pictogramas expresan por ejemplo, sustantivos concretos, verbos; sin embargo uno de los usos del pictograma utilizar el pictograma para que significara un sonido, de una forma parecida a la nuestra[814].

Asurbanipal, el monarca que gobernó Asiria del 668 al 628 aDC, llevado al trono por su abuela Nakiya, favorita de su abuelo Senaquerib, no fué tan solo un monarca pacífico, sino que fué el fundador de la mayor biblioteca de la antigüedad establecida en Nínive, solo superada por las colecciones de papiros de Alejandría.

Esta biblioteca del mundo antiguo contaba con 30.000 volúmenes en placas de arcilla que versaban sobre medicina, filosofía, astronomía, matemáticas, filología, magia, y la famosa epopeya de Gilgamés. Esta biblioteca fué hallada en la colina de Kuyunjik (Turquía) en 1.839 por el inglés Henry Austeen Layard.

En 1946, Samuel Noah Kramer comenzó a difundir a la luz pública los documentos contenidos en las tablillas de barro relativos a la vida de los babilonios y después de veintiséis años de labor interpretativa sobre este material, publicó su obra *"History begins at Summer"* -La historia empieza en Sumer-, en la cual relata como los pueblos mesopotámicos iniciaron su vida en el amanecer de la historia, hace varios milenios. Su labor se puede considerar casi culminativa en la comprensión de la cultura de Aram-Nacharaim -Asiria entre ríos o Mesopotamia- civilización revelada por Botta, Rawlinson, Grotefend y otra brillante pléyade de arqueólogos investigadores.

En el mundo antiguo, esta biblioteca con su enorme arsenal de información dispuesta en tablillas, es un "moderno" paralelo de los mecanismos con que se almacena el nuevo saber cuándo el medio ambiente está cambiando muy rápido, por así decirlo, en el rango de generaciones, y el entorno social de una generación es ligeramente diferente al de otra. En este momento en que los cambios rápidos están a la orden del día, y los medios orales dejaron de ser adecuados para mantener la tradición, surgió la escritura.

¿Qué condujo a la escritura? En China, los primeros ideogramas hallados fueron escritos en omóplatos de ovejas o en conchas de tortuga, y se emplearon para contestar "preguntas del cielo". Pero históricamente, el crédito por los primeros textos escritos es de los sumerios de Mesopotamia. Aunque la escritura no podía reemplazar la palabra hablada porque no podía reproducir el tono y los matices de la voz, con el progreso de la civilización su uso se hizo indispensable. Del mismo modo que las aguas de un río ancho se ven forzadas a acelerar cuando pasan por una zona estrecha, la tendencia a reunir información ha ido acelerándose con el paso de los siglos hasta dar origen a la actual explosión informativa.

El desarrollo de otros procedimientos de registro amén del lenguaje y la escritura como lo fueron la imprenta y la fotografía. Ya estos cuatro pasos presentes en la tecnología de los procedimientos de registro, facilitaron la comunicación y la posterior evolución del hombre a la noosfera. La imprenta es el más importante de los cuatro en términos de permitir conservar un cuerpo de información a lo largo del tiempo, su impacto se puede ver desde el siglo XV[815].

Pero el camino que había de conducir hasta la imprenta aún era largo. Hacia el cuarto milenio antes de Cristo, los registradores en las ciudades-estado sumerias como Uruk, desarrollaron un sistema para registro de numerales, pictogramas e ideogramas sobre superficies de arcilla especialmente preparadas.

Un pictograma es como un retrato del objeto que representa (caso de imágenes como ojos, manos, pies, cabezas, bocas, pájaros, peces, soles, barcas) mientras un ideograma es un símbolo abstracto en el cual se determina con exactitud la forma y valor de las figuras según una convención y una significación después de un complicado proceso ideológico. La escritura fué pues, una aplicación usada con nuevas modificaciones de un sistema asiático de escritura de fines del Neolítico, que evolucionó de lo concreto a lo abstracto, partiendo desde la pictografía y que con el transcurso del tiempo, amén de la comodidad de los escritores, se fué pasando lentamente a los ideogramas que alcanzaron su máximo desarrollo en los jeroglíficos de la cultura egipcia. Por otra parte, la antigua cultura cretomicénica de Knossos de acuerdo a descripciones de Arthur Evans, desarrolló uno sistema silabario de escritura conocido como "linear B", que se considera data de la edad del bronce. Esta escritura fué elegantemente descifrada por Michael Ventris en 1952, y permitió conocer rasgos de la vida de la cultura cretomicénica, por ejemplo:

"Aniatos (un pastor), conserva sus rebaños en el distrito de Phaistos, donde un oficial llamado Werwesios. Las ovejas están registradas como masculinas, femeninas y 'viejas' (...)"[816].

El propósito original de la escritura fué el de registrar hechos históricos importantes, establecer códigos legales y llevar las cuentas requeridas por la tributación. Los desarrollos de la escritura en el Cercano Oriente fueron transmitidos por los fenicios a través del Mediterráneo; al ser llevados a Grecia, se diseminaron a toda Europa. Alfabeto proviene de las primeras palabras fenicias *aleph* vaca (alfa en griego) y *bet* casa (beta en griego). De igual origen es la costumbre griega de escribir de derecha a izquierda que luego evolucionó a la escritura que invertía la dirección al final de la línea (*bustrophedon*: a modo de surcos), en el cual la primera línea iba de derecha a izquierda, la segunda de izquierda a derecha y así sucesivamente[817].

Sócrates nunca escribió un libro. Ocasionalmente pensaba que no estaba bien escribir, ya que uno puede hacer alarde de tener amplios conocimientos y no saber nada en realidad. Además un argumento que se presenta en un libro no se puede rebatir si no se está de acuerdo con él, mientras que con una persona se puede discutir y se pueden aclarar los razonamientos. Aunque el conocimiento que se puede obtener de los libros en un momento dado puede parecer algo seco y estático -si se compara con el conocimiento de primera mano en la mente del autor-, es un conocimiento con un alcance y una permanencia mucho mayor que el de la memoria de cualquier persona.

La escritura ha viajado muy lejos desde aquellas generaciones de humanos que registraron la búsqueda de la inmortalidad por Gilgamesh, o cincelaron en las rocas del Behistún las hazañas del rey persa Darayawaush o Darío.

Se ha llegado a un estado de desarrollo tal de la escritura, en que se podría decir que este nuevo conjunto de información escrita -consecuencia de una civilización altamente tecnificada- permite una conexión más profunda con el mundo abstracto de las ideas y de las creaciones mentales. Hemos avanzado desde una época en que la escritura era patrimonio de escribas y monjes hasta una en que se vuelve materia del ciberespacio, yendo más lejos de los acervos clásicos de información contenidos en los libros y las bibliotecas y siendo accesible a un vasto número de personas. Hemos avanzado desde la época en que los escribas (de la palabra latina *scriba* deriva la actual secretario) en el Cercano Oriente no podían cometer errores en la transcripción de los textos sagrados, so pena de muerte, pasando por la época en que los libros eran manuscritos en largos períodos de meses o años por acuciosos monjes encargados de calcular el calendario y de enseñar el quadrivium, hasta nuestra época en que aparecen libros con una frecuencia abismante, que excede a nuestra capacidad de lectura. Ivan Cloulas describe la biblioteca de Felipe II en el palacio del Escorial:

> "como un lugar augusto, tan adornado como una casulla o como un cofre de tesoro, en que se ubica la colección de los libros clasificados por el humanista Benito Arias Montano, ayudado por fray Juan de San Jerónimo y por el padre José Sigüenza (...) el rey considera que sus libros son instrumentos de trabajo a disposición del colegio creado en El Escorial en 1575 para la enseñanza del arte y la teología"[818].

En 1438, Guttenberg buscando una forma más económica para difundir la Biblia manuscrita, logró el desarrollo de los tipos móviles de la imprenta, tecnología que permitió un enorme avance en la alfabetización, el conocimiento científico y posteriormente, en la revolución industrial.

La colección de la información cultural de la especie humana en época más reciente comienza a ser manejada por los ordenadores; si bien nuestra cultura sigue dependiendo en gran parte de los seres humanos biológicos, cada año que pasa es una pequeña pero creciente victoria para las máquinas, que asumen un mayor papel en la conservación como en el continuo desarrollo de la cultura.

Si la escritura fué importante, los avatares con el número no lo fueron menos en la consolidación del status de avanzada cultural en aquel momento en Europa y en Centroamérica. El registro de la información se fué haciendo progresivamente más complejo debido a las demandas en el sistema tradicional por el desarrollo de la economía, por el auge del comercio y el sentido práctico de una clase burguesa[819]. Al surgir la necesidad económica de la agilización de cuentas, inventarios, cambios de moneda, cálculos de márgenes de ganancias, se hizo necesaria la concepción de un nuevo hito con los procesos de conteo y cálculo y con ello, los números.

Pasaron casi 110 años desde que en 662 el obispo Severo Sebokht relativizara la cultura europea de su tiempo que apenas podía realizar operaciones matemáticas sin la actual notación numérica, hasta 772, cuando el matemático Siddhanta la empleó en la traducción del hindú al árabe de datos de tablas de observaciones astronómicas, dando inicio la extensión de la notación numérica hindú de diez símbolos diferentes. La notación numérica romana que vemos en epitafios y que leemos apenas con un quebradero de cabeza. Nuestro fin de milenio 1999, se nota como MCMXCIX. Es una cifra complicada a primera vista dada nuestra costumbre a leer cifras con los guarismos que incluyan cero, y es que los romanos no tenían cero.

El cero -casi cercano a la nada-, hizo posible el acercamiento a las cifras grandes a través de los exponenciales, en los que Nicolás Tartaglia (1500-1557) dió la regla de oro, al tratar sobre la multiplicación algebraica al decir que se sumaban.

Los números arábigos fueron introducidos por algunos monjes en el siglo X, de acuerdo a hallazgos de los Codex Vigilianus y Codex Sanct Gallensis, para aparecer posteriormente en la Italia del siglo XI en lápidas funerarias y en el siglo XII en monedas acuñadas. Sólo la imprenta y la difusión de las aritméticas impresas a finales del siglo XV marcaron el triunfo definitivo de la numeración arábiga. Los métodos árabes de cálculo numérico se conocieron colectivamente como "algorismo", como vulgarización fonética del nombre Al-Khowarizmi[820]; el término "algorismo" se popularizó por la creencia errónea que estaba emparentado con "*arithmos*", la palabra griega para número. La palabra algebra que conocemos en la actualidad deriva de "*al-gbr*", que significa ecuación, o "el traspaso de términos y el encuentro de soluciones", que dicho de otra forma, hace del álgebra un arte en que se transforma un problema en otro por traspaso de términos[821].

Hacia donde nos llevan las tecnologías de información es imposible de conocer; sin embargo, apreciamos y vivimos cambios en nuestra vida cotidiana. Pauwels y Bergier plantearon como:

> "el hombre de un futuro muy próximo no pensará ya solo: dispondrá de un conjunto ligero para el tratamiento de sus informaciones (...) estarán personalizadas: cada cual poseerá su propia máquina, que lo conocerá bien, que le servirá de complemento. Y que conocerá sus defectos (...) la máquina utilizará su propia paciencia ilimitada para dar al trabajo del sabio un acabado, un rigor, un estilo, que no tendría normalmente"[822].

Todo esto significa que estamos creando redes de información, enlazamos conceptos entre sí de formas inimaginadas y sorprendentes, construimos asombrosas jerarquías de seducción, alumbramos nuevas teorías, hipótesis e imágenes basadas en supuestos imposibles, en nuevos lenguajes, claves y lógicas.

Las empresas, los entes gubernamentales y los individuos particulares están recopilando y almacenando más datos de información que cualquier otra generación de la historia, información que será una mena invaluable para los historiadores del pasmante siglo XX. Sin embargo, lo más importante con estos datos, no es el mero hecho de su colección sino su interpretación, la creación de un contexto en modelos y arquitecturas de conocimiento progresivamente mayores[823].

En 1973, Vinton Cerf y Robert Kahn diseñaron las bases que posteriormente dieron origen a la red mundial de computadores, conocida como Internet, en la que actualmente hay más de 20 millones de usuarios en 180 países. Algunos cruzarán al nuevo mundo, otros permanecerán estacionarios. Quienes crucen al nuevo mundo, ayudarán por su estrecha participación a la concepción de la máquina de ideas generales, el descubrimiento de la noción de categoría, el desarrollo del poder de abstracción. Conocemos a estos hombres como programadores. No existe una red de tan amplia difusión en su uso como Internet, que está forjando la tendencia de una fe casi ritual en la información.

Paralelamente, el funcionamiento de la red de computadores propició el concepto de vida virtual, en la que la comunicación electrónica permite una "expansión sensorial para la especie, al permitir una gran variedad de experiencias permaneciendo geográficamente en el mismo lugar". Este es el sentido del "ciberespacio", palabra que fué introducida por primera vez en la novela de ciencia ficción Neuromancer, por William Gibson, de Vancouver (Canadá) y que data de 1984. La tecnología promete una cantidad cada vez mayor de información con un esfuerzo cada vez menor, pero en esta medida, es necesario balancear la fe en la tecnología al enfrentarse con la fe en nosotros mismos. La sabiduría no suele provenir de mantener la información más actualizada, sino de la reflexión serena. Si tenemos atributos más valiosos como moralidad, compasión, la especie humana será capaz de abrazar el futuro sin cambiar la lealtad a la especie, y el hombre podrá hallar en la máquina un medio de ampliar y acelerar su propio pensamiento, en lugar de alienar su humanidad entregándose a un supercerebro artificial[824].

El crecimiento de una "conciencia" de la información, tiene un auge paralelo con la profusión de ordenadores, información y comunicación, lo cual ha forzado a los entes gubernamentales regulatorios a prestar más atención a los asuntos relacionados con el conocimiento, desde la óptica del acceso público y el derecho a la intimidad. Está surgiendo también un modelo general como un epifenómeno: en la medida que la información simbólica de la realidad virtual se desarrolla, los asuntos relacionados con la información adquieren mayor significación política[825].

El conjunto del conocimiento humano está avanzando a un paso siempre en aceleración. Las publicaciones periódicas relativas a conocimientos especializados han sido un hito en la diseminación de la información para que los descubrimientos lleguen en últimas al gran segmento del público no lego.

El intervalo de 10 - 15 años que antes solía presentarse entre un descubrimiento trascendente y su divulgación se ha acortado. Sin embargo, estamos convirtiendo la palabra, la oración, la lógica y el número en los pilares fundamentales de nuestra civilización, con lo cual y paradójicamente frente a las posibilidades de expansión que brindan los medios de comunicación, estamos obligando al cerebro a valerse de modos de expresión que lo limitan, y sobre los que además suponemos que son los únicos correctos.

No se puede negar empero, que la escritura contenida en las publicaciones periódicas informan a un grueso segmento del público no lego sobre las implicaciones de un determinado descubrimiento. De modo que es posible tener alguna intervención sobre estos conocimientos cuyas implicaciones no sean solamente para los conglomerados sociales humanos sino para el resto de los seres de la biosfera.

Este suceso podría ser interpretado como una mayor concepción orgánica de la realidad, en la medida que el hombre como especie logra verse como un eslabón más en los delicados equilibrios de su entorno. Y de alguna forma, esto es sabiduría. Una concepción humana y dinámica citada por Pauwels y Bergier plasma este espíritu:

> "Desde el presente, entre el hombre y el Universo, entre el Universo que desborda de posibilidades y el hombre ávido de aprender, los circuitos tejen la red de una voluntad común de aprendizaje"[826].

Fons et origo de la civilización

El contenido de información del cerebro humano expresado en bits[827], se ha calculado en aproximadamente cien billones, (100'000.000.000.000-10^{14}) cantidad que puede estar contenida en aproximadamente 20 millones de libros. Hay cifras más espeluznantes, como las referidas por Hunt y Von Neumann, en las que atribuyen capacidades entre 100 trillones a 280 quintillones, (280'000.000'000.000'000.000) equivalentes a varios billones de veces más el contenido de una computadora moderna. Si se hace una pregunta cuya respuesta sea sí o no, la respuesta transmitirá un *binary digit* (abreviado como bit) de información. Si hay cuatro categorías, la respuesta producirá 2 bits, puesto que $4 = 2^2$, donde la base hace referencia a las dos respuestas fijas si/no y el exponente a los bits. Con ocho categorías se obtendrán 3 bits ($\log_2 8 = 3$) y así sucesivamente.

El manejo de la información de una biblioteca grande, en un espacio de 1400 cm^3, contenido en la corteza cerebral, es sencillamente sorprendente. Y el cerebro no solamente recuerda, sino que también sintetiza, analiza, evalúa, razona, calcula. Su gama de actividades adaptativas es el cimiento de la supervivencia humana, que se ha desarrollado progresivamente desde la época en que los monos prehomínidos abandonaron los medios arbóreos para pasar a subsistir en los medios de sabana en el África Oriental y en el sur de Asia central, hacia los albores de la época cuaternaria, quizá en el mioceno o en el plioceno.

Los primeros seres humanos que comenzaron a gruñir en los albores evolutivos no podían prever el desarrollo de la palabra ni de la música. El cerebro ha evolucionado, aumentando su complejidad y la cantidad y calidad de su contenido informativo durante largos períodos de edades geológicas. Su evolución ha sido sucesivamente realizada en forma centrífuga, desde el tallo cerebral hasta el complejo reptiliano o complejo R -sede de la agresión y de la territorialidad-, hasta el cerebro límbico de los mamíferos -sede de los estados de ánimo y emociones-, para llegar en último lugar a la corteza cerebral, la sede de las funciones mentales superiores y *fons et origo* de la civilización.

De un modo semejante, cuando los actos complicados de relación con el medio ambiente que rodeaban a los seres rebasaron la capacidad de respuestas incluidas dentro del genoma, esto es, las respuestas programadas genéticamente, entonces surgieron los cerebros, como lo sugiere Sagan.

La representación escrita del código genético de aproximadamente 5000 nucleótidos correspondiente al ADN de un virus bacteriano pequeño -los llamados bacteriófagos o virus que infectan bacterias- ocupa aproximadamente el espacio de una página. Si se hiciera lo mismo con la secuencia nucleotídica del ADN de una bacteria unicelular, ocuparía aproximadamente 2.000 páginas, mientras que se requerirían ¡un millón de páginas! para el código genético de una célula de mamífero. Estas y otras situaciones de presión evolutiva desembocaron en la pasión por el aprendizaje como herramienta para la supervivencia y el resultado, en buena medida es la liberación concedida por la corteza cerebral de las conductas transmitidas genéticamente, porque cada uno es responsable de lo que asimila como aprendizaje en su cerebro.

Por todo esto, la vasta información del genoma es ampliada por un factor de mil gracias a la presencia de los cerebros[828]. Saber muchas cosas no es lo mismo que inteligencia; la inteligencia no es solamente información, sino también juicio, la manera de coordinar y hacer uso de la información. Sin embargo, la cantidad de información a la que se tiene acceso es un reflejo de la inteligencia.

Tiempo libre

Hay un proverbio chino que reza "no se puede llegar lejos si consideras al tiempo como un enemigo". Durante una estadía relativamente larga en una zona tropical, a la cual me había llevado mis libros y material de lectura, no me había dado cuenta que tenía este enorme privilegio, esta casi podría decirse bendición de tener tiempo libre para la creatividad. Hay un problema enorme cuando esto no se advierte. Estaba por otra parte consolidando otras esferas de mi actividad, aún perfilaba mi perspectiva sobre el futuro; y es difícil saber que has llegado a alguna parte si no sabes a dónde quieres ir.

El mal de nuestra época, que de alguna forma propicia el egoísmo y la indiferencia, es que no "tenemos tiempo" - *Jikan wa arimasen*-, vivimos absortos en los límites estrechos de nuestras limitadas fronteras locales, dedicando lo mejor de nuestro esfuerzo personal al Moloch social, dejando solo unos pequeños rezagos de producción local para nosotros mismos. Exportamos lo mejor de nosotros y pretendemos que no nos queda tiempo para ninguna otra cosa. Caemos cual inocentes víctimas de los círculos viciosos de la conducta impuesta por el conglomerado social, y nos perdemos en este laberinto, cuya salida está ad portas del dolor.

Los buenos hábitos de trabajo son un camino, una especie de Tao a través del cual es posible decantar el artista, el escritor, el científico en ciernes. Muchas de las faltas de logros en mentes brillantes se pueden atribuir a falta de creación de tiempo libre. La asignación de tiempo libre puede hacerse de una forma supletoria-esporádica, o esencial-constante. Esto hace la diferencia de algún modo en el grado de la eminencia de las obras humanas.

Un atisbo del futuro

"Un intelecto que en instante dado conociese todas las fuerzas que actúan en la naturaleza y la posición de todas las cosas de que se compone el mundo -suponiendo que dicho intelecto fuese lo bastante vasto para someter estos datos al análisis- abarcaría en la misma fórmula los movimientos de los cuerpos más grandes del universo y los átomos más pequeños; para él no sería nada incierto, y el futuro, lo mismo que el pasado sería presente a sus ojos"

Pierre Simón de Laplace-Traité de la lumière

Nuestros genes han estado en una permanente competencia por la selección de las mejores secuencias de ADN durante los últimos cientos de millones de años, con lo cual ya han logrado un primer objetivo, como lo fué el cerebro. El cerebro ofreció la oportunidad de aprendizaje rápido sin recurrir a la modificación del genoma cuando las relaciones sociales con la propia especie y el medio ambiente se volvieron más complejas.

El desarrollo de los circuitos neuronales permitió un rápido procesamiento de datos para reconocimiento de pautas y previsión de situaciones peligrosas, el registro de las experiencias previas, para resolver problemas. A partir de las posibilidades que le brindó el cerebro, la especie humana logró desarrollar la ciencia y la tecnología, las cuales le permitieron construir una progenie artificial, que con el paso del tiempo posiblemente dará origen a la era "posbiológica", en la que la electrónica parece representar el futuro. En un principio, antes de la palabra escrita, la gente confiaba en su memoria. Antes de los teléfonos, la gente conocía el placer de escribir y recibir cartas. Antes de la televisión y los computadores, la gente tenía un mayor sentido de comunidad y una mayor pertenencia al vecindario y a la familia.

Uno de los hitos de la era posbiológica será que la interacción social como la conocemos, declinará aún más. Socialmente, la edad del software centralizará más funciones, desde entretenimiento hasta compras electrónicas, y una larga serie de servicios que nos desconectarán del habitual contacto físico. Las máquinas que todavía no pueden recibir el calificativo de inteligentes en un tiempo no predecible, pero sí muy cercano, madurarán y se convertirán en seres tan complejos como nosotros y finalmente en entes que trascenderán todo lo que conocemos. Estos "hijos" enfrentarán otros desafíos de su entorno, sin estar ligados al ritmo laborioso y lento de la evolución biológica. Los seres humanos nos beneficiaremos de sus acciones durante algún tiempo, hasta todas las funciones humanas físicas y mentales tengan su equivalente artificial, entonces tales máquinas harán el relevo genético y sustituirán al hombre, como cuando las largas secuencias de átomos de carbono reemplazaron las interacciones cristalinas de las familias de arcilla como la montmorillonita; con el tiempo desapareció el andamiaje simple de cristales de arcilla y quedó el sistema orgánico de ADN del cual depende la vida.

Los organismos vivos son máquinas perfectas -si cabe la comparación-, cuando se observan a nivel molecular: la información contenida en los casetes de ARN se encarga de dirigir los mecanismos de la formación de proteínas en los organelos llamados ribosomas, que a su vez seleccionan los aminoácidos y los conectan de acuerdo a las instrucciones impartidas por el ARN.

La industria biotecnológica actual depende de una serie de modestas manipulaciones en la maquinaria genética natural que modifican el nivel molecular de las células. Los visionarios tienen planes más elaborados que estas modestas manipulaciones, que comprenden una fusión de las técnicas biológicas, microelectrónicas y micromecánicas en una única tecnología.

Las técnicas de construcción por ordenador están avanzando aceleradamente, dentro de sus objetivos a mediano plazo contemplan el diseño y la elaboración de nuevas proteínas que se comprueban en las pantallas de los ordenadores, del mismo modo que en la actualidad se diseñan las piezas en las máquinas. Tales proteínas, desarrolladas a partir de esta ingeniería pueden dar lugar a máquinas artificiales muy pequeñas. Los primeros productos elaborados con esta nanotecnología podrían ser medicinas de elaboración simple o pequeños circuitos experimentales para ordenadores, que con el paso del tiempo permitirán las elaboración de máquinas con mayor sofisticación a las actualmente conocidas.

La maquinaria a escala atómica es un concepto que nos lleva más allá de los ordenadores humanos, puesto que donde actualmente cabe un microprocesador por chip, habría lugar para millones de procesadores, cuya potencia de proceso de información sería de ¡un billón de bits por segundo! Si se reunieran varios de estos procesadores, de acuerdo al criterio de equivalencia humana para los robots, estarían un millón de veces mejorados con respecto a las versiones de hoy día.

¿Hasta dónde habremos llegado con el método científico? Uno de los alcances viene dado por la ingeniería genética: quizá las generaciones venideras de seres humanos se podrán diseñar utilizando las matemáticas, las simulaciones con ordenador y la experimentación, como se hace en la actualidad con los ordenadores, los aviones y los robots.

Se podrían mejorar tanto sus cerebros como sus metabolismos para permitirles vivir cómodamente en el espacio, sin las limitaciones de las proteínas y las neuronas, como estabilidad dentro de un rango estrecho de temperatura, sensibilidad a la radiación ionizante, altos requerimientos energéticos, con una velocidad limitada de tolerancia a los cambios y capacidad limitada de reparación. De fusionarse las tecnologías convencionales hasta la escala del átomo, con la biotecnología aplicada en cada detalle de sus interacciones moleculares, formarán un conjunto sin brechas técnicas que permitirán el diseño de todos los materiales, tamaños y complejidades. El ser humano diseñado por medio de la ingeniería genética podría vencer muchas limitaciones físicas.

Pero hay que evitar el culto a la información, como el título de la obra de 1986 de Theodor Roszak, para no convertir la utilidad de los ordenadores en algo peligroso por el hecho de no considerarlos ya herramientas, sino mitificarlos y conferirles cualidades humanas.

Otra de las respuestas sobre los alcances, viene desde la teoría de la gran unificación que engloba a todos los tipos de partículas y energías que existen en la naturaleza. El modelo de las cuerdas heteróticas o "boostrap" (previamente planteado en Capítulo 5 - Paralelismos entre la mecánica cuántica y la conciencia) predice que dentro de sus interacciones existan una serie de partículas más pesadas que las que componen los átomos, de tal manera que una materia fabricada con estas partículas sería miles o muchas veces más resistente que la materia normal; tal materia ultradensa soportaría operaciones con velocidades cercanas a la luz.

Es conocido que tal materia ultradensa existe en los campos gravitatorios de las enanas blancas colapsadas y las estrellas de neutrones; no es absurdo conjeturar que algún día los descendientes de la especie humana explotarán tal materia para construir máquinas que tengan una potencia de procesamiento de información de 10^{30} (varios millones de veces) la potencia de la mente humana[829]. ¿Qué situaciones no podrán manejar tales ordenadores?

La aceleración es el secreto de muchos milagros, tanto en física nuclear como en evolución y muchas otras áreas. Imaginemos una nanotecnología de reemplazo de neuronas con microordenadores con millones de procesadores, que a nivel subatómico tuvieran una composición de materia ultradensa que tolerara sin mayor desgaste las velocidades de transmisión cercanas a la luz.
Una mayor rapidez en el manejo de la información necesariamente repercutirá en tales mutantes para tener un estado diferente de conciencia que apenas podemos imaginar. El pensamiento humano al fin estaría libre de la esclavitud del cuerpo mortal, originando quizá, la filosofía de una metempsicosis sin posturas místicas ni religiosas. Ya no se perderían todos los aspectos de la vida mental adquiridos con tanto esfuerzo de experiencia personal. El psiquiatra y psicólogo infantil Bruno Bettelheim refiere como "mucha gente ha perdido el deseo de vivir y ha dejado de esforzarse porque este sentido (de encontrar un significado a la vida) ha huido de ellos"; porque la comprensión del sentido de la vida no se adquiere súbitamente, sino que es un proceso, una larga búsqueda de un significado que sea congruente con el que ya se ha desarrollado en nuestras mentes, que en la edad adulta permite una comprensión inteligente del sentido de la propia existencia a partir de nuestra experiencia[830].

Otros teóricos como Freud, Marx, Heidegger también tocan el tema del significado de nuestra existencia al situarla en un contexto más amplio, porque significado y contexto son sinónimos en gran medida: cada teórico le da un significado más profundo a nuestra existencia porque suele descubrir contextos previamente ocultos que señalan comuniones más amplias en las que vivimos y tenemos nuestro ser.

Quizá es este proceso de adquirir experiencia e interpretarla con una vivencia subjetiva con una trascendencia cada vez mayor en el contexto del espíritu, es lo que nos aterra pensar que se perderá cuando imaginamos una evolución posbiológica en la cual el hombre biológico como lo conocemos hoy y del cual nos enorgullecemos -a pesar de las dudas por los actos resultantes de una cultura enferma- sea sencillamente reemplazado por su progenie tecnológica.

No sabemos si esta progenie tecnológica también buscará un significado, como lo entendemos nosotros. Quizá también nos aterra el pensar que nuestros prolongados períodos de aprendizaje para encontrar sentido en la vida, esos arduos procesos de pasar los propios límites de la existencia personal para encontrar que contribución se hará a la vida, a la cultura, al patrimonio de la especie, para poder estar alcanzar ese sentido de trascendencia y significado, serán una reminiscencia del pasado, una añoranza del hombre biológico. Quizá nos sintamos tan extraños ante estos seres y su tecnología, como un australopiteco podría sentirse extrañado al presenciar una clase de Einstein en Princeton.

Es conjetural pero viable, que esta comunión entre la ciencia y la tecnología logre algún día alcanzar el manejo de conocimiento que tenga un papel más definitivo en el destino humano, cuando ya el hombre haya alcanzado su espíritu prometeico de la perpetuación de la especie por los viajes a otros planetas y a otras estrellas en el inconmensurable espacio. Antes de que pase mucho tiempo, el género humano logrará expandirse por el sistema solar y habrá colonias de seres humanos que serán parte de esta expansión. El sueño de Carl Sagan de una humanidad en mayor contacto con el polvo de estrellas que le dió su propio origen, ya sería una realidad.

Notas de Capítulo 11.

731. Fergusson M: **La Revolución del Cerebro**. Héptada. Madrid. 1991. pp. 181

732. Garzón-Mendoza, R: **Ensayos Críticos de Filosofía Histórica-Política y del Derecho.** Imp. Dptal Valle. Cali, Colombia, 1985. pp. 454

733. *Physis*: la naturaleza, lo genuino y radical, lo verdadero y espontáneo, lo verdaderamente real y natural de la vida humana. La naturaleza esencial, la constitución real de las cosas. El término "física" se deriva de esta palabra griega y designa el empeño por conocer la naturaleza esencial de todas las cosas. *Eidos* y *mégethos* -aspecto y magnitud- manifiestan la *physis*, la índole o naturaleza de aquello que nace y crece.

734. Laín-Entralgo P: **La curación por la palabra en la Antigüedad clásica**. Anthropos, Barcelona, 1987. pp. 112

735. Bense, M: **Eco - Revista de la Cultura de Occidente** 1962; tomo IV 4: pp.425

736. Bresch C: **La vida, un estadío intermedio.** Salvat. Barcelona, 1987. pp. 218 - 219

737. Jung C: **Tipos psicológicos**. 9º Ed. Sudamericana, Buenos Aires, 1964. pp. 167

738. Eccles, refiriéndose a las ideas de Teuber, refiere como el lenguaje proporciona una herramienta para representar los objetos ausentes en nuestra mente y nos permite el acceso a conceptos que combinan información de diferentes modalidades sensoriales.

739. Toffler A: **La tercera ola**. Ediciones Orbis, Barcelona 1985. pp. 301

740. Linehan EJ: The trouble with dolphins, **National Geographic** 1979; 155(4): pp. 514

741. Toffler A: **La tercera ola.** Ediciones Orbis, Barcelona 1985. pp. 301

742. Jung C: **Tipos psicológicos.** 9º Ed. Editorial Sudamericana, Buenos Aires, 1964. pp. 116, 117

743. Hoffman, Lynn: Bases Teóricas de la Terapia Familiar. En: Bebchuk J: **La conversación terapéutica. Emociones y significados**. Editorial Planeta. Buenos Aires, 1994 pp. 43

744. Fergusson M: **La Conspiración de Acuario**. 4ª Edición. Editorial Kairós, Barcelona, España. 1990. pp. 305

745. Gómez, A: La medicina del amor. **Colombia Médica** 1986; 17 (4): 212-213

746. Brainsky S: **Manual de Psicología y Psicopatología Dinámicas - Fundamentos de Psicoanálisis.** Editorial Pluma, Bogotá, 1984. pp 85

747. Alonso-Fernández, F: **Compendio de Psiquiatría**. Oteo. Madrid, 1978. pp. 93, 94

748. Rose, SPR: Neurogenetic determinism and the new euphenics. **British Medical Journal** 1998; 17: 1707-1708

749. Alonso-Fernández, F: **El talento creador. Rasgos y perfiles del genio**. Ediciones Temas de Hoy. Madrid, 1996. pp. 21, 118

750. Alonso-Fernández, F: **El talento creador. Rasgos y perfiles del genio**. Ediciones Temas de Hoy. Madrid, 1996. pp. 121

751. Rowan J: **Lo transpersonal. Psicoterapia y Counselling**. Editorial Libros de la liebre de marzo. Barcelona, 1996. pp. 44

752. Fergusson M: **La Revolución del Cerebro**. Editorial Héptada. Madrid. 1991. pp. 326

753. Alonso-Fernández, F: **El talento creador. Rasgos y perfiles del genio**. Ediciones Temas de Hoy. Madrid, 1996. pp. 137

754. Alonso-Fernández, F: **El talento creador. Rasgos y perfiles del genio**. Ediciones Temas de Hoy. Madrid, 1996. pp. 93

755. Fergusson M: **La Revolución del Cerebro**. Editorial Héptada. Madrid. 1991. pp. 327

756. Sagan C: **El cerebro de Broca. Reflexiones sobre el apasionante mundo de la ciencia**. Editorial Grijalbo, México D.F., 1984 pp. 38

757. Sagan C: **El cerebro de Broca. Reflexiones sobre el apasionante mundo de la ciencia**. Editorial Grijalbo, México D.F., 1984 pp. 43

758. No en vano, se dice que la principal característica del genio reside en la facultad de ver de manera sencilla lo que es complicado, y de reconocer al instante el principio ordenador que en el fondo posee todo problema complejo. Las ideas verdaderamente geniales, son de una simplicidad asombrosa.

759. ☐ Tyler L: **The Psychology of Human Differences**. App.leton Century Crofts. New York , 1947. pp. 212

760. ☐ Alonso-Fernández, F: **El talento creador. Rasgos y perfiles del genio**. Ediciones Temas de Hoy. Madrid, 1996. pp. 17

761. ☐ Sagan C: **Los Dragones del Edén**. Grijalbo Crítica, Barcelona. 1993

762. ☐ Fergusson M: **La Revolución del Cerebro**. Héptada. Madrid. 1991. pp. 27-31

763. ☐ Nelson BR: **Western Political Thought: from Socrates to the Age of Ideology**. Prentice Hall. New Jersey, 1982. pp. 252 y ss

764. ☐ Toffler A: **El cambio del poder**. Plaza & Janés, Barcelona, 1990. pp 114

765. ☐ Buzan T, Dixon T: **The Evolving Brain**. David & Charles. London. pp. 47

766. ☐ Toffler A: **El cambio del poder**. Plaza & Janés, Barcelona, 1990. pp. 113

767. ☐ Buzan T, Dixon T: **The Evolving Brain**. David & Charles. London. pp. 151

768. ☐ VerLee L: **Aprender con todo el cerebro. Estrategias y modos de pensamiento: visual, metafórico y multisensorial**. Martínez- Roca. Barcelona, 1986. pp 40-41

769. ☐ Lane H, Beauchamp M: **Comprensión del Desarrollo Humano**. 2da Edición. Editorial Pax. México D.F., 1967. pp 100-102

770. De aquí los términos médicos de satiriasis y ninfomanía para los trastornos por exceso de la conducta sexual

771. ☐ LaBarre W: **L' animal humain**. Payot, París. 1956. pp. 234

772. ☐ Fadem B: **Behavioral Science - Board Review Series**. 2nd Edition. Harwal Publishing. Philadelphia, 1994. pp. 141

773. ☐ Aitken KJ, Trevarthen C: Self-other organization in human psychological development. **Development and Psychopathology** 1997; 9: pp 657

774. ☐ Nelson CA, Bloom FE: Child development and neuroscience. **Child Development** 1997; 68 (5): 970-987

775. ☐ Fadem B: **Behavioral Science - Board Review Series**. 2nd Edition. Harwal Publishing. Philadelphia, 1994. pp. 141

776. ☐ Aitken KJ, Trevarthen C: Self-other organization in human psychological development. **Development and Psychopathology** 1997; 9: pp 661; Post RM, Weiss SRB: Emergent properties of neural systems: how focal molecular neurobiological alterations can affect behavior. **Development and Psychopathology** 1997; 9: 925

777. ☐ Graves W: The imperiled giants. **National Geographic** 1976; 150 (6): pp. 766

778. ☐ Popper KR, Eccles J: **El Yo y su cerebro**. 1ª Ed, 2ª Reimpresión, Editorial Labor Barcelona, 1985. pp. 366

779. ☐ Popper KR, Eccles J: **El Yo y su cerebro**. 1ª Ed, 2ª Reimpresión, Editorial Labor Barcelona, 1985. pp. 369

780. ☐ Hesíodo: Los trabajos y los días. Citado en: Río M: **Estudio sobre la libertad humana. Anthropos y Anagke**. Guillermo Kraft, Buenos Aires, 1955. pp. 59

781. ☐ Río M: **Estudio sobre la libertad humana. Anthropos y Anagke**. Guillermo Kraft, Buenos Aires, 1955. pp. 55-56

782. ☐ Rimpoché S: **El libro tibetano de la vida y la muerte**. Ediciones Urano. Barcelona, 1994. pp. 73

783. Texto árabe de S. Hussein Nasr, en Teherán, citado por Burckhardt T: **Alquimia**. Plaza y Janés, Barcelona, 1976. pp. 116

784. ☐ Jung C: **Tipos psicológicos**. 9º Ed. Editorial Sudamericana, Buenos Aires, 1964. pp. 159-160

785. ☐ Guédez V: La calidad y la educación en el marco de los nuevos paradigmas. **Revista de la Secretaría del Convenio Ejecutivo "Andrés Bello"** pp. 63

786. ☐ Jung C: **Tipos psicológicos**. 9º Ed. Editorial Sudamericana, Buenos Aires, 1964. pp. 159

787. Este concepto planteado por Carsten Bresch afirma que a medida que la evolución biológica se aproxima a su fin, en la medida estar vinculados al devenir del intelecto humano, aquellas especies de utilidad pasan a ser parte del sistema, convirtiéndose en elementos básicos que asumen cierta función en el ser planetario. El hombre descubrirá la profunda relación e interdependencia de todos los seres en el continuum de la naturaleza que se integrarán en un gigantesco organismo planetario que por su singularidad constituye el monón.

788. ☐ Devereux P, Steele J, Kubrin D: **Gaia, la Tierra Inteligente**. Lerner, con permiso de Edit. Martínez Roca. 1991 pp. 13

789. ☐ Sagan C: **Un punto azul pálido**. Editorial Planeta, Barcelona, 1996. pp. 227

790. ☐ Fergusson M: **La Conspiración de Acuario**. 4ª Edición. Editorial Kairós, Barcelona, España. 1990. pp. 224

791. ☐ Laín Entralgo P: **La curación por la palabra en la Antigüedad clásica**. Editorial Anthropos, Barcelona, 1987. pp. 85

792. ☐ Aristóteles : **La Metafísica I** (980 b 25) Citado en: Rojas C: **El problema de la casualidad en la epistemología de Marius**. Tesis doctoral - Pontificia Universidad Javeriana, Facultad de Filosofía y Letras. Bogotá, Junio 1980. pp. 2

793. ☐ Laín Entralgo P: **La curación por la palabra en la Antigüedad clásica**. Editorial Anthropos, Barcelona, 1987. pp. 230-232

794. El nominalismo como sistema filosófico consiste en negar toda realidad a los términos genéricos, a los cuales se consideraba una mera abstracción o simplemente, palabras.

795. ☐ Rojas C: **El problema de la causalidad en la epistemología de Mario Bunge**. Tesis doctoral - Pontificia Universidad Javeriana, Facultad de Filosofía y Letras. Bogotá, Junio 1980. pp. 13

796. ☐ Durant W: **Historia de la Filosofía. La vida y el pensamiento de los más grandes filósofos del mundo**. 6a Ed. Diana. México D.F., 1994; pp. 165

797. ☐ Rojas C: **El problema de la causalidad en la epistemología de Mario Bunge**. Tesis doctoral - Pontificia Universidad Javeriana, Facultad de Filosofía y Letras. Bogotá, Junio 1980. pp. 16

798. Expresado en la fórmula : espacio = ½ aceleración x tiempo ^{2}

799. ☐ Barrow JD: **Teorías del Todo. Hacia una Explicación fundamental del Universo**. Crítica, Barcelona 1994. pp. 22

800. ☐ Tart C: Estados de conciencia y ciencia de los estados específicos. En: Walsh R, Vaughan F: **Más allá del Ego: Textos de Psicología transpersonal**. 5ª Ed. Kairós, Barcelona, 1991. pp. 315

801. ☐ Broekman JM: **El Estructuralismo**. 2ª Ed., Editorial Herder, Barcelona, 1974 pp. 148

802. ☐ Broekman JM: **El Estructuralismo**. 2ª Ed., Editorial Herder, Barcelona, 1974. pp. 149

803. ☐ Walsh R, Vaughan F: **Más allá del Ego: Textos de Psicología transpersonal**. 5ª Edición. Kairós, Barcelona. 1991. pp. 348

804. 📖 Edelson, E: Book Review. The Unnatural Nature of Science por Lewis Wolpert. En: **Helix - Amgen's Magazin of Biotechnology**. 1993; 2(3): 57

805. 📖 Popper KR: The logic of scientific discovery. Citado en: Chalmers AF: **¿Qué es esa cosa llamada ciencia?** Siglo XXI Eds. Madrid, 1987. pp. 92

806. 📖 Moravec H : **El hombre mecánico. El futuro de la robótica y la inteligencia humana.** Salvat Editores. Barcelona, 1993. pp. 121

807. 📖 Fukuyama F: **El fin de la historia y el último hombre.** Planeta, 1993. pp. 15, 126, 128 y ss

808. 📖 Geodatos: Lecturas Dominicales. Suplemento del diario "El Tiempo". Domingo 26 de Octubre/97

809. "Galileo" fué una nave diseñada por el Servicio Nacional de Aeronaútica y del Espacio de los EE. UU. para explorar a Júpiter, sus lunas y sus anillos. El diseño de su trayectoria implicaba pasar cerca a Venus y nuestro planeta, para conseguir la aceleración necesaria que le llevara hasta su remoto destino. En: 📖 Sagan C: **Un punto azul pálido.** Planeta, Barcelona, 1996. pp. 64; 79

810. 📖 Barrow JD: **Teorías del Todo. Hacia una Explicación fundamental del Universo.** Crítica, Barcelona 1994. pp. 134

811. 📖 Jung C: **Tipos psicológicos.** 9° Ed. Editorial Sudamericana, Buenos Aires, 1964. pp. 66

812. 📖 Wilber K: **Sexo, Ecología, Espiritualidad. El alma de la evolución. Volumen I** Gaia Ediciones, Madrid 1996. pp. 233

813. 📖 Ceram CW: **Dioses, tumbas y sabios.** 1983

814. 📖 Derry TK, Williams TI: **Historia de la tecnología. Desde la antigüedad hasta 1750.** 6° Edición. Editorial Siglo XXI. México DF, 1982. pp. 310

815. 📖 Derry TK, Williams TI: **Historia de la tecnología. Desde la antigüedad hasta 1750.** 6° Edición. Editorial Siglo XXI. México DF, 1982. pp. 309

816. 📖 Morrison P: Books. Comentario sobre "The Mycenaean World", por John Chadwick. **Scientific American** 1977; 236 (2): pp. 130

817. 📖 Weise O: **La escritura y el libro.** 2ª Ed. Labor - Buenos Aires. 1929 pp. 11

818. 📖 Cloulas, I: **Felipe II.** Javier Vergara. Buenos Aires, 1993. pp 220

819. 📖 Schmand-Besserat D: The earliest precursor of writing. **Scientific American** 1978; 238 (6): pp. 38, 47

820. 📖 Mohammed ibn Musa Al Khowarizmi escribió hacia el año 830 el libro que dió el nombre al álgebra, "Al gebr w 'al-muqabalah" que se puede traducir como "el trans-

paso (de términos) y el encuentro (de soluciones)". "gbr" ha sido traducida como "puente" o "paso", mientras que "qbl" (emparantada con las raíces de cábala y alcabala) ha sido traducida como "encuentro", "abrazo" o "beso". Desde el punto de vista algebraico han sido traducidas como "ampliación" y "disminución" o "contracción" en el sentido de eliminación de términos semejantes. Por lo tanto: *al-gebr*: restauración, transposición de términos negativos; *al muqabalah*: reducción o reunión de términos semejantes. En: Vasco, C: **El álgebra renacentista.** 2a Ed. U. Nacional. Bogotá, 1985. pp. 19

821. Se llegó a creer que "álgebra" provenía del nombre de Geber o Al-Geber, el nombre latino de Jabir ibn Aflah quien fuera el principal astrónomo de Sevilla. Geber escribió nueve libros de astronomía en uno de los cuales desarrolló la trigonometría.

822. 📖 Pauwels L, Bergier JJ: **El planeta de las posibilidades imposibles.** Plaza y Janés Editores, Barcelona 1972. pp. 106

823. 📖 Toffler A: **El cambio del poder.** Plaza & Janés, Barcelona, 1990. pp 115

824. 📖 Swerdlow JL: Information Revolution. **National Geographic** 1995; 188(4): 5-15

825. 📖 Toffler A: **El cambio del poder.** Plaza & Janés, Barcelona, 1990. pp 375

826. 📖 Pauwels L, Bergier JJ: **El planeta de las posibilidades imposibles.** Plaza y Janés Editores, Barcelona 1972. pp. 109

827. Bit es la contracción de *binary digit*, dígito binario. Es una medida de información equivalente a una respuesta si/no a una pregunta no ambigua. Siempre que un número de elecciones de mensaje equiprobables se reduzca a la mitad, se está transmitiendo un bit de información. El contenido verbal de un libro mediano puede llegar a los 10 millones de bits

828. 📖 Sagan C: Capítulo XI. La persistencia de la memoria. En: **Cosmos** 7ª Ed. Planeta, Barcelona. 1983 pp. 277 y ss

829. 📖 Moravec H: **El hombre mecánico. El futuro de la robótica y la inteligencia humana.** Salvat Editores. Barcelona, 1993. pp. 85

830. 📖 Bettelheim, B: **Psicoanálisis de los cuentos de hadas.** Editorial Crítica, Barcelona, 1996. pp. 9

313

Referencias y Lecturas Complementarias

1. Adams RD, Victor M, Ropper AH (Eds): **Principles of Neurology**. Sixth Edition. McGraw Hill. New York, 1997.

2. Aitken KJ, Trevarthen C: Self-other organization in human psychological development. **Development and Psychopathology** 1997; 9: 653-677

3. Albornoz, A: Conferencia magistral: "Don Santiago Ramón y Cajal" Rasgos biográficos. **Acta Neurológica Colombiana** 1988; 4(3): 111-112

4. Alonso-Fernández, F: **El talento creador. Rasgos y perfiles del genio**. Temas de Hoy. Madrid, 1996.

5. Alonso-Fernández, F: **Compendio de Psiquiatría**. Oteo. Madrid, 1978.

6. Amato I: The head and heart of chaos theory. **Helix - Amgen's Magazin of Biotechnology** 1993; 2(3): 10-17

7. Aranza-Anzaldo A: The gene as the unit of selection: a case of evolutive delusion. **Ludus Vitalis** 1997; V(9): 91-120

8. Augusta J, Burian Z: **El origen del hombre**. Suramérica, Bogotá, 1966.

9. Ayala FJ: Mecanismos de la evolución. En: **Evolución. Monografía de Libros de Investigación y Ciencia**. Labor, Barcelona, 1979. pp 14 - 28

10. Baars BJ: Some essential differences between consciousness and attention, perception, and working memory. **Consciousness and Cognition** 1997; 6(2-3): 363-371

11. Barratt ES, Stanford MS, Kent TA, Felthous A: Neuropsychological and cognitive psychophysiological substrates of impulsive aggresion. **Biological Psychiatry** 1997; 41: 1045-1061

12. Barrow JD: **Teorías del Todo. Hacia una Explicación fundamental del Universo**. Crítica, Barcelona 1994.

13. Bebchuk J: **La conversación terapéutica. Emociones y significados**. Editorial Planeta. Buenos Aires, 1994.

14. Bense, M: **Eco - Revista de la Cultura de Occidente** 1962; tomo IV - 4: 421-430

15. Benson F: Subcortical Dementia. A clinical approach. En: Mayeux R, Rosen WG, (Eds): **The Dementias**. Raven Press, New York, 1983

16. Bettelheim, B: **Psicoanálisis de los cuentos de hadas**. Crítica, Barcelona, 1996

17. Blanco Perales, MD: **El Fracaso escolar**. Faussí, Barcelona. 1988.

18. Bourne L, Ekstrand BR, Dominovski RI: **Psicología del pensamiento**. Trillas, México D.F. 1975

19. Borges JL: **Artificios**. Alianza Cien, Madrid. 1995.

20. Brabyn H: Lengua materna y hemisferios cerebrales. El sorprendente descubrimiento de un especialista japonés. **El Correo de la Unesco**. 1982; 2: 10-14

21. Brainsky S: **Manual de Psicología y Psicopatología Dinámicas - Fundamentos de Psicoanálisis**. Pluma, Bogotá, 1984.

22. Bresch C: **La vida, un estadío intermedio**. Salvat, Barcelona. 1987.

23. Brissard F: **Desarrolle toda su inteligencia**. Intermedio Editores - Robin Cook S.L., Bogotá, 1993.

24. Broekman JM: **El Estructuralismo**. 2ª Ed., Herder, Barcelona, 1974.

25. Bueno M: **El gran libro de la casa sana**. Martínez-Roca, 1994

26. Burckhardt T: **Alquimia**. Plaza y Janés, Barcelona, 1976.

27. Buzan T, Buzan B: **El libro de los mapas mentales**. Urano. Versión española. Barcelona, 1996.

28. Buzan T, Dixon T: **The Evolving Brain**. David & Charles. London

29. Capra F: **El Tao de la Física**. Sirio, Málaga. 1983

30. Ceram CW: **Dioses, tumbas y sabios**. 1983

31. Chalmers AF: **¿Qué es esa cosa llamada ciencia?** Siglo XXI Eds. Madrid, 1987.

32. Chalmers, DJ (Ed.): **The conscious mind: In search of a fundamental theory**. Oxford University Press.New York 1996.

33. Churchland PM, Smith-Churchland P: ¿Podría pensar una máquina? En: **Psicología fisiológica. Monografía de Libros de Investigación y Ciencia**. Prensa Científica, Barcelona. 1994.

34. Cloulas, I: **Felipe II**. Javier Vergara. Buenos Aires, 1993.

35. Commoner B: **Ciencia y Supervivencia**. Plaza y Janés, Barcelona. 1970.

36. Crick FHC: Reflexiones en Torno al Cerebro. En: **El Cerebro - Libros de Investigación y Ciencia** 3ª Edición. Labor, Barcelona. 1983.

37. Cromer AH: **Física para las ciencias de la vida**. Reverté, Barcelona, 1978.

38. Dale PS: Capítulo 6: Teorías del Desarrollo sintáctico. En: **Desarrollo del Lenguaje: Un Enfoque Psicolingüístico**. Trillas, México D.F. 1980

39. Damasio AR: Una mirada a los secretos de la mente. **Summa** 1995; 99: 65-73

40. Damasio AR: **El Error de Descartes**. Crítica-Grijalbo. Barcelona, 1996.

41. Damasio AR, Damasio H: Cerebro y Lenguaje: En: **Mente y Cerebro. Monografía de Libros de Investigación y Ciencia**. Prensa Científica, Barcelona. pp. 66- 74

42. Danzin A, Prigogine I: ¿Qué ciencia para el futuro? La investigación y las necesidades humanas. **Correo de la Unesco** 1982 (2): 4-9

43. Deary, I: Differences in mental abilities. **British Medical Journal** 1998; 17: 1701-1703

44. Deimas PD: Capítulo 8. Percepción del habla en la primera infancia. Tomado de: **Función Cerebral. Monografía de Scientific American**. Prensa Científica. Barcelona 1991. pp 77-83

45. Derry TK, Williams TI: **Historia de la tecnología. Desde la antigüedad hasta 1750**. 6º Edición. Siglo XXI. México DF, 1982

46. Devereux P, Steele J, Kubrin D: **Gaia, la Tierra Inteligente**. Lerner, con autorización de Martínez Roca, Bogotá, 1991

47. Drachman DA: Aging and brain: A new frontier **Annals of Neurology** 1997; 42: 819-828

48. Durant W: **Historia de la Filosofía. La vida y el pensamiento de los más grandes filósofos del mundo**. 6a Edición. Diana. México D.F., 1994.

49. Ebly EM, Hogan DB, Parhad IM: Cognitive impairment in the nondemented elderly. **Archives of Neurology** 1995; 52: 612-619

50. d'Espagnat B: Response to letter. **Scientific American** 1980; 242 (5): pp 9

51. Eccles JC: **La evolución del cerebro: la creación de la conciencia**. Labor, Barcelona. 1992

52. Edelson, E: Book Review. Comentario sobre "The Unnatural Nature of Science" por Lewis Wolpert. En: **Helix - Amgen's Magazin of Biotechnology**. 1993; 2(3): 57

53. Eliade M: **Herreros y Alquimistas**. Alianza Editorial, Madrid, 1983

54. Fadem B: **Behavioral Science - Board Review Series**. 2nd Edition. Harwal Publishing. Philadelphia, 1994.

55. Fergusson M: **La Conspiración de Acuario**. 4ª Edición. Kairós. Barcelona, 1990

56. Fergusson M: **La Revolución del Cerebro**. Heptada. Madrid. 1991

314

57. Fischbach GD: Introducción general. En: **Mente y Cerebro. Monografía de Libros de Investigación y Ciencia.** Prensa Científica, Barcelona. 1993. pp. 6-15

58. Fontdevila A: El mantenimiento de la variabilidad genética de las poblaciones. En: **Evolución. Monografía de Libros de Investigación y Ciencia.** Labor, Barcelona, 1979. pp 154-163

59. Freedman AM, Kaplan HI, Sadock BJ (Eds): **Compendio de Psiquiatría.** Salvat Editores, 1984. Traducción a español de la versión en inglés: Modern Synopsis of Comprehensive Textbook of Psychiatry, Williams & Wilkins Co., Baltimore.

60. Fukuyama F: **El fin de la historia y el último hombre.** Planeta Colombiana SA, 1993

61. García-Gual, C: Los siete sabios (y tres más). Alianza Editorial, Madrid, 1989. Edición de 1995.

62. Garzón-Mendoza, R: **Ensayos Críticos de Filosofía Histórica-Política y del Derecho.** Imp. Deptal Valle. Cali, Colombia, 1985

63. Gardner H: **Estructuras de la Mente: La teoría de las Inteligencias Múltiples.** Fondo de Cultura Económica. Bogotá, 1997

64. Gardner H: **La nueva ciencia de la mente. Historia de la Revolución Cognitiva.** Reimpresión Paidós, Barcelona, 1996

65. Goleman D: **La inteligencia emocional.** Javier Vergara S.A., Buenos Aires, 1996

66. Graves W: The imperiled giants. **National Geographic** 1976; 150 (6): 722-766

67. Greenberger DM, Overhauser AW: The role of gravity in quantum theory. **Scientific American** 1980; 242 (5): 54-64

68. Gregory R: Brainy Mind. **British Medical Journal** 1998; 317: 1693-1695

69. Griffiths A, Miller J, Suzuki D, Lewontin R, Gelbard W et al: **Una introducción al análisis genético.** Interamericana - McGrawHill Madrid, 1993.

70. Grobstein C: The recombinant-DNA debate. **Scientific American** 1977; 237 (1): 22-33

71. Guédez V: La calidad y la educación en el marco de los nuevos paradigmas. **Revista de la Secretaría del Convenio Ejecutivo "Andrés Bello"** pp 58 - 74

72. Gurtwisch A: **El campo de la conciencia. Un análisis fenomenológico.** Alianza Universidad - Revista de Occidente. Madrid, 1979.

73. Ham AW: Tratado de Histología. 7a Edición. Versión española por Folch A, Sapiña S. Interamericana. México D.F., 1982.

74. Hawking SW: **La Historia del Tiempo.** Crítica - Grijalbo, Barcelona. 1989.

75. Hofstadter DR: **Gödel, Escher, Bach. Un eterno y grácil bucle.** Tusquets Editores, Barcelona, 1998.

76. House A, Pansky B, Siegel A: **Neurociencias.** Enfoque sistemático. 1ª Edición en Español. McGraw-Hill, México D.F. 1982.

77. Houston J: **The Possible Human.** Tarcher & Putnam & New York, 1982.

78. Hubel DH: El cerebro. En: **El Cerebro Libros de Investigación y Ciencia.** 3ª Ed. Labor, Barcelona. 1983. pp 11-21

79. Hubel DH, Wiesel TN: Mecanismos cerebrales de la visión. En: **El Cerebro Libros de Investigación y Ciencia.** 3ª Ed. Labor, Barcelona. 1983. pp 114-128

80. Hurlock EB: **Desarrollo del niño.** McGraw-Hill, México D.F. 1978.

81. Irving-Hallowell, A: Hominid evolution, cultural adaptation and mental dysfunctioning. En: A.V.S. de Reuck, Ruth Porter, Eds: **Transcultural Psychology.** Ciba Foundation Symposium. J&A Churchill Ltd. 1965. pp 26 - 61

82. Jacquart D, Thomasset C: **Sexualidad y Saber Médico en la Edad Media.** Labor, Barcelona, 1989.

83. Jansen KLR: The ketamine model of the near-death experience: A central role for the N-methyl-D-aspartate receptor. **Journal of Near Death Studies** 1997; 16 (1): 5-26

84. Jastrow R: **El Telar Mágico.** Biblioteca Científica Salvat. Barcelona, 1986.

85. John ER, Easton P; Isenhart R: Consciousness and cognition may be mediated by multiple independent coherent ensembles. **Consciousness and Cognition.** 1997; 6 (1): 3-39

86. Jung C: **Tipos psicológicos.** 9° Ed. Sudamericana. Buenos Aires, 1964.

87. Jung CG, von Franz ML, Henderson JL, Jacobi J, Jaffé A: **El hombre y sus símbolos.** Ediciones Paidós, Barcelona.

88. Kandel ER, Schwartz JH, Jessell TM (Eds.): **Essentials of Neural Science and Behavior.** Appleton & Lange. Connecticut, 1995.

89. Krauss RM, Glucksberg S: Social and Non-social speech. **Scientific American** 1977; 236(2): 100-105

90. Kutas M, Federmeier KD: Minding the body. **Psychophysiology** 1998; 35 (2):135-150

91. Kungurtsev I: Which comes first: Consciousness or aspartate receptors? **Journal of Near Death Studies** 1997; 16 (1): 55-57

92. **La conquista de la tierra.** Salvat, Navarra. 1970.

93. LaBarre W: **L' animal humain.** Payot, Paris. 1956

94. Laín Entralgo P: **La curación por la palabra en la Antigüedad clásica.** Anthropos, Barcelona, 1987

95. Laín Entralgo P, Albarracín A: "Santiago Ramón y Cajal" Labor S.A. Barcelona.

96. Lane H, Beauchamp M: **Comprensión del Desarrollo Humano.** 2ᵈᵃ Edición. Pax. México D.F., 1967.

97. Lang AE, Lozano AM: Parkinson's Disease. I part. **New England Journal of Medicine** 1998; 339 (15): 1044-1053

98. Lassen NA, Ingvar DH, Skinhøj E: Función cerebral y flujo sanguíneo. En: **El Cerebro Monografía de Libros de Investigación y Ciencia** 3ª Edición. Labor, Barcelona. 1983 pp 194-204

99. Leakey MD: Footprints in the ashes of time. **National Geographic** 1979; 155(4): 446-457

100. Lenay Ch: **La evolución: de la bacteria al hombre.** RBA Editores, Barcelona, 1994

101. Lester HA: The response to acetilcholine. **Scientific American** 1977; 236 (2): 106-118

102. Lichstein PR: Introducción - Manejo de la depresión en atención primaria. **The American Journal of Medicine** 1996; 101(Suppl 6A).

103. Linehan EJ: The trouble with dolphins **National Geographic** 1979; 155(4): pp 514

104. Luddington-Hoe S: **Estimulación sensorial en perinatología.** Publicación de E.M.E.S.F.A.O. (Equipo Médico de Educación para la Maternidad), con autorización de Infant Stimulation Education Association. Bogotá D.C. 1987

105. Macdougall JD: Fission-track Dating. **Scientific American** 1976; 235 (6): 114-122

106. Maturana H, Varela F, Behncke R: **El árbol del conocimiento.** 13 Edición. Editorial Universitaria S.A. Santiago de Chile, 1996

107. Mayor F, Giménez C: Receptorpatías. **Investigación y Ciencia** 1987; 126: 10-19

108. Milner PM: Donald O Hebb, psicólogo de la mente. En: **Psicología Fisiológica. Monografía de Libros de Investigación y Ciencia.** Prensa Científica S.A. Barcelona, 1994

109. Montañés P: La negligencia unilateral. **Acta Neurológi-ca Colombiana** 1988; 4(3): 23-27

110. Moravec H : **El hombre mecánico. El futuro de la robótica y la inteligencia humana.** Salvat Editores, Barcelona, 1993.

111. Morell P, Norton WT: Myelin. **Scientific American** 1980; 242 (5): 74-89

112. Morrison P: Books. Comentario sobre "The Painted Message", por Otto Billig y B.G. Burton. **Scientific American** 1980; 242 (5): pp 25-26

113. Morrison P: Books. Comentario sobre "The Mycenaean World", por John Chadwick. **Scientific American** 1977; 236 (2): 130

114. Morrison P: Books. Comentario sobre "The Last Great Subsistence Crisis in the Western World" por John D. Post. **Scientific American** 1977; 237 (1): 150

115. Mucciolo L.. The identity thesis and neuropsychology. **Nous** 1974; 8:327-42.

116. Nauta JWH, Feiertag M: Organización del cerebro. En: **El Cerebro Libros de Investigación y Ciencia.** 3ª Ed. Labor, Barcelona. 1983. pp 53-66

117. Neligh GL: Schizophrenic disorders. En: Scully JH (Ed): **National Medical Series for Independent Study. Psychiatry** 3rd Edition. Williams & Wilkins, Hong-Kong, 1996. pp 35-77

118. Nelson BR: **Western Political Thought: from Socrates to the Age of Ideology.** Prentice Hall. New Jersey, 1982.

119. Nelson CA, Bloom FE: Child development and neuroscience. **Child Development.** 1997; 68 (5): 970-987

120. O'Manique, J: **Energía en evolución.** Rotativa, Barcelona 1972.

121. O´nions RK, Hamilton PJ, Evensen NM: The Chemical Evolution of earth´s mantle. **Scientific American** 1980; 242 (5): 90-101

122. Pary R, Lippman S, Tobias CR: Obsessive-compulsive disorder. How to free patients from intrusive thoughts and rituals. **Posgraduate Medicine 1994 ; 96(8) : 119-125**

123. Patterson F: Conversations with a gorilla. **National Geographic** 1978; 154(4): 438-465

124. Paulus MP, Geyer MA, Braff DL: Use of methods from chaos theory to quantify a fundamental disfunction in the behavioral organization of schizophrenic patients. **American Journal of Psychiatry** 1996; 153: 714-717

125. Pauwels L, Bergier JJ: **El planeta de las posibilidades imposibles.** Plaza y Janés Editores, Barcelona 1972. pp. 106

126. Pauwels L, Bergier JJ: **El retorno de los brujos.** Plaza y Janés, Barcelona 1975.

127. Pinillos JL: **La mente humana** Salvat, Navarra. 1970.

128. Pippenger N: Complexity Theory. **Scientific American** 1978; 328 (6): 90-104

129. Pons PA, Farreras-Valentí P, Ley A, Montserrat S, Sales R, Sarró R, et al: Enfermedades del sistema Nervioso, Neurosis y Medicina Psicosomática, Enfermedades mentales, Tomo IV**. Tratado de Patología y Clínica Médicas.** Salvat, Barcelona. 1965

130. Popper KR, Eccles JC: **El Yo y su cerebro**. 1ª Edición, 2ª Reimpresión, Labor, Barcelona. 1985

131. Posner MI, DiGirolamo GJ, Duque D: Brain mechanisms of cognitive skills. **Consciousness and Cognition** 1997; Vol 6(2-3): 267-290

132. Post RM, Weiss SRB: Emergent properties of neural systems: how focal molecular neurobiological alterations can affect behavior. **Development and Psychopathology** 1997; 9: 907-929

133. Prevosti A: Polimorfismo cromosómico y evolución. En: **La evolución. Monografía de Libros de Investigación y Ciencia.** Labor, Barcelona, 1979. pp 85 - 99

134. Rakic P: A small step for the cell, a giant leap for mankind: a hypothesis of neocortical expansion during evolution. **Trends in Neuroscience** 1995; 18(9):383-388

135. Rapoport JL: Biología de las obsesiones y las compulsiones. Capítulo 14. En: **Función cerebral. Monografía de Libros de Investigación y Ciencia**. Prensa Científica SA, Barcelona. 1991. pp 142-149

136. Rattray-Taylor, G: **El cerebro y la mente. Una realidad y un enigma.** Planeta, Barcelona, 1979.

137. Rimpoché S: **El libro tibetano de la vida y la muerte.** Ediciones Urano. Barcelona, 1994.

138. Río M: **Estudio sobre la libertad humana. Anthropos y Anagke**. Ediciones Guillermo Kraft, Buenos Aires, 1955.

139. Rojas C: **El problema de la causalidad en la epistemología de Mario Bunge.** Tesis doctoral - Pontificia Universidad Javeriana, Facultad de Filosofía y Letras. Bogotá, Junio 1980. pp. II

140. Roschke J, Aldenhoff JB: Estimation of the dimensionality of sleep-EEG data in schizophrenics. **European Archives of Psychiatry and Clinical Neuroscience** 1993; 242: 191-196

141. Rose, SPR: Neurogenetic determinism and the new euphenics. **British Medical Journal** 1998; 17: 1707-1708

142. Rosselli DA: Phineas Gage, "Tan" y "HM". Tres pacientes famosos en la historia de la neurología. **Acta Neurológica Colombiana** 1993; 9(4): 223-226

143. de Rosnay, J: **Qué es la vida**. Biblioteca Científica Salvat. Salvat. Barcelona, 1993.

144. Rowan J: **Lo transpersonal. Psicoterapia y Counselling**. Libros de la Liebre de Marzo. Barcelona, 1996.

145. Rowland LP (Ed.): **Merritt's Textbook of Neurology.** 9th Edition. Williams & Wilkins

146. Sacks O: **The man who mistook his wife for a hat and other clinical tales.** Harper Perennial, New York, 1990.

147. Sagan C: **Cosmos** 7ª Edición. Planeta, Barcelona. 1983

148. Sagan C: **Los Dragones del Edén. Especulaciones sobre la evolución de la inteligencia humana**. Crítica-Grijalbo, Barcelona, 1993.

149. Sagan C: **Un punto azul pálido.** Planeta, Barcelona, 1996.

150. Sagan C: **El cerebro de Broca. Reflexiones sobre el apasionante mundo de la ciencia.** Grijalbo, México D.F., 1984.

151. Sagan C, Druyan A**: Sombras de antepasados olvidados.** Planeta, Barcelona, 1992.

152. Sánchez G: La disociación mental. **Revista Colombiana de Psiquiatría**. 1982; 11(3): 319-325

153. Sánchez V : **Las enseñanzas de Don Carlos. Aplicaciones prácticas de la obra de Carlos Castaneda.** Norma, Bogotá, 1997.

154. Sarter M, Berntson GG, Cacioppo JT: Brain imaging and cognitive neuroscience: Toward strong inference in attributing function to structure. **American Psychologist** 1996; 51(1): 13-21

155. Sasson Y, Zohar J, Chopra M, Lustig M, Iancu I, et al: Epidemiology of obsessive-compulsive disorder: a world view. **Journal of Clinical Psychiatry** 1997; 58 (Suppl. 12): 7-10

156. Schmand-Besserat D: The earliest precursor of writing. **Scientific American** 1978; 238 (6): 38-48

157. Schnider A, von Daeniken C, Gutbrod K: Disorientation in amnesia: A confusion of memory traces. **Brain** 1996; 119(5): 1627-1632

158. Selkoe, D: Envejecimiento cerebral y mental. En: **Mente y Cerebro. Monografía de Libros de Investigación y Ciencia.** Prensa Científica, Barcelona. 1993.

159. Seth AK, Ishikevich E, Reeke GN, Edelman GM: Theories and measures of consciousness: an extended framework. **Proceedings National Academy Sciences** 2006; 103(28): 10799-10804

160. Sheldrake R: **Una nueva ciencia de la vida. La hipótesis de la causación formativa**. Kairós. Barcelona, 1990. Versión castellana del original: A new Science of Life.

161. Shiva V. Ecofeminismo desde el tercer mundo. En: **Nueva Conciencia. Monografía Nº 22 de Integral**. Ediciones Integral. Barcelona, 1994. pp 93

162. Shoemaker WC: **Textbook of Critical Care**. WB Saunders, Philadelphia, 1989.

163. Sinnet AP: **El Budismo Esotérico**. Teorema, Barcelona, 1982.

164. Smith HW: **Man and his Gods**. Little Brown and Co., Boston, 1952.

165. Stern Y: Behavior and the basal ganglia. En: Mayeux R, Rosen WG: **The Dementias**. Raven Press, Nueva York, 1983 pp 195-209

166. Stevens CF: La neurona. En: **El Cerebro Monografía de Libros de Investigación y Ciencia**.3ª Edición. Labor, Barcelona. 1983. pp 25-36

167. Stevens L: **Exploradores del Cerebro**. Barral Editores. Barcelona, 1974. Versión castellana del original Explorers of the Brain - Alfred A. Knopf, Inc,Nueva York, 1971.

168. Stewart I: Gauss. **Scientific American**, 1977; 237 (1): 122- 131

169. Sundberg ND, Tyler LE, Taplin JR: **Clinical Psychology: Expanding Horizons**. Second Edition. Prentice Hall, Inc. Englewood Cliffs, New Jersey, 1973

170. Swerdlow JL: Quiet Miracles of the brain. **National Goegraphic** 1995; 187 (6): 2-41

171. Swerdlow JL: Information Revolution. **National Geographic** 1995; 188 (4): 5-15

172. Taylor R: La selección natural: Un lastre sobre el pensamiento biológico y social. **Ludus Vitalis** 1999; VII(12): pp 27-55

173. Thomas NJT: **Coding Dualism: Conscious Thought Without Cartesianism**. Home Page: Imagination, Mental Imagery, Consciousness, Cognition: Science, Philosophy & History. 23 pp.

174. Tissot R: **Introducción a la Psiquiatría biológica**. Pluma, Bogotá D.C. 1980

175. Toffler A: **La tercera ola**. Orbis, Barcelona 1985.

176. Toffler A: **El cambio del poder**. Plaza & Janés, Barcelona 1990.

177. Trefil JS: **De los átomos a los quarks**. Biblioteca Científica Salvat, Barcelona, 1985.

178. Tyler L: **The Psychology of Human Differences**. Appleton Century Crofts. New York, 1947.

179. Vanderwolf CH: Brain, behavior, and mind: what do we know and what can we know? **Neuroscience Biobehavioral Review** 1998; 22 (2): 125-142

180. Vasco, C: **El álgebra renacentista**. 2a Ed. U. Nacional. Bogotá, 1985.

181. Vallejo-Nágera JA: **Memoria de la Historia - Locos egregios**. 30ª Edición. Planeta, Buenos Aires, 1991. 296 pp

182. VerLee L: **Aprender con todo el cerebro. Estrategias y modos de pensamiento: visual, metafórico y multisensorial**. Martínez- Roca. Barcelona, 1986.

183. Waddington JL: Schizophrenia: developmental neuroscience and pathology. **The Lancet** 1993; 341: 531-536

184. Walsh R, Vaughan F: **Más allá del Ego: Textos de Psicología transpersonal**. 5ª Edición. Kairós, Barcelona. 1991

185. Washburn SL: La evolución de la especie humana. En: **Evolución. Monografía de Libros de Investigación y Ciencia**. Labor, Barcelona. 1979. pp 129-137

186. Weise O: **La escritura y el libro**. 2a Edición. Labor - Buenos Aires. 1929.176 pp

187. Weisskopf VF: Letter to article "The quantum theory and reality". **Scientific American** 1980; 242 (5): 8

188. West RL: The Psychophysical Laws of Consciousness [Summary]. Consciousness Research Abstracts, Toward a Science of Consciousness (Tucson III), Tucson, Arizona: **Consciousness Studies at the University of Arizona**. 1998.

189. Wilber K: **Sexo, Ecología, Espiritualidad. El alma de la evolución**. Gaia Ediciones, Madrid 1996. pp 336

190. Wilber K, Bohm D, Pribram K, Keen S, Fergusson M, Capra F, Weber R y otros: **El Paradigma Holográfico. Una exploración en las fronteras de la Ciencia**. 3ª Ed. Kairós, Barcelona. 1992

191. Wilford, JN: Revolutions in mapping. **National Geographic** 1998; 193(2): 6-39

192. Wurtman RJ: Enfermedad de Alzheimer. En: **Función cerebral. Monografía de Libros de Investigación y Ciencia**. Prensa Científica. Barcelona, 1991 pp. 158-168

193. Zukav G: **La danza de los maestros del Wu-Li**. 2ª Ed. Plaza y Janés, Barcelona. 1991

194. Zador, AM: **Biophysics of computation in single hippocampal neurons**. Tesis Doctoral. Universidad de Yale - 1993. pp176

195. Zeki, S: La imagen visual en la mente y el cerebro. En: **Mente y Cerebro. Monografía de Libros de Investigación y Ciencia**. Prensa Científica, Barcelona. 1993. pp. 37-45

Indice temático